农村水厂管理与运行维护

冯广志 等 编著

中国水利水电出版社
www.waterpub.com.cn
·北京·

内 容 提 要

在农村供水事业快速发展过程中,部分供水工程管理粗放,水厂管护人员业务素质偏低、能力不足,供水工程效益发挥不充分的问题日渐突出,成为制约农村供水事业健康、持续发展的主要障碍之一。为了提高农村水厂从业人员业务素质和能力水平,促使农村水厂规范化管理,中国农业节水和农村供水技术协会组织相关专业领域有丰富工作经验的专家编写了《农村水厂管理与运行维护》。该书面向基层,面向水厂运行管理实际,以需求和问题为导向,在讲解相关基本概念和技术原理的基础上,介绍了管理和运行维护的技术要求,总结了许多自来水厂的运行管理做法和经验,以表格形式列举了常见问题,分析其产生原因,给出了解决途径。同时,结合典型案例的深入剖析,进一步加深读者对有关技术要点的理解。本书是一本农村供水技术科普读物,也可作为水厂有关岗位技术培训教材。

图书在版编目(CIP)数据

农村水厂管理与运行维护 / 冯广志等编著. -- 北京:
中国水利水电出版社, 2023.10
ISBN 978-7-5226-1848-7

Ⅰ. ①农… Ⅱ. ①冯… Ⅲ. ①农村给水—饮用水—水厂—运营管理 Ⅳ. ①TU991.6

中国国家版本馆CIP数据核字(2023)第196638号

书 名	**农村水厂管理与运行维护**
	NONGCUN SHUICHANG GUANLI YU YUNXING WEIHU
作 者	冯广志 等 编著
出版发行	中国水利水电出版社
	(北京市海淀区玉渊潭南路1号D座 100038)
	网址:www.waterpub.com.cn
	E-mail:sales@mwr.gov.cn
	电话:(010)68545888(营销中心)
经 售	北京科水图书销售有限公司
	电话:(010)68545874、63202643
	全国各地新华书店和相关出版物销售网点
排 版	中国水利水电出版社微机排版中心
印 刷	清淞永业(天津)印刷有限公司
规 格	184mm×260mm 16开本 27印张 657千字
版 次	2023年10月第1版 2023年10月第1次印刷
印 数	0001—2000册
定 价	**118.00**元

《农村水厂管理与运行维护》编委会

序

做好农村供水保障工作，事关亿万农村居民福祉和国家乡村振兴战略的顺利实施。党中央、国务院历来高度重视农村供水工作。从20世纪70年代起国家先后投入了大量人力、物力、财力，组织实施了大规模的农村人畜饮水解困、卫生改水和农村饮水安全工程建设。党的十八大以来，水利、发展改革、财政、生态环境、卫生健康等有关部门认真贯彻执行中央的部署和要求，与各级地方党委、政府协同配合，进一步加大了农村供水工作力度，使农村供水保障能力和水平迈上了新台阶。到2020年年底，全国共建成各类农村供水工程931万处，供水服务涉及9.09亿人，其中集中式农村供水工程58万处，承担着向8.04亿人供水服务的任务。在58万处集中式供水工程中，日供水千吨、万人以上的水厂有1.78万处，覆盖农村人口4.55亿人。我国农村供水集中供水率已达88%，自来水普及率已达83%，许多地方农村居民不但摆脱了"吃水难、喝高氟水苦咸水""因水致病致贫"的历史，而且用上了自来水，喝上了洁净的放心水，生活质量有了明显改善。许多农村供水工程在为农村居民提供生活用水服务的同时，还为当地食品生产加工业、乡村旅游业、乡村环境卫生、景观绿化等用水提供服务，拓宽了农民就业门路，增加了农民收入。农村供水成为促进区域经济社会发展、加快农村现代化进程的助推器。

农村供水工程建设取得成果来之不易。多少年来，数十万干部和工程技术人员日夜操劳，呕心沥血，付出了艰辛的努力和汗水。亿万农民筹措资金、投工投劳，积极参与工程建设。上百万工程管护人员终年日夜坚守在水厂运行维护工作岗位，恪尽职守，为用水户提供优质的供水服务。据有关资料，从2005年实施农村饮水安全工程应急建设到2020年年底，全国用于农村供水工程建设总投资近7000亿元。农村供水与城市供水相比，有许多特点，一是工程数量众多、布点分散、水源零散、单个工程规模小；二是工程虽小，但"五脏俱全"，净化、消毒、水质检测样样都有。运行维护工作专业技术性强，不少管理机构和运行维护人员的业务素质和能力偏低，往往不能适应工作需要；三是经营管理方式多样，日供水几吨到几百吨的单村供水工程多由村民委员会等农村集体组织负责运维，难以实现专业化管理，日供水千吨万人以上的工程虽然规模相对大一些，但与日供水几万吨、几十万吨的城市水厂相比，还是偏小，难以产生集约经营的规模效应。这些特点增大了农村供水工程管理维护的难度。总结多年农村水利发展经验教训，人们常说，"三分建，七分管"是有一定道理的。如何管理好、运行维护好已建成的农村供水工程设施，让它们持久发挥效益，保障农村居民用水安全，是摆在面前十分紧迫而又非常艰巨的任务。

针对农村水厂运行维护管理薄弱、管护人员业务能力不足问题，中国农业节水和农村供水技术协会组织相关专业领域工作经验丰富的专家编写了《农村水厂管理与运行维护》。该书结合农村水厂生产运行与经营管理实际，按照以需求和问题为导向的宗旨，深入浅出地介绍了农村水厂经营管理与设施运行维护的原理、操作技术要点和基本要求。结合案例，分析了农村水厂实际运行管护常见问题的表现、产生的原因及处理办法。该书内容翔实，针对性和可操作性强，可供县和乡镇从事农村供水管理工作的干部和水厂运行管理人员学习参考，也可作为相关专业人员的参考或培训教材。希望该书的出版在提高农村供水管理人员的业务能力、加强农村水厂规模化管理、提升农村供水保障水平中发挥作用。

中国工程院院士

中国农业节水和农村供水技术协会会长

2023 年 9 月

前言

　　农村供水工程是农村公共基础设施的重要组成部分，它承担着为农村居民提供日常生活用水，保障身体健康的重要任务，属于农村基本公共服务中最优先的事项。它同时还为农村第二、第三产业发展用水提供服务。在促进农村经济发展中起着重要的保障作用。过去几十年，我国农村供水事业取得了举世瞩目的成就，在解决了数亿人饮用水困难的基础上，又解决了广大农村居民的饮水安全保障问题。

　　在农村供水事业快速发展过程中，部分供水工程管理粗放，水厂管护人员业务素质偏低、能力不足，供水工程效益发挥不充分的问题日渐突出，成为制约农村供水事业健康、持续发展的主要障碍之一。为了提高农村水厂从业人员业务素质和能力水平，促进水厂规范化管理，中国农业节水和农村供水技术协会组织相关专业领域有丰富工作经验的专家编写了《农村水厂管理与运行维护》。该书面向基层，面向水厂实际运行管理，以需求和问题为导向，在讲解相关基本概念和技术原理的基础上，介绍了管理和运行维护的技术要求，总结了许多自来水厂的运行管理做法和经验，以表格形式列举了常见问题，分析其产生原因，给出了解决途径。同时，结合典型案例的深入剖析，进一步加深读者对有关技术要点的理解。本书是一本农村供水技术科普读物，也可作为水厂有关岗位技术培训教材。

　　本书由农村水利领域资深专家冯广志主编，水利部农村饮水安全中心教授级高工张汉松审稿。全书共九章，第一章由冯广志、吴玉芹执笔；第二章由冯广志、吴雯（第二、三节）执笔；第三章由冯广志、邸志刚（第五、六节）执笔；第四章由孟树臣、兰才有（第三节）执笔；第五章由孟树臣（第一～四节）、崔招女和余秋梅（第五～七节）、李连香（第八节）执笔；第六章由李连香执笔；第七章由张岚、魏建荣执笔；第八章和第九章由罗强、唐海林执笔。附录由邓劲方、陈国光执笔。全书由冯广志修改统稿。

　　在本书编写中参考了浙江、湖北、四川等多个省水利（务）厅（局）向水利部报送的典型农村供水工程运行管理经验总结和部分水厂提供的运行管理做法资料。刘文朝、汪富贵对第五章内容提出了修改补充意见，李晓琴对

第八章和第九章提出了修改意见。还有许多同志在不同场合先后对本书的编写提出了很好的意见。感谢北京大北农科技集团股份有限公司、海南立昇净水科技实业有限公司、上海威派格智慧水务股份有限公司对本书编写出版给予的宝贵支持。在此一并向有关单位和个人表示衷心感谢。因编写人员经验和水平所限，书中难免存在不足和疏漏之处，恳请读者批评指正，以便再版修订时更新和完善。

中国农业节水和农村供水技术协会

2023 年 8 月

目录

第一章 绪 论

第一节 我国农村供水事业发展概况

农村供水是城乡供水事业不可或缺的组成部分。它由众多单村、联村、乡镇供水工程和城镇供水管网向农村地区延伸的集中式供水工程，以及农民自己管理使用的单户、联户分散式供水工程组成。

农村供水是农村地区重要公共基础设施和公共服务之一，其能否健康可持续发展，事关亿万农村居民日常生活和农村经济社会发展。

一、饮用水与居民身体健康和日常生活

（一）饮用水与健康

水是生命之源，是维持人的生命最重要的物质。有资料介绍，人在极端恶劣的生存环境条件下，如被困在地下矿井的矿工，没有食物，依靠矿井水，生命可以维持 3～4 周；但因地震灾害被困在废墟下的人，没有饮水，在常温下，最多只能维持 3 天左右。成年人体重中的 2/3 为水。人体内营养物质的吸收、传输，废物的排出等几乎所有生理活动都需要有水的参与，没有水，人体的新陈代谢活动将停止，人就会死亡。

饮用水的水质状况直接关系到人体健康。饮用水中含有的病原微生物，可能引起介水传染病的发生和流行。长期饮用含有超过一定限值的有机物、无机物、重金属等化学物质，放射性物质的水，会导致人体慢性、急性中毒，或引起健康状况不良，甚至恶化。当饮用水看起来浑浊，有不好的色、嗅、味，人在饮用时，会感觉心里不舒服，降低饮水欲望，减少喝水次数和数量，进而也会影响人体健康。日常生活中洗漱、沐浴、洗涤衣物等用水，如果水质差，水中所含的有害物质超标会通过口腔黏膜或皮肤接触等途径侵入人体，如果长期使用，也可能会对人体健康产生不易察觉的不良影响。

（二）饮用水与居民生活

在农村地区，生活用水短缺，家庭主要成员要花费大量时间、体力、精力去找水、担水、买水，以获取维持日常生活必需的生活饮用水。取水难，不仅会带来沉重的家庭生活负担，有的会因缺水致贫，更谈不上享受现代文明生活。在干旱的西北黄土高原和西南深山区，因缺水导致的贫困，一直是制约当地经济社会发展的关键因素之一。有些地方修建了供水工程，虽然水龙头入户，但供水时间短，供水压力不足，会让人的沐浴、洗涤等用水不便，购买的洗衣机成为摆设。所有这些都会降低农村居民的生活质量和对幸福美好生活的获得感。

农村供水除了为村镇居民提供生活饮用水，同时还为村镇范围内机关、学校、卫生院（站）、加工制造业和旅游休闲等服务业，以及消防、绿化景观等用水提供服务。

1

二、农村水厂和农村供水

农村水厂承担着为包括乡镇在内的农村地区居民提供生活饮用水，同时也为当地学校，卫生院，第二、第三产业用水提供服务。规范管理的农村水厂或供水公司要在当地工商管理机关注册登记。未在工商管理机关注册登记由农村集体组织负责管理的单村联村供水工程也要参照正规水厂进行管理。近2万处的农村水厂和50多万处单村、联村供水工程以及900多万处分散式供水工程构成了农村供水事业整体。

对应于城市供水的农村供水，有许多与城市供水不同的特点。大多数农村水厂规模小、布局分散，难以形成集约经营的规模效益，管理人员能力偏低，不适应现代化水厂管理需求。国家为了扶持农村供水事业发展，出台了很多有别于城市供水的优惠扶持政策。多年来，在工程建设和运行管理技术方面，农村供水积累了一些自己特有的做法和经验。伴随着我国经济社会迅速发展，城镇化率逐年提高，城乡差别日益缩小，一些地方农村供水与城市供水的界限逐步被打破。城市水厂的供水管网向农村地区延伸，实现了城乡居民生活饮用水同网、同质、同价，城乡供水一体化正成为我国经济发达、人口密集平原地区供水事业的发展趋势。

三、农村供水事业发展回顾

(一) 解决农村人畜饮水困难

农村居民获取生活饮用水的方式及方便程度，与其居住地的水资源、地形和地质等自然条件，以及居民点分布、社会经济发展水平和农民生活习惯等密切相关。历史上，农村居民点多傍水而建，使用人力、畜力筒车，或水桶肩挑等简易提水送水器具取用天然水。在降水稀少、干旱缺水的西北地区，半干旱半湿润的华北、东北地区，以及虽然降水不少，但山高坡陡，水土流失严重的西南山区，历史上一直存在常年或季节性饮水困难。在生产力和经济发展水平较低的年代，多数农民家庭饲养着犁地的耕牛，拉车运输用的驴马以及作为家庭副业收入重要来源的猪、羊、鸡等畜禽，大牲畜的饮水量比人还多，它们的饮水与人的饮用水在农村居民生产生活中的重要程度不相上下，因此在20世纪七八十年代有关文件习惯用"人畜饮水"这一提法。

新中国成立以后，兴起了大规模的农田水利建设，建成了上千万处蓄引提灌溉工程，它们在发挥灌溉作用的同时，也解决了部分地区农村居民与家庭饲养牲畜饮水来源问题。

随着经济社会快速发展，人口增加，农民生活水平逐步提高，加上水资源开发利用程度日益提高，从20世纪70年代起，农村人畜饮水困难矛盾日渐突出，引起了国家和地方的重视。解决这一问题就提上了各级党委和政府议事日程。产生饮水困难的原因主要有两个方面：

(1) 在自然因素方面：①部分地区严重缺水。北方等地降水少，河湖、地表径流少，有的地方地下水埋藏深，造成常年或季节性饮用水源短缺。②地形地质条件，一些地方河谷深切、沟壑纵横、山高水低，水土流失严重，西南地区一些地方山高坡陡、喀斯特发育，表土冲刷流失，土地石漠化，虽然降水不少，但地表存不住水，也造成饮用水源短缺或难以取用。③部分地方缺少适合饮用的淡水水源，仅有的水中含有对人体健康有害的物质，如氟、砷、镉、铅、硝酸盐等，导致氟骨病等地方疾病流行。④沿海地区和岛屿，河流源短流急，降水产生的径流直接流入大海，地表水难以蓄存，地下水多为苦咸。

(2) 在社会因素方面：①随着工业化和城镇化发展，部分地区水资源开发利用程度增加，水资源供需矛盾日益尖锐，原来用于农业农村的水被挤占；②有些地区工矿企业废水、城镇生活污水随意排放，种植业过量施用化肥农药，畜禽排泄物、高密度网箱水产养殖，污染了水体，原本适合饮用的水源无法取用；③部分地区大量毁林开荒、过度放牧，导致水土流失，天然植被涵养水源能力下降，原本不缺少饮用水源的地方出现了饮水困难；④人口数量增加，农民生活水平提高，对用水数量、水质和用水方便程度要求越来越高，原有的取水、供水方式不适应农村社会发展新形势的需要。

农村居民饮水难的危害与影响，没有亲身经历或到现场深入调查，是很难体验或想象得到的。

从 20 世纪 70 年代起，财政、水利等部门按照党中央、国务院指示精神，把解决农村人畜饮水困难纳入农田水利工作范围，在小型农田水利财政补助经费中安排专项，每年约几亿元。从 80 年代中期起，国家实施以工代赈计划中，把解决人畜饮水困难纳入其中。当时的饮水困难标准是：取水单程距离大于 1~2km，或取水点垂直高差 100m 以上，饮用水含氟量超过 1mg/L 的缺水村庄。从 1994 年起，国家实施"八七扶贫攻坚计划"（1994—2000 年），计划用 7 年时间基本解决 8000 万贫困人口的脱贫问题，其中包括解决人畜饮水困难。据水利部门统计资料，从 70 年代初到 1999 年年底，累计解决了约 2 亿农村居民和 1 亿头牲畜饮水难的问题。

进入 21 世纪，党中央提出"三个代表"重要思想和"以人为本"的科学发展观，解决农民饮水困难问题成为各级党委政府讲政治、为民办实事的主要内容之一。2000 年编制的《全国解决农村饮水困难"十五"规划》提出，到"十五"末，基本解决长期困扰我国农村发展的饮水困难问题。2001—2004 年，中央共安排国债资金 97 亿元，地方财政和群众自筹资金 85.5 亿元，共解决了 5618 万人的饮水难问题，提前一年完成了"十五"规划目标任务。至此，历时 30 多年的解决农村人畜饮水困难工作告一段落。从 2005 年起，我国农村供水事业转入解决农民饮水安全的新阶段。

（二）农村饮水安全工程建设情况

1. 饮水安全的国际背景与评价方法

早在 20 世纪 80 年代初，联合国第 35 届大会就提出 1981—1990 年为"国际饮水供应和环境卫生十年"，争取到 1990 年全球实现"享有安全饮水与卫生"目标。我国积极参与了这项活动。

2000 年 9 月，联合国在肯尼亚首都内罗毕召开了成员国国家元首或政府首脑峰会，通过了《千年宣言》。宣言要求到 2015 年之前，将全球贫困人口减半，其中，在"环境可持续能力"指标下设立的子目标——"水与卫生千年发展目标"，要求到 2015 年将无法持续获得安全饮用水和基本卫生设施的人口减半。当时，联合国及其下属机构对"安全的饮用水"概念没有给出统一的定义。

2010 年 7 月 28 日，联合国大会通过的第 64/292 号文件对"获得安全饮用水是人类的基本权利"进行了正式确认。同时给出了安全饮用水四项量化标准：保障每人每天获得 50~100L 水；从住家到取水点距离不超过 1000m；取水所用时间不超过 30min；水费支出不超过家庭收入的 3%。

2015 年联合国儿童基金会和世界卫生组织在评估使无法获得安全饮用水人口减半目

标完成情况时，用"改善饮用水"和"管道供水"两项指标反映安全饮用水方面取得的进展。评估结果是 2015 年全球有 91% 的人口使用了改善的饮用水，其中农村地区有 84% 的人口用上了改善的饮用水。这其中包括一些发展中国家让农户从直接取用河流坑塘天然水改为手压井泵。

我国于 2004 年年底已基本完成解决农村人畜饮水困难任务，需要提出新的目标任务，从 2005 年起，国家开始实施农村饮水安全工程建设。

2004 年 8 月，水利部和卫生部颁布了《农村饮用水安全卫生评价指标体系》。指标体系由水质、水量、方便程度和保证率四项指标组成，安全卫生评价分为"安全"和"基本安全"两个档次。

2018 年 3 月中国水利学会发布了团体标准《农村饮水安全评价准则》（T/CHES 18—2018），该标准得到了水利部、国家卫健委、国家扶贫办等有关主管部门的采信，重点适用于解决贫困人口饮水安全的评价。

究竟如何理解"饮水安全"和"安全的饮用水"的科学含义？"安全"是一个使用十分广泛的概念。作为专业术语，国家标准《标准化工作指南　第 1 部分：标准化和相关活动的通用术语》（GB/T 20000.1—2014）中的第 4.5 条，对安全给出了定义："免除了不可接受的伤害风险的状态"。

根据这一定义，可以这样理解饮水安全的概念：它是指在风险识别的基础上，采取法规、政策、工程、技术、经济、管理以及宣传教育等综合措施，将饮用水对农村居民造成伤害的风险降低，并控制在可接受的水平或其以下。

在追求或实现饮水安全时，要注意"安全"是相对的、有条件的，没有绝对意义上的饮水安全。无论是其他国家还是我国，所有的饮用水安全都是在一定的时间、地点、技术、管理能力和当地经济社会发展水平条件下实现的。保障饮水安全还要考虑成本和经济负担能力，超过了用水户对水价的负担能力或地方财政补贴能力，"饮水安全"就很难持久。例如，用反渗透膜处理高氟、苦咸、微污染等劣质水，技术上不存在问题，但过高的成本使我国多数地区农民难以负担。正因为如此，联合国提到让所有人都享有安全饮用水的时候，总是把"安全"和"负担得起"并列。

为了避免"安全的"一词作为修饰词使用容易引起人们的误解，在我国国标《标准中特定内容的起草　第 4 部分：标准中涉及安全的内容》（GB/T 20002.4—2015）中专门对术语"安全"和"安全的"如何使用作出了规定：第 4.1 条明确，术语"安全的"通常被公众理解为一种免于面临所有危险的被保护状态，这是一种误解。确切地说，"安全的"是一种免于面临可能造成伤害的已知危险的被保护状态。某种程度的风险是产品和/或系统中固有的。第 4.2 条明确，不宜用"安全"和"安全的"作为修饰语，以免传达无用的额外信息。而且它们很可能被认为有确实被免除了风险的意思。建议凡可能时，用被修饰对象的特征代替"安全"和"安全的"作为修饰语。示例：用"防护头盔"而不用"安全头盔"；用"阻抗防护装置"而不用"安全阻抗"；用"防滑地板涂料"而不用"安全地板涂料"。

根据上述规定，建议在制定技术规范和行政管理办法等正式文件时，尽量使用"普及自来水""干净的饮用水""放心使用的饮用水"等提法，少用或不用"安全的饮用水"。

关于"生活饮用水水质卫生要求"与"供水水质检测合格率"之间的关系。

国家标准《生活饮用水卫生标准》（GB 5749—2022）对生活饮用水水质卫生的规定，是供水单位向用水户提供饮用水应符合的水质卫生要求。通过水质检测手段，可以判别水厂出厂水和管网末梢水水质是否在规定的限值以内，如有超出，可认定该项指标检测不合格。此时供水单位以及有关主管部门应引起重视，查找原因，及时采取有效措施加以解决。规模较大，原水水质条件较好，净水工艺技术控制比较严格的水厂，有可能做到每年成千上万次（项）水质指标检测结果都合格，合格率接近甚至达到百分之百。对于规模不大的农村水厂，水质检测合格率有可能做不到。2019年水利部办公厅在《开展农村供水规范化水厂建设工作的通知》中要求供水水质达标率95%以上。中国城镇供水排水协会对城市自来水厂水质检验合格率的要求是：不低于95%。合格率的计算方法是取各项常规指标所有检测结果加权平均值。具体到出厂水、管网水、管网末梢水，有不同的检测项目和检测频次，都作出了明确规定。

据有关专家介绍，制定生活饮用水卫生标准各项指标限值的依据是："按人均寿命70岁，每天饮用2L水计算，一个人终身饮用达到水质指标上限的水，不会对健康产生明显危害。"因此，不应当简单地以某一次、某一项水质指标检测值超过限值，就得出该地区饮水安全不合格的结论。评估一个地区饮水安全保障水平，要重点关注饮用水对当地人群的身体危害或生活质量损害的风险是否控制在人们可接受的水平以内这一关键。

2. 农村饮水安全工程建设情况

2005—2015年先后实施了《农村饮水安全应急工程规划》《农村饮水安全工程"十一五"规划》《农村饮水安全工程"十二五"规划》，共解决了5.19亿农村居民和4700万农村学校师生的饮水安全问题，完成投资817亿元，农村集中供水率和自来水普及率分别提高到82%和76%，农村饮水安全水平得到了很大提高。"十三五"期间各地聚焦脱贫攻坚，实施农村饮水安全巩固提升工程，共完成投资2093亿元，使2.7亿农村人口供水保障水平得到提高，解决了1720万建档立卡农村贫困人口的饮水安全，975万人饮水型氟超标和120万人饮用苦咸水问题。饮水安全工程建设作为阶段性工作告一段落。考虑到"农村供水保障"一词能更全面地反映饮水安全工程建设与管理的内容，饮水安全将不再作为行业或事业的专用名词。

四、农村供水现状

到2020年年底，全国共有931万处农村供水工程，服务农村人口9.09亿人，其中集中式供水工程58万处，服务农村人口8.04亿人。在58万处工程中，具有一定规模的供水工程，包括城乡供水一体化工程和千吨万人以上工程1.78万处，覆盖农村人口4.55亿人，占农村供水服务总人口的一半，平均每处工程服务人口约2.6万人。这部分工程的产权归属及经营管理方式呈多样化，绝大多数资产归国有，少数为合资或私人所有，经营管理方式多采用公司制企业，少数为事业单位性质，参照企业方式进行管理。日供水规模百吨千人到千吨万人之间的工程有9.09万处，覆盖农村人口2.08亿人，约占农村供水服务总人口的23%，平均每处服务人口2300人，这部分工程的产权归属和经营管理方式比较复杂。规模较大的，产权归行业主管部门控股的县农村供水公司或农村供水服务中心，并负责运行管理；规模偏小的，有些产权归农村集体组织所有，并负责运行管理。供水规模百吨千人以下的集中式供水工程 47.1 万处，覆盖农村人口 1.41 亿人，占农村供水服务总人口的 15%，平均每处工程覆盖服务人口约 300 人，这部分工程多为单村供水工程，产权归农村集体组织所有，由村民委员会负责运行维护管理，采用责任制管理或承包经营管理。全国农村集中式供水率达到 88%，自来水普及率为 83%。

除了集中式供水，还有分散式供水工程 873 万处，覆盖农村人口 1.05 亿人，占农村供水服务总人口的 12%，平均每处工程服务人口 11 人，相当于 2～3 个家庭的用水人口数。分散式供水工程主要分布在农户较少，水源分散的边远山区或草原牧区，产权归农户所有，自己使用并维护。随着乡村振兴战略的实施，规模化农村公共供水工程服务范围扩大，分散式供水工程和服务人口数量呈减少趋势。

五、农村供水效益及发展中存在的问题

（一）供水效益

农村供水事业的快速发展，对农村经济社会发展和农村居民生活水平提高起到了巨大的促进作用，效益主要体现在以下几方面：

（1）饮用水卫生状况有了根本性改变，减少了农村涉水性疾病的发生和传播，提高了农民健康水平，减轻了农民医药费支出负担。纳入工程规划范围内的血吸虫疫区、砷中毒等涉水地方病重病区，饮水不安全问题得到解决；氟超标地区的饮水不安全问题基本得到解决。据"十一五"期间辽宁、湖北等多个省调查，饮水不安全问题解决后，每户农户平均每年减少医药费支出 100～200 元。

（2）亿万农民用上了自来水，告别了饮用苦咸水、浑浊水的历史，用水方便程度提高，显著改善了农村人居环境，提高了农村居民的生活质量，加快了农村现代化进程。自来水到户的地方，农户购置了洗衣机、太阳能热水器等家用电器，洗衣服和洗澡冲凉方便了，有的地方旱厕改成了冲水马桶，人们更讲卫生了，居室内外更清洁了，村庄环境卫生改善了。

（3）供水保证率提高，大幅度减少了季节性干旱产生的饮水困难人数，解放了农村劳动力，他们可以腾出时间和精力发展家庭种植业养殖业，在家留守的老人和儿童不再为饮用水发愁，解除了外出务工经商人员的后顾之忧，这些都有利于增加农民家庭收入，巩固减贫脱贫成果。

（4）使得少数民族地区、边疆地区、经济欠发达地区农村供水基础设施落后面貌有了明显改善，促进了区域协调发展和城乡基本公共服务均等化，有助于农村社会和谐，增进了民族团结，维护了边疆稳定。

（5）有一定规模的农村供水工程，在解决农民生活用水的同时，还为农产品深加工、乡村观光旅游和发展乡村工业等提供了用水，增加了农民就业机会，促进了农村地区产业结构调整升级和经济繁荣，成为农村地区经济发展的助推器。

（6）农民群众实实在在地感受到社会主义制度的优越性和改革开放成果的获得感与幸福感，密切了党群关系、干群关系，增强了党和政府在农民群众中的威望，农民为这一实实在在的惠民民生工程点赞。

（二）存在的问题

我国农村供水事业发展中还存在着不容忽视的问题：

（1）供水工程结构不合理，多数供水工程规模偏小。工程规模过小带来的问题是难以实行专业化管理，供水成本偏高，管理水平低，难以建立可持续的良性发展机制。

（2）小型分散的地表水源容易受到降水等气候条件影响，供水保证程度不高，同时易受污染，饮用水源保护困难，增加了制水过程中净水、消毒的负担。

（3）早期建设的工程建设标准低，净化与消毒设施配套不全，水质达标率偏低，一部分工程管网老化破损，水的漏损率高。

（4）多数工程未建立起良性运行维护机制，供水水价低于供水成本，维修养护经费不足。

（5）运行管理队伍业务素质和管理能力偏低，不适应净水消毒等有一定科技含量的现代供水工程运行维护管理需求。

（6）行业发展过分依靠行政力量，市场机制和行业协会组织发挥作用不够，内在活力不足。

总体上看，我国农村供水事业在短短几十年时间实现了历史性的跨越，取得了举世瞩目的巨大成绩。但是，与欧洲、美国、日本等发达国家相比，我国农村供水仍处于初级阶段，无论硬件设施建设还是运行管理水平都存在巨大差距，不适应乡村振兴战略和农村现代化需求，也不能满足农民对美好生活的向往要求。已有的发展成果存在基础弱、不稳固、易反复等问题，农村供水事业发展任重道远。

六、农村供水发展展望

在"十四五"乃至今后一段时间，农村供水发展的主要任务是：将巩固拓展脱贫攻坚成果同实施乡村振兴战略对供水的需求紧密衔接，补齐部分农村地区供水工程水源不稳定、保证程度不高，已建工程管网老化破损，小型工程运行管理维护机制不完善的短板；实施规模化供水工程建设和小型工程标准化改造，实现高质量发展，提升农村供水保障能力，为乡村振兴和农村现代化建设提供坚实的物质基础。到 2025 年，农村自来水普及率从 2020 年的 83% 提高到 88%，规模化供水工程服务的农村人口比例从 2020 年的 50% 提高到 60%；农村供水长效运行管护机制进一步完善；供水水质合格率、水费计收率、管网水漏损率、用水户服务满意率逐步提高。到 2035 年基本实现农村供水现代化。

第二节　农村供水发展的规律

虽然农村供水在净水和消毒工艺技术方面与城市供水大同小异，但是，在工程布局与规模、管网布置、发展模式、运行机制、管理队伍能力建设、用水户生活习惯与用水方式等方面，与城市供水还是有很多差异。

一、农村供水的主要特征

（一）农村供水具有自然垄断性

农村供水提供的是农村居民维持生存和日常生活用水的基本必需品，优质饮用水水源属稀缺公共资源，政府的宏观公共管理不允许同一地区随意兴建供水工程，争抢优质饮用水源和用水户，也不允许水厂管理者随意提高水价、中断供水服务。这就需要政府严格监管和用水户参与监督。与城镇供水不同的是，农村供水的垄断者地位有时会受到农村居民传统取水方式的挑战，如果农民认为供水工程收费高、服务不好，在某些特定条件下农民可以放弃使用已入户自来水，改用庭院内手压井取浅层地下水，或从河溪塘坝取用天然地表水，虽然水质比不上自来水，但可以不花钱，不受限制。这种情况下，形成了一定程度的用水户用水与供水工程供水事实上的某种竞争关系，也就对水厂的垄断地位构成一定挑战。

（二）建设资金来源和工程产权归属多元

农村供水保障的责任主体为地方政府，中央的投入属补助性质。工程建设所需投资中有一小部分需要农村集体组织和农户集资以及投劳折资，一些地方引入社会资本。规模较大、主要由政府投资建设并成立专业管理机构的供水工程，政策规定属于国有资产；私人投资兴建或投资入股兴建的工程设施，私人投资形成的资产，产权归私人所有。绝大多数单村、联村供水工程，政府补助形成的设施资产归农村集体组织所有，进入农户庭院、农户出资投劳形成的设施归农户所有。由于建设资金来源途径多，加上一些工程施工完成后竣工验收产权移交手续不完备，部分工程设施产权主体归属和运行维护责任主体不明晰，责任不落实。工程设施维修养护经费不足，导致部分工程设施提早老化破损，国有资产隐性流失，没有部门单位负责，也无法追究个人责任。

（三）部分工程运行管理难度大

工程设计时，按户籍人口数确定供水规模。农村人口流动性大，平时大量人口外出务工经商，留守的老人宁肯自己费力到河溪挑水，也不使用需付费的自来水。节假日或者婚丧嫁娶聚会、外出人员集中返乡，用水量陡增，给水厂运行管理增加了难度。考虑到农民对水价的实际经济负担能力或付费用水心理意愿不足，多数地方审批的水价低于供水成本，不但无法计提固定资产折旧，甚至日常运行维护经费都得不到足额补偿。水费收入少，就难以招聘到或留住熟练掌握供水技术的业务骨干，这就给供水工程管理增加了难度。

（四）许多工程水源不稳定、水质复杂，水源保护难

以地表水为水源的工程多从小水库、塘坝、溪流取水。这些水源规模小、位置分散、可用水量受制于降水情况，保证率不高。周边村民生活污水和畜禽排泄物汇入，易造成水源污染。近些年许多地方颁布了饮用水水源保护管理办法，但对量大面广的农村分散水源，执行落实并不容易。有的地方缺少优质饮用水源，氟、铁、锰和微生物超标。农村供水面临强势的工业和城市用水竞争挤压，地下水位持续下降，水质日趋变差，给水厂的净水消毒工艺操作增加了难度。不少供水工程缺乏水质化验检测手段，有的虽配备了仪器设备，但农民管水员多不掌握检测方法，难以做到根据原水水质变化及时调整净水工艺参数。

（五）管理体制和运营方式多样化，规范经营管理工作任务艰巨

千吨万人以上水厂多采用企业经营管理方式，有的定性为事业单位，参照企业方式进行管理。这类供水工程管理机构比较健全、实行专业化管理，大多数运行维护管理比较规范，行业主管部门比较容易对他们进行监督管理。麻烦的是由农村集体组织负责管理的单村、联村供水工程。按照《村民自治法》规定，这类工程属农村内部公共基础设施，采用互助合作、自我服务、民主管理方法进行管理，有的委托给个人实行目标责任制管理，有

的用承包方式管理，也有的采用"竞标"方式，将经营管理权"拍卖"给个人负责管理。相当一部分工程运行管理粗放，难以符合相关政策和技术规范的要求。无论采用哪种管理方式，都不同程度存在水价低于供水成本，水费收入不能弥补运行维护支出，长期亏损经营的问题。

二、对农村供水事业发展规律的认识

规律是事物之间的内在、本质联系，这种联系不断重复出现，在一定条件下经常起作用，并且决定着事物必然向着某种趋向发展。它不以人们的主观意志为转移。加深对农村供水发展的规律性认识，有助于减少管理者工作指导上的盲目性、片面性，使我们对工作的指导更切合实际，少走弯路，推动农村供水事业健康发展。

（一）农村供水发展呈现明显的由简易粗放到正规完善逐步提高的阶段性特征，同时发展成果难巩固、易反复，很难像城市供水那样一步到位

以 20 世纪后期农村饮水解困为例，从 1974 年起，主管部门将饮水解困纳入水利统计年报，当年各地上报全国需要解决饮水困难人数为 4748 万人，经过 5 年上下共同努力工作，到 1979 年年底，共解决了 4005 万人的饮水难题，剩余待解决人数应为 700 多万人，但各地上报该期间又新增加饮水困难人口 5675 万人；1980—1995 年的 15 年间，累计解决了 1.8 亿人口饮水困难，累计又新增 2 亿人。有人形容解决人畜饮水困难就像"割韭菜"，割了一茬又冒出一茬，经常是越"割"，长的越快。究其原因，一方面受当时历史条件的局限，基层干部对饮水困难标准的理解和尺度掌握不统一，调查工作不细，同时也有人口增加、水源条件改变等客观因素。再深入探究，是我们对这项工作的艰巨性、复杂性、长期性认识不足，总想毕其功于一役。实际上，受当时国家财力、农村集体组织和农民自筹资金能力的限制，投资严重不足，导致工程设施简陋、配套不全、质量差，加上建成后维护管理方面的问题，很多工程寿命短，老化报废率高。

2005 年以后实施的农村饮水安全工程建设，资金补助标准比过去有较大幅度提高，建设标准和施工质量也比饮水解困时期有了很大改进，但在一些工作环节仍存在不尽如人意的情况。据 2004 年调查摸底，全国农村饮水不安全人口为 3.2 亿人，2005—2010 年共解决了 2.21 亿人，2009 年调查复核饮水不安全人数时，发现又新增加了 1.96 亿人，编制《"十二五"饮水全工程建设规划》时，确定要解决的饮水不安全人数为 2.98 亿人。到 2015 年底，完成了规划任务，全国基本上解决了农村居民饮水不安全问题。但不少省份编制"十三五"饮水安全巩固提升发展规划时，发现需要巩固提升的人数仍有几百万甚至上千万。发展农村供水事业在指导思想上不能急于求成，不能超越自然和经济社会条件的制约。

（二）增强农村供水保障能力是各级政府，首先是地方政府的职责

无论是适合饮用的水资源合理配置，还是高强度的资金投入，仅靠农村集体组织和农民自己的力量办不成，需要承担公共管理与公共服务职责的政府履行职责。对于属于社区内部公共设施的单村、联村供水工程，产权归村集体组织所有，运行维护管理，责任主体为村集体组织，诸如水费计收方式、用水秩序维护等内部事务，政府管不了，更包揽不了，需要农民以"业主"身份民主协商、自主管理，离开了农民的支持和配合，供水工程很难正常运行长久发挥效益。政府履职和农民参与是农村供水事业可持续发展的两个轮子，缺一不可。

（三）我国地域辽阔，各地自然条件和经济社会发展水平差异很大，农村供水工程建设和管理必须从各地实际出发，因地制宜，采用不同模式，力戒简单化"一刀切"

以江苏省和青海省对比为例。江苏省地形平坦，河网密布，人口密度大。全省近3000万农村供水人口由近千处千吨万人以上的供水工程服务，平均每处工程服务人口3万多人。一些人口几十万人、上百万人的县，由两三个水厂供水，实现了城乡供水一体化。一些城市自来水管网向农村地区延伸覆盖了大量农村人口。规模化发展、集约化经营、专业化管理成为江苏农村供水的一大特点。地广人稀、草原畜牧业占比重较大的青海省，千吨万人以上农村供水工程不到百处，为1/4农牧区人口提供服务；平均每处工程服务人口不到1万人。全省约一半农牧区人口由单村、联村供水工程供水，平均每处工程服务人口不足2000人。

（四）除了经济发展水平、人口密度和地形条件，不同地方的水资源条件、农村居民生产方式、生活习惯、文化习俗、思想观念等方面的差异，也影响着农村供水的发展模式

要从区域经济社会发展全局的视角，指导农村供水发展，既要重视饮用水安全，也要重视有利于推进乡村振兴战略和农村现代化，避免就事论事、过分迁就眼前的不合理现状。

随着我国现代化进程逐步加快，城镇化水平逐步提高，越来越多的农村人口进入城镇，一些偏远的村"空心化"。在编制农村供水发展规划时，要给人口流动、城镇化加快发展和第二、第三产业提质升级用水预留出供水工程改扩建的余地，同时也要对用水人口已经或即将缩减的供水工程作出过渡性安排，避免建成时间不久，工程过早废弃。

一些地方在建设农村供水工程时，由于工程适宜规模论证工作深度不够，任务要求急，规划设计技术力量薄弱，过分地迁就资金有缺口、居民点不集中、缺少稳定可靠水源等现状，结果工程建成才几年，就暴露不能适应新形势要求，不得不进行"补课"性质的"巩固提升"改造。

第三节　农村供水工程系统构成与制水生产工艺流程

一、农村供水工程分类

按取水方式、管网和服务人口密集程度，农村供水工程分为两大类：集中式供水工程与分散式供水工程。

什么样的工程属于集中式供水工程？《村镇供水工程技术规范》（SL 310—2019）给出的解释是：从水源集中取水，经过必要的净化消毒后，通过配水管网输送到用户或集中供水点的供水工程。至于具体的工程规模，多以服务人口数量划分，目前国内外对此没有统一标准。我国城建部门的标准是不小于1000人。生态环境部制定的《饮用水水源保护区划分技术规范》（HJ 338—2018）对集中式饮用水水源地的定义是"进入输水管网送到用户和具有一定取水规模（供水人口大于1000人）的在用、备用和规划水源地"。国家标准《生活饮用水卫生标准》（GB 5749—2022）对农村小型集中式供水的划分界限是日供水量1000m³以下（或供水人口在1万人以下）。前些年，水利行业曾将供水人口20人以上作为集中式供水。有专家认为 20 人的日供用水量只有 $1\sim2m^3$，规模明显偏低，建议提高到 100 人、日供水量大致在 $10m^3$ 左右较为合适。在我国山丘区相当于 $20\sim30$ 户的自然村屯供水工程。

《村镇供水工程技术规范》（SL 310—2019）将村镇集中式供水工程按供水规模分为 5 个档次，见表 1-3-1。

表 1-3-1　　　　　　　　　　村镇集中式供水工程按供水规模分类

工程类型	Ⅰ 型	Ⅱ 型	Ⅲ 型	Ⅳ 型	Ⅴ 型
供水规模 W /(m³/d)	≥10000	5000～10000 (含 5000)	1000～5000 (含 1000)	100～1000 (含 100)	<100

分散式供水工程是指农村地区分散居住的农户用简易设施或工具直接从水源取水的供水方式，包括用水人口 100 人以下，从山泉、溪流取水的联户简易供水工程，也包括单户使用为主的水池、集雨水窖、手压井，以及井口直径小于 200mm、取浅层地下水的机井等。

二、农村供水工程系统构成

农村供水工程虽小，仍可看作是一个系统，由以下几个主要部分构成：取水设施，包括水闸、泵站、机井、截潜流（渗渠）、大口井等；输送原水的管（渠）道设施；水的净化处理和消毒设施；调蓄设施，包括清水池、水塔等；供水加压与输配水管网设施；配套的变压器、电气开关等电气设备以及信息采集监测自动控制设施等。

（一）取水设施

多数地方的地下水经过地质岩层的过滤，水质较好。常用的提取地下水设施有管井（俗称机井）、大口井、截潜流（渗渠）、引泉（泉室）等。不同地方的水文地质条件不同，工程设施形式和运行维护管理做法也有所不同。取用地下水，要对地下水的埋藏和补给条件、长期稳定的可开采利用量、地下水水质、取用地下水可能会与邻近其他地下水取水工程产生相互干扰的风险进行周密调查和分析论证评估。

有利用地表水条件的地方，应当首先考虑引（抽）取地表水作为供水工程水源，取水设施包括从水库、塘坝放水涵闸取水、在河道岸边建引水闸取水、在河湖水库岸边建泵站提水等不同形式。河道、水库岸边泵站取水，又可分为固定泵站取水和将机泵设备安装在浮船、缆车上的移动泵站取水。引（抽）取地表水要对河道多年的来水径流变化、水库库容及蓄水量变化，水位、水质变化，在有综合利用功能的河道、水库取水，还要对防洪、发电、灌溉供水调度等情况进行深入调查，统筹安排，按照优先保证生活用水的原则，保障供水工程的取水水量、原水水质符合设计要求。

（二）输送原水的管（渠）道设施

当供水工程净水处理构筑物主体与原水取水设施有一定距离时，需要通过管道（渠道）将获取的原水输送到净水处理构筑物。为了避免明渠输水过程中可能受到污染，应优先考虑采用管道输水，输水管（渠）道的输送流量沿途没有变化。有的工程在进入净水构筑物入口处还要设置化学预氧化等预处理装置。它与出厂水送向用水户的输配水管网在调度运行维护管理的要求和做法有所不同，因此，按其功能和运行管护方式，把它作为供水工程系统构成中单独的一个组成部分。

(三) 水的净化处理设施

水的净化处理是供水工程系统的核心，通常由混合、絮凝、沉淀、澄清、过滤等构筑物及构筑物内安放的各种结构材料设备构成，其功能是通过一系列物理、生物或化学反应，降低水的浊度、耗氧量和微生物等杂质。在供水工程系统中，根据不同的原水水质条件，选用不同的净化处理工艺与设施结构。水的净化处理技术含量较高，对建设和运行维护管理要求比较严格。如果原水水质情况比较稳定、变化不太大，也有把絮凝、沉淀、过滤等工艺环节组合在一起，成为一体化净水装置，在工厂加工成组件，运到供水工程施工现场装配，再配套消毒等其他设施（设备）。

(四) 消毒设施

除了目前很少使用的投加漂白粉或漂精片外，农村供水工程一般都需要设置二氧化氯、次氯酸钠等消毒剂生成与投加设施，如果采用紫外线、臭氧进行消毒，还需要配备相应的专用设备。

(五) 调蓄设施

要求制水生产尽量做到稳定连续，避免出现供水的流量和压力忽高忽低。制水生产中投药量、水流流速、沉淀时间等工艺技术参数不断地调整变化，滤后出水量也在变，但居民用水量的变化规律与制水量不一定匹配。为了调节供与用之间的矛盾，需要设置调蓄设施。常用的有清水池、高位水池、水塔等。具体采用什么形式，要根据供水工程的规模、用水户对水量、水压等使用要求以及地形条件等确定。

(六) 输配水管网

输配水管网由干管、支管、进村入户管道等组成。输水管道是指管道上基本没有向用水户配水的支管或分支管，只承担将水输送到用水地区的任务。配水管则承担着将输水管道送来的水通过支管、分支管或管径更小的管道将水配送到每个用水村镇、用户的任务。为保障管网系统正常安全运行，管道上要设置进（排）气阀、减压阀、泄水阀、检修阀，支撑或固定管道的支墩、镇墩等附属设备或设施。输配水管网布置形式有树枝状、环状等，依据居民点位置、地形地质等条件而定。

(七) 机电设备

除了少数具备利用自然地形高差自压供水的工程外，绝大多数供水工程无论是抽取地下水或从河湖库引提地表水及对出厂水加压通过管网向用户供水，都需要配备机电设备。机电设备既包括水泵、电动机等主要设备，也包括药剂配制和投加、消毒剂生成和投加等专用设备，此外，还有变频、自动控制、变压器、电气开关、仪表等设备。

机电设备的种类、规格、型号、性能参数指标等繁杂众多，要根据供水工程的具体条件和需求，不同生产厂家的产品性能、质量、价格、售后服务等，在设计时选用配备，它们的运行维护管理专业性强，需要受过正规院校培养或岗位技能培训的人使用操作维护。

(八) 水质检验、供用水计量和信息技术应用设施

为了保障供水服务质量和饮水安全，有关部门规定，供水规模千吨万人以上的供水工程要配备水质化验室，供水规模较小的工程要由区域水质检测中心或大水厂化验室承担定期水质检测任务。随着信息化技术的推广应用和水厂现代化水平的提高，有越来越多的供

水工程在制水生产过程中采用水位、流速、水质等在线监测。水厂的出厂水量、进村入户计量水表等计量设施，有的也做到在线实时监控。水厂中央调度监控室不仅能监测各种采集到的数据信息，还能远程控制阀门启闭、水闸开启度、水泵机组开停、药剂投加量等。

三、制水生产工艺流程

制水生产的核心任务是通过净水处理，降低原水浊度，减少水中杂质，在降低浊度的同时，除臭、除味，去除铁、锰、氟和水中所含的各种有机物、无机物，通过消毒措施，杀灭微生物。净水处理工艺措施有多种，应用最广泛的是常规处理工艺。在常规处理的基础上，还可以在之前增加预处理，在之后增加深度处理。对于氟超标、铁锰超标、微污染等劣质水，需要采取特殊水质处理。具体采用哪种生产工艺，需要根据原水水质、供水工程规模与条件和用水户对水质的要求选择。

（一）常规净水工艺

由絮凝、沉淀、过滤再加消毒这几个环节，组成了净水处理中使用较广的常规净水处理工艺。

常规净水工艺的适用条件是原水浊度长期不超过 500NTU，瞬时不超过 1000NTU，其他水质指标符合《地表水环境质量标准》（GB 3838—2008）中的 Ⅱ 类水要求。常规净水处理制水工艺流程如图 1-3-1 所示。

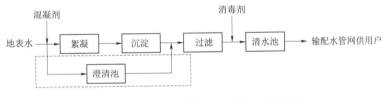

图 1-3-1　常规净水处理制水工艺流程

（二）以优质地下水为水源的制水生产工艺流程

一些地方的深层承压地下水质量符合《地下水质量标准》（GB/T 14848—2017） Ⅰ～Ⅲ类水质指标限值，同时也符合《生活饮用水卫生标准》（GB/T 5749—2022）相关指标限值，无须进行净化处理。过去多年，一些地方农村居民取这种深井水直接饮用。作为公共供水工程，原水通过加压和输配水管网、水池、水罐、水塔等设施时，有可能受到生物细菌污染，为了安全起见，必须进行消毒处理才能供用户饮用。制水生产工艺流程如图 1-3-2 所示。

图 1-3-2　以优质地下水为水源的制水生产工艺流程

（三）地下水部分水质超标的制水生产工艺流程

一些地方地下水中含有铁、锰、氟化物、砷等成分，超过《地下水质量标准》（GB/T 14848—2017）中的 Ⅰ～Ⅲ类水质指标限值，但仍在 Ⅳ 类水质指标限值内，需按特殊水质进行净化处理并消毒，具体的制水生产工艺技术见本书第五章。

（四）以高浊度、微污染等地表水为水源的制水生产工艺流程

对于含泥沙偏多、原水浊度过高或遭受微污染的地表水，需要在常规净水工艺之前增加预沉淀、预氧化或生物预处理，或者在常规净水处理之后增加生物活性炭吸附、臭氧与活性炭吸附结合等深度处理措施。具体的制水生产工艺流程见本书第五章。

（五）慢滤等地表水直接过滤净水处理

在植被覆盖良好、水源涵养能力强的山丘区，有些山溪水水质清澈、干净，历史上当地村民一直有使用它作为生活饮用水的习惯。尽管这种水很少发生因水质不良引起危害村民们健康的情况，但是，按照生活饮用水卫生标准衡量，如果浊度或微生物等部分指标超出标准限值时，还是存在一定的健康卫生风险。为了将这种风险降到更低水平，有必要进行净化处理。另外，从普及农村自来水，让水龙头入户考虑，也需要兴建适合当地条件的供水工程。在这种条件的地方，净水处理工艺可以比常规净水处理工艺大大简化，采用慢滤或微絮凝直接接触过滤等处理方法。它的适用条件是植被涵养水源能力强、原水浊度不高于 20NTU，其他指标符合《地表水环境质量标准》（GB 3838—2002）Ⅱ 类水、规模较小的单村供水工程。从发展的眼光看，这种简易处理方法要逐步改造成常规净水处理。慢滤加消毒的制水生产工艺流程如图 1-3-3 所示。

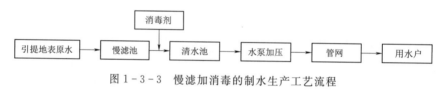

图 1-3-3　慢滤加消毒的制水生产工艺流程

第四节　农村水厂管理基本知识

做好水厂运行管理，不断提高水厂运行管理水平，首先要了解有关管理的基本知识。

一、水厂管理的概念和影响因素

（一）管理的概念

管理是人们群体生活、共同劳动中为了更好地组织、控制以实现既定目标而不可缺少的重要活动。管理活动十分复杂，涉及的领域十分广泛，有多个层面。在宏观层面，有政府行政管理、经济管理、社会管理等；在中观层面，有各个行业的专业管理，如水利、交通、电力等工程管理，工商企业管理，教育管理，公共卫生管理；在微观层面，有各类企业管理、事业单位管理、社区管理等。在各个专业内又衍生出许多管理分支，对水厂来说，包括水厂工程建设的项目管理，水厂建成后生产经营的财务管理，人力资源管理，设备药剂等采购与领用、存储管理，厂区保洁绿化、食堂等后勤管理等。各类管理的性质和职能，具有一定程度的共性。管理的本质是指在一定环境条件下，以人为中心，通过计划、组织、指挥、协调、控制以及创新等手段，对水厂组织所拥有的人力、物力、财力、信息等资源进行有序利用，实现水厂组织的既定目标。

管理具有自然和社会双重属性。自然属性表现为科学合理地组织生产力要素，处理和解决管理活动中的物与物、人与物之间的技术关系，如对适合作居民生活饮用的优质淡水资源的配置、城乡供水工程的规划布局、净水处理与消毒工艺选择、按照有关技术规范规程对工程设施运行维护等，这种管理活动反映了自然科学规律和技术规律的要求，不受社会的经济基础和上层建筑的影响。管理的社会属性表现为调整生产关系，调节人与人之间的经济利益关系，如工程设施资产权属界定，管理组织上下左右隶属权责关系，供水工程管理组织内机构设置与职责分工，运用工资奖金分配机制激励员工的积极性和创造力，这些都受社会管理规律、经济规律支配。

有一定规模的农村水厂，职工队伍少则几个人，多则几十人、上百人。对内，水厂运行需要多个专业工种、多个班组分工协作，厂长如何组织、引导、团结员工开展工作，激励员工工作积极性和创造性，为用户提供优质的供水和相关服务；对外，水厂需要协调好与外部，包括基层地方政府、行业主管部门、水库河道等水源管理单位、设备药剂生产厂家、村民委员会、用水户等诸多方面的关系。这些都属于管理职能之一——协调。什么是农村水厂管理？可以这样理解，它是指水厂管理组织中领导者行使计划、组织、指挥、控制等职能协调他人的活动，使相关人员同自己一起努力工作，实现水厂既定目标的活动过程。

（二）影响水厂管理的因素

水厂管理组织是管理活动的"载体"。影响农村水厂管理活动的因素有内部和外部两个方面。

（1）内部影响因素：①人，既包括管理主体——如厂长等管理者，也包括管理客体——被管理者，即水厂员工；②工程设施、仪器设备、药剂材料、供出的商品水和制水加工中所用技术，它们既是管理的客体，又是管理的手段和条件；③组织机构，为了完成管理任务，需要通过管理组织把相关人员组织起来，明确分工关系、管理方式，将管理任务与目标落实到每一个人和每一个工作环节；④信息，它是管理的媒介和依据，同时也是管理的客体，絮凝、沉淀与过滤等净水工艺过程中的流速、压力、时间、水量、原水水质、供水水质等各种数据信息的采集与处理，在水厂的管理活动中有着十分重要的作用，影响管理活动的方方面面和最终结果；⑤水厂的宗旨，表明水厂管理组织的任务和所有活动的指导思想。

（2）外部影响因素：①原水等制水生产原料的供应，包括随时在变化的来水水量与水质，以及间接相关的降水、径流，有综合利用任务的河流与水库调度管理等；②社会上劳动力就业形势变化，有一定技术业务专长的人才流动，影响着水厂能否吸引到人才、管理队伍是否稳定；③国家和地方的经济政策，关系最密切的是水价调整，用地、用电、税收优惠、财政补贴等政策；④制水科技进步，除了在净水消毒等方面每隔若干年就有新的研究成果和新的实用技术产生，近年来，信息化与自动化技术发展突飞猛进，极大地提高了制水供水生产的效率和效益；⑤国家或地区发展农村供水的任务要求，如脱贫攻坚、乡村振兴、农村现代化等；⑥社会环境条件，如农村居民对用水卫生的认识、生活用水习惯改变、付费用水的经济负担能力和心理意愿等。

水厂管理的核心是处理水厂管理组织中的各种人际关系，包括领导人与下属员工之间的关系，组织内部一般成员之间的关系。水厂管理者通过对人的管理，进而管理工程、技术、资金、产品、市场。因此，水厂管理既包括管人也包括管事，"管事"实质上也是通过管人来实现的。

管理是一门综合性很强的交叉科学，涉及数学（概率论、统计学、运筹学等）、社会科学（政治学、经济学、社会学、领导与决策学、心理学、哲学、法学等）、工程与技术科学（计算机科学、化学、物理学、材料学、工程技术等）。管理学有一套完整的理论、方法和规律，所有管理活动和方法的创新必须遵循管理的基本规律。管理具有一定的"艺术性"，管理者必须善于发挥聪明才智，因地制宜、灵活地运用管理知识和方法创造性地解决生产实践中遇到的各种复杂问题，每个水厂的管理者都可以创新性地总结出自己独有的管理经验，不应机械地照搬其他水厂的做法。

二、水厂管理的职能和手段

从不同水厂繁乱复杂千变万化的管理活动、方法与手段中可以概括出一些共性的东西。

（一）水厂管理的职能

所谓管理的职能，是指水厂管理的功能或作用，一般认为，它包括计划、组织、领导、协调和控制等几个方面。

1. 计划

"计划"是为具体行为制定一定目标及实现目标的程序、步骤和方法。其作用是对水厂生产和经营管理活动作出具有一定前瞻性和可操作性的安排，起到合理配置并充分发挥有限的原水、人力、资金、药剂、器材、设备和工程设施等资源的作用。周密和合理的计划，需要预测水厂未来一段时间发展变化动向或趋势，这样有助于管理者细分目标，落实工作方案及实施步骤，减少工作的盲目性和无序混乱。计划还可以作为管理者评价整个水厂、水厂内各职能部门、车间、班组和员工工作绩效的主要依据。厂长等高层管理人员主要负责制订计划，计划的实施则主要由中层与基层管理人员负责。

计划有多种。有3~5年的中长期发展计划（有时也称发展规划），还有更具体的年度或季度的近期工作计划。中长期发展计划包括预期实现的目标，发展战略、策略、拟采用的政策、实施步骤、措施、范围、时限和要求等内容。年度工作计划要与中长期发展计划任务目标衔接，要有更详细、更具可操作性的安排。主要针对当年的供水生产与营销任务目标、人力调配、设施维护等作出具体安排。在年度计划指导下还可以制定季度、月份的工作计划。计划必须尽量做到科学、合法、完整和有效。制订计划应坚持实事求是，从本水厂现有的实际条件和工作基础出发。制订计划需要分步骤进行，大体上分以下几步：①要对上一年工作目标任务完成情况进行认真总结，肯定成功的做法和经验，找出存在不足与原因；②要对近年来供水对象用水变化情况进行深入调查研究，对需求目标进行分类细化，在多个可能采取的计划方案中进行对比筛选、论证分析，选择最佳方案作为要实施的计划。制定出的计划是年度开展各项工作的指导和依据，要有严肃性，不能随意改变。当然计划也不能僵化得一点都不能调整，在执行过程中应根据主客观环境和条件变化，审时度势，适时调整、修改和完善。

2. 组织

"组织"职能在水厂管理中具有十分重要的地位。它是通过合理设置水厂管理组织结构和权责关系，妥善安排及分配水厂管理组织内不同层级，如各个职能科室、车间、供水站班组岗位之间的纵向隶属关系和横向配合关系，明确界定各自的职责，赋予相应的权利，配备适宜人员，把管理组织的总目标和总任务逐一分解，落到实处，形成有机的管理组织整体，使各个二级、三级单位之间信息沟通渠道通畅，管理组织内部运转协调有序，使一个个独立分散的人、财、物要素资源得到合理配置，构成有机的水厂整体。

3. 领导

"领导"是在一定条件和特定的组织结构中，通过指挥、引导、激励、组织活动，使内部成员为了实现共同目标及个人价值而努力的过程。领导是一个系统，由领导者本身、领导者的影响力、被领导者、领导环境和领导目标等若干基本要素构成。这几个要素之间的良性相互作用，构成了领导活动的过程。水厂领导者（厂长、公司董事长、总经理）的职位和权力来源于上级主管部门的任命，或公司股东代表大会选举。除了看到职位会带给领导者个人一定的权力，还要看到与之相应的责任和义务。此外，还有与职位无关的感召性权力，如领导者个人品质魅力、经历背景等。有时候，其业务专长或特殊技能也能带来特殊影响力。作为领导者，要有清醒的头脑，清晰的思维；善于观察事物，了解人、联系人、团结人，做到知人善任；他要有比一般员工更强的组织能力，办事能力；他要以身作则，作出榜样。领导既是广义管理活动中的职能之一，又是水厂管理组织的指挥者和领头人。"领导"与"管理"为同一个行为主体所并用，既有量的关系，又有质的区别，互为补充，互相转化。"领导"的重点是解决方向、目标、重大问题，特别注意从管理组织的长期发展提出任务、目标，作出决策，对下属和员工的思想和行为进行指导与激励。而"管理"的对象是人、财、物、时间、信息等资源支配和控制，挖掘潜力，工作重心是提高水厂效率和效益。"管理"偏重执行。

4. 协调

在水厂管理活动中，由于组织内不同成员所处岗位、承担的任务职责不同，看问题的角度有所不同，加上利益差异、沟通障碍和认识的不同，管理组织内部的上下左右之间、内部与外部之间难免会产生矛盾，需要及时、有效地协调化解。协调的手段形式有多种，包括法律的、经济的、行政的和思想文化的等等。不断调整管理组织各种关系和内在联系，加强机构和人员之间交流和沟通，增加理解和共识，是做好协调工作的基础。要建立并不断完善协调工作制度，将有效的沟通协调方法制度化，如定期召开生产运行碰头会、周例会等。在水厂经营活动中，经常出现水厂与用水户之间在供水用水数量、供水服务、水费成本测算、水费拖欠等方面的不同看法，甚至误解。这种差异的存在很普遍，也很正常。采取信息公开，举办水厂定期开放日，让用水户参观，不定期地召开用水户座谈会，增加水厂与用水户之间的理解、沟通和相互支持，有利于不断改进水厂管理和服务，增强用水户爱护工程设施和按时缴纳水费的积极性。

5. 控制

水厂的运行维护、经营管理活动要按照事先制定的计划和方案有序进行，在实施中有可能因主观原因或客观条件变化，出现偏离计划或原定方案的情况，这时就必须进行控制。控制与计划相伴而生，计划为控制提供衡量工作进展与成效的标准，控制是计划实施的有效保障。

"控制"是对管理过程的调节。具体内容包括依据管理组织工作计划和相关规章制度，对水厂管理组织内外各种活动和行为进行引导、约束、限制、监督、检查、评估和管控，发现偏差，及时采取措施进行纠正，以确保管理组织目标的实现。"控制"不仅在管理组织活动偏离计划时要采取纠偏措施，还包括在水厂内外环境条件发生突发重大变化时，对原计划作出重大修改。如水源情况的变化、供水区用水结构重大变化等都不得不对原计划进行修改调整。采用的各种控制措施要通过水厂内所有组织和成员去执行。"控制"这项工作通常没有专门的机构去做，而是贯穿水厂从上到下所有层次、所有单位都来参与。

（二）农村水厂管理的原则

管理工作的基本原则是水厂内各类组织进行管理活动所遵循的依据，是一般规律的体现。水厂管理的原则主要有以下几条。

1. 效益最优原则

水厂管理组织要根据原水、工程、工艺、用户等各种资源条件，通过优化管理，实现效益的最大化。它是所有管理活动的普遍准则。对水厂来说，要正确处理社会效益、经济效益、生态环境效益的兼顾和统一。作为供水企业和商品水生产供应者，生产经营管理活动无疑应当讲求经济效益，并以此为主线贯穿始终。但是作为承担着保障饮水安全等公共服务职责的水厂，又不能忽视或轻视社会效益，只算经济账，不讲政治。当经济效益与社会效益发生矛盾时，要把社会效益放在首位。考虑到单个水厂的自身经济实力和能力有限，如果由于服从社会效益而产生自身难以承受的经济损失，或者由于批准执行水价低于供水生产成本，产生政策性经营亏损，影响到员工的经济收入，队伍的稳定，甚至无法进行正常维修活动时，承担公共管理和公共服务主要职责的政府有责任"兜底"，通过多种途径给予补偿。

2. 人本原则

管理活动应当以人为中心，以发挥所有员工个人积极性、主动性和创造性为核心展开。依据以人为本原则，可以延伸出多个具体内容：①激励原则。除了满足员工的合理工资福利待遇、工作条件等物质需求，还要注意员工的理想追求、精神和情感交流沟通需求，用道德引导约束个人行为，培育和表彰先进、树立样板等活动都有利于激发员工的积极性和创造性。此外，利用网络、墙报、橱窗展板等宣传途径，给员工提供先进人物、先进科技等信息也可以成为激发员工努力工作的动力源泉。②行为原则。现代管理心理学强调，需要与动机是决定人的行为的基础。水厂要适时给员工提出新的目标和任务，新的目标任务完成了，个人需要也得到了满足，又会追求实现更新的目标，产生更新的需要、动机和行为，从而促使水厂产生不断进取的内生动力。③能力与权责相适应原则。每个员工都有自己的特长、优点和不足，要因材施用，把每个人放到最适合的位置上，形成相互配合、高效运转的整体。④纪律原则。没有规矩不成方圆，水厂为了有序运转，制定了各种纪律和行为规范，要求员工必须遵守，时间长了，就养成习惯，成为自觉执行力，违反了纪律就要受到处罚。

3. 因时、因地制宜原则和系统性原则

水厂的内外环境条件经常发生变化，应当依据变化随时调整自己的管理计划与管理方式，采用最适宜、最有效的方法进行管理。水厂制水生产与供水服务涉及许多环节，是一个完整的系统。管理活动应从管理组织的整体和系统分析来开展，进行系统的优化，根据水厂管理活动的效果和外部环境的变化以及准确、迅速的信息反馈，随时调整和控制管理系统的运行，以更好地实现管理组织的目标。

（三）水厂管理手段

管理手段是用来实现管理目标而使用的方法、途径和程序的总和。手段可归纳为经济手段、行政手段、法律手段、技术手段和宣传教育等手段。

1. 经济手段

经济手段是按照客观经济规律，运用价值工具、物质利益去影响水厂员工和用水户行为，从而促使管理目标实现的方法。经济手段可分为宏观与微观两个层面。宏观层面的经济手段主要指政府运用财政补助、信贷利率、税收优惠等手段调控农村供水事业发展。如政府对不同经济发展水平地区实行有差别的工程建设财政补助、贷款利率、贴息，还有对水厂运行经营亏损给予补贴等政策。微观层面的经济手段主要指水厂管理组织通过工资、福利待遇、奖金、罚款以及经营责任制定额管理等工具把管理组织中各车间班组或成员个人的利益同其工作业绩挂钩，调动其工作积极性，提高工作效率和质量。经济手段的特点是，它采用与人们切身利益密切相关的物质利益驱动，具有普遍性和持久性。

2. 行政手段

行政手段是指依靠行政组织的权力，运用命令、指示、政策、规定、条例、计划、监督、检查、协调等手段对农村供水发生影响的管理方法。其特点是凭借上下级之间的隶属服从关系，直接指挥下级工作。用行政手段进行管理具有权威性、强制性、垂直性、直接性、针对性和有效性等特点。它能确保管理系统保持集中统一，遵循统一的目标，服从统一的意志，在统一指挥下，统一行动，有效地行使管理职能。由于农村供水事业具有很强的公共性，行政手段成为政府在推动农村供水发展和行业管理中必不可少的主要手段。水厂负责人利用对下属的指挥、组织、引导的权利以及制定规章制度进行水厂内部管理，也可以理解为一种特殊的行政手段。行政手段的局限性是容易产生管理效率不高，增加管理成本等弊病。有时受部门、地区利益局限，会影响横向沟通、协调与配合。在水厂内部容易产生权力过分集中，甚至个人专断、滥用职权，不利于发挥下级单位和人员的积极性和创造性。

运用行政手段管理农村供水事业发展或水厂管理，应注意以下几点：①依法行政。在行政许可范围内行使职权。②管理活动必须符合农村供水发展客观规律，避免长官意志瞎指挥，要掌握适用范围和尺度，不能滥用行政手段。例如，产权归农村集体组织所有并负责运行管理的供水工程，具体采用哪一种管理方式，水费标准如何定等应该由农村集体组织通过召开村民代表会议，民主讨论协商，村民自主决策，地方政府和行业主管部门不应随意插手，包办代替，要尊重农民的自主权，可以通过宣传教育、说服、示范引导等方式影响这类工程的管理。③要与法规、经济等其他管理手段配合，综合运用。④权力与责任对应，建立责任追究制度，对于滥用权力，或行政管理中的失职渎职行为问责。⑤不断提高领导者自身素质和能力。

3. 法律手段

法律手段是指借助国家和地方制定的法律法规，调整农村供水管理组织内外关系，对供水管理各方面事务进行控制、指导和监督的管理方法。法律法规具有强制性、规范性。我国的《水法》《水环境保护法》以及多部技术规范规程等都从不同侧面对饮用水源保护和供水活动作出了规定。除了国家和地方颁布的法律法规，水厂经营管理组织内部，如股份制公司董事会讨论通过的公司章程、管理办法，事业管理单位经政府或上级主管部门批准的水厂管理规章制度、村民代表会议讨论通过的村规民约等，是水厂资产产权所有者和管理者意志的体现，严格执行这些规定也属于法律手段。出现供水工程资产、管理保护范围、用地、水费计收、服务合同违约等矛盾纠纷，如果用协商调解等其他方法解决不了时，可以采用法律手段，请求司法机关进行仲裁。

4. 技术手段

技术手段是指采用先进、实用净水消毒技术、信息化与自动监控技术等在内的各种工程技术手段，提高水厂管理能力与效率、降低制水生产成本的管理方法。它是水厂日常运行管理中每天都实实在在地大量使用的管理手段，这方面的内容在本书有关章节分别进行介绍。

5. 宣传教育手段

宣传教育手段是指借助社会学和心理学原理，运用宣传教育、说服沟通，启发提高员工思想觉悟，引导其行为动机，满足其心理需要，使其自觉地按照管理者意愿行动。水厂管理首先是对人的管理。人是有思想、有感情的。思想和感情会影响、支配人的行为。人又是生产力诸要素中最积极、最活跃的要素，是管理系统中最重要的要素。广泛、深入、有效地宣传教育和思想政治工作，以及党员和领导者的模范带头作用，能为管理提供统一的思想基础，同时也促使员工队伍的思想道德素质不断提高。宣传教育要努力做到理论与实际相结合、解决思想问题与解决实际问题相结合、物质鼓励与精神激励相结合。宣传教育的形式要充分考虑水厂自己的条件和特点，灵活多样，富有人情味。思想工作要以正面教育为主，采用说理教育与形象教育、灌输与疏导、感化教育与养成教育、宣传教育与典型示范等多种形式和方法。水厂领导者要学习现代管理理论中的行为科学理论，运用好人的需要、动机、目标和行为四者之间关系的激励理论，使绩效考评建立在科学理论基础上。

三、农村水厂管理的内容

农村水厂运行维护与经营管理工作的内容很多，大致可归纳为如下三个方面。

1. 组织管理

组织管理的主要内容包括：选择并建立适合本水厂条件和特点的精干高效管理组织，明确组织内的领导岗位、各科室与车间班组的权力与职责；建立健全各项管理规章制度，运用检查、指导、管控、监督等方法促使规章制度得到认真贯彻执行；选聘员工、引进人才、合理使用人才、留住能人，采用培训、提拔、激励、奖罚约束等方法提高员工的业务能力和素质，调动他们的工作积极性和创造性，增强水厂运行管理队伍的凝聚力和战斗力；协调好与当地乡镇政府、村委会的协作与配合工作关系，作好与用水户的沟通联系，密切供用双方关系，为良好的供水服务提供组织保障。

2. 生产管理

水厂的生产管理主要包括：做好饮用水水源地环境卫生保护，防止水源枯竭和遭受污染；根据水源来水与供水需求变化，合理调配生产劳动组织和人员，建立稳定、顺畅的生产秩序；按照运行操作规程要求巡查、监视制水生产工艺流程中各项指标，根据原水水质和出厂水、管网末梢水水质变化情况、管网系统压力变化情况，及时调整运行管理技术参数；进行原水水质和出厂水水质检测，保障供水质量；按照工程设施维护规章制度规定，对絮凝、沉淀、过滤、药剂投加等设备、构筑物和管网等工程设施进行定期或不定期维护与检修，保证所有设施处于良好状态；认真填写生产运行日志、检修记录；严格执行安全生产管理各项制度，做好药剂、备品备件等物资管理和水厂环境卫生、后勤保障等工作；制定并实施事故预防和突发事件应急处置预案；定期整理分析技术资料，从中总结经验和规律。

3. 经营管理

作为商品水生产者的农村水厂，改进和加强经营管理是水厂管理工作主要任务之一。经营管理的主要内容包括：观察分析当地居民生活用水和二三产业发展对水的需求变化，随时调整制水生产，促进供水用水结构优化，在保证居民生活用水前提下，增大非生活用水量所占比重，为改善财务收支状况创造条件；做好供水预测和供水计划编制，组织实施供水计划；采用灵活多样、适合本厂条件的经营管理模式，进行岗位管理责任和经营绩效考核；执行有关财务制度，做好供水成本测算，严格控制供水生产成本和费用，配合有关主管部门推进水价改革，做好水费计收，努力增加收入，提高水厂经济效益；千方百计提高供水服务质量，提高用水户满意程度；开展水厂绩效监测评估等。

四、农村水厂规范化管理的基本要求

根据行业主管部门的要求，规范化水厂管理要做到如下几点。

1. 设施良好

水源水量充沛，水质优良，水源保证率95％以上；水厂布局合理，净水工艺与水源水质相适应，输配水管道与调节构筑物、机电设备、计量设施、管理用房等设施齐全完好。

2. 管理规范

管理机构健全，具有独立法人资格；岗位设置合理，关键岗位人员（水质净化，水质检测和水厂负责人）技术和管理技能符合水厂运行管理要求，经培训合格后上岗；规章制度健全，建立生产运行、水质检测、维修保养、计量收费、安全生产等制度。

3. 供水达标

依法划定饮用水源保护区或保护范围，设置标志牌；供水入户，水量达标，每天24h不间断供水；做好出厂水日常检测；供水水质符合国家《生活饮用水卫生标准》（GB 5749—2022）要求，供水水质达标率95％以上。

4. 水价合理

水价制度健全可行，实行"两部制"水价和阶梯制水价；执行水价达到成本水价，执行水价未达到成本水价的落实财政补贴，保障工程良性运行；用户用水计量设施完善，实行计量收费，水费收取率达到 95% 以上。

5. 运行可靠

供水水质、水量、水压等指标符合相关标准和办法要求，管网漏损率低；落实工程维修养护经费，按规范要求开展供水设施设备日常保养、管网维护养护；建立维修养护队伍，储备维修养护物资；制定应急供水预案；防止发生重大运行事故。公布水厂服务电话和责任人，出现供水问题能及时得到联系，供水服务到位；用水户对供水水量、水质、水价和服务等满意，满意度达到 95% 以上。

第二章　农村水厂管理体制

我国农村供水工程数量众多，合计有近千万处，约94%为分散式供水，为农民自建自管自用，其余6%为集中式供水，日供水规模从几吨、几十吨到千吨万人以上。供水工程规模大小和农村居民的用水习惯直接影响着水厂管理方式和管理制度的选择。

第一节　农村供水管理体制改革思路

一、农村供水管理体制概念

管理体制是指管理系统的结构和组成方式，包括采用什么样的管理组织形式以及如何将这些组织形式结合成为一个运转协调、灵活高效的系统，并以什么样的手段、方式来实现管理的任务和目标。管理体制的核心是管理机构的设置、不同层级管理机构的职权与责任划分、它们之间如何分工协作、高效地开展工作。农村供水行业整体的管理体制指国家、省、市、县有关主管部门相互间权责关系及它们与水厂的隶属关系与职责划分。村镇水厂管理体制是指水厂管理组织形式、机构设置、职权划分、组织制度和工作方式等体系和制度的总称。有时人们将管理组织的具体工作方式划分出来，称为"管理机制"或"运行机制"。体制与机制合在一起，统称管理体制与机制。水厂管理体制改革是针对水厂产权模糊、管理组织不健全、上下级之间权责划分不清、组织内部管理责任不落实、管理人员工作积极性不高、队伍能力不强等问题，从体制的系统性上进行变革创新。

县在农村供水发展中扮演十分重要的角色。县水利局与发展和改革委员会、卫生健康委员会、财政局等有关行政部门之间，各行政主管部门与县农村供水管理总站（服务中心）等事业单位之间，各有关行政、事业单位与作为企业的农村水厂之间的隶属和权责关系必须理顺，如果关系不顺，就会责任不清，相互扯皮，需要处理的事没人管，有些工作没完成好，该追究谁的责任，并由谁负责解决，说不清楚。具体到某个水厂管理单位，它的内部机构与岗位设置和人员安排是否合理，职责是否清晰，各科室横向之间、科室与班组纵向之间分工配合是否灵活协调，都直接影响着水厂生产经营活动，管理体制是关系水厂诸多管理工作的基础性问题。

二、农村供水在农村经济社会发展中的功能

就单个水厂来说，由于供水对象和用水结构不同，不同水厂之间经营管理活动的目标任务和管理方式差异很大，因此要从整体上认识农村供水事业在农村经济社会发展中具有的功能。

（1）供水工程承担着服务区内居民生活必需品之一——饮用水的供应任务。除了喝的

水，每天必不可少的刷牙、洗脸、洗澡、洗衣服等生活保洁卫生，以及淘米、洗菜、熬粥、蒸饭等餐食加工，再到桌面、窗玻璃等擦抹清洁、室内外花草种植绿化美化，日常生活的方方面面几乎无时无刻都离不开水，饮用水具有不可替代性。在现代社会，衡量居民生活水平和质量高低的首要标准之一，是能否得到洁净、方便并在经济上负担得起的饮用水供应。农村供水对保持农村社会稳定，促进农村各项事业有序发展有着举足轻重的作用，是农村经济社会发展各项基础设施和公共服务的重中之重。

（2）受降水量多少及均匀程度影响，我国不少地方，尤其是降水少、地形地质条件复杂的山丘区、边远地区，每年都会发生季节性干旱带来的饮水困难问题，它不但让普通老百姓焦虑发愁，四处奔波找水、挑水、拉水，也成为地方政府高度关注和基层干部必须解决的重要问题。农村供水具有抵御干旱灾害、减轻灾害损失的功能，是农村防灾减灾综合保障体系的重要组成部分。

（3）农村供水在地方乃至国家公共卫生和疾病预防控制体系建设中扮演着重要角色。普及农村自来水，不但让农村居民用上洁净放心、符合卫生标准的水，还有助于促使他们养成勤洗手、洗澡、洗衣物等卫生生活习惯，能有效地减少痢疾、腹泻等肠道疾病的发生和传播，减少或杜绝因饮用高氟、高砷水产生的氟砷中毒等地方病。据2017年调查资料，在过去已解决数千万饮用高氟水人口的基础上，当时全国还有约1000万农村居民饮用水含氟量超标，4000多万人饮用水铁锰超标，近300万人饮用水砷含量超标，9000多万人饮用水遭受污染，900多万人饮用有可能感染血吸虫病的疫区地表水。长期饮用不符合卫生标准水的最容易受到伤害者是妇女和儿童。高质量的乡村观光旅游，要求用上洁净卫生的自来水，这也间接惠及城市居民，有利于国家疾病预防控制和公共卫生安全体系建设。

（4）农村供水承担着巩固精准扶贫成果、防止脱贫人口返贫的任务。我国脱贫攻坚要解决的农村贫困人口中，有相当一部分是因水致贫。在西北、华北一些干旱缺水和西南石漠化地区，许多农户家中主要劳动力要占用大半天时间到几里、几十里远的地方找水、背水、拉水，有的花高价买水。解决吃水难问题成为生活中的沉重负担，他们很难有时间和精力顾及发展家庭种植和养殖，无法安心外出打工挣钱。符合一定技术标准的农村供水工程，使祖祖辈辈困扰农民的老大难问题迎刃而解。目前农村贫困人口饮水不安全问题已获得解决，但巩固这一成果的任务还十分艰巨，需要长期继续努力。

（5）农村供水是发展乡村第二、第三产业、繁荣农村经济不可缺少的基础设施。农村供水在改善农村居民生活饮用水供应条件的同时，也为规模化畜禽养殖、农副产品加工、乡村旅游等乡村企业用水提供服务，有利于增加农民在当地的非农就业机会，增加农民经济收入。多数规模较大的水厂，都承担着为村镇企业供水的任务，成为地方支柱产业和经济发展必不可少的基础保障。农村供水除了显著的社会功能、社会效益外，还具有一定的经济功能和经济效益。作为水厂经营管理者，要千方百计创造条件，优化供水用水结构，挖掘水厂经营潜力，增加生产用水比重，提高水厂良性运行能力。

（6）发展农村供水事业是实施乡村振兴战略、建设美丽乡村、加快农村现代化进程的重要抓手。自来水的普及，使农户可以使用太阳能热水器洗澡、洗衣机洗涤衣物、马桶冲厕，它不仅加快普及各种家用电器，拉动农村消费，还改善了农村人居卫生环境，促使农民养成讲卫生的生活习惯，让家庭成员有更多时间和精力参加音乐、体育、文化娱乐活动。农村自来水的普及，有利于年轻人扎根农村创业。农村供水还为消防救火、村镇道路洒水降尘、绿化美化等景观用水提供了条件。靠近城镇的地方，城镇供水管网向农村延伸，实行城乡供水一体化，有利于缩小城乡差别。所有这些，都起到了加快农村现代化进程的作用。

三、农村供水事业的基本属性与政策价值取向

农村供水基础设施提供的是维持农村居民生存和日常生活正常进行的必需品，这种需求是基本的、共同的、与生俱来的，它没有替代品。农村供水是农村社会存在与经济发展的先决条件，在农村道路、供电、通信等各类基础设施中，农村供水排在最优先的位置。供水既有非竞争、非排他的公共服务与公共物品属性，又有从事商品水生产供应，促进第二、第三产业发展，能为社会创造物质财富和经济价值的特殊产业属性。两种不同的属性并存于同一事业中。

（一）农村供水具有明显的公共物品属性，但它又不是纯粹的公共物品，公共物品与私人消费物品属性并存

公共物品是指那些可以让社会成员共同使用、享受或消费，不需要或不可能让使用者或消费者按市场方式分担补偿其成本费用的产品。农村领域的公共物品大体上有两类：一类是基础性的纯公共物品，如中小学义务教育、疾病预防控制、村镇道路、天气预报、路灯照明、防洪除涝、消防等；另一类是准公共物品，如供水、供电、通信、灌溉、医疗保健等。准公共物品在一定程度上具有私人消费物品的特征，可以在合理范围内用市场方式向消费者收费，以补偿一部分甚至全部成本支出。农村供水属于比较典型的准公共物品。

强调农村供水兼有公共物品和个人消费商品属性的理由如下：

（1）农户享用的饮用水和相关的各项服务，虽然在某种程度上具有私人消费性质，但它不是一般的私人物品、私人消费、私人事务。发展农村供水的目的是满足一定区域范围所有农户的共同需要，而不是某一部分人的个别需要，追求的是社会大众的共同利益，而不是某个人、少数人的私利。农村供水是农村最主要的民生工程之一，它要满足所有农村居民对饮用水的共同需求。供水的收费标准，要么由政府审批，要么由村民民主协商决定，种种条件限制了它的营利空间，甚至根本无法营利。以追求营利为目的的私人企业一般对这一领域不感兴趣，市场机制只能在一定条件和有限范围内发挥作用。保障一定区域农村供水的责任主体是负责公共管理和公共服务的地方政府。

（2）数量众多的单村、联村供水，是一种特殊的农村社区公共物品，工程设施产权归村委会或农民用水者协会等集体组织所有，社区内村民以主人的身份行使法律规定的权利，并承担相应的责任义务，采用互助合作、民主协商方式，共担责任，共享服务。工程建设期间，村民要在力所能及的范围内投劳出资，在规划、施工质量及运行管理等多个环节积极参与，享有知情权、参与权、管理权、监督权。在供水设施运行管理上，政府的角色是引导、扶持、服务、监督。

（3）在强调农村供水公共物品属性的同时，还要认识到，农村供水提供的自来水，具有商品属性，供水工程具有一定的可经营性，应当并且可以收费。用水户付费才能享有满

足自己消费需求的权利，在某种程度上它与人们在市场上购买其他个人消费物品有相似性。既然是商品，就要尽可能运用价格杠杆，通过收取水费补偿水厂运行维护的损耗，努力做到收支平衡，建立起能保障水厂持久发挥效能的良性运行机制。政府的公共财力资源也是有限的，不能无限度地包揽所有的公共服务。当然，水厂供出的水不是一般商品，属特殊商品，其价格或收费标准要接受政府监管。对于有一定规模、企业生产用水占比重较大的水厂，非生活饮用水水价定价原则与生活饮用水不同，不但要补偿制水生产成本和费用，缴纳国家规定的税金，给私人投资合理利润回报，如果工程建设期间有社会融资，还要在运行期间偿还金融机构贷款本金和利息。

（二）农村供水政策价值取向

就农村供水事业整体而言，它的政策价值取向和基本属性很难用"公益性"还是"经营性"这样一种单一属性准确表述，要根据不同地区、不同类型工程的具体情况做具体分析。但不管哪类工程，共同的特点是都具有鲜明的基础性和公共属性，属于农村准公共基础服务和准公共物品范畴。在生产经营活动中，必须正确处理好社会效益和经济效益关系。当社会效益与经济效益发生矛盾时，应当把社会效益放在首要位置，因为它的基本定位是民生工程，这是制定农村供水政策，深化农村供水管理体制和运行机制改革应当坚持的价值取向。

四、农村供水管理体制改革思路

2019 年 7 月习近平总书记主持召开中央全面深化改革委员会第九次会议，会议审议通过了《关于深化农村公共基础设施管护体制改革的指导意见》。会后，国家发展和改革委员会及财政部联合印发了该文件（发改农经〔2019〕1645 号）。意见明确规定，农村公共基础设施包括农村水电路气信以及公共人居环境、公共管理、公共服务等设施。该文件对农村供水管理体制改革具有很强的指导作用。

学习领会该文件精神，结合农村供水实际，我们认为农村供水管理体制改革要点包括以下几方面：

（1）指导思想与基本原则。

1）指导思想：以实施乡村振兴战略为总抓手，以推进城乡融合发展为目标，在全面补齐农村供水公共基础设施短板的同时，改革创新管护机制，构建适应经济社会发展阶段、符合农业农村特点的农村供水基础设施管护体系，全面提升管护水平和质量，切实增强广大农民群众的获得感、幸福感和安全感。

2）基本原则：城乡融合、服务一体。实现城乡供水公共基础设施统一规划、统一建设、统一管护；政府主导、市场运作。在强化政府责任的同时，充分发挥市场作用，引入竞争机制，鼓励社会各类主体参与农村公共基础设施管护；明确主体、落实责任。按产权归属落实管护责任，统筹考虑政府事权、资金来源、受益群体等因素，合理确定管护主体，保障管护经费；因地制宜、分类施策。根据各地区经济社会发展水平和不同类型农村公共基础设施特点，科学制定管护标准和规范，选择合理管护模式；建管并重、协同推进。先建机制，后建工程，统一谋划建设、运营和管护，建立有利于长期发挥效益的体制机制。

（2）明晰并落实各方管护责任。县级政府是农村公共供水基础设施管护的责任主体，乡镇政府履行属地管理职责，省、市级政府应为县级政府履行责任创造有利条件。地方各级政府要在明确财政事权、支出责任和各类设施所有权、经营权、管理权的基础上，按照中央与地方财政事权和支出责任，明确各自改革要求，编制农村公共基础设施管护责任清单，明确管护对象、主体和标准等，建立公示制度。

各有关行业主管部门要承担监管责任。水利部门要制定管护制度、标准和规范，明确管护目标、质量要求、管护方法、操作规程及应急保障机制等，加强培训和监督管理，建立设施管护评价体系，推进管护信息化、智慧化，促进供水设施安全有效持续使用。

村级组织要承担所属公共供水基础设施管护责任。如果委托村民、农民合作社或者社会力量等代管，村民自治组织要承担监督责任。

农民群众是农村公共供水基础设施的直接受益主体，应增强主动参与设施管护意识，自觉缴纳有偿服务和产品的费用。探索建立农民用水者协会，鼓励采用"门前三包"、党员责任区、文明户评选等形式，引导农民参与村内供水设施管护。

（3）按照非经营性、准经营性、经营性分类，建立健全管护机制。对于经营收益不足以弥补建设和运营成本的准经营性供水设施，按照权属关系，由运营企业、地方政府或村级组织负责管护。地方政府和经济实力强的村，根据实际情况对运营企业予以合理补偿，运营企业应控制成本、提高效益。

（4）梯次推进城乡供水一体化。

通过统一管护机构、统一经费保障、统一标准制定等方式，将城市公共供水基础设施管护资源、模式和手段逐步向农村延伸。

（5）完善相关的管护配套制度，包括产权管理制度、设施建设与管护机制同步落实制度、市场化、专业化管护制度等。

（6）优化多元的资金保障机制，包括建立政府投入稳定增长机制、拓宽管护经费来源渠道、完善使用者付费制度。例如，土地出让收入、政府和社会资本合作、村级组织提取公益金、村民"一事一议"制度、探索公共基础设施灾毁保险等多种途径。

（7）实施上述改革举措要加强组织领导、强化监督考核、抓好试点示范和注重宣传引导。

五、案例：某县级市农村供水集中统一管理做法

（一）该市基本情况

该市国土面积 618km²，管辖 14 个镇（办事处），409 个村，农村人口 42 万人。2009 年以来，通过国家安排的农村饮水安全工程建设，先后建成 11 处集中供水工程、1 处联村供水工程和 40 处单村供水工程，覆盖 405 个村，总供水规模达 3.2 万 t/d。农村自来水普及率达 99%，实现一户一表计量收费，水费收取率在 95% 以上，取水工程多为机井抽取深层地下水。

（二）建立运行管护机构

配备人员，落实管护责任，2009 年市编制部门批准成立了市城乡供水管理站，属于独立核算、自收自支事业法人单位，负责全市集中供水水厂和单村水厂管理。目前管理站有职工 60 人，平均每个水厂 6～7 名工作人员，均设有经理、会计、出纳、运行工等岗位，岗位职责分工清晰明确，值班、维修抢修、水费收缴都有专人负责。每村安排1~2名农民管水员，负责协助水厂和单村工程收取水费。

（三）完善制度，加强规范化管理

2010年市政府出台了《农村统一供水管理办法》，对水源保护、工程建设和设施维护、供水经营、运行管理、法律责任等作了明确规定，使水厂和单村供水工程管理都有章可循。水厂实行经理负责，经理、财务、值班带班、维修抢修等各岗位职责都有明确要求，不定期检查履职情况，定期考核。2020年3月经市政府批准，颁发了《组建市农村饮水工程管护机构实施方案》，进一步明确细化了管护机构，管护标准，管护制度，使供水工程运行维护管理工作更加科学、规范、制度化。

（四）多措并举，提高保障能力

①加强维修抢险队伍建设。各水厂都明确了抢修人员，建有应急物资仓库，确保6h完成抢修，同时与两家企业订立供水抢修服务协议，保证遇到大的突发事件或事故，能拉得出、用得上，企业对各水厂及单村工程定期进行检修，发现问题及时处理。管理站配备了两台应急供水车，遇有断水事故，保障居民的基本生活用水。②引进智能计量设施，已完成五个村3000余农户和部分企业商户无线蓝牙远传智能预付费的水表安装，实现了手机扫码交费，提高了计量的精确度，方便了用水户交费，为更大范围打造智能收费体系积累了初步经验。③定期开展宣传活动，提高服务水平，公布24h服务热线，方便公众咨询、缴费、投诉和办理其他事项。

（五）健全运行机制

①依据国家有关部门政策规定，从2015年起设立了农村饮水安全工程维修管护资金，纳入财政预算，每年财政安排给供水管理站一笔钱。2019年达150万元规模。单村供水工程的维修管理费原则上从各村水费中提取，遇有重大维修及机电设备损坏，需要大修理或更新时，由村民委员会向城乡供水站提出资金补助申请。②各水厂严格按物价部门批准的水价收取水费，全市农村水费收入每年1000余万元。③加强水质检测，市建立了农村供水水质检测中心，按水质分析实验标准要求，配备了5名专职检测人员及检测仪器设备，具备34项指标检测能力，承担各水厂水源水、出厂水、管网末梢水的日常巡检和定期检测。同时聘请具有CMA认证资质的水质检测机构，定期进行供水水质抽检。

（六）倾情扶贫，不漏一人

市投资150万元为450户贫困户免费接通自来水，免收贫困户正常生活用水水费。全市集中供水水厂及单村供水工程服务范围内的贫困户全部用上了自来水。

（七）存在问题

早期建设的供水工程部分管网老化漏损大，维修材料成本加大，人员开支增加，目前水价仍偏低，水厂财务收支矛盾日趋尖锐，经营困难。

（八）下一步打算

继续实施农村生活用水置换，全部水厂与南水北调水厂管网连通，将40个单村供水工程管网并入集中供水管网，加快推广智能计量收费，理顺村级管水员关系，向政府建议加大财政对维修资金的补助力度。

第二节　农村水厂管理组织形式

一、水厂管理组织形式分类

除了农户自建、自用的水池、水窖、小口径机井、手压泵（井）等分散式供水工程外，无论规模大小，几乎各类承担公共供水服务职责的集中式供水工程，都涉及管理方式和管理组织形式的选择问题。有些单村供水工程具体运行维护管理责任人可能只是一个人，但作为产权所有者和管理责任主体的村民委员会或农民用水者协会仍属于管理组织。至于企业性质的水厂或供水公司，参照企业管理方式进行管理的事业单位，都涉及管理单位性质、管理组织结构、管理组织内部运转方式，它们都属于管理体制问题。

水厂管理组织是工程设施所有者或投资人为了使已建成的供水工程按照有关制度规定正常运行，发挥其预期效能，按照一定规则组建的供水生产经营服务实体。其特征包括有特定目标、有不同层级和相应权利责任的管理制度、有分工合作协调配合，以及由人建立、以人为主体的系统。供水工程经常采用的管理组织形式，大致有三类，分别是企业组织、事业单位组织和农村集体（农民用水者协会）组织。

二、水厂的企业组织形式

企业是指为满足社会需求、以营利为目的，运用土地、水、劳动力、资本、技术和企业家才能等各种生产要素向市场提供商品或服务，实行自主经营、独立核算、自负盈亏、依法设立的法人或其他社会经济组织。企业是现代社会的基本经济单位，也是市场经济活动的主要参与者。在社会主义市场经济体制下，多种企业组织形式并存，共同构成社会主义市场的微观经济基础。

供水企业组织形式是指供水企业存在的形态和类型，它反映了企业的性质、地位、作用和行为方式，规范了企业与出资人、企业与债权人、企业与政府、企业与企业、企业与职工等内部与外部关系。供水企业组织形式必须与国家的社会制度、生产力发展水平相适应，同时要充分考虑企业所属行业的特点。在选择确定供水企业组织形式时，要考虑税收、利润和亏损承担方式、资本和信用的需求程度、企业的存续期限、投资人的权利转让、投资人的责任范围、企业的控制和管理方式等因素。

供水企业无论采用何种组织形式，都具备两种基本的经济权利，即所有权和经营权，它们是企业从事经济运作和财务运作的基础。

（一）企业组织分类

企业根据其资本构成、责任形式和企业在法律上的地位进行分类。根据目前适用的几种登记注册管理法规，供水企业分成三大类：独资企业、合伙企业和公司。

按照经济类型，供水企业可分为国有企业（全民所有制企业）、集体所有制企业、私营企业、股份制企业、联营企业、中外合资经营企业、外资企业等。目前实行企业管理的农村水厂，除了没有外资企业，上述各种企业类型基本都有，以国有、集体、股份制三种形式为主。

企业还可以按规模大小划分，如大型企业、中型企业、小型企业、微型企业。在农村供水行业，通常以供水规模（千吨万人以上）作为水厂大小的划分界线。这里的"大"与一般所说的大型企业不是一个概念。

1．个人独资供水企业

个人独资企业是指由一个自然人出资兴办水厂，出资人是水厂产权的唯一所有者，他可以自行经营管理水厂，也可以委托或聘用其他有民事行为能力的人具体负责水厂经营管理事务。按产权归属性质，它属于私有性质。水厂厂长可以按照自己的想法经营水厂，独自获得全部经营收益，同时以其个人财产对企业债务承担无限责任。这种企业在法律上是自然人，不具有法人资格，无独立承担民事责任的能力。但它是独立的民事主体，可以以自己的名义从事民事活动。

《中华人民共和国个人独资企业法》对个人独资企业的设立、管理、权益、责任等作出了一系列具体规定：企业要有合法的名称、有固定的生产经营场所和必要的生产经营条件、有必要的从业人员、有投资人申报的出资。这类水厂组织结构与决策程序简单，人员队伍精干，经营管理制约因素少，不需要向社会公开账务，税后利润归个人所得。水厂经营管理的成与败之后果，理论上完全由个人承担。但实际上，作为涉及当地百姓日常生活饮用水供应的垄断性企业，真正出现资不抵债、有倒闭风险时，作为社会公共服务监督管理者的政府，要履行监管责任，采取措施保障老百姓的生活用水供应。个人独资企业的局限性是企业老板要对水厂的债务负无限责任。当水厂为了改善经营状况、扩大生产规模和供水市场时，往往受行业主管部门制定的区域供水总体规划限制。同时，作为关系农村居民基本生活保障的自来水，属特殊商品，水价受到政府监督控制。水厂经营能否获利，存在一定风险。此外，水厂的生产经营和发展常常受到资金和老板个人经营管理能力的制约。

2．合伙制供水企业

合伙制企业是由两个或两个以上的自然人、法人和其他组织共同出资，通过签订合伙协议（合同），共同经营，共担风险，财产归出资者共同所有的企业组织形式。合伙企业又可分为普通合伙企业和有限合伙企业。普通合伙企业由普通合伙人组成，合伙人对合伙企业债务承担无限连带责任。有限合伙企业由普通合伙人和有限合伙人组成，普通合伙人对合伙企业债务承担无限连带责任，有限合伙人以其认缴的出资额为限，对合伙企业债务承担责任。法律规定，国有独资公司、国有企业、上市公司以及公益性的事业单位、社会团体不得成为普通合伙人。设立普通合伙企业，应当有两个以上合伙人，有书面合伙协议、有合伙人认缴或实际缴付的出资，有合伙企业名称和生产经营场所。合伙人的出资可以是资金或其他财产，也可以是权利、信用或劳务等。合伙企业的合伙人之间是一种契约关系，结构不大稳定。合伙企业不是法人，企业生产经营所得和其他所得，按照国家有关税法规定，由合伙人分别缴纳所得税。合伙人对企业所欠债务须承担无限和连带责任。

合伙制企业的水厂同样具有个人独资水厂在经营管理方面的优势，在筹集资金能力、管理决策、管理能力等方面比个人独资水厂优势更多一些，有利于水厂的发展。但是合伙人之间能否有效沟通、协调和配合，不一定永远都十分默契。当出现意见不一致，或者产生隔阂矛盾、利益冲突时，若处理不当，会影响水厂经营管理决策，甚至影响水厂的正常生产和经营。某个合伙人转让其所有权时，需取得其他合伙人的一致同意，必要时还须修改合伙协议。因此，合伙人在合伙企业中的所有权转让比较麻烦。水厂经营的主要风险同样是水价受政府控制，营利能力不完全取决于经营管理者的能力和业务水平，发展规模也在一定程度上受制于外部环境。

3. 公司制供水企业

公司制供水企业是指依照《中华人民共和国公司法》设立，由法定人数以上投资者或股东出资组建，有独立的注册资产，自主经营、自负盈亏，享有民事权利、承担民事责任的供水经济组织。公司制供水企业在法律上具有独立的法人资格，可以将所有权和经营管理权分离。更能适应市场经济的需要，是现代企业制度的主要形式。

公司制企业的主要优点：①容易转让所有权，提高了投资人资产的流动性；②只承担有限债务责任，降低了投资者的风险；③企业可以无限存续，在最初的所有者和经营者退出后仍然可以继续生产经营。这些优点使得企业融资渠道较多，容易筹集企业发展所需资金。

公司制企业的缺点：①双重课税，即作为独立法人的公司利润要交企业所得税，公司利润分配给股东后，股东还需缴纳个人所得税；②公司法对组建公司的要求比建立个人独资或合伙人企业高；③公司资产所有者与经营者分开后，有时经营者可能为了自身利益伤害委托人利益。

按照公司设立方式、管理要求和对外承担债务责任形式的不同，公司制供水企业分为有限责任公司和股份有限公司两类。

有限责任公司能向社会发行股票，公开募集资金，它只能由 1 人以上 50 人以下的股东集资组建，注册资本最低限额为人民币 3 万元。股东可以用货币出资，也可以用实物、知识产权、土地使用权等出资，还可以用货币估价并可以依法转让的非货币财产作价出资。股东按照实际出资比例分配红利，其资本无须划分为等额股份，股东在出让股权时受到了一定限制。股东可以是自然人，也可以是法人，如果以国有资产出资设立，只有 1 个股东，它就是国有独资有限责任公司。

有限责任公司的组织结构设置比较简单，可以通过章程约定组织机构形式，较大公司股东以其认缴的出资额为限，对公司承担责任。组织机构为股东会、董事会和监事会，规模较小的公司，可以只设股东会、执行董事和监事。公司成立后，股东不得抽取出资。在有限责任公司中，董事和高层经理人员往往具有股东身份，公司所有权和管理权的分离程度不如股份有限公司那样高，有限责任公司的财务状况不必向社会披露，公司建立和解散程序比较简单，管理机构也比较简单，比较适合中小型供水企业。

股份有限公司由两人以上 200 人以下发起、出资设立，注册资本最低限额为人民币500 万元。股东人数没有最高限额限制。股份有限公司的组织机构设置要求较高，必须规范化设立董事会、监事会，定期召开股东大会。上市公司还要聘用外部独立董事。股份有限公司全部资本分为等额股份，股东以其认购的股份为限，对公司承担责任。股东可以自由转让其持有的公司股份，任何投资者都可以通过购买股票而成为该公司的股东。股东会由全体股东组成，是公司的权力机构，依照公司法行使职权。股东会会议由股东按照出资比例行使表决权，股东会的议事方式和表决程序，除公司法有规定的外，按公司章程规定执行。

(二) 现代企业制度

现代企业制度不是泛指现代社会经济活动中所有的企业制度，它专指以完善的企业法人制度为基础，以有限责任制度为保证，以公司企业为主要形式，以产权清晰、权责明确、政企分开、管理科学为条件的新型企业制度。主要内容包括企业法人制度、企业自负盈亏制度、出资者有限责任制度、科学的领导体制与组织管理制度等，这些制度可归纳为现代企业产权制度、现代企业组织制度和科学的管理制度。

1. 水厂现代企业产权制度

企业是在一定的财产关系基础上形成的，企业在市场上所进行的物品或服务的交换，实质上也是产权的交易。

所谓产权，是财产权利的简称，包含了占有权、使用权、收益权和处分权等一组权利的整体，从这个意义上讲，产权的总和相当于所有权的概念。在这组财产权利中，所有权处于核心地位，其他一切财产权利都是从所有权中衍生出来的。但是产权并不完全等同于所有权，在所有权内在权能发生分离的情况下，所有权就只是产权的一种，而不是唯一的表现形式。产权具有排他性。清晰的产权有助于保障产权主体的合法权益，他人不得侵犯，能维护现行所有制与生产关系，稳定社会经济结构基础。

现代企业产权制度是国家为调整与产权有关的经济权利关系所作出的一系列制度性规定。它是以产权为依托，对财产关系进行合理有效组合、调节的制度安排，具体表现在对财产的占有、支配、使用、收益和处置过程中体现不同利益主体的权利、责任等关系方面的法律规定。

作为一种现代企业产权制度的公司制产权制度，其基本特征是产权清晰，权责明确，包括明确界定企业所有者、经营者和劳动者各自的权利和责任，这种权利和责任是对应的，相互依赖、相互制衡、政企分开、管理科学。另一个突出特征是所有权与经营权分离。对农村水厂来说，水厂的投资者只负有限责任。供水公司拥有股东投资形成的独立的公司法人财产，权属关系明晰。公司制产权制度以公司的法人财产为基础，以出资者原始所有权、公司法人产权与公司经营权相互分离为特征，并以股东会、董事会、执行机构和监事会作为法人治理结构来确立所有者、公司法人、经营者和职工之间的权力、责任和利益关系。公司制产权制度的另一特征是财产的有限责任制。具体体现在：①股东有限责任——出资者只以其投入企业的出资额为限，对企业债务承担有限责任；②公司的有限责任——公司以全部法人财产对其债务承担有限责任。

2. 水厂现代企业组织制度

水厂的组织制度是指水厂组织形式的制度安排，它规定着水厂内部的分工和权责分配关系。公司制企业法人治理机构实行决策、执行、监督三权分离，三者之间相互依赖、相互制衡，有效运转。

(1) 股东大会：是公司的最高权力机构，拥有决定经营方针、选举和罢免董事会与监事会成员、修改公司章程、审议和批准公司财务预算与决算、投资及收益分配等重大事项的权利。股东大会会议由股东按出资比例行使表决权。

(2) 董事会：是公司的经营决策机构，它由股东大会选举产生，执行股东大会决议，决定公司的经营计划和投资方案，制定公司预算、决算和利润分配方案，决定公司内部管理机构设置，聘任或解雇经理（在具体的企业管理组织中常称之为总经理），根据经理提名聘任或解聘副经理、财务负责人等公司高层职员，董事会实行集体决策。董事长由董事会选举产生，一般由他作为公司法人代表。

（3）监事会：是股东大会领导下的公司监督机构，监事会成员由股东代表和一定比例的职工代表组成，其中股东代表由股东大会选举产生，职工代表由公司职工民主选举产生。监事会依法和依据公司章程对董事会成员、经理和高级职员行使职权的活动进行监督，检查公司的经营和财务状况，可对董事、经理的任免和奖惩提出建议，提议召开临时股东会及公司章程规定的其他职权。监事列席董事会会议。监事会成员不得兼任公司董事及其他高级管理职务。

（4）经理工作班子：是由经理、副经理和公司高级职员组成的执行机构。经理负责公司日常生产经营活动，按公司章程和董事会的授权行使职权，经理对董事会负责，列席董事会会议。

3. 现代企业科学管理制度

现代企业科学管理制度包括生产管理、经营管理、人力资源管理、财务管理等方面的制度，具体包括确立经营理念和经营战略，制定发展规划，明确工作目标；建立适应水厂特点和生产经营需要的内设组织机构，制定机构职责与工作管理制度；制定并不断完善制水生产操作规程，各层次人员岗位职责，员工聘用、考评、薪酬福利待遇管理，财务管理，信息管理，安全管理等，有的水厂管理制度细化多达数十项、甚至上百项。

目前，我国农村集中式供水工程管理单位多采用企业组织形式，组建有限责任公司或股份有限公司。部分地方也有个人独资供水企业或合伙制供水企业。获取经济收益无疑是采用企业组织形式的供水工程管理单位经营管理核心目标。当供水企业受供水规模偏小，或执行水价受到政府限制，产生政策性经营亏损时，政府要采取税收减免、国有资产收益不分红或财政给予政策性补贴等措施兜底，以使供水企业能在发挥社会效益的同时获取合理的经济效益。供水企业也要挖掘自身潜力，如改善供水用水结构，增大二三产业用水比例，通过非生活用水水费收入弥补生活用水的部分经营亏损，改善企业财务收支状况。从根本和长远上说，深化水价形成机制改革，争取做到供水水价能补偿成本，略有结余，增强供水企业内在经济活力，是供水企业改革的方向。

建立水厂现代企业制度的核心是完善水厂企业治理结构。目前，一些规模较大的供水公司在明晰资产产权、完善公司治理结构、建立健全公司管理制度等方面，进行了有益的探索，积累了不少经验。

4. 公司组织形式水厂章程要点

采用公司制组织形式的水厂要制定符合水厂条件和特点的章程，章程内容一般包括公司宗旨；公司名称、公司住所；公司股东构成；公司经营范围；公司注册资本、股东名称、出资额、出资方式、出资时间、出资比例；股东的权利、义务和转让出资的条件；公司股东会、董事会和监事会等机构的设立与权责分工、运作机制；高级管理人员的资格、职权、责任与义务；公司财务和会计制度；公司合并、分立和变更注册资本规定；公司破产、解散、终止和清算规定等。

三、水厂的事业单位组织形式

（一）事业单位组织概念与特征

作为一种组织形式的事业单位，是我国特殊国情下的产物，它与国外的非政府组织（Non-Governmental Organizations，NGO）和非营利组织（Non-Profit Organization，NPO）在某些方面有相近之处，但又有根本不同。我国事业单位构成庞大复杂，据2011年资料，有100多万个单位，在岗职工3000多万人，加离退休人员总计超过4000万人。

根据国务院发布的《事业单位登记管理暂行条例》，对事业单位的定义是：国家为了社会公益的目的，由国家机关举办或者其他组织利用国有资产举办，从事教育、科技、卫生、文化等活动的社会服务组织。这一规定对社会主义市场经济条件下事业单位的设立宗旨、举办主体、活动性质等几个方面都做了明确的界定。①它明确规定，事业单位的服务宗旨是"为了社会公益目的"，它不追求局部的、某一部门或团体的利益，不同于以营利为目的的企业；②它明确规定，事业单位的举办主体限定为"由国家机关举办或其他组织利用国有资产举办"，这其中的"其他组织"是指事业单位、社会团体和由政府的机构编制管理机关核定、经政府批准免于登记的团体和国有企业；③从它的社会功能和活动形式上看，该规定将事业单位界定为"社会服务组织"，其主要职能是为发展经济、改善人民文化生活、增进社会福利提供服务。既不同于从事营利活动的企业经济组织，也不同于承担公共管理、公共服务的行政机关，还与党派社会团体等组织有根本区别。

作为社会服务组织，事业单位主要具有以下特征：

（1）服务性。教、科、文、卫等领域是保障国家政治、经济、文化、生活正常进行的社会系统，缺乏这些服务支持，或者这些服务支持系统不健全，经济社会发展就受到制约，甚至影响社会稳定。

（2）公益性。这是由事业单位的社会功能和市场经济体制的要求所决定的。教育、卫生、基础性科学研究等提供社会发展和公众民生需求的公共产品和公共服务，不可能由市场提供，它们中的大多数属非物质产品和服务，有的虽然也生产某些物质产品，如应用型设备科研、服务于疾病预防控制的生活饮用水供应等，但不属于竞争性生产经营活动，不以营利为目的。

（3）知识密集性。绝大多数事业单位是以脑力劳动为主体的知识密集性组织，专业人才是事业单位的主要人员构成，利用科学技术、文化知识和专业特长为社会各方面提供服务，是事业单位提供服务的主要手段。事业单位在教育、科技、文化等领域对社会发展和进步起着不可代替的推动作用，是社会生产力的重要组成部分，在国家相关领域创新体系中居于核心地位。

（4）提供的服务是以非物质产品为主。如教育、文化和医疗卫生等，但某些领域或专业也有物质产品，如应用技术型科研单位的创新性科研成果、偏远地区为扶贫和疾病预防服务的农村供水等。作为非政府、非营利的事业单位，有着政府行政机关和营利性市场主体所不具备的许多优势。

长期以来，相当一部分事业单位存在定位定性不准、政事不分、事企不分，机制不活、资源配置不合理，公益性服务供给总量不足、供给方式单一、质量和效率不高等问题，此外，还有扶持公益性服务的政策措施不够完善、监督管理薄弱等问题。在法规层面上，现行公共事业管理法规层次较低、权威性不够，执行的主要是以社团登记管理为核心的程序性规定，缺乏实体性内容规范，约束力不强。

（二）供水工程管理单位采用事业单位组织形式的优点、局限性与适用条件

以保障农村居民饮水安全服务任务为主的供水工程，受供水规模或农民对水价承受能力限制，难以做到经营营利。同时它在地方经济社会发展中又具有重要地位和较大影响，不具备按照《公司法》组建企业法人组织条件时，可以采用事业单位管理组织形式。常见的管理模式有：以一个或几个骨干水厂为依托，经所在地方政府编制主管机关批准设立、统一运行维护管理一个片区多个水厂的供水服务站（中心）；另一种是隶属于作为事业单位的乡镇或片区水利站的村镇供水工程管理单位。这两种模式都属于事业单位利用国有资产举办社会服务组织。无论采用哪种模式，按照规范管理的要求，事业单位性质的供水管理组织都应经地方编制管理机关批准设立，建立健全各项管理规章制度，按照国家有关规定向服务对象提供优质服务。事业单位开展生产经营性公共服务活动，还应当按照相关法律规定收取成本费用、缴纳营业税等。

采用事业单位组织形式管理农村供水工程与采用企业组织形式相比，最根本的区别是：事业单位以提供饮水安全保障这一公共服务目标为宗旨，供水收费标准的核定，最多只考虑补偿生产成本及费用，不允许也不可能让工程建设出资者分红，获取利润。当用水户无力承担成本水价时，水费标准核定原则就要兼顾水厂运营维护需要与用水户负担能力两个方面。而企业组织形式管理农村供水工程，虽然政府价格主管部门审核供水水价也要同时考虑水厂运营和用水户经济负担能力等因素，但企业生产经营要把财务收支平衡、资产保值增值、合理利润分红等在办厂宗旨、经营指导思想和绩效考核中放在更突出的地位，特别是当工程建设投资及形成固定资产中有私人企业等社会资本时，它们的投资回报要求合理合法，必须给予考虑。

作为事业法人进行农村供水工程管理，与作为农村供水行业管理的政府职能部门也有质的区别。管理体制完善的事业单位，应有经政府或上级主管部门批准、专门针对本单位制定的章程或管理办法。作为事业单位，它有相对的独立性和公正性，按自己的规则运行，财务独立核算，拥有一定的民事法律权利，能够承担一定的民事法律责任。事业单位要招聘专业技术人才实行水厂的专业化管理，有利于提高供水服务质量和管理水平；在运行管理和服务方面，事业单位容易做到管理层级少，办事效率较高，具有较多灵活性；尤其是为了保障饮水安全公共目标而发生政策性经营亏损时，公共财政给予补贴比较容易操作。而政府行政机关受职责和人力等条件限制，无法直接从事事务性、技术性很强的水厂日常生产经营管理。用事业单位组织形式管理农村供水工程的诸多优点，容易被一些经济欠发达地区接受。

采用事业单位组织形式管理农村供水工程也有一些局限性。①就整体而言，"事业单位"的概念和内涵过于庞杂。我国事业单位管理体制改革尚在探索实践中。水厂采用企业组织形式，有《公司法》等法律规范其生产经营活动，而管理事业单位的法律法规尚不完备。②有的地方供水管理单位多存在行政化倾向，攀比行政级别高低，容易出现内部机构设置臃肿，人浮于事，导致管理效率不高。③容易出现人员工资占总成本支出比重过高，导致维修经费不足，职工福利待遇偏低，有能力的人留不住，管理单位缺乏经营活力、凝聚力、吸引力。这些弊端导致事业单位组织形式的供水工程经营管理绩效往往低于企业组织形式的水厂。

（三）事业单位改革思路

2012 年中共中央、国务院发出《关于分类推进事业单位改革的指导意见》，意见提出：要科学划分事业单位类别，在清理规范现有事业单位基础上，按照社会功能，将现有事业单位划分为承担行政职能、从事生产经营活动和从事公益服务 3 个类别，按照不同类别，分别明确其改革方向和措施。对承担行政职能的，逐步将其行政职能划归行政机构或转为行政机构；对从事生产经营活动的，逐步将其转为企业；对从事公益服务的，继续将其保留在事业单位序列，强化其公益属性。对从事公益服务的事业单位，根据其职责任务、服务对象和资源配置方式等情况，进一步细分为两类：一种是公益一类，包括义务教育、基础性科研、公共文化、公共卫生及基本医疗服务等基本公益服务，以及不能或不宜由市场配置资源的领域等；另一种是公益二类，属于可部分由市场配置资源的领域，包括高等教育、非营利医疗等公益服务领域。具体如何划分，由各地结合实际情况确定。

有些地方将可经营性偏弱的供水工程采用事业单位管理，财务管理多实行自收自支或差额拨款。按照国家事业单位改革精神，这类农村供水管理单位，应当逐步转为企业。对于其所承担的部分公益服务功能，可通过财政补贴或政府购买公共服务等特殊政策措施给予保障。

（四）事业单位管理的供水管理机构应当结合自己的实际条件制定类似于公司章程的管理办法或管理制度

其内容一般包括成立时间，当地编制管理机构批准设立，单位名称，与有关主管部门的隶属关系，机构级别、行业主管部门核定的事业人员编制名额，单位活动经费筹措方式，管理单位的活动宗旨与基本原则，承担的主要任务，管理单位内设机构与职责分工，主要管理人员职责与岗位要求，人员招聘制度，职工队伍能力建设，工资福利奖罚规定，水费计收与供水服务、财务管理等。

四、农村集体组织管理供水工程

我国数十万处单村或联村供水工程中有相当大的比例由农村集体组织负责管理。加强和改进农村集体组织管理供水体制机制，对保障农村供水事业健康发展具有十分重要的意义。

（一）农村集体组织管理农村供水工程的政策依据

如前所述，2019 年国家发展和改革委员会和财政部联合下发的《深化农村公共基础设施管理体制改革的指导意见》中明确规定农村公共供水设施产权归农村集体组织所有，并负责运行维护管理。受工程规模小和农民对成本水价承受能力低等条件的局限，这类供水工程大多很难做到按补偿全成本原则收取水费，更不可能营利，不具备采用以营利为目的的企业组织形式进行管理的条件。同时也不太适合由政府组建事业单位对其按事业单位进行管理。农村社区内部公共事务管理适合由农民自己自主管理、民主管理。

（二）农村集体组织管理供水工程的形式

目前管理农村供水工程的集体组织有两类：一是村民委员会，二是农民用水者协会。

1. 村民委员会

全国人大常委会 2018 年 12 月修订的《中华人民共和国村民委员会组织法》第二条规定："村民委员会是村民自我管理、自我教育、自我服务的基层群众性自治组织，实行民主选举、民主决策、民主管理、民主监督。村民委员会办理本村的公共事务和公益事业，调解民间纠纷，协助维护社会治安，向人民政府反映村民的意见、要求和提出建议"。

规定中所讲的农村公共事务和公益事业是指那些和村民生产与生活息息相关、关系村民公共利益的事务和事业，主要包括村民集体共同所有和使用的塘坝、水井等水源工程，输水的渠道、排水沟道及其配套的桥闸涵等附属建筑物、自来水、道路、变压器、输电线等供电设施，小学、幼儿园、养老院、草坪绿地景观美化，垃圾清运、生活污水处理环境卫生等。这些事务关乎全体村民的切身利益，通常不是哪一户或几户单独可以完成的。如村管自来水工程，从建设到运行管理维护、收费标准与收费方式，必须经由村民委员会组织全体村民讨论、协商，取得绝大多数村民的赞同和支持。村民委员会具有诉讼主体资格，能成为独立民事主体，这是一种具有中国特色的农村基层民主自治制度。自治组织不是政权机关，也不是政府下属事业单位，其负责人不属于国家公职人员，不经过政府机关任命程序，而是从本村有选举权和被选举权的村民中直接选举产生。农村自来水工程向村民供水，属于农村内部互助合作、自我服务性质，它不同于百货商店或餐馆店主与消费者的"卖"与"买"两个主体之间的商品买卖关系。有些规模较大的自来水厂采用分级管理方式，水厂只负责管到管网村口以上部分，在村口进行用水计量，水厂与村委会结算全村用水量，收取水费。村内管道维护和村民用水计量收费等由村委会负责，这部分工作成为村内公共事务。村内公共服务涉及的收费标准及财务收支管理办法由村民代表大会民主协商决定。这种运作机制在我国有悠久历史，已形成正式或非正式的村规民约或习俗。

村民委员会的选举、组织结构、协商议事决策程序等运作管理制度，在《中华人民共和国村民委员会组织法》中都已作了明确规定，它负责的供水工程管理，应当严格贯彻执行法律规定。

2. 农民用水者协会

目前尚无专门法律对农民用水者协会的法律地位给予确认，在国家有关主管部门发出的多个政策性文件都提到，要积极培育农民用水合作组织。2019 年国家发展和改革委员会、财政部联合发出的《关于深化农村公共基础设施管护体制改革的指导意见》的第八条要求：要探索建立农村公共基础设施使用者管理协会。

农民用水者协会的职责和任务是建设和管理好自己所负责的供水设施，为全体用水户提供优质服务，保障饮水安全，使供水工程最大限度地持久发挥效益。

农民用水者协会与村民委员会有相似之处，但又有所不同。相同之处：它们都属于民间性质的农民自治组织，依照法律规定的程序进行组织，享有法律赋予的民主管理、自主管理农村供水工程的权利，同时要履行法律规定的责任和义务。它们与政府和政府下属水行政主管部门之间不是上下级领导的隶属关系，政府只能通过宣传、培训、动员、说服等方式引导村委会和农民用水者协会贯彻国家法律法规和方针政策，开展自己的工作，不能用行政命令强迫它们去做村民不同意的事，更不能干涉属于农民自治范围内的事项。当村民委员会或农民用水者协会遇到困难时，当地政府有义务给予指导、帮助和扶持。同时，村民委员会或农民用水者协会也有义务和责任贯彻落实国家法律法规、方针政策，依法协助地方政府和有关主管部门开展保障农村供水的相关工作。它们的运作机制都是自治，即民主协商、民主管理、民主决策、互助合作。两种组织的不同之处：①农民用水者协会的组建范围不受乡村行政区划限制，可以管理单村供水工程，或者多个单村工程，也可以管理受益范围跨乡村的联村供水工程，甚至可以在镇域或跨乡镇的范围内组建，而村民委员会只负责管理本村工程。②农民用水者协会职责任务单一，专门管理村镇供水及其他小型农田水利工程，有利于向专业化管理方向发展，而村民委员会通常同时负责村内多项公共事务和公益事业，职责任务范围要宽得多。③按照社团管理办法规定，农民用水者协会必须到当地民政主管部门登记注册，取得社团法人资格，而村民委员会是按照《宪法》和《村民委员会组织法》等法律组建的，具备承担独立民事主体资格，不需要在民政部门登记注册。

（三）农民用水者协会章程内容要点

农民用水者协会要通过用水户集体讨论协商制定自己的章程，建立健全供水工程运行管理和服务制度、水费计收制度和财务管理制度等。各项制度要切合当地实际条件，有较强的针对性和可操作性。制度要严格执行，不能只是挂在墙上给别人看，流于形式。用水户协会章程内容要点：

协会名称，协会性质，协会宗旨，协会与业务主管单位和登记管理机关的关系，协会办公场所，协会的业务范围，协会会员申请加入程序、会员权利与义务、会员退会，协会用水户代表大会、执委会权责与运作机制，负责人选举，用水户代表职责，协会经费来源，协会资产管理，财务管理制度，协会工作人员劳务报酬，协会终止程序及终止后的财产处理等。

无论是村民委员会还是农民用水者协会，在管理农村供水工程的实践中，普遍存在管理制度不健全、管理能力偏弱、运行维护经费不足、不适应管理需要等问题，最突出的是水质净化、消毒、水质化验等有一定技术含量的操作以及设施维护、检修，常常达不到有关技术规范的要求，影响了供水服务质量。迫切需要地方政府和有关部门采取切实有效的措施加强指导和服务，研究制定扶持政策，逐步提高管理人员的素质和能力。从根本和长远来说，在产权归属不变的前提下，将日常管护工作委托给专业机构负责，是解决问题的出路。

五、案例

案例 1：农村供水运营一体化改革

南方某偏远山区枫边乡下辖 12 个村，149 个村民小组，3300 户，1.6 万人，国土面积 148km²，它有集中式供水工程 6 处，其中千吨万人规模供水工程 1 处，百吨千人工程 3 处，百吨千人规模以下 2 处。2019 年以前，供水工程管理散乱差。当时 1 处千吨万人工程由乡政府发包给私人经营管理，规模小的由各村村民委员会委托私人管理，由于管理人员文化程度较低，净化消毒专业技术知识十分有限，甚至根本不了解。供水工程只是做到了有水供出，水质是否达标，很少有人过问。

根据上级巩固提升农村供水服务质量和规范化管理的要求，2019 年 1 月，乡政府将 6 处集中式供水工程经营管理权全部收回，一起打包招聘专业公司进行管理，通过公开竞标，枫兴自来水公司中标。县水利部门将枫兴自来水公司纳入全县城乡供水一体化工作范围，按照县政府规定的农村集中供水工程运行管理"十项标准"实行标准化、规范化管理。采取了以下措施：

1）落实管护主体责任。县有关部门对涉及农村供水的取水供水设施设备，包括供电、输配水管网全面调查摸底登记，移交乡政府，并签订产权移交协议，乡政府再与负责经营管理公司签订委托合同，明确管护责任由公司负责，村委会协助并负责作好由村承担的事务。

2）落实相关部门监管责任。县政府进一步明确水利、卫生、生态环境等相关部门的职责分工与协调配合机制，不留监管空白漏洞，避免部门之间工作责任界限不清推诿扯皮。

3）落实县乡两级行政主体责任。县政府及所属部门负责农村供水组织领导、制定管理办法及相关制度、监督管理专业公司的活动、人员培训和工程改扩建及经费落实工作。乡政府负责检查监管枫兴公司供水工程运行及供水服务，组织人员参加省市县的培训。

4）枫兴自来水公司严格执行有关规范规程，作好内部规范化管理，加强责任落实和定期考核等。

5）强化水费计收工作，完善水价审批、水费计收管理制度，出台贫困户每月免5t水费优惠政策。参照相关镇居民生活用水价格，农村居民水价控制在 1.8 元／m^3 以下，做到应收尽收，按月收取。2020年水费收缴率达 100%。

6）落实政府奖补政策，要求水利局细化考核办法，用好县政府出台的每村集中供水工程奖补 3 万～3.5 万元／年的扶持政策，奖补资金与考核结果挂钩。2020年枫边乡各村集中供水工程考核得分都在 95 分以上，总共得到 16.5 万元的奖补资金。

通过政府强化行业监管，作好指导服务，挖掘专业管护公司经营管理潜力，枫边乡做到了以乡带村，区域供水运营一体化，经营管理水平明显提高，抽检水质合格率 100%，供水满意度在 95% 以上。县政府总结枫边乡的做法和经验，在其他乡镇推广。

案例2：因机制不健全导致村集体组织负责管理的供水工程中断供水

华北某山区村有 460 户 1464 人，村内用两眼机井取水作为供水水源，水质符合有关标准。2013年政府投资加村民自筹，建成了自来水供水管网，经村委会召开村民代表会讨论，供水工程由村民刘某某负责日常运行维护管理，每天早中晚 3 次供水 9h。村民用水不交钱，村集体每年付给刘某某机井电费和工资 1.6 万元。开始几年供水基本正常，2019年7月底，刘某以村委会拖欠他工资 1 年 8 个月为由停止供水。村民向当地政府反映，要求尽快解决。经调查，村民喝福利水，不缴水费，村委会经济负担能力有限，时间久了承受不起，经常拖欠刘某工资，矛盾日益尖锐。县政府调查组与各方协商，提出解决方案：①村集体立即付给管水员拖欠的工资，由村干部个人先行垫付。②管水员刘某某立即恢复向村民供水。③村委会组织召开村民代表会，讨论通过《村供水工程运行管理办法》，按照国家有关政策规定，实行用水计量收费制度，收费标准参照邻近村的做法和县物价部门的指导意见确定，从当年 10 月开始实施。资金收支缺口部分从村集体光伏发电收益中解决。④落实管理责任。村委会决定对供水实行一岗双责制度，明确一名副主任负责监督供水管理。⑤县水利局将该村供水工程纳入国家正在实施的农村供水工程巩固提升计划，新盖井房两间，改造机井配套设备。⑥吸取该事件教训，责成水利局在全县全面摸排，发现问题迅速整改。

第三节 农村水厂管理组织结构与岗位设置

一、水厂管理组织结构设置原则

水厂管理组织的任务是为了完成供水目标任务，对不同层次干部职工的职务、责任、权利及他们的合理组合，还有各科室、车间、班组之间协作配合等作出制度性安排，使水厂有序高效运转，用较少的人办更多的事，提供更优质的服务。

管理组织结构是水厂管理体制的重要组成部分。管理组织结构形式取决于水厂规模、制水工艺技术复杂程度、信息化与自动监控等先进技术应用情况以及水厂本身生产经营特点。水厂规模越大、制水生产工艺技术越复杂、供水管网系统越庞大，水厂管理组织结构也就越复杂。有一定规模的水厂，需要对取水、净水、输配水、销售经营等各项业务活动进行分类归并，在横向上，划分出不同的管理部门，在纵向上把开展各类活动所必需的职权授予不同层次各部门的主管人员，并规定它们之间的相互配合关系，从而使管理组织的所有成员都能在各自岗位上为实现管理组织的既定总体目标有序地开展工作。管理组织机构建设的具体内容包括以下几个方面：①根据水厂规模和任务目标以及自身的硬件软件条件，设计和建立一套组织机构和职位系统；②确定职权关系，把管理组织的上下左右各层次、部门、岗位联系起来；③运用计划、领导、协调、控制等措施使组织机构高效运转；④根据管理组织外部环境及内部要素变化适时地调整组织机构。

水厂内部管理组织设置要符合以下原则：

（1）有利于统一指挥。组织中的每一个下级只能接受一个上级的指挥，并对这个上级负责，避免组织中更高级别的主管或其他部门的主管越级指挥或超越权限发布命令，目的是有利于水厂管理组织政令统一，高效率地贯彻执行各项决策。

（2）做到责权一致。在赋予每一个职务责任的同时，必须赋予这个职务自主完成任务所需的权力，权力的大小应和责任相适应。如果某一科室或车间负责人有责无权，那么他很难完成赋予他的责任和任务，如果权责不对等，有权无责，出现问题或者没有完成应当完成的任务时，就无法追责，甚至会出现滥用权力的情况发生。

（3）正确处理分工与协作的关系。水厂制水生产和供水销售是一个完整系统的两大方面。作为系统组成部分的各科室、车间、班组分别承担各自的工作任务和目标，并采用与完成任务目标相适宜的手段和方式。分工不能分家，各行其是。相互之间必须要有必要的协调和配合，使水厂正常高效地运转。在进行管理机构设置时，要有周密细致的考虑，对分工与协作作出制度性安排。

（4）机构与人员精简。在满足水厂正常开展优质供水服务的前提下，水厂内设机构应当尽量精简，管理层次要少，指挥灵便，尽可能做到每个人都是一专多能，一人多岗，人员精干，既有利于提高工作效率，又可以节省人员费用和水厂管理费用。

（5）集权与分权相平衡。集权与分权是相对的，它们共同存在于同一个管理系统中。集权是指水厂的大部分决策权、指挥经营权都集中在厂长、总经理等上层管理者，它有利于保证管理组织决策的统一性和执行的速度，避免政出多门，各自为政，相互扯皮。但权力过分集中也会产生种种弊端，降低决策质量和水厂对外界环境变化的适应能力，不利于下属人员工作热情和积极主动性发挥。所谓分权，是指决策权分散到较低管理层次的职位上。在规模较大的水厂管理中，一定程度的分权是必要的。水厂生产经营管理涉及多个专业领域，生产过程有多个环节，不可能事无巨细都由一个人或几个人拿主意、说了算。

二、常见管理组织结构

按照管理学原理，常用的组织结构有直线型、职能型和直线-职能型，具体选用哪一种，要根据水厂具体情况确定。

（一）直线型组织结构

直线型组织结构属于集权式，是最古老、最简单的领导方式，其领导关系按垂直系统建立，水厂的各生产经营单位从上到下实行垂直领导，不设职能科室，所有生产经营管理职能全由厂长自己负责，各级主管人员对所属单位下级拥有直接指挥权并对产生的问题负全责，上下级关系清楚，维护纪律和秩序比较容易，管理成本费用相对较低。其组织结构如图 2-3-1 所示。

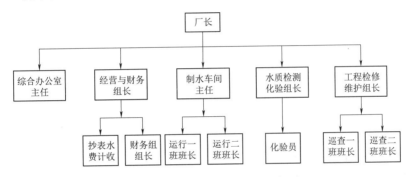

图 2-3-1　直线型组织结构框架图

直线型组织结构的优点是大事小事全由厂长一个人"说了算"，组织结构比较简单，权力集中，决策迅速，指挥灵活，责任分明。缺点是对厂长的专业知识和管理决策能力要求较高，厂长既要懂管理，又要懂业务。直线指挥会与专业分类职能管理不协调，管理工作简单粗放，下属单位之间和成员的横向信息沟通不便，联系配合协调性差；当厂长因知识能力局限而难以胜任时，会出现顾此失彼、力不从心的情况，甚至决策失误，经营管理困难。直线型组织结构适用于制水生产工艺技术不太复杂、规模不大的水厂。一些民营水厂常采用这种管理组织结构。

（二）职能型组织结构

这种结构是在水厂生产经营管理同一层级按各主要业务职能分工，设立若干职能科室，分别负责自己所管业务，协助厂长从事各方面的职能管理。各职能机构都服务于完成水厂的总目标任务，相互配合，但互不隶属，分别在自己的业务范围内向下一层级车间或班组负责人下达指令，指挥下级开展工作。其组织架构如图 2-3-2 所示。

职能型组织结构的优点：管理分工较细，便于选聘专业人才，发挥各自专业特长，同类业务划归同一科室，如水费收取、财务管理、综合经营等归经营财务室，防止出现多头

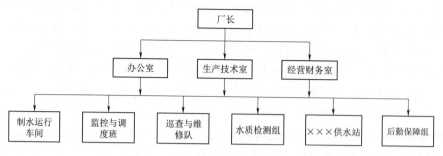

图 2-3-2　职能型组织架构示意图

交叉管理，顾此失彼，容易做到精细管理，使厂长从具体事务中解脱出来，能集中精力作好涉及水厂生产经营管理全局、长远发展以及与上级主管部门沟通、与地方政府联系等带有全局性的重要工作。这种组织结构也存在弱点，如下级部门负责人除了接受厂长指挥，还要同时接受各职能科室布置的任务，多头领导不利于统一管理与指挥，甚至有时厂长的指令与职能科室要求会发生矛盾，下面无所适从，造成工作秩序上的混乱，而且也不利于不同科室专业工作之间的配合协作，容易产生各自为政，增大了厂长协调各科室车间班组之间的工作量和难度。再有，职能科室之间横向联系弱，职能单一，不利于培养具备全面领导能力的上层管理者。

（三）直线-职能型组织结构

这种组织结构以直线型组织结构为基础，在水厂主要负责人领导下，设置相应的职能科室，科室负责人扮演着参谋的角色，对自己分管的专业比较精通，他们只对各车间、班组进行业务指导，不直接发号施令，厂长扮演统一指挥、统一领导、统一发号施令的角色，但是他的决策、计划、指令大都来自他的"参谋部"，少了"拍脑袋""瞎指挥""独断专行"的成分，提高了水厂运行管理的科学性。这种组织结构吸收了直线型和职能型两种组织结构的优点，在一定程度上克服了各自的缺点，适合具有一定规模的农村自来水厂采用。这种组织结构的缺点仍然是职能科室之间信息和联系沟通较少，时有矛盾产生，需要厂长有较强的组织领导和协调能力，定期在厂务办公会上进行沟通协调。另一个弱点是各职能科室、车间负责人视野较窄，虽然精通自己分管业务，但不利于培养熟悉全面、能独当一面的后备管理人才。解决办法之一是设厂长助理。其组织架构如图 2-3-3 所示。

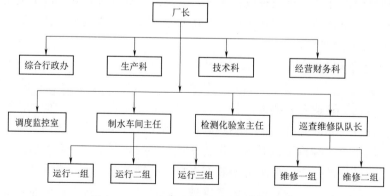

图 2-3-3　直线-职能型组织架构示意图

在上述三种组织结构类型中，都设立有"经营财务部（室）"。这里的"经营"是指面向用水户的全面服务，它的地位丝毫不比制水生产、水质化验、设备检修等低，甚至还要高一些。因为水厂的一切活动最终目的是为用水户提供优质服务，该科室应当处于各职能科室、车间的突出位置。

（四）农民用水者协会管理组织结构

管理农村供水工程的农民用水者协会组织结构型式，要根据协会规模和所管理水厂的制水工艺技术复杂程度而定。目前我国农民用水者协会管理的供水工程多为单村水厂，作为村民自治管水、自我服务组织，其组织结构型式不能套用正规企业或事业单位组织结构。协会的所有工作人员几乎都由当地村民承担，他们除了完成供水工程运行管护工作任务外，还要兼顾自己家的种植、养殖等农活。他们的劳动付出带有互助合作、自我服务性质，领取的报酬不是工资，而是误工补助。农民用水者协会管理组织结构示意如图 2-3-4 所示。

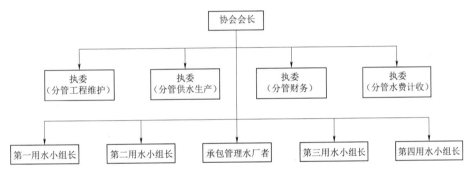

图 2-3-4　农民用水者协会管理组织结构示意图

三、水厂管理组织岗位设置与职责

（一）水厂生产与经营管理工作内容梳理

绝大多数水厂生产经营管理活动都可以归纳为"取、输、净、配、服"等几个环节，在各个大的工序环节下面又可分成少则几项、多则几十项的具体工作内容，这些工作要根据取水方式、原水水质、供水规模、净水工艺、净水设施、厂区和取水区地形、用水户用水习惯与要求等许多具体条件确定，不同水厂内部机构和岗位设置差异很大。为了合理设置内部机构和岗位，对员工进行合理分工，需要对本水厂生产经营管理工作进行梳理归类。一般可归纳成如下几个方面的工作：水厂领导与各项规章制度建设；值班、文秘、档案等行政综合管理；生产技术管理；计算机中央监控与调度；净水工艺操作与设施运行维护；消毒工艺操作与设施运行维护；水源地保护与取水设施设备运行维护；水质化验检测与数据分析整理；取水或加压泵站机电设备操作运行维护；输配水管网巡查、维护与检修；供水用水计量、抄表、收费数据收集分析整理；药剂采购与存储使用；安全生产管理，包括防火、防毒、防跌落坠物、厂区巡查防盗等；应急突发事件处置管理；人力资源与劳动工资管理；成本核算与财务管理；物资仓库管理；厂区环境卫生、绿化美化、食堂、车辆、安保等后勤管理；用水户服务管理等。

上述工作中，每一方面都可根据需要细分成若干项，涉及多个岗位和职责。

（二）岗位的分类与设置原则

1. 岗位的概念

水厂进行规范化管理，要按工作性质和专业类型设置岗位。岗位是水厂管理组织进行组织分工的基本单元。规模小的水厂，可能只设三五个岗位，规模大的水厂，有的设十几个岗位。岗位设置是水厂管理一系列工作的基础之一。根据岗位职责和任职条件，选择合适人才上岗；对人才进行合同管理，根据岗位履职情况，进行业绩考核，付给合理的薪酬、福利、待遇，根据员工在岗位工作情况，制订岗位培训计划，提高其业务能力和素质。

2. 岗位分类

按照员工工作性质，水厂岗位可分成三大类：专业技术岗、行政管理岗和工勤技能岗。专业技术岗是水厂制水供水业务的核心岗位，在其下面可进一步细分为净水工艺操作、设施运行维护、水质检测化验、管道维护检修、机电设备运行维护等岗位。行政管理岗下可细分文秘档案管理、人力资源、财务、物资仓库管理等。工勤技能岗下可细分为司机、保安、保洁、绿化等。

3. 岗位设置原则与岗位管理

水厂岗位设置的原则：①按需设岗，也就是人们通常所说的因事设岗，将各项必需的工作任务分门归类，归纳成专业性质接近的若干岗位，做到结构合理，突出关键岗位；②按照水厂实际条件和特点设岗，优化岗位结构；③完善岗位管理相关制度，严格执行岗位设立、岗位职责、薪酬等制度，避免频繁调整人员岗位。规模不大的水厂通常采用一人兼多个岗位职责。

4. 岗位设置

对于日供水三五千吨的水厂，一般可设厂长、行政综合、生产运行、财务经营、化验检测、工程维修等岗位。有的一岗一人，有的一岗多人，也可以将几个岗位工作合并成一个岗位，由一个人承担完成。

（三）岗位职责

1. 单位负责岗——厂长或经理

（1）全面负责水厂各项工作，领导指挥日常生产经营活动，保障供水活动有序开展。

（2）组织制定各项规章制度，检查、督促、指导落实规章制度。

（3）组织制定年度工作计划，检查计划执行和完成情况。

（4）检查安全生产措施落实情况。

（5）组织员工政治和业务知识学习，做好员工思想政治工作，对员工进行业绩考核，按照有关政策改善员工工资福利待遇。

（6）负责向当地政府及相关主管部门报告水厂生产经营管理情况，并接受监管，协调处理好与当地乡镇、村和用水单位的关系。

（7）负责组织处置突发事件。

（8）组织召开周、月、季度、年度等生产经营调度或总结会。

（9）完成上级主管单位交办的工作。

2. **行政综合事务负责岗——办公室主任**

（1）协助厂长组织制定各项规章制度，制订年度工作计划。

（2）负责水厂日常行政、值班、宣传、信访接待等事务，负责印章管理和使用，负责车辆调度，厂区巡逻、安保、保洁、绿化及其他后勤工作。

（3）负责水厂文件起草，文件收发、传阅、登记和档案管理工作。

（4）协助厂长处理人事劳动工资考勤考核等事务。

（5）协助厂长做好安全生产措施落实工作。

（6）协助厂长召开水厂厂务办公会等各种会议，做好记录，督促检查会议成果落实。

（7）组织完成厂长交办的其他工作。

3. **经营与财务负责岗**

（1）协助厂长做好水厂运行调度、市场开发、信息存储管理。

（2）负责用水户档案事务、接装申请、申诉投诉处理、服务热线等事务。

（3）负责供水用水计量、抄表、水费收取等工作。

（4）编制水厂财务收支计划，承担成本核算、资金管理、工资发放、出纳员工作（会计可聘用邻近水厂或专业会计事务所具备会计资质的人员兼职）。

（5）负责固定资产登记，器材设备与药剂采购、领用消耗登记及仓库保管等工作。

（6）完成厂长交办的其他工作。

4. **制水生产运行岗**

（1）做好水源地保护、原水提（引）取与设施巡查维护工作。

（2）做好混凝药剂配制、投加和运行状况巡查、监视、调节及设施养护维修。

（3）做好消毒药剂配制、投加、运行状况巡查、监测调节、设施养护维修工作。

（4）做好污水积泥排放与后续处理工作。

（5）做好清水池等设施巡查、监视、维护工作。

（6）做好水泵机组与电气设备运行状况巡查、监视、保养维修工作。

（7）落实安全生产各项措施。

（8）在厂长领导下，承担应对各种突发事件处理工作。

（9）保持与水质化验员沟通联系，做好净水工艺指标参数调节控制。

5. **水质化验检测岗**

（1）负责水样提取、水质化验、化验成果分析、提交化验报告。

（2）做好化验仪器设备维护及日常保养工作，保持化验室环境卫生。

（3）严格执行化验检测安全操作规程，保障化验工作安全进行。

（4）向厂领导报告供水水质状况，与制水生产运行岗人员及时交流水质检测信息。

（5）收集整理水质化验分析资料，为改进水厂净水、消毒等工艺操作提供参考意见。

（6）完成厂长交办的其他临时性工作。

6. **管网巡查与工程设施安装维修岗**

（1）做好供水管道及附属设施巡查，发现问题及时处理。

（2）与制水生产运行岗人员配合，做好制水工程设施设备的定期检修。

（3）对输配水管道与闸阀等设施进行定期检修，更换老化破损部件。

（4）承担新接装用水户输水设施施工安装作业。

（5）在厂长领导下，负责组织事故与突发事件应急处置各项工作。

（6）完成厂长交办的其他临时性工作。

以上只是列出了几个岗位的主要职责，每项职责都可以细分若干项具体任务和要求。水厂要结合具体情况将职责写入运行操作规程。人事部门应结合各个岗位职责制定相应的任职资格条件，作为招聘、提拔使用的依据，并参照岗位职责和年度工作计划分解任务，对员工履职、完成任务情况进行业绩考核。

四、水厂管理基本制度

建立健全水厂生产经营运行管理制度，是保障水厂正常有序运转，向用水户提供优质服务的基础性工作。主要包括：

（1）公司章程或事业单位管理办法。

（2）办公室综合管理制度，在总的制度下，还可细化出多项制度：如值班，接待，文件运转处理，考勤，办公用品领用保管，数据信息采集、存储、使用及保密制度，印章使用，出差与差旅费报销，员工电话通信联络管理，会议管理，统计与档案管理及车辆管理等项制度。

（3）计算机设备使用维护、管理信息与自动监控等制度。

（4）人力资源管理制度，在总的制度下，还可细化出：岗位责任、人员招聘录用、资格审查、劳动合同管理、员工业绩考核、员工薪酬、职称评审申报、员工培训、员工表彰奖励与处罚、工伤保险等制度。

（5）水费计收与财务管理制度，在其下面可细化出：用水计量、抄表录入，用水户用水信息管理、水费收取与催缴，会计、出纳与财务管理、固定资产管理，器材设备采购，领用保管等制度。

（6）供水管网维修与用户服务制度，在其下面可细化出：供水管网隐患排查、管网漏损监测与考核、供水管网突发事故处理、管网检修临时停水、用水户应急供水、新接装入网用户申请与收费标准、用水户投诉接诉处理、用水户满意度调查、用水户缴费服务大厅管理、文明优质服务等制度。

（7）安全生产制度，在其下面可细化出：应急预案、应急处理、应急救援、职业卫生、危险品使用管理、防火、用电安全检查、视频安防监控、厂区安保巡逻等制度。

（8）水源地保护制度，在其下面可细化出：水源地标识、标志设立与维护、水源地水质监测、水源地巡查、水污染预防等制度。

（9）废水排放、污泥处理管理制度。

（10）厂区绿化美化制度。

第四节　领导力与人力资源管理

一、领导与领导力

多数农村水厂管理单位内设机构不复杂，员工数量不太多，厂长与员工关系也比较简单。但是水厂供水服务范围常覆盖若干乡镇、几十个村、数万人口、多个二三产业用水单位，水厂负责人领导能力和领导活动效能在很大程度上决定着水厂经营管理绩效、供水服务水平高低和水厂发展前景。

（一）领导与领导力

1. 水厂领导的职责

水厂领导的职责是在一定内外环境条件下凭借自己的智慧、才能、经验、品德等综合素质和能力，指引和影响同事、下属以及整个管理单位，实现水厂预定目标任务。开展这一工作的过程称为"领导"。

水厂领导可以是一个人，如厂长、总经理或私企老板，也可以是一个集体，如掌握公司重大事项决定权的公司董事会、事业单位的水厂管委会或领导班子。水厂领导者权力的获取，主要取决于水厂资产产权归属，领导者的职责最终体现在对水厂设施功能发挥及资产保值增值负责。因此，国有企业或采用事业单位性质管理的水厂领导人通常由行使国有资产监管职能的主管部门或其委托授权的农村供水行业主管部门任命，有时也可以由上级主管部门通过公开招聘或内部竞争上岗方式选聘，后两种选聘方式只是适宜人选的挑选途径或方式，他的权限范围和职责要由主管部门授予。私营水厂的领导人通常由水厂投资者、设施资产产权所有者担任。归根到底，水厂领导权来自出资人及投资形成的产权所有者。谁投资，谁所有，谁所有谁就拥有水厂经营管理领导权，或将领导权委托给适宜人选的决定权。

水厂领导人的权力由他的"职责"赋予，通常称"职权"。权力与责任是连带共生的，享有领导权力就要承担相应的责任，因此人们常常在强调领导职权的同时，连带提出领导职责。由领导职位带来的领导权力，一般由有关法规、条例、章程、管理办法等规定，它具有法定、正式、固有等特征。领导权主要包括对水厂各种资源的指挥调配权、经营管理重大事务的决定权、对下属员工的招聘录用及奖励惩罚权。作为水厂领导人，除了要严肃认真、合理使用职位带给他的权力与责任，还要注意不断提高自己的业务知识和个人品德修养，增强非职权领导力。非职权领导力与职权赋予的权力相辅相成，领导人在员工队伍中具有较高威望和感召影响力，有助于他更好地发挥职权带来的领导力。

2. 领导者应具备的素质

水厂领导人的能力是把握水厂管理组织使命及动员员工队伍围绕这个使命去努力工作、拼搏奋斗的一种能力。这种能力是领导者个人素质、思维方式、实践经验及领导方式的集合，它影响着领导活动的效果。领导人应具有强烈的事业心和高度的责任感；清晰严谨的分析综合与逻辑思维，对事物的深刻理解与准确判断，处理复杂事物的决策能力；善于学习，注重实践，总结经验，勇于创新，带领团队前进的组织力，实现目标的执行力。他要注重团队精神，具备善于与人沟通、交流、合作的亲和力；尊重他人，组织协调、知人善任、选贤任能的组织力；严于律己、勇于自我批评、承担责任的自制力；良好的个人品德修养，能赢得周围同事和下属的敬佩，令他们心甘情愿地团结在他的周围，完成共同事业目标的感召力。

（二）领导与管理的联系与区别

领导与管理既密切相关又有质的区别。领导者的重要使命是解决方向、目标、路线等大政方针问题，从全局和长远的角度制定水厂的发展规划、发展方向、发展目标、实施策略，组织助手或下属制定主要的规章制度和管理办法。而水厂的管理，是根据既定目标，从战术层面组织实施工作方案，把目标任务分解落到实处，工作重点是解决效率、效应、效果问题，尤其关注各项具体工作的完成过程，维持水厂生产和经营流程和秩序，用制度和规章去约束、规范人们的行为，努力做到少出或不出差错，使任务尽可能完成得完美。总而言之，领导和管理是两个层面的工作，前者偏重宏观、整体、战略和把握方向，后者偏重战术层面的组织执行和落实。

（三）提高领导能力

领导是一门科学，作为水厂的领导者，需要学习掌握有关领导的理论知识。同时领导还是一门艺术，每个厂长或经理都需要灵活运用自己的智慧、学识、经验、能力，遵循领导行为的一般规律，适应水厂千变万化的外部环境条件和水厂内部的具体情况，创造性地总结出适合自己和本单位的领导思维方式和行之有效的领导方法、技能。

领导艺术具有创造性、灵活性。领导艺术主要包括以下几个方面：①用人艺术。善于因才施用，用人所长，发现、发挥同事及下属员工的一技之长委以重任。②决策艺术。重要决策前要深入调查研究，多方案比较、分析论证、广纳谏言，遵守民主决策工作程序，重要决策一旦作出，就要落实，言必行、行必果，不能朝令夕改。③激励艺术。领导者要善于激励属下员工，包括精神激励和物质激励两个方面，树立让员工经过努力才能达到、有诱惑力、感召力的目标、榜样，运用表彰、慰问等人文关怀体贴及不可缺少的物质奖励等鼓舞士气。④说话艺术。在下属面前或开会布置任务总结工作时，做到言之有物、言之有理、言之有味，避免空洞无物的大道理，无的放矢，或官气十足，不通情理，以势压人，要让下属从领导的讲话中获得有用信息，受到启发，感到亲切、心悦诚服。

水厂厂长或公司经理进行领导活动，尤其是涉及做人的工作，要讲究方式、方法，讲究策略、步骤，不能操之过急、态度生硬、简单粗暴，伤了人家感情。通过言传身教，潜移默化树立自己在下属中的威望，增强亲和力、感召力，这样有利于化解矛盾和冲突，使复杂的问题简单化，解决起来更流畅高效。

二、水厂文化、道德和社会责任

承担着保障农村居民饮水安全职责的农村水厂领导人，在完成水厂生产经营目标任务、尽量为资产出资人创造利润的同时，还要把水厂文化、道德和社会责任的培育和建设放到重要位置，给予高度重视。不仅企业要重视文化、道德和社会责任建设，事业单位管理和农村集体管理的供水工程同样要重视。

（一）企业文化

企业文化是企业成员共同的价值和信念体系，在很大程度上决定了企业员工的行为方式，是一个企业在长期的生产经营活动中形成、并为全体成员普遍接受和共同践行的理想、价值观念和行为规范的总和。企业文化从结构上分为3个层次，即精神文化、制度文化和物质文化。企业文化的核心是企业精神，它以企业的价值观念为基础，以企业的价值目标为动力，它对水厂经营哲学、管理制度、道德风尚、团队意识和企业形象起着决定性的作用。企业精神是企业的灵魂。通常用一些能体现水厂宗旨和特点、简洁明快富于哲理又便于理解记忆的语句表达，如"以人为本""用户至上，优质服务""拼搏、进取、奉献""一丝不苟，精细管理"等，使干部职工能铭记在心，时刻用于激励自己，提醒自己，也便于对外宣传，在社会上树立个性鲜明的良好企业形象。企业文化的真谛是以人为本。企业文化具有导向、约束、凝聚、激励及协调等多种功能。

（二）企业道德和企业社会责任

道德是一定社会阶段形成的通过舆论约束人们言行的准则和规范。企业道德是调整本企业与其他企业之间、企业与用水户之间、企业内部职工之间关系的行为规范的总和。它有功利性、群体性、实践性、继承性等特征。企业道德建设是企业文化建设的重要组成部分，属于企业文化的高层次范畴。通过强调员工价值、提升员工觉悟、调整员工心理等途径培育企业道德。企业社会责任是指企业在创造利润、对股东承担法律责任的同时，还要承担对员工、用水户、所在地区社会和生态环境的责任，包括应当遵守商业道德、生产安全、职业健康、保护劳动者合法权益、节约水资源、节约能源、保护环境等。社会责任具体体现在经济责任、法律责任、道德责任和慈善责任等。

个别供水企业为了营利，以简化净水工艺流程、不严格消毒等偷工减料方式，不择手段地"降低"生产成本，使得供水水质不稳定甚至合格率低于有关规定。还有的水厂将水净化处理过程中含盐或其他有害成分较多的污水随意排放，污染环境。这些做法不仅严重侵害了乡村居民切身利益，污染环境，影响地方经济社会可持续发展，也有违企业道德和社会责任，不利于企业自身的健康持久发展，严重的可能要承担法律责任。解决这类问题，一方面要靠加强政府主管部门的监督，另一方面要靠广泛宣传，引导水厂加强企业道德和社会责任意识的培育，尤其是对水厂负责人的教育，从根本上提高他们的素质。

三、人力资源管理

在确定了水厂管理组织形式、内部组织结构和岗位设置以后，就要为各个岗位配备能胜任岗位需求能力的人。人员配备和管理要从两方面考虑：首先要满足水厂运行管理的需要，同时还要考虑个人能力、特点、爱好。人员选聘、使用、考核等是水厂管理体制的重要组成部分。一个地方农村供水事业发展的快慢，水厂管理水平的高低，在很大程度上取决于从业人员的素质和能力。当前农村水厂生产经营管理最突出的薄弱环节是员工队伍整体素质和能力不能适应水厂规范化经营管理和加快现代化进程的需求。以往人们习惯把涉及选人、用人、管人等工作称为人事管理，即涉及人的事务的管理，它的含义过于宽泛，不够科学确切，现在多用人力资源管理。

（一）人力资源的特征

人力资源又称人力资本，主要指能够推动生产力发展，创造社会财富，能进行智力劳动和体力劳动的人们。人力资源管理是水厂管理单位为了实现既定目标，运用现代管理手段，对人力资源的取得（选人）、培训开发（育人）、使用（用人）、激励（留人）等进行管理的活动总称。人力资源是一种特殊的资源形态，有着不同于水资源等物质形态资源、资金等金融资源的特征。

（1）它具有能动性。人能够主动地认识和改造自然，有目的、有意识地进行活动，创新观念，强化自我，他能按自己的特长和喜好、愿望选择职业，也能按照岗位职责任务要求改变自我、适应环境。人力资源在一切资源中处于中心位置，起主导作用，并能操作、支配、运用其他资源。

（2）它具有高增值性。由于人的特殊性，人力资源所产生的价值和效能远大于其他资源，而且随着信息技术、人工智能等的发展，这一特征日益突出。配备了经过专业技术培训，能熟练掌握信息化、自动监测控制等技能的人才，能够使水厂生产运行从人工凭经验操作管理，改为实时监测自动控制作业，压缩用工人数，提高制水质量。在大量水厂经营管理案例中，经常可以看到，一个能人，尤其是水厂领导或关键岗位上的人，可以使一个水厂从混乱无序、亏损经营的烂摊子，短时间内走上规范兴旺的道路。他所创造的价值远非高工资或奖金所能衡量。

（3）社会性。人具有社会属性，人力资源在一定的社会环境和社会实践中形成。个人的工作态度、主观能动性和创造力受社会环境、文化氛围的影响和制约。一个刚从学校毕业不久的年轻人，进入团结互助、友爱、积极向上、人人争先的管理团队，在周围人的影响带动下，可以较快地熟悉并掌握工作技能，成为操作技术骨干，甚至一个过去工作不积极、缺点较多的人进入优秀团队，在好的工作环境氛围影响带动下，也会逐渐改正自己的缺点，成为先进工作者。

（4）时效性。由于人力资源与人的生命过程相联系，人的求知欲旺盛、工作精力充沛、年富力强时期多集中在一生的中间阶段，这就决定了一个人、一个团队在不同的时期会有结构和质量的变化。人力资源有培养期、成长期、成熟期和老化期，管理者要掌握人力资源的形成、开发、分配和使用的时效性、动态性，最大限度地发挥人力资源的潜能和作用。

（二）人力资源管理原则和主要任务

1. 原则

（1）最根本的原则是以人为本，人是人力资源管理的出发点和落脚点。人力资源的一切管理活动都必须以调动员工的工作积极性和创造性，最大限度发挥他们的潜能为根本。要建立并不断完善有利于凝聚人心、留住人才、调动员工工作积极性、充分发挥他们聪明才智和创造能力的机制。

（2）要在水厂之间和水厂内部员工之间做到公平竞争。为了使水厂经营管理组织始终充满活力，使得在人员流动频繁，人往高处走的社会大环境中，水厂对员工的吸引力、凝聚力等方面始终保持竞争优势，这就要求在员工的招聘录用、考核晋升、同工同酬、奖优罚劣等管理方面提供与其他企业事业单位用人等方面具有公平竞争的优势。在水厂内部选贤用人也要做到公平、公正，杜绝任人唯亲，搞小圈子。

（3）建立并实行严格的岗位责任。根据水厂规模大小、管理组织的特点，科学合理设置岗位，明确不同岗位的职责、权利和任职资格条件，实行岗位责任管理。建立能体现员工素质水平、业务能力、工作业绩、资格经历、岗位需要的等级序列。

2. 人力资源管理的主要任务

在选人方面，要建立并不断完善能够发现本水厂生产经营工作中涌现出来的优秀人才，委以重任，同时向社会公开求聘本厂所需的优秀人才的制度；在用人方面，因材施用，合理使用人才，实行岗位责任管理，严格绩效考核，最大限度地发挥每个员工的潜能，做到人尽其才；在开发人才方面，加强继续教育，通过培训等途径给员工不断补充新的知识，引导员工养成钻研业务、善于学习、终身学习的习惯；在留住人才方面，建立基于科学、公正、考核基础上的薪酬奖励制度，不断增强员工对水厂的自豪感、认同感，感到自己的付出得到了合理的回报，愿意长期在水厂工作。

3. 案例：某供水公司员工聘用与劳动合同管理制度

为了规范公司员工招聘工作，明确劳动合同双方当事人的权利和义务，保护劳动者的合法权益，构建和发展和谐稳定的劳动关系，根据《中华人民共和国劳动合同法》《中华人民共和国劳动法》，结合公司实际情况制定本办法。

一、新聘员工的条件

新聘人员原则上应具有大专或职业技术院校毕业学历，持县级以上医院身体检查结果，身体健康，年龄为 18～35 岁。特殊岗位急需专业人才除外。

二、签订劳动合同

（1）凡属本公司在册的劳动合同制员工及新招聘的员工均应签订劳动合同。

（2）在双方平等、自愿、协商一致的基础上，按照公司岗位设置，依照下列手续签订劳动合同。

公司总经理、总工程师、财务总监等高级管理人员与董事会签订聘任合同，其余员工与受总经理委托的公司人力资源科签订劳动合同。新调入、招聘、政策性分配来公司的各类人员经试用考核合格后，再行签订劳动合同。

劳动合同以书面形式签订，公司为合同的甲方，总经理代表公司与员工（乙方）签订劳动合同。

（3）根据公司生产经营和生产岗位特点，固定劳动合同期限两年一期。乙方在甲方连续签订两次固定期限劳动合同的可申请签订无固定期限劳动合同。

（4）在劳动合同期内，任何一方要变更劳动合同，须征得对方同意，以书面形式进行修改，双方签字后生效。

（5）劳动合同期满，根据甲方生产和工作情况，在双方均同意的情况下，可按规定续签劳动合同；若因特殊情况在合同期满未办理终止劳动合同或续签合同手续的，视为原合同有效，但延续时间不得超过 3 个月。

三、劳动合同的解除和终止

1. 乙方有下列情况之一，甲方有权解除劳动合同

（1）在试用期内发现不符合录用条件的。

（2）不服从指挥或工作安排、不安心本职工作、工作绩效考核长期评分较低。

（3）违反公司保密规定，泄露公司秘密信息，散布流言，影响公司声誉或造成公司经济损失在××元以上，又不积极采取措施挽回的。

（4）违反安全生产规章制度指挥或操作生产经营活动，造成设备、设施损坏，或重大安全事故，经济损失在××元以上的。

（5）严重违反国家法律，追究刑事责任的。

（6）违反劳动纪律，连续旷工 3 天以上，全年累计旷工 5 天以上的，迟到、早退、中途离岗 10 次以上的。

（7）打架斗殴，严重影响生产、工作秩序，造成恶意影响和经济损失的。

（8）违反公司规定，串通其他方损害公司和国家利益，经查证属实的。

（9）偷水或协助偷水，私自接触用户承揽工程，损害公司利益的。

（10）患传染性疾病或非因工负伤，在规定的医疗期满后不能继续从事供水生产、管理工作的。

（11）私自修改、损毁计算机收费及用户管理信息系统，侵吞公款的。

（12）在招投标材料设备采购中有索要回扣等行为的。

（13）在一个合同期内，综合考评不合格的。

2. 有下列情况之一，乙方可以通知甲方解除劳动合同

（1）在试用期内员工提出离开的。

（2）甲方以暴力、威胁或者非法限制人身自由的手段强迫劳动的。

（3）甲方未按劳动合同的约定支付工资报酬或者提供劳动条件的。

（4）乙方因履行国家法定义务，无法履行劳动合同的。

（5）经劳动仲裁机构确认，甲方劳动安全、卫生条件恶劣，严重危害乙方身体健康的。

3. 甲乙双方协商一致，可以解除劳动合同

4. 乙方达到法定退休年龄的，劳动合同终止

四、解除劳动合同的经济补偿

1. 在下列情况下解除劳动合同，甲方可以不支付乙方经济补偿金

（1）甲方按照本办法第三条第1项解除劳动合同的。

（2）乙方主动提出解除劳动合同的。

2. 经济补偿金标准

（1）按乙方在甲方工作的年限，每满1年支付1个月工资的标准，向乙方支付。6个月以上不满1年的，按1年计算；不满6个月的，支付半个月工资的经济补偿。

（2）月工资指乙方在劳动合同解除或者终止前12个月的平均工资（含月奖金）。

（3）支付经济补偿金的年限最高不超过12年。

五、员工享受待遇

（1）按公司规定以岗位、职务、工龄、劳动态度、工作质量、贡献大小确定工资，工资按月考核发放，但违反本公司有关管理制度及规定，造成公司经济损失或其他损失，公司有权扣发其劳动报酬。

（2）乙方完成甲方规定的工作任务后，甲方以货币形式按月足额核发工资、奖金及津补贴。工资标准不低于公司所在市规定的最低工资标准。

（3）甲方按社保部门相关规定，为乙方办理养老、医疗、工伤失业救济等社会保险，乙方享受住房公积金待遇。

（4）员工年度考评分为：优秀、合格、不合格。

（5）乙方其他劳动待遇按《劳动合同》执行。

六、终止和解除劳动合同应提前30日以书面形式通知对方

甲方单方解除乙方劳动合同，应当事先将理由通知工会。

七、本办法未尽事宜及与国家政策法规不符之处，按国家政策规定和《劳动合同》执行

（三）人力资源管理的主要内容和做法

1. 人员选聘

人员选聘方式主要包括内部选拔和外部招聘两种。

（1）内部选拔。内部选拔或竞争上岗，这种方法的优点是能为供水管理组织内部现有人员提供变换工作岗位或晋升机会，一方面让员工感觉到在这个水厂工作有前途、有奔头，另一方面有助于在内部培养出一专多能的复合型人才，激发员工工作积极性和管理组织的凝聚力。内部人员对本水厂的任务目标、组织结构、运行特点、制水工艺、工程维护和文化理念等有较多了解，有利于转换到新的岗位后迅速适应，开展工作。与此同时，水厂管理组织在多年工作中对有意参与竞争选聘人员的特长、优缺点等了解和考察比较深入，选聘的准确性比较强。内部选聘也有不足之处，选择面较窄，如果一个岗位有多个竞聘人，落选者有时会有失落感，甚至对厂领导和当选者不满。内部选聘还有可能造成"近亲繁殖"，不利于注入新鲜血液，为某一个岗位甚至整个部门车间开创新局面。人才内部选聘竞聘要坚持公平、公正、公开，使每个参与者都感到他的能力和业绩得到了公正的评价和认可，不会感到"大材小用""怀才不遇"，影响员工队伍的团结和稳定。

（2）外部招聘。面向社会采用多种方式招揽空缺职位所需人才，这种方法的突出优点是人才来源面广、选择余地大，能够为水厂管理组织带来新鲜血液，新来者会引入新的管理方法或专业技能。外来人员不受水厂管理组织原有复杂人际关系的局限，思想束缚少。为了尽快表现自己的能力和价值，以外来人的旁观视角，容易发现水厂生产经营管理中存在的问题，提出改进创新建议，推动水厂管理组织开拓新的工作局面。外部招聘的不足之处是：对报名者的了解难以深入，有可能选人不准；外来人对水厂管理组织内部情况不熟悉，缺乏人际关系基础，需要有一段熟悉过程才能有效开展工作；如果是厂长、副厂长等层次较高的岗位招聘外来人员，可能影响内部员工争取提拔晋级的上进心，不利于增强员工队伍凝聚力。从外部招聘人才时，要做好水厂内部员工的思想工作，稳住人心，留住原有骨干力量。

外部聘用人时，要提出明确的用人条件，包括年龄、学历、专业技能、身体健康状况等。急需或特殊专业岗位人才，可适当放宽条件。人才选聘要有严格的工作程序，并严格执行，避免熟人关系"走后门"。通常要经过资格审查、考试、面试、录用后的试用期及考核、正式签订劳动合同等程序，录用后及时确定工资待遇，办理医保等社会保险手续。

2. 学习培训

组织员工学习培训是水厂管理组织开发现有人力资源，提高员工素质，以适应水厂规范化管理和提高现代化水平的基本途径。针对农村水厂管理能力薄弱的现状，培训工作显得尤其重要。学习培训应以组织员工制定计划自学为主，参加有关部门单位组织的培训为辅。在水厂内营造学习的浓厚氛围，促使员工养成自学习惯，参加各种继续教育。学习内容包括政治理论、道德修养、技术规程规范、管理制度、净水消毒等业务知识。

培训方式。培训方式可分为内部培训、外派培训和员工自我培训3种方式。内部培训又包括新招聘人员入职前后和选聘人员上岗前培训、在职员工定期岗位培训、转岗培训、部门内部培训等。外派培训是将需要培训的员工送到大专院校参加较正规的中短期培训班，或者针对本厂不足，选派员工到条件类似先进水厂跟班学习别人的经验，后一种方式，时间可长可短，成本代价较低。员工自我培训是水厂领导身体力行倡导并创造条件，督促员工利用业余时间参加电视大学、函授等学习，提高自己业务素质和能力，有的毕业后可获得国家认可的学历文凭，会给员工的长远发展打下基础。

按照培训内容，培训可分为基本专业知识培训、操作技能培训和综合素质培训等。

培训的原则与要求。①水厂要制定长远和近期培训计划，按照人员结构、岗位要求、人员能力现状，制定多批次、多渠道、多类型的培训计划，培训要不影响或尽量少影响水厂正常生产经营活动。②培训要有明确的目标，让受训者尽快掌握上岗操作技能，或提高履行岗位职责能力。培训目标必须与员工个人具体工作岗位职责要求紧密联系，目标设置要合理、适中，目标定得过高或过低都会影响培训效果。③参加培训的员工要珍惜培训学习机会，遵守培训纪律。水厂要将培训成果与员工的聘任、晋升、工资福利等挂钩，使它既能提高员工能力和素质，也能激励员工工作积极性和创造性。④选择切合实际的教材和教学方法。要求培训老师应尽量结合岗位任职要求，联系实际，解决实际操作中常见问题编写实用价值较高的教材或学习辅导材料。⑤挑选既有理论知识又有丰富实践经验、熟悉农村水厂经营管理实际、有较强解决实际问题能力的老师讲课，做到理论联系实际；培训中尽量创造条件为学员提供实习操作机会，如混凝药剂配制、水质化验等，只有亲自动手才能加深理解。⑥每次培训结束，要进行考试，用答卷等方式对培训效果进行科学评估，包括学员对培训内容的学习理解、掌握程度、有哪些收获，也要了解学员对课程设置、培训内容、老师授课的反映，对改进培训提出意见建议。水厂管理单位要在年终工作总结中对当年培训计划完成情况进行分析，客观评价员工通过培训在操作技能、工作方法、工作态度等方面与培训前有什么改变，提出下年度改进培训的打算。

教学实习方法。常用的教学实习方法有：课堂教学法、视听教学法、网络培训法、观摩范例法等。目前多数地方培训是老师台上讲课学生下面听，单向灌输，缺少师生互动交流。在职职工培训与普通大中专学校正规教育的最大区别之一是前者的学员多具有一定实践经验，他们通常是带着明确、强烈的学习需求参加培训。现代培训方法强调参与式教学，即老师与学员以平等身份互动，通过访谈讨论、提问座谈、案例分析等多种方式，让讲课人的专业知识和接受培训者的实践经验交流，取长补短，共同分享。

新招聘入职员工的培训与在职员工的培训内容和要求有所不同，对他们的培训应强调系统性、针对性。①要学习与水源保护、城乡供水等方面的法规政策；②要系统学习本水厂运行管理各项规章制度；③要学习制水、供水等方面的专业知识；④要参加安全生产培训和演练；⑤要在老师带领下参观水厂制水工艺过程、设施设备现场。培训结束后要结合培训内容和岗位职责要求，进行针对性十分明确的考试，考试合格才能发给岗前培训合格证书，持证上岗。

3. 绩效考核

（1）绩效考核。绩效考核是按照一定的标准，采用科学的方法，对水厂员工的品德、业绩、工作态度、业务能力等进行综合检查和评定。考核的目的一方面是约束、激励员工严格要求自己，履行自己应尽的岗位职责，发挥和提高自己的工作能力，促使班组、车间乃至水厂管理组织所有成员齐心协力、团结配合、共同完成水厂任务目标。另一方面，水厂管理者通过绩效考核获取的信息，为员工的薪酬、晋升、降职、调整岗位、培训、解聘辞退等提供科学、客观和公正的依据。

绩效考核工作步骤是：①要制定切合本水厂管理实际的考核办法，包括评价指标体系及测评标准；考核内容包括德、能、勤、绩等四个方面，如工作态度、工作能力、完成工作量和工作业绩，工作实绩是考核的重点；考核标准应以岗位职责及年度工作任务目标为基本依据，确定便于量化的考核指标，考核指标和标准应明确具体，既不能过于烦琐，也不能太原则，要有较强的可操作性；对不同的专业、岗位，不同层次、不同职务的员工，在业务水平和工作业绩方面应有不同要求，分别确定各指标在总评分中的权重，职能科室和车间负责人在管理方面的业绩赋分权重要高，班组员工的操作技能和实绩效果赋分应占较大比重；②走访与被考核者工作关系密切的同事；③收集整理与绩效测评有关的运行日志、检修记录、班组和个人月度工作总结等资料，根据收集的各方面资料和考核指标赋分，得出各个班组、每个员工的定量与定性相结合的绩效考核综合评价意见。制定考核办法时，要注意走群众路线，听取员工意见。考核工作程序要透明，要保障被考评者解释与申述的权利。考核结论要及时向被考评者反馈。

绩效考核的过程和结果很容易受到考评者的主观因素影响，他们的个人经历、专业特长和观察问题的角度不同，会直接影响考评赋分和评价意见。为了使考评意见更客观、公正，考评工作小组宜由直接上级领导、同事、下属和专家共同组成。不同参评人的考评意见在总的考评结果中所占权重不一样，直接上级领导的意见权重最大。在水厂对员工进行考评之前，员工自己应先按照考评内容进行自我总结，对自己完成水厂下达任务计划完成情况、实际效果、工作态度进行总结，既要肯定自己的成绩和优点，也要找出不足，提出自己下一年改进设想。

（2）案例：绩效考核管理办法。

根据公司有关制度规定，并经职工代表大会讨论通过，制定本办法。

一、考评工作组织

1）公司设立员工年度考评小组，由公司分管领导、各科（室）、各车间（班组）负责人及职工代表组成。

2）考评于每年12月进行，采取员工自我总结、科室、车间班组民主评议、公司考评相结合的方法进行。考评项目和分值见附表2。

3）民主评议。每年11月由员工所在科室、车间（班组）同事对其工作表现进行打分，每人填写一张表。评议表封装在信封内交公司考评小组。民主评议结果作为员工年度考评参考内容之一。民主评议表见附表1。

4）每年11月公司进行一次规章制度与安全业务知识考试，闭卷进行，满分为100分，得分值作为当月奖金发放参考，并纳入年度考评组成部分。

5）员工"民主评议"及"年度考评"满分为100分，有特殊表现或贡献的，可在100分之外赋奖励分，最多10分。考评得分80分以上的为优良，60～79分为合格，低于60分为不合格。出现重大安全生产责任事故，因违反国家法律规章受到民事、刑事处罚和严重违反公司《违纪违规处理办法》的，实行一票否决，当年考评结果为不合格。

二、考评工作程序

1）员工对自己当年工作情况进行总结，包括表现、业绩、体会、不足，提出自己今后改进打算。

2）各科室车间班组进行民主评议打分，评议结果交公司考评工作小组。

3）公司考评小组开会评议，形成考评意见。

4）将年度考核结果书面通知被考核人，确认后由行政人事部存档。

5）员工对考评结果有异议的，可在收到考评结果后，5 日内申请复议，考评小组 5 日内提出复议意见，并通知被考核人。

三、考评结果应用

1）考评结果作为年终绩效考核奖励发放依据。

2）员工在一个合同期内，出现考评不合格，给予约谈警示、降职、降薪留用察看等处理。

附表 1　　　　　　　　　　××车间（班组）员工民主评议表

（　　　　年度）

评议员工姓名	项目和分值					
	考勤（20 分）	工作态度（20 分）	工作任务完成情况（50 分）	与同事工作配合协作（10 分）	总得分	车间（班组）负责人对被评人得分及表现的看法意见与建议

附表 2　　　　　　　　　　公司员工年度考评表

车间（班组）：　　　　　　姓名：　　　　　　年度：

序号	考评内容	单项满分值	考核得分	备注
1	个人年度自我总结认真程度和文字材料质量	5		
2	员工所在车间（班组）民主评议	10		
3	年度业务考试	10		
4	参加政治学习情况	4		
5	钻研业务提高工作能力和成效情况	6		
6	工作态度	5		
7	完成岗位职责任务情况	40		
8	考勤与遵守劳动纪律情况	5		
9	与同事间工作协作配合群众关系	5		

序号	考 评 内 容	单项满分值	考核得分	备注
10	是否有两次以上违章作业、违章指挥或工作失误情况但未造成事故、事故轻微、经济损失较少	5		
11	是否出现三次以上未完成计划任务或领导交办临时性工作	5		
	合计			
加分奖励	提出合理化建议被采纳	2		公司确认
	评为公司及以上先进个人	2		公司确认
	超额完成职责工作任务成效突出	2		公司确认
	有见义勇为行为	2		相关证明
	对公司有其他特殊贡献	2		公司确认
总计				

考评日期：　　　年　月　日

4. 激励与薪酬管理

（1）激励。激励是水厂管理单位通过制度设计安排的奖励措施和工作环境，以一定的行为规范和奖惩措施来激发、引导、规范员工行为，促使全体员工共同配合，积极努力实现管理单位的目标。激励包括两个方面：奖励和惩罚。

心理学原理把人的需求分为物质和精神两个方面。物质需求是人类生存的起码条件和基础。精神需求是人类特有的精神现象。激励可以把满足个人需求与管理单位需要有机结合起来。物质激励包括工资、奖金、福利等，有的公司把股权作为奖励赠给优秀员工。将员工的工作绩效与薪酬挂钩，会激发他们更高的工作积极性、创造性。精神激励是让人们得到尊重、成就感和自我实现的需要，促使员工从物质需求上升到更高层次的精神满足追求，有助于增强对水厂的认同感、归属感、主人翁地位。常用的精神奖励方法有评比表扬、树立标杆样板、对家属亲友慰问、培训学习、给员工外出考察学习机会和旅游等。

建立激励机制要因厂因人制宜，考虑本水厂员工的需求和主观感受。要形成制度，按规章办事，体现公平、公开、公正、机会均等。奖励与惩罚并用，要合情合理适度，以奖励为主，以惩罚为辅。使用惩罚手段要慎重，非必要，尽量少用，过多地倚重惩罚，会带来消极的副作用。

（2）薪酬。薪酬是员工为水厂提供劳动或劳务所得到的报偿，包括工资、奖金、福利、津贴等。工资是相对稳定的报酬部分，也是报酬的主体，通常由基本工资、岗位津贴、工龄工资、绩效工资、福利性补贴等组成。良好的薪酬管理一方面起到保障员工基本生活，体现员工自我价值的作用，另一方面成为构建充满活力的内部竞争机制、稳定岗位结构、吸引和留住人才、激励员工工作积极性的措施，最终达到实现供水管理单位既定目标的目的。水厂应努力争取做到员工年收入随着水厂事业发展、经营状况改善、经济效益提高逐步提高，并且不低于或略高于当地经营状况良好的企事业单位同类别岗位年收入平均水平。

与薪酬管理密切相关的是员工公休日、法定节假日、带薪休假、值班与加班、旷工、考核不及格扣发工资奖金、员工出差补助、病假、事假、婚假、产假、探亲假、工伤鉴定、工伤医药费等很多具体的制度规定。

目前不少农村水厂职工薪酬待遇偏低，主要原因是水厂经营绩效不理想，有的长期经营亏损。也有少数水厂存在不重视薪酬管理，对其在吸引人才、留住人才、稳定员工队伍、激励员工劳动积极等方面重要作用缺乏认识，以牺牲员工薪酬待遇为代价，维持水厂低水平运行与经营。这种做法，只会造成经营管理上的"恶性循环"。薪酬越低，越招不进能人，即使招进来，也留不住，水厂生产与经营管理就越差。解决农村水厂职工工资福利待遇偏低问题，要调整思路，把制定合理的薪酬制度作为水厂发展与经营管理战略的重要措施，适应外部环境变化、人力资源成本不断上涨的新形势。一方面要努力控制生产成本，减少不合理支出，另一方面要在有关主管部门领导下，推进供水水价改革，挖掘水厂内部潜力，开展综合经营服务，改善经营状况，增加经营收入。

第五节　农村供水行业监督管理

提高农村供水保障能力和水平，行业主管部门要做好对所有水厂生产与经营管理活动的监督管理。

一、行业监督管理的概念

作为农村公共基础设施重要组成部分的农村水厂，承担着为农村居民提供生活用水保障饮水安全以及二三产业用水的公共服务职责，水厂服务质量高低、能否良性运行、持久发挥效能，事关众多农村居民的切身利益。承担公共服务、公共管理职责的政府必须履行进行监督管理职责。除了政府，还需要新闻媒体，舆论等社会力量和用水户进行监督。

监督是对某一事物（事件）现场或某一特定环节的过程进行监视、督促、检查、巡查、审核、审计，使事物的结果能达到预定的目标。按照监督主体的不同，监督可分为国家监督和社会监督两大类。按照形式和内容的不同，监督可分为民主监督、法律监督、舆论监督、外部监督、内部监督等。农村供水行业监督检查指行政机关或法定授权组织依法对水厂或供水工程管理单位遵守法律法规和规章制度的情况进行督查。监督是单向的，具有某种强制约束和预防功能，但它不对被监督者的有关活动或行为直接指挥、命令、安排任务。它只是检查、观察、评价、督促、提醒，预防违法、违规、违纪或事故的发生。管理与服务密不可分。因此广义的监督管理不应简单地理解为检查、监视、督促，还要在监督的同时，向被监管对象提出改进和加强管理的建议，帮助水厂解决实际困难。微观层面的水厂监管，有别于宏观层面的农村供水行业发展监督，它侧重于对水厂生产经营活动涉及的人及事务的具体过程与结果。

开展监督管理工作：必须坚持有法可依，以事实为依据，以法律为准绳，预防为主；坚持行为观察与技术监督相结合；坚持监督与服务相结合；教育与惩罚相结合。《水法》《水污染防治法》和《关于深化农村公共基础设施管护体制机制改革的指导意见》等法律和政策文件中都为农村供水行业监管提供了依据。

按行业分类，监管有安全生产监管、金融监管、海关监管、网络安全监管等。按层级分，有国家层面全行业的宏观监管。国家监督指由国家机关以国家名义，依法进行具有法律效力的监督，如卫健委系统的疾控中心受法律授权，对农村水厂供水水质卫生进行监测。国家监督又可分为国家权力机关的监督、国家行政机关的监督和国家司法机关的监督。目前各级政府和政府下属有关主管部门对农村供水工程从建设到运行管理进行的检查等，就属于国家行政机关的监督。国家监督的特点是法定性、严格的程序性、直接效力性。在微观方面，包括重点项目、重点工程的监管，或者某一水厂内部的资金监管、质量监管。从时间过程上说，有全过程监管、定期监管、实时监管。

监管是监督与管理两个名词术语合在一起的总称。监督与监管虽只有一字之别，但含义和做法方式是有区别的。有些监督，如媒体舆论监督，农民用水户的民主监督，只是监视查看，把了解到的情况向具有监管职责的政府或行业主管部门反映，它没有"管事"的职责。有些监督则深入到"管理"，叫"监督管理"，如政府投资（补助）的农村供水工程项目监督管理、供水水质（监测）监督管理。

监督要根据工作需要和条件选择适宜的方式，包括专项检查、第三方评估、随机抽查、暗访、重点稽查、督查、审计等多种方式。信息反馈和整改以及对整改效果的跟踪调查是监督检查不可缺少的组成部分。监管要注重实效，不能流于形式。

社会监督是指由国家机关以外的政治或社会组织和公民进行的不具有直接法律效力的监督。按照监督主体和监督方式的不同，社会监督又可分为政治或社会组织的监督、社会舆论监督和公民监督。作为社团组织的农村供水协会，组织专家对会员单位或典型农村水厂的供水服务和规范化管理情况进行调研、督促、指导、总结，属于社会组织监督。电视、网络、报纸等各种媒体，用水户或社会人士对供水工程所用器材设备质量、工程施工质量、水费计收和供水服务等进行监督，属于社会舆论监督或公民监督，与行业主管部门的监管配合，起到相辅相成的作用，有些情况下，它所起的作用是政府或行业主管部门起不到的，因此，社会监督也是农村供水行业健康发展所必不可少的。

二、农村供水行业监督管理的主要内容

农村供水行业监督管理的内容主要包括水厂经营管理组织的注册登记、供水水质、供水服务质量、水价与财务管理等方面。

1. 对供水生产经营管理组织的行业进入和退出监督管理

农村供水涉及保障农村居民日常生活用水需求和农村疾病预防控制公共卫生，对于从事这个行业的生产经营管理组织，应当有严格的准入条件，包括取得行业主管部门颁发的取水许可证、卫生许可证、工商企业登记、事业法人登记、社团法人登记、税务登记等最基本的行政监管许可。除了这些必备条件，关于资质许可，城市供水工程目前采用特许经营制度取代过去的资质管理制度。有的省在地方条例中也提出了类似的要求。

当供水工程服务区域被其他供水工程覆盖或取代，供水经营管理组织要撤销解散时，需要到有关行业主管部门办理解散注销手续，接受退出监管。私人兴办的水厂出现资不抵债、无法继续经营，不得不"破产"时，也要接受退出监管。

目前农村水厂经营管理组织进入供水行业，除了上述几种许可外，还规定工程设施建成后通过有关主管部门竣工验收，即可开展供水服务，这一工作程序间接认可该工程管理单位已经进入农村供水行业，具备从事供水服务的资格。对于已经开展农村供水业务活动的水厂，行业主管部门每年（或定期）根据有关规定，组织第三方机构、专家、用水户代表对其供水服务质量、效率和运营状况进行监测评估监管是有必要的，可以预防饮水不安全问题以及水厂经营管理混乱等情况的发生。

2. 供水水质卫生及供水服务质量

对供水水质卫生是否符合国家有关标准进行监督管理，是农村供水监督管理的核心内容之一。这方面的工作由卫生健康主管部门负责，具体的监测内容与方法见有关标准规范。供水水压、尤其是管网末端的水量水压以及管网爆裂事故报修、缴纳水费方便程度、用水户投诉处理等方面服务质量的监督管理由水行政主管部门负责。

农村供水的取水水源地保护监督管理，涉及生态环境、水利等部门。其具体内容和要求在相关技术规范和管理办法中有明确规定，目前这方面的监管相对薄弱，主观原因是重视程度不够，客观原因是量大面广的小型农村供水水源的水质、水量影响因素复杂，监管难度大，监管力量不足、监管技术手段落后等。

3. 农村供水价格

对农村供水水价进行有效的监督管理是农村供水行业监督管理又一项主要任务，它直接关系着众多农民切身利益和农村社会稳定，同时也关系到供水工程管理组织在经济上能否良性运行、持久发挥效益。农村供水水价的监督管理由物价部门和水行政主管部门共同负责，监管内容包括成本测算是否符合相关规定、水价审批程序是否合规、批准的水价是否得到认真贯彻执行。2019年国家发展和改革委员会与财政部联合发布的《关于深化农村公共基础设施管护体制改革的指导意见》中的第十八条对"完善使用者付费制度"作出规定，为开展水价和收费监管提供了依据。

4. 水厂财务和资产

这方面的监管包括财务管理制度建立与执行情况，财会人员从业资格，会计凭证、年度会计报告等会计资料的真实、完整情况，会计核算是否符合国家有关制度规定等。多数地方建立了农村供水工程运行维护专项资金，其提取和存储、使用应纳入财务监管内容。目前不少农村供水工程没有履行资产权属登记工作，只是原则上规定"产权归投资者或农村集体组织所有"，但缺少可操作的具体办法。由于多数供水工程执行水价中不包含或只包含一小部分固定资产折旧费，造成固定资产损耗没有补偿来源。如何保障供水工程设施资产保值，需要切实加强资产监管，尽快完善这方面的制度。财务监管由财政和审计部门负责。农村供水资产监管，国有资产由地方国资委、工程建设出资者或工程设施产权所有者负责。

5. 安全生产

水厂安全生产监管是整个监督管理体系中十分重要环节，包括对水厂安全生产制度的执行情况、安全生产第一责任人和岗位安全生产责任制落实情况、安全生产教育和培训情况、安全防护措施是否有效、安全事故处理责任追究、应急方案演练等是否有效落实等，发现安全生产隐患问题，督促水厂管理组织采取措施认真整改。

6. 农村供水管理组织及人事监管

对农村供水经营管理组织履行职责及管理组织负责人遵纪守法、执行国家方针政策和水厂管理制度情况，尤其是人员招聘使用、奖金分配、劳动合同管理等进行监督管理也是农村供水监督管理内容的一个方面，通常由上级业务主管部门、纪检监察、审计、企业的监事会、村民代表大会等负责进行。

三、农村水厂监管案例

南方某县水厂，2014 年建成，设计供水规模 1800m³/d，覆盖 7 个村和 1 个街道，受益人口 1.7 万人，水源为中型水库，其水质符合有关规范要求。净水工艺采用"预处理＋常规处理"、二氧化氯消毒，水厂配有日检 9 项水质指标的化验室。水厂资产归镇政府所有，并负责管理，具体的日常运行维护经营由私人承包。水厂投入运行后的前几年，群众对供水水质等服务质量基本满意，镇政府很少过问水厂管理状况。2018 年当地行业主管部门接到群众投诉，反映自来水水质不稳定，经常有浑浊现象。

当地行业主管部门组织专家，深入水厂生产现场检查，发现净水处理工艺技术管理粗放，絮凝池絮体小而碎，影响后续的沉淀效果，沉淀池部分斜管安放不规范，滤池滤料层表面覆盖一层污泥，滤层减薄，经检测，出厂水浑浊度、色度均略有超标。与运行操作人员交谈，发现他对净水工艺操作，特别是按照原水水质变化情况调整混凝剂投加量的要求不熟悉，说不清滤池反冲洗的控制参数指标，进一步询问，他到该厂时间不是很长，才 1 年，之前只到别的水厂参观见习培训了 1 周。问题表现在操作工身上，根子是水厂承包经营者执行生产运行制度的责任心不强，镇政府未尽到监管责任主体的责任。根据专家调查组的意见建议，县水利局督促镇政府立即采取措施进行整改。

该事件反映出水厂所有者的镇政府放松日常监督检查，县农村供水行业主管部门也疏于检查监督管理，问题暴露出来才进行补救。加强监督管理不能停留在发文件和开会布置任务，要真正落到实处，需要制定有针对性和可操作性的监管制度，切实负起责任。

第三章　水厂生产与经营管理

把水厂供出的水作为一种经过加工生产出的"制成品"时，水厂就是一个生产单位，通常所讲的水厂生产运行管理，是指将原水、药剂、设备、劳动力、资金等投入转化为产出的有组织的活动过程。水厂生产运行管理与水厂经营管理密不可分。广义的水厂经营管理是指水厂为实现预期目标，运用计划、组织、领导、协调和控制等职能，安排组织水厂的产、供、销等所有活动。狭义的水厂经营管理是指面向用户，以市场为中心充分利用水厂拥有的各种资源，运用计划、组织、领导、协调和控制等职能，为了提高效率和效益的经济活动。

本章将介绍水厂生产与经营管理的相关内容。有关管理体制与机制的内容已在本书第二章做了专门介绍。

第一节　水厂生产与经营管理基础工作

一、生产与经营管理的概念与主要内容

（一）水厂生产与经营管理的概念

广义的经营管理除了生产管理，还包括营销管理和财务管理。营销管理突出强调水厂管理单位不仅要重视生产，还要考虑合理利润、市场需求与市场环境、消费者（用水户）利益和社会公众长远利益。有时甚至还要考虑与相邻水厂供水服务覆盖范围合并，实现更大范围的规模化生产。

严格地说，经营与管理的内涵是有区别的。经营是对外的，侧重于商品经济提高市场活力，追求效益。管理则侧重于对内，理顺工作流程，完善制度，建立秩序，控制成本，提高效率，使水厂生产经营活动正常有序运作。经营与管理合在一起，称经营管理。

以往在水利行业内，人们常用供水工程管理这一提法，代替水厂经营管理。严格地说，这是不完整、不准确的。传统的水利工程管理，如堤防、排涝泵站等管理多局限于已建成工程设施的运行与维护。它们提供的是防洪除涝保障性服务，没有有形的物质产品。灌区提供的农田灌溉具有一定程度的商品成分，但更多的是改善农业生产基础条件、抵御干旱灾害的保障性服务，可经营的成分有限。作为具有现代企业特征的水厂管理，不仅指有形物质产品的生产制造管理，还包括也能创造社会财富的营销服务等无形产品的组织谋划活动过程。采用企业组织形式进行管理的水厂要按企业制度进行经营管理，采用事业单位组织形式的水厂也要采用或参照企业方式进行生产经营管理。把水厂当作一般水利工程进行管理不利于农村供水事业健康发展。

（二）水厂生产与经营管理工作的主要内容

水厂生产与经营管理包括以市场经济活动为中心的经营管理、生产管理、技术管理。

1. 经营管理

这里讲的经营管理是狭义的经营管理，包括经营思想、经营目标、经营决策、经营计划和经营绩效分析评估、水费计收与财务管理等方面的工作。与水厂日常生产运行管理相比，经营管理属更高层面的管理活动，具有统领全局、关系长远的作用。在水厂日常管理工作中，有时候很难严格区分经营管理活动是广义的还是狭义的。

（1）经营思想。是指水厂从事供水经营活动的指导思想。指导思想要符合并体现国家发展农村供水事业的宗旨——保障农村居民生活用水基本需求和饮水安全，同时为地方经济和社会发展用水提供保障。在保障实现社会目标、社会效益的同时，充分发挥市场机制作用，千方百计挖掘经营潜力，提高水厂经济效益。

（2）经营目标。是一年或更长一些时间，水厂生产经营活动预期达到的经营成果。包括对社会的服务目标，如供水数量、供水水质合格率、缴纳税金；资源利用和环境保护目标，如水的利用效率、能源单耗、弃水对环境影响等；发展目标，如扩大供水能力、提高技术水平和管理能力、提高员工素质等；经济效益目标，如实现利润、利润率、职工工资增长速度、奖金福利待遇水平等。

（3）经营决策。是水厂管理者确定未来行动目标和从多个可能行动方案中选择合理方案的分析判断过程。经营决策正确与否关系着水厂经营管理的全局。

（4）经营计划。是指导水厂全部生产与经营活动的综合性计划。通过它，把水厂经营思想、经营目标、经营决策和经营管理策略等具体化，成为专门针对本水厂、可操作性很强的行动纲领。

（5）经营绩效分析评估。是对水厂生产与经营计划执行进展或完成效果进行系统、完整的总结分析，以便作出客观准确评价，找出存在问题的活动。为进行这项工作，需要建立科学的评价指标体系和量化的评价标准，制定相应的评价方法。

（6）水费计收与财务管理。包括制定财务计划、测算供水生产与经营成本、成本控制管理、水费计收、资金与资产管理等。

2. 生产管理

生产管理指水厂管理单位运用计划、组织、领导、协调、控制等职能将原水从水源地引进（提取）净水设施，进行混凝药剂投加、絮凝、沉淀、过滤、消毒、水质检验、加压输配等过程的管理。具体内容包括制定生产运行管理制度、制订生产计划、安排生产劳动组织、指挥调度取水、制水、输配水各个环节的工作，做好工程设施设备的维修养护，以及物资管理、安全生产管理等。生产管理是水厂生产与经营管理的核心和主要日常工作，传统意义上的供水工程管理主要指这方面的内容。

3. 技术管理

技术管理指监督检查水厂制水生产工艺各项技术要求的执行情况，发现制水工艺技术实施中的问题，查找原因，提出技术改进措施，总结成功经验，引进、消化、吸收新技术。随着科技进步迅速发展，新的制水工艺技术成果以及计算机技术、信息技术、自动监控技术等日益普及应用，对水厂的技术管理能力要求越来越高。目前一些农村水厂生产工艺技术落后，运行维护管理人员业务素质偏低，尤其缺乏技术骨干力量。技术管理在水厂生产与经营管理中的地位作用日益重要。

二、新建水厂投产前的准备工作

（一）掌握工程建设情况

新建成水厂要尽快组建运行管理机构，明确管理单位负责人。管理机构相关人员要提前了解或介入水厂建设，为投产后的生产与经营管理作好各项准备。如从方便水厂长期生产运行的角度，发现工程设计和施工考虑不周的地方，提出改进建议，例如，管理房的面积是否够用，内部设施布设是否合理，闸阀井、安装检修机电设备预留空间等是否满足检修人员操作要求，化验等辅助设施配备是否齐全等；同时还要提早掌握制水工艺流程，熟悉工程设施与主要设备，了解工程施工质量和设备安装调试情况，曾经出现过什么问题，问题的处理情况。管理单位负责人要参加工程竣工验收。如果是工程资产所有者，还要办理资产验收移交手续。

（二）做好投产前的准备工作

许多农村水厂的项目建设法人由县水利局等单位组建，它与建成后要交付的真正"业主"，往往不是同一个实体组织。工程验收移交给水厂管理单位时，往往大量准备工作尚未就绪，此时如果仓促投入运行，可能出现生产秩序混乱。投产前的前期准备工作十分重要，要给予高度重视。主要包括以下几个方面：

（1）组建生产经营管理单位，或者落实承包经营管理者。采用企业组织或事业单位形式进行管理的水厂，要由上级主管部门按照规定的程序，组建经营管理单位，通过招聘、调配等途径，配齐所需人员。由村民委员会或农民用水者协会负责管理的单村、联村水厂，无论是自己直接运行管理，还是委托专人承包经营管理，都应当以协议（合同）或章程等具有法律约束力的文书形式，明确管理责任主体与具体承包、经营管理责任人相互之间的责任、权利和义务关系，避免出现工程投产运行后，管理责任主体"缺位""虚位"，管理责任未落到实处。

（2）水厂负责人在办理接收、清点、保管水厂竣工验收所有档案资料手续的同时，组织属下的中层干部熟悉工程设施设备技术性能、制水工艺流程、技术参数、经济指标，再次详细检查水厂投产运行所需各种设备、仪器、工具及安全防护用品等是否配备齐全。

（3）制定切合本水厂实际情况的生产与经营管理各项制度、操作规程、管理细则，包括水厂内设组织机构的日常运转工作制度，如生产运行日志制度、各个岗位的责任制度、净水消毒设备与工艺操作规程、机电设备操作规程。制定生产运行管理制度时，可参考借鉴相邻地区工程类型、供水规模、经营管理方式类似先进水厂的规章制度，通过座谈、走访等途径学习借鉴他们的经验、体会和教训，再结合本水厂具体条件，形成有自己特点、更科学合理、更切合实际的制度和办法。制定管理规章制度时，不要少数人关起门来做"文章"，要注意吸收相关中层干部和员工参与，让大家讨论，一方面让大家学习领会拟定的规章制度的精神要点，另一方面也让大家集思广益，提出修改补充意见，增强员工执行规章制度的自觉性。

（4）对主要岗位的员工进行上岗前培训。培训方式：有条件的可"送出去"，到职业技术学校给排水专业进修培训，系统学习岗位业务知识，取得考试合格资格证；不具备条件的，可以"请进来"，聘请邻近水厂有经验的操作员工到厂进行"传帮带"，师傅带徒弟，使新手尽快掌握操作技能，考试合格通过后，取得上岗资格证书。

（5）购置必要的净水、消毒、化验试剂、药剂，办公桌椅、文件档案柜，制作考勤、运行日志、检修记录、化验结果等各种记录表册，筹措投产后一定时段生产运行所需周转资金。

（6）调查掌握水厂供水服务范围内各镇、村、企业、用水户的基本情况，与各单位及用水户代表商议并确定供水方式、收费方式、供水服务质量标准。编写供水与用水宣传提纲，通过网络、电视、广播、报纸、墙报、标语、传单等多种途径和形式宣传，水厂的服务宗旨、服务标准、服务承诺、计量方法与收费标准、疾病预防与饮水卫生、家庭环境卫生、节约用水常识，用水户的责任、义务与权利、水厂供水服务热线电话等，为水厂运行管理作好社会环境准备。

（7）检查用水户水表等用水计量设施安装和查表抄记条件是否完备。

（8）协助乡镇政府、村委会落实受益区内的农村管水员、收费员，进行必要的培训，落实他们的报酬待遇。

三、生产与经营管理的基础性工作

为使水厂生产与经营管理活动有序进行，要有健全的规章制度、准确的计量、规范的信息收集整理、药剂消耗定额等必不可少的基础性工作。

（一）建立健全各项规章制度

规章制度是水厂管理单位为保证水厂生产与经营管理活动正常有序进行而制定的各种制度、规则、程序和办法的总称。规章制度既反映了水厂合理组织生产力的要求，又反映了水厂内部生产关系的要求。规章制度是员工劳动操作、经营管理和全体干部职工的行为规范和准则。它使水厂生产经营管理活动分工明确、相互协作、有章可循、秩序良好、管理水平稳步提高。规章制度一般可分以下几种：

1. 基本制度

如采用企业组织形式的公司章程、采用事业单位组织形式的管理办法、农民用水者协会章程、村民代表大会议事规则、企业职工代表大会制度等。

2. 各项工作管理制度

它是水厂按照国家有关法规、技术规范和政策规定，结合自身条件和管理要求，制定的日常运行管理、生产工艺操作、人事、财务等具体业务管理工作制度。有一定规模的农村水厂通常要制定如下工作管理制度：

（1）水厂日常运转管理制度，如政治学习思想教育工作制度、文件传阅制度、岗位责任制制度、值班巡查制度、交接班制度、考勤制度、资料整理与档案管理制度、厂区卫生保洁制度、食堂、车辆、安保等后勤管理制度等。

（2）工艺操作与设备设施维护管理制度，如取水及取水设施操作管护制度、净水与消毒工艺操作规程、净水消毒设施维护管理制度、水质化验检测制度、药剂配制与投加操作细则、水泵电机与电气控制设备使用操作维修规程、计算机与管理信息自动监控管理制度，各类构筑物、建筑物维护管理制度、输配水管网巡查维护制度、生产运行日志填写与整理归档制度等。

（3）安全生产管理制度，如安全生产管理规定、水源卫生防护与水源污染管理制度、管道爆裂等突发事件应急处置管理制度、设施检修与抢修应急供水制度，消防灭火、安全用电、防雷击、危险化学品使用管理，职业卫生管理，节能降耗、污水与污泥排放管理制度等。

（4）人事、劳动工资与奖励惩罚管理制度。

（5）财务管理、资产管理、供水计量与水费计收管理等制度。

（6）用水户服务管理制度。

3. 制度执行监督检查与绩效考评制度

有了比较完善的制度，不等于它就能落到实处，取得预期成效。各种规章制度靠责任与考核来落实。有的水厂制定了许多规章制度，贴在墙上，但缺少责任制执行情况的监督和定期检查考核，规章制度就可能成为空话，流于形式。责任制度把水厂多个环节的工作和干部职工职责紧密挂钩，做到事事有人管，人人有专责，检查考核有标准，避免遇事推诿扯皮，谁都管、谁都不负责任的情况发生。每个水厂都有自己的条件和特点，监督检查考核制度一定要结合本水厂的具体情况，有很强的针对性和可操作性。

制定各类规章制度时，除了参考借鉴条件相近水厂的成功做法和经验，还要广泛听取本水厂干部职工的意见，集中大家的经验和智慧，形成大家的统一认识和意志，这样做，有利于增强干部职工贯彻执行规章制度的自觉性。各种制度要详细，具体，有很强的可操作性，便于以制度为依据进行指导、检查、考核、评估、赋分，为职务晋升、工资奖金发放提供依据。

（二）做好生产经营活动原始记录和统计分析工作

原始记录是按照有关规定的要求，以一定形式对水厂各项生产经营活动所作的最初的直接记录。它是水厂生产与经营管理的第一手资料，包括所有记载生产与经营活动的各种表、卡、日志、台账、记录簿和数据记录。原始记录要认真填写，真实可靠，按时整编，妥善保管。农村水厂生产与经营活动的原始记录主要有如下内容：

（1）工程设施与设备基本情况，如工程规模与构成、技术特征、受益范围；主要设备的生产厂家、出厂日期、型号、规格、技术参数等，这些属于静态原始资料，它们对于设施设备的检修、抢修、技术改造、安全生产管理等有重要参考价值，需要作为档案长久保存。

（2）生产运行记录，包括投产运行时间、运行日志、事故发生与处置情况记录等。

（3）水泵、电机、电气开关等设备维修记录，包括维修日期、维修内容、消除设备缺陷及检测测试记录、零部件拆解更换情况等。

（4）构筑物的养护维修与改造记录，裂缝渗水、沉陷倾斜等观测及加固处理记录。

（5）水源来水情况记录，包括河流、水库等地表水源取水口区域的水位、流量、水质、水温、取水量监测，地下水的水位、水质变化监测数据等。

（6）其他生产运行管理方面的记录，如原水消耗，药剂与燃油动力消耗、检修用管材管件备用品消耗、工时消耗、办公用品低值易耗品的消耗等。

（7）水厂逐日、月、年出厂水、用水户用水计量记录。

（8）历次供水成本测算、每年水费计收、财务收入与支出、营利或亏损等记录。

（9）物资采购、存储、领用、核销等原始记录。

（10）与业务联系户合作、商务洽谈、签订合同等原始文件。

（11）固定资产、折旧计提、无形资产摊销等。

（12）员工工资、招聘、录用、辞退、升迁、调离、培训、奖罚等记录。

所有记录的原始资料要按统计档案等有关规定，定期进行分类、汇总、计算分析和归档整理，找出生产与经营管理中的规律，发现问题，为生产经营决策、制定经营计划和生产计划提供参考依据。

传统的原始记录多用手工填写，纸质资料保存，随着信息技术的普及应用，已逐步升级换代，从数据采集、传输，到存储、分析处理，越来越多地采用计算机信息管理技术，效率大大提高。

（三）做好定额管理工作

定额是水厂生产与经营活动中在人力、物力、财力等有效利用、消耗或完好率应遵循的标准。定额管理是指各类定额的制定、执行、考核和管理。水厂常用定额有：工程设备有效利用定额，如工程构筑物和主要设备的完好率、管网输水漏失率等；消耗定额，如药剂消耗、工程及设备维修养护物料消耗、原水消耗、油料电力消耗、工具器材消耗、水质检测药剂器皿消耗等；劳动定额，如工程设备维修养护，净水、消毒与水质检验等生产运行定员定额、工时定额，用水定额，如人均用水定额，第二、第三产业主要产品生产与服务用水定额等；资金及费用定额，如生产和维修资金定额等。定额是编制计划、组织生产与经营活动和进行经济核算的依据和基础。

制定定额要依据细致的科学测算和丰富的实践经验总结以及条件相似水厂同一指标的平均水平的先进标准。定额既不能太严，又不能过于宽松。要体现先进管理和技术水平，鼓励员工不断改进工作，努力争先，同时适当照顾本水厂的现实条件。

（四）做好计量工作

计量是用一个规定的标准已知量作单位，和同类型的未知量相比较而加以检定的过程。通常用一种计量器具来测量未知量的大小，并用数值和单位表示。计量管理是指计量检定、测试、化验分析等方面的计量技术和管理工作。计量工作在水厂生产经营管理中有十分重要的地位作用。原水水质化验的准确性在一定程度上影响着制水工艺技术参数的调整和出厂水水质检验数据的准确程度，关系到能否与疾控中心的水质监测结果衔接和水厂供水水质合格率高低，还关系到政府主管部门及广大用水户对水厂服务质量的信任程度。而出厂水量的计量与用水户水表用水数量的衔接直接影响水厂水费收入。农村水厂应当重视计量工作，根据自己的条件，配备必要的化验检测和供水用水计量手段，培训操作人员正确使用计量仪表、仪器，掌握相应的分析计算方法，定期维修、标定计量器具，不断提高计量工作水平。

（五）做好标准化工作

按照性质分类，标准可分为技术标准和管理标准。技术标准是对生产对象、生产条件、生产方式等所作出的一系列技术规定。管理标准是对各项管理工作的职责、程序、方法所作的规定。标准化是对各种产品、零部件的类型、性能、尺寸及所有原材料、工艺装备、技术文件的符号、代号等加以统一规定并组织实施的技术措施。水厂生产与经营中会遇到所用设备来自不同产地的不同生产厂家，有的可能是国外进口设备或仪表，它们的性能、技术参数可能不相匹配，无法互换通用。重视和加强水厂所用产品设备的标准化、系列化，可以减少或避免出现上述问题。水厂生产经营管理中重复出现的管理业务同样有标准化、程序化的问题，作好管理标准制定，可以促进建立规范的水厂管理秩序，提高工作效率和管理水平。

（六）抓好优质供水服务

1. 改进供水方式

农村供水与城市自来水供水服务的主要区别之一是供水方式多样化。受农村居民用水习惯和供水工程经济运行特点等因素限制，农村供水除了全天 24h 供水方式，有的还会采取定时供水、分质供水等。

（1）全天 24h 连续供水是评价供水方便程度的主要指标。它适用于水源水量充足、供水规模较大、制水成本相对较低、清水池调蓄能力较强、或有自动控制恒压供水设施的水厂。采用这种供水方式，需要注意：①加强输配水管网巡查维护，将管网漏损率降到最低；②高位水池、水塔蓄水时间不宜过长，避免发生水质变化，一般情况下，夏季蓄水时间不宜超过 3 天，冬季不宜超过 5 天，要认真检测出厂水和管网末梢水水质；③加强用水计量和收费管理，杜绝农户用自来水浇地、公用水龙头长流水等不合理用水或浪费水的情况发生。

（2）暂时不具备全天 24h 供水条件，可采用定时供水方式。有些水源十分紧缺或供水规模很小，用水人口和用水量都较少，如果采用全天供水方式，工程值守维护用工时较多，供水成本可能过高。考虑到农户生活用水量本来就不多，白天大部分时间到农田劳动作业，夜间基本不用水，同时许多农民家庭配备有水缸等贮水器具，一次贮水可用 1～2 天。可采用每天只在早、中、晚农户集中用水的 3 个时间段，每段供水 3h 左右，具体供水时间长短要征求村民意见确定。这种方法简便易行，能为经济欠发达、偏远地区村民所接受，可视为普及农村自来水进程中的初级或过渡阶段。其优点是可以避免频繁开机取水、加压供水，减少管理人员工作量，减少电力消耗，降低供水成本。缺点是降低了农户用水的方便程度，水缸等家庭贮水器具容易产生二次污染，水质卫生存在风险。

（3）定量供水。一些严重缺水的偏远村庄，在发生较严重季节性干旱、水源来水量大幅度减少的时候，需要采取分片区定量供水，限时供水，只提供生活最低需求水量，严格限制生产用水。这是一种被动的、迫不得已的供水方式。这种供水方式要求供水工程管理人员平时详细掌握服务区内各分支管道供水户数、贮水器具、用水量等情况，提前制定合理的分区分片定量供水方案。出现需要限量供水的情况时，将实施方案通知到所有用水户，尽量将对居民生活影响降到最低限度。

2. 抓好优质文明服务和厂容站貌建设

（1）优质文明服务。农村水厂应向社会作出优质文明服务的公开承诺，设立服务热线电话和微信公众号，为用水户的咨询、监督、投诉举报提供方便条件。对外窗口接待服务人员须佩戴服务标志，举止文明，热情、负责地解答或处理用户提出的问题。收费员入户查水表时，抄写记录要准确，不准利用工作之便收受馈赠，严禁吃、拿、卡、要，以权谋私。因停电、检修等原因停止供水时，要采用有效方式事先通知到所有用户，尽量把检修时间安排在对用户日常生活影响较小的时段；紧急停水时，要设法及时通知有关乡镇政府和村委会。发现或接到管道破裂、跑水、漏水等情况，维修人员应迅速到达现场进行处理，到达现场时间和一般检修所需时间都应事先向社会公开承诺。发现或接到举报有偷水、损坏供水设施情况，管理人员应及时到达现场制止，情况严重的，应报告当地执法机关依法处理。接到新的用水户开户安装申请后，在对外承诺期限内安排施工，安装完毕通水后，用户在服务反馈信息表上对服务质量给予评价、签字。对用水户的投诉应在规定期限内给予答复并进行处理。水厂维修服务收费标准应公开并严格执行。水厂内各班组都应有明确的岗位责任或服务质量标准，纳入班组和个人绩效考核内容，班组和个人之间开展文明服务创优争先进活动，在全厂形成良好的优质文明服务环境氛围。

（2）厂容站貌建设。农村水厂办公区和生产区要每日清扫保洁，保持干净、卫生。厂区内道路应硬化。合理利用空闲地绿化、美化，做到环境优美。构筑物外表、房屋外墙表面应涂刷颜色明快的防水涂料并保持完好。管道、阀门、护栏等应定期涂刷防锈漆。厂房地面以及厂房内的水泵、电机、电器开关、控制柜、中控室计算机等设备仪器，化验室内工作台、存放试剂药剂的容器或储物柜，办公室的办公桌、文件柜等应做到每天清扫擦抹，清除灰尘污渍。仓库内的药剂、备品备件按规定要求摆放，保持整齐有序，符合安全生产管理要求。值班人员休息室应保持整齐清洁，促使员工养成一丝不苟、精细化管理的习惯，也能对内对外展示水厂生产经营的内在质量与外表环境相统一。

第二节　经营管理决策与计划

一、制定水厂长远发展规划

1. 影响制定水厂长远发展规划的因素

常言道，"人无远虑，必有近忧"。农村水厂经营绩效和长远发展在很大程度上受制于当地经济社会发展、区域城乡供水总体布局以及水厂原来的规划设计。但是，水厂经营管理与长远发展也并不是完全处于被动地位，无所作为，仍然有一些事关长远发展的大事，需要水厂管理者进行前瞻性思考，作出长远性安排。例如，如何解决水厂实际供水量远低于设计供水能力、供水结构单一，以及生活用水为主造成经营效益差的问题；再比如，有的地方受过去历史条件局限，以村为单位建了多个小水厂，是否有可能通过改扩建，将多个小水厂整合，改用水源更有保证、水质更优的水库水源，在更大范围内提高供水集约化、专业化水平；再比如，目前水厂信息化和自动监控技术应用水平很低，三五年以后有可能提到日程上进行技术改造，这些都需水厂管理者认真思考，并与当地行业主管部门沟通讨论，作出长远发展规划。

为了制定水厂长远发展规划，需要对水厂未来发展所处外部环境和内部条件等各种相关信息进行收集整理、分析加工和预测研究。外部环境又可分为宏观环境因素和微观环境因素两个层面。外部宏观环境因素包括：国家或地方农村供水方针政策、法律法规等政治环境；国家或地方乡村振兴建设规划、小城镇建设规划、区域产业结构调整升级规划、区域城镇供水发展规划；财政补助扶持、金融机构融资贷款、吸引社会资本进入农村基础设施建设等；此外还有社会文化发展和制水供水技术进步等。外部的微观环境因素包括：直接影响或制约水厂生产经营活动的因素，如水厂所在乡村经济发展、村庄合并、人口增减、农村基层组织对水厂发展的支持配合、农民收入变化、农民生活方式与用水习惯改变等；地下水位变化、水源地周边环境保护、污染源治理等也属微观外部环境因素。影响农村水厂发展的内部条件因素主要包括：近年来水厂经营管理业绩状况，如水厂发展趋势、获利能力、经营能力、资金利用水平、经营效率、员工收入水平等；人力、资金、药剂、设备、技术、营销方法、信息等因素也在一定程度上影响着水厂长远发展规划的制定。

2. 制定水厂长远发展规划应注意的问题

（1）注意单个水厂的长远发展规划，要与区域城乡供水总体发展规划衔接，把水厂的长远发展纳入当地城乡统筹、乡村振兴以及区域经济社会发展全局。

（2）要坚持水厂办厂宗旨，以保障当地居民生活饮用水安全为立足点，同时也要考虑满足当地经济社会发展对水的数量、质量以及其他服务需求。

（3）要有前瞻性明确的目标，科学分析预测水厂内部和外部环境变化，把握和利用变化的客观形势和时机，抓住并创造有利于水厂发展的各种机会。

（4）集中资源，重点突破。农村水厂能利用的水、土地、人才等资源都不太多，必须集中使用有限的资源，把效益发挥到淋漓尽致的程度。集中资源的前提是发展方向明确，重点突出。一些地方跳出传统的按村镇行政区划设厂的定式思维习惯，改为以县为单位，统筹配置有限的优质淡水水源，统一规划布置供水管网，走出了城乡供水一体化的路子，为水厂可持续发展创造了有利条件。当然，这种考虑和布置不是水厂自己能做主决定的，应将自己的设想方案向行业主管部门汇报，争取上级支持。

（5）从实际出发，量力而行。水厂的长远发展，受到行政区划、地形、水源以及当地经济社会发展水平等条件的限制，长远发展规划要与水厂自己的人力、物力、财力、水源等资源条件相适应。

（6）重视聘请有经验的相关专业专家参与规划编制。

二、科学进行水厂经营管理决策

经营管理决策是水厂管理者为了实现水厂经营管理目标，从多个可能的经营管理方案中，反复比较论证，从中选出最合理的方案，并引导水厂达到预期目标的一系列活动的总称。决策贯穿于水厂生产经营管理活动的各个环节，包括制水新工艺、新技术、新设备等的选用、水厂改扩建、人员招聘等。

1. 决策原则

重大问题的决策不仅要有利于实现水厂自身发展目标的优化，同时还要保证国家任务目标的落实，维护大多数用水户利益。决策的前提是要有清晰、具体、经过努力可以实现的目标；决策要慎重，一旦作出，不宜轻易改动，避免朝令夕改，说了不算；决策要科学，要符合农村供水发展规律和水厂自身条件与特点，以较小的代价换取尽可能大的经营绩效；决策要民主，符合水厂管理规章制度规定的程序和方法，避免主观武断，独断专行，厂长一个人说了算。

2. 决策步骤

经营管理决策的过程是一个提出问题、分析问题和解决问题的过程。决策的步骤如下：

（1）水厂负责人在决策前要广泛深入调查研究，充分掌握与所要决策事项的相关信息，听取各方面意见，尤其是不同意见。对自己不太熟悉、一时看不准的专业技术问题，如净水新工艺、新设备的引进，要虚心向内行专家请教，尽量做到心中有数，俗话说，情况明才能决心大。

（2）在错综复杂的问题中，理出头绪，找准关键问题，确定决策目标。通常，重大事务的目标可以有多个，包括主要和次要、战略或具体、近期或长远等。如水价偏低、供水量偏少都是影响水厂经营绩效的重大问题，在两者当中水价调整的影响因素要复杂得多，难度较大，而扩大供水范围，增加非生活用水，增加用水量的目标相对容易实现。抓住关键问题，明确要到达的主要目标，才能避免或减少决策失误的盲目性。

（3）编制解决问题的多个可能方案。每个方案都应围绕能够基本实现预期目标来制定，包括相关影响因素、实现目标的途径方法、措施的可行性分析等。编制方案可以自己制定，也可以委托外部熟悉水厂管理业务的专家或咨询机构制定。

（4）对初步提出的多个方案进行比选论证，分析各自的优缺点，权衡利弊得失，从中挑选出最合理方案。决策者要有作出决断的智慧、经验、勇气和魄力，站在区域经济社会发展全局和有利于水厂长远发展的高度"拍板"。

（5）制定行动计划，精心组织实施已确定的决策方案。在实施中注意调查、监测，及时掌握进展和实施效果，对出现的问题加以纠正改进，必要时对确定的方案进行调整。

决策是一个复杂的过程，由于水厂生产和经营管理活动存在若干不确定性，每一次重大决策都会有一定的风险，一旦决策失误，会导致一系列后果或损失。决策常常受决策者的知识和业务水平局限，也受决策者预见能力、理性思考能力的限制。决策方式可以采用在咨询专家意见基础上领导班子集体讨论决定，私营水厂也可以由负责人个人拍板决断。

三、制定水厂生产与经营管理计划

1. 制定计划的重要性

明确了水厂生产经营管理任务目标以后，要安排水厂在某一时间段内具体的生产经营管理活动，即制定经营管理计划。广义的计划工作包括制定计划、实施计划和检查总结计划完成情况。狭义的计划仅指制定计划的过程。按计划时间长短划分，有一年期的年度计划，在此基础上可以细分成半年、季度或月份等短期计划。规模不大的水厂至少要制定年度生产经营管理计划。没有周密的计划，就没有明确的工作目标、任务和要求，"干多少算多少，干成什么样子，就算什么样子"，监督检查和绩效考核都没有依据。

2. 生产经营管理计划内容

生产经营管理计划是水厂经营管理思想、方针、目标、决策和策略等的进一步具体化，是水厂日常生产经营管理活动的主要依据。

水厂年度生产经营管理计划的内容包括：当年供水生产与销售、水源保护、提高供水水质合格率、药剂器材等物资采购、工程与设备维修、成本控制、财务管理、劳动人事工资、技术改造等几乎所有工作的目标、任务、要求、进度安排、组织分工、各环节相互衔接配合等都要纳入其中。在总的生产经营管理工作计划下，可分解并细化编制出若干专项工作计划，其中，供水销售是计划的核心。市场需求和销售总量以及不同时间段销售情况，决定着制水生产和工程维护等其他活动，其他工作计划都以它为依据，或围绕它的进度需要来制定。供水销售计划包括各个时段的供水数量、销售方式、售水收入、销售利润等。不同方面的工作计划有机联系、互相影响。每个单项工作计划都要有自己的任务指标、实施措施和进度要求。各单项计划之间要协调、平衡。计划不能停留在做表面文章，挂在墙上给别人看。要有很强的指导性、可操作性和可核查性。

3. 编制年度计划的步骤

编制水厂年度生产经营管理计划，大致可按以下步骤进行：

（1）收集整理过去两三年生产经营管理状况资料，重点是上一年计划编制与执行情况，以及编制计划所需的其他有关信息；深入分析各类用户的需求、水源来水等外部环境以及水厂设备、设施、人员等自身条件变化。

（2）确定年度生产经营管理目标，除了总目标，还要有分类、分项具体目标。一般来说，计划供水数量、水质合格率、水费收入、利润等目标应略高于上一年，反映出当地经济社会发展水平逐年提高和水厂经营管理水平也有所提高的预期。当然也有例外，受当地村镇合并、移民搬迁、产业结构调整等影响，供水数量、水费收入、利润等可能会有减少，但供水保障率、水质合格率不能降低。还有，如果水厂财务计划执行中不能足额计提折旧资金，固定资产总值可能会低于上一年。

（3）将生产经营管理目标、实施措施、行动责任单位及责任人等分解落实到生产、经营、管理各个环节，编制单项具体计划，包括制水生产计划、供水销售计划、水源保护计划、水质检测计划、物资采购计划、成本费用计划、水费收入计划、劳动工资计划等。

（4）编制水厂年度财务计划，采用国家统一规定的会计格式编制预计资产负债表、预计利润表、预计现金流量表等。

（5）将编好的生产经营管理计划形成正式文字报告，向上级主管部门报送。内容包括上年计划执行情况概要，本年生产经营管理计划的编制原则、指导思想、计划内容、计划实施措施与步骤、计划完成责任单位与责任人以及保障措施等。

（6）编制完成的计划要经过规定程序审查批准。对企业来说是董事会或上级主管部门，对采用事业单位形式管理的水厂，应该是管委会或上级主管部门。村集体组织负责管理的水厂，应通过村民委员会或村民代表大会审查批准，农民用水者协会管理的水厂应通过用水户代表大会审查批准。

4. 计划的实施

将经批准的年度生产经营管理工作计划，尤其是单项计划分别下达到各科室、车间、班组，通过目标责任管理方式，再把经营管理总目标任务分解到各部门、各工作环节，再进一步分解落实到班组、每个员工。在分解目标任务的同时，相应地赋予各单位和员工应有的权限和必要的工作条件，使每个人都知道自己在完成水厂总目标任务中所承担的具体工作目标和责任，也知道经过自己的努力工作，有条件完成自己的任务，从而激发员工工作责任心、主动性和创造性。在实施计划时，要经常进行上级与下级的沟通交流，及时了解、检查计划的执行进展情况，给下级人员必要的指导和帮助。

实施计划过程中，要根据水厂外部与内部情况变化，适时对计划作出必要的调整，例如，当某一时间段用水人口数量出现较大变化或企业产品生产销售受市场变化影响，出现较大起伏时，需要相应地调整供水生产、销售计划，使计划更加切合实际。这种调整，就是运用管理中的"控制"职能进行管理的体现。"控制"是实施计划的关键措施之一。控制包括事前、事中和事后控制。事前控制是在生产经营管理活动之前按照既定标准和计划进行控制，如严格掌握人员数量配备，防止人员的不合理进入；严格掌握工资支出、费用开支标准等，目的是预防浪费，控制生产成本不合理上升。事中控制是在实施生产经营管理计划过程中，根据外部、内部环境条件变化，以及执行计划中发现的问题或偏差，及时采取措施调整计划。事后控制是在生产经营管理计划完成后，将实际情况与年初计划、重点指标数值、标准定额对比，发现差异，分析原因，采取措施，加以改进，为下年度计划制定提供依据。作好生产经营管理计划的控制，关键有两点：一是要有完善的定额标准；二是制度化的监督检查和总结评估。

四、案例：某农村供水公司 2021 年工作总结及 2022 年工作计划安排

一、2021 年计划任务完成情况

1. 各项指标完成情况

供水公司 2020 年与 2021 年同期对比

序号	收入支出项目	数额/万元		同比/%
		2020 年度	2021 年度	
1	水费收入	404.42	484.21	19.73
2	电费支出	82.87	76.91	−7.19
3	材料消耗	12.49	11.25	−9.93
4	挖掘机租赁费	7.1	8.9	25.35
5	劳务支出	9.08	6.04	−3.48
6	油气费支出	5.59	4.1	−6.65
7	车辆修理费	5.21	2.41	−3.74
8	工资支出	106.4	128.9	21.15
9	缴纳社保	34.56	54.71	58.30
10	办公费	5.04	2.53	−9.80

2. 报修受理及维修检修工作

全年累计维修主管道 136 次，更换阀门 72 套，全部达到用水户的认可。维修人员克服工作中的各种困难，以岗为荣、以苦为乐、实践自身价值，保质保量完成维修检修工作任务，没有发生任何安全责任事故。

二、2021 年工作总结与成效

1. 严密监控水压，保障安全供水

全年供水总量为 310 万 t。在内部管理上，继续坚持了"以需定压，以压定量"的供水办法，根据各种用户的用水需求，及时合理地调节供水量，并不断探索寻求既能满足用户需求，又不浪费水资源的最佳供水压力点；继续坚持了测压点定时汇报压力制度，对供水管网进行动态监测，确保供水区域内平稳有序。

2. 做好维护检修，改善工程完好状况

全年共抢修 36 处突发性爆管漏水事故，及时更换破损阀门 72 套；对用水户在服务热线上反映的问题，上门服务耐心解释水质、水压等疑虑 63 次，帮贫困户清洗水龙头前置过滤器多次，获得用水户肯定与好评。与镇水管站配合加大了用水巡查，全年共查处用自来水浇灌菜园 75 户，进行批评教育，并罚款 10500 元。

3. 强化管理，增加水费收入

在上一年工作基础上进一步规范了用水计量管理。纠正少数用水户私自改造扩建管道偷水活动，严格按标准收水费。减少跑、冒、滴、漏现象。

4. 控制生产成本

降低办公费用，在实行采招统购和财务审批制度的基础上，加强了办公用品支出管理，日常消耗用品统一签字领用，以旧领新，并对库存每月进行盘点，减少库存，现库存 26 项，合计金额 41630.9 元。

同时加强生产和办公用电管理控制、机械维修等方面都采取了减少消耗杜绝浪费的措施，取得了显著成绩，多项支出均比上年有所减少，降低了成本。

三、2022 年工作任务

（1）争取财政资金扶持，开展巩固提升工程建设，包括在××村新打水源井 5眼、××村改造更新老旧管网 8km 及配套附属设施，改造更换 8 个净化罐，帮扶五保户贫困户清洗水龙头前置过滤器。

（2）推行目标考核管理，强化责任，将收入与业绩挂钩。

（3）对于偏远地区吃水困难，未安装计量水表的农户全部安装，统一实行计量收费。

（4）加强成本预算控制，做好各科室全年费用核算工作，降低维护成本，力争做到以最小的投入换最大的收益。

（5）落实制水车间分时电价政策，实现节能优供目标。

（6）坚持每周例会，交流上周工作任务完成情况，查找不足，确定本周工作任务要求。

（7）每周组织一次政治和业务知识学习，武装头脑，提高职工整体素质。

（8）继续开展我为群众办实事，为行动不便、生活不能自理的五保户清洗水龙头前置过滤器，建立用水户诉求申请和投诉服务台账。

（9）加强安全生产制度建设，严格执行设备预防性工作标准和工作纪律，落实每周 1次的安全检查和每月 1 次安全生产大检查、每周 1 次的大扫除、每周 1 次的周计划，严格执行设备保养和定期检修，逐个统计分类，在源头上消灭安全隐患。公司坚持"以人为本，生命至上，健康无价"、安全无小事，隐患零容忍等一系列安全理念，教育员工提高安全意识，实现全年无重大人身、设备、供水事故发生。

（10）全年各项任务早分解、早明确、早落实。对公司各个岗位制定详细的计划，明确任务职责，并逐级进行责任分解，并签订责任状。

第三节　生产运行管理

一、水厂生产运行管理的任务与特点

1. 生产运行管理的任务

生产运行管理是水厂管理组织为实现既定目标，有效利用资源，对制水生产和供水服务进行科学管理的过程。其任务是按照生产经营管理计划，运用计划、组织、协调、控制等手段，合理利用水源、设施设备，组织安排人力、资金、技术，使人、财、物等各种生产要素有机结合，使水厂生产有序、高效、安全、经济进行。生产运行管理包括以下几个方面的内容：①生产过程的组织管理；②以构筑物运用为中心的净水工艺操作、监测与控制管理；③药剂投加、提水加压等各种设备的操作运行管理；④原水水质、出厂水水质的化验检测管理；⑤水厂各种设施设备维护检修管理。生产运行管理是完成供水生产经营与服务任务目标的关键环节。

2. 生产运行管理的特点

与机械、物流、食品生产加工等其他生产企业相比，水厂生产运行管理有自己的特点，主要表现在：①水厂生产运行涉及专业种类多，包括水的净化和消毒处理、水质检测、水利工程、机械设备、电气控制、计量仪表、信息技术应用及自动监控等多个专业领域；②供水服务关系千家万户老百姓生活和社会稳定，全年365天，每天24h供水不能间断；③居民生活和村镇工商企业事业单位用水在一天的不同时段、一年中的不同季节呈现明显起伏变化等社会特征；④以河湖水库地表水为水源的制水生产，原水水质水量受降水、气温等外部环境条件变化影响，净水工艺技术参数要及时调整。这些特点使得农村水厂的生产运行管理既不同于灌区、闸坝、堤防等一般水利工程管理，在某些方面也与城市水厂运行管理有所不同。

生产运行管理是根据经营决策和经营管理计划来开展的，属于执行层面的管理活动。一般来说，它不能左右经营管理计划。但是运行管理人员及时向水厂负责人反馈生产运行管理中获取的信息或发现的问题，可以为经营决策和经营计划提供参考和依据，有利于促使生产经营管理目标的更好实现。

为了满足用水户对水量、水质及其他服务要求，水厂要根据降水、气温、水源来水量、原水水质变化等情况，以及本厂设施和制水工艺条件，预先编制多个生产运行调度方案，及时调整混凝药剂投加量、絮凝时间、沉淀时间、过滤速度等生产工艺技术参数，使生产运行切合实际。在组织生产运行时，要做到生产工艺流程合理，操作规范，优化人员调配；在管理方法上，采用科学方法和手段，制定先进合理定额，降低用电、用药、试剂、原水等各种消耗，控制生产成本，减轻废水污泥排放对环境的不利影响，做到低碳、绿色、节能、环保，提高生产效率和劳动生产率。生产运行管理的另一任务是做到安全生产、文明生产。通过建立健全安全生产管理组织和安全生产管理制度，落实安全生产责任制，进行安全教育，完善安全措施，加强劳动保护，防止中毒、伤害等各种事故发生。

二、制水与供水过程管理

1. 按照生产计划和运行管理规程规范，科学合理指挥调度

生产运行的指挥调度人员要随时监测生产运行状况，根据取得的工艺过程参数信息变化，依据技术规程规范和调度管理办法以及自己的实践经验，适时下达指挥调度命令。生产运行的指挥调度和工艺过程技术参数控制要分级分工明确，指挥和执行人员权限范围明确，责任的时间界限清楚，运行中的事故处理要及时，手续完备。要做到指令准确、贯彻执行顺畅有效，有明确的各类指令发出和执行的具体人，尤其注意在岗位轮班交接、缺岗代理情况下的执行衔接。在发生事故苗头或特殊情况下，非正常运行应有应急处置的专门规定，防止指挥调度失当失误情况发生。总之，指挥调度要做到组织上严密，指挥上严肃和连续。水厂厂长是生产运行管理的总负责人，负责指挥调配生产运行管理人员，发出运行指挥调度命令，由调度室值班长负责执行。当班的值班长是当班时间内的运行指挥执行负责人，在执行厂长指挥命令的同时，向有关的班组长或操作人员下达操作命令。运行中如果发生故障或事故，运行值班员按照规定的权限和责任范围及时进行现场处置，并逐级上报。对于重大故障或事故，应按照应急预案，采取紧急措施做好现场处置，防止事态扩大，危及运行安全，并立即报告值班长或厂长。

水厂在运行中，任何人不得越过厂长，直接向值班长或值班人员发出指挥命令。

2. 认真做好巡回检查

水厂运行中，操作人员要认真做好巡回检查，对净水消毒工艺运行状况进行监测，了解净水、消毒工艺执行效果和设施设备技术状况，将获取的数据信息，如絮凝池絮凝体大小、沉淀池上部水的浊度等，及时向调度室反馈信息。调度室依据生产运行方案和以往制水供水经验，如认为需要调整工艺技术参数，报告指挥负责人同意后，方可向操作人员下达指令。

巡回检查间隔时间要根据各水厂原水水质、净水工艺与设施设备设计要求决定，有的要求每班 2 次，有的要求定时，若干小时 1 次。汛期河流水库水质变化剧烈，或水源区突发污染事故后的处理期，要增加次数，每小时 1 次。巡回检查要做到"四定"，即定人员、定时间、定线路、定标准。巡回检查人员应按照规定的时间、路线和技术标准，对净水与消毒设施设备运行状况进行检查。巡回检查人员应当熟悉被巡视设施设备的结构、性能、运行工况和技术条件，能凭自己积累的知识和经验，通过看、听、嗅、摸、测等方法分析判断是否存在异常，发现属于自己维护职责范围的问题，能当时自己处理的，立即进行处理，现场处理不了的，记入巡查记录，或设施设备缺陷记录，交由相关维修、检修人员处理。有紧急事项应立即向领导报告。

3. 运行管护人员要对构筑物、建筑物等工程设施进行定期检查

检查的内容主要有：是否存在混凝土或钢筋混凝土的裂缝、钢筋裸露、渗水、磨损、剥蚀、腐蚀、伸缩缝填充物淘刷脱落等情况；对于埋设于地下的管网，重点检查管线覆盖土层冲刷、暴露、管道沉陷等情况；规模较大水厂的构筑物还要检查位移、沉陷、倾斜等情况。发现镇墩、支墩、管道或构筑物工程设施出现有可能危及正常制水供水生产运行苗头或危险情况时，水厂负责人要及时组织本厂技术人员或邀请外单位有经验工程技术人员、专家进行会商讨论，提出处理方案。

巡回检查和定期检查的有关记录包括日志、维修检修记录、构筑物（建筑物）工程设施观测记录、维修处理记录等资料都要妥善保管，并要定期进行整理分析。通过分析工作，从表面零散的现象，找出变化趋势和不同变化之间的内在联系，可以为改进管护、修订运行规章制度以及编制技术改造方案提供依据。制水生产区运行巡查记录表格格式见表3-3-1。

表3-3-1　　　　　　　　　制水生产区运行巡查记录表参考样式

巡查人员签名	巡查日期与时间：	××年×月×日 ××时××分起至 ××时××分止	当日天气	（晴好、降雨、低温严寒、高温炎热、近期降雨洪水情况）
	巡查情况			
巡查部位与运行是否正常	1. 水源水位、原水水质浑浊情况			
	2. 取水机泵运行状况			
	3. 原水输水管道（渠道）工作状况			
	4. 混凝剂投加混合装置与计量泵运行情况			
	5. 絮凝池絮体颗粒密度与体积、分布情况			
	6. 沉淀池出水浊度、排泥设施运行情况			
	7. 滤池出水浊度、反冲洗系统运行与废水排放			
	8. 清水池液位计显示、护栏、池体完好情况			
	9. 次氯酸钠制备投加系统运行情况			
	10. 供水加压电机、电气、水泵等设备运行情况			
	11. 厂区内管道、阀门运行情况			
	12. 各种液位、流速、压力、浊度计量等传感器、仪器、仪表工作状况			
	13. 加药间通风与消防设施情况、通风效果			
	14. 药库、药剂存放与通风情况			
	15. 消防、消毒等各种安全防护设施完好状况			
发现问题与处理措施				
处理后运行情况				
备注	（需要向领导反映、说明或建议的有关事项）			
班（组）长签字：				

注　巡查中如未发现设施设备运行有异常，在相应栏目内填写"正常"二字。

4. 严格执行操作检查制度

多数水厂为了取水和保持一定的管网供水压力，都配备有电动机、水泵、电气开关、药剂制备、药剂投放、闸阀等动力或控制设备。在水厂机电设备运行中，把改变设备运动状态的工作过程称为操作，如合闸、分闸、开机、停机，都是特定的操作。设备操作运行是水厂生产运行管理的主要内容之一。规模较大的水厂，水泵电机、电器开关、闸阀等设备种类多，操作程序复杂，为了避免出现误操作，操作前操作人员应认真检查各种设备是否处于正确位置，按照操作规程规定的程序要求，逐一开启设备。停机时亦如此，停机后还要检查各种设备是否处于正确位置。

5. **严格掌控好水质化验检测关**

对水源原水、出厂水和管网末梢水水质，按照水厂所在地方主管部门规定的检测项目、检测频次及有关检验方法规定进行检测，如本厂不具备某些水质指标检测条件，可由邻近较大规模的水厂化验室或区域水质检测中心代为检测。检验人员完成检测工作后，按照操作规程规定，如实填写检测报告。如检测过程中发现原水水质出现明显变化，或出厂水水质的某项（某几项）指标、管网末梢水水质超出国家有关标准限值，或一段时间内检测结果数值波动较大，甚至自相矛盾，应及时向水厂技术负责人报告，由技术负责人会同有关岗位运行操作人员分析原因，采取应对措施加以解决。如果水质指标检测值异常的原因是水厂自己无法解决的外部环境条件异常造成的，如水环境污染、洪涝灾害等，水厂负责人应向当地农村供水行业主管部门报告，并启动应急预案进行处理。

水质化验的责任人是化验员，水质化验的监督工作由水厂技术负责人承担。

6. **认真填写运行日志**

运行日志是水厂生产运行管理的原始资料，通过它可以掌握水厂运行的技术状态，为设备设施维修提供依据。通过定期对运行日志资料的汇总分析，可以了解、分析、核算水厂的运行技术经济指标，发现问题苗头，及时处理改进，促使水厂保持高效、经济运行。运行日志要记录以下主要内容：水源的水位、水质、河水径流量；机电设备负荷、温升、电压、电流；开机与停机时间；供水量、供水压力；药剂投放品种、名称、数量、时间、效果；电力、油料消耗；事故处理情况；工作交接时间、值班长和值班员签字等。

运行日志要如实认真填写，防止走形式。值班负责人或水厂负责人应不定期抽查运行日志记录情况，运行日志要有专人负责收集保管备查。

7. **严格执行交接班程序制度**

这是保证水厂生产运行连续、有序进行的基本工作制度。其要点是：交接班双方应在交接班前，按岗位责任分工进行一次共同在场的全面检查，清点检查操作维护工具、安全用具是否完好无缺，仪表等是否有缺损，当面核对清楚。交班人员向接班人员交代本班生产运行的主要情况，重点工作环节是否出现异常及其处置情况，提醒接班人员需格外注意的事项；接班人员在查阅运行日志、听取上一班人员情况介绍后，由值班长召集班前会，确认是否具备接班条件，如符合条件，填写岗位交接表并签名。

三、落实岗位责任制

农村水厂由于水源条件、水处理工艺、供水规模、村民居住点分布以及经营方式等的不同，岗位设置和工作职责差别很大。总的原则是以职责定岗位、以岗位定人数和人选，努力做到机构精简，人员精干，没有人"吃闲饭"，做到一人一岗或一人身兼数职，一专多能，人人都满负荷工作，所有岗位都有严格的责任分工，明确的工作任务和工作量。

四、改善生产运行工作条件

水厂应给生产运行管理现场提供便于进行操作的工作条件，例如，在操作台便于运行人员手拿到的位置，放置与水厂生产操作运行有关的技术规范、规程、管理制度及细则等资料文本，供运行人员随时查阅；资料室应能提供与水厂生产运行有关的各种图表资料，包括电气系统、油气水系统、主辅机组系统、药剂制备投加系统技术资料，以及各种构筑物、管道、闸阀布置图等图纸资料；操作台应备有运行日志、值班长记事本、设施设备缺陷登记卡、事故记录本、指挥调度命令记录本等表册；还要在现场提供操作、维护所需的工具、维修材料和用电、防毒、防火等安全防护器具用品等。运行人员在水厂生产现场昼夜轮流值班，作息时间经常变化，有些露天设施的巡回检查观测要顶风冒雨日晒严冬中进行，水厂要为他们提供良好的室内外值班环境和工作条件，如中央控制室、泵房采取通风、降低噪声、冬季取暖、夏季降温等措施。

五、工程设施维护检修

进行净水处理的絮凝、沉淀、过滤等混凝土池体称为构筑物，从水源取水的机井、水闸、泵站，以及输配水管道及其附属镇墩、支墩、闸门井等属于水利工程建筑物。本书将构筑物、建筑物与设备合在一起，统称为水厂设施。按设施在水厂生产运行中的作用可分成几类：①生产工艺设施，如絮凝、沉淀、过滤及消毒设施等；②辅助生产设施，如药剂配置、库房等；③化验检测设施；④管理设施，如办公管理房、计量水表、计算机等；⑤后勤设施，如食堂、交通班车。除了工程设施、还有厂区围栏、大门、保安值班室绿篱草坪、厂区景观美化、宣传橱窗等。

为了保持水厂设施始终保持完好，能发挥它应有的功能，需要做好各类设施的日常维护和定期或不定期检修。

1. 水厂设施老化与磨损

取水的拦河堰、引水闸、截潜流、河岸护坡、机井、泵站以及净水的絮凝、沉淀、过滤等混凝土构筑物长期运用中，受到水流冲刷磨蚀、药剂侵蚀，以及日晒、雨淋、冻胀等自然环境因素和地基处理坚实程度等人为因素影响，会发生混凝土表层剥蚀开裂，钢筋、金属部件锈蚀、构筑物沉降、位移等变化。有的呈现出缓慢渐变，也有时日积月累，会突然发生明显变化。需要在做好日常运用、检查、观测、维修养护基础上，对工程设施功能降低或丧失，甚至局部损坏的情况，选择适当时机进行检查修理，使其恢复到设计要求的良好状态。

水厂各种机械电气设备在使用或闲置中会发生磨损。磨损可分为有形与无形两种。有形磨损是指水泵电机电气设备、启闭起吊设备等使用过程中的摩擦、振动、腐蚀和温升疲劳等实体磨损。还有一种有形磨损是购买的设备长期闲置不用，由于自然力的作用，或保管不善而丧失或降低了其精度或工作效能。无形磨损是指由于科技进步、生产工艺改进等原因，使同样的设备重置价格降低，导致原有设备贬值。计算机等信息技术所用设备表现最明显，新型产品不断投放市场，旧型号机型性能相对落后，难以适应水厂管理新形势要求，其价值大幅下降，有的短短数年就要报废更新。

2. 水厂设施日常保养维护

所谓日常，是指平时经常做的，不一定是每天都要做，如给转动的机械零部件加注润滑油，发现油不足，就及时加注。日常保养维护通常结合生产运行中的巡回检查与观测进行，是运行操作人员岗位职责的组成部分。主要工作内容是：打捞清除引水闸、取水泵站前池的树枝杂草漂浮物，经常清理设施周围环境不应有的其他物品或垃圾；打捞清理絮凝池、沉淀池、清水池等池内杂物，清除排水管、排水沟道堵塞淤积物；清除投药设施堵塞物、构筑物（建筑物）上附着的青苔杂草等生物，使之保持整齐、清洁、完好；对松动、隆起、脱落的砌石、切块，进行整修，对发现的混凝土表面脱壳、剥落、轻微裂缝等进行修补；对高位清水池、水塔等基础外围护坡受雨水冲刷产生的雨淋沟、局部塌陷、滑坡等进行回填加固，恢复原状；对机械设备，要清除机械设备表面的油渍污垢，修补脱落的防锈油漆，对巡检中发现的各种机械设备松动的固定螺丝、螺栓进行紧固，对运动（转动）机械部件调整、校正相互距离间隙或角度，补齐脱落散失的铆钉；对扭曲变形的金属部件构件进行校正、加固修理或更换，焊缝开裂、断裂的进行补焊等加固处理。

　　3. 设施检修

　　检修与维修工作内容不同，检修是通过检查发现老化磨损、腐蚀损坏的零部件或部位，更换损坏零部件，修复损坏部位，恢复设施原有效能。按照检修的工作量和复杂程度，设施检修可分为小修、中修、大修3种。小修是指修理工作量最小的局部修复，只更换少量磨损老化零部件，可利用生产间歇时间就地进行。中修的任务是更换或修复老化损坏的主要零部件和其他磨损零件，校正设备的基准，使设备设施恢复到规定的各项技术指标，能够使用到下一次修理。小修和中修可以是发生损坏、故障的事后及时修理；也可以是根据零部件磨损规律和检查结果，在故障发生前进行修理，这种检修有时也称为定期检修。所谓定期是指几个月、半年、一年或更长时间，按照水厂设计或设备生产厂家产品使用说明书提出的要求，或水厂生产运行操作技术规程、工作制度的规定进行。

　　检修工作主要内容：排空池体，检查清洗、修复或更换损坏的絮凝池、沉淀池内的折板、斜管（板），清洗、翻洗、更换滤池滤料，清洗规整滤料承托层砾石，更换滤池内性能衰竭的活性炭，清洗修复老化损坏的反渗透膜、纳滤膜与配套零部件，如果已达到使用年限就要更新；检查、清洗、修理消毒制备与投加设备，更换易损件；检查水泵、电机、电气开关仪表、启闭设备，更换已损坏或达到规定使用年限的零部件。

　　检修要事先编制工作方案，经水厂技术负责人审查和厂长批准后组织实施。

　　大修理通常要拆解设备，更换和修复所有磨损磨蚀老化破损的零部件，使设备全面恢复原有性能、精度和效能。大修理前要请有资质的正规设计单位进行设计。由于大修理所需资金较多，通常要按工程项目建设管理程序，报上级主管部门审批，安排专项资金。

　　大修理工作常与水厂技术改造结合进行，有利于提高水厂的现代化水平。大修理完成后须组织并通过验收。

第四节　安全生产管理与突发事件应急处置

　　"事故"与"突发事件"是有关联的两个概念。后者的含义中包含事故灾难。"事故"多指生产、工作上发生的意外损失或灾祸，常与责任失职相联系，称"责任事故"。突发事件是指突然发生，会造成、或可能造成严重社会危害，需要采取应急处置措施予以应对，包括自然灾害、事故灾难、公共卫生事件和恐怖袭击等社会安全事件。

　　突发事件处置，尤其是关系公共安全的突发事件应急处置管理所涉及的面，比企业生产经营活动中的安全生产管理要宽得多，它包括地震、洪水等自然灾害和危及社会稳定的刑事案件处置等。而安全生产主要针对水厂生产经营活动中不安全因素的预防、辨识、排查、综合治理等。

一、安全生产管理的含义

（一）安全生产管理的概念及法规依据

农村水厂承担着保障农村居民生活饮用水供应和介水传染病预防的职责，在净水处理和消毒过程中，常会用到液氯、盐酸、活性炭等有毒、易燃、易爆或对人有害的化学品等，稍有不慎会发生安全事故。做好安全生产管理，有效保护水厂员工、用水户及周边群众安全与健康，同时保持公共基础设施财产安全，对保障农村地区经济社会发展、社会稳定有重要意义。

水厂安全生产管理的主要依据是《中华人民共和国安全生产法》。该法对安全生产工作的方针、基本原则、管理体制、各种生产经营单位的安全生产保障、从业人员的安全生产权利义务、安全生产的监督管理、安全生产事故的应急救援与问责处理等都作出了明确规定，是农村水厂安全生产管理必须遵守的法律。水厂生产经营活动中与安全生产有关的法律法规还有很多，如生产安全事故报告和问责处理条例、生产安全事故隐患排查治理暂行规定、生产安全事故应急管理办法等。

安全生产管理的内容主要包括安全生产管理组织机构与人员职责划分、安全生产规章制度、安全生产责任制、安全生产事故隐患与危险源识别、安全生产监督检查、安全生产培训教育等。安全生产管理涉及法制、行政、监督检查、生产工艺技术管理、设备设施管理、生产作业环境管理等多方面工作。

水厂安全生产管理的目标是减少和控制事故的发生，尽量避免生产中事故造成的人员伤害、财产损失、环境污染以及其他损失。安全生产管理的对象是水厂的各级领导及所有员工，此外，还有设备设施、物料、环境、财务、信息等。

（二）事故分级与危险有害因素分类

按照《生产安全事故报告和调查处理条例》，将生产安全事故定义为生产经营活动中发生的造成人身伤亡或直接经济损失的事件。制水生产中用到的液氯、次氯酸钠、臭氧等易燃易爆有毒化学物品，泵房起吊设备坠物都可能对人身安全造成伤害。各种生产安全事故，如输水管道爆裂等意外事故可能造成供水中断，对区域疾病预防控制、社会生活和企业生产秩序造成伤害影响。根据生产安全事故造成的人员伤亡或直接经济损失，事故分为四个级别：特别重大事故、重大事故、较大事故和一般事故。

按照导致事故直接原因，可将生产过程中的危险有害因素分为四类：①人的因素，如重视程度、责任心与技能能力水平等；②物的因素，如物理性、化学性、生物性危险等有害因素；③环境因素，如室内作业场所或室外作业场所环境不良、地下作业环境不良等；④管理因素，如安全生产组织机构不稳定、责任制不落实、规章制度不健全，以及投入不足等。

二、危险源识别

水厂存在的主要危险和有害因素有：危险化学物品泄漏，淹溺，火灾、爆炸，中毒与窒息，触电伤害，物体打击与机械伤害、高处坠落、噪声与振动、车辆伤害以及其他伤害。

（一）危险化学物品泄漏

二氧化氯、氯酸钠、盐酸等危险化学物品一旦泄漏会严重刺激皮肤、眼睛、黏膜。浓度高时，有窒息作用，引起喉肌痉挛、黏膜肿胀、恶心、呕吐、焦虑，严重时会导致死亡和急性呼吸道疾病、咳嗽、咯血、胸痛、呼吸困难、支气管炎、肺水肿、肺炎。导致泄漏事故的原因有：输送管道发生泄漏、净水生产处理过程中设备发生泄漏、检修过程中发生泄漏。

（二）淹溺

位于水库或河流岸边的取水闸坝泵站，如前池无护栏等防护设施，或厂内絮凝、沉淀、过滤等水池仅局部有栏杆，作业人员巡查时，有可能不慎跌入造成淹溺。

（三）火灾、爆炸

1. 氧气、乙炔气体、润滑机油等火灾、爆炸

在施工、检修、维修时要用到乙炔和氧气，氧气和乙炔是以压缩气体钢瓶盛装，在钢瓶瓶嘴上设有一个控制气体进出的瓶阀。在这个瓶阀上佩戴"帽子"，以保证瓶阀不受机械损伤，保证完好。在搬运、贮存、使用过程中，如果操作不慎，气瓶跌倒、坠落、滚动或受到其他硬物的撞击，易出现瓶阀接头与瓶颈连接处齐根断裂的情况。瓶颈或瓶阀断裂会造成瓶内的高压气体喷出，其反作用力使气瓶向反方向猛冲，可能使设备、建筑物受到损坏，甚至造成人员伤亡。如瓶内充装是可燃气体，由于高速喷射的激烈摩擦而产生静电或遇其他火源可引起燃烧爆炸，会带来更严重的二次事故。乙炔气瓶与氧气瓶在使用或贮存过程中，要保护各类机械设备的机油润滑系统，避免出现储油箱因焊接质量不好，有气孔、夹渣等缺陷，箱盖与油回流管之间、盖与箱体之间的缝隙太大，油回流管出口离液面过高，因喷溅等而发生泄漏等状况。泄漏出的机油如与棉纱、纸屑等易燃物接触，遇明火即会着火燃烧，如未能及时扑灭，会发生火灾事故。

2. 电气火灾

电气装置可能因为接地措施失效或线路接触不良、绝缘损坏、线路短路或者没有按规定设置漏电保护器，均有可能产生电器火花而引发电气火灾事故。

如果所选用电气设备的防护形式不符合防止爆炸和火灾危险环境的要求，会因电气设备正常运行时产生的火花或高温引发火灾和爆炸事故。

3. 容器爆炸

滤池反冲洗用空压机的储气罐，若未定期对压力容器进行检测，安全阀失灵或损坏，不能起到泄压作用或者操作不当，均可能引起压力容器爆炸。

（四）中毒与窒息

氯气属于剧毒化学品，在空气中的限值为 $1mg/m^3$，在超过此限值场所的操作人员若未采取有效的防护措施，就可导致中毒窒息。

水厂使用二氧化氯发生器生产二氧化氯和氯气，存在的中毒危险主要有：在管道上若没有安装逆止阀或逆止阀失灵，在汽化过程中，可能造成汽化的气体回灌到钢瓶内，引起超压爆炸事故；若因管道上的阀门质量问题造成阀门关闭不严，可能造成氯气、二氧化氯泄漏，引起中毒；若场所内没有按有关规范设置有毒气体浓度检测报警器或报警器失灵，在作业现场，当氯气、二氧化氯泄漏时，不能及时报警，可能造成人员中毒；若因操作失误或没有严格按照工艺操作规程进行汽化，可能造成氯气泄漏，引起人员中毒。

在对污泥池清理时，可能因为池内污泥长期堆积而产生有毒有害气体聚集，人员进入

可能引起中毒窒息。人员在有限空间内进行作业，空间内的氧含量降低，有毒有害气体浓度超标，作业人员可能发生中毒、窒息。

（五）触电伤害

1. 雷击伤亡

原因有厂区未设置接闪器；接闪器防雷未覆盖全厂；接闪器未进行定期检测，接地电阻不够，接地接触不良等。

2. 触电

发生触电伤害事故的主要原因是：电气设备设计不合理，制造质量不合格，运输、安装过程中受损坏，部分设备电线外露，安装、调试质量差，不能保证电气设备应有的性能；违反操作规程；误操作；检修不及时，未能保持设备完好以及其他偶然因素。

（六）物体打击与机械伤害

水厂有吊车、水泵、电机、浓缩机、脱水机等各类机械设备。这些设备在运行过程中可能引起夹挤或挤压、冲击、碰撞、碾压、绞绕或绞碾、剪切、切割、缠绕或卷入、刺伤、摩擦或磨损、飞出物打击、甩出、高压流体喷射、碰撞或跌落、铁屑划伤等危害。

造成机械伤害的主要原因有：各种机械传动、转动部位的护罩等防护设施缺乏或失效；可移动机械在外力作用下滑动或倾翻、结构垮塌等；室内照明不够，导致人员碰撞机械；作业人员违章作业；监护制度执行不严。

（七）高处坠落

检修高空设备时可能发生坠落事故；净水构筑物、池（墙）体、楼梯、钢梯、离地面高于 2m 以上的高架平台或过道，楼板或地面的井、坑、孔洞、沟道等，若未设置防护栏杆、盖板、安全警示标志或盖板、防护栏杆强度不够，容易引发坠落事故。此外，若这些场所的照明不好，也可能发生坠落或人员伤亡事故。造成高处坠落的主要原因有：不认真执行安全规章制度，违反或不熟悉操作规程；安全防护设施不全，安全工具、器械、防护用品配备不足或存缺陷；不扣安全带，安全带扣环未扣到位或所扣位置不当；高处作业未戴安全帽或安全帽带子未扣牢；脚手架有缺陷，梯子使用不符合规定；孔、洞未设盖板或防护栏。

（八）噪声与振动

水厂的水泵、电机等各种机械设备会产生噪声与振动，噪声对人体的健康影响是多方面的，表现最明显的是对听觉器官的损伤，长时间在强噪声环境下工作，可以导致职业性耳聋及噪声性耳聋。由于噪声对人的心理作用，分散人们的注意力，容易引起工伤事故，特别是危险警报信号和行车信号在强噪声干扰下不易引起人们注意，更容易发生人身伤亡事故。造成噪声与振动的主要原因有：未采取相对集中布置，未采取有效隔声屏障等措施；设备减振、隔振装置未安装或有缺陷；缺乏职工个体防护装置或未配置。

（九）车辆伤害

如司机和地面其他作业人员精神不集中、麻痹大意或者配合不好，可能导致水厂机动车辆在行驶中引起人体坠落或物体倒塌、飞落、挤压造成伤害事故。

（十）其他伤害

如水厂地面有油污、积水等不安全因素存在，会导致工作台面、通道易发生滑倒跌伤事故。夏天高温炎热，若不重视防暑降温工作，可能发生作业人员中暑危险。

三、安全生产检查与隐患排查治理

安全生产检查工作的重点是发现安全生产管理工作中的漏洞和死角。要检查水厂生产现场安全防护设施、作业环境是否存在不安全状态、现场作业人员的行为是否符合安全生产操作规程的要求、设备设施运行状况是否符合现场生产规程规范要求。

（一）安全生产检查方式

习惯上将安全生产检查分为如下几种：

（1）定期检查。有计划、有组织、有目的地按一定周期进行检查，周期长短取决于制水生产经营规模、净水生产工艺和水厂所在地气候、地理环境等条件。这种检查方式的检查深度和质量较有保障，能发现安全生产隐患，促使问题尽早解决。通常它会与重大危险源评估、生产经营单位安全生产状况评估等工作结合开展。

（2）经常性检查。由水厂职能部门、车间、班组和作业小组以日常检查形式进行，如交接班检查、与巡回检查相结合的班中检查、加强巡视监测的特殊重点部位和重点区域检查。检查的重点是设施设备系统运行是否存在异常情况，如异常声响、振动，水的浑浊状况、气味等。这种检查的工作方案由水厂相关科室（车间）技术人员制定，岗位操作人员贯彻执行。

（3）季节性和节假日前后检查。如北方低温冻害地区，入冬前对防冻设施检查，南方易发山洪地区在雨季来临前，对取水口防洪防冲设施完好和预防措施、有效程度的检查，还有国庆、春节等较长假期前后对安全生产薄弱环节或事故多发易发部位或区域的检查等。

（4）专项检查。如多次发生输水管道压裂、沉降折断或爆管事故的区域或管段，可在其他检查形式之外增加专项检查。

（二）安全生产检查内容

安全生产检查内容主要包括安全生产思想意识是否牢固，观念是否深入人心；安全生产制度是否健全；隐患是否能及时排查、发现、整改，发生事故后是否能正确有效地处理，尽快地恢复正常生产和供水；制水生产设备设施以及各种辅助设施的运行是否符合技术规范有关安全生产的要求；水厂生产经营环境是否符合安全生产有关规定和要求。

常用的安全生产检查方式：第一种方法主要是依据检查人员经验和能力的常规监督检查，这种方法的效果往往受检查人员素质、经验和能力的影响。第二种方法是能够量化打勾的检查表法，将检查项目的内容与衡量标准、检查结果及评价意见列入表中，由检查人员依据察看的观感印象，逐项打勾，综合进行评价；第三种方法是用仪器进行检查，如电气设备绝缘量测仪表，依据获取的检测数据和信息进行分析判断。

（三）生产安全检查工作的程序

在收集相关规范规程管理办法和以往生产经营历史资料的基础上，制定检查方案，确定检查内容；查阅生产经营活动日志、设备检修、大修档案资料，结合现场观察，与不同层级、不同岗位的人员进行走访座谈，寻找不安全因素，如设备使用时间是否达到规定的年限，有条件的可用仪器进行事故隐患的排查测量，如测定电机电气设备的绝缘程度等；综合分析获取的各种信息，形成结论性意见，指出事故隐患和整改建议。水厂负责人要亲自组织有关科室、车间、班组参照检查意见建议进行整改，之后还要检查整改措施的落实情况，直到取得预期成效。每次安全生产隐患排查和整改结束后，水厂要将有关情况如实向上级有关主管部门报告，并以它作为参考或依据，修改、完善本水厂安全生产管理制度，提高安全生产管理水平。

四、建立健全安全生产规章制度体系

水厂安全生产管理涉及制水、供水的多个环节，规章制度大体上有 4 个方面：综合安全生产管理制度、与人员有关的安全生产管理制度、设备设施安全制度和环境安全制度。

（一）安全生产综合管理制度

安全生产综合管理制度包括：安全生产领导工作制度，如安全生产管理目标、原则、责任、主要措施、重点工作内容等；安全生产责任制管理制度，包括安全生产管理责任分工与落实、安全生产谁来管、管什么、怎么管、承担什么责任，通过责任制将安全生产制度、要求与措施的责任分解到各层级和各岗位；安全生产管理例会制度，定期召开安全生产例会，学习有关政策文件和安全生产基础知识，分析水厂近期安全生产形势，研究布置下一阶段要开展的安全生产活动、安全生产检查等工作计划；保障安全生产的设备、设施、工具等的检查维护使用管理及经费保障制度；重大危险源监控管理制度，包括定期检查、监测、评估水厂周边环境条件可能对水厂带来的安全风险，如水源地附近化工厂的化学产品是否易燃易爆有毒，是否有泄漏风险等情况的了解、信息通报，一旦出现险情联动反应等，相应的应急预案管理制度；危险物品使用管理制度，包括水厂所用危险物品名称、种类、危险性、使用和管理程序，安全操作规程，运输、存放条件与要求，日常监督检查，不同类别化学危险物品存放区域管理、人员紧急疏散救护处置设施与措施；消防管理制度，包括消防日常管理、现场应急处置原则和程序，消防设施与器材配置、维护与保养、定期试验与定期防火检查演练；安全隐患排查和治理制度，包括明确应排查的设备、设施与场所名称，排查周期、人员，排查标准，发现问题的处置程序，跟踪管理；交通安全管理制度，包括车辆调度、检查维护保养，检验标准，司机等人员安全生产学习、培训、考核；自然灾害预警与应急处置管理制度，依据水厂所在地方的地理环境、气候特点及供水规模，对防范台风、洪水、泥石流、地质滑坡、地震等自然灾害的应急措施、日常工作内容和标准；事故调查与处理制度，水厂内部制定的事故标准、报告程序、现场应急处置、现场保护、资料搜集整理，相关当事人调查技术分析，事故调查与处理报告编写，向当地政府与上级有关部门报告的流程、内容等；安全生产奖励处罚制度，奖励或处罚种类、标准、数额等。

（二）与人员有关的安全生产管理制度

与人员有关的安全生产管理制度主要有：全员安全生产基础知识培训制度，新招聘人员或水厂内转岗人员进行三级（部门、车间、班组）培训，新使用生产设备、工艺技术、材料的应用培训，泵房吊车等特种作业人员培训，生产岗位安全操作规程培训、应急处置培训，明确各层级培训主体、培训对象、培训内容、培训时间、考核标准等。

劳动防护用品与安全生产所用工具、器具管理制度。劳保用品种类、使用范围、使用程序、使用前检查、用品使用年限；明确工具器具种类、使用前的检查标准，定期检验核查、器具使用年限等。

特种作业及特殊危险作业人员安全与健康管理制度。明确肝炎等职业禁忌的岗位名称、职业禁忌病种类、定期健康检查内容、标准，女工保护以及《职业病防治法》要求的相关内容；水厂制水生产所带来的噪声、有害气体等涉及职业健康有害因素的种类、场所定期检查、检测及控制制度。

（三）设备设施安全生产管理制度

对安全生产有专门要求的设备设施定期检测检验：检测设备种类、名称、数量，有权进行检测的部门主管人员、检测标准、检测结果管理，安全使用证与检验合格证或安全标志的管理；各类设备设施安全操作规程：根据物料性质、工艺流程、设备设施使用要求制定的符合安全生产法律法规的操作程序；对涉及人身安全健康、对工艺流程和周围环境有较大影响的设备装置，如消毒药剂存储、配制、投加设备、电气、起重设备、锅炉、压力容器、厂内机动车辆，机加工等均应制定安全操作规程。

（四）安全生产环境管理制度

安全标志管理：包括药剂存储、库房、配制投加设备、清水池、输水管线设置的安全标志、种类、名称、数量、地点和位置；安全标志的定期检查、维护；作业环境安全管理：生产经营场所的通道、照明、通风等管理标准，人员紧急疏散预案、疏散通道标志等。

五、事故危害预防对策

要预防安全生产事故发生，一旦发生，采取正确方法处置，主要应对措施如下：

（1）从源头上消除可能发生事故的危险、危害因素，如通过合理设计和科学管理，尽可能从源头上消除危险、危害因素，采用无害工艺技术、以无害或危害影响低的材料代替有危害的材料或物质。

（2）采取能减轻或避免危害发生的预防性措施，如使用安全阀、安全屏障、漏电保护装置、安全电器、熔断器、事故排风装置等。

（3）采取降低或减弱危险危害的措施，如药剂仓库和药剂配制室设通风排气装置，使用危险性较低的次氯酸钠代替危险性大的液氯材料，降温措施、避雷装置、消除静电装置、减振装置和消声装置等。

（4）采取将人员与危险危害因素隔开和将不能共存的物质分开的隔离装置。如单独设立药剂库房，活性炭与次氯酸盐隔开存放、设置作业安全罩、防护屏、隔离操作室、设立安全距离，以及事故发生时的隔离自救装置、防毒服、各类防护面具。

（5）连锁自动终止措施。当操作者失误或设备运行出现意外，达到危险状态时，通过设置的自动连锁中止运行装置，避免危险、危害情况发生。

（6）警告。在易发生事故和危险性较大的地方，设置醒目的安全色、安全标志提醒作业人员提高警觉，注意可能有危险危害情况发生，必要时设置声、光组合自动报警装置。

六、突发事件处置与应急管理

（一）突发事件与应急处置管理概念

水厂突发事件是指突然发生、超出工程设计规定和供水服务能力、带有"意外"性质，造成或者可能造成中断供水等严重社会危害，需要采取应急处置措施予以应对的自然灾害、事故灾难、供水水质严重超标损害公共卫生事件和恐怖分子投毒社会安全事件。对于农村水厂来说，有可能产生社会危害的突发事件有以下几类：①地震、泥石流、严重冰冻等自然灾害损毁水厂设施或输配水管道，造成供水中断，众多用水户无法正常生活；②水源地水源受到严重污染，如河流水库上游化工企业有毒物质突然泄漏，原水水质指标大大超出现有净水设施的技术能力，水厂不得不中止供水服务；③水厂生产所用液氯等危险化学品运输、存储、管道输送中阀门失效以及投加中泄漏；④水厂生产与供水服务过程中违反操作规程，如药剂配制投加操作不当，造成出厂水水质在一段时间内严重超出水质卫生标准，或者供水管网周边建筑施工挖断管道，导致某一管道短时间供水中断等重大安全生产责任事故，这类事故虽然影响范围和时间有限，但仍属小范围的公共安全突发事件；⑤犯罪分子、恐怖分子投毒破坏。

按照突发事件对社会危害程度和影响范围，可将突发事件分成 4 个等级：特别重大、重大、较大和一般。发生危害公共利益的突发事件后，应立即采取正确、有效的应急措施进行处置，将其危害和可能造成的损害控制并减少到尽可能低的程度。按照应急管理工作流程，应急管理工作可分为 4 个步骤：①预测预警；②识别控制；③紧急处置；④善后管理。这四步可简化归纳为预防、准备、响应和恢复。农村供水突发公共事件，有的是区域性事件，如强地震引起的全县供水中断，需按照事先编制的县域或更大范围总体应急预案进行处置；也有单个供水工程受损，造成小范围供水中断，如某一条主干输水管道因基础沉降造成管道断裂，须按照水厂事先编制的供水突发事件应急预案进行处置。应对突发事件的措施要与可能造成的危害程度和范围相适应，当有多种措施可供选择时，应当选择影响较小、有利于最大程度保护公共利益和用水户权益的方案。

（二）突发事件应急管理原则

2006 年，国务院发布《国家突发公共事件总体应急预案》，提出应对突发公共事件的指导方针是：居安思危，有备无患。工作原则是以人为本，减少危害；居安思危，预防为主；统一领导，分级负责；依法规范，加强管理；快速反应，协同应对；依靠科技，提高素质。

（三）农村水厂加强应急管理的主要措施

1. 制定并不断完善应急预案管理体系

在有多个供水工程的县域或乡镇范围内，应急预案体系应包括区域农村供水应急处置综合预案、单个水厂的某一类突发事件（事故）专项应急预案和具体的某一设施设备损坏处置方案。农村供水突发事件应急预案要切合当地实际，各单位、各有关人员的职责要清晰、简明扼要、可操作性强，并根据需要适时补充完善。地方政府和有关主管部门要加强对水厂应急预案编制的指导，提供应急预案编制指南，明确应急预案编制的组织、内容、审批和修订程序等；要求各水厂要针对本单位易发、突发事件（事故），组织开展从水厂负责人到有关具体人员普遍参与的联动性强、形式多样、成本低、效果好的应急演练。

2. 建立健全应急管理组织体系和队伍建设

根据实际情况，明确领导机构、工作责任主体、落实责任人员，做好组织动员工作；县或镇（乡）区域范围内的突发事件应急处置，应纳入县或镇（乡）政府综合应急保障组织体系；单村供水工程的突发事件应急处置应纳入所在村的应急保障体系中。

水厂应急队伍要包括厂领导、业务骨干、工程维修队、保安等，充分发挥有应急处置救援经验人员的作用，平时加强学习演练，出现险情时立即组织力量进行先期处置，情况危急时，当班（值班）人员可不经请示，依据应急预案先行处置。

救援人员在处理事故、抢救受伤人员的同时，还要了解预防发生次生灾害的知识，掌握自我保护要领。

3. 加强应急保障能力建设

农村水厂建设选址时，要根据国家有关法规和当地有关规划要求，尽量避开山洪、泥石流、水源易污染的地方；尽量不使用易燃易爆、有毒化学物品；输配水管道难以埋设地下，易被冻坏、碾压的管段，要准备充分有效的安全防护措施和配备应急抢险装备。易发生上述危险危害的水厂要在设计建设时适当提高标准，运行维护中将容易发生突发事件的因素摆到突出位置，定期检查监测其安全性，保障设计的安全标准和功能正常发挥。做好必要的应急物资储备，单个水厂的应急物资储备不可能太多，应建立邻近几个水厂应急救援物资储备互助调剂使用信息系统。

4. 健全安全监测预警网络

水厂要建立天气预报和山洪地质灾害预警、原水水质污染等信息收集制度，建立水厂供水水质的在线实时监测、输配水管道爆裂、被迫中断供水等突发事件信息采集，供水区域内各村要设立安全联络员，及时报告管道爆裂漏水等情况，充分利用手机、网络、电话、广播、电视等各种媒体手段，及时发布突发事件（事故）报警信息。

5. 做好先期处置和协助处置

当突发事件（事故）发生后，水厂管理单位和当地乡镇政府要及时沟通，立即组织应急队伍，以营救遇险人员为重点，如消毒用的液氯钢瓶运输途中或在库房存储、液氯投加过程中发生泄漏，甚至爆炸，要立即开展先期抢险抢救处置，防止发生次生、衍生事故，造成更大危害。及时通知组织附近群众疏散转移、妥善安置；非抢险人员要服从统一指挥，按照应急预案的救助要点自救、互救，地方政府和上级主管部门指挥救援处置时要相互协调配合，做好现场取证、救援道路引领、后勤保障、维护现场秩序等。

6. 加强宣传教育培训和应急管理评估制度

做好对水厂生产管理人员安全生产和危机应对知识的宣传和培训，树立危机意识，提高应对技能。使所有员工，尤其是关键岗位员工能严格执行安全生产规章制度、安全操作规程，重点加强新招聘人员的培训。

每次突发事件（事故）发生处置完毕后，在做好恢复重建、安全生产隐患排查整改的同时，及时组织专家对突发事件（事故）的应急处置进行总结评估，客观反映应急管理的成功经验和值得吸取的教训，避免同类事故再次发生，增强对有些难以避免的突发事件（事故）的应对处理能力和水平。

（四）应急预案编制

1. 应急预案编制管理要求

2013年10月25日，国务院办公厅以国办发〔2013〕101号印发《突发事件应急预案管理办法》。该《办法》包括总则、分类和内容、预案编制、审批、备案和公布、应急演练、评估和修订、培训和宣传教育、组织保障及附则，共9章34条。办法规定应急预案管理遵循统一规划、分类指导、分级负责、动态管理的原则。应急预案编制要依据有关法律、行政法规和制度，紧密结合实际，合理确定内容，切实提高针对性、实用性和可操作性。

按照应急预案编制主体划分，应急预案通常分为两大类：①政府及其所属部门编制的综合性应急预案；②各企事业单位和街道、农村基层组织编制的专项应急预案。县水利局编制的县域农村供水突发事件应急预案属于县政府编制的全县突发事件应急预案的组成部分，各个农村水厂编制的水厂突发事件应急预案属于该预案的组成部分。

单个水厂应对突发事件的应急预案由水厂管理单位负责制定，应侧重明确应急响应责任人、风险隐患监测及防范措施、监测预警、信息报告、应急处置、人员疏散撤离组织和路线、可调用或可请求救助的应急资源情况及如何实施自救、互救、先期处置和紧急恢复等内容。水厂应急预案要有很强的针对性和可操作性，针对不同种类突发事件、现场可能出现的各种情况，制定更具体针对性和可操作性更强的现场处置方案，侧重明确现场组织指挥应对机制、方式、队伍分工、不同情况下的应对措施、应急装备保障和自我保护等内容。水厂可以编制应急预案实用操作手册，内容可包括风险隐患分析、处置工作程序、响应措施、应急队伍和装备物资情况、相关单位联络人员和电话等。水厂应急预案编制应由水厂主要负责人牵头负责。

2. 风险分析评估与应急资源调查

编制应急预案，应在开展风险评估和应急资源调查基础上进行。所谓风险评估，是针对突发事件特点，判别事件的危害类型、范围，分析事件可能产生的直接后果以及次生、衍生后果，评估各种后果的危害程度，提出隐患治理控制风险的措施。应急资源调查是指调查本地区本单位在突发事件发生后，第一时间可调用的应急队伍、装备、物资、场所等应急资源状况，对于建立了协作配合关系的区域，可请求援助的应急资源状况、分析调用的必要性和可行性，为制定应急响应措施提供依据。

3. 应急预案审批、备案、公布

编制好的水厂应急预案，送审稿应当按照审批工作程序报送上级主管部门审批，审批单位的审查重点应放在预案是否符合有关法律、行政法规，是否与其他相关应急预案进行了衔接，与当地镇（乡）村及用水企业、水源地管理等各有关单位意见是否一致，主体内容是否完备，责任分工是否合理明确，应急响应级别设置是否合理，应对措施是否具体、简明、管用、可行，必要时，审批单位可邀请有关专家对预案进行评审。

经审批的应急预案应向当地政府和上级主管部门报送备案。

4. 应急演练与评估

水厂应当建立应急演练制度，针对本水厂多发、易发、突发事件（事故）组织开展定期应急演练。应急演练结束后，应当对成效进行评估。评估内容包括：演练的执行情况、预案的合理性与可操作性、指挥协调和应急联动情况、应急人员的处置表现、演练所用设备装备的适用性。评估的目的是总结经验，找出存在不足，提出完善应急准备、应急机制、应急措施等意见和建议，修改完善应急预案。

5. 培训和宣传教育

水厂管理单位要依据应急预案，将它编成培训教材，举办培训班，对相关人员进行应急预案培训，对需要公众参与的，应利用互联网、广播、电视等各种形式，制作通俗易懂、好记管用的宣传画册等科普宣传材料，向公众发放，增强大家的安全意识和对突发事件应急处置预案的理解。

七、案例：2008 年四川汶川地震灾区应急供水处置

一、地震对供水水源、设施的影响

2008 年汶川"5·12"地震给四川、甘肃、陕西 3 省 100 多个县市的农村供水水源和供水设施造成了严重的破坏，主要表现为：水源井坍塌或被倒塌的建筑物掩埋，水源环境恶化、水质受到污染威胁；厂房、水塔、水池等建（构）筑物被震塌或严重开裂，机电设备被砸坏或掩埋，输配水管道（网）断裂漏水；输电线路毁坏、变压器摔坏，供电中断，造成集中供水中断，受影响人口达 1000 多万人。

二、应急供水处置情况

1. 组织管理

（1）及时成立了由水利部有关司局、四川省有关厅局与下属单位共约 70 人的供水保障组，作为抗震救灾前方领导小组下设的专业工作机构，内设农村供水组、水源地与城市供水组、水质监测组、设备组，按照"合署办公、集体会商、共同决策、地方落实"的工作机制，强化了对灾区供水保障工作的领导和指导。

（2）组织有关专家，编制了应急供水实用技术手册，筛选出了一批可供选择的应急供水实用技术和材料设备。

（3）根据前方需要，及时组织相关企业，抓紧生产实用的应急供水水处理、消毒、小型发电机等设备，集中采购，为前方提供了技术和物资保障。

（4）编制下发了《关于加强灾民安置供水保障工作的紧急通知》《关于加强抗震救灾应急供水设备及物资管理工作的通知》《关于加强受灾群众集中安置点排水保障工作的紧急通知》《抗震救灾灾民安置点应急集中供水技术方案》《灾民临时安置点供水技术要点》等文件，通过抓试点示范工程，规范灾民安置点供水设施建设，及时解决出现的问题。

2. 应急供水保障

在供水水量、水质、保证率、用水方便程度和运行管理等几个方面齐抓并进，并先后派出 35 批共 200 多人次专家和工作人员，深入一线调查灾情、指导和督促受灾县市供水保障工作；及时购置送水车送水；组织北京、上海等水利部门派出抢修队，抢修和援建应急供水设施；制定《重灾区水质应急监测方案》，抽调有关流域机构技术人员和流动监测车，配合地方相关部门做好水源水质和供水水质监测；加筑井台，清理供水水源周边的污染物，指导农民对分散水源进行消毒；采用反渗透、超滤、沙过滤、活性炭吸附、消毒等小型一体化净化设备进行水质处理和消毒，并由设备厂家负责安装、培训或直接管理；实行日报制度，加强检查和监督。由最初的每人每天保障 5L 饮用水到后来的每人每天能较方便地获得 20L 基本生活用水，仅用了 20 多天的时间，基本完成了灾区的应急供水保障，自始至终没有发生喝不上洁净饮用水的问题。

3. 应急和过渡期供水技术要点

（1）应急水源选择及保护。

1）应急供水水源。尽可能用水质良好、水量充足、便于卫生防护的水源。水源选择顺序：山泉（溪）水、深井水、浅井水、地表水。选择水源时，首先通过观看、闻嗅、嘴

尝，选择感观性状好的水源（周边无明显污染源，水质清澈、无异色、异味），然后对其进行水质检验。对水质的要求，原则上应尽量符合有关技术标准要求，如暂时达不到，可视具体条件，抓住几项关键指标，其他适当放宽，同时创造条件，寻找更优的水源或对原水进行更深度的处理。尽可能避免选用存在滑坡、泥石流威胁的水源地。

2）应急供水水量。不少于 14 天的生活饮用水（做饭、饮用、刷牙、漱口等）5～7L/（人·d）；不少于 90 天 15～20L/（人·d）的生活杂用水（洗手、洗脸、洗澡、洗衣服等）；属于半永久性，过渡安置房区的供水，每人每天不少于 40L 的生活用水需要。

3）划定水源保护区。水源井周围 30m 范围内、地表水源沿岸 30m 范围内，禁止建浴室、厕所、垃圾站，排放粪便、污水，倾倒垃圾；利用原有水源井时，应尽快清理掉水源井周围 30m 范围内的废墟，并砌筑井台（高于地面 30cm）、硬化井周围不小于 1.5m 范围内的地面。新打机井，井口周围采用不透水材料封闭，封闭深度不宜小于 3m。

（2）主要设计参数。

1）设计供水规模。应急供水，可按人均每天综合用水 20L 计算；过渡期供水，可按人均每天综合用水 80L 计算。

2）水源、水处理设备的供水能力：山泉水自流供水时，按每天 20h 工作时间计算；提水时，按每天 8～12h 工作时间计算。

3）设备套数。5000 人以下的可为 1 套，5000 人以上的可为 2 套，并考虑备用余量。

（3）水质净化与消毒。

1）以反渗透膜（RO）为核心，集预处理、活性炭吸附、紫外线消毒于一体的净化设备，适用于各种水源，出水水质安全性高，可直接饮用。

2）以超滤膜（UF）为核心，集预处理、紫外线消毒于一体的净化设备，适用于水中不含有溶解性有害物质的水源；无预处理时，只适用于水质较好的地下水和泉水。

3）集混凝、沉淀、过滤、消毒于一体的常规水处理设备，主要是去除水中的泥沙和悬浮物，适用于水中不含溶解性有害物质的各种水源。无混凝、沉淀处理单元时，只适用于水质较好的地下水和山泉水，采用微絮凝直接过滤。在购置一体化常规水处理设备时，设计滤速不宜超过 8m/h。

4）铁锰超标的地下水，尽可能寻找其他的替代水源。确无替代水源时，应采用曝气、过滤＋消毒的工艺，消毒剂最好在滤池前投加，并适当增加投加量。滤料宜采用天然锰砂，滤料层厚度可为 800～1200mm。

5）生活饮用水必须消毒。可采用二氧化氯、漂粉精等消毒剂消毒。消毒剂的投加量和与水接触时间，应满足《生活饮用水卫生标准》（GB 5749—2006）中"表 2 饮用水中消毒剂常规指标及要求"的规定。

6）规模较大的集中供水厂（站），应采用能计量、且自动投加的设备投加消毒剂；小型净化水站，尽可能采用能自动投加的设备投加消毒剂或采用紫外线消毒。

（4）供水管材。

尽量选用 PE、PVC‐U 管，所选管材必须符合卫生标准要求，并符合《给水用聚乙烯（PE）管道系统 第 2 部分：管材》（GB/T 13663.2—2018）、《给水用硬聚氯乙烯（PVC‐U）管材》（GB/T 10002.1—2006）要求。

应急供水管道，可地表明铺设；过渡期供水管道，尽可能地埋，埋深不宜小于50cm，山区埋设困难时，可采用钢管。

（5）调节构筑物。

山丘区，可利用地形条件，在高处修建蓄水池或安置成品水箱，重力流供水。有效容量，按工程设计供水规模的20%～30%计算，当与灾后恢复重建相结合时，可适当加大。

平坝区，为满足消毒剂30min接触时间要求，也应设调节水池或安置成品水箱。有效容量，可按工程设计供水规模的8%～15%计算，但应满足消毒剂与水接触时间的要求。水池、水箱后宜采用变频恒压供水。

水箱可采用不锈钢水箱、玻璃钢水箱。

调节构筑物应定期清洗和消毒。

（6）公共取水点、排水设施及便民设施。

公共取水点，应设在帐篷区外、便于取水和排水的路边上。

每个公共取水点，控制的帐篷数不宜超过50个。

每个公共取水点，应有两个以上公共取水龙头，并对公共取水龙头的立杆进行加固，保证基本不晃动。

每个公共取水点，应有两个以上洗涤池。

每个公共取水点，应张贴"洗涤水""饮用水、煮沸后饮用""节约用水"等警示标识。

每个公共取水点应安装有排水出路的排水管，尽可能与原有雨水排水系统相连，不能相连时应新挖排水沟，将公共取水点的洗涤废水等引到距离安置点不小于30m的区域。

临时安置居民点应设自流排水沟，基本保证降雨不积水，排水沟坡度不得低于1%；不能自流排水时，在排水沟末端设排水泵，将安置点的雨水排到距离安置点不小于30m的区域。

临时安置点应设餐食加工洗涤等废水收集设施。应有公共厕所和淋浴等便民设施，设排泄物、污水收集和临时处理设施。

第五节　供水成本测算与水费计收

一、水价与水费的概念

水厂的生产与经营活动要耗费大量原水、药剂、电力、人工等生产要素，要保持这种活动持久地进行下去，就必须不断地通过经营收费进行补偿，《水利工程供水价格管理办法》将水厂供出的水归类为商品的意义在于此。水价与水费的含义有所不同，水价是商品水生产供应者与用水户进行商品交换时单位水量价值的货币数量体现，即水商品的单价。水费是用水者购买或使用水厂提供水商品（含服务）要支付的货币金额，水费金额＝水价×用水数量。从中可看出，水费包括水价与水量两个因素，用水户向水厂支付（或购买）的是水费，水厂向用水户出售商品的单位水量价格为水价。水商品的定价主要取决于生产经营成本，也要考虑用水户的负担能力等社会因素。水价改革是对水价形成机制进行完善，使之更加适应市场机制，促进农村供水事业健康持久发展。水费计收方式也存在改进问题，解决如何精准计量、以何种供用双方都方便的方式收取水费，尽量降低计量和收费缴费成本，方便用水户付费。水费计收方式改革与水价改革是两个有关系、但不同的概念。

二、成本核算与成本管理

2003 年 7 月国家发展和改革委员会与水利部颁发的《水利工程供水价格管理办法》第六条规定："水利工程供水价格按照补偿成本、合理收益、优质优价、公平负担的原则确定，并根据供水成本、费用及市场供求的变化情况适时调整"。农村供水工程属于水利工程组成部分，这一规定无疑适用供水水价制定和水费计收。鉴于农村供水具有较强的准公共物品和准公共服务的基本属性，在水价改革实践中，不得不考虑供水服务对象的经济负担能力、用水习惯、付费意愿等因素影响。地方政府物价主管部门在审核供水成本和批准执行水价，以及农村集体组织在与村民协商自己所管理的供水工程的水费收取标准时，都要考虑用水户的承受能力，采用各种更切合农村实际情况的简化或变通做法。

2020 年 3 月，中国农业节水和农村供水技术协会制定的《农村集中供水工程供水成本测算导则》规定：农村集中供水工程应实行有偿供水，水费计收应遵循补偿供水成本、合理收费、公平负担的原则，并考虑用水户的承受能力。

（一）成本核算

1. 概念

成本核算是指将生产经营过程中发生的各种耗费，按一定的对象进行分配和归集，以计算总成本和单位成本，进而作为制定供水水价的主要依据。成本核算是水厂生产经营管理中的重要工作内容，是成本管理的关键所在。它在很大程度上影响，甚至左右着水厂经营决策。成本核算通常以会计核算为基础，以货币为计量单位。进行成本核算，首先要审核生产经营管理费用，研判其是否已经发生、是否应当发生、已发生的是否应当计入供水成本，然后对已发生的费用按照用途进行分配和归集，实现对生产成本和经营费用的管理和控制。通过成本核算，找出成本管理和生产经营活动中的漏洞和薄弱环节，实施降低生产经营成本的对策措施，进而提高水厂经营管理绩效。

2. 成本核算原则

核算成本要遵循下列原则：

（1）合法性。计入成本的费用都必须符合相关法律规章制度，不合规的不能计入，例如，超出供水管理单位负责管理的水源地保护、水库工程的运行、维修和改造费用等。此外，未经上级编制或组织部门或公司董事会讨论批准，超出定员编制的多余人员工资福利等也不应计入水厂生产经营管理成本。

（2）可靠性。计入成本的费用要真实和可核实。计入成本的费用支出要合理、真实，不能为了某种需要，人为增大或缩减会议、差旅等支出信息，偏离实际支出；再比如，生产经营所耗用的原材料、动力、人工等，不按实际耗用的数量或实际单位成本计算，而是采用定额标准推算。可核实是指拟纳入成本的信息资料，经不同会计人员比对核实，结论一致。

（3）分期性。应按生产经营活动时间段，如月、季、半年、全年，分期计算各时间段的成本，这种分期要与会计年度的月、季、年等一致。

（4）权责发生原则。应由本期成本负担的费用，不论是否已经支付，都要计入本期成本；反之，不应由本期成本负担的费用，例如，已计入以前各期的成本，或应由以后各期成本负担的费用，虽然在本期支付，但不应计入本期成本。要正确划分各种费用支出的界限，如收益支出与资本支出、营业外支出的界限，供水生产成本与期间费用的界限，本期生产成本与下期生产成本的界限。

3. 成本核算方法

《水利工程供水价格管理办法》第四条规定：供水价格由供水生产成本、费用、利润和税金四部分组成。虽然不少农村水厂水价难以严格执行这一定价原则，但作为商品水的生产企业（事业单位），必须要有严谨完整的成本概念。

（1）供水生产成本。供水生产成本由正常供水生产过程中发生的直接工资、直接材料、其他直接支出以及制造费用4部分构成。直接工资指直接从事供水生产和经营人员的工资薪酬，直接材料费包括制水生产过程中消耗的原水、药剂等主辅材料、备品备件、电费等支出；其他直接支出包括直接从事供水生产人员和生产经营人员的职工福利费以及实际发生的设施观测费、临时设施费等；制造费包括水质检测费、水厂管理单位管理人员工资、职工福利费、固定资产折旧费、大修理费、水资源费、水电费、机油等物料消耗、运输费、办公费、差旅费、日常维护费等。

（2）供水生产费用。供水生产费用是指水厂为组织和管理供水经营而发生的合理销售费用、管理费用和财务费用，统称期间费用。它也由4部分组成：销售费用、管理费用、财务费用和偿还贷款本金与利息。销售费用包括委托村委会等非水厂管理组织代收水费的手续费、区域供水服务站或乡镇供水营业厅销售人员工资与福利费、差旅费、办公费、销售部门固定资产折旧费、修理费、物料消耗、低值易耗品摊销等其他费用；管理费用包括供水经营与管理机构的各种经费，如工会经费、职工教育经费、社会保险、技术开发、业务招待、坏账损失、毁损等；财务费用包括水厂经营活动中借钱临时周转而发生的费用，包括利息支出等；偿还贷款是指有些供水工程要归还建设或改造中使用金融机构贷款的本金。

（3）单位供水量生产成本测算。上述生产成本和生产费用构成内容项目众多，主要适用于供水规模较大、财务管理规范的乡镇自来水厂。绝大多数由农村集体组织负责管理、规模较小、生产经营管理活动比较简单、缺少正规财务会计的单村水厂，分不太清楚生产成本与生产费用，也基本没有固定资产折旧费的计提和积累。财务管理的习惯做法是，将生产成本与生产费用简化为包括固定资产折旧费的"全成本"和不含固定资产折旧费的"运行成本"。所谓的全成本，人们通常叫它生产总成本，由以下几部分组成：生产管理人员工资（由本村农民兼职的管水员，村委会付给他们的不是工资，而是误工补贴）、油电动力费、维护修理费、药剂费、原水费、办公管理费、固定资产折旧费等。

在水厂工程设计阶段，测算得出的理论单位供水量生产成本的计算公式为

单位供水量生产成本＝预测年供水生产总成本/设计年供水总量(元/m³)

为了便于农民理解，向农民公布的供水生产成本是指年实际发生的总成本除以年供水量，计算公式为

实际单位供水量生产成本＝年实际供水生产总成本/年实际供水量(元/m³)

供水工程投入运行初期缺乏实际发生或监测资料时，供水生产总成本各项构成可参考以下方法进行估算：

1）生产经营管理人员工资（报酬）：根据工程规模和经营管理方式，核定的专职生产经营管理人员数×过去三年当地同类企业或事业单位人均年工资。村集体组织管理的农村水厂承包管理者多为当地农民，不是专职管理人员，他们还兼顾从事家庭种养等其他工作，他们的报酬要通过村民代表大会民主协商确定。

2）电费＝设计年供水总量×附近条件类似水厂单位供水量耗电量定额×当地政府批准执行的农村供水工程用电电价。

3）维护修理费：一般取固定资产原值的 2.5%～3.0%。

4）药剂费＝设计供水总量×附近条件类似水厂单位供水量耗用药剂量×药剂单价。

5）管理费：一般取年工资（或报酬）总额的 1/3。

6）原水水费及水资源费：原水水费＝设计年用水量×原水供水水价。这里的原水水费是指水厂从水库、泵站等其他单独经营管理的蓄引提水源工程取水时支付的费用，水资源费是按国家规定应缴纳的资源使用费。

7）固定资产折旧费＝固定资产原值×年折旧率。财务管理规范的供水工程固定资产折旧费应当按供水工程设施主要组成部分分项计算。村集体组织负责管理的供水工程固定资产原值可按供水工程建设总投资的 70%～80% 估算；会计资料不健全的供水工程可采用综合折旧率，参考邻近地区条件类似水厂经验数值取用；

8）其他费用：按规定应列入供水成本并开支的其他费用，一般可按上述几项费用之和的 3%～5% 估算。

2017 年国家发展和改革委员会发布的《政府制定价格成本监审办法》（2017 年第八号令）规定，由政府补助或者社会无偿投入形成的资产，以及评估增值的部分，不得计提折旧或者摊销成本。2019 年水利部办公厅发布的《关于加快推进农村供水工程水费收缴工作的通知》要求，各省级水行政主管部门要积极会同价格主管部门指导各地按照水价制定规程，以农村集中供水工程为单元，逐一做好供水成本核算和定价工作，也可以市、县为单位，统一进行区域农村供水成本核算并提出农村供水指导水价。

（二）成本管理

1. 加强成本管理的重要意义

成本管理是水厂经营管理的主要任务之一，也是财务管理的重要内容。供水生产成本管理的主要任务是合理地使用人力、物力、财力，挖掘内部潜力，核算和监督供水工程在制水生产和供水销售过程中所发生的各项生产费用，准确地计算供水成本，考核成本计划的执行情况，寻求不断降低成本的途径。控制和降低供水生产成本，就意味着减轻农民的水费负担，提高农民使用符合卫生标准的安全饮用水的意愿和支付能力，也能增加水厂的供水量，提高水厂经济效益。这样做也可以减轻地方公共财政对供水工程政策性经营亏损补贴的压力。加强水厂生产成本管理，①做好原始记录等成本管理基础工作，保证成本核算的真实可靠；②严格遵守成本开支范围，划清各项费用界限。

2. 成本管理的主要做法

（1）确定目标成本。根据上一年制水生产和供水销售成本情况，综合考虑水厂内外环境变化，提出目标成本，作为成本管理的努力目标。

（2）编制成本计划。成本计划是进行成本控制、成本核算和成本分析的依据。切合实际、可操作性强的成本计划容易调动相关人员挖掘潜力、降低成本的积极性，是提高水厂经营绩效的重要工具。

（3）进行成本控制。通过经常地对所发生的生产成本和销售费用的监督和纠偏，使之符合成本计划，努力使本水厂成本计划各项指标向同类水厂的先进水平看齐。

作为核定水厂供水价格依据的供水成本，应当是合理成本，是水厂生产经营管理活动中发生的符合国家有关规定和财务会计制度规定的成本和费用。应当剔除人为的、偶然的、非正常生产经营管理活动造成的不合理成本。例如，人员工资支出在很多水厂生产成本中占比重较大，其中大部分是合理的，也可能存在超编制的冗员工资支出，属于不合理支出。据调查，有些东部沿海经济发达地区日供水规模几万吨、十几万吨城乡供水一体化水厂，运行管理人员仅二三十人，而一些管理粗放、日供水一两千吨的水厂，管理人员竟多达二三十人。按事业单位性质进行管理的水厂，成本控制最大的难题之一是难以控制水厂员工数量，带来人员工资、福利费开支占成本比例过大。

解决成本偏高问题的出路：①从管理体制上健全人员招聘录用制度，完善监督约束机制，控制人力成本支出；②将供水成本支出构成向用水户公开，让社会和广大用水户参与监督管理；③积极采用信息化和自动监测控制等先进实用技术，淘汰用人过多的经验型管理模式；④控制电费支出，有的水厂电费支出占总成本的1/3，甚至一半左右。降低电费支出，从内部来说，要淘汰国家明令限制使用的高耗能机电产品，改造泵站进出水流道、管道、闸阀等，提高装置效率，减少单位供水量耗电；从外部环境来说，要争取当地用电电价执行国家有关农村供水用电的电价优惠政策。

3.案例：北方某水厂供水成本测算与绩效

一、测算依据

（1）年取水总量为96.2万t；年供水总量为83.6万t；年售水总量为78.8万t；年应收水费为224.97万元；固定资产为760万元；年水资源税为28万元；二氧化氯消毒液为5.5t/年（价格：2800元/t）；化验室试剂（日检9项）为3285支/年（单价：40元/支）；第三方水质检测费为5.94万元/年。

（2）测算依据：《农村集中供水工程供水成本测算导则》（T/JSGS 001—2020）

二、成本测算

生产成本（2019年财务统计数据）：193.2万元/年。

$$生产成本＝直接成本＋其他相关费用$$
$$单位生产成本＝生产成本/供水总量$$
$$＝193.2÷83.6$$
$$＝2.31（元/t）$$

其中：

（1）直接成本：

消毒液：5.5×2800＝1.54（万元/年）。

化验室试剂：3285×40＝13.14（万元/年）。

动力费：36.5 万元/年。

职工薪酬：6×6.8＝40.8（万元/年）（含社保、福利）。

日常维护费：13.8 万元/年。

水质检测费：5.94 万元/年。

大修费：7.2 万元/年。

固定资产折旧费：4％×760＝30.4（万元/年）。

管理和销售费用：14.88 万元/年。

（2）生产成本：

$$生产成本＝直接成本＋其他费用$$

$$＝163.68＋1.6＋28＝193.2（万元/年）$$

（3）其他相关费用：财务费用为 1.6 万元/年（贷款利息）；水资源税为 28 万元/年。

三、水厂绩效评估

（1）水费标准：农户水价为 2.07 元/t；非农户水价为 3.64 元/t；平均水价为 2.9 元/t。

（2）制水成本：193.28 万元。

（3）售出水量：83.6 万 t。

（4）实收水费：163 万元。

（5）应收水费：224.97 万元。

（6）水厂理论收益＝应收水费－制水成本，224.97－193.2＝31.77（万元）。

（7）水厂实际经营收益＝实收水费－制水成本，163－193.2＝－30.2（万元）。

（8）结论：2019 年水厂经营实际亏损 30.2 万元。

改进生产经营管理建议：通过降低管网漏损率和提高水费收取率，增加水厂收入，减少损耗，经营绩效有改善空间。

三、水价核定

（一）水价核定原则

农村供水水价核定原则有 5 点：①补偿成本；②合理收益；③优质优价；④公平负担；⑤适时调整。

1. 补偿成本

补偿成本就是用水户按照经规定的审批程序确定的合理水价标准缴纳水费，用来补偿水厂制水供水的生产成本和费用，这是保证水厂正常、持久进行供水生产经营活动的基本条件。如果水厂收取的水费不能补偿成本，时间久了，水厂生产经营者会把自己垫付的生产经营资金，甚至固定资产老本都赔进去，简单再生产就难以为继，更谈不上盈利和扩大再生产。补偿成本是市场经济条件下商品生产销售的基本要求。供水水价审批部门和农村集体组织协商确定水费标准的首要依据是补偿供水生产成本。

考虑到农村供水的特殊性，只强调这一条原则还不够，还要考虑现阶段我国农村的实际条件、农村居民经济负担能力和水费支付意愿。这是目前一些地方农村供水管理单位把"生产成本"分成"全成本"和"运行成本"两个目标成本，当无法做到补偿全成本时，起码应努力实现补偿运行成本的理由所在。

2. 合理收益

农村水厂所供出的水具有商品属性，属特殊商品。按照商品价值理论，商品价值由 3 部分组成：①生产过程中耗费的原水和药剂等生产资料；②劳动者或劳动消耗所创造的价值中归个人支配的部分，主要是以工资形式支付给劳动者的劳动报酬；③劳动者或劳动消耗所创造的价值中归社会支配，以税金和利润形式进行分配的部分。其中税金是国家的收益，利润则是归投资者支配的收益。按照《水利工程供水价格管理办法》规定，水利工程供水的投资回报率，应高于同期银行贷款利率 2～3 个百分点。有一定供水规模、财务管理规范的水厂，应当按照当地政府有关规定，向税务部门缴纳税金，如果二三产业用水在供水总量中占比重较大，有盈利时，还应缴纳所得税。

2016 年财政部和国家税务总局联合印发的《关于继续实行农村饮水安全工程建设、运营税收优惠政策的通知》中规定：对饮水工程运营管理单位向农村居民提供生活用水取得的自来水销售收入免征增值税，对既向城镇居民供水又向农村居民供水的饮水工程运营管理单位，依据向农村居民供水收入占总供水收入的比例，免征增值税、房产税和城镇土地使用税。

3. 优质优价

一些干旱缺水、淡水资源十分紧缺的农村，不得不使用高氟、苦咸等劣质原水，进行不同于常规净水工艺的深度处理，成本往往较高。依据上述原则制定的水价，有可能超出当地多数农户负担能力，这时可以实行分质供水。经过深度净化处理，达到国家饮用水卫生标准的水，采用桶装或专门管道输送，按成本水价或略低于供水成本的价格提供给用水户，只用作生活饮水和餐食加工使用。对于只经过简单净化处理，水质有所改善，可能仍有部分水质指标超出国家生活饮用水卫生标准限值的水，可用作洗衣、家庭环境清洁等生活用水，一般尚不致对身体健康构成直接危害，这部分水用专门管道输送，以较便宜的价格提供给用水户。这样做，既体现出水资源稀缺地区的价格机制对调节供求关系的基础性作用，促进节约用水，同时也不失社会公平，体现基本公共服务均等化的精神。在这类地方，分质供水并不是一种理想的解决办法。根本出路是在邻近地区兴建新的水源工程，实行长距离引水，调入适合生活饮用的优质淡水资源。有些属于不适宜人类生活居住的地方，要实行生态移民搬迁。

4. 公平负担

公平负担有两层含义：①指部分水厂与水库等水利工程统一由一个管理机构管理，水库承担着城乡供水、防洪、灌溉等综合服务功能，其生产运营成本应由城市供水、防洪、灌溉以及农村供水等多项成本分摊，农村供水只占其中应分摊的那一部分；②指同一个乡镇供水工程在不同用水类别之间合理分摊，如有些规模较大的乡镇水厂，除为乡村居民提供生活饮用水外，还同时向当地二三产业、机关学校事业单位供水。非农村居民用户的用水价格应有别于农村居民生活用水，执行补偿成本加合理利润政策规定。合理分摊和区别对待政策都是公平负担原则的具体体现。

5. 适时调整

水厂的供水水价要随区域经济社会发展、水厂生产成本变化以及农村居民收入水平提高、缴纳水费意愿增强等因素适时调整，这既是完善水价形成机制，逐步落实补偿成本总原则的需要，也是让价格杠杆机制在资源配置中起决定性作用的要求。水价调整要严格履行有关管理办法规定的程序。另外，调整不能过于频繁，要保持相对稳定，既要考虑水厂的良性运行需要，还要考虑所在区域宏观经济形势、物价总体水平和社会稳定等因素。

（二）水价核定和审批

农村供水水价实行政府定价和政府指导价下的村委会或农民自治管水组织民主协商定价两种方式。

1. 水价核定

根据《水利工程供水价格管理办法》的规定，单位供水成本水价的计算方法如下：

$$单位供水成本水价 = \frac{年平均供水总成本 + 年税金 + 年利润}{年平均供水总量 \times (1 - 管网漏损率)}$$

式中：年平均供水总成本和年平均供水总量按近 3 年实际发生额平均计算，新建工程可参照当地条件类似工程确定。关于税金，如前所述，向农村居民提供生活用水取得的自来水销售收入执行财政和税务等有关部门的规定，免征增值税、契税、房产税、城镇土地使用税。企业所得税如何征收，执行专门规定。

农村集体组织管理的供水工程收费标准大多数难以按规定计提固定资产折旧和大修理费，有相当一部分甚至维持日常运行都很勉强，收费标准一般不考虑利润，税金也应该按有关部门规定给予减免。这时的供水收费标准可按下式计算：

$$供水收费标准 = 过去 3 年平均运行维护成本 / 过去 3 年平均年实际供水总量$$

式中：年运行维护成本包括管理人员报酬、电费、药剂费、维护修理费等几项。

2. 水价审批

规模较大的集中式供水工程水价一般由县级价格主管部门审批，在审批工作中，要征求农村供水行业主管部门的意见，审批程序如下：①水厂管理单位依据有关标准或管理办法的规定，进行供水成本测算，编写调整水价申请报告，向当地物价主管部门提出申请，同时报农村供水行业主管部门；②县级物价主管部门会同农村供水行业主管部门组织调研，了解水厂供水生产成本和运营实际情况，研究提出批复调整水价初步方案；③价格主管部门组织召开水价调整听证会，听取不同类型的用水户代表对水价调整方案的意见，听证会还应邀请县人大、政协、发展和改革委、财政、监察等有关部门代表，以及非用水户的社会知名人士参加；④确定水价调整方案，报当地政府批准。

对于农村集体组织负责管理的单村或联村水厂，供水水费计收标准一般是参照县级物价主管部门和供水行业主管部门提出的指导价格（收费标准），由村民委员会或农民用水者协会召开村民（用水户）代表会议，在民主协商基础上确定执行收费标准。

四、水价制度

农村供水在用水计量、水费计收方式等方面有自己特有的做法。

（一）两部制水价

基本水价与计量水价的两部制水价，实质是对供水生产成本、费用中的固定成本和可变成本实行不同的补偿方式，即固定成本由基本水价补偿，可变成本由计量水价补偿。对农村供水来说，在供水水价低于供水成本的情况下，基本水价的确定原则是兼顾维持水厂最低限度日常运行和农民负担得起。

2015 年 6 月，水利部、国家发展和改革委员会、财政部等五部委在《关于进一步加强农村饮水安全工作的通知》中要求：按照补偿成本、公平负担的原则，建立合理的水价制度，积极推行基本水价和计量水价的"两部制水价"，保障工程正常运行经费。"五保户"等特殊困难群体，由当地政府对其水费给予适当补助。通知要求各地抓紧研究制定工程运行维护经费定额标准，通过提高水费、财政补贴，建立工程维修养护基金制度等多种形式，确保工程良性运行。

2020 年初，中国农业节水和农村供水技术协会发布团体标准《农村集中供水工程供水成本测算导则》（T/JSGS 001—2020），导则规定两部制水价由基本水费和计量水费构成：

$$基本水费＝基本水价×基本水量$$

式中：基本水量＝人均每日基本水量×每户人口数×全年天数；人均每日基本用水量为丰水地区可取 35L/（人·d），缺水地区可取 20L/（人·d）。

$$计量水费＝计量水价×（实际用水量－基本水量）$$

基本水费公式中的基本水价和计量水费中的计量水价取相同数值，参照当地政府或价格主管部门发布的指导水价确定。

（二）超定额累进加价

超定额累进加价是指考虑用水户的合理、基本用水需求，规定某一地区人均每月用水定额数量，在定额限值内的用水量，实行正常价格，超过合理用水水平的用水量，实行高出正常价格的水价，超过定额的用水量越多，水价标准就越高。这一方法既公平，不使农村居民基本生活用水经济负担过重，同时又体现了稀缺水资源的价值，促进人们养成节约用水的好习惯。实行超定额累进加价办法，需要制定符合当地实际、科学合理的用水定额，以及完备的计量手段和健全的收费管理服务体系。

五、水费计收管理

（一）水费计收的任务与要求

"计收"是依据用水计量值和主管部门审批的水价标准收取水费的简称。有人用"征收水费"表述这项工作是不确切的。"征收"有利用强制性行政权力向用水户收费的含义。容易与行政事业性收费混淆。在用水计量基础上收取水费，体现了有偿供水服务的政策价值取向，是农村供水生产经营管理体制机制改革必须坚持的基本原则之一。

水费计收管理的主要工作内容包括：制定针对本水厂特点的水费计收管理制度，明确抄表员、收费员职责范围、工作内容与任务要求；掌握用水户基本信息，分析掌握用水户用水规律；按规定的计量收费时间间隔，查看并抄记水表用水量数据信息；保持抄表记录卡（表）信息准确；核对入村总水表用水量与用户分表合计数值之间的差值，发现重大异常，报告水厂领导和有关班组负责人，共同查找问题产生原因，进行妥善处理；与用水户配合，共同作好用户分水表维护。

收费员必须严格执行水费计收管理制度的规定，区分不同性质类别用水，实行分类计价收费；按照财务管理制度，所收水费及时存入水厂财务账户；按照制度规定向欠交水费的用户发送欠费通知单，催缴应收水费。

为了提高水费计收管理精细化水平，减少入村入户人工抄表收费的人力成本，农村水厂应创造条件，积极采用智能水表、IC卡预付费、计算机网络缴费等信息技术，降低水费计收成本，减轻用水户交费负担。水费计收是一项政策性很强的工作，事关广大用水户的切身利益和他们对政府以人民为中心公共服务的切身感受，必须严格执行地方政府水费计收各项政策规定，做到"水价、水量、水费"三公开，让用水户使用放心水，交明白钱。水厂应完善抄表收费人员岗位责任制和奖罚标准，对每个抄表收费周期的抄表率、水费回收率等进行考核。

（二）水费计收方式

农村供水的水费计收方式与城市供水不同，要结合各地农村实际情况采用多数用水户能够接受的计收方式。

1. 抄表计量收费

水厂的专职抄表收费员或水厂委托村的管水员按月或季度，入户抄记水表读数，以它作为收费依据，开具当地有关主管部门统一印制的收费收据，收取的水费按时上缴水厂财务部门。抄表要做到数字准确，计价无差错。抄表时应留心分析用水户本次用水计量和之前几次用水计量的关联合理性，如果发现有不正常情况，应分析查找原因，如是否存在管道漏水或用户偷水等情况，及时向水厂负责人报告。有条件的应实行抄表与收费两人一组，各司其职，互相监督，避免以权谋私。

2. 按人包月收费

有些农村供水工程用水计量设施不完善，按农户人口数量计算收费额，不管用水数量多少，每人每月收取统一规定的水费。水费标准应经村民代表会议讨论通过，一般以补偿电费、管理人员工资报酬和日常维修费用支出为原则。这种方法虽然简便易行，但属于落后的水费计收方式。它的缺点：①不利于促使人们树立节约用水意识和习惯，个别农户使用经过净化消毒处理的自来水浇灌房前屋后蔬菜、果树；②不利于在用水户之间建立公平用水环境，容易引发用水户之间相互攀比，产生矛盾纠纷；③部分用水户的无节制用水会影响管网末梢供水压力和出水量。

个别村实行免收水费、福利供水的"土政策"，多出现在村集体经济实力比较强、村干部对国家有关计量收费政策不熟悉或执行法规政策意识不强的地方，供水工程的运行维护经费由村集体经济组织统一代付。这样做，虽然减少了村民委员会水费计收工作量，但同时也淡化了村民对供水工程的主人翁责任感，弱化了村民珍惜水、节约用水的意识，明显违反国家政策规定。它与建立社会主义市场经济体制的原则和要求相违背，不利于实现农村供水事业健康可持续发展，应当纠正。

（三）案例：某单村供水工程水费计收管理改革

北方某干旱缺水农村，756户，1789人。村内原有一眼供村民生活用水的机井，建于"十五"后期，水质含氟量超标。埋设了输配水管道，进入到大部分农户庭院，少部分农户到井房自行取水，机井抽水和供水工程运行管理支出由村委会承担，村民养成了不花钱吃水的坏习惯，少数村民用"自来水"浇自家的菜园子，导致地势低的农户用水量大，地势高的农户水压不足，用水高峰时，水龙头甚至不出水。2015年国家实施农村饮水安全工程建设，在距离不很远的河边取水，建设一处日供水2000t集中供水工程，通过管道接到村口，建输配电加压泵站等配套设施，彻底解决了饮水水质不达标问题，村内工程仍由村委会负责管理。

供水水质和水量改善后，相应的管理制度没跟上，没给农户安装计量水表，也不收水费，沿袭了喝"大锅水"的坏习惯，想怎么用就怎么用，浪费水情况严重，用水高峰时段，供需矛盾突出，村民意见很大。

2019年按照上级文件指示精神，村委班子下决心改革村内自来水管理工作。①大力宣传国家的供水工程水费计收政策，让村民明白用水与用电一样，都要缴费。②统一安装智能水表，解决过去机械式水表计量误差较大问题，村民委员会以各家各户的水表为依据收取水费。③合同供水，合理确定收费标准，在广泛听取村民意见基础上，结合往年用水和成本支出情况，初步确定收费标准为 6 元/m³，并且先预付水费，再消费用水，每季度结算，多退少补，待用水量稳定后，再调整收费标准。村委会与所有用水户分别签订供水合同，明确了双方的责任、权利和义务。村委会还根据人口数量、养牲畜头数，制定了用水办法。定额部分实行累进加价制度。同时还从水费收入中，提取维修养护基金，供设备设施检修更新使用。④加强监督管理，杜绝浪费水。针对未安装智能水表前，部分农户用自来水浇菜，有个别农户在公共供水管道私自埋设暗管偷水的情况，村委会成立了供水管理领导小组，除村和村民小组干部外，还吸收热心公益的村民代表参加，不定期巡逻检查输水管道，对重点农户，入户排查，对违反合同约定的行为提出警告，对个别情节严重的，报告镇政府，由有关执法机关实施处罚。

实施水费计收管理改革后，短短两年时间，村内供水用水秩序由乱转为治，用水户之间扯皮争吵少了，大家初步树立了付费用水和遵守公共秩序的意识，供水工程设施维护经费有了保障，村民对供水服务质量普遍表示满意。

第六节　水厂财务管理

在市场经济大环境下，水厂经常要面对如何保证水费等营销收入与财务支出平衡问题。要维持制水生产供水销售，首先要按时给员工发放工资，否则会挫伤员工工作积极性，甚至影响队伍稳定；其次要给供电公司缴纳电费，否则人家会停止供电；最后要购买混凝、消毒等药剂，向原水供应单位支付原水水费以及其他必不可少的资金支出，如何千方百计增加收入，同时控制成本支出，让有限的资金产生尽可能大的效益，需要有严格的财务管理。

一、财务管理内容与要求

1. 财务管理的内容

财务管理是指水厂生产经营服务中有关资金筹集、分配、使用等财务活动所进行的计划、组织、协调、控制等工作的总称。水厂财务管理的内容包括编制、审批和执行财务计划，收入管理，支出管理，结余及其分配管理，专用资金管理，资产管理，财务报告，财务分析和财务监督等。

2. 财务管理基本原则

水厂财务管理的基本原则是：严格执行国家有关法规和制度，依法理财，勤俭节约，少花钱，多办事，用有限的资金创造尽可能大的效益；始终把保障农村居民饮水安全这一目标放在首位，同时尽可能增加水费及其他收入，做到社会效益和经济效益相统一，兼顾国家、用水户、水厂管理组织和水厂员工各方面利益。如果水厂有私人和社会资本投入，还要考虑投资者的合理收益。

供水规模较大、生产经营管理组织比较健全的农村水厂财务管理，一般应设专职会计，出纳不一定专职，可兼任文秘、档案等其他管理工作。会计与出纳必须分设，水厂管理组织主要负责人不能兼职会计或出纳。要严格按照《会计法》的规定，依法设账，认真核算，做到账与实物相符、账证相符、钱账相符、账表相符。

3. 会计工作的要求

水厂会计应熟练掌握国家有关财务会计法规、准则、制度，认真执行《会计法》；做好各项核算工作；执行供水公司董事会或水厂领导班子集体讨论批准的财务计划，按照会计工作规范，合理设置分类账册，及时记账、算账，按时编制财务报表，及时、准确向水厂领导报送相关数据资料，做到手续完备，内容真实，数据准确，账目清楚；负责承办各种涉税事宜；严格执行发票的领、用、存制度，建立台账，妥善保管发票；核对银行账户，认真编制银行存款余额调节表，定期或不定期盘点库存现金；认真审核原始凭证，发现问题及时处理；按时提取固定资产折旧费，存入银行账户；及时准确对库存物资及固定资产进行核算，协助资产管理人员每年至少一次，进行财产、物资盘点清查，做到账表相符、账账相符；负责凭证、账簿、报表的汇集保管及其他财务档案管理工作；对经手的财务信息资料保密。

4. 出纳工作的要求

出纳应掌握国家有关现金管理和银行结算方面的规定和制度，依规办理现金收支和银行结算业务，认真做好每天的用款计划，及时存取现金，保障日常业务工作正常开展；严格按照相关规定收支现金，将库存现金控制在限额之内，做好现金、银行日记账，经常盘存、核对银行对账单，做到钱账相符；及时准确逐笔登记现金及银行日记账，按时结出余额，每日根据现金日记账的账面余额进行现金实地盘点，编制银行存款余额调节表，及时清理未达账项；严禁挪用公款，禁止以票据抵冲现金，发现问题及时查找原因；严格执行报销程序，根据审核无误的记账凭证付款，做到手续完备，保证资金安全；熟练掌握银行结算现金和各种收付款方式，准确填制各种银行凭单，严格支票管理，不签空白支票和远期支票；负责妥善保管现金、有价证券、印章、空白支票和收据，确保其安全；做好有关单据、账册、报表等资料的整理及归档工作，做好经手财务信息资料保密工作。

5. 会计核算要求

会计核算应当根据实际发生的经济业务，依据取得的凭据进行核算，形成符合标准的会计信息，体现会计核算的真实性和客观性；会计核算应按照会计处理方法对发生的经济业务进行核算，体现会计核算的合法性；会计对单位不同时期所发生的经济业务进行会计核算时，要在处理方法上保持一致，保证会计指标口径的一致和相互可比。

6. 凭证管理要求

(1) 原始凭证必须具备的要素：除凭证的名称、填制日期、填制凭证单位名称、经办人员的签名或盖章、接受凭证单位的名称、经济业务内容、数量、单价和金额之外，还应标明凭证的附件和凭证编号。

（2）原始凭证填制要求：真实可靠，内容完整，填制及时，书写清楚，顺序使用。填制原始凭证的附加要求见《会计基础工作规范》。

（3）记账凭证必须具备的要素：填制凭证的日期、凭证名称和编号、经济业务的摘要、应记会计科目方向及金额、记账符号、所附原始凭证的张数。还应注明填报人员、稽核人员、记账人员和会计主管人员的签名或盖章。

（4）记账凭证填制要求：审核无误、内容完整、分类正确、连续编号、记账凭证填制的具体要求见《会计基础工作规范》。

（5）会计凭证的书写：字迹清晰、工整，阿拉伯数字应当一个一个地写，不得连笔写，金额数字前应当书写货币币种符号。

（6）会计凭证保管：会计凭证的传递应做到安全、及时、准确、完整，不得积压；会计凭证登记完毕后应当按照分类和编号顺序保管，不得散乱丢失，应当将会计凭证连同所附的原始凭证或原始票证汇总表，按照编号顺序折叠整齐，按期装订成册并加封面，注明单位名称、年度、月份和起止日期、凭证种类、起止号数，由装订人在装订线封签处签字或盖章。

（7）严格遵守会计凭证的保管期限要求，期满前不得任意销毁。任何单位不得擅自销毁会计凭证。

7. 账簿管理要求

（1）会计账簿设置以国家统一会计制度为依据，从本水厂的业务需要出发，具体要求参考《会计基础工作规范》。

（2）会计账簿登记应做到：准确完整，注明记账符号，书写清晰，正常登记使用蓝黑墨水，特殊记账使用红墨水，顺序连续登记，结出余额，过次页和承前页。

（3）总账登记可以直接根据各种记账凭证汇总表或科目汇总表进行。

（4）登记日记账。根据办理完毕的收付款凭证，随时按顺序逐笔登记，最少每天登记一次，并做到日清月结。

（5）填制会计凭证或登记账簿发生的错误，一经发现，应立即更正，常用方法有划线更正和红字更正。

（6）定期对会计账簿记录的有关数字与库存实物、货币资金、有价证券、往来单位或个人等进行相互核对，保证账证相符，账账相符，账实相符。对账工作每年至少进行一次。

（7）结账。在把一定时期内发生的全部经济业务登记入账的基础上，计算并记录本期发生额和期末余额。结账前必须将本期内发生的各项经济业务全部登记入账；结账时应当结出每个账户期末余额；年度终了，要把各账户的余额结转到下一会计年度，并在摘要栏内注明"结转下年"字样，在下一会计年度新建有关会计账簿的第一行余额栏内，填写上年度结转的余额，并在摘要栏注明"上年结转"字样。

8. 会计人员职业道德

（1）爱岗敬业。热爱本职工作，努力钻研业务，不断提高会计知识和业务技能。

（2）熟悉财务法规。会计人员应当熟悉财经法律、法规和国家统一规定的会计制度，做到处理各项经济业务时，依法把关守口，并结合会计工作向相关人员宣传，提高法治观念。

（3）依法办事。进行会计工作要严格执行国家统一会计制度规定的程序和要求，保证所提供的会计信息合法、真实、准确、及时、完整，敢于抵制违反会计规章制度的不良行为。

（4）客观公正。会计信息的正确与否，不仅关系水厂经营管理。微观决策，而且关系到区域宏观经济管理。做好会计工作，不仅要有过硬的业务本领，也需要实事求是的精神和客观公正的态度。

（5）搞好服务。会计人员应当熟悉本水厂生产经营特点和业务管理情况，为改进水厂的内部管理、提高经济效益做好相关服务。

（6）保守秘密。除法律规定和单位负责人同意外，不得私自向外界提供或泄露本单位会计信息。

二、财务计划管理

水厂每年年末都应编制下一年度的财务计划，包括预计的各种资金来源和使用安排、生产经营活动资金消耗和成果，如果有财政补助拨款，还要编制财政补助预算计划。财务计划由财务收支计划表、供水成本费用计划表、财务结余分配计划表以及专用资金计划表等加上配套文字说明组成。

财务计划应在上一年的第四季度编制，经水厂领导班子审批同意后执行。财务计划的各项指标应参照上年计划实际完成情况，充分考虑下一个年度水厂内外环境等条件变化，重点是用水变化、水价调整、员工工资增加、电价和药剂价格涨幅、工程设备大修理以及技术改造等情况，本着增加收入、控制成本、节约支出的原则、使各项指标先进合理、切实可行。

三、收入与支出管理

（一）收入管理

农村水厂以供水水费收入为主，它是维持水厂正常运营和长久生存发展的根本保障。水费收入要及时入账进行财务处理。除了供水水费收入，有些水厂还发挥自己业务专长优势，开展机电设备维修安装等综合经营。开展综合经营活动，首先要取得上级主管部门的批准同意，同时还要到工商部门登记，领取或换领营业执照，在核准的经营范围内从事经营活动。综合经营收入要纳入水厂管理单位的财务计划，统一核算，统一管理，作为水厂水费收入不足的补充，防止成为"小金库"、乱支滥用等现象的发生。

水厂的专用资金或称专项资金有两种：一种是水厂内部按政策和财务制度规定，提取的更新改造折旧基金、生产发展基金、职工福利和奖励基金等；另一种是政府有关部门拨给的指明用途的专项补助资金，如水厂工程配套或技术改造资金、工程维修养护补助资金等。不同的资金来源有不同的用途，必须严格执行相关管理办法和制度。财政补助收入要严格执行国家预算管理制度，保证专款专用，对拨款的领用和拨付，单独设立会计账户进行管理，建立定期对账制度，定期核对预算数字和领拨经费数字，保证各项数据和适用的预算科目准确、一致。要注意分清维修养护财政事业补助拨款和国家安排用于水厂改扩建基本建设拨款的界限，两者之间不能互相挤占、挪用。

农村水厂收入管理还要注意正确计算生产经营成果和应纳税所得额。期末应按财务制度规定核算的利润，按企业所得税暂行条例和实施细则的规定进行调整，并按照调整后的纳税所得额和适用税种、税率以及有关纳税优惠政策规定缴纳所得税。

（二）支出管理

农村水厂的支出是指开展供水生产、管理和服务业务及其他活动所发生的各项资金耗费和损失。按资金运用性质，大致可分为事业支出、经营支出、对下属单位的事业补助支出和按规定应上缴上级单位费用的支出。按支出用途划分，可分为原水水费、水资源费、运行油电费、药剂费、工程维护费等生产成本支出，工资福利等人员支出，办公及日常管理等公用经费支出。

支出管理的原则：既要保证供水生产、管理、服务等既定任务目标的实现和水厂发展的需要，又要坚持勤俭节约、提高效率和效益。具体的要求是：按照批准的预算和计划办理，按照规定的定额和开支标准办理，按照合法的原始凭证办理，按照规定的资金渠道办理。财务支出以厂长签字批准为依据，超过厂长审批权限额的大额经费支出，须报请董事会或上级主管部门审核批准。

要加强营业外支出管理，严格区分营业外收支界限，控制营业外支出。营业外支出包括：固定资产盘亏、报废、毁损和出售的净损失，非季节性和非修理期间的停工损失、非常损失、赔偿金、违约金等。

四、资产管理

农村水厂资产管理包括流动资产管理和固定资产管理、负债管理，有些规模大的水厂可能还有对外投资管理、无形资产管理等。

（一）流动资产管理

流动资产是指一年内可以变现或耗用的资产，包括现金、各种存款、有价证券、应收及预付款项等。

1. 货币资金管理

（1）现金管理：要严格遵守国家财务与会计制度关于现金管理的规定，包括现金使用范围、库存现金限额、不得坐支现金，会计和出纳要分开，现金收支业务要根据合法凭证办理、如实反映现金库存等。

（2）银行存款管理：严格执行经济业务往来的银行结算办法，并严格银行存款的开户管理，不得多头开户。不签发空头支票和远期支票，不出借银行账户，加强空白支票管理，按月与银行对账。编制银行存款余额调节表，必须做到账单调节相符。签发支票使用的印鉴应由有关人员分别掌管，不得交由出纳一人保管使用。

2. 应收及预付款项管理

严格控制各种应收、预付款项的数额。不少农村水厂常有用水户拖欠水费现象发生。水厂经营管理人员应千方百计催缴催收水费，避免历史欠费成为呆坏账。对账龄较长的应收款，采用"信函"索要，以免失去诉讼时效。对员工出差、购物等借款，在完成预定任务后的规定时间内结算、还款。要建立应收票据登记簿，及时清理到期票据本息，加速资金周转。

3. 存货管理

存货是指水厂生产经营管理活动中尚未使用而贮存的资产，包括药剂、燃料、设备备件、低值易耗品等。水厂存货处于经常性的不断耗用或重新购置中，是流动资产的重要组成部分。仓库保管员负责物资实物管理，财务则负责从资产计价、资产监督角度对存货进行管理。水厂应建立健全物资购买、验收、进出库、保管、领用等管理制度；药剂和备件采购要按计划进行，尽量降低库存量和消耗，特别注意药剂存放期限和安全，提高存货使用效益。存货要按月盘点清查，对存货进行盘盈、盘亏、毁损、报废，在规定时间内填写库存材料与设备的消耗报表，做到账实相符。

4. 保管员岗位职责和要求

保管员要努力学习业务知识，提高业务素质，做到坚持原则，秉公办事，热情服务；根据药剂等材料消耗情况，及时提出进货计划，做到小件不缺货，大件不积压；做好材料设备、物品出入库管理。出入库都要有单据，清楚记载送货人、领货人、批准人、物品名称、种类、规格、型号、数量等，手续齐全；建立领用、借用库存材料设备、工具等用品登记账簿，严格领取借用登记签字手续，无相关负责人批准手续，保管员有权拒绝材料设备物品出库；督促借用工具设备者用后按时归还，妥善保管；严格执行有特殊要求的化学试剂、药剂等存放保管制度规定，分类存放，保持库房整洁通风；负责库房的防火、防盗工作，做到人走门锁，电源断电，禁止在库房内吸烟，巡查库房安全，清除安全隐患。

5. 案例：某水厂物资采购与仓库管理制度要点

1. 物资采购

（1）采购计划。养护经费计划列支的物资，由物资使用车间提出申购计划和物资领用。对设备更新、维修养护、劳保等可预见的物资采购，由车间负责人提出购置方案，物资采购负责人于上一年的年底汇总编制采购计划。

（2）采购审批。坚持先批后买的采购审批制度，小额办公用品及易耗器材由水厂办公室根据生产经营需要填写采购物资申请单，经领导审核批准后购买。单笔（件）物品×××元以上或多件物品合计×××元以上的，由厂领导班子集体讨论批准。

（3）询价与采购。采购由办公室负责人兼职。金额××元以下，由采购员个人询价采购；金额××元以上，由水厂领导指派相关部门人员与采购员协同询价采购。如有必要，可以邀请多个厂家进行招投标采购。

（4）采购时间。原则上每旬集中采购一次，每月 3 次。因生产需要特别紧急的情况，报厂领导批准，可随时采购。

（5）采购来的物资，仓库保管员应到现场逐笔（件）进行验收并按存贮有关规定分类、分区域存放入库。

2. 物资储存领用

（1）严格执行物料出入库制度，购进的物资材料，按实际收到数量填写验收入库单，领出的物资材料分类逐笔（件）填写领料单，注明数量、规格、价值、用途、领用人。

（2）领出的安装、维修所用管材、管件等未用完的剩余部分，退回仓库，仓库管理员核验其数量、性能完好程度，按领出与退回数的差额作为本次实际领用数量，月末结算本月实际领用材料的数量和金额。

（3）每月末进行一次存储物资盘点。如发现物料短缺、残损、药剂失效等情况，须查明原因，总结经验，改进物资存储管理制度，由失职造成的，要追究相关人员责任。

（4）水厂负责人要对物资材料库存保管领用情况定期或不定期进行检查。

（二）固定资产管理

固定资产是指使用期限1年以上，单位价值在规定的标准以上，并在使用过程中基本保持原有物质形态的资产。农村水厂的固定资产主要包括机井、泵站、净水与消毒设施、清水池、管理用房、仓库等建筑物及相关设备；输配水管道、闸阀、变压器与电气开关等设备；化验仪器、水表等检测计量设施；自动监测控制等信息化设备；打印机、桌椅、文件柜等办公家具、图书等。

固定资产管理的任务是做好固定资产维修，保证固定资产始终处于完好状态，发挥其应有效能，不让国有或集体财产流失；尽力做到按有关规定计提固定资产折旧费，保证固定资产的重置更新。

固定资产管理的内容：①资产实物形态管理，如构筑（建筑）物，相关设施的巡查维修养护等，本书其他章节已作介绍；②资产的价值形态管理，属于财务管理范畴，具体任务要求如下：

（1）及时、正确地记录和反映各种固定资产的进出增减变动情况，固定资产的计价要以实际成本价计算，切实做到账账相符，账实相符，家底清楚。

（2）正确计提固定资产折旧资金。可采用直线法计算折旧率和折旧额，按月计提折旧费，各种设施设备的使用周期或折旧年限应执行有关标准或管理办法。固定资产的残值应分项计算，也可按不低于其原始价值的5%估算。

（3）固定资产管理实行"谁用谁管、管用结合"的原则，财务部门设固定资产分类明细账，对水厂各种固定资产进行财务监管。具体的固定资产使用管理，由车间班组在财务部门协助下，编制一式2份的固定资产卡片（目录表），财务部门与使用车间班组各执一份，作为相应的账目，经常进行核对。

（4）固定资产账簿、目录、卡片如有变动，应及时进行变更登记，做到账簿、账卡、账实相符，确保固定资产完整安全，定期对固定资产盘盈、盘亏，进行清理。

（5）水厂扩建、改造中形成的新增固定资产，在建设过程中就要加强监督管理，按合同和工程进度结付款项，已建完的工程应及时办理竣工决算交付使用手续。对投入使用前未办理竣工决算的固定资产，应暂估价值入账，按照固定资产进行管理，计提折旧，待竣工决算正式交付使用时，对原暂估入账和已提折旧费进行调整。

固定资产管理是关系到农村水厂能否持久正常运行、发挥效益的重要环节之一，也是目前水厂资产管理中最薄弱、最难解决的老大难问题。相当一部分农村水厂产权归属不明晰，资产缺乏严格监管，不能按规定计提、积累折旧费，或者提取的折旧费管理不善，挪用流失。有的水厂固定资产管理实际处于空缺状态，急需加强改进。

针对维修经费严重不足，造成设施设备提早"老化"破损、固定资产价值不合理衰减的问题，有关部门多次发文，要求研究制定工程运行维护经费定额标准，通过提高水价、财政补贴等多种途径建立工程维修养护资金，保障工程良性运行。

（三）负债管理

负债是资产总额中属于债权人的那部分权益或利益，反映的是水厂经营管理单位或水厂资产所有人对其债权人所应承担的全部经济责任。

（1）借入款项。它是指水厂向银行、其他组织或个人借入的有偿使用的各种款项，借款到期时，需还本付息。这种情况在一些水厂普遍存在。为了加强财务管理、提高水厂生产经营管理水平，应健全负债管理制度。借款要有完备的手续，借款之前水厂领导与相关部门负责人应认真研究论证其必要性和合理性，评估可能存在的风险，按有关规定的程序报董事会（管委会）或上级主管部门审批。借款规模要有所控制，使用借款要符合预定计划，并使其产生应有效果，保证按时偿还借款。

（2）应付款项。是指水厂应当支付而尚未支付的各种款项，包括应付票据、应付账款和其他应付款。应付票据是指水厂对外发生债务时所开出的承兑商业汇票。应付账款是水厂除应付票据以外的应付购货款及接受劳务的款项，例如，有的水厂会发生由于用水大户拖欠水费，资金周转困难而不能及时向供电部门支付电费的情况，或改扩建延伸供水管网施工项目拖欠塑料管道生产厂家的货款。水厂所有的应付款项，都应设置专门的账户，并及时与对方单位或个人结算。一方面避免加重水厂的利息负担，另一方面也减少对对方单位或个人经济利益的影响，维护水厂讲诚信的良好形象和信誉。

（3）预收款项。预收款项是指水厂在供水经营服务活动中，根据合同约定，向对方单位或个人预收的部分或全部款项，如有的水厂实行预购水票制度，实际上是用水户提前向水厂付给水费，水厂应在约定期限内，以提供供水商品或其他服务的方式来偿付。在未作结算前，便构成水厂的负债。预收款项也要设置专门账户进行管理。

（4）应缴款项。应缴款项是指水厂按照有关规定应当缴纳的各种款项，包括营业税、增值税、所得税等应缴纳税款，以及上级单位规定应上缴的管理费等款项。

五、财务报告和财务分析

（一）财务报告

为了掌握水厂的财务状况和经营业绩，加强和改进水厂经营管理，财务部门需要按月、季、年分别编制财务报告。水厂财务报告的编制格式、内容和期限，应严格执行有关主管部门的专门规定。财务报告要真实、准确、完整、及时。财务报告主要包括财务报表、财务报表附注和财务情况说明书三部分，其中财务报表是财务报告的主体和核心，主要包括资产负债表、资金收支情况表、事业支出明细表、预算外资金收入明细表、事业基金和专用基金增减变动情况表、固定资产统计表等，这些都应严格执行有关部门的专门规定。

（二）财务分析

财务分析是指以财务报表及其他有关资料为依据，运用比较分析、因素分析等科学方法，对水厂的财务状况和业绩成果进行比较和评价，以便水厂负责人准确掌握水厂的资金活动情况，加强和改进水厂经营管理。财务分析的主要内容包括财务计划、预算编制和执行情况；供水数量、用水村数、户数；资产负债的构成及资产使用情况；生产成本费用支出情况，各项开支占成本的比例；分析定员定额情况；分析财务管理情况。所有的分析应与年初财务计划任务目标对比，与上年或上年同期相比，分析增加或减少情况。财务分析常用指标有水费收缴额、水费实收率、资产负债率、销售利润率、总资产报酬率、净资产收益率、流动资产调整率等。

第四章　饮用水水源地保护、取水
与输配水设施管理

第一节　饮用水水源地保护

一、饮用水水源地保护工作的总体要求

做好水厂饮用水水源地保护对保障水厂取水和供水水质、控制制水成本具有十分重要的意义。水厂取水口附近水源地保护只是一个很小的局部，它还受到周边更大区域或河库湖上游水环境整治与保护的影响。水厂水源地保护不仅是水厂管理单位的工作，首先是当地政府、各有关部门的职责，还需要相关企业、农村集体组织和广大农民群众重视，齐心协力做好各自本职工作。

2015年环保部与水利部联合印发了《关于加强农村饮用水水源保护工作的指导意见》，要求各地分类推进水源保护区或保护范围的划定，加强农村饮用水水源规范化建设，健全农村饮水工程及水源保护长效机制。

2019年8月，生态环境部和水利部提出进一步加强这方面工作的要求，印发了《关于推进乡镇及以下集中式饮用水水源地生态环境保护工作的指导意见》，文件要求如下。

（一）农村饮用水源保护指导思想

坚持新发展理念，坚持以人民为中心，坚持一切从实际出发保障农村水源地环境安全，加快推进饮用水水源保护区划定、保护区边界标志设立、保护区内环境问题整治，统筹做好农村供水工程水源地选址、风险源排查和水质监测，着力解决各地农村水源保护工作中存在的突出生态环境问题，补齐农村生态环境保护短板，促进城乡基本公共服务均等化，为全面建成小康社会目标提供有力支撑。

（二）农村饮用水水源地保护工作应遵循的原则

（1）以人为本，保护优先。农村饮水安全事关亿万农村居民身体健康，关系社会大局稳定，农村水源地保护是水污染防治工作的薄弱环节。各地要牢固树立底线意识，保持加强生态文明建设的战略定力，提高政治站位，把农村水源保护工作摆在优先位置，采取切实措施，让农村居民喝上放心水。

（2）统筹兼顾，实事求是。坚持依法依规和因地制宜相结合，统筹解决农村水源地保护问题，着力破解难点和堵点。合理确定保护区划定及保护标准，能划则划、科学定界、有效管理；优化保护区审批程序，合理委托、压实责任；系统梳理问题，明确整治任务，坚持稳中求进、不搞"一刀切"。

（3）分类施策，妥善处置。坚持问题导向，分类施策，严格管住新增问题，妥善处置存量问题。对保护区划定后的违法建设项目，坚决予以取缔；对保护区划定前已存在的建

设项目，严格控制污染，逐步退出；对暂时难以退出的，要采取有效补救措施，确保水源地水质安全。

（4）建管并重，落实责任。落实生态环境保护"党政同责""一岗双责"，坚持农村水源地建设和维护管理并重，明确管护主体，加大资金投入，细化措施落实，确保农村水源保护工作有人员负责、有政策支持、有经费保障、有群众参与。

（三）农村饮用水水源地保护工作的主要内容与要求

（1）合理规划布局水源地。地方应综合考虑自然禀赋、地形地貌、用水需求、污染源分布、技术经济条件等因素，科学布局农村水源地，减少潜在的环境隐患，合理论证取水口选址；有条件的地区可以采取城镇供水管网延伸或者建设跨村、跨乡镇集中联片供水工程等方式，发展规模化集中供水。

（2）加快推进饮用水水源保护区划定。按照生态环境部、农业农村部《关于印发农业农村污染治理攻坚战行动计划的通知》（环土壤〔2018〕143号）和《生态环境部 国家发展和改革委员会关于印发长江保护修复攻坚战行动计划的通知》（环水体〔2018〕181号）要求，各地应在2020年年底前，完成实际供水人口在10000人或日供水在1000t以上的农村水源地（以下简称"千吨万人水源地"）的保护区划定；长江经济带相关省市应同步完成其他乡镇级保护区的划定。

对已建成投入运行的农村供水工程，工程建设及管理单位应及时向当地生态环境和水利部门提供水源相关资料，协助做好保护区的划分及规范管理工作。对新建、改建、扩建的农村供水工程，应在建设期间同步开展保护区的划定或调整工作。

保护区分为一级保护区和二级保护区。各地在保障农村水源地水质安全的前提下，结合当地实际，因地制宜合理划定农村饮用水水源保护区。原则上，河流型保护区，以取水口为中心，上游不小于1000m，下游不小于100m，陆域纵深不小于50m，但不超过集雨范围；地下水型保护区，以取水口为中心，径向距离不小于30m；湖库型及其他特殊类型保护区划分参照《饮用水水源保护区划分技术规范》（HJ 338—2018）。水源保护区边界应结合水源地所处的地形地貌，利用具有永久性的明显标志（如公路、铁路、桥梁、分水线、行政区界线、大型建筑物、水库大坝、防洪堤坝、水工建筑物、河流岔口等）合理确定。

农村水源地的保护区划定，由其所在地的县级及以上人民政府提出划分方案，报省级人民政府或受其委托的地级人民政府批准。各省（自治区、直辖市）已有相关法规或规章规定的，从其规定。已划定的保护区，可根据水源地保护的实际需要，经充分论证后，报原批准机关调整。因供水格局调整，已经不再供水的水源地，其保护区应由原批准机关撤销。

对于供水人口小于一定规模（供水人口在1000人以下）的分散式饮用水水源地，可根据水质保障工作的需要，参照《分散式饮用水水源地环境保护指南（试行）》（环办〔2010〕132号）划分水源保护范围，采取必要的污染防治措施，保障水源安全。

（3）规范设立保护区标志。各地应参照《饮用水水源保护区标志技术要求》（HJ/T 433—2008），在保护区的边界、人群活动密集区和易见处，合理设置界标、警示牌或宣传牌。一级保护区周边人类活动频繁的区域，可因地制宜合理利用灌木、乔木等自然植被进行生物隔离，必要时设置隔离网或隔离墙等物理屏障。

（4）稳步推进保护区综合整治。各地应分级分类、稳步推进农村水源地排查整治工作。按照生态环境部、水利部《关于进一步开展饮用水水源地环境保护工作的通知》（环执法〔2018〕142号）要求，以千吨万人规模的水源地为重点，于2019年组织进行摸底排查；到2020年年底前，清理整治工作基本见效。

对保护区内设置的排污口，应限期拆除。对保护区划定后，违法违规建设的项目，依法依规由县级以上地方人民政府坚决取缔。对二级保护区规定前已经建设的排放污染物的项目，由县级以上人民政府依法责令拆除或者关闭；二级保护区划定前合法合规建设，暂时不具备拆除或者关闭条件的，所在地县级以上地方人民政府应当依照法律精神，实事求是地制定实施整改措施，确保饮用水水源水质安全。

严禁在保护区内使用农药，不得在保护区内丢弃农药、农药包装物或清洗施药器械。保护区内的农业种植和经济林应结合今后土地利用调整，逐步退出，现阶段应加强测土配方施肥，采取生态沟渠、生态缓冲带或湿地等措施，防止农（林）业面源对水源水质造成影响；禁止新增农业种植和经济林。农膜及种植过程使用的塑料薄膜应作好收集，不得随意丢弃。

保护区内的村庄，应优先开展农村环境综合整治工作。保护区划定前已存在的符合一户一宅政策和标准的自建房，其产生的生活污水应因地制宜采用化粪池、氧化塘、湿地等措施进行处置或还田消纳，不得向环境排放；二级保护区内已建成的集镇，其产生的生活污水应收集后，通过集中式或分散式污水处理设施进行处理，处理后的污水原则上引到保护区外排放，不具备外引条件的，可通过农田灌溉、植树造林等方式回用，或排入湿地进行二次处理，不得污染饮用水体。保护区内生活垃圾应全部收集外运。

跨越保护区水体或与水体并行的道路、桥梁应设立明显的警示标志，并根据实际情况禁止或限制有毒有害物质和危险化学品运输，制定行之有效的应急管理措施，有条件的应建设和完善桥面雨水收集处置措施与事故处置设施，有效防范突发事故对供水安全的影响。

其他问题的整治要求按照已有政策执行。

（5）防范水源周边环境风险。开展农村水源地环境风险排查，重点对可能影响农村水源地安全的化工、造纸、采矿、冶炼、制药等风险源和生活污水垃圾集中处理设施、畜禽养殖等风险源进行排查，筛查可能存在的污染风险因素，并采取相应的风险防范措施。以县级行政区域为基本单元，编制农村水源地突发环境事件应急预案，应急处置措施要切合实际，简单易行，具有可操作性；一旦发生污染事件，立即启动应急方案，采取有效措施保障群众饮水安全。

（6）持续提升农村饮水安全保障水平。各地应加强监测能力建设，统筹生态环境、住房和城乡建设、水利、卫生健康等部门的监测力量，按相关要求定期开展从水源到水龙头各环节的水质监测，建立健全监测数据共享机制；可根据本地区实际情况，筛选出适合于现阶段监测能力的常规监测指标，必要时增加特征指标。开展农村水源地环境状况调查评估，建立水源地名录和信息台账，基本掌握农村水源地数量、水质状况、保护区建设和管理状况等，并动态更新。对水质不达标的水源，采取水源置换、集中供水、深度处理、污染治理等措施，确保农村饮水安全。

（四）实施农村饮用水水源地保护工作的保障措施

（1）切实落实责任。各地区、各有关部门应充分认识保障农村饮水安全的重要性、紧迫性和艰巨性，落实相关责任，分解目标任务，细化工作措施，确保各项工作有力有序完成。落实农村水源地的日常保护管理单位，要实现工程建设和水源保护"两同时"，做到"建一处工程，保护一处水源"。

（2）强化技术支撑。生态环境部联合相关部门建立常态化培训机制，依据职责在农村水源地选址、调查评估、保护区划分以及监督执法等方面定期组织培训与交流；加强专业人才队伍建设，成立专家库，指导帮助地方解决问题；定期开展卫星遥感监测，将发现的疑似问题反馈给各级水源地监管部门参考和核查。

（3）加强资金保障。加强农村水源地生态环境保护工作经费保障。各地应立足实际，通过统筹各类专项资金、引导社会资金参与等多种形式建立农村水源地生态环境保护资金渠道。鼓励各地按照"谁破坏、谁修复、谁受益、谁补偿"的原则，建立受益者付费、保护者得到合理补偿的水源地生态保护补偿机制。

（4）促进公众参与。建立信息公开制度，通过当地主要媒体和政府网站，通报农村水源地生态环境保护进展和成效。加强农村水源地生态环境保护的政策解读和宣传教育，引导农民自觉自律保护水源地，将村民应当承担的责任纳入村规民约。建立违法行为举报机制，鼓励群众监督，及时回应社会关切，不断增强农村居民的获得感、幸福感和安全感。

二、饮用水水源保护区划定

（一）法律依据

2016年7月修订的《中华人民共和国水法》第三十三条规定："国家建立饮用水水源保护区制度。省、自治区、直辖区人民政府应当划定饮用水水源保护区，并采取措施，防止水源枯竭和水体污染，保证城乡居民饮用水安全。"2017年6月修订的《中华人民共和国水污染防治法》第六十三条规定："国家建立饮用水水源保护区制度。饮用水水源保护区分为一级保护区和二级保护区；必要时，可以在饮用水水源保护区外围划定一定的区域作为准保护区。"第六十九条规定："县级以上地方人民政府应当组织环境保护等部门，对饮用水水源保护区、地下水型饮用水源的补给区及供水单位周边区域的环境状况和污染风险进行调查评估，筛查可能存在的污染风险因素，并采取相应的风险防范措施。"

依据上述有关法律规定，生态环境部等部门和各省份相继出台了饮用水源保护的法规、条例和技术规范，对划定饮用水水源保护区作出了具体的规定。

（二）饮用水水源保护区和保护范围划定

饮用水水源地保护区是指国家为防止饮用水水源地污染、保证水源地环境质量，按照《饮用水水源保护区划分技术规范》（HJ 338—2018）要求而划定的加以特殊保护的水域和陆域。饮用水水源保护区分为一级保护区、二级保护区。必要时在水源保护区外围划出一定的区域作为准保护。饮用水水源保护区分为地表水饮用水水源保护区和地下水饮用水水源保护区。饮用水水源保护区划定的具体要求，该技术规范都作了明确规定。

饮用水水源地保护范围是指为保障饮用水水源的水质，防治水污染，参照《分散式饮用水水源地环境保护指南（试行）》（环办〔2010〕132号），在供水工程取水口周边划定的保护界线，它的面积比保护区范围要小得多，主要适用于供水人口小于 1000 人（100t/日）的分散式饮用水水源地。这里讲的分散式饮用水水源地与水利行业目前定义的分散式供水工程，不是一回事。

（三）饮用水水源保护区划定原则

农村供水工程饮用水水源地保护区的划定应综合考虑当地自然条件、水源类型、地理位置、工农业生产经济活动、居民点分布、环境状况、水厂规模等多种因素，以保护饮用水水源地水量和水质为主要目标，合理划定。划定工作要做到如下几点：

（1）依法划定，依法严格管理。水源地保护区划定应符合国家和地方有关法律、法规要求，保护区管理应严格按照有关法律法规要求制定细则和日常管理制度，把保护措施和责任落到实处，切忌流于形式，停留在会上、纸上、标语口号上。

（2）因地制宜、分类划定。饮用水水源地保护区划定要综合考虑当地自然、经济、社会条件，以及河流、湖泊、水库和地下水等不同类型饮用水水源地和不同工程供水规模的特点，针对影响当地饮用水水源水质、水量保护的关键问题，突出污染源治理等重点部位。

（3）水量、水质保护并重。在水源丰沛、取水量有保证的地区，饮用水水源地保护区划定应突出保护水源水质这一重点。在水资源短缺，尤其是缺乏适合饮用的优质淡水水源地区，应将优质饮用水水量保护放到突出位置。

（4）纳入相关专业规划，统筹近期与长远安排。饮用水水源地保护区划定应与区域经济社会发展、土地利用、流域或区域水资源综合利用、水环境保护等专业规划协调，纳入各相关专业规划，统筹考虑近期与长远发展对水源保护的影响与需求。

（5）可操作性强、便于公众参与和监督。划定饮用水水源地保护区时提出的各项措施应具有较强的可操作性，尤其是农村小型集中式供水工程水源地保护区的保护措施，最终要依靠当地村集体组织和广大村民实施，要让他们享有知情权、监督权和管理权，得到他们的重视、支持、配合，保护措施才能持久落实。

统筹兼顾饮用水水源地上下游、左右岸关系和各有关方面的利益，公平合理利用和保护饮用水水源，使饮用水水源保护具有可持续性。

三、地表饮用水水源保护

（一）地表水饮用水水源地保护区主要防护要求

地表水饮用水水源地保护区主要防护要求见表 4-1-1。

表 4-1-1　　　　　　　　地表水饮用水水源地保护区主要防护要求

保护区等级	防　护　要　求
一级保护区	1. 禁止新建、扩建与供水设施和保护水源无关的建设项目。 2. 禁止向水域排放污水，已设置的排污口应封闭，结合污水处理安排其他排放出路。 3. 不得设置与供水需要无关的码头，禁止停靠船舶。 4. 禁止堆置和存放工业废渣、城市垃圾、粪便和其他废弃物。 5. 禁止设置油库。 6. 禁止从事种植、放养禽畜、网箱养殖活动。 7. 禁止可能污染水源的旅游和其他活动等

续表

保护区等级	防 护 要 求
二级保护区	1. 不准新建、扩建向水体排放污染物的建设项目。改建项目必须削减污染物排放量。 2. 现有排污口必须削减污水排放量,保证保护区内水质符合规定的水质标准。 3. 禁止设立装卸垃圾、粪便、油类和有毒物品的码头等
准保护区	直接或间接向水域排放废水,必须符合国家及地方规定的排放标准。当排放总量超出准保护区水域水质承载力时,必须削减排污负荷

(二) 地表水饮用水水源保护区巡查监测

1. 河流水源巡查监测

水厂管理单位要按照水源监测管理制度规定,定时观测记录取水口附近的流量、水位、水温、浑浊度、冰冻与融解情况,逐日详细记录水厂的取水量。取水口附近及上游降水后,应保持与河道管理有关单位联系,增加观测次数;汛期应随时掌握上游天气预报,特别是降水、洪水过程等水文变化情况。取水口附近河道水位对取水量有直接影响,浑浊度变化决定着净水处理投药量及生产工艺技术参数的调整。中小河流,特别是山溪,来水易受干旱影响,遇到较大干旱、来水减少时,水厂管理人员应主动配合当地水行政主管部门,提出优先保证生活饮用水、限制工农业生产取水的建议。当取水口附近河道淤积影响正常取水时,应采取工程技术措施进行清淤。

2. 水库(湖泊)水源巡查监测

水厂以水库(湖泊)为取水水源时,水厂管理单位应与水库(湖泊)管理单位密切配合,及时了解水库(湖泊)蓄存水量、水位动态变化。此外,还应注意了解水库(湖泊)汇水范围内降水等中长期天气预报,对干旱或洪水可能对水厂取水产生的影响提前作出研判和应对预案。有灌溉或发电任务的水库(湖泊),遇到较大干旱、来水减少、存水量不多时,水厂应及早向有关主管部门提出优化水库(湖泊)调度建议,优先保证生活饮用水供应,调减生产用水量。每年锤测一次取水口处的水深,必要时应进行清淤。

(三) 地表水水源地污染防治

河流、库塘宜采用生态隔离措施防止或减轻污染,常用的有植物篱、生态护砌沟渠和植被缓冲带等,可根据实际需要和水源所处地形,选择使用其中一种,也可以几种措施组合使用。生态防护隔离带宽度一般应大于50m、高度大于1.5m。最佳结构为"疏林+灌草",可根据当地的自然条件,选取适宜的林草种类。常用的树种有松树、刺槐、栎类、桤木、紫穗槐等。沟渠生态护砌是在沟渠的两壁和底部采用蜂窝状混凝土块或板护砌,在蜂窝孔中种植对氮、磷营养元素具有较强吸收能力的植物,起到减轻沟渠水富营养状况的作用。植被缓冲带一般设置在下坡位置,以本地物种为主,乔木、灌木、草类等合理配置。植被缓冲带要具备一定的宽度和连续性,宽度可结合预期功能。

(四) 常见问题、原因分析与处理办法

地表水水源保护常见问题、原因分析与处理办法见表4-1-2。

表 4-1-2 地表水水源保护常见问题、原因分析与处理办法

常见问题	原因分析	处 理 办 法
单村工程未设立保护区	主管部门缺乏重视和监管	主管部门与村民委员会配合落实国家有关规定
设立了保护区但缺乏保护管理工作制度	主管部门缺乏重视和监管	主管部门与村委会配合落实国家有关规定
保护区管理制度流于形式，责任人不落实，没有开展保护巡查工作	主管部门缺乏重视和监管	主管部门与村委会配合落实国家有关规定
设立了保护区，但未设保护区标志	主管部门缺乏重视和监管	主管部门与村委会配合落实国家有关规定
保护区标志设置不规范或已经损坏	主管部门缺乏重视和监管	主管部门与村委会配合落实国家有关规定
很少进行水源水质检测	重视程度欠缺，缺少经验与手段，水源水质检测制度不健全，执行不严格	提高对水源水质检验重要性认识，完善检测制度，增加对枯、平、丰水期或其他水质变化较大时的原水水质检测次数
枯水期供水水量不足	供水工程规划设计时缺乏深入的水源保证程度论证	寻找补充水源；消减或停止非饮用水水量供给；对供水区域实行分区限时供水措施；对没有必要达到饮用水标准的用户，如建筑、市政、工业、消防、居民生活杂用水；实行分质供水；在取水口下游修建临时挡水坝或永久挡水坝，增加取水口处的可取水量
水源取水口处发生淤积，影响取水水量和水质	汛期地表水泥沙含量较大，导致取水口地段发生淤积，管理粗放，取水口的观测和清淤责任不落实	对取水口每年锤测一次，发现变浅，及时进行疏挖；结合日常巡查及时清理漂浮物或淤积物
冬季取水口水面结冰影响取水水量	取水口防冰冻措施不落实，寒冷地区冬季气温低	冬季每天在进水口附近破冰数次；也可在取水构筑物与水面接触处通入压缩空气，防止冰冻

四、地下水饮用水源保护

（一）地下水饮用水水源地保护区主要防护要求

地下水饮用水水源地保护区主要防护要求见表 4-1-3。

表 4-1-3 地下水饮用水水源地保护区主要防护要求

保护区等级	防 护 要 求
一级保护区	1. 禁止建设与取水设施无关的建筑物。 2. 禁止从事农牧业活动。 3. 禁止倾倒、堆放工业废渣及城市垃圾、粪便和其他有害废弃物。 4. 禁止输送污水的渠道、管道及输油管道通过本区。 5. 禁止建设油库。 6. 禁止建立墓地和其他影响饮用水水源保护的项目等

保护区等级	防 护 要 求
二级保护区	对于潜水含水层地下水水源地: 1. 禁止建设化工、电镀、皮革、造纸、制浆、冶炼、放射性、印染、染料、炼焦、炼油及其他对环境有严重污染的企业,已建成的要限期治理,转产或搬迁。 2. 禁止设置城市垃圾、粪便和易溶、有毒有害废弃物堆放场和转运站,已有的这类场站要限期搬迁。 3. 禁止利用未经净化的污水灌溉农田,已有的污灌农田要限期改用清水灌溉。 4. 化工原料、矿物油类及有毒有害矿产品的堆放场所必须有防雨、防渗措施。 对于承压含水层水源地:禁止混合开采承压水和潜水,做好管井的潜水含水层封闭工作
准保护区	1. 禁止建设城市垃圾、粪便和易溶、有毒有害废弃物的堆放场站,因特殊需要设立的,必须经有关部门批准,并采取防渗漏措施。 2. 当补给源为地表水体时,该地表水体水质不应低于《地表水环境质量标准》(GB 3838)Ⅲ类标准。 3. 不得使用不符合《农田灌溉水质标准》(GB 5084)的污水进行灌溉,农业生产要合理使用化肥。 4. 保护水源涵养林,禁止毁林开荒,禁止非更新砍伐水源涵养林

(二) 地下水饮用水水源供水能力监测

地下水水源保护中的供水能力监测是一个远比地表水饮用水源保护中水量监测要复杂得多的问题。水厂取水水源的含水层绝大多数存在邻近地区有多个水井同时取水的情况,它们之间相互影响,甚至干扰水井出水量,如果多个水井间的布井间距小于取水影响半径或取水水量大于含水层的允许开采量时,往往会造成含水层水位持续下降,影响开采含水层的出水量,严重时可造成开采含水层的疏干。

水厂管理单位应按运行管理制度规定、定期观测记录供水井的出水量、水源静水位、动水位,当水位、含沙量出现异常变化时,应及时查找原因。个别地方供水井同时兼有灌溉任务,或区域范围内有大量灌溉机井,在灌溉用水高峰期、或较大范围地下水位持续下降,影响供水工程水源井出水量时,应及时采取跨区域调水或补打新井,增加取水量。同时向当地水行政主管部门提出建议,调整优化水厂所在区域的各类机井取水计划,优先保证农村居民生活饮用水。位于河、湖滩地的机井、渗渠等地下水补给与河流来水有着密切联系,应注意分析机井水位下降与河道来水补给关系,并采取增加河水补给的措施。

以泉水为水厂水源的,管理人员应经常观察泉水出水流量的变化,配合有关主管部门做好泉水源头地区的水源涵养和水土保持工作。

(三) 地下水饮用水水源污染防治

我国地下水中氨氮、硝酸盐等污染呈增长趋势,污染源主要来自农业面源、生活污水和工业废水。地下水污染来源的治理,除切实控制和减少农村地区生活污水及乡村企业废水的点源污染、农业生产过程中广泛施用化肥农药等的面源污染外,还可根据水源保护区域具体情况采取设立物理隔离(护栏、围网、围墙等)或生物隔离(植物篱等)设施,防止人类活动对水源地水质造成影响;以水井为中心,周围设置坡度为 5% 的硬化导流坡面,半径不小于 3m 处设置导流水沟,防止地表积水下渗污染井水。导流沟外侧设置高度不小于 1.5m 防护隔离墙或者设置宽度 5m、高度 1.5m 的生物隔离带。

建立并严格执行地下水水质监测制度。发现水源遭受污染，根据具体状况选择更换其他优质水源或通过经济技术比较，进行修复处理。

（四）常见问题、原因分析与处理办法

地下水饮用水水源保护常见问题、原因分析与处理办法见表4-1-4。

表4-1-4　　　　　地下水饮用水水源保护常见问题、原因分析与处理办法

常见问题	原因分析	处理办法
未划定水源保护区或水源保护范围； 缺乏保护区标志； 保护区标志设置不规范或损坏	不重视水源保护，地方政府和有关部门未尽到监管职责	加强对基层干部和群众对饮用水水源保护法律法规的宣传； 有关主管部门加强监管，督促指导水源保护区划定工作； 对于位于难以划定水源保护区域范围的地下水源，如居住区内的水源，应重新选择新水源
部分已划定饮用水水源区，但保护措施落实不力； 责任人不明确，没有开展巡查工作	对水源保护的重要意义理解不够，管理粗放； 主管部门检查、督促不力	制定、实施严格的管理规章制度； 主管部门加强检查、督促力度； 切实落实有关保护措施，如在水源地保护区域内、关闭养殖场、农家乐、水上娱乐项目、清除垃圾与废弃物堆场等污染源
大口井出水量不足，枯水期供需矛盾突出	水文地质情况不清楚； 水资源管理薄弱，地下水超采势头得不到遏制，用水户用水浪费，有的甚至用于灌溉； 同一水源多种用途，未合理分配用水定额或执行不严格	加强区域水资源开发利用综合管理，科学调配水资源，优先保证生活用水水量； 改进水厂取水、供水计量； 制定合理水价，计量收费
井口位置低于周边地面，雨季四周水流倒灌	水源保护意识不强，对饮用水水源井的管理粗放	补建井房，保护水源和水源井； 定期维护井房、井台、井壁、大口井的反滤设施等，保持井房内外良好的卫生环境，防止水质污染
地下水水质逐年变差，氯化物、硫酸盐等超标	井群布局不合理； 地下水长期超采，导致地下水位下降，含水层疏干，或造成不良水质含水层地下水越流入浸，发生串层现象	根据当地含水层的埋藏条件，合理布置开采井的数量、位置，避免集中大量开采地下水水量； 加强机井建设施工管理，严密封闭非取水层井壁

五、案例：南方某县农村饮用水水源地保护做法

该县的城乡生活饮用水水源主要取用水库水和江水，局部地区取用地下水。按照省市政府和有关主管部门要求，采取了饮用水源综合治理保护措施。

（1）明确环保、水利等有关部门和乡镇、企业、城乡供水管理单位水源地保护职责与工作任务目标。水库管理处设立水源保护岗位，全县组建了3个水环境监察中队，配备17名水环境保护专管员，其中多人获省水环境保护行政执法证。

（2）依据《县人大常委会关于饮用水水源保护的决定》的规定，划定饮用水水源保护区，明确了保护区的分界线，设置了界桩、水源保护标示牌、公告栏、宣传牌，在公告栏明确注明了禁止事项。

（3）健全饮用水水源保护制度，出台了水库饮用水水源地环境保护暂行规定，划定水库功能区，禁止在水库饮用水水源地保护区新增建设项目及迁入人口，禁止在湖泊、水库投肥（粪）养殖，制定了饮用水水源地保护和安全评估办法等地方性规章。

（4）编制饮用水水源保护规划与实施方案，包括饮用水水源地安全保障规划、水库饮用水水源地安全达标建设方案、水资源调度方案、饮用水水源地突发环境污染事件应急预案。

（5）筹措水源保护资金。积极争取上级项目资金支持，县财政每年预算内安排专项资金××万元、各水厂管理单位自筹部分资金，将饮用水水源地保护基础设施建设和保护区防护管理所需资金落到实处。

（6）每月1次，进行饮用水水源水质监测，雨季、汛期根据需要增加检测次数。

（7）印制水资源、水环境、饮用水源地保护宣传单，在各村显眼位置张贴，利用乡村集市广泛散发，提高群众饮用水源保护和主动参与意识。

（8）细化工作机构，落实各项措施。建立了主管部门加乡镇人民政府-水库、河流管理单位-取用水单位三级管理体系。①落实水源保护工作责任，签订责任书，制定了考核办法；②加强水库养殖管理，实行"人放天养"，禁止一切投肥投料行为；③组建管理队伍，配备巡查船等装备，每天巡库，纠正游泳、钓鱼、乱挖乱建乱投等行为，清理水库周边垃圾；加大水源地二级保护区的巡查，发现在保护区内兴建鱼池、鸡场、猪场、牛场、打蜡厂及其他对水源有危害的经营生产活动，报请市水利局协调，配合市环保部门查处；④加强协作机制建设，建立了饮用水水源地水污染事件报告制度；⑤做好水源地水情、雨情、水库大坝安全巡查和水质观测，并做好记录，若有异常情况加密观察，做到及时发现问题，及时进行处理。

第二节　井、堰、闸等取水构筑物运行维护

取水构筑物是为集取原水而建造的构筑物，分为地下水取水构筑物和地表水取水构筑物两大类。农村供水工程常用的地下水取水构筑物有管井、大口井、渗渠、引泉等；地表水取水构筑物种类多，在给水行业，按取水构筑物可移动与否，分为固定式取水构筑物、移动式取水构筑物两大类。在水利行业，按工程类型划分，有与水库放水涵洞相结合的引水闸，在河道上拦水雍高水位并有调蓄作用的堰坝，在河岸上的引水涵闸，湖库或河道岸边的泵站等形式，其中泵站按照移动与否，又分为岸边式固定泵站、浮船式泵站。在供水工程系统中，泵站不仅存在于取水构筑物，出厂水向输配水管网加压也需要泵站。有关泵站的基本知识将在本章第三节做介绍。

一、地下水取水构筑物

按构筑物形式划分，地下水取水构筑物有水平、垂直和混合三种。管井、大口井属于垂直取水构筑物，渗渠属于水平取水构筑物，辐射井属混合取水构筑物，它兼有垂直和水平两种方式汲取地下水。要使地下水取水构筑物保持良好出水性能，延长使用年限，运用管理的关键是取水量不得超过允许开采量，保持地下水位在合理区间内上下浮动。不应不顾水文地质条件，盲目"挖潜改造"增加取水量。

(一) 管井

1. 管井的构成

管井是垂直建造在地下的管状取水构筑物。在水利行业，通常称机电井，简称机井。井口直径多大于 200mm，井的深度从十几米至二三百米不等，深的可达四五百米甚至上千米。井的深浅主要取决于可作为生活饮用水的含水层埋深和厚度。我国北方许多地方河流稀少，地表水源匮乏，农村供水工程多使用管井抽取地下水。管井除了出水量比较稳定外，最大的优点，大多数水质优良，含杂质少，净化处理工艺简单，有的只需消毒即可，其原因是地下水经过较深地层过滤，起到了天然净化的作用。

管井由井筒构筑物和抽水的电机水泵等设备两部分组成。井筒构筑物通常由井室、井壁管、滤水管（又称过滤器）、人工填砾和沉淀管（又称沉沙管）等部分组成，如图 4-2-1 所示。

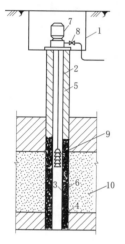

图 4-2-1 管井构造示意图
1—井室；2—井壁管；3—滤水管；4—沉淀管；5—黏土封闭；6—填砾；7—动力机；8—出水管、闸阀；9—深井泵；10—含水层

（1）井室：井室是用来保护井口免受污染、安装井泵与动力等设备的地方，同时它也是对管井进行维护管理的场所。在我国不少地方，井室上方常砌筑井房。

（2）井壁管：井壁管的作用是加固井壁，连接滤水管，隔离水质不良或不适合开采取水的较深含水层。可用作井壁管的管材有铸铁管、钢管、混凝土管、塑料管等。

（3）滤水管：设置在设计拟定的取水含水层中，用以集水、阻止细颗粒泥沙随水进入井中，保持填砾和拟取水含水砂层的稳定性。它由专门制成的有大量孔眼或缝隙的透水管段外缠绕或包裹滤网构成。滤水管的长度视含水层厚度和设计抽水量多少而定，通常在几米。如果设计拟取水的含水层有多个，则在各个含水层都设置滤水管。滤水管是管井的核心组成部分，应具有足够的强度、耐腐蚀性良好以及透水性，且能保持人工填砾和滤水管外含水砂层的渗流稳定性。滤水管的质量性能对管井出水质量和使用寿命影响极大，在设计、选材、施工和运用维护中都应给予高度重视。设计取水的含水砂层位置根据水文地质勘测资料确定。

（4）沉淀管：位于管井的底部，用于沉淀和存储抽取地下水时因过滤不严密带入井内的极少量细沙和水中析出的沉淀物，其长度一般为 2～10m。

（5）抽水机电设备：包括井泵、电动机、电器开关、出水管、闸阀、水表等，有的还将低压输电线路、变压器等包括在内。

2. 管井运行维护

管井运行维护管理的主要原则是：保持管井性能始终处于良好状态，能为水厂提供量足质优的原水，能耗低，生产安全，使用年限长，不对地下水环境产生不利影响。具体工作包括落实管护责任主体和责任人，严格按照有关运行管护规程做好日常运行维护各项工作。

（1）做好开停机。严格执行运行操作规章制度的各项规定，开机前认真检查水泵、电机、电器开关、变压器、出水管道上的闸阀等完好状况，是否处于规定要求的启动位置，检查合格后，按照规定的操作程序开启各个设备进入抽水状态。

（2）做好巡查维护。运行中按规章制度要求定时进行巡查，查看水泵电机等设备运行是否正常，有无异常振动、噪声、过热、异味等，电压、电流、出水管水压压力表等仪表指针指示是否在正常值范围，出水量是否符合设计要求。发现异常情况，及时查找原因，按照操作规章妥善处理，使管井始终处于正常运行状态。管井运行中随时对需要加注润滑油的部位加注润滑油，检查紧固螺栓是否有松动，如有，及时拧紧。察看是否有易损件损坏，如有，及时更换。

（3）做好观测监测。观察井的静水位、动水位、出水量、出水含沙量、井底沉沙管淤积等情况。与水质化验人员配合，做好管井抽出的原水水质化验检测；如发现出水量明显减少，含沙量明显增大，其他水质指标有明显变化，应及时查找原因，针对问题原因进行处理；除了动水位、出水量变化外，要特别注意出水中含沙量的变化，它直接影响管井的使用寿命，如果出水中含沙量骤然增大，或者一段时间内有明显加大的趋势，说明过滤器结构已有损坏，随着过滤器四周含水沙层逐渐被掏空，有可能导致含水层坍塌，进而危及井管的整体稳定性。管井出水中含沙量没有统一规定，一般要求控制在二百万分之一以下。

（4）定期进行设备检修，清除井底淤沙。要认真执行相关技术规程或产品出厂使用说明书对水泵、电机、电器开关、变压器、闸阀等定期检修规定或要求，及时更换易损零部件或到达使用年限的零部件。电表、水表等仪表要按规定要求，定期进行检定校验，长期运用的管井井底沉沙管段会淤积，泥沙淤积量过多，占满沉沙管段空间，会减少滤水管的有效进水面积，进而影响管井出水量，要在做好观测淤积量的基础上，采用空气压缩机、泥浆泵等设备，请专业维修人员进行清淤。

（5）对长期停用管井，要定期进行维护性抽水。

（6）设备检修或大修理后，要用消毒剂进行消毒，保证供水水质卫生安全。

（7）做好运行日志填写，保管好水质检测、定期检修和大修理的记录，组织技术人员定期对资料进行整理分析，为加强管理，提高运行维护技术水平提供参考和依据。档案要按有关规定妥善保管。

3. 管井大修与技术改造

管井运行中如出现工具等物件掉落，会对正常运行构成威胁。井底淤沙过多，会影响出水量。机泵老化，耗能超标，会加大供水成本。损坏或超过规定使用年限的设备要进行更新。应根据具体情况进行大修或技术改造。进行大修或技术改造之前，应对其必要性、合理性进行充分论证，大修理或技术改造应遵循因地制宜、节水节能、绿色环保、技术先进适用、经济合理可行的原则进行。管井故障修复多为地下隐蔽工程，远比地面工程复杂得多，管井大修或改造，应咨询有经验的专家或专业技术人员，编制周密的实施方案，请有丰富处理经验的队伍进行施工。

（1）过滤器腐蚀堵塞。长期使用的管井过滤器会在水化学作用下腐蚀或物理作用下产生堵塞，影响出水量，可采用钢丝刷等工具或机械刷洗，盐酸洗井。

（2）物件掉落。可针对掉落物件种类，用各种专业打捞工具打捞，深井泵掉落可用深井泵葫芦打捞器等打捞。

（3）机泵设备更新改造。以电动机为配套动力的管井，运行装置效率低于35%，以柴油机为配套动力的管井装置效率低于30%时，应考虑对配套机泵进行技术改造或更新。根据原设计和多年来井的实际运行状况，改善动力机与水泵运行工况，或者更换符合国家节能要求的新型井泵、动力机。

4. 供水管井运行管理中常见问题、原因分析及处理办法

供水管井运行管理中常见问题、原因分析及处理办法见表4-2-1。

表4-2-1　　　　　　供水管井运行管理中常见问题、原因分析及处理办法

常见问题	原因分析	处理办法
出水量明显减少	区域地下水水位大范围下降；滤水管堵塞；井管淤积，缩短了进水滤水管有效面积	在水文地质调查分析论证基础上，在适宜地点同一含水层补打新井，多井并联组合抽水；经过水文地质调查论证，更换取水含水层，新打机井；采用钢丝刷清除滤水管或用活塞泵压缩空气洗井或酸洗法清除堵塞物
含沙量明显增大	滤网腐蚀破裂、滤水管破损、井管接头不严或错位、井壁管断裂等	采用内套补管法、外护管修井法、活口竹棕套管等方法进行修复
出水水质变差	地下水源受到污染；超量开采造成不良水质越流入侵；管井损害，不良水质含水层水进入井内	改进完善地下水水源保护和卫生防护措施；加强区域范围地下水资源保护和统一管理，按照"先生活后生产"原则，压减生产企业地下水开采量；在邻近适宜地点，新打管井，更换取水含水层
深井泵检修时无法吊起或吊起困难	井管连接处错位；掉落物件卡阻	采用胶管打捞器、打捞锚、磁力打捞器、捞砖器等适宜工具打捞
井口低于四周地面高程，降雨时地表积水灌入井内	设计或施工时考虑不周，未达到设计规范要求	按照有关技术规范要求进行技术改造，提升井口高程，补建井台，井口外围设置向外倾斜的地面护坡
管水员不熟悉机井运行维护相关要求，只知道合闸开机，对净水处理和消毒没概念，遇到技术疑难问题不会处理	村委会不重视管水员岗前培训；管水员更换频繁，工资报酬待遇偏低，责任心不强，乡村监管制度执行不到位	县和乡镇主管部门加强单村供水工程监督检查、指导，切实负起监管责任；建立对机井管护人员的抽查、考试、培训制度，切实提高他们的能力
没有机井运行日志，或虽有日志记录本但填写不认真，内容不真实	管水员责任心不强，缺乏检查监督	乡镇水管站加强对单村供水工程检查，将管理制度落到实处

（二）大口井

1. 大口井的构成

有的地方称大口井为方塘、山坪塘，是开采地下潜水的取水构筑物。它与以蓄积地表水为主的塘坝的主要区别，是取用的水源类型不同。在水文地质专业中，"潜水"是指埋

藏在地表下、第一隔水层上的地下水。在山丘区基岩埋深较浅，第四系冲积、沉积物较厚，不具备开采深层地下水条件的地方，规模不大的单村供水工程可采用大口井形式取用埋藏较浅的地下水，属于就地取水的简易取水构筑物。其优点是工程结构简单、造价便宜、施工简便、运行维护技术要求不太高。缺点是易受降水补给变化影响，出水量不太稳定。口径较大的大口井井口开敞露天，空气中的灰尘、刮风带来的枯枝树叶等杂物掉落水井，容易污染井水，水源卫生防护难。因此，应特别重视大口井周边及井水面的卫生保洁，建立健全卫生防护制度，并认真落实。从长远看，随着农村居民点合并调整，人口向较大村镇集中，这类取水构筑物保有数量会逐步减少。

大口井形状各异，取决于当地地形和水文地质条件，多采用圆柱形，也有方形、矩形。圆形大口井的井口直径约2～10m，井深在十几米以内。大口井由井口、井壁、进水孔和井底反滤层等部分组成。大口井的构造如图4-2-2所示。

（1）井口：是大口井露出地表的部分，主要作用是避免地表雨水径流或污物、污水从井口或沿井壁侵入含水层而污染地下水。井口一般应高出地表面0.5m，并在其周围修建宽1.5m的坡面利于排水。如井口附近表层土壤渗透性较强，排水坡下面还应回填宽度为0.5m、厚度为1.5m的黏土防渗隔离带。

（2）井壁：为大口井的主体，采用钢筋混凝土或预制混凝土砌块，也可用块石、砖等砌筑。

（3）进水部分：位于地下含水层，包括井壁进水孔和井底进水的反滤层，它的功能是从含水层中渗滤汇集地下水。反滤层的作用是防止含水层中细小沙粒，泥土随水渗流进入大口井，保持地下水渗流进入大口井的持久稳定，反滤层一般由3～4层滤料构成，滤料粒径从井的外侧向内侧逐步减小，视含水砂层结构不同进行专门设计。

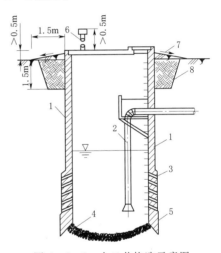

图4-2-2　大口井构造示意图
1—井筒；2—吸水管；3—井壁进水孔；
4—井底反滤层；5—刃脚；6—通风管；
7—排水坡；8—黏土层

（4）水泵及动力设备等，水泵多用离心泵。

2. 大口井的运行维护与检修

（1）运行维护。大口井的水泵、动力机等机电设备应有井房（泵房）保护，开机、关机、抽水等操作要严格执行有关操作规程的规定。操作人员要定时对井房内各种设备进行巡回检查，观察其运行状况是否正常，记录电压表、电流表、水表等数值，发现异常，立即查找原因及时修复；做好设备擦拭保洁，保持机电设备、井房内外环境卫生良好；及时打捞清除井内水面上的漂浮杂物，防止水质污染；定期观测分析井的抽水量与井水位变化相关关系，控制取水量在允许开采水量限度内，尤其在枯水期，避免长时间超量开采，井水位持续下降，导致滤水器四周含水砂层结构遭到损坏，甚至含水层疏干。大口井取用的地下水与地表环境连通，因此，要特别注意在大口井的影响半径范围内，认真落实水源保护措施，严格控制农业种植施用化肥与农药量，关闭规模化畜禽养殖场，拆除旱厕、垃圾堆放点等，防止水源遭受污染。如果井内滋生水草藻类，可投放高锰酸钾等强氧化剂杀灭处理，保持井水水质；当地区域水质检测机构应定期对供水工程原水、出厂水、管网末梢水进行检测，有针对性地指导供水工程管水员提高业务能力。

取水工程的大口井与供水工程的净化、消毒、输配水合在一起，作为完整的工程系统，要建立运行日志填写制度，详细记录抽水量、地下水位、水质变化以及机电设备大修理、更新、清淤、事故处理等情况，作为分析研究和改进水厂运行管理的基础资料。

（2）检修与技术改造。当井壁或井底进水部位反滤层堵塞造成井水出水量明显减少，不能满足取水需求时，应进行大修理，清洗或更换滤料；大口井汇水、集水范围因地表农业种植产生面源污染，造成井水水质变差时，应与有关部门配合，在政府统一领导组织下，引导农户控制使用化肥农药，发展有机农业、绿色农业；发现取水机泵故障，要组织力量及时修复；当井水位受区域地下水位持续下降影响，水厂无法正常取水时，应根据大口井和含水层的具体情况采取扩挖增加井深、井内打水平辐射集水管等方法增加井出水量的措施。

大的检修或更换水泵、进出水管后，应使用本供水工程所用消毒药剂对相关部位或设备部件进行消毒。

3. 大口井运行维护中常见问题、原因分析及处理办法

大口井运行维护中常见问题、原因分析及处理办法见表 4-2-2。

表 4-2-2   大口井运行维护中常见问题、原因分析及处理办法

常见问题	原因分析	处理办法
管水员不熟悉大口井管理和净水消毒相关要求，操作管理不规范，未按要求填写运行日志，找不到运行日志资料	村委会不重视供水工程管理，未尽到监督职责，运行管理制度不健全或有制度不认真执行	县乡有关部门加强单村供水工程运行状况监督检查指导，定期对管水员进行培训
井的出水量明显减少	连续少雨，开采含水层的水位持续下降； 井底、井壁进水孔眼堵塞； 超量开采导致含水层储量减少	启动应急预案，实行限时供水、使用车辆拉水送水； 对井底、井壁进水部位进行大修理，重新铺设反滤层； 对非完整井，扩挖井深、井内打水平辐射集水管等方法增加出水量； 在井的影响半径外建造新的水源井或打深机井，开采深层地下水作为辅助水源
井的出水水质变差	水源井周边存在规模养殖场、村庄生活污废水排放水坑，致水源受到污染	认真落实水源井周边的卫生防护措施； 清除污染源
井底泥沙淤积过快，抽水中含细砂粒明显增多	进水部位反滤设施破损	对井壁或井底反滤层进行彻底翻修

（三）渗渠

1. 渗渠的构成

渗渠是利用埋设在季节性河流河道或河滩地表之下含水层中集水管廊，集取地下水的取水设施。山丘区一些规模不大的单村供水工程常有应用。其优点是充分利用山丘区溪流、河谷有利地形和地表水与地下水相互转换的水资源特点，工程结构简单，投资不多，

施工较方便，便于农村集体组织运行维护管理。缺点是取水量受河流来水丰枯影响较大；在易发生山洪、泥沙淤积的河道上修建渗渠，防洪和清淤维护工作量较大；渗渠产水量减少时，维护集水管廊进水孔外的反滤层较麻烦。

渗渠通常由集水管（廊）、人工反滤层、集水井组成。渗渠的构造如图4-2-3所示。

（1）集水管（廊）：常用钢筋混凝土管、混凝土管或块石砌筑，管廊上有能渗水的孔眼。孔眼可为圆形，也可为长条缝等形状，外面包扎尼龙或棕片等制成的滤网，集水管廊长度视当地河谷地形条件、地下水渗流和供水工程设计供水规模而定。

（2）人工反滤层：为防止含水层中渗流夹带的泥沙堵塞进水孔，或随水渗入集水管廊，在管廊内淤积，影响集水效能，需要在集水管廊外铺设由砾石、粗砂、细砂等按一定级配组成的反滤层，反滤料通常有3～4层，其粒径大小、级配及滤层厚度要根据含水层水文地质条件进行专门设计。

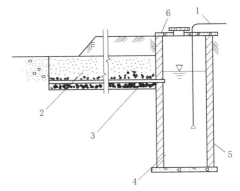

图4-2-3　渗渠构造示意图
1—水泵吸水管；2—人工反滤层；3—集水管（廊）；
4—集水井；5—集水井井壁；6—集水井井盖

（3）集水井：在渗渠的终端要设集水井，多采用预制钢筋混凝土管、预制混凝土砌块或块石砌筑，可建成矩形或圆形，井盖上要设供管理人员检修使用的人孔和通风管，集水井多与取水泵房合建。

（4）检查井：为了对集水管廊的运用情况进行检查、维修、清淤，要在较长集水管廊适当位置设检查井，直径通常在1～2m，井底设有一定深度和容积的沉沙槽，检查井上要设密封严密的井盖，防止洪水通过时将泥沙带入。

（5）机电设备与泵房：按照水厂供水规模、渗渠出水能力及集水井与净水设施的高差，确定水泵流量与扬程，一般选用离心泵；动力多用电动机；配套设备包括进出水管、闸阀、水表、电器开关、变压器、输电线路。为避免机电设备风吹日晒雨淋，可在集水井上或井口旁边建泵房。

2．渗渠的运行维护与检修

（1）运行维护。

1）每个值班时段，至少巡视一次渗渠运行工作状况，重点是集水井水位、水泵出水流量、集水管廊和集水井泥沙淤积情况、水泵抽出的水含沙量有无明显变化。

2）如果出现集水井水位持续下降、出水量减少、出水含沙量增大情况，应查明原因并及时维修。

3）巡查泵房电机、水泵运行工作状况，定时察看并记录电压表、电流表、水泵出水管上压力表等数值，发现异常或听到异常振动、噪声，要及时查找原因，并采取措施进行修复。

4）渗渠极易受到山洪与泥石流地质灾害威胁，必须高度重视渗渠的防洪工作，认真落实防洪措施，禁止在渗渠前后进行有可能危及渗渠安全的采砂、筑坝、种植等活动。雨季，尤其是发生暴雨、山洪时，要增加对渗渠的巡查次数，每次暴雨洪水来临前，仔细检查集水井井盖是否密封严实，河道两岸护坡是否坚固，清除上下游河道上所有影响防洪的障碍物。

5）及时清除集水管廊、检查井、集水井内淤积的泥沙，可用高扬程水泵的高压水枪将淤泥冲起，同时用普通离心泵将含泥沙的浑水吸到输水管排出。

6）注意观察河道、河岸冲刷或淤积情况，对于易淤积的河道，应及时清除河床上的淤积层，避免影响渗渠进水。

7）每周1次到河流上游巡查有无新的污染源或影响地下含水层水量、水质的情况，按照当地有关规定，定期检测原水水质。

8）认真填写运行日志，详细记录渗渠管廊、集水井等运行状况，包括集水井水位、水泵出水量、含沙量、水质变化等，这些资料对于分析研究和改进水厂运行管理有十分重要的参考价值。

9）严格执行电气开关、变压器等机电设备操作规章制度，做到安全生产运行。

（2）工程检修与技术改造。

1）每年汛后要对渗渠工程各个组成部分及所在河道进行一次全面检查，清理淤积物，修补损坏部分。

2）如果渗渠出水量明显减少、含沙量增大，尽量利用枯水期安排管廊反滤设施的大修理；回填反滤层时，应严格按照工程设计要求的滤层厚度、滤料粒径大小和滤料级配，做到分层均匀回填。

3）如果由于渗渠上游河谷溪流出现不可逆的来水减少，影响供水工程取水量和水源保证率时，经论证，可在附近打深机井，作为补充水源，必要时更换水源。

4）按照有关技术规范要求，定期拆解检修机泵，超过使用年限的，要更换高效节能新型设备。

5）集水管廊、出水管道每次检修或大修理后，应使用消毒药剂进行消毒。

3. 渗渠运行中常见问题、原因分析及处理办法

渗渠运行中常见问题、原因分析与处理办法见表4-2-3。

表4-2-3　　　　　　　渗渠运行中常见问题、原因分析及处理办法

常见问题	原因分析	处　理　办　法
管水员不熟悉渗渠运行维护相关要求、责任心不强，缺乏或不认真填写运行日志	村委会不重视供水工程管理，未尽到监督职责，运行管理制度不健全或有制度不认真执行	县乡有关部门加强单村供水工程运行状况监督检查指导，定期对管水员进行培训
产水量明显减少	集水管廊清淤不及时；反滤层级配不合理，集水管廊出现淤塞；渗渠所在河段被泥沙淤积；溪流上游连续干旱，地表水入渗减少	及时清除集水管廊内的淤积泥沙；参照相关技术规范要求更换滤料，并调整滤料级配，重新铺设反滤层；及时清理渗渠所在河段的淤积物；在渗渠附近打新井作补充水源，或用深机井替换渗渠
集水井原水水质变差	溪流上游河水受到污染；渗渠周边卫生防护措施不落实	在地方政府统一领导下，水厂配合有关主管部门清除污染源，健全饮用水源保护制度；加强巡查，落实渗渠水源保护措施

案例：

西北某半农半牧区农村供水工程建于 2008 年，分两期实施，总投资 2046 万元。水源为河滩下的地下水，取水设施为渗渠，在河道上建防洪墙，下设集水廊道，将地下渗流引向集水井，再利用地形高差通过输配水管网将水自压送到各农户。调蓄水池 12 座，工程受益范围涉及 22 个村，1.3 万人，还解决了 2.7 万头（只）牲畜饮水问题。

2018 年一场多年不见的洪水将防洪墙冲毁，集水廊道严重淤堵，地下渗流集水效率严重降低，距离远的多个村中断供水，长达 4 个月村民自己到附近沟溪拉水维持生活用水。在农村饮水安全督查中接到村民投诉，才发现这一问题。县政府组织有关部门干部和技术人员到现场调查，分析认为该工程原设计取水工程防洪标准偏低，加上施工质量把关不严，造成取水构筑经不住大洪水考验。同时还发现该供水工程管理单位运行维护管理很不规范，管护责任不落实，询问负责人防洪墙未及时修复及目前有多个农户用不上水时，一问三不知，全站 15 个员工只有两人到过镇水利管理站进行培训。运行日志填写内容不完整，检修记录散乱堆放。调查组提出解决方案：①紧急抢修取水口，清除淤堵泥沙，尽快恢复断水的村庄临时供水；②请市水利勘测设计队编制水利工程修复方案，按照供水保证率不低于 95% 的要求设计；③修改完善运行维护管理制度，主管部门要尽到监督检查和考核问责机制；④修改供水工程应急预案，保证在突发事件发生时保障供水安全。

二、地表水取水构筑物

（一）地表水取水构筑物构成

农村供水工程常用的地表水取水构筑物有：在河道上建拦河堰坝雍高水位为引水闸自流引水创造条件，在地形条件允许的情况下，也可直接在河岸岸边建引水闸，在水库放水涵闸后建进水闸，如果受地形条件限制，无法自流取水，就要建泵站提水。

1. 拦河堰坝加引水闸取水

在常年有水的山丘区浅水河道上修建拦河堰坝，雍高河流水位，为在河流一侧的河岸上建造引水闸自流引水创造条件，通过调节引水闸闸门开启程度，调节控制引水流量，满足水厂稳定取水需要。堰与坝都是河道上的挡水建筑物。一般来说，堰比较低，水流可从顶部漫过溢流，称作溢流堰。坝有高有低，一般情况下，坝顶是不能漫水溢流的，只能通过专门的溢洪道、泄洪（放水）洞放水。溢流堰多由混凝土浇筑或浆砌石砌筑，也可以采用橡胶坝形式。堰体一般不高，但基础和埋深要牢靠结实，否则易被洪水冲毁。河道上建造堰坝不能影响防洪。为保持堰坝的稳定，堰坝前设有铺盖，堰坝后设有护坦，两侧河岸做护岸工程，泥沙多的河流，还要设导流体、冲沙闸。溢流堰加引水闸取水构筑物示意如图 4-2-4 所示。引水闸一般由闸室、上游连接段和下游连接段 3 部分组成。闸室由闸门、闸墩、闸墙、启闭机、边墙、工作桥等组成。

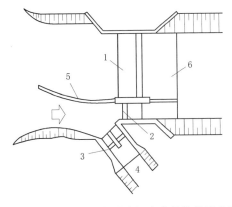

图 4-2-4　溢流堰加引水闸取水构筑物示意图
1—溢流堰；2—冲沙闸；3—进水闸；4—引水明渠；
5—导流堤；6—护坦、消力池

2. 水库取水

不稳定的河道径流来水经过水库蓄存调节，成为稳定的供水水源，并且多数水质较好，只要严格执行饮用水水源保护措施，水库水是理想的农村供水来源。水库大坝坝身下通常设置与引水渠相连的放水设施。农村供水工程的取水口与其衔接。水库放水设施多由水库管理单位统一管理，按照相关专业技术规范进行维护管理。

3. 泵站取水

从位置较低的地表水源，包括河流、湖泊、水库岸边等，将水提升后输送到水厂进行净化处理，是应用较广的农村供水工程取水方式。有些水库库区或河流水面高程上下浮动变化较大，为了适应这一情况，泵站取水布置除了岸边固定取水口，还可以采用浮船式取水、缆车式取水等方式。泵站运行维护涉及水工结构、流体机械、电工、电气设备等多个专业，在本章第三节有介绍。

（二）地表水取水构筑物的运行维护

1. 溢流堰运行与维护

（1）按水厂运行管理规章制度规定，定时观测记录取水口附近河道水位以及引水闸引水流量是否在运行管理方案要求范围内，保障水厂需要的取水量。

（2）巡查取水口附近树木、枯枝、落叶、垃圾等漂浮物堆积情况，安排人力及时打捞清除；进水闸前如有拦污格栅，要及时清理格栅上杂物；汛期尤其要重视这项工作，防止出现因杂草漂浮物过多而堵塞过水。

（3）河道上建溢流堰坝后，河流流速减慢，很容易出现泥沙淤积加重现象。注意巡查观测溢流堰取水口附近泥沙淤积情况，发现泥沙淤积过多，要及时组织力量清淤。

（4）在河道上兴建溢流堰，改变了河道的自然状态，不可避免地对河道防洪安全和水生态环境带来影响。供水工程管理人员要与当地气象、防汛抗旱机构保持密切联系沟通，了解河流上游降雨情况，重点是暴雨洪水泥石流等自然灾害信息，密切监视洪水可能对溢流堰造成的威胁，配合当地政府和村集体组织采取措施妥善应对，保障防洪安全和溢流堰工程设施安全度汛。

（5）做好溢流堰堰体及上下游河道巡查监测工作，应经常检查观测溢流堰上下游冲淤变化和河水主流流向摆动情况，尤其是洪水过后，更要细致检查，发现问题及时修复。

溢流堰的检查观测内容包括：堰体有无塌陷、位移和裂缝等情况；溢流堰的表面、消力池有无气蚀、冲刷损毁现象，两岸护堤、翼墙的浆砌块石和勾缝有无脱落，消力池内是否堆积泥沙或其他杂物；铺盖、截渗墙、护坦等有无失效现象，下游排水孔是否通畅；溢流堰下游基础是否有淘刷、管涌等隐患，护坦消能是否完好，有无局部冲刷破损；导流体、护岸及其他防洪设施是否完好；严寒地区的溢流堰，冬季要采取防冰破冰除冰等措施，防止冰凌流过堰顶，磨损堰体表面或撞坏堰体下游消能设施。每年汛后对溢流堰堰体进行一次全面检查，修补裂缝、脱落的勾缝、缺损的块石等破损部位；如有堰体塌陷、基础淘刷、管涌渗流等重大险情，应请专业机构进行安全鉴定，根据隐患或险情危害严重程度，制定大修或技术改造方案。技术改造施工应尽量不影响水厂正常取水。溢流堰壅高河道上游水位会对河道两岸居民生产生活产生影响，要注意监测上游两岸附近地下水水位，如出现地下水水位抬升增高，影响农田作物正常生长、居民房屋基础泅水等情况，应采取截渗、打井抽水等措施应对。完善所在地农村供水水源地保护制度，禁止在堰体上下游从事挖砂等可能影响溢流堰安全的活动，将有关管护措施落到实处。

维护浆砌石或混凝土溢流堰的技术要点可参见引水闸的维护。

2. 引水闸运行与维护

（1）水厂管理单位要制定并不断完善适合本水厂引水闸的运行操作管理规章制度，操作人员须经培训合格后才能上岗，水厂管理单位负责人要不定期巡视检查水闸操作人员执行规章制度情况。

（2）运行前要做好检查。检查闸门的开度是否在预定位置，闸门周围有无漂浮物卡阻，门体有无变形，门槽有无堵塞。冬季有冻害地区，关闭或提起闸门前要检查闸门活动部位有无结冰，如有，应先将其消除再操作。检查启闭设备所用电源、电动机是否正常，机电设备安全保护设施、仪表是否完好；机械转动部位润滑油是否符合规定要求，螺杆吊点是否接合牢固，吊装钢丝绳是否有锈蚀断裂，引水闸门下游有无漂浮物或其他障碍物影响引水等。

（3）运行中的注意事项：

1）操作人员要定时巡查闸门运行状况，发现异常及时查找原因，妥善处理。

2）闸门开启或关闭不要过猛，如发现有沉重阻滞现象，应立即停止操作，查找原因，及时处理；调整闸门开启度时，应避免闸门停留在易于发生振动的位置，如发现振动，应停机检查，消除振动原因。

3）当开启闸门接近最大开度或关闭接近闸底时，要降低速度，并适时停机，防止损害机件和闸门。

4）启闭闸门时应根据原设计条件及运用经验确定分次启闭的高度，不可一次大幅度开启或关闭。

5）操作过程中，要注意闸门门板的平稳，防止倾斜、脱轨。

6）冰冻期调整开启度，应先将闸门附近的冰破碎或融化。

7）闸门启闭或调整开启度完毕后，应对闸门开启度进行核对，确认无误后方可离开。

8）认真填写闸门操作运行日志，将启闭依据、时间、开度、次序、水流情况、上下游水位变化、引水流量以及闸门启闭机各部位状况等如实记载。

9）做好闸门现场保洁，保持良好工作环境。

10）按照安全生产要求，做好安全防护，保证人身安全和工程设施安全。如发现设备出现故障，应及时处理，并作好记录；操作完毕后，应立即切断电源，对启闭机再检查一次，如无异常，锁好机房门。

（4）引水闸的维护：

1）砌石建筑物维护：浆砌石砌体或护坡如有塌陷、隆起，应消除破损部位，重新砌筑，无垫层或垫层失效的，应补设和整修；勾缝脱落或开裂，应冲洗干净后重新勾缝；浆砌石挡土墙发生倾覆，或产生滑移迹象时，可采取降低墙后填土高度等办法处理。

干砌石护坡、护底，如有塌陷、隆起、错位等，应进行整修，如石块缺失或重量不足时，应更换或补充。

2）混凝土、钢筋混凝土建筑物维护。

混凝土表面应保持清洁完好，定期清除表面附着的苔藓、蛤贝等生物。

如混凝土表面出现剥落、钢筋外露、腐蚀等情况，根据对建筑物危害影响严重程度，可采用水泥砂浆、环氧树脂砂浆、喷浆等方法进行修补。

混凝土建筑物出现裂缝，应分析产生原因及其对建筑物安全运行的影响，制定修补措施。对于不影响结构强度的裂缝，可采用表面涂抹水泥浆，表面涂环氧树脂砂浆等方法处理。影响结构强度的应力裂缝和贯通裂缝，应凿开、锚筋，回填混凝土或钻孔锚筋灌浆补强。

混凝土出现渗水，应分析渗水种类和原因，根据具体情况，制定修补措施。对于建筑物本身的渗水，应尽量在迎水面封堵，如迎水面封堵有困难，且渗漏水不影响工程结构稳定的，也可以在背水面封堵。对于接缝渗漏或绕闸坝渗流，应采取封堵措施，防止渗流增大。对于基础渗流，以截渗为主，辅以导渗排水。导渗排水可降低基础扬压力，但会增加渗水量，并且影响建筑物稳定，需慎重对待。应定期清理打捞水闸上游、闸底板、闸门槽和下游消力池内的砂石杂物。伸缩缝填料如有缺失，应及时填充。止水层损坏，应凿槽补设或采用其他方法修复。

3）钢结构闸门、启闭机等金属部件的维护。钢结构闸门要定期涂刷防锈油漆，滚轮、吊耳等活动部位应定期清扫，加注润滑油；如出现闸门变形、杆件弯曲、焊缝开裂、铆钉或螺栓松动脱落等情况，应及时加固修复或更换。

4）定期检查校验水位计。

3. 泵站运行维护

见本章第三节。

4. 地表水取水构筑物运行维护常见问题、原因分析及处理办法

地表水取水构筑物运行维护常见问题、原因分析与处理办法见表4-2-4。

表4-2-4　　地表水取水构筑物运行维护常见问题、原因分析及处理办法

常见问题	原因分析	处理办法
管护人员责任心不强，管护措施执行不到位，局部破损工程未及时修复处理，没有运行日志或虽有但填写不规范	供水工程管理单位责任制执行不得力，监管、考核奖罚措施未落到实处	完善运行管理制度，改进并加强监督管理，通过严格考核和奖罚等措施，提高管护人员责任心，加强培训，提高管护人员业务能力
闸坝前树叶、枯枝、杂草等漂浮物过多，影响水闸取水，也影响河道防洪安全	上游河道保洁责任不落实	严格落实"河长制"责任主体，加强巡查，督查，及时打捞清除垃圾、漂浮物
汛期山洪冲下树木、石块等撞击、损毁溢流堰坝面保护层，在堰前或堰后堆积，影响行洪	管护责任不落实	1. 与防汛机构和有关村镇加强联系沟通协调，尽量将山洪冲积物在河道上游拦截处理 2. 做好溢流堰汛期巡查，及时清除影响防洪安全的各种危害
浆砌石堰闸砌体渗水	1. 施工质量把关不严 2. 维修养护不细心，不到位，未及时消除渗水隐患	1. 加强施工监理，保证质量 2. 严格执行日常巡查养护制度，及时清除微小隐患

常见问题	原因分析	处理办法
混凝土闸墩、溢流堰坝面裂缝，局部保护层剥落	1. 长期运用，高温与冰冻膨胀冷缩导致 2. 长期水流冲刷磨损 3. 施工质量控制不严	针对裂缝原因，是否渗水，对结构强度的危害影响程度，采取表面涂抹水泥浆、喷浆或凿槽嵌补等修补措施
闸底板开裂、沉陷，溢流堰坝体不均匀沉陷、开裂，闸堰下游护坦消力池淘刷，损坏	1. 选址不当，设计不合理，基础不均匀沉陷 2. 过坝过闸水流流态不好，产生漩涡掏刷 3. 引水闸或溢流堰坝前铺盖长度和厚度不够，截渗墙深度不足，排水设施效果不好，导致基础渗流 4. 管理运用不合理，任意抬高或降低上下游水位，未按闸门操作要求顺序开启操作，形成局部回流或漩涡 5. 执行规章制度不认真，局部微小缺陷破损未及时处理	1. 健全运行维护管理制度，严格执行日常巡查养护等措施，将隐患和破损苗头消除 2. 对闸坝下游掏空部分回填加固 3. 对闸坝前铺盖进行翻修，加厚、加长、加深防渗墙 4. 重建或改造护坦、消力池，改善下游翼墙扩散角，改善水流扩散形态，避免折冲水流回流 5. 翻修加固砌石、石笼、混凝土块护脚 6. 疏通闸坝下游排水管，适当增大排水管径
引水闸闸门启闭动作不顺畅、有异响	1. 闸门槽内有碎石等异物卡阻 2. 门板上的滚动轮轴锈蚀，缺少润滑油	1. 清除槽内异物 2. 对门板上的滚动滑轮清洗，加注润滑油
闸门关闭时与闸底接触不严，漏水	闸底上有异物	消除异物
螺杆闸门螺杆弯曲变形	1. 闸门启闭操作不规范，未严格执行运行管理规章制度 2. 缺少启闭限位装置	1. 加强对操作人员业务培训，提高操作技能水平 2. 加装启闭限位装置，防止不当操作情况发生 3. 对弯曲的螺杆拆下修复或更换

第三节　泵站与电气设备运行维护

一、农村水厂泵站构成与特点

泵站是农村供水工程的重要组成部分。除极少数从水源开始一直到用水户水龙头完全利用地形高差自流供水的工程外，绝大部分水厂至少有一座泵站。按泵站在供水工程中的位置和用途，可分为 3 类：在水源处提升原水的取水泵站、在水厂内提升清水并向管网输水加压的供水泵站、在较大规模远距离输配水管网中部分节点的加压泵站。

泵站由水泵机组、进出水建筑物、泵房、附属设备和运行管理设施等几部分组成。农村水厂通常规模较小，泵站结构相对简单，本节仅介绍以下设备设施的运行维护：①水泵机组，包括水泵、电动机和传动装置；②机组启动、控制设备，低压电气设备，包括开关柜、配电盘及其主要部件；③进出水管道、闸阀和起吊设备；④水位、压力表、流量仪、电流、电压等计量仪表；⑤水锤消除装置；⑥进出水池与泵房。

与其他用途的泵站相比，农村水厂泵站主要有以下特点：①泵站规模通常不大，水泵流量在每小时几十立方米到上百立方米，配套动力机功率在几十千瓦到几百千瓦；②与水厂供水流量和压力相适应，主水泵通常为离心泵或蜗壳式混流泵；③水厂常年不间断供水，水泵、电动机等机电设备年运行时间长，磨损比较严重；④水厂承担着保障农村居民饮水安全任务，供水保证率要求高，相应地对泵站运行的可靠性和稳定性也提出了很高要求。

二、泵站运行维护基本要求

为保证泵站安全、可靠运行，以及运行管理人员人身安全，泵站的运行维护应做到以下基本要求：

（1）泵站运行维护涉及水工、机电、自动监控等多个专业领域，技术含量较高，泵站运行管理人员应经培训和考核，持证上岗。泵站运行人员培训和考核按照《国家职业技能标准 泵站运行工》的要求进行。

（2）泵站管理范围内应设置安全警示标志和必要的防护设施。重要部位应标识安全巡视路线，泵房内还应有明显的逃生路线标识。

（3）泵站运行、检修中应根据现场实际情况，采取防触电、防高空坠落、防机械伤害和防起重物坠落伤害等措施。

（4）旋转机械外露的旋转体应设安全护罩。

（5）电气设备外壳接地应明显、可靠。

（6）电气设备、仪表、压力容器、起重设备等应按相关规定进行定期检测。未按规定进行检测或检测不合格的，不应投入运行。

（7）长期停用和大修后的水泵机组投入正式运行前，应进行试运行和卫生消毒。

（8）设备运行过程中发生故障，应查明原因并进行处理。当可能发生危及人身安全或损坏设备的事故时，应立即停止运行并报告有关负责人。

（9）每个运行值班组在工作结束后，都要认真填写运行日志，设备的事故、故障和处理等情况应翔实记录。

（10）从水泵轴封装置流出的水和其他散水应专门收集并排出，不应回流至进水池或水源井内，以避免造成污染。

（11）对机组实际运行台数少于泵站装机台数的泵站，运行期间宜轮换开机，保证各机组的累计运行时间基本相同，并全面了解各台机组的运行和功能状态。

三、水泵运行维护

水泵属于水力机械，合格的泵站运行管理人员应了解掌握一定的水力学和机械方面的基础知识。除应了解水泵的基本构造和工作原理外，还应弄清流量、扬程、效率、功率、汽蚀余量、转速等水泵性能参数的含义以及它们之间的关系。

（一）水泵开机前的检查

首次安装完毕、刚经过检修以及长期停用的水泵，投入运行前应根据安装或检修规定，对设备状况进行认真检查，并做好下列准备工作，确保各部件均处在正常状态，方可开机运行：

（1）检查进水池或水井水位是否适合开泵，检查并清除进水池特别是拦污栅前的水草等杂物，查看进水池水位、水泵吸水管淹没深度等是否符合设计要求。

（2）检查水泵进水侧闸门是否开启，出水闸门是否关闭。

（3）盘车检查。用手慢慢转动联轴器，查看水泵转动部分是否灵活，填料函松紧是否适宜，轴承有无松紧不均或杂音等，泵内是否有异常阻滞现象，检查水泵轴旋转方向是否正确。

（4）检查轴承体中的润滑油是否清洁和适量；采用水冷却的轴承，应确认冷却水管已开启。

（5）检查地脚、联轴器等所有部位的连接螺栓是否紧固。

（二）水泵开机与停机

对于离心泵和蜗壳式混流泵泵站，相关规程通常都强调关阀启动和停机，其主要目的是启动时降低配套电动机的启动电流，停机时避免或降低管道内出现水锤的可能性。

水泵的开机步骤是：先关闭出口管路上的闸阀、进出口管路上的仪表（真空表、压力表等）以及泵体下部的放水孔，然后向泵体和吸水管路内充满水或抽真空，再启动电动机；待转速达到额定值后，旋开压力表旋塞，观察其指针偏转是否正常。如指针偏转正常，再缓慢开启出水管路上的闸阀，使压力表读数达到设计工作压力，完成开机过程。如压力表指针不偏转，要立即停机，查找原因并排除故障后再启动。

水泵停机的步骤是：先关闭压力表和出水闸阀，使动力机处于轻载状态，然后关闭真空表，最后切断电动机电源停机。填写记录停机时间、水量读数、电量读数。如隔几天后才开机运行，或者冬季低温下长期停机，应将泵内与管路内的余水放空，防止零部件长时间浸水生锈或冻坏；如果是短时间停机，可以不放空余水。

此外，真空表和压力表在不测量水压时应关闭表旋塞，使其处于不工作状态，以延长仪表使用寿命。

（三）水泵运行中的注意事项

水泵运行中，操作人员要坚守岗位，严格执行操作规章，做好巡查监测，认真填写运行日志（泵站运行日志参考格式见表4-3-1），及时发现并排除故障，确保水厂正常生产。

表4-3-1　　　　　　　　　　泵站运行日志参考格式

机组号：　　　　　　水泵型号：　　　　　电动机型号：　　　　　　年　月　日

时间	温度/℃		泵站进出口水位/m		水泵进出口压力/kPa		水泵			电动机					电源频率/Hz	电度表读数/(kW·h)
	室内	室外	进口	出口	真空表	压力表	流量/(m³/h)	扬程/m	轴承温度/℃	电压/V	电流/A	功率/kW	定子温度/℃	轴承温度/℃		
8：00																
10：00																
……																

各班运行状况	0：00—8：00	8：00—16：00	16：00—24：00
班次耗电/(kW·h)			
累计耗电/(kW·h)			
班次抽水/m³			
累计抽水/m³			
事故记录			
运行状况			
值班长（签字）			
值班人员（签字）			

（1）随时监听水泵机组的振动、声响情况，如振动、噪声过大或出现异常声音，应查明原因并予以消除。

（2）经常检查轴承温升和润滑油的油质、油位等情况。如水泵轴承未安装温度计，可经常用手触摸轴承外壳，如果太烫、手背不能接触，表明轴承温度可能过高，将会造成润滑油质分解，摩擦面油膜破坏，润滑失效。一般滑动轴承每运行 200～300h 应更换 1 次润滑油；滚动轴承每运行 1500h 应清洗 1 次，并更换润滑油。

（3）随时注意真空表、压力表指针指示是否正常，如有剧烈变化等情况，应分析查找原因，并设法排除故障。

（4）检查电机运行电流、电压、温度等情况，运行电流不超过额定值，三相不平衡电流不超过 10％；电压应在额定电压的 ±10％ 范围内；温升不超过允许值。

（5）注意轴封填料的滴水情况，一般以连续滴水为宜。

（6）经常查看进出水管路，查看有无漏水现象。

（7）经常查看进水池水位变化和池内是否有过多杂草垃圾漂浮物，当出现池水位过低、池中有漩涡时，可在进水管口加盖灭漩的办法消除。

（四）水泵运行中常见故障分析与处理

水泵运行中常见的故障大体分为水力故障和机械故障两类。这些故障产生的主要原因可归结为水泵制造厂生产时的质量缺陷、水厂设计时水泵选型不合理、施工安装不符合设计要求以及运行维护不当等因素。表 4-3-2 列出了离心泵和蜗壳式混流泵运行中的常见故障、原因分析及处理办法。

表 4-3-2　离心泵和蜗壳式混流泵运行中的常见故障、原因分析及处理办法

常见故障	原因分析	处理办法
接触器不吸，水泵无法启动；操作机构不动，断路器不合闸	1. 控制回路熔断器熔断，接触器线圈故障； 2. 合闸回路熔断器熔断，合闸线圈损坏	更换熔断器；换线圈，检查电源消除断相
水泵不出水	1. 充水不足或泵内空气未抽完	1. 继续充水或抽气（检查真空表确认抽气是否正常）
	2. 进水管底阀损坏	2. 检修底阀

常见故障	原 因 分 析	处 理 办 法
水泵不出水	3. 装置扬程超过水泵额定扬程较多	3. 改变装置，改进管路，降低装置扬程；或更换水泵
	4. 进水管路漏气	4. 检查并予以消除
	5. 叶轮旋转方向不对	5. 改变叶轮旋转方向
	6. 进水口或叶轮流道被杂物堵塞，底阀不灵或锈住，底阀板脱落	6. 清除杂物，检修底阀或除锈
	7. 转速过低	7. 调整转速到适宜值
	8. 吸水扬程太高	8. 降低水泵安装高度
	9. 叶轮严重损坏	9. 更换新叶轮
	10. 轴封填料函漏气	10. 拧紧压盖螺母或更换填料
	11. 叶轮螺母松脱且键脱出	11. 拆开水泵，修复紧固
水泵出水量不足	1. 进水口淹没深度不够，泵内吸入空气	1. 增加进水管长度，或加盖灭旋，防止空气吸入
	2. 进水管接口处漏气	2. 重新安装，使接口严密，或堵塞漏气处
	3. 进水管路或叶轮内有水草等杂物	3. 清除水草等杂物，在进水口加设拦污栅（网）
	4. 装置扬程偏高	4. 改变装置，改进管路，降低装置扬程；或更换水泵
	5. 减漏环或叶轮磨损过多	5. 更换减漏环或叶轮
	6. 配套动力机功率不足，转速减慢	6. 更换配套动力机，加大功率
	7. 出口阀门开度偏小或止回阀堵塞	7. 加大出口阀门开度，清除止回阀内杂物
	8. 轴封填料函漏气	8. 拧紧压盖螺母或更换填料
	9. 叶轮局部损坏	9. 修复或更换叶轮
	10. 吸水扬程太高	10. 降低水泵安装高程，或减小吸水管路水头损失
耗用功率偏大	1. 转速太高	1. 调整降低转速
	2. 泵轴弯曲、轴承磨损或损坏	2. 调直泵轴，更换轴承
	3. 填料压盖过紧	3. 旋松填料压盖螺母
	4. 叶轮与泵壳局部刮擦	4. 调整叶轮位置，使两者之间保持正常间隙
	5. 水泵流量偏大，超出规定范围	5. 关小出水管路阀门，减小水泵流量
	6. 联轴器传动机组轴心线未对正	6. 调整、校准轴心位置
	7. 叶轮螺母松脱	7. 拧紧叶轮螺母
水泵有异常声音和振动	1. 地脚螺栓松动	1. 拧紧地脚螺栓
	2. 叶轮损坏或局部阻塞	2. 更换叶轮或清除阻塞物
	3. 泵轴弯曲，或轴承严重磨损	3. 调直泵轴，或更换轴承
	4. 联轴器传动机组两轴中心线未对正	4. 调整、校准两轴中心线位置
	5. 吸水扬程太高，引起汽蚀	5. 降低水泵安装高程

续表

常见故障	原因分析	处理办法
水泵有异常声音和振动	6. 泵内流道有杂物	6. 清除泵内杂物
	7. 进水管口淹没深度不够，吸进空气	7. 加长进水管，增加淹没深度或加盖灭涡
	8. 联轴器上的螺母松动	8. 查找并紧固螺母
	9. 叶轮不平衡，产生附加离心力	9. 拆下叶轮，做静平衡试验并调整
轴承温升过高	1. 润滑油量不足或油环不转	1. 加油，修理调整
	2. 润滑油质量差或不清洁	2. 更换合格润滑油
	3. 轴承装配不正确或间隙不当	3. 调整、修正
	4. 泵轴弯曲或联轴器传动机组两轴中心线未对正	4. 调直泵轴，调整、校准两轴中心线位置
	5. 轴向推力太大，由摩擦力引起发热	5. 注意疏通叶轮上的平衡孔（指有平衡孔的水泵）
	6. 轴承损坏	6. 更换轴承
填料函发热或漏水太多	1. 压盖太紧	1. 旋松压盖螺母
	2. 水封环放置有误	2. 拆开重新装配，使水封环对准水封管口
	3. 填料或轴套磨损过多	3. 更换填料或轴套
	4. 填料质量差	4. 更换合格填料
水泵在运行中突然停止出水	1. 进水管路突然被杂物堵塞	1. 停机并清除堵塞物
	2. 叶轮被吸入的杂物打坏	2. 停机，拆下并更换叶轮
	3. 进水管口吸入空气	3. 加大进水管口淹没深度或加盖灭涡
泵轴被卡死转不动	1. 叶轮与减漏环间隙太小或不均匀	1. 修理或更换减漏环
	2. 泵轴弯曲	2. 拆下后调直泵轴
	3. 填料与泵轴发生干摩擦发热膨胀	3. 向泵体内灌水，待冷却后再启动
	4. 泵轴被锈住、轴承壳失圆或填料压盖过紧	4. 检修泵轴和轴承，放松填料压盖螺母
	5. 轴承损坏，被金属碎片卡住	5. 更换轴承，并清除碎片
停泵操作主令元件无反应，电源无法切断	接触器主触头熔焊或控制回路故障	拉开断路器

四、电动机运行维护

（一）启动前的检查

（1）检查电动机引线绝缘是否良好，接头是否牢固，绕组接法是否正确，外壳接地线是否牢靠。

（2）检查电动机地脚螺栓、联轴器螺栓等有无松动；联轴器螺母的弹性垫圈是否完整；轴隙是否合适。

（3）电动机停运 48h 以上重新启动前，应测量定子、转子、电缆及启动设备的绝缘电阻。如绝缘电阻达不到规定值，必须经过烘干并确认符合要求才能运行。

（4）当水泵的静止阻力矩不大时，可用手转动电动机，检查转动是否灵活，定子与转子之间以及风扇与风扇罩之间是否有碰擦。

（5）检查启动器或控制设备的接线是否正确完好，触头是否有烧蚀，油浸式启动器是否符合要求，绝缘油是否变质。

（6）对于绕线型电动机，应检查滑环与电刷的接触是否良好，电刷有无破损剥落，是否磨得太短，刷握和刷架上有无积垢，启动变阻器的操作把手是否在"启动"的位置，短路装置是否断开。

（7）检查电源电压是否在允许范围内，熔断器的熔丝有无熔断，过流继电器信号指示有无掉牌。

（二）电动机启动和停机注意事项

（1）接通电源后，如电动机不能转动，应立即断开电源，查明原因。

（2）注意电动机转向是否正确，如转向不对，应立即停机，并将电源引线任意二相对调，即可改变转向。

（3）电动机启动次数不宜过于频繁。鼠笼型感应式电动机在冷状态下，连续启动次数不得超过 3 次，在热状态下只允许启动 1 次；启动时间不超过 3s 的电动机可以多启动 1 次。

（4）电动机应逐台启动，以减小启动电流。

（5）绕线型电动机停机后，要将电阻器把手放在"启动"位置上，并断开短路装置。停机时，切不可先断开转子回路、后断开电源，以免引起转子线圈过电压。

（三）电动机运行中的监视与维护

（1）监视电动机工作电流。当工作环境气温为 35℃时，电动机工作电流不应超过标牌上的额定电流值。当工作环境气温高于或低于 35℃时，电动机工作电流允许相应增减和变化范围见表 4-3-3。

表 4-3-3　　　　电动机工作环境气温变化时的允许工作电流变化范围

电动机工作环境气温 /℃	允许工作电流比额定电流增减范围 /%	电动机工作环境气温 /℃	允许工作电流比额定电流变化范围 /%
20	+10	40	-5
30	+5	45	-10
35	0		

在监视电动机工作电流是否过载的同时，还要监视三相电流是否平衡，三相电流不平衡度不得超过 10%，另应特别注意电动机是否缺相运行，否则会导致转速较额定值严重偏低。

（2）监视电动机温升。电动机的温度直接影响着绕组的绝缘老化进程，进而影响电动机的使用寿命。根据电动机类型和绕组所使用的绝缘材料，对绕组和铁芯最高允许温度和温升都有相应规定，应监视在电动机运行中是否超过规定值。

（3）检查轴承是否过热。滑动轴承和滚动轴承温度分别不应超过 80℃和 95℃。轴承盖边缘不应有油漏出，如有油漏出，表明轴承过热，应进一步检查处理。

（4）注意电源电压。一般要求电动机在额定工作电压的95％～110％范围内运行，这时电动机的额定出力受影响不大。如果电源电压变化超出允许范围，就应根据电动机最高工作温度和最大允许温升限制负荷。

（5）检测电动机有无剧烈振动。正常运行的电动机平稳、无剧烈振动，当出现剧烈振动时，表明可能存在故障。有条件的水厂，可用专用仪表测量电动机振幅；不具备条件的可用手摸机体，如果手有些发麻，说明振动严重，应查找原因，消除故障隐患。

（6）注意电动机有无绝缘烧焦的糊味或润滑油烧烤的气味，有无烟雾火花，声音是否均匀平稳。根据不同的异常声音，分析判断是否存在过负载、缺相或铁芯松动、转子与定子碰擦等情况，进而采取措施，消除故障。

（7）注意电刷是否冒火花，电刷在刷握内是否有晃动或卡阻现象。

（8）保持电动机周围环境清洁、干燥、通风良好，保洁作业时可用抹布擦拭电动机，但一定不得用水冲洗。

（四）电动机常见故障及处理办法

如果电动机运行中发生故障，应查明原因，采取有效措施，及时排除故障。常见故障、原因分析与处理办法见表4-3-4。

表4-3-4　　　　　　　　电动机常见故障、原因分析及处理办法

常见故障	原　因　分　析	处　理　办　法
电动机不能启动或转速较额定值低	1. 熔丝烧断或电源电压太低	1. 检查熔断器和电源电压
	2. 定子绕组或外部线路有一相断开	2. 检查定子绕组和外部线路
	3. 鼠笼式电动机转子断条，能空载启动，但不能加负荷	3. 将电动机绕组接到50～60V低压三相交流电源上，慢慢转动转子，同时测量定子电流，如果差距很大，说明转子短路
	4. 绕线式电动机转子绕组开路或滑环与炭刷等接触不良	4. 检查转子绕组和滑环与炭刷的接触情况
	5. 应接成三角形的电动机误接成了星形，造成电动机空载	5. 检查出线盒接线并重新接线
	6. 电动机负载过大	6. 减轻电动机负载
	7. 定子三相绕组中有一相接反	7. 查出首尾，正确接线
	8. 电动机或水泵内有杂物卡住	8. 去除杂物
	9. 轴承磨损、烧毁或润滑油冻结	9. 更换轴承或润滑油
电动机空载或加负载时三相电流不平衡	1. 电源电压不平衡	1. 检查电源电压
	2. 定子绕组有部分线圈短路，同时线圈局部过热	2. 测量三相绕组电阻，若阻差很大，说明一相短路
	3. 更换定子绕阻后，部分线圈匝数有误	3. 测量三相绕组电阻，若阻差很大，调整线圈匝数
电动机过热	1. 过负载	1. 减小负载
	2. 电源电压过高或过低	2. 检查电源电压

常见故障	原 因 分 析	处 理 办 法
电动机过热	3. 三相电压或电流不平衡	3. 消除不平衡的原因
	4. 定子铁芯质量不高，铁损太大	4. 修理或更换定子铁芯
	5. 转子与定子碰擦	5. 调整转子与定子间隙，使各处间隙均匀
	6. 定子绕组有短路或接地故障	6. 测量各相电阻进行比较，用摇表测量定子绕组的绝缘和对地绝缘
	7. 电动机启动后，单相运行	7. 检查定子绕组，是否有一相断开，电源是否有一相断开
	8. 通风不畅或泵房空气温度过高	8. 改善通风条件
电动机有不正常的振动和响声	1. 电动机基础不牢固，地脚螺栓松动	1. 加固或重新浇筑混凝土基础，拧紧地脚螺栓
	2. 安装不符合要求，机组不同心	2. 检查安装情况，进行校正
	3. 电动机转轴上的胶带不平衡	3. 进行静平衡试验
	4. 转子与定子碰擦	4. 消除碰擦原因，如调换磨损轴承，校正转轴中心后放松胶带，修正或车磨弯曲的轴和精车转子
	5. 间隙不均匀	5. 校正转子中心线，必要时更换轴承
	6. 一相电源中断	6. 接通断相的电源
	7. 三相电不平衡，发出嗡嗡声	7. 检查三相不平衡原因，并消除之
轴承过热	1. 对于滑动轴承，因轴颈弯曲、轴径或轴瓦不光滑或两者间隙太小	1. 校正或车磨轴径，刮磨轴瓦和轴径，并调整它们的间隙或更换轴瓦、放松螺栓或加垫片，将轴承盖垫高
	2. 滚珠或滚柱轴承和电动机轴的轴心线不在同一水平面或垂直线上，滚珠或滚柱不圆或碎裂，内外座圈锈蚀或碎裂	2. 摆正电动机，重新装配轴承或更换轴承
	3. 润滑油不足或太多	3. 增加或减少润滑油到规定值

五、低压电气设备运行维护

低压电器设备种类繁多，就其运用和所控制的对象，大致可分为两大类：一类是低压配电器，包括刀开关、转换开关、熔断器、断路器及保护继电器等。另一类是低压控制电器，包括控制继电器、启动器、接触器、控制器、调压器、主令电器、阻变器等，主要用于电力传动系统中。

（一）低压电器设备日常维护基本要求

（1）保持配电装置区域整洁，充油设备油量不足时应及时补充，油质变坏应更换，发现故障及时维护。

（2）清除各部件的积尘、污垢；软母线应无断股、烧伤，弧垂应符合设计要求；各部位瓷绝缘应完好，无爬闪痕迹，瓷铁胶合处应无松动；各导电部分连接点应紧密；分合闸必须灵活可靠；各处接地线应完好，连接紧固，接触良好。如有不符合要求的情况应进行维修，使其达到技术规程要求。

（3）刀开关的刀片与固定触头接触应良好，无蚀伤、氧化、过热的痕迹；双投开关在分闸位置，刀片应可固定，不得使刀片有自行合闸的可能。

（4）自动开关、交流接触器主触头压力弹簧无过热，动、静触头接触良好，如有烧伤应磨光，刀损厚度超过1mm时应更换；三相应同时闭合，每相接触电阻不应大于0.5MΩ；三相之差不应超过±10%，分合闸动作应灵活可靠，电磁铁吸合无异常声响和错位现象，吸合线圈绝缘和接头无损伤，清除消弧室的积尘、炭质和金属细末；自动开关、磁力启动器元件连接处无过热，电流整定值与负荷相匹配，可逆启动器连锁装置必须动作准确可靠。如发现有不符合要求的情况，应进行维修，使其达到技术规程要求。

（5）低压电流互感器铁芯无异状，线圈无损伤。

（6）接地线应接触良好，无松动脱落、砸伤、碰断及磨蚀现象；地面下50cm以上部分接地线腐蚀严重时，应及时处理；明敷设的接地线或接零线表面涂漆脱落时应补涂；接地体露出地面应及时进行恢复，其周围不得堆放有强烈腐蚀性的物质。

（7）按照有关技术规范要求定期对各种仪表进行校验。

（二）常用低压电器设备

1. 低压断路器

（1）功能作用。低压断路器用于对配电线路、电动机或其他用电设备的不频繁接通或断开操作，当电路中出现过载、短路和欠电压等不正常情况时，能自动切断电路，保护用电设备免受损害。漏电保护断路器除了具备一半断路器的功能外，还可以在电路或用电设备出现对地漏电或人身触电时迅速分断故障电路，保护人身及用电设备安全。

按结构分类，断路器可分为框架式和塑壳式两类。断路器的主要技术参数有：额定电压、额定电流、分断能力、限流能力、动作时间、使用寿命（能操作的次数）和保护特性等。

（2）运行维护。

1）断开断路器时，须先将手柄拉向"分"字处，接通时将手柄推向"合"字处，若要接通已经自动分闸的断路器，应先将手柄拉向"分"字处，使断路器机构扣上，然后再将手柄推向"合"字处。

2）正常运行时，应巡查断路器接头、塑壳等地方的发热情况，框架断路器合闸时机构动作的成功率、塑壳断路器合闸时手腕用力程度是否正常。

3）断路器上过载脱扣装置的可调螺钉，不得随意调整。

4）定期对断路器进行维护，一般0.5～1年1次，转动部分不灵活或润滑油干涸时，可加润滑油。

5）断路器在短路保护动作后，应立即检查外观，触头接触情况是否良好，螺钉、螺帽是否有松动，绝缘部分是否清洁，若有金属残渣，应及时清除干净；检查灭弧栅是否短路，若短路应及时清除金属残渣；检查电池脱扣装置的衔铁是否牢靠地撑在铁芯上，如果滑出，应重新放入，并检查动作是否可靠。

（3）断路器常见故障、原因分析及处理办法见表4-3-5。

表 4-3-5　　　　　　　　　　断路器常见故障、原因分析及处理办法

常见故障	原 因 分 析	处 理 办 法
手动操作的断路器不能闭合	1. 欠电压脱扣器无电压或线圈损坏	1. 检查线路后加上压力或更换线圈
	2. 储能弹簧变形，闭合力减小	2. 更换储能弹簧
	3. 释放弹簧的反作用力太大	3. 调整或更换弹簧
	4. 机构不能复位再扣	4. 调整脱口面至规定值
电动操作的断路器不能闭合	1. 操作电源电压不符	1. 更换电源或升高电压
	2. 操作电源容量不够	2. 增大电源容量
	3. 电磁铁或电动机损坏	3. 检查、修复电磁铁或电动机
	4. 电磁铁拉杆行程不够	4. 重新调整或更换拉杆
	5. 电动机操作定位开关失灵	5. 重新调整或更换开关
	6. 控制器中整流管或电容器损坏	6. 更换整流器或电容器
有一相触头不能闭合	1. 该相连杆损坏	1. 更换连杆
	2. 限流开关机构可拆连杆之间的角度变大	2. 调整至规定值
分励脱扣器不能使断路器断开	1. 线圈损坏	1. 更换线圈
	2. 电源电压太低	2. 更换电源或调整电压
	3. 脱口面太大	3. 调整脱口面
	4. 螺钉松动	4. 拧紧螺钉
欠压脱扣器不能使断路器断开	1. 反力弹簧的反作用力太小	1. 调整或更换反力弹簧
	2. 储能弹簧力太小	2. 调整或更换储能弹簧
	3. 机构卡死	3. 检修积垢，避免卡死
断路器在启动电动机时自动断开	1. 电磁式过流脱扣器瞬动整定电流太小	1. 调整瞬动整定电流
	2. 空气式脱扣器的阀门失灵或橡皮膜破裂	2. 更换阀门或橡胶膜
断路器在工作一段时间后自动断开	1. 过电流脱扣器长延时整定值不符合要求	1. 重新调整
	2. 热元件或半导体元件损坏	2. 更换元件
	3. 外部电磁场干扰	3. 进行隔离
欠电压脱扣器有噪声或振动	1. 铁芯工作面有污垢	1. 清除污垢
	2. 短路环断裂	2. 更换衔铁或铁芯
	3. 反作用力弹簧的反作用力太大	3. 调整或更换弹簧
断路器温升过高	1. 触头接触压力太小	1. 调整或更换触头弹簧
	2. 触头表面过度磨损或接触不良	2. 修正触头表面或更换触头
	3. 导电零件的连接螺钉松动	3. 拧紧螺钉

2. 交流接触器

（1）功能。接触器是利用电磁力与弹簧力相配合实现远距离接通和分断电路及交流电动机的电器。它作为执行元件，可以远距离频繁地自动控制电机的启动、停止、反转、调速。并可与热继电器或其他适当的保护装置组合，保护电动机可能发生的过载或断相，也可用于控制其他电力负载。它能在很短时间内接通和分断超过数倍额定电流的过负载，每

小时带电操作次数可达1200次。它功能多、使用安全、维修方便价格低。

（2）交流接触器的运行维护。交流接触器的检查周期视具体工作条件而定，维护内容包括：清除接触器表面的污垢，防止因绝缘强度降低造成三相电源短路；清除灭弧罩内的碳化物和金属颗粒，保持其良好灭弧性能；清除触头表面及四周的污物，如果触头熔断严重，应更换；拧紧所有紧固件；检修接触器时，应切断电流，进线端应有明显的断开点。

（3）交流接触器常见故障、原因分析及处理办法。接触器常见故障、原因分析及处理办法见表4-3-6。

表4-3-6　　　　　　　　交流接触器常见故障、原因分析及处理办法

常见故障	原 因 分 析	处 理 办 法
通电后不能闭合	1. 线圈断线或烧毁	1. 修理或更换线圈
	2. 动铁芯或机械部分卡住	2. 调整零件位置，消除卡住现象
	3. 转轴生锈或歪斜	3. 除锈或上润滑油，或更换零件
	4. 操作回路电源容量不足	4. 增加电源容量
	5. 弹簧压力过大	5. 调整弹簧压力
通电后动铁芯不能完全吸合	1. 电源电压过低	1. 调整电源电压
	2. 触头弹簧和释放弹簧压力过大	2. 调整弹簧压力或更换弹簧
	3. 触头超程过大	3. 调整触头超程
电磁铁噪声过大或发生振动	1. 电源电压过高	1. 调整电源电压
	2. 弹簧压力过大	2. 调整弹簧压力
	3. 铁芯极面有污损或磨损过度而不平	3. 清除污垢，修正极面或更换铁芯
	4. 短路环断裂	4. 更换短路环
	5. 铁芯夹紧螺栓松动，铁芯歪斜或机械卡住	5. 拧紧螺栓，排除机械故障
接触器动作缓慢	1. 动、静铁芯之间的间隙过大	1. 调整机械部分，减小间隙
	2. 弹簧压力过大	2. 调整弹簧压力
	3. 线圈电压不足	3. 调整线圈电压
	4. 安装位置不正确	4. 重新安装
断电后接触器不释放	1. 触头弹簧压力过小	1. 调整弹簧压力或更换弹簧
	2. 动铁芯或机械部分卡住	2. 调整零件位置，消除卡住现象
	3. 铁芯剩磁过大	3. 退磁或更换触头
	4. 触头熔焊在一起	4. 修理或更换
	5. 铁芯极面有油污或灰尘	5. 清理铁芯极面
线圈过热或烧毁	1. 弹簧压力过大	1. 调整弹簧压力
	2. 线圈的额定电压、频率或通电持续功率与使用条件不符	2. 更换线圈
	3. 操作频率过高	3. 更换接触器
	4. 线圈匝间短路	4. 更换线圈
	5. 运动部分卡住	5. 排除卡住现象
	6. 交流铁芯面不平	6. 清洗极面或调换铁芯

续表

常见故障	原 因 分 析	处 理 办 法
触头过热或灼烧	1. 触头弹簧压力过小	1. 调整弹簧压力
	2. 触头表面有油污或表面高低不平	2. 清理或整平触头表面
	3. 触头超行程过小	3. 调整超行程或更换触头
	4. 触头断开能力不够	4. 更换接触器
触头熔接在一起	1. 触头弹簧压力过小	1. 调整弹簧压力
	2. 触头断开能力不够	2. 更换接触器
	3. 触头断开次数过多	3. 更换触头
	4. 触头表面有金属颗粒或异物	4. 清理触头表面
	5. 负载侧短路	5. 排除短路故障，更换触头
相间短路	1. 可逆转的接触器连锁不可靠，致使两个接触器同时投入运行而造成相间短路	1. 检查电气连锁与机械连锁
	2. 接触器动作过快，发生电弧短路	2. 更换动作时间较长的接触器
	3. 灰尘或油污使绝缘变坏	3. 经常清理，保持清洁

3. 刀开关

（1）功能。刀开关主要用于配电设备中隔离电源，同时也用于不频繁地接通与分断小容量负载电路。按级数分，刀开关可分为单级、双级和三级 3 种；按操作方式分，可分为手柄直接操作、杠杆手动操作、气动操作、电动操作 4 种；按合闸方向可分为单投和双投两种。刀开关不能切断故障电流，但能承受故障电流引起的电动力的热效应，因此，要求开关具有一定的动稳定性和热稳定性。为了使用方便和减小体积，常将刀开关与熔断器组合在一起，成为熔断器或刀开关。它可以手动不频繁地接通和分断不大于额定电流的电路，其短路分断能力是由熔断器的分断能力决定的。常见的刀熔组合电器有胶盖刀闸、负荷开关（铁壳开关）和刀熔开关。

（2）运行维护。刀开关运行维护操作要点：刀开关应垂直安装在开关板或条架上，使夹座位于上方，避免由于刀架松动或闸刀脱落而造成误合闸；合闸时要保持三相同步，各相都接触良好，否则会造成电动机单相运行而损坏；按产品使用说明书规定的分断负载能力使用，超过分断能力使用会引起持续燃弧，甚至造成相间短路，损坏开关；没有灭弧罩的刀开关不应分断带电流的负载，只能做隔离开关用。当分断电路时，应首先拉开可带负载的断路器，然后再拉开刀开关，开关合闸的程序与分断时相反。应经常巡查刀开关发热情况，尤其在夏天，要经常性检查运行电流在额定电流一半以上的刀开关，如发现发热变色，立即查明原因，作出处置。

（3）刀开关常见故障、原因分析及处理办法。刀开关常见故障、原因分析及处理办法见表 4-3-7。

4. 低压熔断器

（1）功能。熔断器顾名思义是借熔断体在电流超出限定值时而融化、进而分断电路的一种保护设备。当电网或用电设备发生过载或短路时，它能自己融化，分断电路，避免对电网或用电设备造成损害。

表 4-3-7　　　　　　　　刀开关常见故障、原因分析及处理办法

常见故障	原 因 分 析	处 理 办 法
触刀过热或烧毁	1. 电路电流过大	1. 改用较大容量的开关
	2. 触刀与静触座接触歪扭	2. 调整触刀与静触座的位置
	3. 触刀表面被电弧烧毛	3. 磨掉毛刺和凸起点
开关手柄转动失灵	1. 定位机械损坏	1. 修理或更换
	2. 触刀固定螺钉松动	2. 拧紧固定螺钉

熔断器结构简单，体积小，重量轻，使用维护方便，价格便宜，在强电和弱电系统都有广泛应用。熔断器分为有填料熔断器和无填料熔断器两种。无填料熔断器常用的有插入式、封闭管式；有填料的常用熔断器有螺旋式、封闭管式等。

熔断器的保护特性必须与保护对象的过载特性有良好配合。熔断器的极限分断电流应不小于所保护电路可能出现的短路冲击电流的有效值。在配电系统中，各级熔断器必须相互配合，以实现选择性，一般要求前一级熔体的额定电流要比后一级熔体大 2~3 倍。只有要求不高的电动机才采用熔断器做过载和短路保护。一般情况下，过载保护最好使用热熔断器，而熔断器适合用作短路保护。

（2）运行与维护。按水厂运行操作规章制度规定，定期检查熔断器及周边相关设备接触情况，避免接触不良产生的过热传入熔体，熔体熔断而产生相关设备误动作。拆解检修熔断器时，更换的新熔体类型规格必须与原熔体一致。安装时，注意不要对熔体造成机械损伤，否则会减少熔体有效截面积。发现熔体有氧化腐蚀或损伤时，应及时更换新的熔体。

（3）低压熔断器常见故障、原因分析与处理办法。低压熔断器常见故障、原因分析及处理办法见表 4-3-8。

表 4-3-8　　　　　　低压熔断器常见故障、原因分析及处理办法

常见故障	原 因 分 析	处 理 办 法
电动机启动瞬间熔断器熔体熔断	1. 熔体规格选择偏小	1. 更换合适的熔体
	2. 被保护的电路短路或接地	2. 检查线路，找出故障点并排除
	3. 安装熔体时有机械损伤	3. 更换新熔体，并避免损伤
	4. 有一相电源发生断路	4. 找出断路点并排除
熔体未熔断，但电路不通	1. 熔体或连接线接触不良	1. 拧紧熔体或将接线接牢
	2. 紧固螺钉松动	2. 找出松动处，拧紧螺钉
熔断器过热	1. 接触螺钉松动	1. 拧紧螺钉
	2. 接触螺钉锈死，压不住线	2. 更换螺钉、垫圈
	3. 触刀或刀座生锈，接触不良	3. 清除锈蚀，检修或更换刀座
	4. 熔体规格太小，负载过重	4. 更换合适的熔体或熔断器

5. 热继电器

（1）功能。热继电器是负载电流超过允许值，发热元件所产生的热量使机构跟随动作

的一种保护器件，主要用途是保护电动机的过程，常用的热继电器有双金属片式和热敏电阻式两种。

（2）运行维护。值班操作人员在日常巡查中，要按水厂运行规章制度要求，定期对热继电器进行检查，检查的主要内容包括查看电流表数，负荷电流是否在热元件的额定范围内；与热继电器连接的导线接点处是否有过热现象，导线截面是否满足负荷要求；热继电器上的绝缘盖板板好，完好无损，以便热继电器内维持在合理温度，保证其动作性能；热元件的发热电阻外观是否完好，继电器内部辅助接点有无熔焊现象，机构各部分元件是否完好无损，动作是否灵活可靠，如发现问题及时处理解决；热继电器的工作环境温度是否与型号特点相适应；热继电器绝缘体是否完好无损，内部是否清洁，如发现有不符合相关规章制度的地方及时进行处理。

（3）热继电器常见故障、原因分析及处理办法。热继电器常见故障、原因分析及处理办法见表4-3-9。

表4-3-9　　　　　　　热继电器常见故障、原因分析及处理办法

常见故障	原因分析	处理办法
热继电器误动作	1. 电流整定值偏小	1. 调整整定值
	2. 电动机启动时间过长	2. 按电动机启动时间的要求选择合适的热继电器
	3. 操作频率过高	3. 减少操作频率或更换热继电器
	4. 连接导线过细	4. 选用合适的标准导线
热继电器不动作	1. 电流整定值偏大	1. 调整电流整定值
	2. 热元件烧断或脱焊	2. 更换热元件
	3. 动作机构卡住	3. 检查动作机构
	4. 进出线脱头	4. 重新焊好进出线
热元件烧断	1. 负载侧短路	1. 排除故障，更换热元件
	2. 操作频率过高	2. 减少操作频率，更换热元件或热继电器
热继电器主电路不通	1. 热元件烧断	1. 更换热元件
	2. 热继电器接线螺钉未拧紧	2. 拧紧螺钉
热继电器控制电路不通	1. 调整旋钮或调整螺钉转到了不合适的位置，以致将触头顶开	1. 重新调整到合适位置
	2. 触头烧坏或动触杆的弹性消失	2. 修理或更换新的触头或动触杆

6. 漏电保护器

（1）性能。漏电保护器简称漏电开关又叫漏电断路器，用来在设备发生漏电故障时以及对有致命危险的人身触电保护，具有过载和短路功能，可用来保护线路或电动机的过载和短路。也可在正常情况下，作为线路的不频繁转换启动之用。按照漏电保护功能和用途，漏电保护器可分为漏电保护继电器、漏电保护开关和漏电保护插座3种。

漏电保护继电器具有对漏电电流检测和判断功能，而不具有切断和接通主回路的漏电保护装置。它由零序互感器、脱扣器和输出信号的辅助接点组成。它可与大电流的自动开

关配合，作为低压线网的总保护或主干路的漏电、接地或绝缘监视保护。当主回路有漏电电流时，由于辅助接点和主回路开关的分离，脱扣器串联成回路，由此辅助接点接通分离脱扣器而断开空气开关、交流接触器等，使其掉闸切断主回路。辅助接点也可以接通气、光信号装置，发出漏电报警信号，反映线路的绝缘状况。

漏电保护开关不仅与其他断路器一样，可将主电路接通或断开，而且具有对漏电电流检测和判断的功能，当主回路中发生漏电或绝缘破坏时，它可根据自己判断结果将主电路接通或断开，它与熔断器、热继电器配合可构成功能完善的低压开关元件。

低压配电系统中安装漏电保护器是防止人身触电事故的附加保护措施，也是防止因漏电引起的电气火灾和电气设备损坏事故的技术措施，但安装了它并不等于绝对安全。安装了漏电保护器，不得拆除或放弃原有的安全防护措施，水厂设备运行和日常管理中仍应以预防为主，并同时采取其他技术措施防止触电和电气设备损坏事故。漏电保护器的主要动作性能参数有额定漏电动作电流、额定漏电动作时间、额定漏电不动作电流等。

（2）运行维护。漏电保护器的安装和使用操作应符合生产厂家产品说明书的要求，漏电保护器标有电源侧和负荷侧不能接反，否则会导致电子式漏电保护器的脱扣线圈无法随电源切断而断电，进而烧毁；安装漏电保护器时，必须严格区分中性线和保护线；工作零线不得在漏电保护器负荷侧重复接地，否则漏电保护器无法正常工作；采用漏电保护器的支路，其工作零线只能作为本回路的零线，禁止与其他回路工作零线相连，其他线路或设备也不能借用已采用漏电保护器后的线路或设备的工作零线要严格执行有关技术规范规程。定期对漏电保护器进行检测维修，试验检测其漏电动作特性值及动作时间、漏电不动作电流值等，做好记录，与安装初始时间的数值进行对比。判断其性能是否有变化；漏电保护器在使用中如发生跳闸，经检查未找出开关动作的原因时，允许试送电一次，如果再次跳闸，请专业电工找出故障查明原因，解决故障，不得连续强行送电；对确定损坏的漏电保护器应及时更换，如果漏电保护器发生误动作或拒动作，其原因可能有两方面，一种可能是漏电保护器本身故障，另一种可能未接通线路，应具体分析，不要私自拆卸或调整漏电保护器的内部器件。

（3）漏电保护器常见故障、原因分析与处理办法。漏电保护器常见故障、原因分析及处理办法见表4-3-10。

表4-3-10　　　　漏电保护器常见故障、原因分析及处理办法

常见故障	原 因 分 析	处 理 办 法
漏电保护器不能闭合	1. 储能弹簧变形，导致闭合力减小	1. 更换储能弹簧
	2. 操作机构卡住	2. 重新调整操作机构
	3. 机构不能复位再扣	3. 调整脱扣器至规定值
	4. 漏电脱扣器未复位	4. 调整漏电脱扣器
漏电保护不能带电投入	1. 过电流脱扣器未复位	1. 等待过电流脱扣器自动复位
	2. 漏电脱扣器未复位	2. 按复位按钮，使脱扣器手动复位
	3. 漏电脱扣器不能复位	3. 查明原因，排除故障线路上的漏电故障点
	4. 漏电脱扣器吸合无法保持	4. 更换脱扣器

常见故障	原 因 分 析	处 理 办 法
漏电开关打不开	1. 触头发生熔焊	1. 修理或更换触头
	2. 操作机构卡住	2. 排除卡住现象, 修理受损零件
一相触头不能闭合	1. 触头支架断裂	1. 更换触头支架
	2. 金属颗粒将触头与灭弧室卡住	2. 清理金属颗粒或更换灭弧室
启动电动机时漏电开关立即断开	1. 过电流脱扣器瞬时整定值太小	1. 调整过电流脱扣器瞬时整定弹簧力
	2. 过电流脱扣器动作太快	2. 适当调大整定电流值
	3. 过电流脱扣器额定整定值选择不当	3. 重新选用
漏电保护器工作一段时间后自动断开	1. 过电流脱扣器延时整定值不正确	1. 重新调整
	2. 热元件或油阻尼脱扣器元件变质	2. 更换变质元件
	3. 整定电流值选用不当	3. 重新调整整定电流或重新选用
漏电开关温升过高	1. 触头压力过小	1. 调整触头压力或更换触头弹簧
	2. 触头表面磨损严重或损坏	2. 清理接触面或更换触头
	3. 两导电零件连接处螺栓松动	3. 拧紧螺栓
	4. 触头超程太小	4. 调整触头超程
操作试验按钮后漏电保护器不动作	1. 试验电路不通	1. 检查试验电路, 接好连接导线
	2. 试验电阻烧坏	2. 更换试验电阻
	3. 试验按钮接触不良	3. 调整试验按钮
	4. 操作机构卡住	4. 调整操作机构
	5. 漏电脱扣器不能使断路器 (自动开关) 自动脱扣	5. 调整漏电脱扣器
	6. 漏电脱扣器不能正常工作	6. 更换漏电脱扣器
触头过度磨损	1. 三相触头动作不同步	1. 调整到同步
	2. 负载侧短路	2. 排除短路故障, 并更换触头
相间短路	1. 灰尘堆积或粘有水汽、油污, 使绝缘劣化	1. 经常清理, 保持清洁
	2. 外接线未接好	2. 拧紧螺钉, 保持外接线相间距离
	3. 灭弧室损坏	3. 更换灭弧室
过电流脱扣器烧坏	1. 短路时机构卡住	1. 定期检查操作机构, 使之动作灵活
	2. 过电流脱扣器不能正确动作	2. 更换过电流脱扣器

（三）低压成套设备的运行

1. 开关柜与配电盘通电前的检查

（1）检查总开关及分路开关是否断开, 操作机构是否灵活。

（2）检查一次回路及二次回路导线的连接是否正确, 紧固是否良好。二次回路和盘面是否接地。

（3）检查仪表是否完好无损, 指针是否指在零位。

（4）检查各种熔体的容量是否适当。

（5）查看补偿器的过流继电器的油盒内是否充有油，油型及油量是否符合要求。

2. 开关柜与配电盘运行中的监视和巡查

（1）监视电压表、电流表等表针的指示是否正常，电度表的转动和跳字是否正常。

（2）检查转换开关是否灵活，各相电流和电压是否平衡。

（3）各种指示灯的指示是否正常。

（4）监视导线及接头有无过热烧丝现象，有无异常气味。

（5）注意隔离刀闸、互感器、继电器等有无异常响声。

（6）注意有无冒烟、放电现象。

（7）注意油开关的油位、油色是否正常。

（8）电容器或电力电缆的断路器掉闸后，在查明原因前，不得强行合闸送电。

六、阀门使用与维护

（一）阀门结构与功能

阀门是水厂进出水管道输送水流系统中的控制部件，用于改变通路断面和水流流动方向，具有导流、截止、调节、止回、分流或溢流卸压等功能。在水厂使用设备中数量较多，它的工作性能状态好与差直接关系水厂的制水生产和供水服务质量，应当给予高度重视。水厂使用较多的有闸阀、蝶阀、止回阀、减压阀、泄水阀、排气阀、安全阀等阀门。操作方式有手动控制、电动控制、液压控制等。常用闸阀结构由阀体、闸板、阀板、阀盖等组成，用电力操控调整阀门的还有电动头。

（二）阀门的使用

（1）开启或关闭闸阀时，操作应平稳、缓慢，以免在管网中产生水锤，密切留意阀门的工作状态及开度表指示，发现异常情况，立即断电查找原因。

（2）操作手动阀门时，应使用手轮开或关，不得借助杠杆或其他工具。

（3）填料压盖不宜压得过紧，以阀杆操作灵活为准，否则会增大阀杆磨损，甚至电机过负荷跳闸。

（4）阀杆螺纹及其他转动部分应经常涂润滑油，保持动作灵活。不经常启动的阀门应定期转动手轮加注润滑油，防止锈蚀。

（5）电动闸阀要正确调整限位开关，防止出现顶撞死点损坏闸阀，死点是阀门关闭或开启到头的位置，以此为起点，回转手轮1/4圈到1圈，作为限位开关动作点的位置；对于明杆阀门，要记住全开和全关时的阀杆位置，切勿全开时撞击上死点，要察看全闭时是否有阀板脱落，密封面粘有杂物等异常情况。

（6）应定期检查闸阀内部密封面及垫层、填料，检查阀杆的磨损情况，如有磨损或失效，应及时修复，必要时更换。

（7）新建工程或工程大的检修后，输水管道内部会有一些杂物，可将阀门微启，利用管道高速水流冲走杂物，然后轻轻关阀，防止杂物夹在阀板密封接触面，损伤密封，如此反复多次，将杂物冲洗干净，再投入正常使用。

（8）寒冷地区做好阀门防冻工作。采用定时供水方式的工程，停水后应及时打开泄水闸阀，放空管道中的余水。

（三）阀门维护

（1）水厂运行巡查维护中，要将阀门保洁作为重点工作内容之一，因为阀门表面、阀杆上的螺纹与支架滑动部位以及齿轮等容易积存灰尘污垢，加快阀门磨损和腐蚀，必须作好经常性的擦拭保洁。

（2）定期或不定期对阀门所有滑动转动及啮合部位加注润滑油，保持润滑良好。经常开启的阀门，一周到一个月加一次油，不经常开启的可适当延长间隔时间。

（3）对外表易锈蚀部位涂刷防锈漆。

（4）经常检查阀门部件、零件是否齐全，性能良好，密封面有无破损泄漏，法兰和支架的螺栓应齐全、满扣，不应有松动现象；经常紧固手轮上的紧固螺栓，手轮损坏或丢失后应及时配齐，不得用活动扳手代替；填料压盖不得歪斜或无预紧间隙，阀门上的标尺应完好准确，与阀门实际位置相符。

（四）阀门常见故障、原因分析及处理办法

阀门常见故障、原因分析及处理办法见表4-3-11。

表4-3-11　　　　　　　　阀门常见故障、原因分析及处理办法

常见故障	原因分析	处理办法
阀杆密封填料处漏水	填料压盖螺栓未拧紧	拧紧压盖螺栓
阀杆密封填料处严重漏水	1. 填料使用过期，已经老化。 2. 阀杆有弯曲变形，腐蚀等问题	1. 更换新的填料。 2. 进行矫直，修复，如损坏严重应更换
阀杆无法关闭到位，存在漏水	1. 前次检修后未使用正确方法将存留异物冲净，阀体与阀板间密封不严密，夹有杂物。 2. 不常启闭的阀门，未定期启闭，造成关闭不严	1. 拆开闸阀，清除阀内异物。 2. 每次拆检检修，严格执行操作规程各项规定。 3. 对不常启闭的阀门，定期开启关闭，保持其正常性能
阀杆操作不灵活	1. 填料压得过紧，抱死阀杆。 2. 阀杆弯曲变形。 3. 梯形螺纹处不干净，积存污泥，润滑程度差。 4. 启闭操作不当，导致有关部件变形磨损，甚至损坏	1. 适当放松压盖。 2. 矫正修复阀杆，如难以修复就要更换。 3. 对阀杆和螺纹进行彻底清洗，涂抹润滑油。 4. 加强操作技能培训，提高操作技能水平，拆解阀门进行修复
阀板脱落，阀门失效	1. 定期检修时未及时发现关闭件松动脱落并紧固松动螺栓。 2. 运行机构调整不当或操作不良，造成阀杆与阀板连接处损坏	1. 拆解阀门，修复阀杆与阀板的连接。 2. 改进定期检修工作，提高检修质量。 3. 加强技术指导与检查，改进阀门操作，严格执行有关技术规程和操作制度，修复或更换损坏的零部件

七、起吊设备运行维护

（一）起吊设备简介

有一定规模的农村水厂常设有起吊设备，它属于国家规定的特种设备，对安全使用维护要求十分严格。常用的起吊设备有：电动葫芦、手动单梁起重机、电动单梁或双梁起重机等。以电动葫芦为例，它由轨道、电动机、减速制动机构、卷筒、吊钩、操作按钮和钢

丝绳等构成。

（二）起吊设备操作运行前的检查

起吊设备运行前应检查以下内容，并确认符合相关规定和安全运行要求：

（1）设备是否能够保持正常工作，各项技术性能是否符合相关规定。

（2）安全保护装置和仪器是否灵活准确安全可靠。

（3）传动机构、制动系统、液压系统、电气线路及电器元件技术性能是否符合相关规程规范要求。

（4）认真检查金属结构的，是否存在变形、裂纹、腐蚀以及焊接、铆接处连接松动情况。

（5）钢丝绳有无明显磨损、变形，尾端固定是否牢靠。

（6）起吊设备轨道是否能正常滑动，电缆是否完好无损。

（7）起吊设备场地（车间）照明是否符合相关规定。

（三）起吊设备安全运行注意事项

（1）不吊重量不明的物体物件，严禁超荷载起吊物品。

（2）被吊物品上不得站人或浮放不捆缚牢靠的活动物。

（3）带棱角物件未包扎垫好不吊，防止钢丝绳磨损割断。

（4）埋在地下的物件不吊。

（5）起吊设备工作时，吊臂下严禁站人。

（6）起吊设备操作人员操作时要精力集中，注意信号和作业场区，避免发生过卷和碰撞。

（7）非起吊设备操作人员不准进入起吊设备操作室。

（8）对违章指挥，起吊设备操作人员有权拒绝执行。

（四）起吊设备维修保养

起吊设备的维修保养由专业机构进行。当出现下列情况之一时，应委托专业机构进行维修保养，并对起吊设备的技术性能、安全保护装置等做全面检验。

（1）正常工作的起吊设备，每两年进行一次全面维修保养。

（2）经过大修、新安装以及改造过的起吊设备，交付使用前进行一次全面检验。

（3）闲置时间超过1年的起吊设备，在重新使用前应进行一次检验和保养。

（4）当起吊设备的强度、刚度、构件的稳定性、设备的重要性能等受到损伤时应进行全面检验和维修。

（五）葫芦式起重设备常见故障、原因分析及处理办法

葫芦式起重设备常见故障、原因分析及处理办法见表4-3-12。

表4-3-12 葫芦式起重设备常见故障、原因分析及处理办法

常见故障	原因分析	处理办法
起重运行时，重物下滑或刹不住车	1. 制动器间隙过大	1. 调整间隙
	2. 制动环磨损严重，超过规定的使用年限	2. 更换制动环
	3. 电动机轴与齿轮箱轴端紧固螺栓松动	3. 卸下电动机，拧紧松动的紧固螺栓

常见故障	原 因 分 析	处 理 办 法
运行中，减速器噪声过大	1. 缺少润滑油	1. 加润滑油
	2. 齿轮轴承等磨损严重	2. 修复或更换齿轮轴承
	3. 齿轮箱内油泥积垢过多	3. 彻底清洁齿轮箱，换油
葫芦运行小车车轮打滑	工字钢等轨道面或车轮踏面上有油、水等污物	清除轨道面或车轮踏面上的油污等
卷筒吊物斜吊	导绳器破裂损坏	修复或更换导绳器
卷筒装置外壳带电	轨道未接地或接地失效	加装或改进接地线
吊物钢丝绳空中拧花	在地面缠绕钢丝绳时，未将钢丝绳放松伸直	在放松状态下，重新缠绕卷筒上的钢丝绳
钢丝绳磨损过快	1. 斜吊重物	1. 禁止斜吊
	2. 钢丝绳规格选用不当，直径过大，与绳槽不匹配	2. 合理选配钢丝绳
起吊限位器失灵	1. 电源相位接错，接线不牢	1. 重新接线，修正设备
	2. 限位杆的停止挡块松动	2. 在正确的位置上，紧固停止挡块

八、进出水池与泵房运行维护

(一) 进出水池

(1) 进出水池周边应设置安全防护设施和警示标识，防止出现人身伤亡事故。

(2) 如进出水池内泥沙淤积过多，影响水流流态、增大水流阻力，应及时进行清淤处理。

(3) 严寒地区的泵站在冬季运行时，应采取防止进出水池结冰的措施。

(4) 定期观测进出水池底板、挡土墙和护坡，是否有开裂、沉陷、滑坡、渗流等情况，如发现隐患迹象，及时查找原因，并制定妥善处理方案，将隐患消灭在萌芽期。

(5) 经常查看并及时清除进水池拦污格栅前的枯枝树叶、水草等杂物。

(6) 经常查看进水池水位，保证其不低于最低设计水位，使水泵吸水管的淹没深度符合设计要求，防止水泵出现汽蚀。

(二) 泵房

(1) 定期监测泵房主要结构部位是否存在裂缝和渗流，如有，应加密观测、分析原因，采取应对处理措施。

(2) 定期清除进出水流道内的杂物、附着在构筑物壁面上的水生生物和沉积物。

(3) 每年对泵房的墙体、门窗、屋顶及止水、内外装饰等进行一次全面检查，修复损坏部位。

(4) 定期对泵房不同部位的沉降和位移进行观测。

(5) 泵房内特别是电气设备间，要保持通风良好，夏季闷热天气时，更应做好有效通风，避免室内气温过高而影响电气设备正常工作，并为操作管理人员创造良好工作环境条件。

九、案例

(一) 案例 1

1. 基本情况

中部地区某镇水厂的供水加压泵站，设计采用 IB（IS）型单级悬臂式离心泵，配套三相异步鼠笼式电动机。采购时，水泵和电动机已经由水泵制造厂安装在了同一个底座上，中间采用弹性联轴器传递动力。

施工时，安装人员将水泵机组底座安装在混凝土基础上，用地脚螺栓固定，并将水泵进出水口与进出水管道相连接。

2. 故障现象

水厂建成投产约半年后，运行操作人员发现如下问题：

（1）供水量大体相同，耗电量增加了约 15％。

（2）水泵轴承和电动机轴承的温升均较正常值偏高。

（3）水泵机组运行时的振动和噪声比以前增大，进出水管路也受此影响产生振动。

3. 故障原因分析与处理

许多因素都可能引起上述 3 种情况，例如，水泵磨损、电动机老化、轴承磨损或润滑不良等。但该水厂建成投产时间不长，出现这些问题的可能性不大。因此从最简单、最可能被忽略的问题入手，分析查找原因，可能性最大的是水泵、电动机与底座之间的连接螺栓、底座与混凝土基础之间的地脚螺栓或联轴器上连接螺栓松动。

经现场检查，上述 3 处的螺栓都存在不同程度松动，并由此造成水泵轴和电动机轴中心线严重偏斜。经仔细校准并紧固所有螺栓，上述问题得到解决。

4. 从该案例中得到的启示

（1）泵站运行中出现的一些故障，并不都是重大问题引起的，泵站运行维护的问题查找要从最简单、最基本的现象入手。

（2）新建泵站运行不太长的时间后，最容易出现的问题是水泵、电动机、管道等各连接部位松动。因此，应适当增加维修检查，将所有连接部位各个固定螺栓紧固 1 遍。

（3）泵站出现故障，带来的影响往往不是单一的。就像本案例虽然仅仅是连接螺栓松动，如不及时发现、处理，不但会使振动、噪声加大，也会使轴承温升过高，并导致能耗增加。

(二) 案例 2

1. 基本情况

西南地区某镇水厂水源取水泵站，从比水厂低约 80m 的河中抽水向水厂提供原水。工程设计采用 D 型卧式多级离心泵，配套三相异步鼠笼式电动机。输水管道采用 PVC-U 聚氯乙烯塑料管，额定工作压力 1.0MPa。

2. 故障现象

该泵站建成后不久，频繁出现泵站到水厂之间的输水管道爆管现象。爆管部位发生在靠近水泵出水口的管段。起初，多方普遍怀疑是管道质量有问题。

虽然检测机构的检测报告显示，管道质量符合相关标准要求，质量没有问题，但由于工程尚在一年的质保期内，在建设单位的要求下，管道生产厂还是免费将靠近水泵出水口的几十米管道（约占输水管道总长度的1/5）由额定工作压力1.0MPa更换为耐压能力更强，达到1.6MPa的管道。然而，更换耐压等级更高的塑料管并没有解决爆管问题。

于是，建设单位出资将靠近水泵出水口的那部分塑料管更换为钢管。如此处理，钢管不爆了，但靠近钢管的塑料管仍发生爆管。

3. 故障原因分析与处理

稍加分析可以看出，这是典型的由泵站水锤引起的爆管事故。有关专家现场调研后分析认为，引起爆管的原因可能有两个：①在水泵出水管路上，只设置了常规的止回阀和闸阀，没有采取有效的防水锤措施；②运行操作人员没有坚持先关闭阀门再启动和停机，导致水锤产生。

参考专家意见建议，建设单位决定将水泵出水口的止回阀改为新产品——缓闭止回阀，并加装了一个安全阀（压力释放阀），同时要求运行操作人员坚持先关阀门再启动和停机。之后，该泵站再没有出现输水管道爆管现象。

4. 从该案例中得到的启示

（1）在农村水厂工程设计和运行操作中，高扬程泵站输水管道中的水锤问题应引起高度重视，一定要采取可靠、有效的预防措施。

（2）尽管有些工程可能存在管道质量不合格或施工过程中造成管道损伤等因素引起爆管事故，但在实践中，如果在管道某一部位频繁发生、通过更换管道仍不能解决的爆管事故，多数情况是由泵站水锤引起的。

第四节　输配水管道运行维护

一、输配水管道（网）系统构成

农村水厂输送水的管道按其功能分为输水管道和配水管道两类，输配水管道是两者的总称。水厂建设时，管道系统的投资常常占总投资的2/3，合理选用和布置管道，使用维护好管道系统，对保障其应有功能，减少运行维护费用，延长使用年限，具有十分重要的意义。

输水管道是指从取水构筑物将原水输送至净水厂区的管道。当净水厂区远离用水区时，从净水厂区至配水管网的主干管也作为输水管道对待。它的主要特点是管道输送水的流量沿输水距离延长基本不发生变化。不同的水厂输水管道长短不一。

配水管道是指从净水厂区或蓄水池等调节构筑物向用水户配送水的管道，由配水干管、分干管、支管及入户管等多级管道组成网状系统。配水管道的主要特点是管道上接装众多的用水户，管道内的沿程流量和压力随用水户用水量的变化而变化，需要采用恰当的工程设计和运行管理措施，保障用水户对供水水量、水压的需求。配水管网有树枝状、环状、树枝与环状相结合3种主要布设形式。

输配水管道布置与施工的主要要求：与村镇居民区、道路、灌溉排水等建设规划衔接，使管道线路较短，尽量避免急转弯和较大的地形起伏，避开易产生滑坡塌陷等不良地质地段；穿越难以避开的河流、沟谷、陡坡、易被洪水冲刷地段时，应采取防护措施；尽量少占用农田、少拆迁房屋建筑，管道线路要便于管道施工和运行维护；有条件的地方，尽量利用地形高差，实行重力自压输水；在冬季有冻害地区，应在工程建设和运行管理中采取有效的防冻措施；输配水管道敷设应尽量埋在地下，避免裸露地表，阳光照射，车辆碾压；尤其是塑料管道，在选线布置时，应布设在能开挖管槽，管顶距地表有安全覆土深度的地方；管槽开挖施工时，应视情况对地基土夯实，铺设垫层；管网向地形高差较大的多个村镇供水时，应采用分片区不同输水压力的布置方式。

为保证输配水管道（网）正常输水、配水和开展检修、抢修工作，在输配水管道（网）适当位置安装有不同规格的闸阀、进（排）气阀、泄水阀、检修阀、消火栓、水表等附属设施。在管道转弯（角）或经过低洼、高岗等地方还应设置镇墩、支墩等建筑物。各类阀和水表宜安装在井内，并有防冰冻、防水浸淹措施。

输配水管道所用管材应具有一定强度，耐腐蚀性好，能承受管道内水压力和管外荷载压力。管道公称压力应高于供水工程设计工作压力。管材应符合《生活饮用水输配水设备及防护材料的安全性评价标准》（GB/T 17219—1998）要求及有关食品卫生要求。常用的有聚氯乙烯管（PVC、PVC‐U）、低密度聚乙烯管（PE）、钢管和球墨铸铁管。

农村水厂输配水管道运行中出现的许多问题根源在工程建设阶段，如塑料管道制造质量低劣，招标采购验收把关不严；过分看重管材价格，低价中标，造成大量添加再生料的塑料管承压能力不足，爆管现象频发；还有管道接头防渗漏处理不合格；管道覆土深度不够，或根本没有埋入地下；冬季低温冰冻冻裂管道等。

二、输配水管道（网）运行维护管理内容

输配水管道（网）运行与维护应执行的技术规范主要有：《村镇供水工程技术规范》（SL 310—2019）、《城镇供水厂运行、维护及安全技术规程》（CJJ 58）、《生活饮用水输配水设备及防护材料的安全性评价标准》（GB/T 17219）、《食品安全国家标准　食品接触材料及制品通用安全要求》（GB 4806.1）等。

（一）运行维护管理主要要求

输配水管道运行维护管理的主要要求有：定期观测配水管网中测压点的水压力；合理调节各用水区管道水压力，维持管网平稳运行，保持向用水户提供水压、水量、水质合格的优质服务；绘制完整、正确、清晰的输配水管网布置图，注明上级管道向下级管道分水的节点坐标，各类闸阀井、镇墩支墩坐标位置，与输配水管道交叉关联的道路等其他设施位置；管道发生变化时应及时在管网布置图上进行修改补充；努力降低管网水的漏损率，达到规范化管理要求；按照水厂运行维护制度要求，认真做好管线巡查，填写巡查工作日志；定期检查供水管网系统中的水表，对历次水表用水量抄记资料进行对比分析，从中找出供水、用水规律，分析管网水量漏损情况，并采取减少管网水量漏损措施；认真填写记录管道检修与事故处理、管网改造扩建记录；根据原水含泥沙和输水渠道（管道）运行情况，预判渠（管）道泥沙淤积影响输水功能情况，并适时进行清淤；树枝状配水管网的管道末端泄水阀，应每月开启一次，排除管中滞水；每月至少检查维护一次管线中的进（排）气阀，及时更换变形的浮球；每年对管道支架、支墩、镇墩等附属设施进行一次检查维修，对外露铁质构件进行除锈刷漆。

(二) 管道压力监控与巡查

1. 密切监控管道压力与流量

水厂运行管理人员要根据供水区域实际用水量的变化情况，利用变频供水设备或大、小水泵机组合理搭配组合，调整制水和供水水量，注意使管道输水工作压力保持在合理范围。如出现超过规定值的情况，应及时与水厂中控室联系，由中控室及时处理。

水厂投入运行初期，用户实际用水量一般与设计预期供水规模有较大差距，有可能造成配水管网压力偏高。应控制并适当降低出厂水流量和压力，一方面保持整个管网系统工作压力在合理区间，另一方面可节省能源消耗，降低成本费用。

农村地区夏季或节假日出现短时间用水高峰，水厂供水量有可能超过设计供水规模，部分管网沿程水头损失增大，管网末端或地势较高地段部分用水户供水压力可能低于设计要求值，可通过优化供水结构和运行调度方案，缓解供需矛盾。如果无法解决，就要考虑进行技术改造，增设局部干管或更换大口径管道，或将用水户较集中区域的树枝状管网布置改为环状管网。

要警惕并避免输配水过程水质可能遭受污染的危险因素。查看管道沿线是否有污染水体或工业废弃物、生活垃圾堆放，如有，应协调有关村镇或企业单位及时清除，或报告地方政府、上级主管部门依据饮用水源保护等相关法规从根本上解决污染源。

2. 认做好管道巡查维护

管道巡查人员要熟悉并牢记主要受水区用户类型、用水户数量、用水特点、各管段走向布设位置、管道埋深、管线土壤质地、地下水位埋深、管材材质、管径、工作压力、管道使用年限、以往维修情况等。

巡查维护工作的主要内容：每季度至少巡查 1 次所有管线，沿管线布设走向，查看管线有无地面塌陷、人为损坏、漏水、腐蚀等情况，附属设施是否能正常操作运行，有无破损，发现问题及时处理；按照水厂运行管理制度，定期检测管道漏水情况，分析对比漏损水量变化情况；检查阀闸、空气阀、止回阀、减压阀、消火栓的启闭灵活情况；检查阀门井，支墩完好情况；架空水管的支撑物基础，是否有倾斜、沉降、位移、开裂等情况；对吊装在桥上的水管安装紧固构件有无松动、锈蚀等现象；检查是否有未经批准擅自接装管道；每年对外露金属管道进行防腐处理；管网中的计量设备，是否有未经批准随意更换或移动情况；凡在管线附近有正在施工的现场，均应列为重点巡查对象，增加巡查次数，为避免其施工不慎、挖坏水管意外事故发生，可用白灰或木桩等醒目标识，告知施工人员管线位置和深度；在寒冷地区，对外露管道，在入冬前普遍检查一次管外保温材料和其他防冻设施的完好状况。

巡查中发现的异常情况，或虽已处理完毕，但需有关人员继续跟踪监视的，应向水厂负责人及时提出下一步工作建议。

水厂负责人要不定期抽查运行维护人员填写巡查维护日志的完整和真实情况，组织有关人员对日志资料进行整理分析。水厂管理单位要对巡查维护人员工作情况和绩效进行考核，按照奖优罚劣原则进行表彰奖励或批评惩罚。

3. 某水厂管道巡查工作日志表

某水厂管道巡查工作日志见表 4-4-1。

表 4-4-1 巡查工作日志表

日期 （年-月-日）	当日工作 任务计划	巡查过程与完成 任务情况	异常情况及 处理记录	提醒下一步巡查 注意事项	巡查人（签字）	班组长签字

（三）管道漏水检测

管道漏水是水厂运行管理中难以避免的问题，尤其是运行时间较久的老旧水厂，漏损水量占出厂水水量的比例往往可达 20%～30%。净化消毒后的供出水量大量隐性流失，减少了水费收入，对宝贵的水资源也是一种浪费，情况严重时，还会造成农田渍害、地面塌陷、房屋地基沉降和道路受损。

1. 管道漏水原因

管道漏水原因很多：①管道密封耐压能力差，包括接口密封圈在内的管道材质低劣，加工制造尺寸公差超出标准，招标采购供货验收等环节把关不严；②管道埋设施工质量未达到有关技术规范要求，如埋设深度不够，连接密闭不严密的接口，在经常性的地面动荷载振动下，接头松脱漏水，或者塑料管槽垫层太薄，甚至没有垫层，回填土料有尖锐棱角块石，管道被划伤挤坏；③冻胀，寒冷地区冬季管道冻胀造成管道破损；④使用时间长久的金属管道锈蚀破损等。

2. 管道检漏方法

判断管道是否漏水的方法有以下几种：

（1）实地观察沿管线地面是否有潮湿、甚至积水，杂草长势较邻近地方茂盛，或冬季地面积雪融化较早，管道闸阀井、检查井等附属构筑物内有清水流出等现象。

（2）根据水量平衡原理，检查水厂供出水的计量数值与用户水表记录的总用水计量数值差距是否过大，如果差值明显高出当地同类水厂一般漏损水平，说明该厂输配水漏损可能较严重，还要注意观测分析这一差值是否呈稳定增大或突然增大，说明管道出现新的较大漏水点。

（3）查看水厂供水压力情况，如果出厂水压力、干管管线压力正常，但管网末端水压、水量明显达不到设计要求或与过去明显下降，说明管道某个区段可能存在较严重漏水。

（4）除了上述实地观察和观测分析，还可以采用听漏法和分区检漏法。

听漏法的工作原理是利用地下输配水管道因漏水会产生振动，通过木制听漏棒或听漏饼机等专用工具，在夜深人静时听测地面下埋设的管道是否有漏水的声音，从而找出管道漏水点。振动传送的距离与漏水强度、管道材质、管径和土壤条件等有关。管道直径越大，漏水声传递距离越短，反之，漏水声传递越远；钢管和铸铁管漏水声传递距离远，水泥管和塑料管漏水声传递距离近；管道漏水孔面积大，漏水声传递距离远，反之漏水声传递距离越短；输水工作压力高，漏水声传递距离远，输水工作压力越低，则漏水声传递距离短。检测作业一般在晚间 22 时到次日凌晨 4 时这一管网用水低谷时段进行。

分区检漏法是利用供水区域内暂停所有用户用水，而进口处的水表显示出有耗用水量的情况，先定性推断有漏水，再用听漏法寻找漏水点。具体方法是把整个输配水管网分成若干片区，检测某一片区时将本片区和其他片区相通的阀门全部关闭，片区内暂停用水，然后开启装有水表的一条进水管起点上的阀门，向片区供水。如水表指针转动，则表明片区内存在漏水，并可知漏水量，再利用听漏法，找出漏水的具体地点。此方法一般也在深夜进行。

三、破损漏水管道修复与更换

（一）破损、漏水管道修复

供水管道开裂、爆管、接头漏水等的原因有很多，如水压剧变或水锤作用、输水压力超过管道允许压力、低温冻害、埋设管道地表有荷载过重的重型机械碾压、地面下沉、道路或建筑施工挖断、管材老化等。此外，金属管道锈蚀、积垢严重也会降低管道承压能力，或减少过水能力，对正常供水构成威胁，也需要及早发现并修复。

1. 钢管破损漏水的维修

钢管漏水的原因多是管身锈蚀出现孔洞或焊缝漏水。处理时首先关闭漏水管的两端闸阀，放空管内存水。漏水较少时，可用装有内衬橡胶垫的卡箍堵住漏水孔，管箍可用 5mm 厚的钢板制作；对于焊缝漏水，可先用凿子将焊缝凿实，止住轻微漏水或减轻漏水程度，然后进行补焊。

2. 铸铁管破损漏水的维修

对于纵向裂缝，先在裂缝两端钻直径 6～13mm 的小孔，防止裂缝扩大延伸，然后用两合揣袖打口修理。如环向破裂，裂缝斜度不大时，可用两合揣袖或二合包管箍，拧紧螺栓密封止水。铸铁管上的砂眼或锈孔漏水，可采用卡箍止漏。对于承插口漏水，如果是橡胶圈密封，可将接口管端抬起拉开，更换胶圈；如果是铅口，可把铅条往里捻打或补打铅条；如为石棉水泥接口，可将接口内石棉剔除，分段随剔随补。当管道破损严重，无法用两合揣袖或二合包管箍办法修复时，应更换新管。换管时，可采用两个柔口和一段直管接入前后两根原管道接口的快捷方法修复。

对于法兰接头漏水，先尝试拧紧螺栓，如果拧紧螺栓不起作用，则应卸开法兰盘，更换新的胶垫。

3. 塑料管破损漏水的修理

（1）卫生级给水硬质聚氯乙烯管（PVC）的维修更换。管道接头渗水或管身有小孔、环向或纵向裂缝，均可采用二合包承口管箍或二合包管箍，用螺栓拧紧密封。管箍长度应比破损管段长度长 0.3m，内衬密封胶垫厚度 3mm 即可。如果破损不太严重，未影响结构安全，可采用焊条焊接修补，焊补时必须保持焊接部位干燥，且环境温度不得低于5℃。

更换新管段，可采用套筒式活接头连接法或黏结连接法更换。采用套筒式活接头连接法时，最好使用塑料制品生产厂家生产的专用连接配件。采用黏接连接法时，承口的操作长度应满足表4-4-2的规定。黏结时，将管端插口外侧和承口内侧擦拭干净，涂抹黏结剂后继续用力摁压管端接口，口径小于50mm的管道，摁压时间不小于30s，口径大于50mm的，摁压时间不小于60s，静止固化时间应不少于表4-4-3中的规定。

表4-4-2　　　　　　　　　　PVC塑料管连接承口操作长度

管道公称外径 d_n/mm	25	40	50	75	90	110	160	200
承口操作长度/mm	40	55	63	72	84	102	150	180

表4-4-3　　　　　　　　　　PVC塑料管承插黏结静止固化时间

黏结时环境温度/℃	静止固化时间/min
5～18	30
	60
18～40	20
	45

（2）给水聚乙烯管（PE）的维修更换。管道局部破损的修理与给水硬质聚氯乙烯管修复方法基本相同，不同的是，PE管不能用黏结剂方法黏结。

更换新管段可采用热熔方法。热熔法又分直接热熔和电热熔接头连接两种。

直接热熔法是用热熔机将两根聚乙烯管（PE）管端加热至一定温度，施加一定压力挤压熔合成型。这种方法成本较低、施工快，但受气候条件和操作熟练程度等的影响，施工质量较难控制。电热熔接头连接法需要使用如图4-4-1所示的专门接头和零件，将电热丝埋设在电热熔接头和零件中。施工时电热熔接头将两管端卡在一起或者将管头和管件卡在一起，通电加热后专用电热熔接头与两塑料管端或管道零件融为一体。

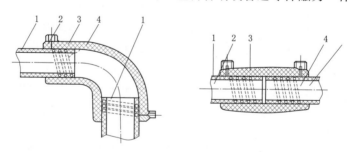

图4-4-1　电热熔接头及零件
1—塑料管；2—电极及监测孔；3—电热熔接头（弯头）；4—电熔丝

采用热熔法连接原管道和新管道时，宜在两管道接口端各设一个用金属管或木料制作的保持管道接口端水平稳定的装置，以保证两管口的连接质量。

（二）清除管道内积垢

随着供水管道运行年份的增加，管道内壁会有积垢，它会增大水流阻力，降低管道输水能力。管内松软的积垢可通过提高流速进行冲洗。冲洗的流速是平时流速的 $3\sim5$ 倍，但水压力不应高于管道允许最大承压值，每次冲洗长度宜为 $100\sim200m$。如采用压缩空气和水同时冲洗，效果会更好。坚硬的积垢须用专门的刮管器清除。刮管器有多种形式，大多是用钢丝绳绞车带动专用钢丝刷或刮刀等工具在水管中来回刮擦（见图 4 - 4 - 2）。大口径水管可用旋转法刮除。管道刮擦后再用净水冲洗干净。

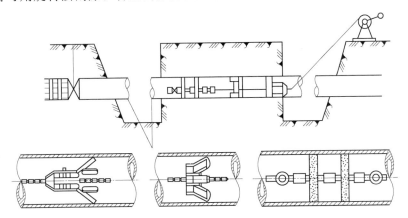

图 4 - 4 - 2　清除管道积垢的刮管器

（三）管道修复后的冲洗与消毒

管道修理、更换、除垢后，在投入使用前，必须进行冲洗和必要的消毒处理，经水质检验符合国家现行《生活饮用水卫生标准》（GB 5749—2022）后，方可恢复通水。首先用清洁水冲洗，冲洗水的平均流速大于 $1m/s$，然后用氯离子含量不低于 $20\sim30mg/L$ 的清洁水浸泡 24h，再用清洁水进行第二次冲洗，如此反复进行直至出水水质合格。

四、输配水管道运行维护中常见问题、原因分析及处理办法

输配水管道运行维护中常见问题、原因分析及处理办法见表 4 - 4 - 4。

表 4 - 4 - 4　　　　输配水管道运行维护中常见问题、原因分析及处理办法

常　见　问　题	原　因　分　析	处　理　办　法
管线被其他施工挖断、埋压	施工队对输配水管道埋设位置不清	水厂在管道沿线埋设标识物；建立施工单位申报制度；关注供水区域内施工动向，配合施工单位确定施工项目与给水管道、附属设施的安全距离
过河明管吊件松动、锈蚀；雨后挂草，阻碍水流或损坏管道等	巡查、维护工作不到位	强化巡查、维护工作
管道漏水	管材（管配件）质量或施工质量所致；或供水压力过高所致；或管道埋设深度不够，在地面动荷载振动或冻胀所致；或管道锈蚀破损所致	加强巡查、检修工作；合理调整管道的运行压力
用水高峰时，部分供水区域存在供水压力、水量不足现象	设计上存在问题；粗放管理所致，如用水不计量、不收取水费等	根据工程管道运行实际情况，合理调整部分管段的管径或管网布置方式；强化管理，计量收费

五、案例：南方某县减少配水管网漏损做法

1. 基本情况

某县下辖 4 个街道和 13 个镇，总人口 109 万人，其中农村居民 86.9 万人。2010年以来，建成以县域水厂为主，××水厂、××水厂为辅的"一主两辅"供水格局，先后铺设县城至镇一级管网 167km，镇至村二级管网 658km，村至户三级管网 13280km，实现了全县 25 万户镇村居民"同网、同质、同价、同服务"和 24h 供水的目标。

在漏损控制方面，该县采取"分区计量，分级考核"的方法，建立以水厂为起点，到镇、到村、再到用户的三级供水计量考核体系，逐级明确漏损控制指标，通过远程监控系统掌握流量变化情况，据此，对全县管网运行进行科学调度。

2. 计量考核控制漏损。

自来水从水厂到 17 个镇（街道）主干管道，作为一级流量计量单元，全县共有流量计 35 只，每天在电脑 GPRS 系统内查看各镇（街道）的流量计数据，分析当天 0—4 时以小时计的流量、该时间段千户每小时流量、全天总供水量、全天百户用水量等数据，并与前一天的数据作比较，这几项数据可以及时发现流量异常，如果夜间小时流量上升或千户小时流量超过 2.5t/h，就很有可能存在漏点。

在每个镇下辖村的分干管，作为二级计量考核单元，共有考核水表 407 只，在每月的 1 日、10 日、20 日对所有的考核水表进行统一抄表，这些考核水表的总量与进入该单元流量计总量的差额就是二级管网的漏损水量。

每月的 1—10 日为用户水表的抄表时间，每个村全体用水户水表本月的总用水量与进入该村支管上考核水表总量之间的差额就是考核水表与到户水表之间三级管网的漏损水量。

本月所有用户水表的用水量与该镇本月流量计总量之间的差额就是该镇区本月的漏损水量。

县自来水公司每月对各镇（街道）考核水表的抄表情况进行督查，对漏损率较大的村和户表进行抽查，保证数据分析真实合理。

3. 夜间查漏

在计量考核数据分析基础上，对发现异常和漏损率较大的镇（街道），组织人员进行夜间查漏。具体做法是，分成几个小组，一组人员在装有流量计的地方查看流量计的数据变化，另几组人员分别到所有考核水表处，观察 5min 数据变化，测算每小时的流量，所有考核表的流量相加后与流量计流量进行对比，如差值在 3% 以内视为正常，如超过 3%，说明二级（分干管）管网上存在漏点，这时几组人员关闭部分考核水表的表前阀，再观察流量计的数据变化，如与剩余部分村考核水表的差额在 3% 以内，即漏点就在流量计与已关闭的考核水表之间的管网上，如差额仍在 3% 以上，再继续关闭部分考核水表，利用这种方法逐一排查，直至找出存在漏点的管线。

对于夜间流量上升的村考核水表，采取同样的方法，关闭村考核水表下的部分分支管网阀，观察村考核水表的数据变化，逐一排查，缩小查漏范围，确定漏水区域，直至查出漏点。

4. 违章查处

镇区供水公司都建立了重点户台账，对用水大户、养殖户、种植户、工厂、饭店、宾馆、浴室等进行统计分析，并每月更新，及时跟踪这些重点用户的水量变化。还不定时对漏损率较大村的用户进行逐户排查，发现一户、查处一户，教育影响一片。

5. 及时维修

县水务局建立了"水务局服务热线平台"，24h 提供服务，接到事故或维修报告，迅速通知有关镇（街道）的供水公司，第一时间赶赴现场维修。事后对来电进行跟踪反馈，征求来电人的意见，水务局每月都会对各承办单位的维修及时率、满意度进行考核。

通过上述措施，全县供水管网漏损率明显下降，从 2014 年年初的 38% 降到 2016 年的 18%。

第五节　调节构筑物的运用维护

供水管网白天用水量多，夜间用水量少。同是白天，农民在农田干完活回家的傍晚加工餐食、洗浴等用水量也远高于上午和下午家务劳动少的时间段。为了使水厂供水能力与受水区用水户不同时段变化用水量匹配适应，需要设置水池、水塔等水量调节构筑物。此外，水厂制水过程中的消毒环节需要水与消毒剂有足够的接触时间，水在调节构筑物中的蓄存为满足这一要求创造了条件。调节构筑物主要有清水池、高位水池和水塔等类型。

一、清水池与高位水池

清水池一般建在水厂净水构筑物之后、位置相邻。高位水池通常建在厂区外地势相对较高、有利于重力配水的位置。清水池与高位水池的结构型式、运行管理要求基本相同。

（一）清水池的构造

清水池的形状有圆形和矩形等。容积较大的，常用钢筋混凝土建造，容积小的多用砖、石砌筑。清水池的主要附属设施有进水管、出水管、溢流管、透气孔、检修孔、导流墙等。图 4-5-1 给出了矩形清水池结构示意。

（二）清水池的运用维护与检修

1. 运用维护

清水池配备有水位计或水位自动监控装置，运行操作人员要按操作制度规定，定时观测记录池内水位。如果是水位自动监控装置，应根据产品说明书或相关技术规范的要求，定期进行检定。为保证水位计动作灵活、准确，应定期对水位计滑轮涂抹润滑油。

水厂要根据本工程的具体情况，规定水池的允许水位上限和下限。严禁超越设定的上限水位和下限水位运行。当池内蓄水超出上限水位时，水会从溢流管溢出，既浪费了水，也增大了运行成本和能源消耗。如果池内蓄水低于下限水位继续向管网供水，可能吸出池底沉泥，污染出厂水水质，甚至抽空水池，导致供水管网系统断水。

清水池顶部应高于池周围地面，至少溢流管口不应受到池外地面水流入的威胁。池顶上不得堆放可能污染池水的物品，也不得堆放重物。水池顶和池周边的绿化草坪应定期修剪，保持整洁，池顶上种植花草灌木时，严禁施用各种肥料和农药。应经常检查水池顶上的覆土、排水设施与池体护坡，发现问题应及时处理。

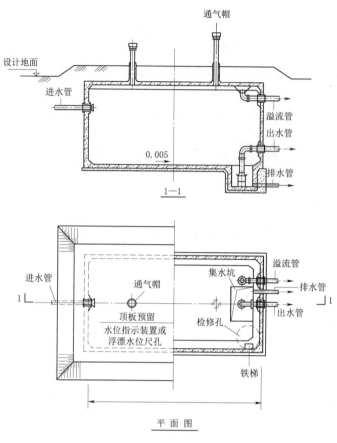

图 4-5-1　矩形清水池剖面示意图

　　清水池的检查孔、通气孔、溢流管都应设置金属或尼龙丝网等卫生防护措施，防止昆虫、老鼠、蛇等小动物进入水池，污染水质。要定期对溢流口、排水口进行维护保洁，保持水池四周环境整洁。严禁水池的排空管、溢流管直接与水厂或当地生活污水下水道连通，排水出路应妥善安排，尽量利用地形条件排入坑塘，雨洪排水沟渠等处，注意不要对周围村庄、农田、道路或供水管道造成不良影响。

　　保持清水池四周地面雨洪排水通畅，防止含有杂物、污物的水淹浸池体或池周边环境。

　　定期检查避雷装置，保持性能完整良好，发挥防雷接地功能。

　　每月要对与水池配套的阀门养护 1 次，每季度对长期开启或长期关闭的阀门活动操作 1 次，以免金属零部件锈住。

　　每年至少清刷 1 次水池。清刷前将池内水位降至下限水位时应停止向管网供水。如果清水池建于地下，周边地下水位较高、工程设计时未考虑池水排空后地下水位上浮力可能对池体稳定性产生影响，清刷水池作业应避开地下水位处于较高时进行。如急需进行清刷，在放空水池前必须采取降低清水池四周地下水位的措施，防止排空的清水池在清刷过程中浮动移位，损坏池体。在清刷水池后，应进行消毒处理，合格后方可再蓄水运行。

对于设在厂区外的高位水池要采取切实有效的安全防范措施，水池四周应设立安全防护围栏（网），防止无关人员靠近，有条件的可以设安防视频监控。

2. 检修

每运行 1～3 年，就应对对清水池内壁、池底、池顶、爬梯、通气孔、水位计、混凝土砌体伸缩缝等进行 1 次彻底检查修补。各种管件有损坏时，应及时更换。定期对阀门金属件涂刷防锈油漆。每运行 5 年将闸阀阀体拆解检查，更换磨损部件。清水池大修后，必须进行满水渗漏试验，渗水量应按设计上限水位（满水水位）以下浸润的池壁和池底的总面积计算，钢筋混凝土清水池渗漏水量每平方米每天不得超过 2L，砖石砌体水池不得超过 3L。在满水试验时，应对水池地上部分进行外观检查，发现漏水、渗水时，及时进行防渗修补处理。

3. 清水池（高位水池）运行维护常见问题、原因分析及处理办法

清水池（高位水池）运行维护常见问题、原因分析及处理办法见表 4-5-1。

表 4-5-1　　　清水池（高位水池）运行维护常见问题、原因分析及处理办法

常见问题	原因分析	处理办法
1. 水厂出水水质微生物指标超标。 2. 池顶混凝土板裂缝渗水。 3. 池壁裂缝	1. 水池长时间未清洗，滋生了较多的微生物。 2. 砖石砌筑池墙开裂，池外水渗入。 3. 池顶混凝土盖板裂缝渗水	1. 及时彻底清洗水池。 2. 对砖石池壁进行彻底检修，增加防渗保护层。 3. 检修混凝土盖板，进行防渗处理。 4. 严格按照操作规章对水池清洗后进行消毒
出现溢流	1. 运行操作人员未能调度好制水量。 2. 水位自动监控装置失灵	1. 加强制水调度管理。 2. 更换水位自动监控装置损坏的零件
1. 厂外调蓄（压）池未设置安防设施。 2. 池周边无安全护栏。 3. 通气孔高度一致，无高低错落	安防意识不强，设计时考虑不周	1. 提高安防意识。 2. 增设安防围墙或围栏；有条件时，配置安防监视系统

二、水塔

（一）水塔的构造

水塔由水箱（柜）、塔体、管道和基础等 4 部分组成。水塔的水箱（水柜）形状较多，农村水厂多为圆筒状，塔体建筑材料多为钢筋混凝土，水箱可用钢板焊接制造。钢筋混凝土水塔结构如图 4-5-2 所示。

（二）水塔的运行维护与检修

1. 运行维护

做好水位监控。对于机械式水位计，管护人员应随时观察水位，掌握好开停水泵时间，保持水箱内水位在设定范围内。严禁超水位上限和降至下限水位运行，防止水箱水放空，出水管道进气。

对于配备了自动监控设备的水位计，水位计与水泵机组联动，当水位低于设定数值时，水泵机组自动开启上水，水位达到预设值后，水泵自动停机。水厂应请自动监控设备生产厂家售后服务人员定期对设备进行维护检修。

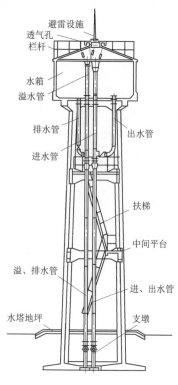

避雷设施
透气孔
栏杆
水箱
溢水管
排水管
进水管
出水管
扶梯
中间平台
溢、排水管
进、出水管
水塔地坪
支墩

图 4-5-2 钢筋混凝土水塔
结构示意图

水厂管理人员应做好水塔的日常巡查，检查水塔各部分有无渗漏，阀门启闭是否灵活，进出水管、溢流管、排水管有无堵塞，如存在问题，及时进行修补处理。

每年对水塔结构、栏杆、爬梯、照明等进行一次全面彻底检查，发现问题及时修复处理；金属件每年油漆 1 次；每 1~2 年刷洗 1 次水箱，洗刷后恢复运行前，应对水箱进行消毒；保持水塔周围环境整洁；每年雨季前检查 1 次避雷装置，重点是检测接地是否有效；大雨过后要检查水塔支撑结构基础有否被雨水淘刷，如有下沉或倾斜，应及时采取加固补救措施；入冬前要检查水箱保温设施是否有效。

2. 检修

每 3~5 年对水塔的水箱、塔身支撑结构、进出水管道、塔身基础等进行全面检查修理；水箱大修后，应进行满水渗漏试验，并按有关规程要求进行消毒，水质合格后方可供水。

3. 水塔运用维护常见问题、原因分析及处理办法

水塔运用维护常见问题、原因分析及处理办法见表 4-5-2。

表 4-5-2　　　　　水塔运用维护常见问题、原因分析及处理办法

常见问题	原 因 分 析	处 理 办 法
出现溢流	1. 未能调度好制水量。 2. 水位自动监控装置失灵	1. 加强制水调度管理。 2. 更换水位自动监控装置损坏的零件
水厂出水水质微生物指标超标	1. 水箱长时间未清洗，滋生了较多的微生物。 2. 消毒剂投加量不足	1. 及时清洗水箱。 2. 根据原水水质变化，及时调整消毒剂投加量
水塔支撑架不均匀沉降	施工时地基处理存在缺陷或地基被雨水淘刷	采取措施加固地基
钢筋混凝土箱体细裂纹渗水	冻胀造成箱内墙或底部防渗层损坏	加强水箱保温措施，对箱体进行防渗处理

第五章　净水工艺与设施运行维护

农村水厂取用原水的原则是尽量选用优质地下水或洁净无污染物的地表水，它们要分别符合《地下水质量标准》（GB/T 14848）和《地表水环境质量标准》（GB 3838）的有关要求。

但是，多数自然状态的原水都会或多或少含有一些无机物、有机物和微生物等杂质。按颗粒大小和存在的形态，杂质可分为悬浮物、胶体颗粒、溶解性物质和致病微生物等几类。对原水进行净化处理的目的是去除或降低原水中对人体健康有害或影响人们感官性状指标的物质，使处理后的水质达到国家《生活饮用水卫生标准》（GB 5749）的要求。

本章将介绍水质净化处理工艺与净化设施运行维护，有关消毒的内容将在本书第六章介绍。

第一节　净水工艺概述

一、净水处理方法选用

净水处理是指对原水采用物理、化学或生物等方法改善水质，生产出符合相关标准要求的生活饮用水的过程。净水处理的基本原则是：采用的技术和方法先进适用，工程建设投资省，操作简便，运行维护成本低，生产出的水符合国家有关规定。净水工艺是指水厂管理人员利用专门的设施或设备，对含有杂质的原水进行加工处理的工作、方法和技术。它是人们在长期制水生产劳动中积累总结出来的操作技术经验，也是制水工程技术人员和水厂生产操作人员应当遵守的技术规程。先进适用的制水工艺是生产优质、低成本饮用水的前提和保证。

净水处理使用最广，也是最常用的是常规净水处理，它以降低浊度并对细菌病毒进行灭活为主要目的，一般包括混凝、沉淀（或澄清）、过滤和消毒等几个环节。当原水水源存在有机污染，属于地表水环境质量标准中Ⅲ类以上水体（包括部分季节性污染的Ⅲ类水体），需要采用强化常规处理；对于有机物、臭和味等水质指标不能达标的，应增设预处理或深度处理措施；水源的有机物和氨氮污染严重，超过地表水环境质量标准中Ⅲ类水体要求的，应综合采用预处理、强化常规处理或深度处理等措施。地下水源含铁、锰超过地下水质量标准Ⅲ类水体的，应设置除铁、除锰装置。如果水源氟化物、氯化物、总硬度、硝酸盐、硫酸盐超标，宜优先选择替代水源方案，或经多方案综合比较，采取特殊处理措施。对于水源存在某种特殊污染物质的，应根据污染物特性采取针对性措施。

二、以地下水为原水的净水工艺

很多年以前，不少地方农村居民取用浅层地下水作为生活饮用水。后来，伴随着农业和农村经济迅速发展，过量使用化肥农药，造成部分地区农业面源污染严重，规模化畜禽养殖粪便污水入渗地下；小而散的乡村工业污废水随意排放，农村生活污水未经处理排放，生活垃圾随意丢弃堆放，使得许多地方的浅层地下水遭受不同程度的污染，已不适合作饮用水源，不得不改用深层优质地下水。

（一）水质良好的地下水或泉水净水工艺

1. 工艺流程

深层承压地下含水层，其上覆盖着很厚的不透水地层，起到了阻隔地面含有不干净成分地表水甚至污水的入渗作用，含水层的砂砾起到过滤作用。大多数水质符合《地下水质量标准》（GB/T 14848）Ⅲ类以上要求的深层地下水，水质洁净、杂质少、浊度低、水温稳定，是农村地区生活饮用水水源的最佳选择，其净水工艺流程相对简单，只需投加消毒剂即可，有的需要经过不太复杂的沉淀和过滤，再进行消毒。这种类型的供水工程制水成本较低，主要由机井抽水和给管网供水加压的电费、管理人员薪酬以及供水设施维修费用等构成。在我国北方，许多单村或联村供水工程都属于这种情况。其工艺流程如图 5-1-1 所示。

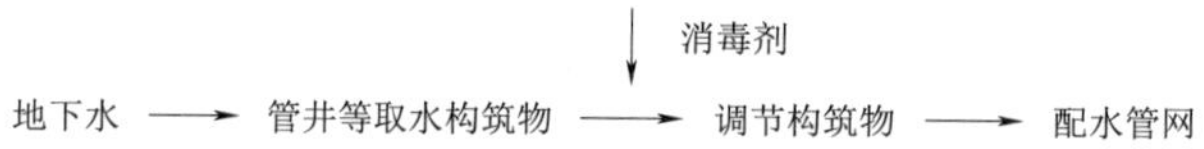

消毒剂

地下水 ⟶ 管井等取水构筑物 ⟶ 调节构筑物 ⟶ 配水管网

图 5-1-1 水质良好的地下水净水工艺流程

2. 常见问题、原因分析及处理办法

取用地下水的单村供水工程常见问题、原因分析及处理办法见表 5-1-1。

表 5-1-1 取用地下水的单村供水工程常见问题、原因分析及处理办法

常 见 问 题	原 因 分 析	处 理 办 法
取深层地下水直接通过管网供用水户，缺少消毒措施；有消毒设施，村民嫌有漂白粉味，不愿饮用这种水；或村管水员嫌消毒作业麻烦，不愿使用；或村干部认为添加消毒剂增大供水成本支出，不愿出钱购买消毒药剂	对消毒必要性缺乏认识，不了解清水池、水塔或管网输水过程中仍有可能滋生微生物细菌	向基层从业人员及广大用水户普及饮用水卫生科学知识；行业主管部门加强监管，对缺少消毒设施供水工程进行改造，要求供出的水必须进行消毒处理
消毒设施有故障或损坏，村管水员不会修理，不再使用	村管水员缺乏管护供水工程知识，业务技能不胜任岗位要求	上级主管部门加强对村管水员的培训，考试合格才允许上岗；严格执行监督管理制度；专业化技术服务单位提供维修服务
用水户水龙头出水偶尔有细沙粒	管井的滤水管过滤设施质量不佳或损坏，造成进水含沙	加强机井设计和施工质量管理，提高成井质量；在井泵后增加沉淀、过滤设施
用水户水缸内壁每隔几天就会挂上一层橙红色细泥	地下水原水水质检验不严格，含有超标的铁锰。所选净水工艺缺乏除铁、锰装置	加强县乡农村供水行业监管，严格执行有关技术规范规定；对失职失责行为要追究责任，从根源上提高供水工程建设质量；对供水工程进行技术改造，增加曝气和锰砂罐等处理铁锰

3. 案例

东北某村，110 户，500 多口人。多年来村民一直取用一眼 80m 深的深井水。水质化验含铁 0.6mg/L，有明显的铁锈味，并且缺少供水管网，村民自己到井房拉水，下雨天，道路泥泞，冬季下雪，路面积雪结冰，农户用水十分不方便，为此，不少农民在自家庭院打七八米深的"小井"，用 150W 的微型机泵抽取浅层地下水，水质不但浑浊，还有异味。2014 年国家实施农村饮水安全工程，经过水文地质勘探，打了一眼 150m 深的新井，经检测，全部水质指标都合格。配套了深井泵，盖了宽敞的新井房，井房内安装了变频设备、压力罐、消毒剂投加装置和计量水表，铺设供水管网通到各户，村民用上了价格不高的优质自来水，十分满意。

（二）含超标化学成分地下水的净水工艺

有些地方，由于水文地质条件的原因，地下水含有超过饮用水卫生标准的氟、铁、锰、氯化物、硫酸盐等化学成分，这时需要采用能够降低或去除有害化学成分的物理或化学措施，称之为特殊水质净水工艺。本书本章第五节将详细介绍这方面的知识。

以除铁锰为例，其工艺流程如图 5-1-2 所示。

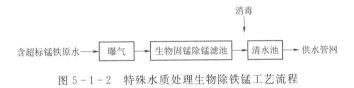

图 5-1-2 特殊水质处理生物除铁锰工艺流程

三、以地表水为原水的净水工艺

不同地区地表水源的水质差异很大。江河湖库中的自然水体与大气接触，工厂、汽车等排放的废气和粉尘颗粒很容易污染水体，水域周边人类生产生活活动排放的污水会污染水源。降水产生的地表径流带来水土流失，一方面会使地表水变得浑浊，同时也造成河道来水流量出现明显的季节差异，影响供水工程取水稳定性。以地表水作为农村水厂原水的净水处理工艺要比机井抽取优质地下水净化处理复杂得多。

讲到净水处理，必须先了解判别水质好与差的基础性水质指标——浑浊度。它反映的是水中悬浮物和胶体颗粒含量，人们习惯简称其为"浊度"。水中悬浮物和胶体颗粒成分主要是泥沙。浑浊度还与水中微生物含量（细菌、病毒、寄生虫等）和消毒效果密切相关。在生活饮用水卫生标准中，浑浊度归类在感官性状和一般化学指标中，它既能定量评价悬浮物和胶体颗粒浓度，同时也便于人们凭感官印象直观对水质作出评价。我国生活饮用水卫生标准规定，饮用水的浑浊度限值为 1NTU。对于小型集中供水工程和分散式供水工程因水源与净水技术条件受到限制时，可放宽到 3NTU。

（一）地表水直接过滤净水工艺

当取用地表水源的原水浑浊度常年不超过 20NTU，短时间高于 20NTU，但不超过 60NTU，综合水质符合《地表水环境质量标准》（GB 3838—2002）Ⅲ类水体以上时，原水可不经混凝沉淀而直接进入滤池进行过滤，这种工艺叫"直接过滤"。与常规净水工艺和特殊水质净水处理工艺相比，直接过滤净水处理的设施和工艺操作要简单得多，但它的适用条件很严格，可以把它看作是暂时不具备规范化供水工程建设的过渡性措施，属于特殊条件下的简化常规净水处理。直接过滤净水工艺又分为两种：一种是慢滤，另一种是微絮凝过滤。

1. 慢滤净水工艺

（1）慢滤净水工艺原理与设施结构。地表水慢滤净水工艺流程如图 5-1-3 所示。

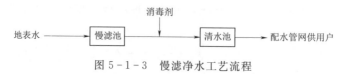

图 5-1-3　慢滤净水工艺流程

慢滤池又称生物慢滤池，池内存在着生物滤膜，原水中的藻类、原生生物和细菌等微生物在滤料顶层大量繁殖，使上层沙粒由松散逐渐粘连，附着在沙粒表面的微生物分泌出酶，可使原水中的胶体脱稳，也促使它们黏附在沙粒上；与此同时，通过微生物的生物氧化作用，可以使一些有机物因氧化分解而得以去除。这些机制的综合作用，使得慢滤池能起到吸附截留作用，达到净水的目的。

慢滤池的生物滤膜成熟需要一段时间，通常要连续运行 1～2 周。因此，在慢滤池运用初期，生物滤膜尚未成熟，不能很好地发挥水质净化作用的时候，滤后水的浊度往往不能满足要求，必须待生物滤膜成熟之后，才能正常运用。

慢滤池池形有圆形和方形两种，由池体、滤料层、承托层和集水系统构成。慢滤池面积一般为 $10～15m^2$。滤池的滤料最好用天然海砂，也可用干净的河砂，砂的粒径为 $0.3～1.0mm$，较细的砂粒集合在一起间隙小，可以形成较大的比表面积，使生物滤膜能更好地发挥作用。滤料层厚度一般为 $0.8～1.2m$，滤料表面之上的水深 $1.0～1.3m$，滤池一般不设冲洗设施。承托层由多层卵石或砾石按一定级配构成。滤池构造如图 5-1-4 所示。

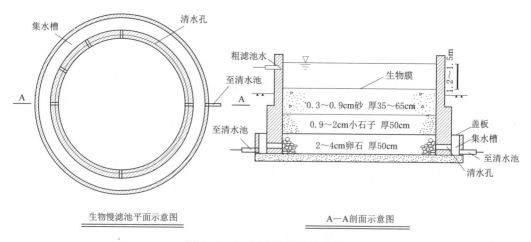

生物慢滤池平面示意图　　　　　A—A剖面示意图

图 5-1-4　慢滤池构造示意图

采用漫滤池净水处理的优点是池体构造简单，可用砖石砌筑，建造成本低、操作和维护较简单。整个净水过程不须投加混凝剂，在原水浊度不高的情况下，净水效果良好。缺点是占地面积较大、滤速慢、产水量较低，每平方米滤池面积每24h只能处理几立方米原水，另一个缺点是滤池易淤塞，人工刮泥和清洗滤料用工多，劳动强度大。采用慢滤净水工艺的供水工程，日供水能力一般只有几吨到几十吨。主要适用于植被条件好、水源涵养能力较强、水质清澈良好的溪流，多在山丘区人口不多的单村供水工程中应用。

如果原水浑浊度不稳定，降大雨后浊度迅速上升，单纯靠慢滤池进行净水处理，出水水质就达不到要求了。这时，需要对原水进行预处理，在慢滤池前增加粗滤池。粗滤池宜为两级串联，进水方式，前一个池采用上向流，后一个池采用下向流。粗滤的滤料用沙与卵石砾石，粒径从几毫米到二三十毫米，滤料分层铺设，厚度分别在20~50cm。联合运用粗滤池与慢滤池进行处理的原水浊度可以放宽到长期低于500NTU，瞬时不超过1000NTU。两种滤池联合运用的布置方式如图5-1-5所示。有地形高差条件时，可以建设自压慢滤供水系统。

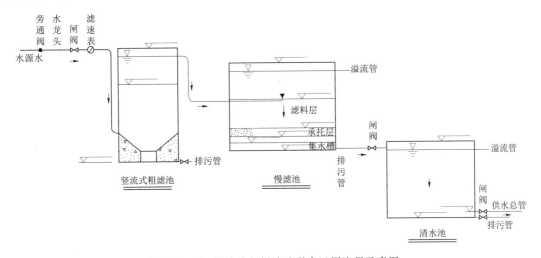

图5-1-5　粗滤池与慢滤池联合运用流程示意图

从长远看，农村供水要走规模化建设、专业化管理的道路，多数地方已建的慢滤净水供水工程要与大水厂供水管网联网，按常规净水工艺要求进行技术改造。

（2）慢滤池的运行维护。慢滤池运行维护的关键是合理控制滤池的进水量和滤速。一般来说，滤速越低，越有利于原水的净化。但是，滤速过低，会减少出水量，影响工程的供水能力。

1）慢滤池运行初始阶段，滤层表面尚未形成生物滤膜，应降低产水负荷，低滤速运行，1~2周之后可以逐渐加大水的处理负荷，最终达到设计净水产量。

2）定时观测滤池水位和出水流量，根据出水量和滤速的要求，适时调整出水溢流堰高度或出水管的阀门开启度，查看滤池集水槽、溢流管、排污管是否有污物堵塞，如有，应及时清理，保持畅通。

3）滤池运行2~3个月后，悬浮物等杂质不断在滤层上部积累，滤层表面的滤膜逐渐加厚，水流阻力增大，导致供水能力减少，这时应暂停供水，对滤层的滤沙进行恢复性清洁处理，用钉耙等工具，刮去滤层表面污物，将2~5cm厚度的沙层移出，用清水池内的洁净水进行清洗，洗干净后放回滤池重新铺好，有条件时也可以更换新的滤料。

4）刮沙清洗后破坏了原有的滤膜，需要 2～3 天时间才能在滤层沙粒表面形成新的成熟滤膜，然后才能恢复正常供水。开始阶段，要减少进水量，然后再逐步提高净水处理负荷。这期间要调整供水方案，减少供水量，让村民提前在家中水缸等储水器具存储一些生活用水，或用烧开水的办法使用滤池供出的不太清澈的水，降低患肠道传染病的风险。由于滤池已有微生物繁殖基础，所以刮沙后滤膜的成熟时间要比新建慢滤池短得多。

5）慢滤池不宜间断运行，如果滤层表面干燥，滤沙缺少水的浸泡，或水长时间不流动，会对生物滤膜性能产生不利影响；运行中也不宜突然增大产水负荷，超出滤池净水能力供水。

6）滤池的滤速应控制在 0.1～0.3m/h，原水浊度高时取低值。

7）滤料表面以上的水深宜维持在 1.2～1.5m。

8）如果滤池中滋生了藻类，应人工打捞清除，严重时要用漂粉精或其他消毒药剂灭除。

9）滤料层的厚度经多次刮沙会变薄，每个季度要测量一次沙层厚度，沙层厚度下降10％时，就应及时补充滤沙，恢复原设计要求的厚度。

10）每隔 3 年左右，对全部滤层进行彻底翻洗，重新装填。

11）每个月检查一次闸阀等设备，加注润滑油，保持进出水阀门启闭操作运转灵活，发现问题应及时处理。

12）保持滤池及周边环境卫生。虽然慢滤池运行管理简便，要求不高，但一般农村管水员很难胜任这项有一定技术含量的工作。需要县乡专业化的农村供水服务机构做好检查、技术指导和服务。

（3）慢滤池运行维护常见问题、原因分析与处理办法。慢滤池运行维护常见问题、原因分析与处理办法见表 5-1-2。

表 5-1-2　　　　　　慢滤池运行维护常见问题、原因分析与处理办法

常见问题	原因分析	处理办法
村管水员责任心不强或业务能力不适应供水工程管护要求	1. 村集体组织未能尽到管理责任主体职责。 2. 县乡有关主管部门监督检查履职不到位	1. 完善供水工程运行管护制度。 2. 县乡主管部门加强对村集体组织履职情况检查、监督管理
大雨后滤池出水浊度明显增高	1. 原水浊度超过慢滤池设计净水能力。 2. 管水员不能适时降低滤速	1. 在慢滤池前增建粗滤池进行预沉淀。 2. 降低滤速，降至 0.1m/h 左右，但会减少供水能力。 3. 号召村民短时间减少用水，合理运用清水池贮存的水。 4. 加强水源涵养区水土保持工作。 5. 如果具备条件，将邻近地点塘坝水库表层清水作为备用水源引取
滤池出水量逐渐减少	未适时清除滤料表层积存的污物，滤池孔隙被污物堵塞	1. 加强滤池巡查检测，适时清藻、刮沙。 2. 刮出表面滤沙，进行清洗，然后回填。 3. 更换滤沙

常 见 问 题	原 因 分 析	处 理 办 法
运行过程中滤池出水水质逐渐变差，不如以往清澈	1. 利用时间过长，滤沙清洗不及时 2. 刮沙使滤层变薄，功能下降	1. 加强滤池日常维护管理，定期刮沙，进行清洗。 2. 及时补充滤料
翻洗滤沙后出水水质变差	1. 未等新的生物滤膜成熟，即恢复供水。 2. 滤速过快。 3. 未严格按级配铺装滤料	1. 刮洗滤沙 3 天之内，减少进水量和供水量，等出水清澈后再正式供水。 2. 降低滤速，适当控制供水量。 3. 严格执行相关技术标准有关滤料级配规定
出水水质长期浑浊，浊度超标	进水量过多，滤速太快	1. 在滤池前设置预沉淀池或粗滤池。 2. 降低滤速

（4）案例。

南方山区某村，森林茂密，植被覆盖率达到 80%，山间溪流长年不断，平时水质清澈透底，有鱼虾游动。暴雨后溪流水会短时间变浑浊。过去村民用挑水的办法取用溪水，并在溪边洗菜、洗衣服。2010 年主要依靠政府补助资金建成了集中式供水工程。设计单位经过调查，分析当地水质条件，决定采用慢滤净水工艺，滤池及公共供水管网建设所需资金由政府承担，入户管道与水龙头资金由农户自己负担。

供水工程概况：滤池建在距村不远的山溪边一处开阔地，池长约 6m，池宽约 3m，顺应地形条件，呈不很规则的长方形；池深 3m，地下 1m，地上高度约 2m，池体用当地产的块石浆砌砌筑而成，池底和池壁水泥砂浆抹面；池内装填两层滤料，上层是粒径 0.3mm 的石英砂，厚 0.8m，下层是承托层，铺装卵石掺混砾石，厚 0.5m，水自上而下流过滤池，池底设 6 根 PE 塑料穿孔集水管，在距池顶 0.4m 处设溢流管。在慢滤池前设预沉粗滤池，为直径 4.5m 的浆砌块石圆形池，铺设 3 层河卵石，卵粒径分别为 3cm、1cm 和 0.5cm。水流靠天然水头由预沉粗滤池底进水，穿过滤料从上部流出，进入慢滤池，粗滤池进水管前设 0.5m 深的沉沙池和尼龙网拦污。慢滤池 2 个月左右刮一次沙，每次刮去 5cm，移到池外进行清洗，再铺回池内。慢滤池滤速约 0.1m/h，日供水能力约 8m³，基本满足全村 30 户人家的用水需求。除了雨季暴雨过后短时间出水浑浊外，其余大部分时间供水水质均达到生活饮用水卫生标准，浊度在 1～2NTU 之间。过去村民长期使用溪流天然水，对偶尔出现的水质轻度浑浊不以为然，在家中水缸沉淀 1～2 天或烧开就可以饮用。

村民积极配合兴建自来水工程，感谢政府为老百姓办了一件大好事，最高兴的是用上了自来水，减轻了担水、用水不方便之苦，积极参与水源保护和滤池环境卫生工作。

2. 微絮凝过滤净水工艺

（1）工艺机理。微絮凝过滤也称直接过滤或接触过滤。其做法是向引（提）取的低浊度原水中投加适量混凝药剂，药剂在原水中混合后，产生粒径较小的微絮凝颗粒，然后进入滤池，在滤料的黏附、氧化分解和截留等综合作用下，浊度降低到设计要求的水平。这种工艺省去了絮凝和沉淀两个工艺环节和相应的构筑物，节省建设投资。

微絮凝净水处理也只适用于原水浑浊度常年低于 20NTU 的条件，多为山丘区植被条件好、水源涵养能力较强的溪流或泉水。需要强调，微絮凝与常规净水工艺中的絮凝是有区别的，微絮凝要求絮凝体颗粒细小，便于深入滤层，以提高滤层截留杂质能力；微絮凝时间一般较短，通常在几分钟之内完成。而常规净水处理中的絮凝则要求絮凝体尺寸要大，便于絮体在沉淀池尽快沉降，为后面的过滤提供好的条件。

（2）工艺流程。地表水微絮凝直接过滤净水工艺流程如图 5-1-6 所示。

图 5-1-6　地表水微絮凝直接过滤净水工艺流程

微絮凝净水处理的优点是占地少，建设投资省，混凝药剂用量不多，所产生的污泥量也少，运行维护成本相对较低。缺点是缺少了常规净水工艺中专门的絮凝池和沉淀池所提供的絮体形成与沉降作用时间，导致它对原水浊度变化的适应能力差。此外，它对农村管水员的操作维护能力要求较高，一般农民很难做到按照技术规程要求操作，往往使水的净化处理效果大打折扣。从长远和根本上看，要按常规净水处理工艺进行改造。

（3）微絮凝直接过滤常见问题、原因分析及处理办法。微絮凝直接过滤常见问题、原因分析及处理办法见表 5-1-3。

表 5-1-3　　　　微絮凝直接过滤净水处理常见问题、原因分析及处理办法

常见问题	原　因　分　析	处　理　办　法
出水浊度超标	1. 缺乏水质检测手段，未能按照原水水质变化适时进行水质检测。 2. 管水员不掌握混凝剂投加量与净水处理效果关系的基本知识，未能适时调整混凝剂投加量。 3. 滤池滤速过大	1. 加强对管水员的培训，提高业务能力。 2. 区域水质检测中心加强对单村供水工程原水和出厂水水质检测，提出合理投放混凝剂数量建议。 3. 调整、降低滤速
滤池出水量日趋减少；净水效果减弱	1. 滤料孔隙被杂质淤堵，未适时进行翻洗。 2. 滤料流失、滤层减薄	1. 适时对滤料进行翻洗。 2. 适时补充滤料
出水有异味	氯消毒剂投加量偏大	指导管水员正确进行消毒操作
出水经检测细菌超标	1. 未启用消毒设施。 2. 消毒剂投加位置不对或投加量不足	指导管水员正确进行消毒操作

（二）地表水常规处理净水工艺

大多数江河湖库地表水水质达不到生活饮用水卫生标准要求，需要投加混凝药剂，按照絮凝、沉淀（澄清）、过滤等工序流程，进行净化处理，生产出符合国家标准要求的饮用水。人们将这样几个环节组成的净水处理称为常规处理净水工艺。与常规净水工艺对应的是非常规净水工艺，即在常规净水工艺措施之外，增加预处理、深度处理等特殊处理工艺措施，人们也把它们称为特殊处理净水工艺。

常规净水工艺的处理对象是含有超出生活饮用水卫生标准限值的悬浮物和胶体杂质。其工作机理是：将混凝药剂投加到取水设施引（提）取的原水中，在混合装置中快速混合均匀，水中的胶体颗粒在絮凝池脱稳，悬浮物和胶体颗粒形成体形较大、易

于沉淀的絮凝体。絮凝体在沉淀池经过一段时间的沉淀，依靠重力作用沉到池的下部，产生泥水分离，浊度得到明显降低。沉淀池上清液进入滤池，水中尚存的少量细小杂质，在这里受到进一步过滤截留，滤池流出的水再经消毒，水最终净化成符合国家生活饮用水卫生标准的水。

常规净水处理工艺的适用条件：原水浊度长期低于500NTU，短时间虽有超过，但不超过1000NTU，综合水质符合《地表水环境质量标准》（GB 3838—2002）Ⅲ类以上的水体，其工艺流程如图5-1-7所示。常规净水处理的详细内容将在本书本章第二～四节介绍。对于原水浊度指标超过500NTU，以及受到无机、有机物污染的地表水，需要在常规处理之前增加预处理，或在之后增加深度处理，这部分内容将在本书本章第五、第六节介绍。

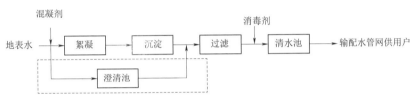

图5-1-7　常规净水工艺流程示意图

第二节　混凝药剂配制与投加

一、混凝药剂选用与存放管理

（一）混凝机理

地表水源中含有的悬浮物和有机物分解产生的胶体微粒，在自然状态下，它们沉淀得十分缓慢，甚至基本不沉淀，长期悬浮于水中。其原因是胶体微粒带有负电荷，相同性质的负电荷相互排斥，很难凝聚在一起。如果向水中投加带正电荷的混凝药剂，药剂溶解后，正与负两种性质的电荷相互吸引，胶体微粒撞击、吸附在固体颗粒上，进而脱稳，具有黏附性的微粒聚集成絮凝体矾花，矾花不仅体积较大，而且较重，比较容易在沉淀池中沉降。在絮体颗粒形成过程中，不但吸附悬浮颗粒，还能吸附一部分细菌和溶解性物质。混凝分为"凝聚"和"絮凝"两个阶段，前者是细小颗粒失去稳定相互聚集的过程，后者是细小颗粒在外力扰动下相互碰撞、聚集，形成较大絮状体的过程。

（二）常用混凝剂

按药剂在混凝过程中所起的作用，通常将药剂分为混凝剂与助凝剂两大类。不同水厂的净水处理选用哪种混凝剂最适合，要根据原水水质和当地药剂市场供应等情况，通过混凝沉淀试验，或参照相似条件水厂的运行经验，进行技术经济比较后确定。前提是符合卫生要求和保证水厂供水水质。购买时应注意查看厂家的产品生产许可证、卫生许可证，索取产品合格证和使用说明书。如果只使用混凝剂还不能取得良好效果时，可投加少量助凝剂。

目前农村水厂常用混凝剂有两大类：一类是铝盐，常用的是聚合氯化铝和硫酸铝；另一类是铁盐，如三氯化铁（绿矾）、硫酸亚铁等。它们的特点、适用条件和使用要点见表 5-2-1。

表 5-2-1　　　　　　　　　　　常用混凝剂

名　称	特点及使用要点
聚合氯化铝 $[Al_n(OH)_mCl_{3n-m}]$ 缩写为 PAC	1. 絮凝效果好，有利于沉淀过滤，消耗药量少，出水浊度低，色度小，对浊度高的原水和微污染原水絮凝效果尤其明显
	2. 对水温的适应性强；对水的 pH 值适用范围大，因而可不投加酸碱调节剂
	3. 投加设备简单，操作简便，腐蚀性小，劳动条件好
	4. 药剂使用成本较三氯化铁低
三氯化铁 $(FeCl_3 \cdot 6H_2O)$	1. 受原水温度影响小，絮体较密实，沉淀速度快
	2. 易溶解，易混合，残渣少
	3. 适用于原水 pH 值在 6.0～8.4 之间，当原水碱度不足时，需投加适量石灰溶液
	4. 对铁等金属材料有较强腐蚀性，对混凝土亦有腐蚀性
	5. 处理低浊度原水的絮凝效果不理想

1. 聚合氯化铝

聚合氯化铝是用铝灰渣加盐酸，经反应、聚合、沉降而制成。产品有液体和粉末两种形态。聚合氯化铝投加到水中形成的絮凝体比较致密、稳定，形体大，絮凝作用时间短，易于沉降，消耗药剂数量少，腐蚀性较小，对原水 pH 值、温度、浊度、碱度、有机物适应性较强，pH 值适应范围为 5～9。在处理高浊度水时，可不加或少加碱性助凝剂。农村水厂多用这种混凝剂。与硫酸铝相比，聚合氯化铝含三氧化二铝（Al_2O_3）有效成分多，有利于减少投药量，降低制水成本。硫酸铝的缺点是在低温低浊度原水中，水解速度慢，生成絮体松散而轻，絮凝效果稍差，对原水条件变化的适应性不如聚合氯化铝。

聚合氯化铝本身是无毒的。但由于其生产原料来源复杂，不同生产厂家所用生产工艺各异，有些原料可能会含少量重金属杂质，因此在购买聚合氯化铝时，要货比三家，慎重挑选，详细了解该产品的生产原料与工艺，以及其他用户使用后的反映。

2. 三氯化铁

三氯化铁用盐酸与铁屑进行化学反应，首先生成二氯化铁溶液，再用氯气氯化制成。固体的三氯化铁为棕黑色晶体，多制成药片状，易溶于水。三氯化铁易吸收水分，水溶液呈强酸性，是一种氧化剂。它的絮凝效果受温度影响小，形成的絮体较密实，适用的原水 pH 值在 6.0～8.4 之间。它的缺点是腐蚀性强，不仅会腐蚀金属，对混凝土构筑物也有较强腐蚀性，使用中要采取有效的防腐蚀措施。规模不大的农村水厂较少使用它。

（三）常用助凝剂

当单独使用混凝剂不能取得良好的絮凝效果时，需投加某些辅助药剂，以改善絮体结构，加速沉降，提高混凝效果，这种促进水的混凝过程的辅助药剂称为助凝剂。助凝剂按所起的作用分为三类：第一类是改善低温低浊度原水或高浊度原水絮凝效果的药剂，如聚丙烯酰胺；第二类是用于调整水的 pH 值和碱度的药剂，如生石灰；第三类是为降解水中有机物或藻类，改善混凝效果的氧化剂，如氯、高锰酸钾、二氧化氯、臭氧等。在净水工艺操作中，是否需要投加助凝剂，选用哪一类助凝剂，需要通过试验确定。如果缺少试验条件，也缺少这方面的实际操作经验，可借鉴与本水厂条件相似水厂的运行管理经验，逐步摸索总结出适合本水厂条件的助凝剂种类和投加量。

1. 聚丙烯酰胺（PAM）

聚丙烯酰胺是由丙烯酰胺聚合而成的有机高分子聚合物，无色、无味、无臭，易溶于水，无腐蚀性。产品有固体和胶体两种。它对水中的泥沙颗粒具有较强的吸附和"架桥"作用，尤其适用于处理高浊度原水，它可作为混凝剂单独使用，也可作为助凝剂与混凝剂同时使用。固体聚丙烯酰胺不易溶解，宜在配备了机械搅拌设备的溶解槽内配制成溶液，浓度一般为2%，投加浓度在0.5%～1%。具体的水解比和水解时间根据试验确定。

需要注意，聚丙烯酰胺中丙烯酰胺单体有毒性，作助凝剂使用时，绝对不能超出合理投加量。我国《生活饮用水卫生标准》规定，生活饮用水中丙烯酰胺单体含量最高限值为0.0005mg/L。净水处理实际操作中，一般控制在0.0001～0.0005mg/L。

2. 氧化剂

当地表水源受到杀虫剂、合成洗涤剂等较显著的有机物污染，单纯靠投加混凝剂难以得到需要的絮凝效果时，可投加氯、高锰酸钾、二氧化氯、臭氧等氧化剂，对原水中有机物或藻类等进行氧化预处理。氧化药剂在降解有机物时，本身不起混凝作用，而是起到促进絮体凝聚的辅助作用。

3. 生石灰

当原水pH值偏低或碱度不足时，会造成絮凝过程困难，这时需要投加一定数量的生石灰溶液，使絮凝得以顺利进行，生石灰溶液起到了助凝剂的作用。

（四）混凝药剂存放管理

1. 储备量

混凝药剂的储备量应根据当地药剂供应、运输方便程度等条件确定，一般按15～30天的日最大投药用量计算，具体的周转储备量视水厂条件确定。

2. 混凝药剂的存放与管理

固体药剂一般成袋码放，码放高度视操作条件而定，一般取0.5～2.0m。堆放体之间要有1.0m左右的搬运通道。不同药剂应根据其特点和要求分类存放。药剂使用应遵循先存先用的原则，避免超过规定使用期限。仓库应保持清洁，通风良好，防止药剂受潮。袋装药剂码放搬运要轻拿轻放，避免编织物或塑料袋破损，造成药剂泄漏。

液体药剂一般用塑料桶装或坛装，可顺序排列，中间留有手推车搬运的通道。液体散装药剂应在药库内设几道隔墙分开，隔墙高度在2.0m左右，分格设在药库的一侧或两侧。设在两侧时中间要有通道。药库地坪要有1%～3%的坡度，中间设地沟，便于清洁地坪时用水冲洗，水沿地沟流至废弃物池。

搬运液体药剂桶或坛罐时，要轻拿轻放。仓库保管员巡查时注意检查封盖是否拧紧，避免泄漏。各种药剂存放都要避免受到阳光照射。药剂购买入库和领用要有严格登记制度，记录表要妥善保存备查。

二、混凝药剂配制与投加量试验

（一）混凝剂配制方法

混凝剂宜采用湿投。先在溶药池中用清洁水配制成溶液。配制工作需经过溶解和配成所需投加浓度的两个阶段。配制作业流程如图 5-2-1 所示。

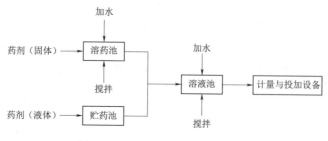

图 5-2-1　混凝剂配制作业流程

配制时，首先将药剂倒入溶药池中，用机械等进行搅拌。设施简陋时，也可采用人工搅拌。药剂充分溶解、沉淀后，将上清液送入溶液池，用水稀释成要求的浓度。

药剂配制浓度是指单位体积药液中所含药剂的重量，用百分比表示，例如，配制浓度为 5%，即指 100L 溶液中有 5kg 重的混凝药剂。

农村水厂配制的混凝剂溶液浓度一般为 1%～10%。药剂的投加量可参考条件相似水厂的运行管理经验或者自己通过加药量试验确定。以地表水为原水的水厂，原水水质，尤其是浊度，受降水影响经常变化，水温也随季节变化，这就需要经常监测原水浊度和水温，适时调整投药量。

在实际操作中，一般都要按要求的浓度，计算好一次需要溶解药剂的数量与所加水量，正确地加以配制。表 5-2-2 为不同的溶药池容积在配制不同溶液浓度时一次需要投加药剂的重量。

表 5-2-2　　　　　　　　　配制不同浓度时每次投加药剂量

配制浓度 /%	溶药池有效容积/m³							
	0.1	0.2	0.5	1.0	2.0	3.0	4.0	5.0
	药剂量/kg							
1	1	2	5	10	20	30	40	50
2	2	4	10	20	40	60	80	100
5	5	10	25	50	100	150	200	250
10	10	20	50	100	200	300	400	500

通常情况下，1 天配制一次混凝药剂溶液，配制好的药液宜当天用完，放置时间过长会影响混凝效果。

药剂配制要精准，投加药剂量必须称重计量。为此，水厂要有称重的计量器具。有的水厂缺少磅秤，或虽有磅秤，但失准，或早已损坏，操作人员全凭经验，估摸着投加，这是不允许的。

（二）最佳混凝剂投加量试验

1. 混凝剂投加量

适宜的混凝药剂投加量与原水水质变化情况关系密切，须通过试验来确定。有的水厂用混凝搅拌专用试验设备效果较好。没有试验设备的水厂，可采用人工试验，步骤如下：

1）配制每升水含有 10mg 混凝剂、浓度相当于 1% 的混凝剂溶液，做法是称取 5g 水厂生产实际所用的混凝剂，溶解于 500mL 蒸馏水中。

2）取 1L 的烧杯 3～5 个，杯中各放入本水厂制水生产所用 1L 原水，检测原水浑浊度、pH 值、水温。

3）逐杯分别加入先前已配制好的 1% 浓度混凝剂溶液 0.5mL、1.0mL、1.5mL、2.0mL、2.5mL，立刻用玻璃棒沿烧杯壁同一方向搅拌，先快速（120r/min）搅拌 3min，再中速（50～60r/min）搅拌 3～5min，然后再慢速（20r/min）搅拌 5min，最后沉淀 15min，在搅拌的同时，观察并记录矾花形成过程，包括矾花的大小、外观、密实程度等。

4）取各个烧杯水的上清液，用浊度仪测其浊度，以投药量少且水质最透明的烧杯投加量，作为最佳混凝剂投加量。

2. 绘制混凝药剂投加量曲线图

在获取多次试验不同原水浊度的最佳药剂投加量数据基础上，绘制出加药量曲线图。模拟不同浊度的原水，可以用本厂水源的底泥和原水进行配制，配制后的浊度、pH 值、碱度、水温等和实际原水要基本相似。将配制好的不同浊度的原水，用优选法确定不同的适宜加药量，经过一段时间生产实践检验，不断调整修改完善，形成可以指导生产实际的加药量曲线图。曲线图宜粘贴在纸板上、或放入透明塑料文件夹内，放置在加药间操作台操作人员容易看到的位置。药剂投加量曲线如图 5-2-2 所示。

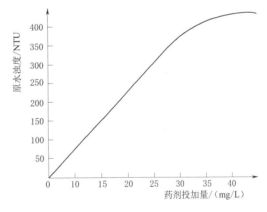

图 5-2-2　混凝药剂投加量曲线示意图

3. 影响混凝剂投加量的因素

混凝剂投加量不是一成不变的固定值，影响混凝剂投加量的因素很多，与水中悬浮物、胶体颗粒含量及成分组成、pH 值、碱度、水温、色度等均有关。要根据原水的水质情况随时调整。即使在同一条河流上，随着季节气候的变化，河水浑浊度、水温等也有所不同。

（1）水中悬浮物和胶体颗粒含量。混凝剂投加量与原水悬浮物和胶体颗粒含量、无机物、溶解性有机物的含量及其化学成分等有关。当水中的悬浮物和胶体颗浓度很低、有机物含量较高时，颗粒碰撞的几率低，混凝后形成的絮体细小，难以沉淀，表明混凝剂投加量不足，需要增加投加量。

（2）pH 值。混凝剂的水解产物直接受到原水 pH 值高或低的影响，每一种混凝剂只在其适应的 pH 值范围内，才能形成氢氧化物，以胶体形态存在，从而发挥其混凝作用。聚合氯化铝的适宜 pH 值范围为 5～9，三氧化铁为 6～8.4，硫酸铝为 6.5～7.5，硫酸亚铁为 8.1～9.0。

（3）碱度。碱度是指水中能与强酸发生作用的物质含量，在水中主要指重碳酸根（HCO_3^-）、碳酸根（CO_3^{2-}）、氢氧根（OH^-）等。

混凝剂投入水中后，由于水解作用，氢离子的数量就会增加，如果水中有一定的碱度去中和，水的 pH 值就不会降低。所以当检测的水样中碱度较低时，需要向水中投加石灰溶液等碱性物质，以提高水的 pH 值，这样就不至影响混凝效果。

（4）水温。水温低时，水的活化能小，化学反应速度慢，作为混凝剂的无机盐类水解慢，氢氧化物胶体之间彼此碰撞机会减少。与此同时，水温低，水的黏度大，使水中杂质颗粒布朗运动强度减弱，碰撞机会减少，也不利于胶体颗粒脱稳与凝聚。水温低水的黏度大，水流剪力增加，影响絮体形成和聚集。

为了解决原水水温偏低、混凝效果不佳问题，可适当增加混凝剂的投加量，或者再投加适量助凝剂——聚丙烯酰胺，以提高矾花的密实度。但是，并不是混凝剂投加量越多越好，超过适宜投加量以后，新增加的投药量对混凝效果不起正向促进作用，还可能不利于净水效果，增大制水成本。

混凝剂的品种、投药量、配制浓度、投药方式等都会对混凝剂投加量产生影响。除了上述因素外，絮凝池的水流流速、速度梯度和絮凝时间充分与否也会产生影响，需要合理控制。

三、混凝药剂投加与混合

（一）投药方式

多数水厂在取水的水泵前用重力方式投加，或者在泵后加压投加，它们都属于连续投加。

1. 取水泵前重力投加

重力投加是利用重力作用将设置在高处的药剂溶液池中的溶液投加在水泵吸水管处，如图 5-2-3（a）所示，或泵站前池水泵吸水喇叭口处，如图 5-2-3（b）所示。运行人员要观察投药流量计显示，调节投药管上的阀门，控制投药量大小。这种投加方式所用设备简单，药剂与原水混合比较充分，常用于取水泵站离水厂净水构筑物较近的情况。

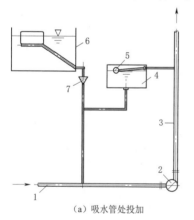

（a）吸水管处投加

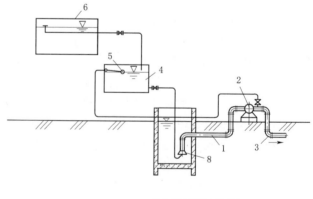

（b）吸水喇叭口处投加

图 5-2-3　取水泵前重力投加混凝药剂

1—水泵吸水管；2—水泵；3—出水管；4—水封箱；5—浮球阀；

6—溶液池；7—漏斗；8—吸水喇叭口

2. 压力投加

压力投加是利用水射器或者水泵将药剂投加到输送原水的管道中，它适用于取水点距离净水构筑物较远或规模较大的水厂。水射器将压力大于 0.25MPa 的高压水，通过喷嘴或喉管时产生的负压抽吸作用，将药液吸入到压力水管中，如图 5-2-4 所示。这种投加需配备计量装置。它使用方便，但要耗电。另一种压力投加是用水泵从溶液池抽取药液，送到输送原水的压力管道中，具体的有两种方式：一种是直接采用计量泵，另一种是采用耐酸泵配以转子流量计，如图 5-2-5 所示。

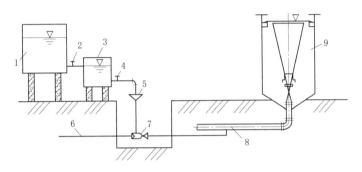

图 5-2-4　水射器压力投加

1—溶液池；2—阀门；3—投药箱；4—阀门；5—漏斗；6—高压水管；
7—水射器；8—原水进水管；9—澄清池

容积较大的溶药池和溶液池一般用混凝土或钢筋混凝土建造，池内壁需进行防腐处理，规模不大的水厂也可用塑料容器制成。为了保证药液配制和投加的精确，宜配备液位计、浓度计、计量泵等仪器设备。

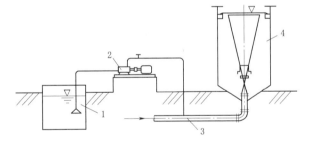

图 5-2-5　计量泵压力投加

1—溶液池；2—计量泵；3—原水进水管；4—澄清池

（二）混凝药剂混合

投入到原水中的混凝药剂应当迅速、均匀地扩散于水中，为絮凝创造良好的条件，为此，需要配备专门的药剂混合装置。它常与药剂投加装置结合在一起，要尽量靠近絮凝池。药剂混合过程用 10～30s 完成，混合后的原水在管（渠）道内停留时间不宜超过 2min，以此推算，混凝药剂投加点到净水构筑物距离不宜超过 120m。

常用的混合方法有机械搅拌混合、水泵混合和管式混合等几种。应根据水厂供水规模、水源水质和管理条件等选用适宜方式。

1. 机械搅拌混合

机械搅拌混合装置内安装有搅拌桨板，用电动机驱动桨板旋转，使水和药液掺混在一起。这种混合方式的优点是混合效果好，可根据原水进水量变化，随时调节搅拌装置的转速。缺点是增加了机械设备，并相应增加了维修工作量。它适用于规模较大的农村水厂。

混凝药剂机械搅拌混合装置示意如图5-2-6所示。

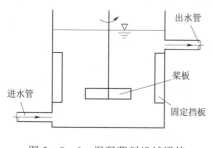

图5-2-6 混凝药剂机械搅拌
混合装置示意图

2. 水泵混合

水泵混合是在取水泵吸水管或吸水喇叭口处注入混凝药液，利用水泵叶轮高速旋转产生的负压和涡流，使药液与原水快速混合。这种方式将药剂投加与药剂混合结合在一起，不需专门的混合设备，简便易行，成本低。适用于取水泵靠近水厂净水设施的情况。

3. 管式混合

管式混合装置有静态混合和扩散混合等形式，其构造如图5-2-7所示。它适用于各种规模的农村水厂。

管式静态混合装置内安装若干固定混合单元，有压的原水水流和药液通过时，被多个单元体分割、改变流向，并形成涡旋紊流，达到混合目的。管式扩散混合装置是在管式混合器中安装锥形帽，有压的原水水流和药液与锥形帽剧烈冲撞后，药液与原水混合，它比管式静态混合装置混合效果更佳。

管式水力混合方式的优点是设备生产厂家较多，采购方便，在设计供水规模下，混合效果较好。缺点是当实际生产水量比设计生产能力小很多时，混合效果会有所下降。因此，须注意实际运行供水水量与混合装置设计水量尽量吻合，不要相差过于悬殊。

（三）混凝药剂配制与投加操作要点

规范化管理的水厂日常运行维护工作内容并不复杂，主要任务之一是做好药剂溶液配制，根据原水水质变化和出厂水水质情况，控制好药剂投加量。对规模不大的农村水厂，关键点也是难点，在于随时监测原水水质变化情况，如果做不到这一点，调节和控制混凝药剂投加量就无从谈起。

1）按水厂运行操作制度规定的药液浓度和搅拌溶解时间配制混凝剂溶液，固体混凝剂在溶药池内应充分搅拌溶解、稀释，严格控制药液的配比，液体混凝剂原液可直接投加，或按一定比例稀释后投加。

2）混凝药液不可一次配制过多，能供1~2天使用即可，也不宜一次配制太

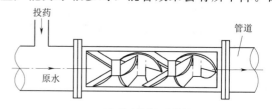

（a）管式静态混合装置

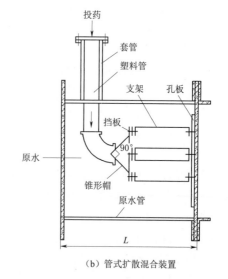

（b）管式扩散混合装置

图5-2-7 混凝药剂混合装置示意图

少，如果 1 天之内多次配制，会增加不必要的工作量。

3）根据原水水质变化、进水量大小和沉淀池出水水质情况，及时调整投加量，尽量创造条件采用自动控制方式控制投加量。

4）作好加药间设备器具擦拭保洁，保持环境卫生整洁，定期进行保养、检修，对计量器具进行检定，使其始终处于良好工作状态。

5）掌握混凝药剂耗用量，向有关负责人提出混凝药剂购置计划。

6）药剂库房管理人员应按照规章制度要求，保管好存放的混凝药剂，严格执行药剂领用登记制度。

7）作好巡回检查，运行值班人员应按操作制度规定的时间和路线，巡回检查药剂混合和混凝剂投加装置运行状况，包括察看溶液池的液位是否正常，加药设备、输送药液管道是否有滴漏堵塞等现象，适时向溶液搅拌机械等转动部位加注润滑油；结合巡查中看到的絮凝池絮体形状、大小等情况，调节混凝药液投加量，认真填写药剂配制与投加运行日志。

8）定期整理运行日志资料，分析混凝药剂投加量与原水浊度、有机物污染、温度、碱度、出厂水浊度、水质达标率等的相关关系，为完善水厂运行规章制度提供依据，不断提高混凝药剂配制与投加操作技术水平。

四、混凝药剂配制与投加常见问题、原因分析及处理办法

农村水厂混凝药剂配制与投加常见问题、原因分析及处理办法见表 5-2-3。

表 5-2-3　　　　混凝药剂配制与投加常见问题、原因分析及处理办法

常　见　问　题	原　因　分　析	处　理　办　法
1. 未配备药剂配制器具。 2. 缺少药剂称重计量器具。 3. 药剂称重计量器具损坏、失准。 4. 药液投加装置过于简陋，难以精确调节药剂投加量。 5. 药剂搅拌装置老化破损，影响搅拌效果	1. 水厂硬件设施建设标准偏低，设施设备配备不全。 2. 水厂管理单位不重视日常运行管理，未尽到严格监管职责。 3. 运行操作人员不熟悉净水业务知识，缺乏培训，工作责任心不强。 4. 水厂运行管理规章制度不健全，缺乏监督检查、考核	1. 配齐药剂配制与投加器具设施。 2. 修复或更换老化破损的器具
1. 长时间未对原水水质进行检测，药液浓度和投加量固定不变。 2. 药剂搅拌不充分，溶解时间不足，静置时间过短。 3. 配制好的药液存放时间过长。 4. 人工控制重力投加的高位药液池（桶）内药液液位过低，投加量逐步减少。 5. 人工控制投药量忽大忽小。 6. 冬季取用水量远低于药剂混合装置设计流量，影响药液混合效果。	水厂作业人员缺乏培训不熟悉混凝剂配置与投加知识，技术操作能力不足，工作责任心不强，管	1. 建立并严格执行原水水质检测制度，尤其雨后，要增加检测次数；如本厂不具备检测条件，上级主管部门应安排区域水质检测中心承担这项任务。 2. 改人工搅拌为机械搅拌，配制完成后，沉淀静置约 30min 再使用。 3. 尽量做到配制好的药液在 1~2 天内用完。 4. 加强监督检查，要求操作人员根据投加装置液位下降情况，适时调整投药控制阀。 5. 改人工控制投药量为自动控制。

常 见 问 题	原 因 分 析	处 理 办 法
7. 药剂库房存放条件不良，阳光直射，药剂变质。 8. 购买的药剂质量不佳，或一次购买过多，存放时间过长	理单位未尽到监管职责；水厂运行规章制度不健全，缺乏对执行情况的检查	6. 对混凝药剂混合装置进行技术改造，增加与低取水量匹配的混合装置。 7. 改善仓库保管条件，严格执行药剂使用说明书的规定。 8. 水厂管理单位加强药剂配制与投加的监督检查指导，及时发现并纠正存在的问题。 9. 加强对药剂配制投加人员技术培训，严格上岗前的考试。 10. 定期进行考核，将业务能力和业绩考核结果与薪酬待遇挂钩

第三节 絮凝、沉淀与澄清

如前所述，对于未受明显环境污染、浊度长期低于 500NTU，瞬间不超过 1000NTU 的原水，可以采用由混凝、沉淀、过滤加消毒工艺环节组成的常规净水处理。本节介绍农村水厂使用较多的絮凝池、沉淀池和澄清装置 3 种常用设施的工作机理、构造与运行维护。

一、絮凝

（一）常用絮凝池种类与工艺机理

絮凝池的功能是使混合了混凝药剂的原水在絮凝池中按照要求的流动方向、流速、流态流动，在混凝药剂的物理和化学作用下，水中所含的悬浮物和胶体脱稳，相互凝聚、碰撞，形成肉眼可见、大而密实的絮凝体，俗称矾花。经过絮凝的原水进入沉淀池，矾花沉降与水分离，大部分杂质得以去除。絮凝的基本要求是良好的水力条件和足够的絮凝时间。絮凝池内水流流速从进口处到出口处，逐渐降低，出口处的流速与下一道工序——沉淀池要求的流速衔接。水在絮凝池进行絮凝的时间随原水水质和絮凝池类型的不同而不同，短的 12min，长的约 25min。对于浊度较高，或水温偏低，水在絮凝池的絮凝时间要长一些，有利于絮凝体的形成，提高絮凝效果。农村水厂常用的絮凝设施有穿孔旋流絮凝池、折板絮凝池和网格（栅条）絮凝池等。

1. 穿孔旋流絮凝池

（1）结构与工艺机理。穿孔旋流絮凝池属于多组旋流反应，其结构如图 5-3-1 所示，池的整体通常分成 6～12 个格间，格间的 4 个角抹成倒角形，在池壁墙上开孔，相邻的格间，孔口上下对角交错布置，孔口断面积从第一格至最后一格逐渐加大，目的是使通过的水流流速逐渐减慢。投加了混凝剂的原水水流由第一格间底部孔口以较高流速进入，沿切线方向运动，从上部孔口流出，进入相邻的下一个池的进口，如此形成水的旋流。第一格间进口流速在 0.6～1.0m/s 之间，至最后一格间的出口，流速降至 0.2～0.3m/s。池内流速不宜过大，但也不宜过小，以免絮凝体在絮凝池内就产生沉淀。水流在絮凝池中总的絮凝反应时间在 20～25min 之间，处理低浊或低温水时，应取高值。

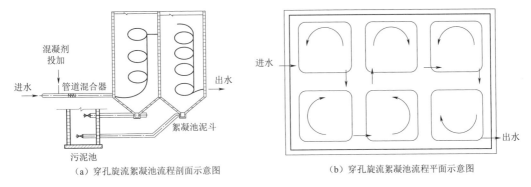

（a）穿孔旋流絮凝池流程剖面示意图　　　（b）穿孔旋流絮凝池流程平面示意图

图 5-3-1　穿孔旋流絮凝池结构示意图

穿孔旋流絮凝池的池体结构型式关键是促使形成水的旋流，并且流速逐渐降低，为此，每个隔间和相邻隔间进水孔口与出水孔口必须一个在上，一个在下。孔口都必须开在靠近池体格间的弧形转角处。有些供水工程池体格间四角做成直角，没有抹成弧形倒角，这很不利于水流形成整体旋流。分析原因，可能是施工操作不便，工人图省事。另一个问题是孔口位置和高程不合理，孔口开在池墙的中部，而不在格间拐角处，造成水流在池中对冲、紊乱，无法形成有效的旋流。池体结构型式的不合理，导致了絮凝效果不佳，出现絮体细小、聚集不良或破碎等问题。工程结构上的先天缺陷无法通过加强运行管理解决，只能进行根本性的技术改造。

穿孔旋流絮凝池的优点是构造比较简单，施工方便，絮凝效果较好。缺点是池体开挖较深，在地下水位较高的地区，施工时排除地下水较麻烦。这种结构型式在规模不太大的农村水厂应用较多。

（2）案例：穿孔旋流絮凝池絮凝效果欠佳问题的解决。

某镇水厂建于 2012 年，设计日供水规模 5 万 t，自中型水库取水，采用 2×2.5 万 t 穿孔旋流絮凝、斜管沉淀、普通快滤池过滤等措施对水进行处理，消毒后可供 10 万村镇居民和多个企业用水。

水厂投入运行后，供水水质能够达到国家生活饮用水卫生标准。但与同类水厂相比，长期存在滤池反冲洗周期较短、厂用水量较大等问题。

2016 年主管部门组织专家到厂进行调研。通过深入现场、查阅运行日志和与生产一线人员座谈，专家分析可能存在沉淀池出水浊度偏高的问题。顺藤摸瓜，先测定沉淀池出水浊度，发现达到 7NTU，高于技术规范要求的 5NTU。再查看斜管沉淀池上部水体，有较多零散絮体矾花。进一步观察穿孔旋流絮凝池水流流态，发现分格之间的穿孔多处出现明流，询问水厂管理人员得知，如果供水量处于半负荷运行时，明流现象更为严重。明流的出现，导致矾花难以生成，生成的矾花又被明流打散，最终导致沉淀池出水浊度超标过多，从而加大滤池负担。而穿孔旋流絮凝池出现明流现象的原因：①絮凝池上孔口上缘高程过高；②沉淀池集水槽安装高程过高。专家建议，进行技术改造，调整絮凝池孔口上缘高程和集水槽安装高程，保证在任何制水生产负荷情况下，穿孔的水流始终处于潜流状态。

　　根据专家建议实施技术改造后，絮凝池看不到明流，沉淀池斜管顶部也看不到矾花，每天减少了一次滤池反冲洗，出水水质满足国家生活饮用水卫生标准，效果良好。

　　启示：净水处理的絮凝、沉淀、过滤是一个环环相扣的完整系统工程，任何一个环节出现问题，都可能影响其他环节。滤池出现的问题，根源却出在穿孔旋流絮凝池格间出水孔口上缘高程不合理，池水出现明流和斜管沉淀池集水槽安装高程较高。本案例告诉我们，不管是絮凝池还是沉淀池，结构设计和施工安装的每一个细节都要十分仔细，稍有粗心，就会给工程建成后的运行维护带来难以克服的困难。

　　2. 折板絮凝池

　　折板絮凝池是在池中设置起到扰流作用的多个折板，促使形成众多小的涡流，紊流状态的水流便于悬浮物颗粒碰撞，进而形成大而密实的絮体。折板絮凝池一般分为三段，三段中的折板布置可分别采用相对折板、平行折板和平行直板，如图 5-3-2 所示。投加了混凝药剂的水在池内各段的流速逐步降低，分别控制在 0.35～0.25m/s、0.25～0.15m/s 和 0.15～0.10m/s，水流在池中总的絮凝反应时间需 12～20min。池内水流方向有平流和竖流两种，以竖流式为多。折板絮凝池的优点是絮凝所需时间较短、池体容积较小、絮凝效果较好。缺点是构造较复杂，折板间距窄小，安装维修较为麻烦、造价较高，当净水处理的水量变化较大时，会出现絮凝效果不稳定的问题。这种结构型式主要用于供水规模较大、但制水量变化较小的农村水厂。

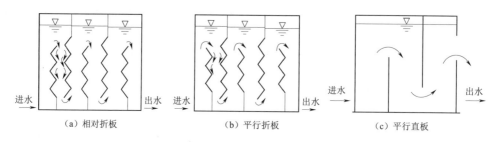

图 5-3-2　折板絮凝池结构示意图

　　3. 网格（栅条）絮凝池

　　网格絮凝池结构如图 5-3-3 所示，它由 9～18 个相同的格间串联组成。每个竖井内安装若干网格或栅条，各竖井之间的隔墙上下交错开孔。投加了混凝药剂的水流依序从前一格流向下一格，上下交错流动，直至出口。池底设穿孔排泥管或漏斗，排出底泥。网格布置分三段：前段为密网或密栅，中段为疏网或疏栅，末段不安装网或栅。水流通过格间时，相继收缩与扩大，形成漩涡，各段的流速逐步降低，细小的凝聚体相互碰撞，较小的颗粒凝聚成较大的絮体矾花。池内过网（栅）水流流速：前段 0.25～0.30m/s、中段 0.22～0.25m/s。总絮凝时间为 12～20min。处理低温或低浊度水时，絮凝用时适当长一些。网格可用塑料或不锈钢材料制作。

　　网格（栅条）絮凝池的优点是絮凝时间短，絮凝效果较好。缺点是构造较复杂、造价较高，网格上易滋生附着藻类等微生物，清洗和除泥维护工作量较大。净水处理的水量变化较大时，絮凝效果会受到影响。它适用于净水处理水量变幅不大、规模较大的农村水厂。

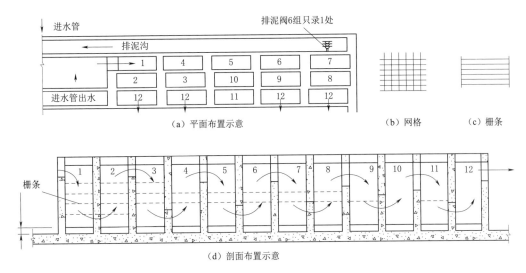

（a）平面布置示意　　　　　　（b）网格　　　（c）栅条

（d）剖面布置示意

图 5-3-3　网格絮凝池结构示意图

（二）絮凝池运行维护要点

絮凝设施的运行维护与本书本章上一节介绍的混凝药剂配制、混合与投加密不可分，是一个完整的系统。絮凝池运行维护很大一部分工作内容是围绕观察絮体（矾花）形状、大小、密实程度，将所得信息反馈到混凝药剂配制与投加，适时调整药剂投加量来进行的。运行调控的主要技术参数是流速变化、速度梯度、絮凝时间。

1）做好原水水质监测。一般情况下，2～4h检测一次浑浊度、pH值、水温等，在水质变化较多的季节，如汛期雨季，要加密监测。大雨过后，原水浊度会突然增高，含泥沙多的浑水相对密度大，会下沉到絮凝池的底部流动。处理这种情况，必须迅速调整运行技术参数，合理加大混凝药剂投加量，直到原水水质恢复到平时的状况，再转入正常的运行工作状态。如果原水浊度超出絮凝工艺设计能力较多，只增加混凝药剂投加量就不够了，需要增加预处理措施。

2）适时调整混凝药剂投加量。农村居民生活用水的一大特点是白天与夜间、平时与节假日用水量差异很大，这会影响混凝药液投加量。因此，要随时掌握水厂供出水量的变化情况。采用水泵取水时，增加或减少取水水泵机组开停数量；重力流取水时，调节进水阀门的开启度。根据处理水量变化，及时调整混凝药液投加量。每隔2～4h检查一次药液消耗情况。巡回检查中注意查看输送药液的管道和投加设施连接处是否有药液渗漏，管道是否通畅。

3）巡回检查时，重点观察絮凝效果，沉淀池进口处的絮体大小、密实等情况是否正常。根据絮体特征，分析投加药量是否适宜，如果过多或不足，应及时采取措施进行调整。认真填写运行日志，将巡回检查观测结果记录在日志上。

4）根据事先进行的试验结果，慎重考虑是否需要投加助凝剂，切忌凭主观臆断或所谓"经验"盲目投加，要考虑有些助凝剂存在有害副作用的风险。

5）初次运行的折板絮凝池，进水流速不宜过大，防止折板倾斜歪倒、变形。

6）及时清除絮凝池底积泥。

7）每年对絮凝池折板、网格等设施和药剂投加计量设施进行一次检修，清除池底积泥和池壁上的泥垢、藻类、蛤贝等微生物，清洗折板，更换易损和破损部件。

8）每3~5年对混凝土絮凝池进行一次彻底检查，修补裂缝、表层脱落等破损部位，保持构筑物完好。

（三）穿孔旋流絮凝池运行维护常见问题、原因分析及处理办法

穿孔旋流絮凝池运行维护常见问题、原因分析及处理办法见表5-3-1。

表5-3-1　　穿孔旋流絮凝池运行维护常见问题、原因分析及处理办法

常见问题	原因分析	处理办法
絮凝池格间水流旋转不明显； 格间上部可见明流	絮凝池设计和施工存在先天缺陷，格间结构不合理，影响了旋流流态的形成和絮凝效果	按照技术规范要求对絮凝池进行改造
絮体矾花细小破碎，沉淀池出水浊度超过5NTU	混凝药剂投加量不足，混凝药剂混合不充分、不均匀；入池水流流速过快，影响絮凝颗粒聚集	改进混凝药剂配比，适当增加混凝药剂投加量；改进药剂混合装置，提高混合效果；调整入池水流流速，控制池内水流速度缓慢递减
进入沉淀池水量和水厂供水量有减少趋势	絮凝池底积泥过多，混凝药剂投加量过多	适时排放絮凝池底积泥，合理调整混凝药剂投加量
絮凝池内壁滋生青苔藻类；有藻类漂浮	原水水质受到有机物污染超出絮凝池设计絮凝净水能力，絮凝池受到阳光照射，易于滋生微生物；未严格执行维护检修制度	增加原水预处理；池上增设遮阳棚；加强对池体清洗维护制度执行情况的监督检查，严格考核奖罚
絮凝池内塑料折板或栅条老化破损	塑料折板质量欠佳；运用时间太久，自然老化；未严格执行维护检修制度	折板等塑料制品加强采购把关审核；严格执行维护检修制度，及时更换老化破损折板等部件

（四）案例：絮凝沉淀设施改造

某水厂建于2008年，水源来自小（1）型水库。设计供水规模5940m³/d，供水范围4个乡镇32个村，向4.5万居民供水。水库上游有小型化工厂，产生的工业废水和附近村镇生活污水直接排入水库，虽然当地降水较多，水库水体有较强自净能力，但水质总体欠佳，并且不稳定，炎热的夏秋季节有藻类滋生。水厂净水工艺流程如图5-3-4所示。

```
           ↓混凝剂                           ↓次氯酸钠
原水 → 取水泵站 → 穿孔旋流絮凝池 → 斜管沉淀池 → 气浮池 → 重力无阀滤池 → 清水池 → 供水管网
```

图5-3-4　水厂净水工艺流程

多年来，用水户对水厂供水水质不十分满意，反映家里的水龙头出水有时浑浊，玻璃杯中的凉开水看起来不十分清澈透明。水质检测结果表明，出厂水的色度、浊度、三氯甲烷和铝均有超标。2015年在上级有关部门的督促下，水厂请来专家现场指导，寻求解决办法。

专家们深入现场调研，认真查阅历年运行日志和水质检测报告，认为问题产生的可能原因有两方面：①水库原水水质超出水厂现有净水工艺设施的处理能力；②水厂运行管理粗放，技术力量薄弱，未严格执行运行管理规章制度。

专家们提出整改建议：首先，尽快解决水库周边和河流上游生活污水和化工厂废水排放问题，请地方政府加强监督检查，对已建城镇生活污水处理厂时开时停的问题进行整改，充实领导班子和技术力量，向居民收取污水处理费，镇财政增加资金补贴，使污水处理厂做到正常运转；其次要求上游化工企业要补建污水处理厂，做到达标排放，如果企业无力或不愿进行技术改造，建议当地政府考虑督促化工厂转产对环境影响小的产品，实在不行的话，下决心对其关停；最后，对水厂进行技术改造，增加原水预处理、强化絮凝与过滤，具体措施建议包括：①使用二氧化氯对原水进行预氧化处理，解决原水有机物超标问题，避免过量投加混凝药剂可能带来出厂水铝超标的问题；②在穿孔旋流絮凝池中增设网格，适当控制絮凝池水流流速，延长絮凝时间，强化絮凝效果；③将重力无阀池的滤层改造成颗粒活性炭、石英砂粒双层滤料，强化过滤；④消毒剂改用高纯度二氧化氯。

经过一年的努力，基本解决了工业废水和生活污水排入水库问题，完成了水厂技术改造和生产调试。经检测，水厂出厂水和管网末梢水水质均达到国家生活饮用水卫生标准，居民反映自来水水质比过去明显改善，调查满意度达到95％以上。

二、沉淀

沉淀是指在重力作用下，悬浮物从水中分离出来下沉的过程。根据是否向原水中投加混凝剂，可将沉淀分为自然沉淀和絮凝沉淀两类。

水在自然沉淀过程中，固体颗粒不改变形状、尺寸，也不互相聚合，各自独立地沉降，它受到水的流态、流速、水温、悬浮物颗粒大小和形状等影响。自然沉淀适用于浑浊度较高的原水预沉淀处理，只能去除颗粒较大和较重的泥沙和杂质。在多泥沙河流上取水，可先通过沉淀池或水库，进行预沉淀处理。

絮凝沉淀是在原水中添加了混凝剂，细小的颗粒和胶体在絮凝池中脱稳，相互吸附凝聚，生成形体和重量较大的絮体颗粒。携带了大量絮凝颗粒的水进入沉淀池，依靠重力作用，絮体颗粒从水中分离沉降，浑浊的水变清。如果运行正常的话，絮凝和沉淀这两个环节，通常能够去除原水中80％～90％的杂质。剩余下的少量絮体杂质再通过过滤环节进行进一步的处理。为了控制过滤设施的负荷压力，要求沉淀池输往滤池的水的浊度应低于5NTU，这是确保水厂过滤后水的浊度低于1NTU的关键环节。

（一）常用的两种沉淀池构造

1. 斜管（板）沉淀池

斜管沉淀池由多层直径 25～35mm、斜长 1.0m、倾斜角度 60° 的平行倾斜管构成。斜管排列必须整齐，上下平行，左右插接严密，防止使用时间久的斜管可能会变形，影响间隙。斜管或斜板的作用是把空间有限的沉淀池分成了许多容积较小的浅层沉淀区域，增大沉降面积，缩短沉降距离。在通过同样流量与絮凝条件下，沉淀效率与沉淀面积成正比，而不取决于沉淀池的高度与容积大小。从沉淀池的剖面看，自上而下分别是清水区、斜管区、配水区和积泥区 4 个部分。斜管（板）沉淀池的构造剖面如图 5-3-5 所示。絮体沉积在斜管（板）上，积累到一定厚度时，以泥糊的形态依靠重力作用从斜管（板）滑下，沉积在池底积泥区。含有很少量细小絮体颗粒、已变得相对清澈的"清水"，在沉淀池上部经集水管（槽）流出，进入下一道工序——过滤。

斜管沉淀区液面负荷宜参考条件类似水厂的运行经验确定，通常在 $5.0～6.0 \text{m}^3/(\text{m}^2 \cdot \text{h})$。

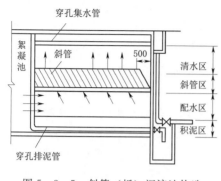

图 5-3-5　斜管（板）沉淀池构造
剖面示意图

斜管（板）沉淀池下部配水区高度一般不小于
1.5m。从斜管（板）上滑落下来的污泥，经穿孔
排泥管的积泥区收集后排出池外。沉淀池上部
的清水区保护高度不宜小于 1.0m，超高 0.3m。
沉淀池出水口应设置水的浑浊度检测点，便于
运行人员随时了解进入滤池的水的浊度，如果
浊度高于 5NTU，就要查找絮凝和沉淀两道工
序哪个环节出现了问题，就在哪个环节采取改
进措施。

从絮凝池流入斜管沉淀池的水的流向一般采
用自下向上。斜管的倾斜安装方向与水流方向应
满足斜管逆向进水要求。新建成或检修完毕，启用沉淀池时，要控制初始上升水流流速，
避免一开始的过大流速将斜管或斜板冲击漂起。具体的水流速度宜参考条件类似水厂运行
经验确定。

斜管（板）沉淀池结构的优点是占地面积少，体积较小，沉淀用时短、效率高。它的
不足之处是水在斜管或斜板之间沉淀时间很短，如果前一道工序絮凝的效果达不到工艺设
计要求，部分絮凝体会从斜管区溢出，增大过滤环节的负担。此外，还存在构造较为复
杂、用材料多、造价较高、斜管（板）须定期更换等缺点。

2. 平流沉淀池

平流沉淀池为长方形构筑物，由进水区、沉淀区、出水区和存泥区 4 部分构成。其结
构如图 5-3-6 和图 5-3-7 所示。池数或分格数一般不少于两个。池的中间有若干隔
墙。沉淀池每格宽度在 3～8m，长宽比不小于 4，长深比不小于 10。池的纵坡坡度一般为
2%。进水的入口采用穿孔墙配水，作用是将水流均匀地分布于整个进水断面上，并尽量
减少扰动，以防止絮凝体破碎。穿孔墙与进水端池壁的距离应不小于 1m，在沉泥面以上
0.3～0.5m 处至池底的墙体不设孔眼。进水孔口流速不宜大于 0.15～0.2m/s，实际应用
中常用更小的流速。水从池的前端流向尾端时，随着越来越多的絮凝体沉降到池底，逐渐
变清，从池尾端的溢流堰流出，进入集水槽，再进入滤池。

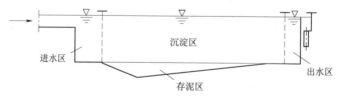

图 5-3-6　平流沉淀池示意图

絮凝池流出的水在平流沉淀池的沉淀时间应根据原水水质、水温等情况并参考条件类
似水厂运行经验确定，通常在 2～3h。池的有效水深度为 3.0～3.5m，超高 0.3～0.5m。
池内水平流速 10～20mm/s。运行水位保持在设计允许最高运行水位与其下 0.5m 之间，
防止沉淀池出水淹没出水槽现象发生。

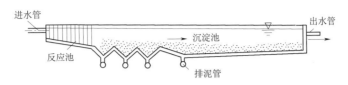

图 5 - 3 - 7　多斗底平流沉淀池示意图

平流沉淀池的结构简单，运行维护管理方便，沉淀效果稳定，对进水浑浊度高或低的变化都有较好的适应能力。缺点是占地面积大，如果没有机械排泥装置，排泥工作量大。若采用机械排泥，设备维护工作量大一些。

（二）沉淀池运行维护要点

1. 做好巡回检查

定时巡查了解沉淀池内水的流速、水位、停留时间、积泥泥位，重点察看沉淀效果，包括沉淀池出水口水的浑浊度、沉淀污泥厚度、池水中悬浮物状态、水面浮泥或浮渣等；检查进出水阀、排泥阀、排泥刮渣装置是否处于正常工作状态，溢流堰上的出流是否顺畅均匀，排泥管道是否通畅，如果发现溢流堰及集水槽内有漂浮杂物等，要及时清除；对机械转动部位定期加注润滑油。

2. 及时排除池底积泥

沉淀池淤泥厚度不宜超过 0.5m，积泥过多会减少沉淀池有效容积和进水断面面积，影响沉淀效果，特别要防止出现穿孔排泥孔眼与管道堵塞。排泥间隔时间视池底泥的淤积和沉淀池出水浊度情况定，一般为 4～8h。当沉淀池出水浊度低于 5NTU 时，就可停止排泥，排除积泥不宜过于频繁，否则会增加制水生产耗水量，增大运行成本。

3. 观察"清水区"水体状况

要控制好沉淀池运行水位和沉淀池上清液的深度，防止淹没出水集流槽。上清液深度一般在 0.5～0.7m。沉淀池"清水区"表面不应有污泥漂浮。如果清水区有大块絮体漂浮，且水体发白，说明絮凝池前的混凝药剂投加量过大，或者积泥区积泥过多，应及时采取应对措施。

4. 定时检测沉淀池出水浊度

沉淀池出水浊度应控制在 5NTU 以下，如果达不到这一要求，应分析查找原因。如果是原水水质突然出现较大变化，导致絮凝效果不良时，应当及时调整混凝剂投加量，同时增加对原水水质如浊度、pH 值、碱度、水温等的检测频次。当原水含藻类较多时，应采取投加氧化药剂或其他除藻措施。

5. 启用或停用沉淀池进水或出水阀门的操作应缓慢进行，避免骤然关闭或开启

（三）沉淀池维护与检修

1）每个季度或半年对斜管（板）进行一次彻底冲洗，如有损坏，及时更换。

2）每年对沉淀池进行 1～2 次人工清洗，斜管沉淀池每 3～6 个月进行人工清洗 1 次。如果原水含有藻类，要增加清洗次数。

3）斜管（板）沉淀池短期停运时，塑料斜管仍应浸没水中，防止塑料制品暴露于空气或日晒提早老化；在气温较高地区，宜在沉淀池上加设遮阳篷，防止藻类繁殖并延缓塑

料管（板）材质老化。

4）每月对排泥机械、电气设备维护检修1次，每年对排泥机械进行1次彻底清洗检查，更换易损或已损坏的零部件，并对阀门等进行1次解体检修，更换易损或已损坏零部件。

5）每年对沉淀池排空检修一次，对斜管（板）、支托架、绑扎绳等进行检修或更换。检查混凝土池底、池壁完好状况，如有损坏进行修补。金属部件涂刷防锈油漆。每3～5年对斜管（板）进行1次大修理。

一般情况下，絮凝和沉淀二道工序的运行维护工作量并不很复杂，①做好原水浊度和沉淀池出口浊度监测，合理配制混凝剂药液，控制药液投加量；②认真做好巡回检查，仔细观察池中水流絮体矾花形状与运移状况，如果降雨造成原水浊度经常超过设计时的预期，仅靠增加投药量是无法从根本上解决问题的，要在絮凝池前增加原水预处理。

三、澄清

（一）澄清池净水机理

澄清是指通过水与高浓度泥渣接触，在同一装置内将絮凝、沉淀两个净水处理环节合在一起，连续完成絮体矾花的形成和沉淀去除水中悬浮物。它对运行管理的技术要求比较高，适用于处理浊度较高的原水。澄清池之所以能取得这种效果，主要是利用池中高浓度活性泥渣与投加了混凝剂原水中脱稳的杂质接触，水在池内自下而上流动，泥渣层在重力和向上水流托举力的共同作用下，处于动态平衡状态。脱稳杂质随水流通过泥渣层时被吸附截留，使泥与水分离，清水在澄清池上部汇集流进集水槽，再进入滤池。澄清池出水口要设置净水效果监测点，定时检测出水浊度是否低于5NTU，如达不到要求，应查找原因，采取措施调整有关工艺参数。澄清池不适合间断运行，仅适用于有一定规模的农村水厂。

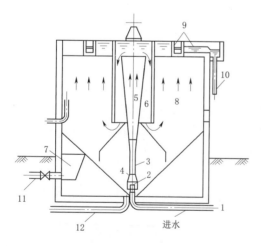

图5-3-8 水力循环澄清池构造示意图
1—原水进水管；2—喷嘴；3—喉管；4—喇叭口；
5—第一絮凝室；6—第二絮凝室；7—泥渣浓缩室；
8—分离室；9—集水槽；10—澄清后的出水管；
11—排泥管；12—排空管

（二）几种澄清池构造

传统的澄清池有水力循环澄清池和机械搅拌澄清池，近年来旋流气浮澄清池也得到重视和应用。

1．水力循环澄清池

水力循环澄清池由进水管、喷嘴、喉管、喇叭口、第一絮凝室、第二絮凝室、泥渣浓缩室、分离室等部分组成，其构造如图5-3-8所示。

净水过程：投加了混凝剂且经过加压、具有较高流速的原水，从池底中心进水管端的喷嘴，以高速喷入喉管，在喉管喇叭口四周形成负压，从而将相当于3倍左右原水的活性泥渣从池底部吸入喉管，与原水快速充分混合，然后进入面积逐渐扩大的第一絮凝室，再进入第二絮凝室。因絮凝室面积突然扩大，水流流速逐渐减小，促使水中杂质颗粒脱稳，颗粒间相互碰撞、吸附，完成了絮凝反应。从第二絮凝室流出的泥水混合液，在分离室中因过水断面进一步突然增大，水流速度再次降低，泥渣在重力作用下与水分离而下沉，清水则向上从集水槽流走。一部分泥渣沉积到泥渣浓缩室，定期由排泥管排除，另一部分泥渣又被吸入喉管进行回流，如此循环往复。水在澄清池中的总停留时间为 1～1.5h。

水力循环澄清池的优点：①含有吸附活性的泥渣重复利用，有利于充分发挥其效能；②混合、絮凝反应和泥水分离沉淀等多个工艺环节在同一个池内完成，设施结构紧凑，厂区占地面积小，运转效率高。缺点是用药量较大，能耗较高。对原水水温和水质变化适应性较差，不适合间断运行。它适用于浊度长期低于 1000NTU 的原水。

2. 机械搅拌澄清池

机械搅拌澄清池由第一絮凝室和第二絮凝室、导流室及分离室组成，其构造如图 5-3-9 所示。整个池体上部是圆筒形，下部呈截头圆锥形。投加了混凝药剂的原水在第一絮凝室和第二絮凝室内与高浓度的回流泥渣接触，达到较好的絮凝效果，聚结成大而重的絮凝体，经导流室在分离室中进行渣水分离，使水得到净化澄清。机械搅拌设备的转速、回流泥渣的数量和浓度等都可以根据澄清池出水的浊度进行调节。

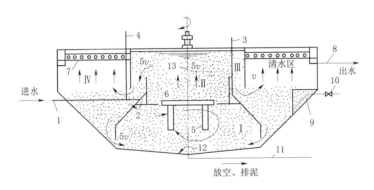

图 5-3-9　机械搅拌澄清池构造示意图

1—进水管；2—角配水槽；3—透气管；4—投药管；5—搅拌浆；6—提升叶轮；7—集水槽；

8—出水管；9—泥渣浓缩室；10—排泥阀；11—放空管；12—排泥罩；13—搅拌轴；

Ⅰ—第一絮凝室；Ⅱ—第二絮凝室；Ⅲ—导流室；Ⅳ—分离室

机械搅拌澄清池比水力循环澄清池在适应水质、水量和水温的变化方面更具优势，处理水的效率高。不足之处是需要专用机械搅拌设备，维修较麻烦，不适合间断运行。它适用于规模较大的水厂。

3. 旋流气浮澄清池

旋流气浮澄清池技术是在水力循环澄清池技术基础上发展而来，其工艺流程如图 5-3-10 所示，其构造如图 5-3-11 所示。

旋流气浮澄清池的工艺原理是：利用高位配水箱跌水曝气，在系统内创造了溶气气浮条件，从而在第一反应室——高效容积絮凝反应室内释放溶气，形成了"小气浮"，可有效去除部分藻类和有机污染物；与此同时，再利用斜管沉淀技术、旋流泥渣技术和电脑巡检泥渣浓度界面自动排除泥渣，提高了澄清池处理水的效率和出水水质。

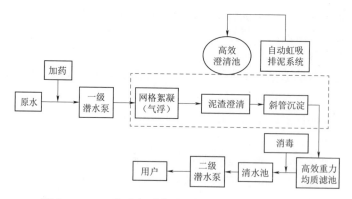

图 5-3-10 旋流气浮高效澄清池水处理工艺流程图

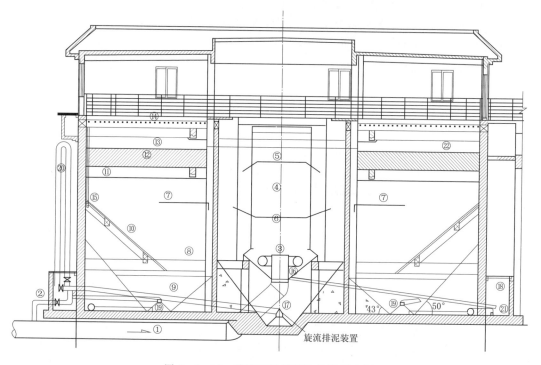

图 5-3-11 旋流气浮澄清池构造示意图

①—进水变径管；②—进水连通管；③—反应锥体；④—高效容积絮凝反应室；⑤—高体积浓度絮凝反应室；
⑥—小循环絮体接触反应室；⑦—辐式循环导流通道；⑧—导流装置；⑨—扰流装置；⑩—滑泥斜壁；
⑪—斜管托层；⑫—斜管；⑬—斜管冲洗装置；⑭—集水槽；⑮—强制出水管；⑯—反应区旋流
排泥装置；⑰—反应区排泥虹吸装置；⑱—反应区放空管；⑲—沉淀区旋流排泥装置；
⑳—沉淀区排泥虹吸装置；㉑—沉淀区放空管；㉒—澄清池运行信号

这一装置的主要优点：①能在原水水温、水质较大变幅内顺利运行，对原水的浊度和微污染有机物、藻类有很强的去除功能；②制水效率高，原水在澄清池内的总停留时间为1h左右；③便于实现自动化，利用水力条件自控运行，正常运行过程中无须人工操控阀门，运行可靠；④与传统工艺相比，投资、运行费用低；⑤运行环境好，澄清池在封闭建筑中运行，减少外界对处理后水的再污染影响。

这一装置的不足之处是进水（跌水）分配水箱有效高度必须超过 6.0m，水泵提水耗能多。它适用于浊度长期低于 1000NTU 的原水净水处理。

（三）澄清池运行维护要点

澄清池运行维护的基本要求：①要经常检测原水浊度和澄清池出水浊度；②随时观察进水流量、泥渣沉降比，控制好沉渣浓度和搅拌机转速；③及时调节控制混凝药剂投加量；④及时排泥。具体内容有如下几点：

1）澄清池出水浊度应控制在 5NTU 以内，如果超出，会增加过滤设施的负荷，影响出厂水水质。

2）澄清池不宜间歇运行，长时间停用会造成悬浮泥渣沉淀，严重影响重新启动后的出水水质。如果在不得已情况下停运数小时，重新投入运行时，应先开启排泥阀，排除池底少量积泥；同时适当增加投药量，将进水量控制在正常处理水量的 70% 左右，待出水水质正常、稳定后，再逐步增加进水量，直至达到正常值，同时减少投药量至正常水平。重启运行 3h 后，出水水质方可基本达标。

3）澄清池在开始运行时，需要培育活性泥渣，一般需要 5～7 天，在此期间，澄清池净水处理负荷只能控制在正常负荷的 1/2～2/3，投药量是正常值的 1～2 倍。如果原水浊度低于 20NTU，还要投加石灰或黄泥，或在进水前通过底阀把条件相似邻近水厂澄清池中的泥浆压入空池，然后再进水。初始运行前要调节好喷嘴和喉管的距离。澄清池开始出水后，要注意观察第二絮凝室的泥水沉降比，达到合适比例后逐步减少投药量，增加进水量，同时注意监测出水水质，如果水质不良，应废弃掉，不能让其进入滤池。澄清池出水浊度达到正常运行要求后，方可减少加药量，增加进水量。增加进水量应分时段进行，两次之间的间隔时间不少于 30min，每次增加进水量约为正常水量的 10%～15%，直至达到正常净水处理能力。

4）及时排泥是澄清池正常运行的关键环节之一。水力循环澄清池和机械搅拌澄清池一般每 3～4h 检测一次原水和澄清池出水浊度，汛期原水浊度高时，1～2h 检测 1 次。当澄清池的第二絮凝室的泥渣沉降比达到 15%～20% 时，即应排泥。排泥过多或过少，都会造成出水浊度偏高。排泥过多，会影响泥渣层浓度，过少则会使泥渣层上浮，泥渣随水带入滤池。运行人员应注意摸索总结泥渣沉降比与原水浊度、投加药量、泥渣回流和排泥之间的相关关系，做到适时适量排泥。

5）澄清池运行期间必须连续投药，尽量不要调整原水进水量，如需调整，每次增减不得超过正常处理水量的 20%，两次变化间隔不得小于 1h。调整原水进水量时，要相应增减混凝药剂的投加量。一般在增加进水量之前半小时，就要开始逐渐增加投药量。澄清池不得超设计负荷运行。

6）原水在不同类型澄清池中的总停留时间和水流上升速度有所不同。水力循环澄清池原水总停留时间为 1.0～1.5h。清水区的上升流速宜在 0.7～0.9mm/s 之间，当原水为低温低浊度时，上升流速应适当降低。原水在机械搅拌澄清池中的适宜总停留时间为 1.2～1.5h。清水区水流的上升流速通常控制在 0.7～1.0mm/s 之间。处理低温低浊度原水时，上升流速宜采用低值，总停留时间宜采用高值。

7）机械搅拌澄清池的搅拌设备转速要适当，既要防止转速过慢，泥渣在絮凝室中沉淀，也要防止转速太快，把泥渣絮体打碎。短时间停用期间，搅拌叶轮应保持低速运转，防止泥渣下沉。重新投入运行开始时，搅拌叶轮仍应保持一段时间低速运行，防止打碎矾花。

8）澄清池的维护检修要求与混凝池、沉淀池相近：

a. 每日巡回检查搅拌机械、刮泥机、进水阀门、排泥阀等设备运行状况，查看转动部位润滑油是否充足，如果缺少，加注规定型号的润滑油；做好设施和周围环境的清洁卫生工作。

b. 每月检查一次机械和电气设备，加装斜管（板）时，每3～6个月清洗1次，每3～5年大修理1次。

c. 每年放空1次澄清池，彻底检查清洗池底及池壁，修补破损部位，疏通管道；每年检修1次机械部件，解体清洗变速箱，更换润滑油，对金属件除锈，涂刷防锈油漆，更换易损、磨损部件。

d. 每3～5年对搅拌设备、刮泥机械等进行大修。

（四）澄清池运行维护常见问题、原因分析及处理办法

澄清池运行维护常见问题、原因分析及处理办法见表5-3-2。

表5-3-2　　　　　　澄清池运行维护常见问题、原因分析及处理办法

常 见 问 题	原 因 分 析	处 理 办 法
清水区细小絮体上升，水变浑，第二絮凝室絮体细小，泥渣浓度越来越低	1. 投药不足。 2. 原水碱度过低。 3. 泥渣高度不足	1. 增加投药量。 2. 调整原水 pH 值。 3. 减少排泥
絮体大量上浮，泥渣层升高，出现翻池	1. 回流泥渣量过高。 2. 进水流量超过设计值。 3. 进水水温高于池内水温形成温差对流。 4. 原水藻类大量繁殖，pH 值升高	1. 增加排泥。 2. 降低进水流量。 3. 适当增加投药量，设法消除原水与池内水温差。 4. 增设原水预氧化除藻
絮凝室泥渣浓缩过大，清水区泥渣升高，出水水质变差	排泥不足	增加排泥
分离区出现泥浆水如同蘑菇状上翻，泥渣层呈破坏状态	投药被中断，或投药量长期不足	迅速增加投药量（比正常大2～3倍）适当减少进水量
清水区水层透明，可见2m以下泥渣层，同时出现白色大颗粒絮体上升	加药量过多	减少投药量
排泥层泥渣含量逐渐下降	排泥量过多或排泥网漏水	关小排泥阀，检修阀门
底部大量小气泡上穿水面，时有大块泥渣向上浮起	池内泥渣回流不畅，泥渣腐败	放空澄清池，清除池底积泥
澄清池出水浊度大于5NTU，池上层有浑浊水	1. 暴雨导致原水浊度突然增大，检测间隔时间过长，未及时加大投药量。 2. 夜间供水量减少，未及时减少投药量。 3. 工程设计供水规模偏大，实际用水量过小，采用间断运行制水。	1. 健全原水检测制度，增加对原水水质监测频次。 2. 按照原水水质变化情况调整投药量。 3. 由当地农村供水主管部门调整供水工程布局，合理并网联网，关停供水能力富裕过多的水厂。

续表

常 见 问 题	原 因 分 析	处 理 办 法
澄清池出水浊度大于5NTU，池上层有浑浊水	4. 冬季原水水温降低，未适时调整澄清池中水的流速和原水在池中停留时间。 5. 人工控制投药量忽大忽小。 6. 机械搅拌转速过快，影响絮体沉降效果。 7. 排泥管道不畅通，沉底积泥过多	4. 严格执行操作规程，改人工控制为自动控制。 5. 合理控制搅拌机转速。 6. 及时排泥，池底积泥过多；长期排泥不畅造成沉积池底泥渣腐化发酵，形成的松散腐质物上浮
供水故障，恢复供水后供水水质浊度超标	恢复供水后未先排除少量底泥，未减少供水量	1. 适当增加投药量，减少进水量。 2. 严格执行操作规程，在停水期间按照停水应急预案做好相应服务工作
运行维护管理不规范，经常出现供水水质不达标情况	水厂运行维护制度不健全，执行制度不认真，运行维护人员业务能力不足	1. 加强对运行维护人员业务培训，更换新的操作员时，必须先到条件类似、规范化管理的水厂培训实习。 2. 水厂负责人认真执行对生产一线督查监管制度。 3. 对本厂运行维护中重复出现的问题，参照条件类似水厂经验，修改完善本水厂运行维护技术规程

第四节　过　　滤

一、过滤机理与过滤系统

经过沉淀后的水，还会含有少量细菌和悬浮杂质。《村镇供水技术规范》规定：沉淀池出口送出水的浊度不应高于5NTU，而水厂供出水的浊度要小于1NTU（特殊情况除外），两者之间多出的杂质要通过过滤系统截留清除。过滤是地表水常规净水处理必不可少的工序。其机理是通过石英砂等滤料或多孔介质，将沉淀后水中尚存的少量细小杂质吸着黏附，从而截留去除。这一过程不仅有物理机制，也有化学和生物作用。过滤的作用不仅降低浊度，而且随着浊度的降低，水中残留的一部分细菌和病毒由于失去浑浊物的保护或依附，很容易在过滤后的消毒环节被杀灭。过滤后的水再经过消毒就能供用户饮用。

滤池系统由进水、滤料、承托层、集水、冲洗、配水和排水等部分构成。按滤料层数划分，滤池分单层滤料、双层滤料和3层滤料滤池；按控制方式划分，滤池可分普通快滤池、重力式无阀滤池、虹吸式滤池等几种；按冲洗方式划分，滤池可分为单纯水冲洗、气与水结合反冲洗。

滤料是滤池的主要组成部分，是滤池工作效能的关键。滤层要有合适的颗粒级配和适宜的空隙率。滤料的粒径、级配和滤层厚度直接影响出水水质，同时也对冲洗周期和冲洗用水量有影响。滤料粒径大，水流穿过滤池的水头损失增长缓慢，冲洗周期也长，但杂质易穿透滤层，如果滤层厚度不够，出水水质可能会受到影响。滤料颗粒重，冲洗时需要较高的冲洗强度，耗能高。双层滤料或3层滤料的上层滤料最好是粒径大、重量轻，既能增大滤速，又不需要太大的冲洗强度，有利于提高滤速和过滤效果。滤池的滤料可采用石英砂、无烟煤或煤砂双层材质结构，滤料要有足够的机械强度和化学稳定性，还要符合饮用水材料卫生标准。

承托层的作用是支撑滤料，防止过滤时滤料从配水系统中流失，同时使反冲洗水均匀地向滤层分配，通常由一定级配的天然卵石、砾石等组成。承托层的材料也不应含有不利于水质卫生的有害成分。配水系统的作用是使冲洗水在整个滤层面积上均匀分布。

反冲洗是保障滤池持久高效运行的重要措施。在冲洗过程中，滤层沙粒相互碰撞，加上水流的冲击力，将滤料表面吸附的泥渣杂质冲洗掉。冲洗质量好与差，直接关系滤后水质、冲洗周期和滤料使用寿命。进行反冲洗，要注意掌握适宜的冲洗强度，它用单位滤池面积上冲洗水或气的流量，用 $L/(s \cdot m^2)$ 表示，过高或过低的冲洗强度都会影响冲洗效果。冲洗强度大小与滤料粒径、滤层厚度和水温有关。冲洗开始时，由于滤层比较密实，积泥不均匀，阻力大小不一，为避免滤层表面滤料向上托起，冲洗强度宜小些，让滤料层慢慢松动，然后逐步增加到规定的冲洗强度值。冲洗快结束时，冲洗强度应逐步减小，以便滤料大体上按原来的级配分层下沉，不至于破坏滤层的完整性。保证反冲洗效果的其他因素还有膨胀率、冲洗周期和冲洗历时。

提高滤池过滤效能，要考虑之前的沉淀池出水浊度，以及滤池滤速、滤料粒径与级配、冲洗条件、水温，还有原水是否加过氯、投加了助凝剂等因素。评价滤池过滤效能的指标有：过滤周期、产水量、滤池进出口之间的水头损失和滤后水浊度。其中滤后水浊度及滤池水头损失是判断滤池何时进行冲洗的控制性指标。

二、普通快滤池

（一）滤池构造与工作原理

1. 滤池构造

普通快滤池构造较复杂，由池体和管廊两大部分构成。池体内有进水管道、冲洗排水槽、滤料层、承托层、配水系统。管廊内有进水管、出水管、冲洗水管、冲洗排水管及相应的控制阀门、测量仪表等。其构造如图 5-4-1 所示。单个滤池平面可为正方形或矩形，滤池个数不少于两个。滤料层多采用单层石英砂滤料，滤层厚度不小于 0.7m，滤层表面以上的水深为 1.5～2.0m，池顶超高 0.3m。滤池的工作过程是过滤和冲洗交替进行。从过滤开始到冲洗结束，称为快滤池的一个工作周期。工作周期一般为 12～24h。冲洗可以采用单一的水反冲洗，也可以采用水反冲洗加表面冲洗，或气水结合反冲洗，冲洗水由水塔（箱）或水泵供给。

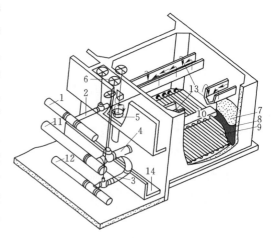

图 5-4-1 普通快滤池构造示意图
1—进水总管；2—进水支管；3—清水支管；4—冲洗水支管；
5—排水阀；6—浑水渠；7—滤料层；8—承托层；
9—配水支管；10—配水干管；11—冲洗水总管；
12—清水总管；13—冲洗排水槽；14—废水渠

2. 工作原理

过滤时，先开启进水管和清水阀门，关闭冲洗管和排水管阀门。沉淀池的出水从进水总管、支管进入滤池，经过滤料层、承托层后，由配水系统的配水支管、干管到清水管、总管流往清水池。随着杂质在滤层截留量的逐渐增加，水流流过滤料层的水头损失也相应增大。当水头损失增大到一定值、滤池水位达到设计的高水位时，就需要停止过滤，进行反冲洗。冲洗时，关闭进水支管和清水支管阀门，开启排水支管和冲洗水支管阀门，冲洗水经配水系统的干管、支管及支管上的众多孔眼流出，自下而上穿过承托层及滤料层。滤料层在有压水流顶托下，处于悬浮状态，滤料得到清洗，反冲洗排水流入冲洗排水槽，再经排水管流入废水渠。当进出水压力恢复到初始状态时，冲洗结束。

普通快滤池的优点是工艺和技术成熟，过滤效果稳定。缺点是需要配套冲洗设施，闸阀较多，操作技术要求较高。它适用于规模较大的农村水厂。

（二）普通快滤池的运行维护

1. 做好运行前检查

新投产或大修后的滤池，在运行前要检查各种管道阀门是否处在正确的工作位置，同时，需排除滤层中的空气。先开启冲洗管道放气阀，再缓慢放入冲洗水，水漫浸至滤层表面。对新滤料和补充后的滤料，应先在含氯量 $0.2\sim0.5\,mg/L$ 的水中浸泡 $24h$，冲洗两次以后方可投入正式过滤运行。

2. 认真做好运行中的巡回检查

巡回检查工作的主要内容包括：每隔 $1\sim2h$ 查看滤速、滤池水头损失、滤后水的浊度，检查阀门、冲洗设备、管道、仪表等的工作状态是否正常，对设备进行擦拭保洁，打扫环境卫生；注意观察滤层表面以上的水深，滤床的淹没水深不得小于 $1.5m$；检查沉淀池、清水池、水塔水位和出水阀开启度；冲洗时还要观察记录冲洗强度、冲洗时间和冲洗时滤料膨胀率；清洗滤池内壁积存的污垢，及时处理运行中发现的闸阀启闭转动不灵活、漏水等各种故障。

3. 控制合理的滤速

单层沙滤料的正常滤速应控制在 $7m/h$ 以下，双层滤料的正常滤速应控制在 $10m/h$ 以下；滤速要稳定，不宜产生较大波动，运行过程中如果需要增加处理水量，猛然加大滤速，会影响滤池过滤效果。正确的方法是先适当增加絮凝池的混凝剂投加量，降低沉淀池出水口水的浊度，同时调节滤池进水与出水阀门，使滤速缓慢加快，注意监测进入滤池的水的浊度是否始终控制在 5NTU 以下。

4. 正确进行反冲洗

当滤池出水浊度超过设定的目标值 1NTU 时，就需及时对滤池进行反冲洗。当滤池排出水的浊度小于 10NTU 时，表明反冲洗可以结束。冲洗方法是：在水位降至距砂层表面 $10\sim20cm$ 时，关闭滤池清水阀；先开启反冲洗管道上的放气阀，待冲洗水管内空气放完后方可进行滤池冲洗。冲洗时，先开启反冲洗阀开度的 $1/4$，待滤池气泡释放完毕后，再将反冲洗阀逐渐开大。单一使用水进行反冲洗的滤池冲洗强度为 $12\sim15\,L/(s\cdot m^2)$。采用双层滤料时，单一水冲洗强度宜为 $14\sim16\,L/(s\cdot m^2)$，滤料膨胀率应控制在 45%。滤池反冲洗完成后，滤料层上方必须保持一定水深，严禁滤料层暴露于空气中。一旦发生滤料层暴露于空气中的情况，应采用滤池启用时的方法，缓慢打开反冲洗阀，使水从下面缓慢进入，漫浸滤层，排出滤层中的空气。冲洗滤池时，高位水箱不得放空。用泵直接冲洗滤层时，水泵不得漏气，排水槽、排水管道应保持畅通，不得有壅水或堵塞现象。观察冲洗前后滤层含污物量的变化，冲洗结束时，排水的浑浊度应小于10NTU。

5. 滤池停用后再启用

滤池停止使用1周以上时，应将滤池放空，恢复运行时还要参照上述方法再进行反冲洗后方可重新启用。

6. 填写日志

认真填写运行维护日志，定期整理分析运行维护和检修、大修理记录资料，按照档案管理要求保管好所有技术档案。

（三）普通快滤池的检修

（1）每月对阀门、冲洗设备、管道和仪表等检查维护一次，阀门和管道如有漏水要及时修复；平整滤层表面出现的裂缝、凹凸不平；检查滤层厚度，滤层减薄10%时，及时添加经消毒处理的滤料。

（2）每年对冲洗系统的阀门及其他附属设施做1次解体检修，更换严重磨损、漏水的易损零部件；对金属件涂刷防锈油漆；清除滤层中的结泥球，补充流失的滤沙。

（3）每5年左右对滤池、水泵电机等设施进行一次大修理。彻底清洗构筑物，对裂缝等破损部位进行恢复性修理；翻洗滤料层，按级配要求重新分层铺设；清洗并重新填筑卵石承托层；检查、疏通配水管、集水管道上的孔眼，更换老化破损的管道。

（四）普通快滤池运行维护常见问题、原因分析及处理办法

普通快滤池运行维护常见问题、原因分析及处理办法见表5-4-1。

表5-4-1　　　　普通快滤池运行维护常见问题、原因分析及处理办法

常见问题	原 因 分 析	处 理 办 法
滤池出水浊度不达标	1. 沉淀池出水浊度过高。 2. 滤池初滤时滤速过高。 3. 滤料质量差，或滤料粒径过大。 4. 滤层跑沙，滤层减薄。 5. 滤层内含泥量过多，冲洗周期过长，冲洗强度不足，每次冲洗时间少，冲洗不彻底。 6. 原水水质变差，如藻类滋生，超出净水处理系统设计能力。 7. 滤料与滤池壁接触处缝隙漏水	1. 从沉淀池出水浊度方面找原因，如浊度偏高，在絮凝和沉淀两个环节采取改进措施。 2. 降低初滤滤速。 3. 更换质量合格的滤料。 4. 补充滤料，使滤层达到设计要求。 5. 严格执行反冲洗操作规程。 6. 在常规净水处理前，增加原水的预氧化处理。 7. 接触滤料处的池壁拉毛
滤层滤料中结泥球	1. 长期冲洗强度偏低，冲洗不彻底。 2. 沉淀池出水口浊度超标，滤池负担过高。 3. 配水系统配水不均匀，滤池冲洗不彻底	1. 调整冲洗强度和冲洗历时。 2. 降低沉淀池出水口浊度。 3. 检查配水系统是否有堵塞，承托层是否有错位移动
滤料表面不平，出现局部凸起或凹坑	1. 配水系统局部堵塞或破损。 2. 承托层局部错动位移	1. 查找配水系统故障点并解决。 2. 对承托层进行翻修整理

常 见 问 题	原 因 分 析	处 理 办 法
反冲洗时有大量气泡上升	1. 滤池检修停用，再次使用时未对滤层进行排气处理。 2. 冲洗用水来源的清水池（高位水池）水位监控不力，水位过低导致空气随水进入滤池。 3. 反冲洗间隔时间过长，滤池水头损失超出规定限值，或滤层上的水深不足，导致有气泡逸出	1. 严格执行反冲洗操作规程。 2. 加强向反冲洗系统供水的清水池等水位监测，有条件时尽量改为自动监测控制。 3. 提高滤池内水位，调整反冲洗间隔时间
滤层砂损耗过快	1. 存在跑砂、漏砂情况。 2. 承托层砾石松动位移。 3. 反冲洗强度过高，滤砂流失	1. 整修承托层。 2. 控制冲洗强度在合理范围
滤速逐渐下降	1. 反冲洗效果未达要求，滤层积泥过多。 2. 滤砂质量差，强度低，易破碎。 3. 有藻类滋生	1. 严格执行反冲洗操作规程。 2. 刮除表层滤砂，更换合格的优质滤砂。 3. 在絮凝前增加预氧化处理

（五）案例

某镇水厂以小型水库为水源，设计供水能力为 $3000m^3/d$，供水人口为 2.8 万人，采用水力循环澄清池加普通快滤池进行净水处理，消毒方式为电解食盐生成次氯酸钠。该水厂 2013 年建成投产，运行几年来供水水质大部分时间勉强合格，出厂水浊度保持在 2.5～2.9NTU 之间，夏季洪水多发期，会出现出厂水浊度 3.1NTU 的情况。当地卫生和质检部门抽检，确认出厂水水质不合格，要求查找原因进行整改。水厂技术人员仔细查阅历年运行日志和水质检测报告，将多批各类水样送到县自来水公司水质化验室检测，分析原因可能是水力循环澄清池出口水的浊度不稳定，高的时候在 7.2NTU 左右。他们采取增加澄清池进水混凝剂投加量，改进效果不明显。电话征求省有关单位专家意见，专家建议在普通快滤池进水口处增加助滤剂——聚合氯化铝 2mg/L，经试验运行，滤池出水浊度下降，稳定在 2.0NTU 左右。专家认为，出厂水水质虽有改善，仍不理想，建议采取进一步的改进措施：①请水利主管部门加强水厂水源地水库水环境保护，改善水库水质状况；②可以考虑对水厂进行技术改造，在澄清池前增加预氧化处理工艺设施。

三、重力式无阀滤池

（一）滤池构造与工作原理

重力式无阀滤池是在普通快滤池的基础上对控制方式做了改进的一种结构型式，其主要特点是省去了过多的闸阀，利用虹吸原理完成滤池自动过滤和反冲洗，无须人力手工操作。滤池由池体、进水系统（高位进水槽、布水系统）、滤水系统（顶盖滤料层、承托层）、配水系统和冲洗水系统（冲洗水箱、连通管、虹吸管、虹吸辅助管、强制冲洗器、冲洗强度调节器和排水井等）组成。其构造如图 5-4-2 所示。

重力式无阀滤池的工作原理如下：经过沉淀后的水通过进水管进入滤池，自上而下经滤层过滤，过滤后的清水从联通管道进入兼作冲洗水箱的清水水箱储存。水箱存满水后，水从出水槽溢流进入清水池。滤池运行中，滤层不断截留经过絮凝和沉淀两个环节后水中尚存的少量细小絮体杂质，随着过滤截留物不断积存，滤层阻力逐渐加大，促使虹吸上升

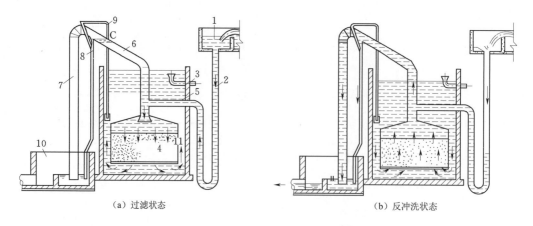

（a）过滤状态　　　　　　　　　　　　　　　　　（b）反冲洗状态

图 5-4-2　重力式无阀滤池构造示意图

1—进水箱；2—进水管；3—出水管；4—滤料；5—清水箱；6—虹吸上升管；7—虹吸下降管；
8—虹吸辅助管；9—虹吸破坏管；10—排水井；11—通道

管内的水位不断升高。当水位达到虹吸辅助管管口时，水自该管降下，并通过抽气管不断将虹吸下降管中的空气带走，使虹吸管内形成真空负压，产生虹吸作用。清水箱中的水自下而上地通过滤层，对滤层进行反冲洗。此时滤池仍在进水，反冲洗开始后，进水和反冲洗排水同时经虹吸上升管、下降管排至排水井排出。当冲洗水箱水面下降到虹吸破坏管管口时，空气进入虹吸管，虹吸作用自行停止，此时，滤池反冲洗过程结束，进入下一个过滤运行周期继续工作。

（二）重力式无阀滤池运行维护

滤池运行中容易出现气阻、滤层板结开裂、泥球、跑砂、滤后出水浊度不达标等问题，运行维护工作要重点关注它们，并采取措施加以解决。

（1）新投产或大修后的滤池，在运行前首先要认真检查各种管道阀门是否处在正确工作位置。然后开启冲洗管道放气阀，缓慢放入冲洗水，漫浸滤层至滤层面排除滤层中的空气。对新滤料和补充后的滤料，应在含氯量 0.2～0.5mg/L 的水中浸泡 24h，冲洗两次以后方可投入正式过滤运行。

（2）合理掌握运行主要技术参数。重力式无阀滤池的滤速宜为 6～8m/h。判断是否需冲洗的水头损失可采用 1.5m，反冲洗强度宜为 15L/(s·m²)，反冲洗时间宜为 5～6min。

（3）每日定时巡回检查进水箱、虹吸管、辅助虹吸管的工作状况是否正常，保障滤池能自动进行反冲洗。当滤池出水浊度已经接近或达到 1NTU，而自动冲洗未能自行开启时，应立即人工操作，对滤池进行强制冲洗。与此同时，认真检查虹吸下降管上连接的各种管道（包括虹吸辅助管、抽气管、虹吸破坏管）接口处是否存在漏气，如有漏气，须采取有效措施进行封堵。冲洗的排水浊度接近 10NTU 时，即可结束滤池冲洗。

（4）注意调整滤池反冲洗强度。在试运行期间，微调反冲洗强度的调整器开启度，直至冲洗强度适宜为止。

（5）认真填写滤池运行日志。虽然滤池是自动运行的，但仍需监测记录运行主要技术参数，包括实际进水量、冲洗强度、冲洗周期、冲洗历时及虹吸形成时间等。

（三）滤池检修

（1）定期检查滤料层是否平整或受到污染，当滤料层局部板结或表面遭受藻类污染时，应将表面被污染的滤料清除，更换新滤料。

（2）每月对主要冲洗设施及阀门等附属设备进行一次维护性检修，及时处理滤层含泥量过多、跑砂、漏砂、接头密封不严、漏水漏气等问题。

（3）每季度检查一次滤沙厚度，如果砂层厚度减少10％，应及时补砂，如果补砂次数过于频繁，应查找是否存在跑砂、漏砂现象，并采取措施解决问题；新铺滤沙后应先进行消毒、反冲洗，待滤池出水浊度等合格后再正式投入运行。

（4）每年清出、清洗滤层滤料1次，按设计级配要求，重新进行铺设；每年对金属件油漆一次。

（5）每3年要对滤料、承托层、挡水板进行大修，对各种管道，阀门及其他设备进行恢复性检修；更换易损或损坏部件，检查混凝土构筑物是否有裂缝、保护层脱落等破损，如有，进行修复。

（四）重力式无阀滤池运行维护常见问题、原因分析及处理办法

重力式无阀滤池运行维护常见问题、原因分析及处理办法见表5－4－2。

表5－4－2　　　**重力式无阀滤池运行维护常见问题、原因分析及处理办法**

常见问题	原因分析	处理办法
滤池不能自动反冲洗	1. 虹吸上升管顶部的各类管存在漏气。 2. 排水管出口处未水封	1. 检查虹吸上升管顶部是否漏气，如有，进行修复。 2. 排水管口要用水封闭
排水井内出现大量粗滤料	滤池反冲洗强度过大，造成滤料膨胀率过大，滤沙流失	利用排水管口处的冲洗强度调节器调节冲洗强度
虹吸下降管连续出水	滤层内污物杂质过多，影响正常过滤，沉淀池的来水从虹吸下降管排出池外	彻底清洗滤料
过滤效果逐渐变差	挡水板腐蚀脱落，进水直接冲刷滤沙，造成砂层变薄，过滤阻力降低，产生水流穿透	修复脱落挡水板
原水水质较好，滤池沙粒板结	长期反冲洗强度不足，导致滤层内污物杂质冲洗不干净	加强运行人员培训，提高业务知识水平，水厂负责人加强对运行状况监督检查，确保按时进行反冲洗
夏季反冲洗用水过多	夏季滤池进水有藻类滋生，不得不增加反冲洗次数或加长每次反冲洗时间	对原水进行加氯预氧化处理

四、虹吸滤池

（一）滤池构造与工作原理

虹吸滤池由进水、配水、过滤、冲洗、排水、真空等多个子系统构成，其构造如图5－4－3所示。每座整体滤池通常由6～8个单格滤池组成。滤池的特点是采用水力抽真空系统控制进、排水虹吸管，当水流通过进水辅助虹吸管时，将进水虹吸管内的空气抽走，使其形成负压，产生虹吸，滤池运行一段时间后，滤层截留的细小絮体杂质积累，滤层阻力随之增大，出水量明显减少，滤层上的水位上升，超过冲洗辅助虹吸管管口时，进水虹吸被破坏，滤池开始反冲洗。这种结构，节省了进、排水阀门，利用滤池本身的出水及其水

头进行自动冲洗，不需要另设高位冲洗水箱或水泵。滤池的总进水量能自动均衡地分配到各单格滤池，各单格滤池均为等速过滤。池内水位高于滤层，滤料内不致发生负压现象。

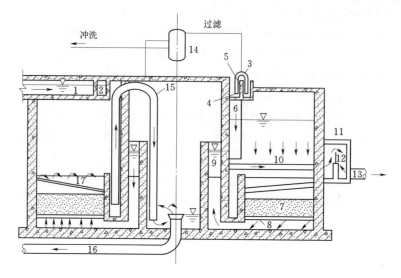

图 5-4-3 虹吸滤池构造示意图

1—进水槽；2—配水槽；3—进水虹吸管；4—单格滤池进水箱；5—进水堰；6—布水管；7—滤层；
8—配水系统；9—集水槽；10—出水管；11—出水井；12—出水堰；13—清水管；
14—真空系统；15—冲洗虹吸管；16—冲洗排水管；17—冲洗排水槽

虹吸滤池设备相对比较简单，管廊面积小，控制闸阀和管路可集中在滤池中央的真空罐周围，操作管理方便，易于实现自动控制，生产管理人员少，运行成本较低。缺点是与普通快滤池相比，池深较大，冲洗水头受池深限制，没有富余的水头调节，有时冲洗效果不理想。虹吸滤池适用于有一定规模的农村水厂。

（二）虹吸滤池运行维护

虹吸滤池的运行维护技术要求与普通快滤池相近，除此之外，还要注意以下几点：

1）真空系统在虹吸滤池中有着十分重要的地位，它控制着每格滤池的运行，如果发生故障就会影响整组滤池的正常运行。为此，在运行中必须定时巡回检查其工作状况是否处于正常，对真空系统中的真空泵（或水射器）、真空管路及真空旋塞等设备的连接处密封状况进行检查维护，发现异常及时处理，防止漏气现象发生。

2）如果要减少过滤水量，可采用破坏进水虹吸，停用一格或数格滤池。

3）如果沉淀池的出水浊度大于规定的 5NTU，会增大滤池过滤负担，此时应适当降低滤速，减少进水量。具体做法是在进水虹吸管出口处设置活动挡板，用挡板调整进水虹吸管出口处间距来控制水量。

4）注意保障冲洗用的足够水量，如果有几格滤池曾经停用，则应将停用的滤池先投入运行后再进行冲洗。

五、滤池运行维护案例

某水厂承担向 3 个乡镇 21 个村庄 12 万居民生活用水和一个工业开发区企业供水的任

务，设计日供水能力 1.5 万 t。水源为某中型水库，水库水质良好，冬春季节为Ⅱ～Ⅲ类水，夏季上游河道来水水质变差，暴雨过后水库水质有时超过Ⅲ类，浊度超过 4000NTU，有少量藻类。水厂采用絮凝-沉淀-过滤常规净水工艺，冬春季各净水处理环节运行正常，出厂水水质合格。夏季有时出厂水浊度超标。水厂技术人员查阅分析历年运行值班日志和各类水质化验检测报告，并向邻近城市自来水厂专家咨询，认为问题原因可能是反冲洗不彻底。因为运行日志有记载，有时滤池反冲洗后表层滤沙有局部藻类粘连现象。城市自来水厂专家建议，加大反冲洗强度。经试验，将反冲洗强度从 $12L/(s \cdot m^2)$ 提高到 $15L/(s \cdot m^2)$，有一定效果，但出厂水水质仍然不稳定，时好时差。后来请专家到现场查看，并与水厂技术人员集体讨论分析，大家认为，单一的水反冲洗措施难以将滤层冲洗干净，可考虑增加表层气扫洗，让它与底部进水水反冲洗相结合。为此，水厂增设了一台空气压缩机及滤层表面冲洗的附属设备。滤池冲洗效果明显改善，水冲洗的强度和冲洗时间恢复到原设计的水平。经检测，出厂水水质稳定，符合有关标准要求。气冲洗只在夏季几个月使用，冬春季节仍为单一的水反冲洗。

第五节　除 铁 锰、除 氟

受农村地区各种条件限制，有些地方很难找到适合生活饮用的优质淡水水源，不得不取用含有过多氟、铁、锰等对人体健康有不利影响化学成分，或让人饮用时感觉不适的天然水源。随着工业化、城镇化快速发展，有些地方水资源开发利用不合理，水环境保护不受重视造成浅层地下水遭受污染，或不同含水层之间的水串流，水质变差。这些水源水质用常规净水处理方法难以解决，需要采取特殊办法进行处理。

特殊水质处理工艺技术相对复杂，对运行操作人员的业务素质和能力要求较高。工程建设和制水生产成本也相对较高，是不得已的对策措施。从流域或区域优质水资源合理配置，以及城乡统筹、促进农村供水事业可持续发展的长远角度考虑，应当采取远距离调水、输水或城市管网向农村延伸、兴建规模化农村集中供水工程等办法，解决特殊水质造成的饮水不安全问题。

一、铁、锰超标水的处理

(一) 除铁、锰工艺机理

含铁、锰的地下水在我国分布甚广。铁和锰共存于地下水中，但含铁量往往高于含锰量。我国地下水含铁量一般为 $5\sim10mg/L$，含锰量为 $0.5\sim2.0mg/L$。由于地层对地下水的过滤作用，一般地下水中只含溶解性铁和锰的化合物，它们主要是以二价离子形式存在。

对于地表水来说，由于地表水中含有溶解氧，铁和锰一般会随着水的流动，容易被氧化成不溶解的三价铁 $Fe(OH)_3$ 和四价锰 MnO_2，它们能从水中离析，自然沉淀，所以地表水中铁、锰含量一般都不高。但如果水源附近有锰铁矿，或南方红壤区土壤含铁量较高，在雨水冲刷下，有些地表水也会含有超标铁锰。水库蓄存的水，流动性要比河流差，氧的含量低，如果铁、锰含量超标，难以被氧化，有时也会有超标的情况。

地下水被井泵抽出地表，缺氧状态下可能含有高达每升几毫克的二价铁，它没有颜色，也不浑浊。当水接触空气后，二价铁被氧化成不溶解的三氧化二铁，离析沉降在容器表面。

　　铁是人体必需的元素之一，是血红蛋白、细胞色素酶、过氧化氢酶等的重要组成成分。水中含铁量高时，会产生颜色和铁腥味，铁质沉淀物三氧化二铁（Fe_2O_3）会滋生铁细菌，在水管或存水容器上沉积一层泥浆状的附着层。锰也是人体必需的微量元素。锰的毒性不大，但含锰量高的水会有色、嗅、味，也会在水管或容器内壁上形成一层附着物。饮用含有超标铁、锰的水，会使人感到不舒服，浑浊和异味会压抑人的饮水欲望，间接对人体健康产生不利影响。在日常生活中，使用铁、锰含量高的水洗涤或洗浴，会使衣物和洁具表面染色，降低生活品质。过高的铁、锰在输水管道管壁上沉积结垢，还会缩窄管道有效内径，影响过流能力。因此，当原水中铁、锰含量超过国家标准时，必须要进行处理。我国《生活饮用水卫生标准》规定，铁的含量应低于 0.3mg/L，锰的含量应低于 0.1mg/L。

　　共存于地下水中的铁和锰两种元素，虽然化学性质十分相近，但在净水去除过程中存在互相干扰。铁的氧化还原电位比锰低，氧化速率比锰快，所以铁比锰易于去除。除铁和除锰的原理是通过氧化还原，将溶解于水中离子状态的二价铁、二价锰氧化成不太溶于水、呈悬浮状态的三价铁、四价锰，进而从水中沉淀析出，再经过滤层过滤截留，达到去除的目的。

　　接触催化和自然氧化两种方法可以除铁。前者是利用滤池中滤料对水中 Fe^{2+} 的接触催化作用，将其截留去除；后者是将水充氧，铁氧化成氢氧化铁，通过滤池滤料进行物理拦截和接触吸附，将其截留去除。锰的去除，是在上述除铁基础上，向除铁、锰滤池水中投加高锰酸钾氧化剂，通过接触过滤或生物固锰达到除锰的目的。

　　铁和锰的氧化还原反应受环境因素的影响很大，在选择和操作时，应提取有代表性的水样进行检测，针对主要的环境影响因素，选用适宜的方法和相关技术参数。检测项目主要包括：铁和锰的含量、水的碱度、pH 值、色度、COD_{Mn}、溶解性硅酸、硫酸盐、重碳酸盐等。地下水除铁比除锰相对容易，pH 值高的原水有利于除锰。

（二）除铁锰方法与设施

1. 除铁锰方法

　　处理含超标铁、锰地下水的常用方法有：曝气接触氧化加过滤、生物固锰除锰与接触氧化除铁相结合、曝气加两级过滤以及两级曝气加两级过滤等几种。

　　（1）曝气接触氧化加过滤。

　　1）工艺机理。这种方法是采用曝气措施，将空气中的氧溶于水中，使水中二价铁氧化成三价铁，经水解后，首先生成氢氧化铁胶体，然后逐渐絮凝聚集成沉淀物，在普通沙滤池截留去除。该方法适用于含铁超标为主、锰不超标的地下水。它的缺点是所需时间较长，一般需要 2~3h。曝气接触氧化加普通过滤除铁的工艺流程如图 5-5-1 所示。

　　2）影响曝气接触氧化效果的因素。此方法的关键是原水要经过充分的曝气。曝气的目的不仅是为了向水中充氧，同时也是为了散除水中的 CO_2，以提高水的 pH 值。因为水中的 pH 值对二价铁的氧化速度影响很大，pH 值和碱度越低，有机物及可溶性硅酸含量越高，二价铁的氧化速度越慢，除铁效果就越差。要求曝气后水的 pH 值应在 7 以上。

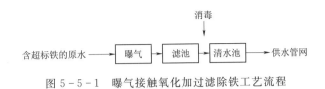

图 5-5-1　曝气接触氧化加过滤除铁工艺流程

地下水中不同程度地含有溶解性硅酸，一般在 15～30mg/L（以 SiO_2 计），但在我国的某些地区，其含量可能超过 40mg/L，这时会影响铁的氧化。因为 Fe^{3+} 氧化生成 $Fe(OH)_3$，并未完成除铁过程，还需要将悬浮状态的 $Fe(OH)_3$ 胶体从水中分离出去。而水中可溶性硅酸含量对 $Fe(OH)_3$ 胶体性状影响较大。硅酸能与 $Fe(OH)_3$ 表面进行化学组合，形成稳定的大分子，溶解性硅酸含量越高，生成的 $Fe(OH)_3$ 颗粒直径越小，越容易穿透滤层，降低铁的过滤截留效果。

在净水处理操作过程中，应注意监测原水的 pH 值、水温、溶解性硅酸含量及色度，同时总结以往净水处理实践经验和规律，有针对性地调整工艺技术参数，这是保证预期除铁效果的关键环节之一。

（2）生物固锰除锰与接触氧化除铁相结合。对于地下水锰、铁超标不很多的情况，上述方法不适用。当原水铁含量低于 5.0mg/L、锰含量低于 1.5mg/L 时，可采用生物固锰除锰与单级曝气接触氧化除铁相结合的方法。原水经曝气后进入由天然锰砂构成的生物滤层，滤层中存在着大量具有对锰进行氧化能力的细菌，组成了复杂微生物群系，称之为活性滤膜，滤膜包在滤料表面。活性滤膜有自催化作用，在水的 pH 值处于中性范围内，二价锰离子首先吸附于细菌表面，然后在细菌胞外酶的催化下，氧化为悬浮状态的四价锰离子，离析下沉，黏附于滤料表面，在反冲洗时被清除。与此同时，水中二价铁离子仍然以曝气接触氧化为主，除铁和除锰在同一滤池完成。

除锰的生物滤膜需要一定的成熟期，随着微生物的接种、培养、驯化，当滤层中微生物群落繁殖代谢达到平衡时，即达到成熟。除锰效果好的滤池，都具有微生物繁殖代谢的条件。此外，除锰需要水有较高的 pH 值，如果达不到，就需要投加石灰。处理后的水还需要采取措施调整 pH 值，达到国家饮用水标准规定的数值。生物固锰除锰与接触氧化除铁相结合方法的工艺流程如图 5-5-2 所示。

图 5-5-2　生物除铁锰工艺流程图

生物固锰除锰是针对自然氧化法和接触氧化法工艺流程复杂、除锰效果不理想的问题开发出的技术。滤池通常采用普通快滤池或重力无阀滤池结构型式。滤池类型的选择应根据原水水质、工艺流程、处理水量等因素决定，总的原则是构筑物搭配合理、减少水的提升次数、占地少、布置紧凑、便于操作管理。除铁除锰双层滤池结构如图 5-5-3 所示。

（3）曝气加两级过滤法。当原水中铁含量大于 5.0mg/L、锰含量大于 1.5mg/L 时，

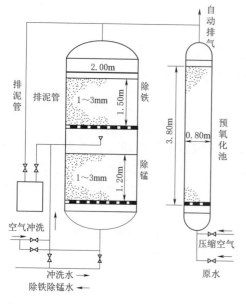

图 5-5-3　除铁、除锰双层滤池结构示意图

上述措施的去除效果仍难以达到净水处理水质要求。由于水中的锰比铁难以去除，为此，利用铁、锰氧化还原电位的差异，先对水进行曝气，经过以除铁、除锰为主要目的一级接触过滤，然后再以除锰为主要目的二级过滤，最终达到铁、锰深度净化处理的目的。具体的工艺技术参数需要通过试验确定。工艺流程如图5-5-4所示。

（4）两级曝气两级过滤除铁锰。如果地下水含铁、锰量更高，含铁量大于 10mg/L、含锰量大于 2.0mg/L 时，上述方法的效果仍达不到要求，需要进一步强化曝气和过滤，这时可以采用两级曝气和两级过滤。先是一级曝气和一级过滤除铁，然后经二级曝气和二级过滤除锰。工艺流程如图5-5-5所示。

地表水除铁、除锰与地下水除铁锰原理和工艺基本相同，不再赘述。

图 5-5-4　一级曝气加两级过滤除铁、除锰工艺流程

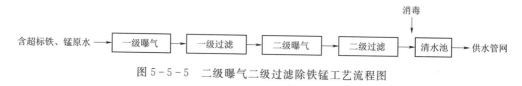

图 5-5-5　二级曝气二级过滤除铁锰工艺流程图

（5）案例：采取综合措施提高除锰效果。

某村供水工程，以地下水为供水水源，井深 30m，设计供水规模 600m³/d，设计供水人口 6500 人。2014 年建成投入使用。原水中铁、锰含量均严重超标，铁含量 5.5mg/L、锰含量 1.5mg/L，这是该地区大范围水文地质状况的共同特点，只是不同位置的机井所取含水层不同，地下水水质有些差异。由于建设任务重，工期紧，该供水工程前期工作薄弱，基本上参照邻村前几年已建成工程建设和管理做法。

供水工程采用一级跌水曝气接触氧化加锰砂滤池生物固锰除锰相结合的净水工艺，跌水落差 1m，锰沙滤池为钢筋混凝土结构，滤层厚度 1m。工程建成后，村管水员按照设计单位提供的运行管理要点说明书进行操作。村民直观感觉，家里水缸中水的颜色不像原来那样发红，铁锈味也减轻了。水龙头通到各家各户，用上自来水，大大改善了用水条件。

半年后县有关主管部门对新建成农村供水工程水处理效果抽检，化验结果表明，该村工程供出的水，铁含量为 0.25mg/L，符合国家饮用水水质卫生标准要求，但锰的去除效果不佳，1.2mg/L 的含量远超过饮用水卫生标准要求的 0.1mg/L 限值规定。对周边几个村供水工程水质进行抽检，结果发现存在此问题的不只这一处工程。为此，县有关主管部门请来专家调研咨询。专家们到现场查阅了工程建设档案以及运行管理记录、水质检测资料，抽取多批水样送到县水质化验中心进行检测，走访了农户，与当地技术人员、村管水员进行座谈讨论。形成以下几点初步看法：

1）原水 pH 值为 6，偏酸性。1m 高的跌水曝气起到了向水中充氧和去除水中少量 CO_2 提高水的 pH 值的作用，有利于二价铁的氧化和去除，但偏酸性不利于滤池生物滤膜将二价锰氧化成四价锰，进而被滤层吸附，为此，应考虑适当降低跌水曝气强度。具体降低多少，要通过试验结果确定。

2）目前滤池滤速为 7m/h，已达到《村镇供水工程技术规范》规定的适宜滤速上限。对于该工程原水较高的锰含量，似乎有些偏高，影响了滤池生物滤膜固锰除锰效果，建议适当降低，初步考虑可降至 6m/h 左右，具体的适宜滤速值，也需要反复对比试验，视最终除锰效果来确定。

3）目前采用的反冲洗强度 17L/(s·m^2)，虽然在技术规范要求的允许值范围内，但可能有些偏高。据管水员反映，确实存在滤层减薄、频繁补沙情况。建议适当降低反冲洗强度，可尝试降到 16L/(s·m^2)，但不宜低于 15L/(s·m^2)。反冲洗历时也要严格控制，不宜过长，在与管水员交谈中得知，确实存在有时时间偏长的情况。

4）目前反冲洗用的是清水池投加了次氯酸钠消毒过的水，作为氧化消毒剂的次氯酸钠，对滤池生物滤膜生长繁殖有不利影响。建议改用净水处理前的原水进行反冲洗，或者不加消毒剂的滤池出水进行反冲洗。

5）水温对于滤池生物滤膜的活性也有影响，需要根据季节变化调整净水工艺参数。

本案例给我们的启示：供水工程设计和建成后运行操作通常参照有关技术规范提出的适宜技术参数。但这并不意味着绝对正确，还要看实际原水水质条件。除铁、除锰技术涉及因素比较复杂，没有适用于各种条件的固定技术模式和运行技术参数。由于锰的去除难度要大于铁，对于铁锰均超标，锰含量较高的情况，管水员在运行操作中不能机械地执行设计单位提供的运行技术参数建议值，应当勤于观察，多动脑筋，善于总结规律性的东西，并多请教当地条件类似水厂有经验的技术人员，结合本水厂出厂水水质检测结果和自己工作实践体会，逐步形成适合本水厂的运行操作规程，努力实现最佳的除铁除锰效果。

2. 曝气装置与曝气气水比

（1）曝气装置。曝气装置有多种形式，如跌水曝气、喷淋式曝气、接触式曝气、射流曝气等。

1）跌水曝气：水由高处自由落下，挟带一定量的空气进入下部受水池，空气以气泡形式与水接触，使水得以曝气。跌水一般采用 1～3 级，曝气后水中溶解氧含量可达 2～5mg/L。跌水曝气构造简单，运用和操作方便。最简单的做法是在滤池进水侧设跌水装置，当需要进一步提高水中溶解氧浓度时，可增加跌水高度或增加跌水级数。跌水曝气溶氧效果较好，但散除水中二氧化碳效果很差。

2）喷淋式曝气：莲蓬头和穿孔管均属于喷淋式曝气装置。地下水经井泵提上来后，通过莲蓬头或穿孔管上的小孔向下喷淋，把水分散成许多细小水流或水滴，与空气接触，实现水的曝气。喷淋式曝气装置设在重力式除铁滤池之上。它的曝气效果好，能满足大多数地下水除铁要求，无须其他专用机械设备，操作简单。缺点是地下水含铁量较高时，喷淋孔眼易堵塞，须定期对孔眼进行检查疏通。它适用于含铁量小于 10mg/L 的曝气。

3）接触式曝气：接触式曝气塔是目前应用较广的一种敞开式曝气装置。该装置在塔中设置由焦炭或矿渣构成的填料层，机井抽取的地下水从塔顶上部的穿孔管均匀流出，经填料层自上而下缓慢流过，水中含有的铁，经接触氧化，沉积于填料表面，水汇集到下部集水池。这种方法曝气效果好。它的缺点是填料孔隙率因铁沉积而逐渐降低，需 1 年左右更换 1 次。它适用于地下水含铁量小于 10mg/L 的曝气。

4）射流曝气：在井泵出水口安装射流喷嘴，有压水经喷嘴高速喷出时产生负压，空气与水掺混，粉碎成细小的气泡，达到曝气的目的。这种方式充氧效率高，无须增加其他机械动力设备，构造简单，体积小，造价低，且运行管理方便。缺点是水头损失较大、增加了能耗。

多数情况下，除铁除锰生物滤层实际需氧量不是很大，滤层进水溶解氧水平在 4～5mg/L 即可满足需求。跌水曝气和喷淋曝气在农村水厂使用较多。

（2）曝气气水比。曝气气水比是指参与曝气的空气体积与水体积之比。曝气时的气水比对曝气效果有重要影响。曝气气水比要根据不同需求而调整。有的主要目的是充氧，还有一部分是在充氧的同时，还要散除水中二氧化碳，以提高水的 pH 值。在曝气溶氧过程中，由于氧在水中溶解度很小，所以参与曝气的气体中的氧不可能全部溶于水中。随着气水比的增大，氧的利用率呈降低趋势。因此，选用过大的气水比是不必要的，一般不大于 0.1～0.2。但是，从散除二氧化碳的角度看，随着气水比的增大，二氧化碳去除率不断升高，选用较大的气水比更有利，气水比一般为 3～5。具体的气水比等工艺参数需通过检测本水厂原水水质，并参考条件相似水厂净水处理经验确定。

（三）除铁除锰操作要点

除铁、除锰设施运行维护需要掌握控制的工艺技术参数主要是滤池的滤速、反冲洗强度和反冲洗时间。

1. 选用优质滤料，控制好滤池工作周期

常用的除铁、除锰滤料有石英砂和天然锰砂。当地下水含锰量较高时，宜采用锰砂滤料，锰砂有较宽的除铁除锰适应范围。滤料要有较好的化学稳定性和足够的机械强度，不含对水质有不良影响的物质，对铁和锰有较大吸附容量以及较短的生物膜成熟期。石英砂粒径为 0.5～1.2mm，锰砂粒径最小为 0.6mm，大的粒径为 1.2～2.0mm；滤层厚度宜为 800～1200mm，滤速宜为 5～7m/h。滤池工作周期视原水水质和气候条件而定，一般为 8～48h。工作周期不宜太短，否则耗水多且操作麻烦。当含铁量较高时，可通过以下措施控制工作周期：采用较均匀的双层滤料和降低滤速。在两级曝气两级过滤除铁、除锰工艺中，第二级除锰滤池工作周期一般较长，短的 3～5 天，长的 7 天或更长。但是运行工作周期也不宜过长，否则容易出现滤层冲洗不均匀、易板结等问题。

滤层的成熟期与原水水质密切相关。一般情况下，滤层完全稳定运行需要 2～3 个月，如果原水含铁量很低，含锰量较高，则需要更长时间。如果含铁、含锰量都很高，完全成熟期会长达半年以上。

2. 掌握控制影响曝气接触氧化效果的有关因素

除铁的曝气接触氧化与水的 pH 值有关，只有在水的 pH 值不低于 7.0 的条件下，才可能有效去除二价铁。二价铁的氧化速度还和水温有关，水温每降 15℃，接触氧化反应速度将减小 10 倍。此外，溶解性硅酸含量也影响除铁效果。

有些水厂原水溶解性硅酸含量不高，但碱度较低，低于 1.6mmol/L，pH 值低于 6.5，这类水一经充分曝气，pH 值提高到 7.1～7.4 时，氢氧化铁大量穿透滤池滤层，会严重影响除铁效果。如果适当降低曝气强度，使曝气之后水的 pH 值控制在 6.5～6.7，除铁效果能有明显改善。

3. 精心做好滤料填装

滤料在装填前，应按除铁、除锰装置设计要求进行筛选，滤料自下而上、从大到小按级配要求逐层装填。装填后应及时进行反冲洗，将粉砂及泥土冲洗干净，待出水澄清后才能正式投入运行。

4. 适时进行反冲洗，合理掌握反冲洗强度

反冲洗开始时间的掌握：主要是观察滤池进出水压力表的差值，达到允许水头损失范围 1.5～2.5m 时，就应对滤池进行反冲洗。具体水头损失值需要各个水厂运行操作人员工作中勤观察、勤检测、勤分析总结，找出相关因素之间的关联影响和规律，进而总结上升到操作制度，将其相对固定下来。另一个指标是监测滤后水的铁、锰含量，当超出规定限值时（铁不大于 0.3mg/L，锰不大于 0.1mg/L）就应进行反冲洗。

反冲洗间隔时间不宜过长，如果积泥太多，不仅水头损失过大，还会影响微生物正常代谢。但冲洗次数也不宜太频繁、冲洗强度不能太高。不能认为滤层冲洗得越干净越好。冲洗强度以松动滤料层为宜，避免因过度冲洗，滤沙表面生物膜脱落、生物量减少太多。冲洗强度过大还会"跑砂"，影响生物活性滤膜的效能。总之，以铁锰刚好冲洗出滤层为宜。对于含铁量小于 10mg/L 的地下水，滤速宜采用 5～10m/h，含铁量低的，取上限，含铁量高时取下限。石英砂的冲洗强度宜控制在 13～15L/(s·m²)，冲洗时间大于 7min。对于锰砂滤料，滤速宜采用 5～8m/h，冲洗强度控制在 18～22L/(s·m²)，冲洗时间 10～15min。

冲洗前应检查清水池或高位水池的水量是否充足。反冲洗时，滤层表面以上要有一定水深。反冲洗结束后，应对滤料层表面进行清理平整。操作人员务必按操作规章或装置说明书要求的冲洗工作压力运行，严禁超出。每年应对滤池滤料进行翻沙整理，防止滤料板结，并量测滤料层厚度，如滤层厚度减薄，及时补充滤料到设计值。

对反冲洗流出的高浓度铁、锰排水和积泥要按环境保护要求进行妥善处理。

（四）案例

案例 1：通过解决地下水有机污染问题，改善除铁锰效果

某镇供水工程地处东北地区，建于 2006 年，水源为地下水，井深 30m，设计供水规模 960m³/d，供水人口约 1 万人。经检测化验，地下水含铁量为 5.5mg/L、锰含量为 1.2mg/L，均超过生活饮用水卫生标准，其他水质指标合格。参照邻近地区已建成供水工

程的做法，该工程采用一级跌水曝气接触氧化除铁，再加锰砂滤池生物固锰除锰过滤。一级曝气跌水落差为 3m，除锰滤池为钢筋混凝土结构，消毒方式为电解食盐水生成次氯酸钠，投加在清水池进水管口。

供水工程投入运行后的前几年，除铁、除锰效果均比较好，县疾控中心对出厂水水质抽检，结果达到国家生活饮用水卫生标准。但以后发现，除铁、除锰效果逐年下降，2012年抽检时铁、锰去除率仅为预期效果的一半左右。原因在哪里？是除铁、锰装置本身出了问题，还是另有其他原因影响了除铁、锰装置的效果？

省有关部门邀请北京有丰富经验的专家到现场进行调研，与当地技术人员深入讨论交换意见。专家初步分析，了解到该地区许多村镇过去几年大力发展奶牛养殖业，一些散户在自家庭院养殖三五头、一二十头，规模大的奶牛场几百头、上千头。奶牛的粪便尿液等排泄物直接渗入土壤，有的流入水坑洼地。初步分析研判，认为很有可能是机井抽取的地下水含水层埋藏较浅，农业种植长期大量施用化肥，加上养殖业污水对地下水环境造成污染，有机物超标。同时还可能存在机井建设施工时质量把关不严，非取水层的井管封闭不严，不同地下水含水层串流。县水利局将机井原水水样送到县自来水厂化验室检测，COD_{Mn} 达到 4，说明上述几种因素共同作用，导致水厂现有除铁、锰工艺效果逐步下降。

专家在给当地农村供水管理人员培训讲课时告诉大家，地下水中所含有机物具有抵抗生物降解的能力，它们同铁、锰等金属离子结合，很容易形成稳定的配合物。这种配合物会使滤料的催化作用和氧化再生能力严重下降，从而使接触氧化及锰砂滤料再吸附过程受到阻碍。

专家建议：可以考虑向水中投加强氧化剂次氯酸钠，通过化学氧化作用，降低有机物浓度，再结合锰砂生物滤膜过滤，有可能改善去除铁、锰效果。具体的次氯酸钠投加量，以及其他运行操作相关技术参数，要通过试验，以最终出厂水铁、锰指标符合技术规范为准。该县农村饮水安全管理中心参照专家建议的思路，与有关设计单位制定进行技术改造方案并组织实施，改造完成后，经检测，出厂水铁、锰指标达到了技术规范的要求。

这个案例给我们的启示是：供水工程设计时选用净水处理工艺措施的效果，要经受当地环境和水源水质变化的检验，当环境条件发生较大变化时，如本案例，地下水遭受严重的有机物污染，已有的净水处理工艺措施有可能要相应进行调整，以保障供水水质始终符合有关要求。

案例 2：关注地下水硅酸盐和碱度含量超标对除铁、除锰效果的影响

某镇供水工程，水源为地下水，井深 50m，设计供水规模 1200m³/d，供水人口 1 万人。原水水质超标成分主要是铁和锰，铁含量为 6.5mg/L，锰含量为 0.6mg/L。供水工程设计净水处理工艺流程为：跌水曝气加锰砂过滤，消毒方式为电解食盐水生成次氯酸钠，在清水池进水口处投加。

这一净水处理措施在该县多处农村供水工程均取得较好效果，设计人员预估该镇工程也不会有什么问题。但是水厂建成后，经检测，铁的去除率仅有设计预期效果的一半左右。恰逢专家到该县走访调查农村供水发展情况。专家了解到这一情况后，找到了工程设计单位和县有关部门人员座谈，查阅水质化验报告和运行日志等资料，一起分析查找原因。发现该水厂水源井所取含水层的地下水含硅酸盐较高，含量达 42mg/L。专家查阅国

内有关资料得知，当地下水硅酸盐含量超过 40mg/L 时，将明显阻碍铁的空气氧化，硅酸盐含量越高，生成 $Fe(OH)_3$ 颗粒直径越小，絮凝体凝聚越困难，越容易出现絮体穿透滤层的情况。处理铁的过程中，二氧化硅不是吸附在氢氧化铁表面上，而是形成稳定的高分子硅酸盐化合物。

专家建议将空气自然氧化改造成曝气接触过滤，即在曝气装置后设置接触过滤池，含铁地下水经曝气充氧后，进入以固体催化剂为滤料的滤池，适当控制曝气强度，使曝气后水的 pH 值控制在 7.0 以下，再进入接触滤池。在滤池，二价铁首先被吸附于滤料表面，然后被氧化，氧化的生成物作为新的催化剂参与反应，使 Fe^{2+} 氧化成 Fe^{3+}，絮凝过程基本上在滤池中完成。过了一段时间，专家电话询问，得知该水厂按照专家建议进行了技术改造，实践表明减小了硅酸盐对除铁处理的不利影响后，出厂水水质检测铁、锰两项指标均达到了国家生活饮用水卫生标准。

碱度的影响。东北地区某联村供水工程，水源为地下水，井深 25m，设计供水规模 520m³/d，供水人口约 4000 人。原水水质检测，地下水含铁量为 4.0mg/L、含锰量为 0.6mg/L，pH 值为 6.5。该工程建设时，恰逢夏秋季，有关主管部门要求工程必须年底前建成。此时，当地能够进行施工的时间十分有限，设计单位没有作更深入细致的分析论证，直接参考相邻不远的另一处已建成工程净水处理工艺，采用接触过滤氧化法除铁、锰。该方法无须投药，流程短，工艺简单，投资及运行成本低。但是工程建成后，水质检测发现该工程铁、锰去除效果远不及邻村供水工程，去除率只有预期的一半左右。

县农村供水管理中心与设计单位技术人员多次讨论分析，开始认为原因可能是地下水含溶解硅酸盐偏高，于是调整曝气强度，使曝气之后原水 pH 值控制在 7 以下。这一措施取得了一定效果，铁、锰去除率有所提高，但出厂水铁、锰含量指标仍然达不到技术规范要求。经向北京的专家咨询，被告知问题可能出在原水碱度。查阅原水水质化验资料，得知碱度为 1.6mmol/L。专家说大量工程实践验证，充分曝气后生成大颗粒的氢氧化铁是否会穿透滤层，并不完全取决于硅酸盐含量，还与原水碱度的高低有关。碱度对于除铁、锰的影响甚于溶解硅酸盐。建议该工程可考虑在机井出水管投加生石灰溶液，提高水的 pH 值。此外，当原水碱度低于 2.0mmol/L，特别是低于 1.5mmol/L 的情况下，曝气形式与曝气强度的选用也十分重要，具体的技术参数要通过反复对比试验和净水处理效果确定。

上述两个案例提醒农村供水工程技术人员，除铁除锰影响因素很多，同一个县不同片区的水文地质条件不同，不同机井井深所取用不同含水层的水质状况可能有很大差异。这就要求工程设计人员制定设计方案时，要高度重视原水水质所有指标，如铁、锰、pH 值、碱度、硅酸盐、有机物、硫化物等，采取针对性的应对措施。供水工程运行管理人员要学习了解除铁、锰工艺技术知识，尤其要定期检测出厂水水质指标，发现问题，认真查找原因，咨询当地有经验的工程技术人员，如果能在自己力所能及的范围内，通过调整运行技术参数解决问题，可经过一定论证审批程序，修改本水厂运行管理操作规程。如果需要进行技术改造才能解决，要按有关规定程序申请立项。

（五）除铁、锰运行维护常见问题、原因分析及处理办法

铁、锰超标水的净化处理中常见问题、原因分析及处理办法见表 5-5-1。

表 5－5－1　　铁、锰超标水的净化处理中常见问题、原因分析及处理办法

常见问题	原 因 分 析	处 理 办 法
除铁效果不佳	1. 气水比偏小，水与空气接触时间不足。 2. 原水的 pH 值过低。 3. 水中含溶解性硅酸盐过多。 4. 射流流速偏低，气水混合时间不足	1. 加大气水比，增大气水的接触面积或加长混合长度，提高水中溶解氧。 2. 减少水中游离 CO_2，提高水的 pH 值。 3. 控制曝气强度，使 pH 值在 7.0 以下，立即进入滤池避免形成复合硅酸盐。 4. 提高射流流速，加大气水混合接触时间
除锰效果不佳	1. 原水 pH 值偏低。 2. 生物活性滤膜未成熟即供水。 3. 滤池的锰砂吸附三价铁过多，未及时反冲洗。 4. 锰砂表面的膜老化，失去活性。 5. 未及时进行反冲洗。 6. 反冲洗强度过大。 7. 滤料分层被破坏。 8. 滤速过快。 9. 反冲洗时间过短；反冲洗时间过晚	1. 提高水 pH 值。 2. 应在低负荷供水下运行。 3. 加强巡回检查，适时进行反冲洗。 4. 合理控制冲洗强度。 5. 及时进行反冲洗。 6. 调整反冲洗强度。 7. 反冲洗后恢复砂面平整。 8. 适当降低滤速，改善反冲洗条件。 9. 调整反冲洗强度和反冲洗历时
曝气不足	1. 空压机向过滤罐打气，气水接触时间短。 2. 跌水高度不足，充氧不足。 3. 接触曝气塔气水接触时间短。 4. 部分孔眼堵塞，影响曝气效果	1. 保持气水在管道中接触时间不宜低于 $10\sim15s$。 2. 增大跌水高度或增加跌水级数。 3. 改进曝气操作延长空气与水接触时间至少 1min。 4. 清洗疏通孔眼，如有必要增大孔眼直径
除铁效果符合预期，除锰效果不佳	1. 原水水质发生变化，原有处理工艺不适用。未根据原水铁、锰含量有针对性的选用除铁、锰工艺，除铁、锰设计方案不合理。 2. 石英砂滤料不适合除锰。 3. 滤速过快	1. 针对原水水质改进除铁、锰设计方案。 2. 石英砂滤料改为锰砂滤料。 3. 合理控制滤速，宜为 $6\sim8m/h$
滤层效能下降	1. 滤层表面板结、起包。 2. 滤沙质量差，过早磨损破碎，吸附能力下降。 3. 滤沙流失，滤层厚度减薄。 4. 滤池承托卵石移位，漏砂	1. 刮除表层滤砂进行清洗，重新铺设。 2. 更换高质量滤沙。 3. 补充滤层滤沙。 4. 进行滤料层和承托层检修，恢复设计需求的状况
反冲洗用水过多	1. 反冲洗周期太长，每次反冲洗时间短，冲洗不彻底。 2. 反冲洗强度不足，影响冲洗效果没有清水池，未专设反冲洗泵，从出厂水加压泵出水管接出。 3. 反冲洗用水管，内压力不足，水量不足	1. 改善反冲洗条件，调节反冲洗强度和冲洗历时。 2. 进行技术改造，增设清水池，增加反冲洗泵，使反冲洗水量、水压和水质满足需要
用水高峰期除铁除锰效果差	为适应节假日用水量增大，滤速超出合理限值	1. 控制滤池滤速在合理范围，控制用水量。 2. 进行技改增加水厂供水能力

二、氟超标水的处理

氟是人体需要的微量元素之一，成年人每日约需补充 $2\sim3mg$，主要通过饮水和食物

中摄取。饮用水中含有适量的氟，对人体，尤其是人的牙齿保护是有利的。但如果长期饮用含氟量过多的水，会导致蓄积性氟中毒。轻者，会患氟斑牙，表现为牙齿变黄，牙釉质损坏，牙齿过早脱落。重者会患氟骨症，骨骼变形，影响正常生活，降低生活质量，严重时会丧失劳动能力。氟化物广泛存在于自然界中。我国部分地区由于水文地质化学因素影响，地下水含氟量较高。受缺少优质淡水水源等条件限制，当地农村居民长期饮用高氟水，深受其害。

我国生活饮用水卫生标准规定，饮用水氟化物含量不得超过 1mg/L。小型集中式供水工程和分散式供水工程因水源和净水技术受限时，限值可放宽到 1.2mg/L。考虑到除氟技术的复杂性和大多数规模较小农村供水工程技术管理能力偏弱的现实，当原水氟含量超过技术标准规定的限值时，首先应考虑采用城市管网向农村地区延伸，或在附近寻找优质水源代替，如果实在找不到可替代的方案，再考虑采用成熟技术进行除氟处理。

目前常用的除氟方法有两种：

（1）吸附过滤法。含超标氟化物的原水通过由吸附材料构成的过滤层，氟离子被吸附在滤料上，当吸附剂的吸附能力逐渐降低至一定程度，滤池出水的含氟量达不到要求时，需要用再生剂对吸附过滤材料进行再生，恢复其除氟能力，如此循环，达到净化原水水质的目的。

（2）膜法。利用半透膜分离水中氟化物，包括反渗透及电渗析两种方法。膜法的优点是在除氟的同时，还可以去除水中所含的盐等其他成分。

此外，还有一种方法是混凝沉淀法。在氟超标的原水中投加混凝剂，如聚合氯化铝、三氯化铝、硫酸铝等，经混合絮凝，生成絮体，絮体吸附氟离子，再经过沉淀和过滤将其去除。该方法工艺流程与一般地表水的常规处理相似，只是要增大混凝剂投加量。这样做的副作用是会对出厂水水质产生不利影响。

总体而言，饮用水除氟是一项有相当技术含量和复杂的工作。有些技术相对成熟，但规模不大的农村供水工程管理能力多不适应。因此，对饮用水除氟工作要格外给予高度重视。

（一）吸附过滤法除氟

1. 活性氧化铝吸附过滤除氟

（1）工艺机理。活性氧化铝是白色颗粒状多孔化合物，由氧化铝的水化物在约 400℃ 高温下熔烧制成，其特点是具有较大的比表面积。它是两性物质，在酸性溶液中，其表面带正电；在碱性溶液（pH 值大于 8）中，其表面带负电。在酸性溶液中，活性氧化铝作为阴离子交换剂，对氟有很大的选择性。使用活性氧化铝前，要用硫酸铝溶液对其进行活化，使之转化成硫酸盐型。使用一段时间后，活性氧化铝的吸附能力降低，要用氢氧化钠对其进行再生，也可以用硫酸铝再生。用硫酸铝再生处理带来的副作用是供水工程出水中含铝量增高。活性氧化铝的一大弱点是对原水 pH 值适应范围较窄。当原水 pH 值大于 5 时，pH 值越低，活性氧化铝的吸附容量越高。为提高除氟效果，可用酸对原水的 pH 值进行调节，达到偏酸性，控制在 6.0～7.0 为宜。常用的酸有硫酸、盐酸和醋酸，也可通过投加二氧化碳气体来提高水的酸性。

单位重量的活性氧化铝能吸附氟的重量称吸附容量，数值范围为 1.2～4.5mgF/g

（Al_2O_3），具体数值取决于原水中氟的含量、pH 值、活性氧化铝颗粒大小等。据有关观测试验资料，将较高 pH 值原水调至 6.0～6.5 时，吸附容量约为 4～5mgF/g（Al_2O_3）；pH 值调至 6.5～7.0 时，吸附容量为 3～4mgF/g（Al_2O_3），如果原水 pH 值较高，不对其进行调节，吸附容量可能只有 0.2～1.2mgF/g（Al_2O_3）。

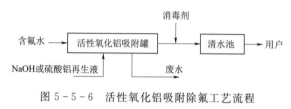

图 5-5-6 活性氧化铝吸附除氟工艺流程

活性氧化铝吸附除氟工艺流程如图 5-5-6 所示。

（2）净水处理技术要点。

1）注意检测原水浑浊度。原水浑浊度应低于 3NTU，如超过，则应在吸附滤池前进行过滤等预处理。

2）检测并调节控制原水的 pH 值。含氟量较高的天然水，往往偏碱性，pH 值较高，不利于吸附材料吸附氟。这时需要在吸附滤池前投加盐酸或二氧化碳气体，将原水的 pH 值控制在 6.0～7.0，具体的调控值需要通过试验和技术经济比较确定。

3）掌握合理的滤速。当吸附滤池进水 pH 值小于 7.0 时，宜采用连续运行方式，其空床流速宜为 6～8m/h。采用硫酸溶液调整滤池水 pH 值时，水的流向宜采用自上而下方式；采用二氧化碳调整原水 pH 值时，为防止其挥发，增大在滤池水中的溶解量，滤池水的流向宜采用自下而上方式。

4）保持滤层结构合理。除氟滤池的滤料应有足够的机械强度，粒径大小在 0.5～1.5mm。原水含氟量小于 4mg/L 时，滤层厚度宜大于 1.5m；原水含氟量 4～10mg/L 时，滤层厚度宜大于 1.8m。当原水 pH 值调至 6.0～6.5，净水处理规模小于 5m³/h、滤速小于 6m/h 的情况下，滤层厚度可降至 0.8～1.2m。

5）滤料初次使用，要用 5％的硫酸铝溶液浸泡 1～3h，适当搅拌后，再用水冲洗 6～8min。

6）原水在除氟装置中的接触时间应控制在 15min 以上。

7）除氟装置运行中，应经常观察滤料状况，球状活性氧化铝颗粒表面应洁白，滤层不应有板结现象，要准确记录运行时间，掌握其运行周期。

8）定时检测吸附滤池出水的含氟量，如果发现大于 1mg/L，表明需要对滤料进行再生处理，应停止供水。

9）除氟净水处理会用到酸碱化学物品，操作使用中，有一定危险性。要经常检查并保持安全生产防护装备齐全完好、安全生产制度是否得到严格执行、责任是否落实到每个相关人身上。

（3）活性氧化铝滤料再生。当活性氧化铝吸附容量严重下降时，就必须用氢氧化钠溶液或硫酸铝溶液进行再生。

再生化学制剂消耗量：采用浓度为 0.75％～1.0％的氢氧化钠溶液时，其消耗量为每去除 1g 氟化物，需耗用 8～10g 固体氢氧化钠；采用浓度为 2％～3％硫酸铝溶液时，每去除 1g 氟化物需消耗 60～80g 固体硫酸铝。

滤料再生步骤：使用氢氧化钠溶液对活性氧化铝进行再生时，其操作步骤分为首次冲洗、再生、二次冲洗和中和 4 个阶段。①首次冲洗的膨胀率为 30％～50％，冲洗时间为

10～15min，冲洗强度一般采用 12～16L/(s·m²)，氢氧化钠溶液自上而下通过滤层，流速为 3～10m/h；②再生耗时 1～2h；③二次冲洗和反冲洗，强度为 3～5L/(s·m²)，水流流向自下而上，反冲洗耗时 1～3h；④中和阶段，用浓度 1‰ 的硫酸溶液，调节进水 pH 值，降至 3 左右，进水流速与除氟过滤相同，中和除酸耗时 1～2h，直至出水 pH 值达到 8～9。整个再生过程的反冲洗及配制再生溶液均用原水。

用硫酸铝对活性氧化铝进行再生时，中和阶段可省略。首次冲洗、二次反冲洗、配制再生溶液均可使用原水，反冲洗及中和排出的水都必须废弃，并妥善处理，防止对环境造成不良影响。

再生废液处理：可向废液加酸进行中和，至 pH 值为 8 左右。投加前，先用少量废液溶解氯化钙，将浓度为 2～4kg/m³ 的氯化钙溶液投加到废液中，充分搅拌使之混合均匀，静止沉淀数小时，最后将上清液与下一周期首次冲洗水一起排到符合环境保护要求的地方。

（4）案例：活性氧化铝吸附除氟。

严重缺水的华北地区某联村供水工程，建于"十一五"初期，水源为深层地下水，井深 600m，设计供水规模 500m³/d，设计供水人口 6000 人。经检测，原水含氟量 3.2～3.5mg/L，pH 值为 7.8～8.3，偏碱性。工程建设时，按设计要求配备了调节原水 pH 值装置。为防止滤料板结，除氟罐进出水采用逆向流，原水从滤罐底部进入，氟被吸附于滤料表面，生成难溶于水的氟化物。除氟后的水从滤罐顶部流出，进入清水池。

刚开始投入运行时，1 个星期检测 1 次供出水的含氟量，发现氟超标时，对滤料进行再生，6～7 天进行一次。运行两个月后，受水质化验检测经费不足条件的限制，村管水员不再提取水样送至县水质检测中心检测出厂水含氟量，凭经验仍是 1 个星期进行 1 次再生。在运行维护中，管水员图省事，也为节省成本，不执行运行操作规程，将调节原水 pH 值这一重要工艺环节省去。由于含氟量超标的水无色无臭无味，管水员无法从感官直觉上判断活性氧化铝吸附氟的效果，村民们更不了解饮用水的水质状况。实际上，除氟罐内的吸附滤料早已不起作用，除氟设施形同虚设。

在一次区域性农村供水水质抽查中，检查组发现该供水工程向村民供出的水氟化物含量严重超标，这才引起上级主管部门重视。省市主管部门联合调查组深入调查，发现水厂除氟装置滤料再生一次，消耗的药剂、电、人工等成本费用对于经济欠发达的村集体确实显得负担过重。该工程供水收费标准为 2.2 元/m³，不计提折旧费情况下的运行成本约 3 元/m³。收取的水费不足以弥补日常运行支出。村委会曾尝试提高水费计收标准，有些村民干脆少用甚至不用供水工程的净化水，继续使用自家庭院自备井的地下水。除氟技术的推广应用面临管理人员业务能力和村集体、村民经济负担能力弱等多重困难的困扰。

调查组认为，饮用水氟超标事关老百姓尤其是下一代的身体健康，该工程的问题全靠村委会和村民解决是不现实的。建议采用政府购买公共服务加上村民积极参与和水价改革的综合措施，将供水工程日常运行维护委托给具有除氟专门知识的专业机构，同时加强饮用水卫生常识和水费改革宣传，让村民以主人翁的心态与专业化机构配合，参与供水工程经营管理，保障饮水安全及工程设施运行维护的可持续性。

多年后，据跟踪回访，实施"十三五"农村饮水安全巩固提升工程期间，该地区同类农村供水工程已被南水北调地表水源规模化集中供水工程替代。祖祖辈辈农民饮用高氟水的老大难问题彻底得到了解决。

2. 活化沸石吸附除氟

（1）工艺机理与操作要点。活化沸石是以硅铝酸盐类的矿物为原料，经化学酸性活化等 10 多道工序，调节其孔隙结构而制成的颗粒。吸附容量为每千克活化沸石可吸附 1～2g 氟。具体效果视原水含氟量不同而不同。

滤池的过滤方式为自下而上升流式，滤速为 3～5m/h，过滤周期为 7 天。吸附容量达到饱和后，需对活化沸石进行再生处理。判断方法是检测滤池出水含氟量是否大于 1mg/L。活化沸石吸附氟的能力有限，有的供水工程刚投产时，3～4 天再生一次，以后逐渐衰减至 1～2 天再生一次。这可能是由于每一次活化沸石再生处理不彻底，未达到预期效果，吸附能力逐渐衰竭。

活化沸石吸附除氟工艺流程如图 5-5-7 所示。

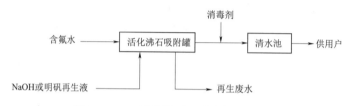

图 5-5-7　活化沸石吸附除氟工艺流程

运行中应注意观察活化沸石滤料层有无板结现象，同时按照操作规程规定，定期检测净水处理后水的氟含量，准确判断活化沸石是否还有足够的吸附容量。如果含氟量超过标准，就必须及时对滤料进行再生处理。

活化沸石再生时，先用清水池的水或原水进行反冲洗，再用浓度 3％的氢氧化钠溶液或浓度 5％的明矾溶液循环淋洗 6h，再用 5％的明矾溶液浸泡 12h，最后用清水冲洗 10min。再生处理时，要注意保持足够的淋洗时间和冲洗强度，使沸石中吸附的氟尽可能充分地溶解到再生液中。做好活化沸石吸附料再生工作，需要农村管水员掌握相关专业知识和技能，有很强的工作责任心。因此，这一技术的推广应用受到很多条件的限制，不是"吸附就灵"。还需要注意，再生处理的废液排放要符合当地环境保护有关要求，不得随意处置。

（2）案例。

某镇水厂，水源为地下水，井深 100m，氟化物含量 3.8mg/L，设计供水规模 3000m³/d，供水范围包括两个镇及周边 53 个村，供水人口 3.5 万人，工程于 2009 年 6 月建成投入运行。

按照工程设计，水厂安装了 10 套单个处理水量 500m³/d 的吸附过滤罐，内装活化沸石吸附滤料。正常使用时，一般是 7 个罐投入运行，其中 6 个罐除氟供水，1 个罐进行活化沸石滤料再生处理。

在出厂水管道闸阀处安装了 1 台含氟量在线检测仪。检测结果显示，出厂水含氟量在 0.80～0.95mg/L 之间，符合国家相关标准规定。运行 1 年后，滤料吸附能力衰竭，依靠再生处理措施仍无法恢复其应有吸附功能，不得不更换新的滤料，水厂才得以继续正常运行。

水厂管理人员反映，村民们对于能喝上放心水十分满意，小孩以后不再有"黄斑牙"了，在外人面前敢张开嘴笑了。但是，活化沸石吸附容量偏低，再生处理频繁，费工费时，1 年更换 1 次滤料，运行成本居高不下，目前 2 元/m³ 的收费标准，难以补偿水厂运行维护支出。曾试图提高水价，但村民有意见，并且用水量明显减少，水厂水费收入也相应减少，经营还是困难，处于两难的境地。2015 年后，国家和省县财政部门安排了运行维修补助经费，水厂经营状况有了很大改观。但水厂负责人对能否长期坚持使用这种处理方法缺乏信心。

3. 羟基磷灰石吸附除氟

（1）工艺机理与操作要点。羟基磷灰石是一种新型吸附剂，吸附容量为 1.0～4.0g/kg。吸附容量大小随原水水质条件不同而不同，包括 pH 值、水温、其他阴离子含量等因素，都会有所影响。除氟原理是物理吸附作用，含有钙离子的固体羟基磷灰石表面形成阳离子半透膜层，当高氟水与吸附滤料接触时，原水中的氟被快速吸附在滤料表面。

这种滤料的特点是对原水 pH 值适应范围较宽，在 6.0～9.5 之间，原水无须调 pH 值，吸附速度快。滤料再生时，用 0.5%～2% 的氢氧化钠溶液浸泡 12h，然后将再生液排放，洗净滤料。以出厂水含氟量达标为准，一般 1～2 周再生处理 1 次。相对于其他吸附滤料，这种吸附剂消耗滤料量少，再生操作相对简单一些。再生废液处理，同样需要格外谨慎，避免对环境的不利影响。

（2）案例：羟基磷灰石吸附除氟技术在农村推广使用面临难题。

某联村供水工程，水源为地下水，井深 150m，设计供水规模为 100m³/d，向两个村的村民供水。原水氟化物含量 2.0mg/L。20 世纪末建设时，只是打深井取水加压，通过管道输水让村民用上所谓的自来水，未配备除氟和消毒设施。2011 年在国家实施农村饮水安全工程建设中，对该工程进行了技术改造，安装了 3 套羟基磷灰石吸附过滤罐，采用 2 套运行 1 套备用方式使用。设备生产厂家建议除氟罐每运行 15 天进行一次再生处理，使用浓度 2% 的氢氧化钠溶液进行再生。仅就增加除氟措施每立方米的供水成本约增加 0.80 元。

2014 年农村饮水安全督查组到现场进行调研时，与村干部和供水工程管水员进行座谈讨论，对原水水质和出厂水水质进行了检测，结果表明，出厂水含氟量 1.8mg/L，明显超过了国家标准规定的限值。但村干部和村民都没感觉到饮用水有什么问题。

督察组分析，问题产生的原因有几种可能：①再生周期过长；②每次再生时间不足，再生不彻底；③吸附滤料使用两年多未进行更换，已基本失效。督查组还发现供水工程无检测含氟量的仪器，也未安装在线监测。2011 年供水工程技术改造完成后，村管水员更换过几任，现任管水员只有初中学历，虽然参加过几次县乡组织的半天或一天的饮水安全技术培训，但远达不到熟练掌握吸附滤料再生操作要领。近几年曾将出厂水送到县城有关单位检测过几次，检测单位提醒他氟含量超标，为此他缩短了吸附料再生间隔时间，究竟效果如何，他并不清楚。对吸附滤料进行再生处理，全凭他的主观感受和所谓的"经验"。

督查组认为新型吸附剂材料的研发和应用，为提高除氟技术水平提供了更多的选择。但实际应用效果不完全取决于技术，在很大程度上依靠现场运行维护人员的专业知识水平和业务能力，这是制约除氟新技术、新材料推广应用的难点所在。督查组建议，可考虑改革水厂管理体制，将规模过小且分散的农村集体组织管理的供水工程委托给社会化的专业机构统一运行维护管理。

4. 吸附过滤法除氟工艺操作须注意的几个问题

目前采用吸附过滤法除氟的农村供水工程，日供水规模多在几十吨、几百吨，大的可达一两千吨，管理主体多为农村集体组织，具体操作管护采用承包或责任制方式委托给当地村民承担。大多数供水工程没有水质化验室，也不具备在线检测氟含量的条件，农民管水员知道除氟滤料需要定期再生，周期在 1 个星期或者半个月，也大体上能按操作规程要求去配制再生液，但是很难准确把握再生液的浸泡时间长短及再生浸泡后需用清水循环淋洗的时间，因此经常出现由于再生液接触反应时间不足，滤料再生处理不彻底，导致滤料吸附功能过早衰竭，降低了除氟装置的效能。滤料再生处理间隔时间并不是固定值，取决于原水含氟量高低，含氟量高的，可能 2～3 天就需要再生 1 次，对于含氟量 1.5mg/L 左右、超标不多的原水，可能 10 天或更长时间再生 1 次也可以。再生周期等技术参数不能凭农民管水员主观想象和所谓经验决定，取决于供出的水含氟量是否达标。总结各地经验与教训，采用吸附过滤技术除氟要抓住几个关键环节：

1）供水工程要配备 1 台能检测氟含量的仪器，并培训农村管水员会操作使用。

2）操作人员必须培训合格后才能上岗，要不定期对他是否掌握吸附除氟的基本知识和检测氟含量的技能进行考核。要保障他们的薪酬待遇，稳定人心，避免业务骨干力量流失。

3）严格执行记录运行日志制度，包括原水 pH 值、水温、出厂水含氟量等，重点记录滤料再生处理的再生药液浓度、用药数量、耗水量、水厂进水量、水厂产水量等；定期整理分析相关数据资料，推算滤料的大致剩余吸附容量和下次再生的时间，总结吸附除氟操作规律，完善水厂除氟工艺操作制度。

4）县级农村供水行业主管部门和水质检测机构要不定期抽查各水厂原水、出厂水水质，做好监督和技术指导服务。

5）妥善处理滤料再生排出的废液，避免造成新的环境污染问题。

5. 吸附过滤除氟设施运行维护常见问题、原因分析及处理办法

活性氧化铝、活化沸石、羟基磷灰石等几种材料吸附过滤除氟运行维护中常见问题、原因分析及处理办法见表 5-5-2。

（二）膜法除氟

（1）膜法除氟。本法包括电渗析与反渗透两种方法。膜法不仅能除去水中含量过高的氟，还能同时去除含量超标的氯化物和硫酸盐等盐分。

（2）电渗析法除氟。属于膜分离技术。在外加直流电场的作用下，利用离子交换膜的选择透过性作为分离膜，以电位差为推动力，阳离子交换膜只允许阳离子通过，阴离子交换膜只允许阴离子通过，使水中一部分离子透过离子交换膜迁移到另一部分水中，从而使一部分水淡化，存留在离子交换膜另一侧的氟和硫酸盐等成分在水中浓缩，达到除氟和去除苦咸水中盐分的目的。电渗析装置有数量众多的膜对，其组装、定期清洗和维修技术要求较高，一般的农村水厂管理人员难以胜任。随着反渗透膜净水技术迅速推广应用，采用电渗析除氟方法的已越来越少。

表 5 - 5 - 2　　　吸附过滤除氟设施运行维护常见问题、原因分析及处理办法

常见问题	原 因 分 析	处 理 办 法
出厂水含氟量超标	吸附材料方面： 1. 吸附滤料质量差。 2. 吸附滤料粒径过小。 3. 吸附滤料板结。 4. 吸附材料吸附能力严重衰减	1. 严把掌握购买吸附滤料质量关。 2. 经常观察滤池进出口压力表，适时进行反冲洗，并保证每次冲洗效果。 3. 改进除氟工艺操作，严格执行操作规章制度，避免吸附滤料过早衰竭。 4. 及时更新吸附材料
	吸附材料再生方面： 1. 再生周期过长。 2. 每次再生时间过短，再生浸泡时间不足。 3. 再生液浓度不够。 4. 再生时反冲洗浓度不够，导致吸附料板结	1. 总结完善适合本水厂实际情况的除氟工艺操作规章，严格执行除氟操作制度中的各环节技术要求。 2. 水厂负责人或上级主管部门经常检查除氟作业情况，抽查出厂水水质
	水厂检测能力方面： 1. 缺少氟含量检测仪器设备，不能准确掌握原水和出厂水含氟量。 2. 操作人员不会正确使用检测仪器设备。 3. 操作人员不认真执行水厂除氟操作规章。 4. 每次再生处理不充分或吸附滤料已失效	1. 配备水质检测化验仪器设备。 2. 加强培训，考核，不定期对水厂操作人员业务能力考试，将业务技能力考试得分和净水处理实际业绩与个人薪酬奖励挂钩，督促操作人员钻研业务，提高工作责任心。 3. 组织水厂间的业务交流学习
出厂水含氟量多数时间合格短期超标	吸附材料再生结束时，偶尔有冲洗不干净情况	严格执行操作规章制度，保证每次再生冲洗效果
开始运行时出厂水含氟量合格，仅几个小时后出厂水含氟量就超标	滤速过快，滤料与原水接触时间过短	按照设施运用规程，适当降低进水量和滤速
出厂水含氟量合格，但产水量明显减少	吸附滤池滤速过慢	参照工程设计参数要求，适当增大吸附滤速和进水量

（3）反渗透（RO）除氟和处理苦咸水在本章第八节作专门介绍。

第六节　微污染地表水处理

微污染地表水是指水的化学、物理或微生物指标不能达到《地表水环境质量标准》中作为生活饮用水的水质要求，包括含有引起色、臭、味超标的无机物，各种有毒、有害的合成有机物、天然有机物等，表现为高锰酸盐指数（COD_{Mn}）、生化需氧量（BOD_5）、总有机碳（TOC）等有机物综合指标超标，此外还有病原微生物等。通常的理解主要是指受到有机物污染的水源。水中的污染物含量达到多少算"微污染"，目前尚无统一明确规定，每升原水含有机物量少的几毫克，多的数百毫克，都属于微污染水。

用常规的混凝、沉淀、过滤、消毒等净水处理，无法使微污染水达到生活饮用水水质卫生标准时，就需要采取强化常规处理，或者在常规处理之前增加预处理，包括化学预处理和生物预处理，也可以在常规处理工艺之后增加深度处理，如活性炭吸附、臭氧加活性

炭吸附、膜处理等措施，提高净水处理效果，使出厂水水质符合国家标准。处理微污染地表水，可以采用上述几种措施中的一种，也可以同时采用几种措施。在常规处理措施之外，增加额外的处理措施，需要增加工程建设费用，相应地也会提高运行维护成本。因此，对不同地区、不同污染类型的水，究竟采用哪一种方法处理，需要综合考虑技术、经济和运行维护管理能力等多个因素，进行多方案比较、分析论证后确定。

一、强化常规处理

（一）机理与适用条件

一般的常规净水处理，大约可去除微污染水中10%～30%的有机物。通过增加混凝剂投加量，并适当投加助凝剂，强化常规处理可在一定条件下进一步降低浊度，同时去除其他有机污染物，提高净化效果。强化常规处理的机理是增强混凝剂的吸附和"架桥"作用，增加絮凝颗粒粒径和密度，进而提高沉淀和滤池滤料截留效果。

有机物去除效果除了与药剂加药量有关，还与混凝剂种类，原水的pH值、碱度、温度等有关。采用强化混凝常规处理工艺，有投资省、能耗低、运行稳定、操作容易、管理简便等许多优点。需要注意，增加混凝剂投加量，只适用于水厂采用常规净水工艺已取得比较好的效果，只是偶尔出现季节性污染和有机物超标不很高的情况。具体到某一个水厂是否适合采用加强常规处理方式，混凝剂投加量增加多少，要根据原水中有机物成分与含量多少，通过烧杯试验、多次对比后确定。在净水处理实践中，不提倡不顾条件盲目地增加混凝剂投加量。因为混凝剂投加量与絮凝沉淀效果之间存在一个最佳关联关系，超出了合理的限度，过多地投加混凝药剂，反而会导致絮凝沉淀效果下降。

（二）强化常规处理运行维护常见问题、原因分析及处理办法

强化常规处理运行维护常见问题、原因分析及处理办法见表5-6-1。

表5-6-1　　　　强化常规处理运行维护常见问题、原因分析及处理办法

常见问题	原因分析	处理办法
1. 增加了混凝剂药液投加量，但部分出厂水指标仍超标。 2. 操作人员凭运行初期的原水水质化验报告盲目增大混凝剂投加量，絮凝池末端矾花大而轻飘。 3. 水厂有化验室，但不严格执行水质化验检测有关规定。 4. 化验员更换频繁	1. 原水受到严重污染，有机物含量超标过高，絮凝产生的絮体细小。 2. 水厂无水质化验室。 3. 水厂管理粗放，主管部门未尽到监管责任。 4. 缺乏对化验人员的培训和岗位考核。 5. 思想政治工作薄弱，薪酬待遇偏低	1. 加强县或区域水质检测机构巡回检测，县农村供水服务管理中心尽到监督指导村管水厂合理控制混凝剂投加量。 2. 增加原水水质化验检测频次，根据原水水质变化情况，重新进行混凝剂投加量与絮凝效果关系试验，明确合理投加量，同时适当降低滤池滤速。 3. 对水厂运行管理和操作人员加强培训，提高业务技能水平。 4. 完善水厂运行管理规章制度，负责人要尽到检查、督促管护人员认真执行规章制度的职责。 5. 加强业绩考核，将考核结果与薪酬福利待遇挂钩；改进水厂人事管理，稳定员工队伍

（三）案例：强化常规净水处理解决原水有机污染

南方地区某镇水厂建于2006年，向两个镇及周围十多个村居民提供生活用水，同时向几个乡村企业供水。原水取自小（1）型水库，设计供水规模5000m^3/d，供水人口3.5万人。原水水质检测表明，存在浊度过高和有机污染问题，COD_{Mn}3～4mg/L，氨氮

0.48mg/L。工程设计采用由混凝、沉淀、过滤、消毒等环节组成的常规净水处理工艺。水厂运行的前几年，出厂水的各项指标大多数时间都能基本达到要求，只是冬季低温低浊期间，出厂水浑浊度短时间会出现超标现象，但超出不很多。

水厂运行几年后，随着农村经济和农业快速发展，水库周边农作物种植施用化肥、农药增多，在雨水冲刷下，一部分残留物汇入水库，同时，两个镇都未建污水处理厂，镇及部分村庄居民生活污水经由河流汇入水库，水库水环境污染日趋明显，污染物主要是有机物和氨氮等。除了过去仅在冬季出厂水水质偶尔超标，后来春秋季有时也出现超标情况。

水厂管理单位进行多次讨论，咨询其他水厂技术人员意见，并向省内有关单位专家请教，多数人认为可以尝试在继续合理利用现有常规处理构筑物和净水工艺情况下，采取强化混凝和强化过滤措施，增强降浊和对有机物等的去除。据此，水厂制定了改进净水工艺技术方案：①增加对原水水质和出厂水水质检测频次，重点是每年11月到次年4月，原水从每月1次增加到每周1次，出厂水水质从每两天一次增加到每天1次；②根据原水和出厂水水质检测结果，随时调整聚合氯化铝投加量，药剂浓度从原来的3.0%提高到5.0%；③冬季12月到次年2月，原水水温过低，投加助凝剂聚丙烯酰胺，初步考虑药液浓度为0.1%，投加量为0.2mg/L左右，实际操作中，药液浓度和投加量均取决于出厂水浊度检测结果，判断标准是浊度NTU小于1；④适当降低絮凝池和沉淀池水流流速；⑤强化过滤，做法是减慢滤池滤速，增加反冲洗次数和反冲洗强度，具体的反冲洗次数和反冲洗强度也要根据出厂水水质检测结果随时调整。

采用强化常规处理后，水厂净水处理效果有明显改善。但只维持了两三年，2012年以后区域水环境形势日趋严峻，水库夏季有机物繁殖加快，水体氨氮指标相应增高，水库水质与降水多少和水库防汛与灌溉放水调度运用关系密切，出厂水 COD_{Mn} 和氨氮指标变得很不稳定，经常出现超标情况，进一步增加混凝剂投加量和投入助凝剂基本不起多大作用。征询多位专家意见，认为应考虑对水厂进行技术改造，在常规处理工艺前增加化学预处理或过滤之后增加深度处理。具体的改造方案需要请有经验的设计单位编制。

二、常规处理工艺之前增加预处理

微污染水的预处理主要包括化学氧化和生物预处理两种方法。

（一）化学氧化预处理

化学氧化预处理是指在常规处理工艺之前增加专用设施，向微污染原水中加入强氧化剂，如氯、次氯酸钠、二氧化氯、高锰酸钾或臭氧等，利用它们的强氧化能力，去除水中所含部分有机、无机等污染物，为后续常规处理工艺或常规处理加深度处理工艺提供其要求的原水水质条件，发挥水的净化处理工艺整体作用。个别基层农村供水人员把化学氧化预处理当作"消毒"，是概念上的理解错误。要取得化学氧化预处理的良好效果，需注意给污染物的氧化反应留出充足的时间。为此，要早投加，投加点设在与混凝剂投加点有一定距离的地方。

1. 微污染水次氯酸钠氧化预处理

（1）工艺机理。在常规处理工艺之前增加次氯酸钠氧化预处理，适用于氨氮超标不很多，夏秋季藻类大量繁殖，或 COD_{Mn} 超标的地表水。我国不少地方用作农村饮用水水源的河湖水库，水体存在不同程度的富营养化，气温高时容易滋生藻类，严重时水呈绿色。

水厂从这种水源取水，仅靠常规净水工艺往往不能满足供水水质要求。这类原水会导致沉淀池、滤池滋生青苔，藻类附着在滤料上，使滤池反冲洗间隔时间大大缩短，耗水率成倍增加。水中含有过量氨氮，会产生难闻的土腥味，使水的色、嗅、味加重。

采用次氯酸钠对微污染地表水进行氧化预处理，COD_{Mn} 的去除率可达 30%～50%。其优点是无须改变常规净水处理工艺，无须增建其他专用构筑物处理设施，只需在原水取水口与絮凝池之间增加药剂注入装置，增加的运行成本不多。缺点是如果次氯酸钠投加量控制不严，过多的次氯酸钠会产生对人体有害的副产物。水中有机物含量较高时，特别是含腐殖酸等较高时，应尽量避免投加氯及其化合物，防止生成过多对人体有害的卤代化合物，宜改用高锰酸钾等强氧化剂。

（2）操作技术要点。采用次氯酸钠对微污染水进行氧化预处理的技术要点及操作注意事项，与净水工艺中采用次氯酸钠消毒的做法和要求相近，在本书第六章有介绍，这里不再重复。

（3）使用次氯酸钠对微污染水进行氧化预处理常见问题、原因分析及处理办法。

采用次氯酸钠对微污染水进行氧化预处理常见问题、原因分析及处理办法见表 5-6-2。

表 5-6-2　采用次氯酸钠对微污染水进行氧化预处理常见问题、原因分析及处理办法

常见问题	原因分析	处理办法
絮凝池形成絮体细小，沉淀池沉降效果变差	次氯酸钠投加点位置不当，设在絮凝池进水口处或与混凝剂同时投加，没有起到对原水有机物预先氧化处理的作用	投加点应设在取水口或水厂进水管入口处，投加之后间隔3min再投加混凝剂，留出充足的氧化预处理反应时间
出厂水水质仍不达标	次氯酸钠投加量不足，水中有机物氧化不充分，原水中 COD_{Mn} 去除率较低	适当增加次氯酸钠投加量
管网末梢水余氯超标，三卤甲烷超标	次氯酸钠投加量过大	适当减少次氯酸钠投加量；对于季节性藻类等有机物繁殖引起的水污染，应增加水源水质检测，当原水水质达到常规处理适用范围时，即停止投加次氯酸钠预处理措施；如果无法兼顾氧化预处理和管网末梢水余氯限值两方面要求，可改为二氧化氯预氧化，滤后消毒也用二氧化氯
次氯酸钠投加量固定不变	不重视原水水质检测，检测频次过少，无法根据原水水质变化调整投加量	加强对原水水质变化监测，补做次氯酸钠投加量烧杯对比试验，完善投加量关系曲线，完善原水质化验制度，加强对运行操作人员培训和考核

（4）案例。

1）水库网箱养鱼影响水厂供水水质。某镇水厂，2012 年建成投入运行，设计供水规模 5000m³/d，向 3 个镇区和周边多个村供水，供水总人口 4.8 万人，兼有少量向工业和服务业企业供水任务。

水厂水源来自 3km 外的中型水库。净水设施为两台钢结构一体化净水装置，消毒采用次氯酸钠发生器生成次氯酸钠，投加到进入清水池前的管道中。水库开展淡水养鱼多年，水面承包人为了增加产量，增加了网箱养鱼，投放鱼饵料激增，加上水库上

游周边农作物种植过量施用化肥和农药，水库水体污染日趋严重，水环境一年不如一年，主要是氨氮超标。每年4—11月的夏秋季尤为严重，氨氮含量高达0.85mg/L，短时间甚至超过1.0mg/L。水体富营养化导致藻类繁殖，水呈暗绿色，并伴有土腥味。水厂设计单位在设计该工程时，对原水氨氮超标的危害性及其处理的复杂性认识不足，以为有了一体化净水装置，处理后的水质不会有问题。很长时间里，上级主管部门及水库管理单位对水生态环境保护也重视不够，投入不足，缺乏跟踪监测水库水环境装备和工作制度，没有采取有效的保护措施。冬季气温较低时，水库水质还可以，水厂的供水水质超标问题不突出。2016年夏季，水厂出厂水异味明显，检测发现多项水质指标不合格，用水户反映强烈。

省农村供水主管部门组织专家到现场调研，通过烧杯试验对比分析，认为问题产生的原因是夏秋季节气温高，水中过高的氨氮含量导致藻类等大量繁殖，现有的一体净水装置受常规净水工艺能力的局限，无法净化消除藻类等有机物。与县水利、环保部门和水厂技术人员深入讨论交换意见后，专家建议在原水取水口处增设次氯酸钠溶液投加装置，对原水进行氧化预处理。依据烧杯试验结果，投加量控制在0.6mg/L以内。同时加大已有的次氯酸钠发生器药液生成量。净水工艺技术改造很快就完成。经出厂水水质检测，氨氮为0.4mg/L，COD_{Mn}小于2.5mg/L，均符合国家标准规定，色、嗅、味问题也得到解决。

调研专家组提醒：在常规净水工艺之前增加次氯酸钠溶液进行化学氧化预处理，解决了原水中氨氮少量超标问题，但要密切关注由此产生的副产物三氯甲烷指标在出厂水中是否超标。根据经验，一般情况下，只要合理控制次氯酸钠投加量，比如控制在1mg/L以下，有毒害作用的副产物就不会超标。此外还要注意解决，在一体化净水装置之前投加次氯酸钠后，杀死的藻类会呈白丝状漂浮物，附在絮凝池和沉淀池，需要采取措施将其打捞处理，以减轻滤池过滤的工作负担。从长远和根本上看，保障该水厂供水水质的治本之策是严格落实国家和地方出台的饮用水源地保护规定，禁止在有城乡供水任务的水库库区养鱼，尤其是网箱养鱼。同时向社会和城乡居民加大科普宣传力度，增强主动参与水环境保护意识，发展现代高效有机农业，逐步减轻农业种植面源污染造成的水库水体富营养化问题。

2）南方某镇水厂建于20世纪末，水源为小（1）型水库。设计供水规模为5940m³/d，向镇及周边村的5万居民以及乡村企业供水，水厂采用常规净水工艺对原水进行处理。

水厂建成后的很长一段时间，水库水质大体良好，出厂水水质也基本满足要求。自2010年前后，大家注意到水库水体污染日趋加重。当地疾控中心对水厂供水水质多次监测化验，对色度、浊度、三氯甲烷、铝等不稳定超标问题提出警告，要求水厂进行整改。

水厂技术人员通过电话和网上向有关专家咨询，专家建议对水厂进行技术改造：根据原水水质条件，混凝药剂仍然使用聚合氯化铝，次氯酸钠消毒剂改用高纯度二氧化氯，并使用二氧化氯对原水进行氧化预处理；改造穿孔旋流絮凝池，增设网格，强化絮凝；将重力无阀滤池单层沙滤料改为颗粒活性炭与石英砂双层滤料。颗粒活性炭对水中有毒化学成分和一般小分子化合物有较好的吸附能力，能较好地解决色和异味问题。要通过试运行，逐步摸索、找出当地原水水质与二氧化氯预氧化药剂、混凝药剂、絮凝时间、滤池流速、反冲洗强度等各项技术参数相关关系，逐步形成适合本水厂的运行操作规章制度。运行操作人员在实际工作中要随时监测原水水质、出厂水水质、管网末梢水水质变化，适时灵活掌握调整工艺参数。

技术改造净水处理工艺流程如图 5-6-1 所示。

图 5-6-1　综合措施改造某水厂净水处理工艺流程图

技术改造方案实施后，经检测，出厂水的色度、浊度、三氯甲烷、铝等水质指标都达到了国家生活饮用水卫生标准。通过调查走访，当地居民对水厂供水水质和其他服务的满意度有明显提高。

2. 微污染水高锰酸钾氧化预处理

（1）工艺机理。对于地表水季节性藻类繁殖，或 COD_{Mn}、氨氮略超标的微污染水，可采用在水厂取水口附近向原水投加高锰酸钾的方法进行氧化预处理，它不仅可灭杀水中藻类及其他多种有机物，还可去除微污染水的臭和其他异味。其优点是不需要改变常规处理工艺，无须补建专用构筑物，增加的水处理成本不高。采用高锰酸钾对原水进行氧化预处理，其机理与次氯酸钠氧化预处理相似。其工艺流程如图 5-6-2 所示。

图 5-6-2　采用高锰酸钾对微污染水进行氧化预处理工艺流程

（2）运行操作要点。采用高锰酸钾对微污染原水进行氧化预处理，再经过常规净水处理加氯消毒，不会产生卤代化合物，水中致突变物呈阴性。

高锰酸钾氧化预处理运行操作需要注意以下几点：

1）正确设置投加点。投加点设在与絮凝池有一定距离的原水取水口附近，先于混凝药剂投加，间隔时间不少于 3min。

2）合理控制高锰酸钾投加量。投加量一般为 0.5～2.0mg/L，具体数值须通过试验比对，找出适合本水厂原水水质条件的投加量。如果通过后面几道净水处理工序，滤池出水呈现略微红色，说明投加量过多，应减少投加量，或改为投加复合高锰酸盐。无论何种措施，要保证出厂水的色度达到生活饮用水卫生标准。

3）经高锰酸钾氧化预处理的水在后面的几道常规净水工序都要符合有关技术规范要求，确保最后供给用水户的水达到国家标准规定。

（3）用高锰酸钾氧化预处理微污染水常见问题、原因分析及处理办法。采用高锰酸钾对微污染地表水进行氧化预处理常见问题、原因分析及处理办法见表 5-6-3。

表 5 - 6 - 3　　　采用高锰酸钾对微污染地表水进行氧化预处理常见
问题、原因分析及处理办法

常见问题	原 因 分 析	处 理 办 法
高锰酸钾投加量随意性大	1. 不重视对原水水质检测，检测频次过少。 2. 未根据原水污染状况补做高锰酸钾投加量与微污染水预氧化处理效果试验	1. 完善和加强水厂化验室制度建设。 2. 增强原水水质检测频次。 3. 补做高锰酸钾投加量与微污染水预氧化处理效果试验，为合理掌握投加量提供依据
絮凝池中絮体非常细小	1. 高锰酸钾投加点不正确。 2. 投加虽有先后，但间隔时间过短，导致高锰酸钾尚未发挥对原水中有机物的氧化作用	改变投加点，设在絮凝池进口处增加它与混凝剂投加位置的距离，如果不具备这一条件，也要做到先投加高锰酸钾，间隔 3min 后再投加混凝剂
出厂水呈微红色	高锰酸钾投加量过多	适当减少高锰酸钾投加量，或改用投加复合高锰酸盐
增加了预氧化处理，出厂水仍有轻微土腥味	高锰酸钾投加量不足，藻类未被全部杀死	适当增加高锰酸钾投加量，或者投加复合高锰酸盐
出厂水锰含量指标超标	原水含锰量原本就较高	改用其他氧化剂，如氯、次氯酸钠、二氧化氯等

（4）案例：用高锰酸钾对微污染水进行氧化预处理，改善供水水质。

南方地区某镇水厂，建于 2010 年，设计供水规模 2 万 m³/d，承担所在县东部地区四个乡镇及周边农村居民生活用水及乡村企业生产用水供应任务。水源取自距水厂 2km 的中型水库。水库所在河流汇流区域土壤为红壤，且上游有锰矿开采。水库水面包给私人，开展网箱养鱼。每年 5—11 月气温较高，富营养化的水体中藻类大量繁殖，水体呈绿色，且有明显的让人感觉不舒服的土腥味。原水经检测，COD_{Mn} 含量为 5mg/L，超出饮用水源地表水环境质量标准规定。

该水厂原设计净水处理工艺为跌水曝气氧化加高效澄清池再经滤池过滤。

水厂投产时正值冬天，出厂水水质合格。次年 4 月以后，水库水质逐渐变差，曝气和澄清工艺措施没有清理掉的藻类等有机物被截留在水厂滤池，滤池不堪重负，平均每 4h 就需要进行一次反冲洗。即便如此，水厂供出的水仍有明显异味。到了冬季，气温较低，水厂供水水质状况有所改善，但仍有用水户反映家中水龙头出水有时有异味。这种情况呈逐年加重趋势。

水厂管理单位邀请省有关部门专家及当地几个自来水厂有经验的技术人员来水厂进行技术咨询研讨。大家初步分析认为，该供水工程设计所选用的净水工艺不完全符合水库水源水质。跌水曝气对去除原水中含有的锰有一定效果，但对有机物的氧化去除效果十分有限，这是该水厂供水水质不稳定、随季节变化而变的主要原因。

专家们建议在水厂取水口增设高锰酸钾氧化预处理投加装置，具体的投加量需要在净水实践中摸索总结，暂时先按 1.5mg/L 考虑。参照专家建议，水厂进行了技术改造。当时正值夏季，改造完成后，立刻显现效果，出厂水水质中的 COD_{Mn} 从改造前的 5mg/L 降至 2.5mg/L。经到用水户随机走访调查，普遍反映家里水龙头出水水质比过去好很多。

专家在与当地干部交流讨论中强调，对有机物超标的原水进行氧化预处理，属于不得已的治标方法，治本的措施是解决饮用水水源地保护不力问题。作为该水厂水源地的水库水体富营养化不是一朝一夕产生的，而是周边村镇生活污水不经处理直接向河道排放，水库管理单位水环境监测与保护措施不落实，日积月累造成的。专家们建议水库管理单位与地方政府和有关部门协调，尽快收回水库水面养殖经营权，严格贯彻执行省颁布的饮用水水源保护管理办法，停止一切不利于饮用水水源和生态环境保护的各种经营活动。

（二）生物预处理

1. 工艺机理

在常规净水工艺之前，增设生物接触氧化滤池，在适宜条件下，通过原水与滤池中生物载体填料上大量好氧生物膜充分接触，在微生物的生物絮凝、吸附、硝化等综合降解作用下，可将大部分微污染水中的氨氮、有机物、藻类和卤代化合物的前驱物等去除。据有关研究资料数据，氨氮去除率可达 $80\% \sim 90\%$，COD_{Mn} 去除率为 $20\% \sim 23\%$，藻类 $85\% \sim 95\%$，做到水厂出厂水无色无臭无味。生物预处理能提高水质的生物稳定性，改善常规净水处理的运行条件，减少混凝剂投加量及生物过滤周期。

2. 装置构成

生物接触氧化滤池由配水系统、布气系统、生物填料、承托层及反冲洗排水槽等构成，参见图 5-6-3。生物接触氧化滤池的构造与常规净水工艺所用的气水反冲洗沙滤池类似，区别在于生物预氧化滤池要有充氧条件，选用的滤料要适合微生物接种挂膜和生长繁殖；滤料的比表面积要大，要有利于提供微生物代谢过程所需的氧气和营养物质；滤料要有足够的机械强度，反冲洗时不易被冲走；滤料要具有化学稳定性，避免填料有害物质溶解于水；滤料要便于就地取材，价格便宜。常用的滤池填料有陶粒、石英砂等。采用陶粒作为滤料时，粒径 $2 \sim 5mm$，填料层厚度为 $1500 \sim 2000mm$。

滤池水的流向：当以去除水中含有过高的有机物或氨氮为主时，水在生物滤池的上向流略好于下向流；但是就对浊度的去除效果来说，下向流要优于上向流。上向流滤池要求进水中不能含有颗粒较大的悬浮物，否则会堵塞配水系统小孔，导致出水不均。下向流比上向流要安全得多。

生物预处理的优点：①能有效去除水中有机物、氨氮、亚硝酸盐氮、铁和锰等；②能改善常规净水处理中的絮凝与沉淀效果，减少约 1/4 混凝剂投加量；③用生物预处理替代化学氧化预处理，可避免次氯酸钠氧化预处理产生的副产物—卤代化合物，降低水中含有致突变成分的风险。

生物预处理的主要缺点是需要增设生物滤池，加大了工程建设投资，同时也增加了能源消耗和运行成本。生物预处理措施适用于水中氨氮含量较高和有机物含量不太高的微污染水。综合考虑生物预处理的种种限制性因素，农村水厂处理微污染水源原水，应尽量选择化学预氧化或常规处理加深度处理工艺。这两种措施操作简单、经济，副产物少，占地面积小，安全可靠。

3. 运行维护技术要点

（1）生物滤池的滤膜生成与成熟需要一定时间，在此期间水厂供出水的氨氮等指标有可能不合格，提醒用水户采用煮沸等措施应对。

（2）生物滤膜的形成和发挥作用与原水水质有关。水温在 $14 \sim 20℃$ 时，自然挂膜所

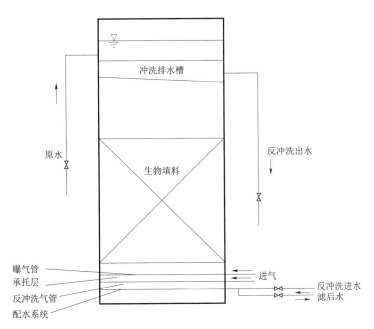

图 5-6-3 颗粒填料生物滤池结构示意图

需时间一般为 15~20 天，当藻类和氨氮去除率达到 40%~50% 时，表明生物膜已接近成熟。自然挂膜完成后，正常运行情况下，生物滤池能抵抗一定的水流流速冲击负荷，但应尽量保持滤池负荷稳定，保持稳定供气，提供充足的溶解氧，维持细菌生长必需条件。

（3）原水水温对生物滤池去除有机物、氨氮氧化效果关系很大。冬季地表水水温低，滤膜生物活性降低，新陈代谢受到抑制。有机物、氨氮等在滤膜上降解酶所需时间也要更长一些，生物预处理效率会明显降低。因此冬季应降低生物接触氧化滤池的滤速和运行负荷。

（4）合理控制原水通过滤池的速度和在滤池停留时间，不宜过快、过短，应保持在滤池设计指标参数范围内。

（5）注意观察滤池进水管及出水管上的压力表，当水头损失差值超出规定范围（1.0~1.5m）就应该及时进行反冲洗；反冲洗强度要适宜、过滤周期为 1~2 周。水厂运行中原水水质经常有变化，应根据变化情况及时调整过滤周期。

（6）注意观察进气系统运行是否正常，气水比及充氧效果要与原水水质及生物膜降解有机物需求相适应，适宜的气水比为 1:1。

（7）定期检测生物滤池出水的氨氮、COD_{Mn} 等指标，分析研判有机物等预处理效果是否达到下一道工序——常规净水工艺措施对原水水质的要求。如果达不到要求，要有针对性地调整生物接触氧化过滤各相关技术参数，提高预处理效果。

（8）妥善处理滤池反冲洗排水，要符合当地环境保护有关要求。

（9）按运行操作制度要求，定期检查滤料层厚度，如滤料流失过多，应及时补充与原滤料材质相同的滤料。

4. 生物预处理微污染水运行维护中常见问题、原因分析及处理办法

生物预处理微污染水运行维护中常见问题、原因分析及处理办法见表 5-6-4。

表 5-6-4　　生物预处理微污染水运行维护中常见问题、原因分析及处理办法

常见问题	原　因　分　析	处　理　办　法
生物预处理滤池出水 COD_{Mn} 仍较高；出水量低于刚投产时的数值	1. 原水水温过低。 2. 原水 COD_{Mn} 过高，仅靠生物预处理措施不足以达到去除效果。 3. 池底底部积存底泥。 4. 填料表面生物膜污物过多，影响去除污染物效果。 5. 滤速过慢。 6. 滤料流失过快，滤层减薄。 7. 补充或更换的滤料含有杂质，质量不合格。 8. 补充新滤料后未等生物膜成熟就供水。 9. 滤料层变薄，流失过快。 10. 滤速过快，原水在滤池停留时间不足	1. 适当降低生物滤池运行负荷。 2. 如果多次调整运行技术参数，出厂水 COD_{Mn} 仍达不到要求，应在常规处理工艺之后增设深度处理。 3. 及时排除滤池底部积存底泥。 4. 用水冲洗表面污泥，如果效果不理想，可改用气水冲洗。 5. 适当提高滤速。 6. 及时补充滤料，恢复设计要求的厚度。 7. 更换质量合格滤料。 8. 严格执行运行技术规程，待生物膜成熟才能正常供水。 9. 调低进水量和滤池水流速度
滤速减慢，滤池出水量减少，滤料层减薄	1. 滤池水头损失已超出限值，需要进行反冲洗。 2. 反冲洗周期过长。 3. 反冲洗强度过大，滤料流失，生物滤膜脱落	1. 加强滤池进出水管口压力差值观测，及时进行反冲洗。 2. 调减反冲洗强度
出厂水 COD_{Mn} 和氨氮等超标	有部分进气管孔眼堵塞，曝气充氧不足，滤膜降解作用减弱	加大进气量，疏通进气管被堵塞的孔眼
反冲洗或滤池表层清洗的污水随意排放	缺乏环境保护意识；当地环境监督不到位	严格执行当地环保有关规定，妥善处理水厂废水和积泥排放

三、在常规处理工艺之后增加深度处理

当水中含有的某些有机物或无机污染物经过常规处理之后仍达不到预期的处理效果时，可考虑在常规净水处理工艺之后增加活性炭或活性炭与臭氧结合的深度净水处理环节。相对于常规处理之前的化学氧化和生物接触氧化等预处理，人们称之为后处理，习惯上也称为深度处理。

（一）活性炭吸附深度处理

1. 工艺机理

活性炭由煤、木炭、果壳等含碳为主的原料，经过物理化学方法炭化、活化处理而成。它有粉末活性炭和颗粒活性炭两大类。市售活性炭品种很多，加工生产所用原料、加工方式、活化条件及用途不同，质量和价格差异也很大。应优先选用吸附容量大、吸附速度快、机械强度好、使用寿命长的产品。同时还要求，使用的活性炭必须对人体无毒无害，符合与饮用水接触材料的卫生标准要求。

活性炭之所以能吸附水中污染杂质，是由于它具有发达的孔隙结构、巨大的比表面积和丰富的活性基因，水中污染物质可以在活性炭颗粒表面富集或浓缩，进而得到吸

附去除。对于经过常规处理后水中仍含有的腐殖酸、农药、洗涤剂等有机无机污染物或色、嗅、味等感官性状指标不能符合要求的情况，活性炭吸附是一种有效的处理办法，尤其是其他措施难以解决的除臭脱色问题，它都能较好地解决。不足之处是活性炭难以吸附有机物中的醇类、低分子量酮、酸、醛，低分子量的脂肪类以及极高分子量的胶体等。

活性炭深度处理适用于受到轻度有机物污染的水源。它的优点很多：①使用灵活，可根据水体污染状况，特别是突发污染事件或季节性污染水体，可仅在出现污染严重时投加；②吸附速度快；③有利于降低水中致突变物。活性炭吸附的缺点是随着吸附能力的逐步降低，需要进行更新，而活性炭本身价格高，加大了制水成本。

常规净水处理之后加活性炭吸附工艺流程如图 5-6-4 所示。

图 5-6-4　常规净水处理之后加活性炭吸附工艺流程

2. 活性炭吸附深度处理操作技术要点

（1）要定时监测常规处理之后进入活性炭吸附池水的浊度，必须小于1NTU，以保障活性炭使用年限。

（2）要根据现场比对试验结果，或参考借鉴邻近地区原水水质相近水厂净水处理运行经验，确定水与活性炭层的接触时间。对于颗粒活性炭，接触时间不小于 7.5min，滤速为 6～8m/h。

（3）经常注意观察活性炭吸附层的厚度是否保持在设计要求值，一般要求 1.0～1.2m。

（4）合理掌握活性炭吸附池或滤池反冲洗周期等相关技术参数。对于颗粒活性炭，当吸附池进口与出口水头损失达到 0.4～0.6m 时，就须进行反冲洗，冲洗强度一般为 13～15L/(s·m^2)，冲洗时间一般在 8～12min，冲洗水可采用活性炭吸附池或滤池的出水；反冲洗周期不宜过长，否则会滋生微生物，一般小于 6 天；每次反冲洗要在运行日志中详细记录有关技术数据以及反冲洗效果，为完善本水厂运行操作制度提供依据。

（5）活性炭吸附料使用 9 个月以上时，要关注出厂水水质是否有变化，如果水质检测指标超出标准规定值，说明活性炭吸附能力失效，要及时更换活性炭吸附滤料。

（6）粉末活性炭的贮藏、搬运和投加必须有防尘、集尘和防火措施，作为安全生产的重要环节将责任落实到班组、到岗、到人，水厂负责人要做到履职监督，及早发现安全生产的隐患漏洞，进行整改处理。

（7）认真填写工作日志并妥善保存，定期对日志内容进行汇总整理分析，从中找出规律性的关联关系，为改进完善本水厂深度净水处理操作制度提供参考。

3. 活性炭吸附深度处理微污染水常见问题、原因分析及处理办法

活性炭吸附深度处理微污染水常见问题、原因分析及处理办法见表 5-6-5。

表 5 - 6 - 5　　活性炭吸附深度处理微污染水操作常见问题、原因分析及处理办法

常见问题	原因分析	处理办法
出厂水 COD_{Mn} 及色、臭等指标仍不理想，略高于水质指标限值	1. 水在活性炭吸附池停留接触时间不足，流速偏快。 2. 常规处理的滤池出水未达到预期值，浊度高于 1NTU。 3. 活性炭吸附池冲洗周期过长。 4. 活性炭吸附料使用时间过长，吸附能力衰减	1. 降低水在活性炭吸附池流速，延长停留时间。 2. 调整混凝剂投加量，改善絮凝、混凝过滤效果，使常规处理滤池（罐）出水浊度低于 1NTU。 3. 缩短活性炭吸附池冲洗周期。 4. 分析研判附料是否应当更新。 5. 有检测条件的水厂，可检测活性炭颗粒的碘值指标，如碘值小于 600mg/g、亚甲蓝值小于 85mg/g，则说明活性炭吸附能力已衰减到无法使用，必须更新
活性炭吸附滤层厚度减薄	反冲洗强度过大，活性炭流失过多	调整反冲洗强度，补充活性炭滤料，使滤层厚达到设计要求

4. 案例

北方地区某镇水厂，设计供水规模 3000m³/d，供水人口 1.8 万人，工程于 2010 年建成投入运行。水源为距水厂 5km 的中型水库。水厂采用由混凝、沉淀、过滤等环节组成的常规净水处理工艺。

水厂建成后的最初几年，作为供水水源的水库水质虽说不上优，但还说得过去，出厂水水质能达到国家生活饮用水卫生标准。但后来水库水环境逐渐恶化，当地居民反映家中水龙头流出的水经常有明显的异味，对水厂意见很大，有些用水户用拖欠水费方式表达不满。经检测，COD_{Mn} 为 4.5mg/L。

在国家先后出台了一系列加强生态环境保护、饮用水源地保护和农村供水水质检测能力建设的大环境下，引起市县行业主管部门对该水厂供水水质超标问题的重视，邀请省内专家到水厂进行调研咨询。专家组查阅了水厂历年运行观测检测资料，与县水务局、水库管理处有关人员和水厂负责人座谈，走访了用水户，分析问题产生的原因，可能是原有常规净水工艺不适应水库水体污染变化的新情况。它对去除浑浊度有较好效果，对于 COD_{Mn} 只能去除很少一部分，无法去除水中的色、臭和味及少量超标氨氮。鉴于这种情况，大家认为有必要对水厂进行技术改造，增设活性炭滤池，进行深度处理。初步考虑技术方案：活性炭滤池滤料层厚 1m、滤速 7m/h，活性炭滤层水头损失为 0.4~0.6m 时，进行反冲洗，反冲洗强度为 13L/(s·m²)。在水厂技术改造的同时，请地方政府协调有关镇村，清理库区网箱养鱼，加强水库水环境保护。

几个月后得到反馈信息，水厂完成了技术改造，监测得到的出厂水水质各项指标都低于国家生活饮用水标准中的限值。村民反映，自来水口感较过去明显改善，白色衣服能洗干净了。

专家提醒：该水厂在常规净水工艺之后增加深度处理的单一技术改造措施虽然取得了初步效果，但并不意味着可以一劳永逸。有些出厂水水质指标值十分接近国家生活饮用水卫生标准中的指标限值，说明现有的各项技术措施净化处理能力的潜力已被用尽，如果水库水环境保护进展不如预期，原水水质进一步恶化，还须再增加其他净化处理措施。这

样，水厂运行管理永远走不出被动局面，必须从水库水源源头上进行治理整改。

（二）臭氧加活性炭组合深度处理

1. 工艺机理

臭氧（O_3）是氧（O_2）的同素异形体，化学性质不稳定，呈淡蓝色。常温下具有刺激性特殊气味。臭氧在地球上广泛存在，大气中的臭氧使得地球上的生物免受紫外线伤害。在人们日常生活中，臭氧属于有害气体，天气预报提到空气污染类型时，有臭氧含量过高这项指标。臭氧浓度为 $0.3mg/m^3$ 时，对眼、鼻、喉有刺激感。有关国际组织规定，空气中臭氧浓度允许值为 $0.2mg/m^3$。臭氧在空气和水中会慢慢分解成氧气。臭氧具有很强的氧化性，可作氧化剂或消毒剂使用。

臭氧与活性炭组合深度处理工艺是在活性炭滤池前、常规净水工艺的滤池后加入臭氧，利用臭氧极强的氧化能力，进行接触氧化反应，使水中含有的有机污染物被氧化降解，将有机物大分子链打断，形成小分子有机物，它们更容易被活性炭的微孔吸附，其中一小部分最终产物为二氧化碳和水。增加这一处理环节的目的是为活性炭滤池吸附有机物创造更有利的条件。水中的臭氧对有机物进行氧化后，还有剩余臭氧，使活性炭处于富氧状态，有利于好氧微生物在活性炭表面繁殖生长，形成生物膜。生物吸附加上氧化降解的双重作用，能显著提高活性炭去除有机物的能力，氨氮和磷的去除率分别可达90％和70％。此外，投加臭氧还能延长活性炭的使用寿命，一般寿命可达两年以上，长的可达4年。臭氧与活性炭组合进行深度处理，在去除微污染水中所含有机物的同时，还能去除水中溶解性铁、铝、氯化物、硫化物、亚硝酸盐等，降低色、臭、味和致突变物的潜在能力。

臭氧与活性炭吸附组合深度处理微污染水工艺流程如图 5-6-5 所示。

图 5-6-5　臭氧与活性炭吸附组合深度处理微污染水工艺流程

2. 运行维护要点

臭氧与活性炭组合之所以能有效处理微污染原水，是它们两者共同作用的结果，工艺操作要兼顾两者的特点和要求。它的操作技术比单一的活性炭吸附深度处理更难、更复杂。对运行管理人员的业务能力要求更高。通常用于规模较大的水厂。如果采用了这种深度处理措施后出厂水水质指标仍不符合要求，要深入全面分析，查找原因，到底是臭氧方面的问题为主，还是活性炭方面的问题为主，抑或是两个方面都存在问题。活性炭滤池吸附的运行维护技术要求，前面已有叙述，这里只介绍臭氧投加和运行方面要注意的问题：

（1）做好运行中的巡查，监视并控制臭气发生器的电压、电流、放电过程、气量、气压、进出气温、进出冷却水温度、冷却水水量等参数，对生成的臭氧浓度和尾气的臭氧浓度要进行监测。

（2）监测控制与臭氧发生器配套的电气设备的运行状况，如调压器、变压器、熔断保护等。

（3）监测臭氧投加量。去除水中臭味为主时，投加量控制在 $1.0\sim2.0\mathrm{mg/L}$；去除色度为主时，投加量控制在 $2.5\sim3.0\mathrm{mg/L}$；去除有机物为主时，投加量控制在 $1.0\sim3.0\mathrm{mg/L}$。

（4）使用专用仪器监测臭氧发生器及投加装置附近空气中的臭氧浓度，必须符合有关规范限值，保证安全生产。

（5）监测水厂出厂水中臭氧含量，要求低于 $0.3\mathrm{mg/L}$。

（6）冬季做好臭氧发生装置车间的保温取暖。

3. 臭氧与活性炭组合深度处理微污染水常见问题、原因分析及处理办法

采用臭氧与活性炭组合工艺对微污染水进行深度处理，常见问题、原因分析及处理办法见表 5-6-6。

表 5-6-6　臭氧与活性炭组合深度处理微污染水常见问题、原因分析及处理办法

常见问题	原因分析	处理办法
出厂水 COD_{Mn} 指标值虽比原水有大幅度减少，但仍高于规定限值	臭氧方面： 1. 臭氧发生器生成的臭氧浓度偏低。 2. 臭氧投加量不足。 3. 臭氧发生器存在故障，没有臭氧产生	臭氧方面： 1. 调整臭氧发生器的臭氧生成浓度。 2. 提高臭氧投加量。 3. 如自己处理不了故障，应请厂家专业维修人员修理
	活性炭方面： 1. 活性炭吸附能力衰减。 2. 活性炭滤池反冲洗周期过长。 3. 活性炭流失，吸附能力减弱。 4. 原水有机物污染严重，超出臭氧加活性炭吸附处理能力的适用范围	活性炭方面： 1. 更新活性炭。 2. 做好活性炭滤池进出水的压力监测，增加反冲洗次数。 3. 补充活性炭滤料，使滤层厚度恢复到设计要求。 4. 在常规处理工艺之前增加化学氧化预处理，如投加高锰酸钾
臭氧发生器装置安放车间有刺鼻的臭氧气味	臭氧发生器有臭氧泄漏	经常用专业检测仪器监测安放发生器装置车间空气中臭氧含量，如存在自己处理不了的故障，请专业维修人员查找原因进行修理

4. 案例

北方地区某镇水厂，设计供水规模 $1000\mathrm{m^3/d}$，供水人口 8000 人，建成于 1998 年。水源来自一座以灌溉、防洪为主，兼有供水、养殖功能的综合利用中型水库。限于当时的历史条件，水厂原设计工艺比较简单，在原水取水泵出水管道上投加混凝剂，水进入澄清池完成絮凝与沉淀，再经过滤罐过滤，在清水池入口投加消毒剂，再经输配水管网供给用水户。水厂投产的最初几年，水库水质除汛期偶尔出现异常外，总体符合地表水环境质量标准的三类水。水厂供出的水基本上能达到国家生活饮用水卫生标准要求。从 2008 年起，水库库区水面出租给养鱼专业户开展网箱养鱼。承租户片面追求产量，过量投放鱼饲料，水库水体富营养化逐年加重。每到夏季，藻类大量繁殖，散发出难闻的臭味。经当地水环境检测机构检测，原水浊度常年在 20NTU 左右，总磷为 $0.25\mathrm{mg/L}$，氨氮为 $1.1\mathrm{mg/L}$，COD_{Mn} 最高达 $6.3\mathrm{mg/L}$。用水户反映水龙头流出的水不如过去清澈透亮，有时能闻到异味，多次向水厂和县有关部门反映或投诉。

2014年有关部门开展农村饮水安全供水水质状况调查，将该水厂问题反映到省有关部门，引起重视。行业主管部门邀请专家到现场进行调研。专家查阅了多年的运行日志资料和卫生疾控中心水质监测抽检报告，对原水水质及净水工艺技术参数进行逐项复核，发现过滤罐的滤速为10m/h，高于技术规范要求的6~8m/h。初步分析，问题可能出在水库水环境变化，导致原水水质超出水厂原设计净水处理适用范围。专家与当地技术人员商讨后，提出技术改造建议方案：鉴于水库水体富营养化，原水有机物污染比较严重，多项水质指标超过地表水环境Ⅲ类水质，澄清与过滤仅能去除悬浮物和胶体颗粒，降低浑浊度，但无法解决原水中磷、氨氮、有机物、色度等超标问题，需要在常规处理基础上同时增加预处理和深度处理两项措施。在藻类繁殖季节，开启臭氧氧化预处理装置，杀灭藻类，防止藻类黏附在滤料上堵塞滤层，其他季节不启用臭氧预处理装置；在澄清过滤环节之后，增设臭氧与活性炭组合深度处理装置，该装置需要全年开启运行。与此同时，增加常规处理过滤罐数量，初步考虑将过滤滤速降到6m/h。所有处理环节的工艺技术参数需要借鉴省内条件类似水厂的经验并在本水厂制水生产实践中对比试验，逐步调整形成适合本水厂不同季节、不同原水水质和出厂水水质状况运行操作制度。

1年后，参加咨询调研的专家再次来到水厂，看到该水厂完成了技术改造，取得了较好的效果，出厂水和管网末梢水各项水质指标均达到国家生活饮用水卫生标准要求。

专家在与县农村供水主管部门座谈时指出，目前的技术改造措施属于被动应付，根本的出路是做好水库水环境保护。建议当地政府重视和加强饮用水源地保护，协调有关单位尽早收回水库水面经营权，禁止库区开展人工水产养殖活动，清理库区水上娱乐项目，对库区周边"农家乐"休闲旅游设施排放的生活污水，用管道收集后集中处理；加强面向社会的饮用水水源保护和饮用水卫生科普宣传；与有关科研高校单位协作，运用他们的科研成果，开展水生态环境保护试点示范，引导库区周边和河流上游农村发展现代有机农业，减少化肥施用量，限制使用毒性危害大的农药，使减轻库区面源污染的要求真正落到实处。

第七节　一体化净水装置运行维护

一、一体化净水装置构造与适用条件

（一）一体化净水装置构造

一体化净水装置的英文缩写为CPF，由絮凝（coagulation）、沉淀（precipitate）、过滤（filtration）3个英文单词第一个字母组成。它将絮凝、沉淀、过滤等多个工艺环节有机地组合于同一箱体或罐体内，完成对原水的常规净化处理。它的零部件在工厂生产制造，运送到供水工程施工现场，按照工程设计要求，与取水、消毒、加压、管网等其他设施组装集成，建成完整的供水工程系统，调试后即可正式供水。箱体（罐体）可采用碳钢、不锈钢或玻璃钢等材料制作。

一体化净水装置净水处理工艺流程如图5-7-1所示。

以图5-7-2所示的装置为例，它由罐体、基座、原水进水阀、反冲洗管和排污阀、混凝剂投加装置、药剂混合装置、清水管等构成。罐体内分成若干功能区，包括絮凝区、

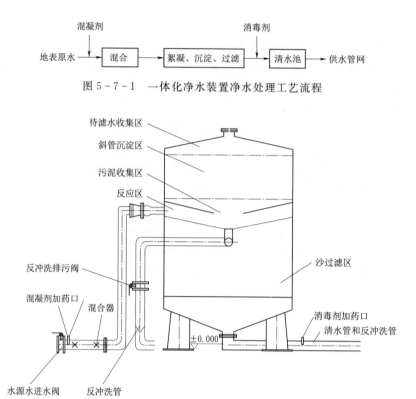

图 5-7-1　一体化净水装置净水处理工艺流程

图 5-7-2　一体化净水装置结构示意图

待滤水收集区、斜管沉淀区、污泥收集区、沙过滤区等。

该装置利用来水的天然落差，将地表原水引入进水管道，投加混凝剂，经管道混合器，使原水与混凝剂充分混合，然后进入一体化净水装置絮凝区，水中胶体等微小颗粒在混凝剂作用下脱稳而相互聚集，形成絮凝体——矾花，絮凝颗粒在斜管沉淀区从水中分离、沉降，实现泥水分离，底部积泥达到一定数量后，通过排泥口排出罐体外。沉淀区分离出的上清水从顶部流出，进入砂过滤区，过滤后的清水输送到罐体外的清水池，在清水池入口前投加消毒剂，然后经出厂水阀门进入供水管网。沙过滤区的阻力（水头损失）达到一定数值后，利用虹吸原理从清水管吸取有压水，对过滤沙层自动进行反冲洗，也可用手动方式强制反冲洗。如果因原水水质条件超出一体化净水装置的适用范围，造成处理后水质超出国家生活饮用水卫生标准，就需要在一体化净水装置的进水口之前增加原水预处理环节。

（二）一体化净水装置适用条件

一体化净水装置的优点十分明显：①工艺流程短，设备紧凑，净水速度快，免去了用混凝土建造混凝、沉淀、过滤等池体构筑物；②减少了水厂厂区占地面积；③建设投资较省；④施工工期短；⑤运行操作管理简便等。

一体化净水装置的缺点或局限性也十分突出：①作为定型产品，产品设计和生产制造厂家对各项净水工艺技术参数及其可调节范围均已设定，因此，它对水厂地表原水水质随机变化的适应能力相对较差，如果水厂运行管理人员受专业技术知识和业务能力水平局限，不能根据原水情况变化对装置工艺技术参数，如混凝剂投加量等在装置允许调节范围内及时进行合理调整，可能造成供出的水量和水质达不到设计预期值。如果原水水质因降水、低温等变化幅度超出工艺参数调整适用范围，则供出水的水质很可能无法满足饮用水卫生标准要求。②定型产品设定的净水处理工艺参数受净水装置容积空间和流程时间局促所限，往往不能完全符合有关设计规范的规定值，例如，经常出现水在穿孔旋流絮凝池总的停留时间偏短、沉淀池液面负荷过高、滤池的滤速偏快、净水装置实际出水量低于铭牌标定值等。③钢结构箱（罐）体易锈蚀，需定期进行除锈防腐蚀处理等。有些基层领导干部和技术人员有一种误解，认为采用一体化净水装置可以省去设计施工等很多麻烦，安装好就万事大吉。许多地方特别是偏远山区农村供水的实践证明，这是一种认识误区。

一体化净水装置主要适用于水源水质相对稳定、浊度变化较小的地方，要求原水浊度常年小于 500NTU，瞬时不超过 1000NTU，其他水质不低于《地表水环境质量标准》（GB 3838—2002）中Ⅲ类及以上地表水和《地下水质量标准》（GB/T 14848—1993）中Ⅲ类及以上的地下水。

多数规模较小的农村水厂所用一体化净水装置日处理能力，单箱（罐）在几十吨到几百吨之间，规模大的水厂也有上千吨、甚至几千吨。一体化净水装置有多种类型，按操作自动化程度，可分为全自动式、半自动式、手动式；按运行中压力来源，可分为重力式和加压式；按反冲洗方式可分为虹吸无阀式、全水力式、全水泵式等。

供水工程设计人员选用一体化净水装置时，应综合考虑原水水质与变化情况、原水预沉淀或预处理条件、设计供水规模、运行管理人员业务能力水平等因素，深入现场调查研究，收集工程设计所需各方面资料，分析研究各生产厂家的产品规格、性能、质量，尤其注意该产品以往在不同条件下的实际应用效果，进行多方案比较论证后确定设计方案。

二、一体化净水装置运行操作

不同厂家生产的一体化净水装置的结构、工艺流程、技术参数、制水能力和适用水源水质条件有所不同。作为供水工程的设计者和运行管理者，应当根据当地水源条件，特别是经常出现的水源水质变化，结合厂家提供的一体化净水设备产品使用说明书，制定出有针对性、适合本水厂条件的运行操作规章制度。一般的一体化净水装置运行操作技术要点主要有以下几点：

（1）密切监测水源水质状况，尤其是分散的地表水源，要掌握它的浊度等随降水等天气变化而变化的规律，根据本水厂的硬件和软件条件，选择适合本水厂水源特点的混凝药剂种类。

（2）通过试验确定混凝药剂溶液配制浓度，按照本书本章第二节介绍的常规净水处理烧杯试验方法，确定最佳混凝剂投加浓度和单位制水量混凝剂投加量。

（3）根据原水浊度变化、出厂水量变化及时调整混凝剂投加计量泵量程。混凝剂溶液配制浓度和单位制水量使用混凝剂数量不是一成不变的恒定值，必须根据水源水质变化、水厂生产水量变化随时调整。混凝剂投加量少了，出厂水浊度可能达不到有关标准要求，投加量大了，也可能影响净水效果，同时过多投加还会浪费药剂，增加制水成本；要注意混凝剂投加必须均匀，满足充分絮凝的要求，每天定时检测出厂水水质，如果发现水质有异常，应及时查找原因，分析是否与混凝剂投加量以及反冲洗等情况有关。

（4）注意观察掌握絮凝、沉淀和过滤等环节的运行情况。在一体化净水装置运行过程中，要随时观察沉淀和过滤运行情况是否正常。如果一体化净水装置完全密封，无法直接观察沉淀和过滤情况，就要在沉淀区出水口处取待滤水，检测其浊度是否能达到 5NTU 以下，同时观察絮凝和沉淀的污泥排放是否正常。

（5）注意观察和合理控制进水流量与流速。一体化净水装置的净水处理水量只能低于设计净水能力，绝对不能超负荷运行。要定时检测并记录净水装置出水口流量计的出水流量。如果有些规模较小的一体化净水装置出水口没有配备流量计，也可根据净水装置的进水口水位变化，推算进水流量，进而间接掌握进水阀门开启度与进水流量的关系。进水阀门开启度大，则进水流量大。调节进水阀门开启度不仅起到调节进水流量的作用，也同时起到调节过滤器滤速的作用，一般来说，流速宜控制在 6～8m/h。如果原水浊度增大，通过减小进水阀门开启度、降低进水流速和过滤器水流滤速，就能起到增强滤层过滤的效果。

（6）适时进行反冲洗。随着滤层不断过滤截留沉淀后水中尚存的少量杂质，滤层前后水头损失加大，当进出水压差达到规定的临界值时，就要及时进行反冲洗。关闭净水装置的进水阀和出水阀，打开反冲洗阀和反冲洗排水阀门。当反冲洗水箱水位下降到接近临界值，或反冲洗排污管口排出的水已清澈干净，说明反冲洗已完成，重新打开原水进水阀，关闭反冲洗阀，一体化净水装置进入新一轮的正常运行状态。反冲洗强度和反冲洗历时可参照一体化净水装置产品说明书和本厂实际运行经验确定。

（7）严格执行消毒工艺操作制度。一体化净水设备不包括消毒工艺环节。因此要根据水厂当地水源水质和水厂硬件软件条件选择适宜的消毒方式和消毒剂种类，配套消毒剂投加装置。按照有关技术规范规定，定期检测出厂水和管网末梢水消毒剂余量、细菌总数、总大肠菌群等指标，根据实际消毒效果及时调整消毒剂投加量。具体的消毒操作注意事项见本书第六章。

三、一体化净水装置维护

（一）混凝剂投加装置的维护

（1）定期检查混凝剂投加装置运行是否正常，包括药液配制和存储是否正常，输送管道是否有堵塞、泄漏，设备运转部件的转动是否正常，药液加注和计量是否正常；进行设备外部保洁，清扫周边场地，保持制水生产区干净整洁。

（2）每年对混凝药剂配制、存储、输送和加注计量设备等进行一次彻底检查和清洗，对泄漏点进行维修，更换易损和已损坏零部件。

（二）斜管（板）沉淀设施维护

（1）定期检查排泥阀（冲洗阀）运行状况，适时向转动部件加注润滑油，如果阀门动作异常，及时查找原因进行修理。

（2）每年排空一次，检查斜管（板）、支托架、池底、池壁等有无破损，修复破损部位，更换损坏的部件。

（3）每隔 3～5 年对沉淀设施进行大修，更换老化损坏的部件。

（三）过滤设施维护

（1）定期对过滤设施进行检查，查看运行状况是否正常，发现异常及时查明原因进行处理，保持设施完好。

（2）每半年量测 1 次砂层厚度，砂层厚度减少 10％时，进行补砂，但一年内最多补 1 次；如果滤砂流失过快过多，应从反冲洗操作的冲洗强度等方面查找原因，改进完善运行操作技术。

（3）每 3 年进行一次大修，检查滤料层、承托层结构是否符合产品出厂说明书要求，如不符合，进行修补更换。

（四）消毒剂加注设施维护

（1）定期检查加注及计量设施运行是否正常，药液输送管道与阀门是否有泄漏，如有泄漏，查明原因，及时修复；对转动部件加注润滑油，做好设备及周边场地保洁。

（2）每年对消毒剂加注设备进行一次拆解维修，更换磨损易损零部件。

（五）一体化净水装置罐（箱）体养护

（1）每天定时巡查与罐（箱）体连接的各阀门管件有无渗漏，发现问题，查明原因，及时修复。

（2）每年对罐（箱）体上的阀门和管件进行一次全面检查，紧固松动的连接螺栓，对易锈蚀的钢铁材质罐（箱）体外表面及部件进行除锈，涂刷油漆；检查罐（箱）体支承架（支墩）是否有下沉、倾斜、开裂，发现问题，查明原因及时进行加固处理。

四、一体化净水装置运行操作常见问题、原因分析及处理办法

一体化净水装置运行操作中常见问题、原因分析及处理办法见表 5-7-1。

表 5-7-1　　一体化净水装置运行操作常见问题、原因分析及处理办法

常见问题	原因分析	处理办法
浊度为主的出水水质不达标	原水方面： 1. 水源保护不力，水源被污染 2. 季节性原水浊度过高 3. 季节性原水杂质较多 4. 未按规定定期对原水水质进行检测	1. 严格水源保护措施，改善水源水质 2. 实施技术改造，增建原水预处理设施 3. 增加原水检测频次 4. 按原水水质情况有针对性地调节相关工艺参数
	混凝剂方面： 1. 混凝药剂投加量偏小或偏大 2. 装置内流速过快	1. 修改完善原水浊度与混凝药剂投加量关系曲线 2. 适时加大或减少混凝药剂投加量 3. 适当降低装置内流速
出水量明显减少	1. 滤层堵塞，反冲洗周期过长 2. 沉淀区积泥过多，排除不及时	1. 严格监视进出水管压力表，稳定和控制流量 2. 水头损失达到限值时立即进行冲洗及时排除沉淀区积泥
滤料补充次数过多	反冲洗强度过高，滤料流失过多	合理控制反冲洗强度，减少滤沙流失
局部罐体锈蚀	维护保养不当	定期进行除锈防腐蚀处理
管理人员不掌握运行维护知识	管理人员未经培训，或培训流于形式	行业主管部门履行监管职责，定期检查考核村管理人员工作状况
管理人员未能做到按产品（设计）使用说明要求操作	管理人员责任心不强，管护责任单位未尽到监管责任	对不履行监管职责的村委会，由专管机构委托代管

五、案例

案例 1

某水厂承担县城及周边 36 个村和工业园区的供水任务。设计供水规模 3 万 m³/d。水厂的水源来自平原水库，水库水引自多泥沙河流，河水经平原水库沉淀，基本达到地表水饮用水源Ⅲ类水要求。由于水厂建设要求的工期很紧，方案论证时决定采用一体化净水装置，安装了 6 套定型设计钢结构一体化净水装置，每套制水能力 5000m³/d，水厂于 2011 年建成投入运行。

水厂管理人员反映，经平原水库预沉淀处理，进入水厂的原水浑浊度长年为 25～40NTU，基本符合净水装置对原水的要求。冬春季用水量少，日供水量在 1.7 万 t 左右，出厂水水质基本能达到设计要求。但夏季用水高峰期，水厂满负荷运转，最高日供水量达到 3 万 t 时，出厂水浊度有时为 3.5～4NTU，此时即使加大混凝剂投药量，也无法将出厂水浑浊度降到 3NTU，更谈不上生活饮用水卫生标准要求的限值 1NTU。在满足用户用水量需求，还是提高供水质量之间，水厂左右为难。

2015 年有关专家到水厂调研时，水厂领导反映了这一情况，专家查阅了大量运行日志和水质化验报告，与水厂技术人员进行了深入座谈讨论，认为问题产生的原因是设备生产厂家设定的絮凝、沉淀、过滤等工艺技术参数与水厂原水实际情况不匹配：①絮凝时间偏短。装置采用 6 格穿孔絮凝，按设计规范要求，投加了混凝药剂的水在其中停留时间宜为 15～25min，该装置为 18min，虽然在规范要求范围内，但该厂的实际情况是原水中胶体细颗粒较多，投加混凝药剂的水应当在池中有更长停留时间，让絮凝接触反应更充分，为此应取 15～25min 范围区间接近上限的数值，目前的 18min 偏小，难以形成均匀密实的絮体。②异向流斜管沉淀池设计规范要求液面负荷为 5.0～9.0m³/(m²·h)，该装置取值为 9.0m³/(m²·h)，达到了技术规范的上限。国内许多安装了一体化净水装置的水厂总结成功经验与失败教训，认为液面负荷取值在 4.7～6.5m³/(m²·h) 比较合理，该水厂所用装置的设计取值明显偏大。③砂滤区滤速，该装置采用的滤速为 10m/h，相关技术规范规定为 6～8m/h，过快的滤速减弱了过滤效果。

专家认为：上述三个方面的关键技术参数选用虽然不能说有错误，但与该水厂原水水质条件吻合度不高，至少是在满负荷制水生产时不适宜。实践经验证明，用水高峰期需要根据进水和出厂水水量变化情况适时调整净水工艺技术参数，而大多数定型设计制造的一体化净水设备不具备这种调节能力。退一步说，即使这些装置具备调节运行技术参数能力，但对大多数农村水厂运行管理人员来说，这种要求往往超出了他们的业务技能。需要配备有扎实的专业知识和丰富实践经验的人员才能胜任这一工作要求。

对于该水厂，专家建议：①在一体化净水装置原水进口前增加降低浑浊度的预处理措施，使进入一体化净水装置的原水浊度，尤其是夏季用水高峰期的浊度更接近净水装置设计参数最适宜使用范围；②鉴于夏季用水高峰期水厂供水能力已经满负荷，应考虑对水厂工程规模进行扩建。

案例 2

南方某山丘区联村水厂，设计日供水规模 160m³/d，承担向 3 个村共 1500 人供水的任务。考虑到当地农村集体组织和具体负责日常运行维护人员的专业知识和业务能力十分有限，设计单位在工程设计时选用了某型号的一体化净水设备。装置由两个钢制圆形罐体构成，罐体直径 1m，高度 1.9m。水源来自 1km 外的小二型水库。冬季原水浊度在 40～80NTU 之间，净水效果良好。夏季原水浊度不稳定，连续无雨时在 400NTU，暴雨后可达 1000NTU 甚至更高。水库放水涵管与水厂有 30m 的高差，具备重力流自压进水和重力式投加混凝药剂的条件。高位清水池提供反冲洗水，消毒采用电解食盐生成的次氯酸钠。

　　在几年的供水服务中，村干部和村民多次反映，夏季水库上游来水增大，小水库时清时浑，每当暴雨后，村民自来水龙头出水明显变浑浊，口感不好。村干部向使用同类设备的邻村人打听，知道邻村供水设备混凝药剂购买费用比他们少很多。后来县农村供水服务管理中心技术人员在巡回检查中发现该工程的情况，了解到该供水工程最初经厂家培训过的管水员只干了不长时间就外出打工，接他班的管水员不掌握混凝药剂投加量的增加或减少要随原水水质和用水量变化而调整的知识。夜间用水量少，不知道应该关小进水阀门开启度，减少进水流量。大雨后水库水变浑，也不知道增加混凝剂投加量。查看运行日志，发现记载内容不完整，反冲洗周期和反冲洗时间随意性很大，只是在出水量明显减少，农民反映水龙头出水变细变小时，才进行反冲洗，消毒操作也不规范。一系列问题都反映出该村不具备管理使用这种设备的条件。县农村供水服务管理中心建议由设备生产厂家派人驻村代管一段时间，同时要求村委会调整管水员人选，选派有高中学历、外出打工从事过技术工种、责任心较强的人做设备生产厂家服务人员助手，边干边学，考试合格后再正式上岗。

　　该案例对我们的启示：采用一体化净水设备兴建农村供水工程不是买来一套设备就能把各种问题都解决了，设计、施工、安装等几个环节似乎简化了许多，但农村集体组织和农民管水员的运用维护能力不适应的问题仍然存在，需要县行业主管部门采取多方面的技术指导、服务和监督管理措施，以让农民用上放心水为最终目标。

第八节　膜　处　理

一、膜的分类与特点

　　用于生活饮用水的膜处理，根据其孔径的不同，可分为微滤、超滤、纳滤及反渗透等。以降低出厂水浊度为目标时，可采用微滤和超滤；以去除有机物、离子等物质为目标时，可采用纳滤或反渗透。它们的微孔孔径依次从 $0.1～10\mu m$ 到 $0.0001～0.001\mu m$，截留或分离的对象从胶体等粒径较大的颗粒杂质到极细小的离子、分子、细菌和病毒等。膜处理可以替代传统水处理中的混凝、沉淀、过滤等工艺环节。其优点：①出水水质稳定，浊度可稳定在 0.1NTU 以下；②出水生物稳定性好，细菌等微生物可被全部截留，起到消毒作用；③减少混凝剂和消毒剂投加量，减少消毒剂副产物产生；④膜处理装置以组件形式构成，便于不同用户使用，并且占地少，便于与其他净水工艺组合，操作维护易于实现自动化。主要缺点是使用过程中生成污垢，寿命较短，建设投资和运行成本较高。在水净化处理中应用较多的是超滤和反渗透。膜处理的关键是膜材料的选择。选择原则是材料化学性质稳定、不易被污染和卫生安全，材质一般要达到食品级要求。膜组件的支撑材料宜采用不锈钢或其他耐腐蚀材料。通常情况下，膜的使用寿命不宜低于 5 年。在水处理工程实践中，膜技术往往与其他工艺措施结合，并作为净水处理工艺系统中的核心单元，在污染物去除与供水水质安全保障中发挥着关键作用。

微滤（microfiltration，MF）又称微孔过滤，是以多孔膜（微孔滤膜）为过滤介质，在 0.1～0.3MPa 的压力推动下，利用膜的"筛分"作用进行分离的过程，小于膜孔径的颗粒通过滤膜，大于膜孔径的颗粒被截留，达到分离的目的。微滤膜孔径一般在 0.1～1.0μm。微滤膜能阻挡住悬浮物、微米级细菌、部分病毒及大尺度的胶体，但不能阻挡大分子有机物和无机盐。如果单独使用，会造成膜严重堵塞。因此，在实际水处理应用中，微滤通常不单独使用，常常作为超滤、纳滤和反渗透净水处理的预处理措施，可降低胶体在上述 3 种膜上的堵塞，起到提高 3 种膜的通量，并降低膜元件清洗、更换次数的作用。

二、超滤

（一）净水机理

超滤（ultrafiltration，UF）是一种以机械筛分原理为基础，以膜两侧压差为驱动力的膜分离技术，属于物理截留。通常情况下，超滤膜上的微孔孔径小于 0.01μm，用以截留相对分子质量 10 万以上的颗粒，可截留去除藻类（大于 1μm）、细菌、病毒（0.01～1μm）等大分子有机污染物，同时也能去除少量小分子有机污染物，在理论上，超滤膜截留不了相对分子质量小于 1 万（相当于粒径 5nm，也即 0.005μm）的有机物。相对分子质量 10 万以上的颗粒，人用肉眼是无法看到的，显微镜下才能看到其形态和大小。

按照外形特征，超滤膜可分为平板膜、管式超滤膜、毛细管式超滤膜、中空纤维超滤膜和多孔超滤膜等几种类型。应用时，将超滤膜以一定形式组装在一个基本单元设备内，在驱动力作用下实现分离净化水的目的，这种基本单元设备称之为膜组件。净水处理应用较多的膜组件为中空纤维超滤膜和毛细管式超滤膜。

超滤系统的净水处理效果与多种因素有关，包括膜的特性、材质、截留分子量、膜孔径、膜丝内径与外径、有效膜面积、膜组件尺寸等。同时还与原水水质密切相关，如水温、浊度、pH 值、化学需氧量（COD_{Mn}）等。

超滤净水系统的相关技术参数包括膜通量、跨膜压差、净水效能等。净水生产效能表现在产水量、产水率、产水水质、膜污染速度等。具体来说，要求超滤系统运行工作压力尽可能低，水的回收率高，污染速度慢，清洗周期长，系统能长期稳定运行。

有一定产水规模的超滤净水系统需要频繁的错流、反冲洗和化学清洗，运行维护工作量较大，对操作人员的业务素质和技能要求高，必须经正规学习培训才能上岗。

（二）超滤净水装置构成

完整的超滤净水装置由预处理、膜过滤、消毒、清洗系统等部分组成，其构成见图 5-8-1。

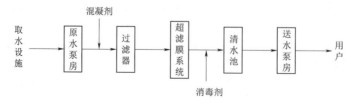

图 5-8-1 超滤净水装置工艺流程示意图

1. 预处理

为避免超滤膜损伤和污染堵塞，进入超滤净水系统的原水要进行预处理，去除所含的泥沙、铁锈、胶体物质、悬浮物、色素、异味等大尺度的胶体杂质。预处理没有一成不变的固定模式，需要根据原水水质情况选用。应用较多的预处理措施有以下几种：

（1）常规净水处理。进入超滤膜组件的水先经过常规净水处理，截留清除水中的胶体、有机物、病毒和部分溶解性有机物，以便延长膜的化学清洗周期，提高膜的出水水质和使用寿命。

（2）多介质过滤器过滤。由石英砂、活性炭及其他滤料组成。通过它去除原水中的悬浮物、胶体、微生物以及其他杂质，从而降低原水浊度，减少超滤膜的污染和堵塞。

（3）粉末活性炭吸附。通过它吸附水中有机物，降低色度、臭味和消毒副产物前体物。它与超滤膜形成组合工艺后，利用超滤膜的筛分截留作用，可大大提高溶解性有机物的去除效果。

（4）预氧化。对于可溶性有机物浓度较高的原水，上述预处理措施均无法较好去除，此时可以用预氧化进行处理。预氧化剂有氯、次氯酸钠、高锰酸钾、臭氧等，预氧化剂投加量需结合原水水质状况进行现场试验确定。

2. 超滤膜过滤

该过滤包括增压泵、膜壳、超滤膜组件、控制电路等，是整个超滤净水处理装置的核心。超滤膜组件有内压式和外压式（浸没式）两种形式。内压式膜过滤是指被处理水在压力作用下由超滤膜丝内侧透过，进入膜丝外侧，水中污染物被阻挡并聚积在膜丝内侧。外压式（浸没式）膜过滤是指被处理水利用膜内腔的抽吸负压作用，由膜丝外侧向膜丝内侧渗滤的过程，水中污染物被截留在膜丝外侧。

3. 消毒

后处理的目的是对超滤核心组件净化的水做进一步处理，例如，配备紫外线杀菌灯或者臭氧发生器等杀菌设备，从而使生产出的水的水质达到直接饮用的标准。

（三）超滤净水装置运行维护

1. 做好启动前检查及准备工作

按照净水装置产品说明书或水厂操作规章制度要求，做好启动前的检查和准备工作，包括给水水压、管道连接、压力表、流量表、加药泵、反冲洗泵、药液箱、阀门、化学分析仪表等是否满足投入使用的条件。

如超滤装置长时间中断运行，再次恢复运行时，应先开启超滤的进水阀、产水排空阀、浓水排空阀，将系统内存留的保护液排空、冲洗干净。

2. 定期检测原水水质和净水装置供出水的水质、水量状况

按水厂管理规章或产品使用说明书规定，定期检测待处理原水水质及其变化情况，包括水温、浑浊度、pH 值、化学需氧量（COD_{Mn}）等，以及经过净水处理后水的 pH 值、浑浊度等。还要监测记录超滤装置进水流量、出水流量及浓水流量，检查水质化验所用的分析仪器是否符合有关技术标准和产品说明书要求、各种药剂、试剂等数量是否满足检测化验所需，认真填写运行日志。

3. 做好原水的预处理

以符合标准的地下水为原水采用超滤装置进行净化处理时，无须进行预处理，以地表水为原水采用超滤装置进行净化处理时，需要采用常规净水处理措施进行预处理。重点是要通过烧杯试验确定并合理掌控适宜的混凝剂投加量，适时排除沉淀池淤泥。采用多介质过滤器过滤时，要适时检测过滤器出水浊度，对滤料进行冲洗或反冲洗，及时补充或更换滤料。采用粉末活性炭吸附时，要根据水质的特点，经试验后确定适宜的粉末活性炭投加量，定期维护粉末活性炭投加装置。采用氧化预处理原水时，需结合原水水质状况进行现场试验，确定氧化剂投加量，巡回检查氧化剂投加装置工作是否正常，药剂投加量是否适宜。

4. 适时进行反冲洗

结合原水水质状况、超滤膜特性等，本着减轻膜污染、延长膜使用寿命的原则，确定适宜的反冲洗周期、反冲洗时间、反冲洗强度，或者气洗周期、气洗时间、气洗强度等。反冲洗用水应采用超滤膜的滤后水，反冲洗水通过膜的产水侧进入膜过滤侧，从而清洗去除膜表面的污垢层，再将反冲洗水排放。反冲洗水的流量一般为过滤水流量的 2～3 倍。反冲洗时长为 30～60s。在外压膜使用过程中，利用曝气产生的水流紊动对膜表面进行气洗，可以阻止膜表面滤饼层的形成，气洗强度与原水水质和曝气面积有关，气洗时长为 90～120s。

5. 根据出水水质、水量情况，适时进行化学清洗

当超滤装置进行维护性反冲洗或气洗后，跨膜压差仍不能恢复到正常水平时，就须对装置进行化学清洗。超滤膜存在可逆污染和不可逆污染，不可逆污染在装置运行稳定后会趋于恒定，并且无法恢复，而可逆污染则可通过化学清洗有效清除。

化学清洗的要点是合理确定化学清洗周期、化学清洗药剂及清洗方法。通常情况下，化学清洗间隔时间为 2～3 个月，判断依据是膜通量下降 10%～20% 或跨膜压差升高 10%～20%。清洗方法有酸洗（盐酸、柠檬酸或草酸）、碱洗（氢氧化钠、氢氧化钾）和氧化洗（次氯酸钠、过氧化氢）。化学清洗方法、清洗材料种类以及药液浓度等通常由膜的生产厂家在产品使用说明书中提供。化学清洗的方法是循环浸泡，浸泡时间通常在 8h 以上。酸液浓度为 5000～10000mg/L，碱液浓度为 10000mg/L 左右，次氯酸钠浓度为 500～1000mg/L，过氧化氢浓度为 1%～3%。

6. 停机期间保持超滤膜处于湿润状态

超滤装置如需停机，务必先将装置的工作压力和跨膜压差降到最低。停机后，确认关闭所有阀门。停机期间要经常检查超滤膜是否始终保持湿润状态。一旦脱水变干，将会造成膜组件不可逆损坏。

如停机时间不超过 7d，建议每天运行 10～30min，将装置内存水置换出来，以防止装置内滋生细菌和藻类。如停机 7d 以上，停机前要对超滤装置进行一次反冲洗，并向装置内注入保护液和抑菌剂，关闭超滤装置所有的进出口阀门，防止外部细菌侵入。停机期间控制环境温度在 5～35℃。每日检查一次输入电源、控制柜输出电源是否处于关闭状态。

（四）超滤装置运行维护常见问题、原因分析及处理办法

超滤装置运行维护常见问题、原因分析及处理办法见表5-8-1。

表5-8-1　　　　　　超滤装置运行维护常见问题、原因分析及处理办法

常见问题	原因分析	处理办法
进水压力低或进水量不足	预处理系统堵塞	清洗或更换过滤材料或装置
	进水泵压力不够	更换更大的增压泵
	管径偏小	换管径更大的管
	阀门故障	更换阀门
产水量下降超过20%	原水水质变差，未及时检测	改善预处理，使之达到超滤进水要求；加强后期运行过程中原水水质检测
	超滤膜被污染	进行化学清洗和加药杀菌
	跨膜压差太小	增大进水压力，但不得超过0.3MPa
	原水温度过低（低于5℃）	使用换热器升高原水温度或加大进水压力
	预处理环节供水不足	检查预处理材料或装置
产水水质不达标或截留效果降低	浓差极化	增大浓水回流量，加速膜管内流速
	断丝	修补断丝处或更换超滤膜
	二次污染	改善后处理措施
	原水水质恶化	改善前处理，使之达到超滤进水要求
	超滤膜孔径选择有误	更换适合的孔径的超滤膜
压力表压力升高	气动蝶阀失灵	检查气动蝶阀或控制电路的故障
原水泵不启动	进水压力过高	压力保护开关跳闸，调节超滤主机进水蝶阀
	超滤水箱水位过高	等超滤水箱水位下降到正常后才能启动
	超滤原水箱水位过低	等原水箱水位升高到正常后才能启动
反冲洗泵不启动	反冲洗进水压力过高	压力保护开关跳闸，调节反洗进水蝶阀
	超滤水箱水位过低	等超滤水箱水位上升后才能启动

（五）案例：超滤装置应用

1. 浸没式中空纤维超滤膜在黄河下游地区某水厂的应用

黄河下游地区某水厂，供水范围包括城区、经济开发区及周边村镇，供水规模为20万 m³/d。水源为平原水库，引自黄河，黄河水进入水库前经沉砂池沉淀，在水库中进一步沉淀。水厂投产初期采用的净水处理工艺为氯消毒与氯预氧化相结合的预氧化加常规净水处理。工艺流程为：二氧化氯、液氯混合预氧化→混凝→沉淀→砂滤→二氧化氯消毒→清水池→管网。当地气候四季分明，冬季水库水温低、浊度低，用户用水量少，供水系统供需矛盾不大，水厂供水水质和水量均能满足需求。夏季气温高，导致水库藻类繁殖，原水有明显的臭味，用水量又显著增大，出厂水的部分水质指标接近生活饮用水水质标准限值，短时间甚至超过限值。曾采用增加预氧化药剂氯投加量的方式处理，弊端是加大了消毒副产物超标风险。2009年5月水厂实施水质提标改造，在原有工艺上增加高锰酸钾预氧化、投加粉末活性炭，出厂之前增设浸没式超滤等强化和深度处理净化措施，目标是在

原水受到微污染的情况下，保证出厂水水质达到《生活饮用水卫生标准》要求。其中浸没式超滤膜由海南立昇净水科技实业有限公司生产和供应。

（1）技术改造工艺流程。如果仅增加超滤膜，可以截留贾第鞭毛虫、隐孢子虫、藻类、细菌及水生生物，并可以去除绝大部分病毒。但对溶解性有机物的去除效果不明显。因此采用了高锰酸钾预氧化、粉末活性炭吸附、混凝、沉淀、沙滤和超滤等多种措施组合，并将液氯消毒改为二氧化氯消毒。这一工艺能将大、中、小等各种分子量的有机物去除，超滤膜可完全去除藻类和微生物，并且规避了产生消毒副产物的风险。技术改造的工艺流程如图 5-8-2 所示。

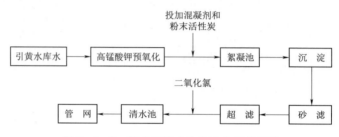

图 5-8-2 某水厂技术改造净水工艺流程

实施技术改造几年来，出厂水浊度基本稳定在 0.2～0.3NTU，耗氧量 1.65～1.87mg/L，其他出厂水水质指标也都符合《生活饮用水卫生标准》。

（2）运行管理。适时调整反冲洗周期。超滤膜的冲洗系统分为两部分：①通过曝气利用气泡的剪切作用对膜丝进行擦洗；②用清水进行反冲洗。其中，气冲洗强度以膜池面积计，为 60m³/(m²·h)，水反冲洗强度以膜面积计，为 60L/(m²·h)。该水厂根据季节和原水水温情况，适时调整反冲洗周期，冬春季为 5h，夏秋季为 6h。

及时进行化学清洗。当跨膜压差不能恢复到正常水平时，就需对超滤膜进行化学清洗。化学清洗方式：先采用碱洗和氧化洗结合，然后再酸洗，药剂为氢氧化钠、次氯酸钠和柠檬酸。化学清洗周期约为 5 个月。化学清洗后，显著降低了抽吸泵的耗电，节能降耗效益突出。

实行运行管理自动监控。该水厂超滤膜车间膜池中安装了颗粒计数仪，用以监测水中颗粒物数量。整个供水系统还安装了水源水、出厂水和管网水水质在线监测点，实现水质在线监测和预警。设定参数后，供水系统实现了自动监测控制，招聘了大学毕业生从事运行操作，派他先到其他水厂进行了实习培训，达到独立操作水平再上岗。

（3）运行成本。水厂技术改造升级，单位供水量技改投资约为 300 元/(m³·d)，新增加的运行成本为 0.201 元/m³，其中固定资产折旧 0.123 元/m³，电耗、药剂消耗以及维修养护等日常运行成本为 0.078 元/m³。增加的运行成本一部分由财政补贴，一部分通过水厂内部挖潜，降低成本，基本维持了财务收支平衡。

2. PVC 合金毛细管式超滤膜在某水厂的应用

某水厂供水规模为 30 万 m³/d，除了城镇居民生活、二三产业用水，也为农村地区居民生活用水提供服务。水厂以地表水为水源。水厂起初采用混凝→沉淀→过滤→消毒的常规净水处理工艺。随着工业发展，水源遭受工业排放污废水和粉尘等污染，出厂水浊度时有超标情况，用水户感觉自来水味道不如过去，甚至有时能闻到异味。该水厂于2007年实施技术改造，在常规净水处理工艺基础上增加PVC合金毛细管式超滤膜净化装置并新建膜处理车间。

PVC合金毛细管式超滤膜以PVC为原料，通过合金共混的方式制作而成，平均孔径为$0.01\mu m$，能在0.05MPa的压力下运行。

增设超滤净水装置后，水厂制水工艺流程为：混凝→沉淀→过滤→超滤→消毒→清水池→供水管网。超滤装置由超滤膜、进水泵、反冲洗泵、化学清洗以及管道、控制阀、监测仪表、自动监测控制设备等组成。

超滤装置对浑浊度、色度、菌落总数等杂质和微生物的去除具有良好的效果，技术改造后检测水质指标见表5-8-2。

表 5-8-2　　　　　　　　某水厂增加超滤装置前后水质对比

序号	检测项目	标准限值	水源水	处理后
1	总大肠菌群/(MPN/100mL)	不得检出	1.0×10^6	未检出
2	菌落总数/(CFU/mL)	不得检出	1.0×10^5	未检出
3	浑浊度/NTU	≤1.0	16~230	<0.1
4	肉眼可见物	无	有显著沉淀	无
5	色度	15	6~15	3
6	铁/(mg/L)	0.3	0.1~1.96	0.05
7	锰/(mg/L)	0.1	0.1~1.96	<0.1

专家参观考察时，超滤系统已经稳定运行1年多，运行压力为0.05~0.08MPa，膜通量保持115L/（$m^2\cdot h$）。每支膜面积$40m^2$的情况下，系统反冲洗周期45min、时间为40s、水量$7m^3$/（h·支），产水率为95%。系统化学清洗周期为4个月，清洗方式是先采用0.5%的氢氧化钠碱洗，再用500mg/L的次氯酸钠氧化洗，最后用0.5%的盐酸酸洗，化学清洗后的膜通量恢复至原水平。

技术改造后，运行成本增加$0.1元/m^3$。

3. PVC合金压力式超滤膜在海南某供水工程中的应用

该供水工程以地下水为水源，井深45m，供水范围涉及两个自然村和1个学校，供水人口为1550人。多年前兴建供水工程时没有配套净水消毒设施，直接将原水提升到水塔，供给村民使用"简易自来水"，它解决了一家一户在庭院用手压井取水水质差及有的村民到村外河流担水费力费时间问题。随着经济社会发展，近年来，村民多次反映水龙头流出的水有些浑浊，味道不如过去好。经检测，浊度、色度等多项指标超标。2013年在国家实施农村饮水安全工程建设中，该工程配套与改造纳入计划，在取水井泵后面增加了PVC合金压力式超滤膜净化装置，处理能力为$200m^3/d$。

供水工程工艺流程为：井泵抽取地下水→超滤膜净化处理装置→水塔→用户。

技术改造完成后经县卫生部门监测，供水工程出水水质完全符合《生活饮用水卫生标准》的要求。

针对农村集体组织管理能力薄弱的现状，当地乡政府和两个村的村委会商量，将超滤设备这部分运行维护工作委托给生产厂家负责，内容包括定期水质检测、化学清洗以及设备维修等。

按照超滤装置使用寿命 8～10 年计，综合考虑超滤设备折旧、人工费用及物料消耗、机井抽水及超滤装置耗电、化学清洗药剂费以及其他维护费用等，测算得出吨水运行成本约 1.6 元。

4. 超滤膜在广东某供水工程中的应用

该供水工程以山泉水为水源，供水范围涉及 1 个自然村，供水规模为 30m³/d，供水人口为 300 人。供水工程没有配套净水设施，直接将原水提升到水塔供给村民使用，免去了担水麻烦，当时村民还是满意的。很长时间没进行原水和供水水质检测。2018 年该供水工程纳入地方农村供水巩固提升计划，经水质检测，发现水源存在微生物、浊度、铁锰超标问题，为此，在技改方案中增加了除铁、锰设备和超滤净水设备。

该工艺采用除铁锰和超滤工艺组合，超滤产水直接进入管网，避免产生二次污染。工艺流程为：山泉水→除铁锰设备→水塔→超滤膜净化处理装置→管网。经检测，出水水质符合《生活饮用水卫生标准》的要求。

运行维护模式：当地政府与超滤膜设备生产企业合作，政府投资购买设备进行技术改造，委托超滤膜设备生产企业负责维护，包括故障维修、零部件和膜组件更换等，按照超滤设备出水 0.15～0.30 元/t 补助。

三、反渗透

（一）净化机理

反渗透（reverse osmosis，RO），又称逆渗透。反渗透膜上的微孔直径一般为 0.5～10nm，透过性的大小与膜本身的化学成分结构有关。它是以压力差为推动力，从溶液中分离出溶质的膜分离技术。

反渗透装置的关键参数是产水通量和脱盐率，影响它们的因素有压力、温度、回收率、进水含盐量和 pH 值等。脱盐率的高低取决于反渗透膜元件表面超薄脱盐层的致密度，脱盐层越致密，脱盐率越高，同时产水量越低。反渗透膜对不同盐分的脱盐效果取决于盐的种类和分子量，对高价离子及复杂单价离子的脱盐率超过 99%，对单价离子的脱盐率超过 98%，对分子量大于 100 的有机物去除率超过 95%，脱盐率对反渗透膜的使用年限有很大影响。

（二）反渗透净水装置构成

完整的反渗透净水装置包括预处理、反渗透和后处理 3 个部分。

1. 预处理

预处理措施主要是去除原水中的泥沙、铁锰、胶体物质、悬浮物、色素、异味等大尺度的胶体杂质，方法可采用离子交换法、沙滤、微滤或超滤等。如果待处理水体总硬度较高（钙、镁离子含量较高），还要在预处理系统中增加软水装置。预处理的好与差，直接关乎反渗透膜的使用寿命。

2. 反渗透膜过滤

反渗透装置由多级高压泵、反渗透膜元件、膜壳（压力容器）、支架等构成，主要作用是去除水中的盐分等各种杂质（见图 5-8-3）。

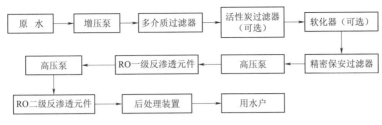

图 5-8-3　反渗透净水装置构成示意图

3. 后处理

包括调整 pH 值、消毒、勾兑水等措施，目的是对经过反渗透膜滤出的水进行进一步处理，使最终出水水质符合生活饮用水卫生标准要求。

（三）反渗透装置运行维护

1. 做好启动前检查及准备工作

在反渗透装置启动前，按照设备说明书要求，做好各项检查和准备工作：首先检查供电电源是否正常，预处理设备供水端总进水阀是否打开及水压是否保持在所要求的范围内，各管路闸阀、加药系统是否正常，电器接线是否可靠，高低压控制器上下限控制指针的位置是否正确；打开高压泵进出口阀门、浓水排放阀和淡水出口阀门，关闭各取样阀门；检查高压泵等机械设备是否灵活。如发现异常，及时采取措施进行处理。

2. 尽量减少反渗透装置开启关闭次数

反渗透装置启动过程应平稳，进水压力上升要缓慢。关闭反渗透装置时，应先关闭高压泵，10s 后再关闭进水阀。每一次反渗透装置的启动和关闭所产生的压力变化的冲击都会减少膜元件的使用寿命，因此应尽量减少开关次数。

3. 停机期间保持膜组件处于湿润状态

如果装置停机超过 48h，应始终保持膜组件处于湿润状态，膜组件缺水甚至干燥，会对膜通量产生不可逆的影响，并且要每隔 24h 冲洗一次，防止滋生微生物。

4. 适时进行化学清洗

一般情况下，反渗透装置不进行反冲洗。但长期运行后，反渗透膜会受到无机盐垢、微生物、胶体颗粒和不溶性有机物质的污染，这些污染物沉积在膜表面，导致产水量和脱盐率显著下降，进水和废水间的压差增大，这时需要对反渗透装置进行化学清洗。化学清洗周期需结合原水水质情况，摸索总结系统运行经验确定，少的几个月，长的可达一年。化学清洗药剂需根据反渗透膜上的主要污染物种类确定，可采用一种或多种清洗药剂。

5. 做好日常巡查维护，认真填写运行日志

运行操作人员要按照操作规程要求，每日检查并确认装置上的管路保持畅通，各连接处和阀门接口无渗漏，测量和记录进水水温、每一段压力容器间的压差等有关参数，如果进水温度降低，反渗透元件产水量会下降，如元件内进水通道被堵塞，压差将会增加。还要检查预处理设施的运行情况，如过滤装置是否需要进行反冲洗、阻垢剂添加是否足量、及时等。

6. 妥善处理反渗透装置排出的废水

随意排放反渗透装置废水会对环境造成二次污染，必须进行妥善处理。如果废水中有机物含量较高，应当采用混凝、吸附或氧化等方法处理达标后再排放。如废水中含盐量较高，应当用石灰法或者多段反渗透处理后再排放。

（四）反渗透装置运行常见问题、原因分析及处理办法

反渗透装置运行常见问题、原因分析及处理办法见表 5-8-3。

表 5-8-3　　　　　　　　反渗透装置运行常见问题、原因分析及处理办法

常见问题	原因分析	处理办法
高压水泵异常关闭	进水压力低于 0.05MPa	增加进水水压力
	浓水压力高于 1.5MPa	调节 RO 入口截止阀和浓水管上的针阀
	产水压力高于 0.6MPa	调节 RO 入口截止阀和浓水管上的针阀
高压泵有异常声响	电机传动轴承缺少润滑油或接触不良	加注润滑油，并检修传动轴承
	泵的进水压力过小而产生气蚀现象	增加上游段处理水压力
产水量下降	进水流量不足	将高压泵出口阀门及反渗透入口阀门开大
	进水温度偏低	调整进水温度
	膜污染	进行化学清洗和加药杀菌
	膜结垢	分析结垢成分，确定清洗方案
	进水水质恶化	改善预处理，使之达到反渗透进水要求
	进水水压不足	将浓水管线上的针阀关小
	维护不当	加强维护，并更换损坏设备
产水量过大	进水流量过大	将高压泵出口阀门及 RO 入口阀门关小
	浓水压力过大	将浓水管线上的针阀关小
脱盐率下降	膜污染	进行化学清洗和加药杀菌
	膜结垢	分析结垢成分，确定清洗方案
	阻垢剂投加计量泵无法有效工作	检查或校准计量泵，必要时更换计量泵
	进水水质恶化	改善预处理，使之达到反渗透进水要求
	"O"形圈或浓水密封圈损坏	更换"O"形圈或浓水密封圈
	预处理过滤器无法正常工作	检查并维修预处理过滤器，必要时更换滤芯
	反渗透出水压力过高	调节进水阀
	反冲洗不合格	调整反冲洗时间及反冲洗强度
进水与浓水压力差增加	保安过滤器水流旁路	更换或维修保安过滤器
	系统回收率过高	调节浓水排放阀
	浓水密封圈损坏	更换浓水密封圈

（五）案例：反渗透应用

案例 1：反渗透分质供水在农村供水中的应用

华北某市位于沿海，为黑龙港流域下游的滨海地区，辖 10 个乡镇，327 个村，总人口 50.8 万人，其中农业人口 34.7 万人。当地浅层地下水为苦咸水，深层地下水为高氟水。历史上，当地农村居民长期饮用苦咸水、高氟水，深受其害。该市地理特点是"洼大村稀"，农村人口居住分散，这一条件决定了农村供水多采用单村打井提取地下水的布局。

1. 技术路线

20 世纪 90 年代末到 21 世纪初，该市曾推广电渗析除氟技术，取得一定成效。由于运行维护复杂，推广应用受到局限。随着科技进步，膜材料成本降低，反渗透处理效果优势逐渐为人们所了解。"十二五"以来，该市逐步淘汰电渗析除氟设备，更换为反渗透除氟，目前反渗透除氟已占净化设备总数的 90% 以上。针对当地自然条件和经济社会发展水平，采用的技术路线是建小型净水站，用反渗透设备集中处理，村民到集中供水点购买桶装饮用水，洗涤等非饮用生活用水从机井抽出，经沉淀过滤简易净化，通过供水管网直接入户。虽然反渗透制水成本高一些，但实行分质供水，饮用和餐食加工用水量有限，村民感觉经济上负担并不重。技术路线见图 5-8-4 所示。

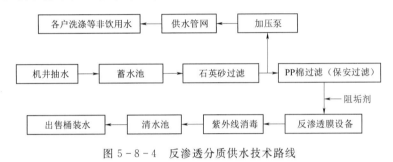

图 5-8-4 反渗透分质供水技术路线

2. 管理办法

市政府颁布了《农村饮水安全项目运行管理办法》，规定农村饮水安全工程建成验收后，办理资产移交手续，交给所在村村委会，使用维护管理由村委会负责，村委会派人负责日常管理或公开招标竞价承包管理。村委会指派人管理的，财务盈亏及较大零部件修理更换，由村委会负责；承包管理的，承包人自负盈亏，水价由村委会和村民代表协商确定，管理人不得随意变更水价。

市里专门成立了农村供水服务中心，隶属市水务局，对 300 多个分质供水站的运行维护进行技术指导服务和监督，重点是关键设备的维护和更新。制定了分质供水站运行管理规程。建立了依托市自来水公司的农村供水水质检测中心，能够对 32 项水质指标进行检测，每年对单村供水站巡回检查两次。市水务局委托第三方检测机构对单村供水站供水水质每月进行一次抽检。市里还建立了农村供水工程维修基金，财政每年投入 100 万元，用于各村供水工程大的检修和设备更新补助。

3. 专家调研时提出的意见建议

关于紫外线消毒装置的安装位置。各净水站的紫外线消毒装置都安装在反渗透装置出水后、进入清水池（贮水桶）前的管道上。由于大部分饮用水在清水池（贮水桶）中停留 24h 以上，易产生二次污染，建议将紫外线消毒装置安装在清水池（贮水桶）出口。

关于添加阻垢剂。目前各单村供水工程在膜处理装置前均有阻垢剂投加装置。由于高氟地下水是经历了长期、复杂的阴阳离子交换过程而形成，地下水中的 Ca^{2+}、Mg^{2+} 离子含量不太高，总硬度为 $60\sim70mg/L$，是否有必要投加阻垢剂，需进一步分析论证。此外，管水员大都不熟悉阻垢剂的成分和投加的必要性，如果掌握不好合理的投加量，投加多了或少了，都不利于保证供水水质，需要结合各个村原水水质状况，进一步规范投加量，并加强宣传培训，普及这方面的知识。

关于用电价格。国家已有文件明确规定，农村饮水安全工程用电执行居民生活或农业排灌用电价格，该市目前执行的电价是 0.8 元/（kW·h），没有体现农村供水用电的优惠政策，建议整改。

关于水价。目前 25L 的桶装水每桶价格在 2.0 元左右，基本适合当地经济发展水平和农民经济负担能力。但有部分村的机井，供水管道入户，农户洗涤等生活用水不收水费，不符合国家政策规定，也不利于供水工程的长久运行，应当改革收费制度。

案例 2：反渗透装置在苦咸水淡化中的应用

西北某地供水工程，供水规模为 3000m³/d，原水为地下苦咸水，溶解性固体总量、总硬度、钠、氯化物、硫酸盐、硝酸盐、氟等指标都超出生活饮用水卫生标准。限于当地目前十分缺乏优质淡水资源的条件，对苦咸水净化加工处理，供当地居民饮用是不得已而为之的办法，具体措施是采用反渗透技术。

1. 工艺流程

净水工艺流程为：井泵抽取地下原水→多介质过滤器→活性炭过滤器→精密过滤器→高压泵→反渗透膜净化处理装置→清水池（勾兑）→用户。为降低供水成本，将反渗透处理后接近纯净水水质的水，添加 30% 原水进行勾兑，再供给用水户。

多介质过滤器的功能是过滤去除大颗粒悬浮物，减少精密过滤器滤芯更换频率，单个产水量为 140m³/h，运行流速为 10～12m/s，需定期进行反冲洗。活性炭过滤器的功能是吸附去除原水的色度、异味等，单个产水量也是 140m³/h，运行流速为 10～12m/s。精密过滤器的功能是去除细小的悬浮物和颗粒，过滤精度为 5μm，保障进入反渗透设备的水体浊度小于 1.0NTU。反渗透膜净化装置包括反渗透膜组件、流量计、压力表、排放阀、清洗装置、管路系统等。反渗透膜采用聚酰胺复合材料制成，单支膜脱盐率为 99.5%。

2. 运行状况

反渗透装置投入运行后，净水水处理的回收率为 75%，脱盐率大于 95%，处理后的水质符合《生活饮用水卫生标准》要求，净水处理前后水质对比见表 5-8-4。

表 5-8-4　　　　　　　　　　净水处理前后水质对比

序号	检测项目	原水	产水	序号	检测项目	原水	产水
1	pH 值	7.31	7.34	7	钠/（mg/L）	1734	32
2	色度/铂钴色度单位	15	8	8	氯化物/（mg/L）	1016	13
3	浑浊度/NTU	3	1	9	硫酸盐/（mg/L）	1324	29
4	电导率/（μS/cm）	3816	82	10	硝酸盐/（mg/L）	174	0.35
5	总碱度/（mg/L）	365	130	11	氟化物/（mg/L）	1.83	0.15
6	总硬度/（mg/L）	486	362	12	铁/（mg/L）	0.08	0.08

多介质过滤器、活性炭过滤器均为手动操作，当系统压差达到 0.05MPa 时，分别对其进行 25min 反冲洗，然后正冲洗 15min。整个净水装置采用可编程控制器和触摸屏组合，实现自动控制。系统内所有电极和其他元件均采用程控/手动两种操作方式，集中自动控制操作由可编程控制器（PLC）实现。此外，为便于检修维护，系统配有调试模式。

高压泵的启停与一级反渗透组件水压有关，保护二级反渗透组件的正常运行。反渗透冲洗阀选用慢开电动阀，保证反渗透组件压力平稳增加，防止水锤损坏膜组件。

3. 运行成本

测算反渗透装置运行费用：电费为 1.1 元/m³，药剂费为 0.2 元/m³，人工费为 0.35 元/m³，不含设备折旧和大修理费用的情况下，日常运行维护成本为 1.65 元/m³。

结合本案例，有关专家与省市县农村供水管理和技术人员有以下认识：膜处理技术在农村供水工程净水处理中具有多个优点：①可适应不同的供水规模、原水水质，出水水质有保障；②膜装置标准化、模块化、集约化程度高，占地面积少，施工相对简便、周期短；③对突发性水污染事件有较好的应急能力；④装置的自动化程度高，运行操作变得相对简单，减轻了操作人员的劳动强度。

膜处理也有明显的弱点或局限性：①膜处理装置设备精密、运行压力高，运行维护技术要求十分严格，目前大部分农村集体组织负责管护的供水工程，管水员不具备这方面的操作管护能力，也没有委托专业化公司负责运行维护的财力，使得部分安装了膜处理装置的供水工程未能发挥应有的效能；②浓缩水的处理和利用涉及因素众多、十分复杂，浓缩废水不适宜农田灌溉和生活杂用，如果直接排放，将对环境造成污染，如果进行处理，成本将是一笔不小的费用；③设备投资高、能耗高，制水成本高，过高的水价会影响农村居民使用合格自来水的积极性，供水工程难以实现财务收支平衡。

尽管存在上述问题，膜处理仍不失为农村供水工程净水工艺技术中多种选项之一。当前推广应用这一先进技术：①要注意它的适用条件，在工程立项时进行充分的可行性论证和多方案比选；②注意总结已建成供水工程降低、控制制水成本、实现财务收支平衡、良性运行的经验；③加强产学研结合，有关科研单位、高校、设备生产厂家相互配合，通过科技创新，探索进一步降低材料设备成本和运行费用的途径。

四、纳滤

（一）净水机理

纳滤（nanofiltration，NF），又称低压反渗透，是介于反渗透和超滤之间的压力驱动膜分离过程。纳滤膜上的微孔孔径在几纳米左右，分离机理为筛分和溶解扩散并存，同时又具有电荷排斥效应，可以有效去除二价和多价离子、分子量大于 200 的各类物质，它同时也允许一些无机盐和某些溶剂透过膜，从而达到分离的效果。纳滤膜的分离性能明显优于超滤和微滤，可部分去除单价离子、与反渗透膜相比，具有运行压力低、能耗少等优点。

纳滤装置构成、运行维护要点与反渗透装置类似。

（二）案例

华北某地供水工程以地下水为水源，供水规模为 20000m³/d，除承担县城供水，还负责周边 10 多个镇村的农村居民生活饮用水供应服务。原水中硫酸盐、总硬度、溶解性固体总量等指标超标。

1. 工程构成与工艺流程

该供水工程采用纳滤技术进行水的净化处理。水处理系统分为 3 个单元：第一个单元是预处理即过滤装置；第二个单元是纳滤装置；第三个单元是勾兑与消毒装置。净水处理系统采用全过程自动监控，能够在手动与自动之间切换。可编程控制器（PLC）设有液位、压力、流量、ORP、电导率等仪表，能够监测控制供水工程运行中实时的重要技术参数。高压泵的进出口装有压力开关，当供水不足或水压过低时，会自动发出停机信号，使水泵停止运行；当出口压力过高时，高压开关可自动切断高压泵的电源，保护系统不超压运行。纳滤膜入口装有电动慢开阀门，保证纳滤装置压力缓慢平稳升高，防止水锤损坏膜元件，延长膜元件的使用寿命。

净水工艺流程为：水泵抽取原水→过滤预处理→添加阻垢剂及还原剂→纳滤净化装置→投加消毒剂→清水池（勾兑水池）→供水管网。纳滤处理后的水与原水进行勾兑，再供用水户使用。

预处理包括四台（三用一备）DN800 袋式过滤器进行一级过滤，其作用是去除大颗粒悬浮物，减少精密过滤器滤芯更换次数，每小时单台出水量 $284m^3$，过滤精度为 $100\mu m$；二级精密过滤器进一步去除水中尚存少量杂质，过滤精度分别为 $5\mu m$ 和 $1\mu m$。在纳滤之前添加阻垢剂和还原剂的目的是减轻纳滤膜浓水侧结垢，消除氧化剂对纳滤膜的氧化破坏。纳滤净化装置由纳滤膜组件、水泵、加药设备、清洗装置、配套仪表、阀门、管道及本体支架等组成，采用了 3 套能单独运行和并联运行的处理设备，单套纳滤设备产水量为 $198m^3/h$，有 36 支膜壳，216 支膜元件，单只膜元件膜面积为 $37m^2$。纳滤装置采用一级二段式，一段的浓水作为二段进水，二段的浓水排放进入废水储存设施，进行处理后再排入池塘沟道。各段产水汇集进入清水池。

2．运行状况

该工程投入运行 1 年后，运行状况稳定，经过勾兑混合的出水量，达到 $20000m^3/d$ 设计供水规模。水质检测表明，以纳滤为主的几种净水技术组合效果良好，溶解性总固体、总硬度、硫酸盐等的去除率均超过 97%，供水水质符合《生活饮用水卫生标准》要求，净水处理前后水质对比见表 5-8-5。

表 5-8-5　　　　　　华北某供水工程纳滤净水处理前后水质对比

序号	检测项目	原水	产水	去除率/%
1	pH 值	7.25	6.5	—
2	溶解性总固体/(mg/L)	1850	45	97.6
3	总硬度/(mg/L)	950	13	98.6
4	硫酸盐/(mg/L)	720	12	98.3
5	氯化物/(mg/L)	135	20.5	84.8
6	电导率/(μS/cm)	1834	86.5	

实际运行过程中，由于原水水质不稳定，且含有一定数量细颗粒泥沙，预处理设施中的袋式过滤器常有堵塞情况发生，需要频繁冲洗。调研组专家建议在袋式过滤器前增加具有自动清洗功能的预处理装置，如叠片式过滤器等。如不考虑大修和折旧费用，纳滤为主的净化处理的综合运行成本为 0.98 元/m^3，其中，电耗为 0.85（kW·h）/m^3，电费单价按 0.5 元/kW·h 计，电费为 0.43 元/m^3，药剂费为 0.2 元/m^3，人工费为 0.35 元/m^3。

第六章　常用消毒方法与设备运行维护

第一节　消毒基本要求

一、消毒的必要性

自然界中的水，无论是地表水还是地下水，都含有或多或少的杂质。其中包括能使人感染疾病的细菌、病毒和原生动物包囊等病原级生物。联合国所属环境和发展组织在一份资料中提到，人类约 80% 的疾病与微生物感染有关，其中 60% 以上是通过饮用水传播的。供水工程通过混凝、沉淀和过滤等工艺措施，在去除水中泥沙胶体等杂质的同时，也将很大一部分细菌清除。但是水中仍会留有一些细菌、病毒、原生动物包囊等致病微生物，对用水者的身体健康构成威胁。因此，供水工程必须对生活饮用水进行消毒后才能供给用水户。我国《生活饮用水卫生标准》规定，"生活饮用水中不应含有病原微生物""生活饮用水应经消毒处理"。这些规定，必须严格贯彻执行。即使是抽取优质深层地下水或引取河溪水库Ⅰ、Ⅱ类地表水，由于水在输配水管网中仍有可能滋生微生物，对用水者的身体构成潜在威胁，消毒仍是必要的。

由于主客观诸多原因，不少地方对消毒重视程度不够，有的供水工程没有配套消毒设施，有的配备了消毒设施，但运行维护不规范，出现故障不会修理，乃至废弃不用。还有的地方村民对药剂消毒后水的味道不喜欢，甚至不接受，也会造成消毒设施无法正常使用。这些问题应当引起高度重视，采取综合措施提高农村供水管理水平和消毒效果，是一项十分重要和艰巨繁重的任务。

二、常用消毒方法及基本要求

（一）常用消毒方法

消毒方法包括物理方法和化学方法两大类。物理方法有加热煮沸消毒、紫外线消毒等。化学方法有液氯及含氯制剂、二氧化氯、臭氧等。将水烧开再饮用是我国城乡居民的一种生活习惯，它可以起到杀灭细菌的作用。但只限居民家庭使用，不适合集中供水工程消毒使用。其他几种消毒方法在农村水厂都常用。

不同的消毒方法各有自己的优缺点和适用条件，应结合水源水质、水处理工艺、供水规模、出厂水水质要求、消毒剂供应、消毒副产物形成的可能、管理条件和消毒成本等综合因素比较分析、科学论证后选用。

对有一定规模的集中供水工程，优先选择氯消毒。行业内普遍认为，在合理运用的前提下，氯消毒是一种安全可靠、可以广泛使用的消毒技术。氯消毒又有几种方式，包括液氯、次氯酸钠、次氯酸钙（漂白粉、漂白精）等。受农村供水管理水平的局限，氯消毒的首选是次氯酸钠。次氯酸钠发生器以食盐为原料，取材容易、运行成本低，随用随制比较简便。使用时需综合考虑原水水质，管网长度、消毒剂产物生成和用水户对饮用水味道的接受能力，分析确定适宜的次氯酸钠投加量。

如果原水水质条件复杂，pH 值大于 8.0，可选择二氧化氯消毒。优先选用高纯型制作设备，它的使用管理比复合型制作设备简单，采用前需充分考虑所需原料盐酸和亚氯酸钠的获取方便程度。为避免亚氯酸钠等原料随同二氧化氯投入水体而产生二次污染，二氧化氯纯度应大于 95%。

对于没有清水池或高位水池，供水规模不大，输配水管道距离不太长的工程，可以采用紫外线、臭氧消毒。也可以使用紫外线和间歇式臭氧联合消毒。采用紫外线消毒时，消毒装置应有管垢自动清洗措施。采用臭氧消毒时，应检测原水中溴化合物含量，若含量高于 $20\mu g/L$，臭氧消毒副产物溴酸盐的生成量可能超过有关标准限值。

对分散式供水工程，可采用家用桶式紫外线消毒设备，并配备简单的 PP 棉过滤装置。

（二）消毒的基本要求

1. 生活饮用水消毒要求

①要保证出厂水进入配水管网前，必须灭活水中病原微生物；②要具有一定的持久性，从水进入管网起，消毒作用要保持到管网末梢，以防止管网在输送水的过程中病原微生物再度繁殖，出现二次污染；③消毒所产生的对人体有害副产物不能超过有关标准限值。

2. 消毒剂与副产物常规指标限值

《生活饮用水卫生标准》（GB 5749—2022）对生活饮用水消毒剂常规指标及要求作出了明确规定，具体内容见表 6-1-1。

表 6-1-1　　　　　　　　　　　生活饮用水消毒剂常规指标及要求

指标	与水接触时间 /30min	出厂水和末梢水限值 /(mg/L)	出厂水余量 /(mg/L)	末梢水余量 /(mg/L)
游离氯①④	≥30	≤2	≥0.3	≥0.05
总氯②	≥120	≤3	≥0.5	≥0.05
臭氧③	≥12	≤0.3	—	≥0.02 如采用其他协同消毒方式，消毒剂值及余量应满足相应要求
二氧化氯④	≥30	≤0.8	≥0.1	≥0.02

注　①采用液氯、次氯酸钠、次氯酸钙消毒方式时，应测定游离氯。
　　②采用氯胺消毒方式时，应测定总氯。
　　③采用臭氧消毒方式时，应测定臭氧。
　　④采用二氧化氯消毒方式时，应测定二氧化氯；采用二氧化氯与氯混合消毒剂发生器消毒方式时，应测定二氧化氯和游离氯。两项指标均应满足限值要求，至少一项指标应满足余量要求。

通常情况下，氯消毒制剂投加量为 0.5～1.0mg/L，二氧化氯消毒剂投加量为 0.1～0.5mg/L。适宜的消毒剂投加量应参考生产厂家给出的消毒剂投加量范围，结合供水工程原水水质进行现场试验确定。随着科技进步，消毒剂投加已能实现自动精准投加，有条件的水厂应向这个方向努力。

3. 合理设置消毒剂投加点

对于消毒效果持久性好的氯消毒、二氧化氯消毒，通常情况下投加点设在过滤之后的调节构筑物（清水池或高位水池）的进水管上。对于消毒效果持久性弱的臭氧消毒和紫外线消毒，投加点通常设在向管网加压供水的水泵出水管上。

原水中铁锰、有机物或藻类含量较高时，可以在滤池过滤前投加氧化剂，过滤后投加消毒剂。此时应特别注意，要防止消毒剂或氧化剂副产物超标的问题，加强水质检测，并采取应对措施。如供水管网较长、仅靠水厂消毒难以满足管网末梢水的消毒剂余量要求时，可在管网中的加压泵站或调节构筑物等恰当部位补加消毒剂。

4. 配备消毒检测仪器

采用次氯酸钠消毒的水厂，应配备便携式有效氯快速测定仪，用以检测电解后次氯酸钠溶液的有效氯浓度，一方面了解掌握电解效果，另一方面作为调节计量泵送出药液流量的依据。还应配备万用电表，用以测定实际电解电压和电流。

采用氯、二氧化氯或臭氧消毒的水厂，应配备相关消毒剂余量检测仪，用以检测出厂水、管网末梢水的消毒剂余量，据此调节计量泵药液流量。有一定规模的水厂，应配备消毒剂余量在线检测仪和可测多项指标的分光光度计，或单测消毒剂余量的便携式分光光度计。规模较小的水厂应配备单测消毒剂余量的便携式分光光度计。单村水厂宜配备余氯速测盒。

三、消毒剂制备要求

供水工程消毒剂制备设施和容器要耐腐蚀，对操作人员无毒、无刺激。制备消毒剂所使用的原料应符合相关标准要求：氯酸钠应符合 GB/T 1618、亚氯酸钠应符合 HG 3250、盐酸应符合 GB 320、氯化钠应符合 GB 2721 的要求。使用时应有操作日志记录并保存备查。

现场制备消毒剂时，所用设备、容器以及投加装置应有良好的密封性和耐腐蚀性，应有控制液位、压力和投加量的措施。有条件时，尽量采用自动控制、在线监测及故障自动报警等先进技术。对于规模较大的水厂，可考虑备用一套消毒装置。

四、消毒间安全管理

（1）氯、二氧化氯和臭氧消毒，宜单独设置消毒间。消毒间宜靠近消毒剂投加地点和水厂的下风口。消毒剂投加点应与药剂仓库分隔布置。消毒间应设置观察窗、直接通向室外的外开门，应具备良好的通风条件，配备换气频次为 8～12 次/h 的通风设备（排气扇），通风孔应设置在外墙下方（低处）。

（2）消毒间应保持室内清洁，通风和照明设施齐备，外部环境卫生良好，附近不应设污水管沟，不堆放废弃物。保持各类设备和装置的整洁。应备有防毒面具、抢救器材和工具箱。消毒间照明和通风设备的开关应设置在室外。操作台、操作梯等应经过耐腐蚀表层处理。

（3）消毒间应设有不间断的洁净水供水管道。投加消毒剂的压力水应保证有足够的量和压力，尽可能保持压力稳定。通向消毒间的水，包括制备消毒剂的用水、与投加消毒剂的水射器相连的水，应采用滤后水、供水加压泵房的水或更干净的水，不应采用原水。消毒间应有排水沟，并保证排水畅通。

（4）保持配电装置区域内整洁和通风，定期清除积尘或污垢。定期检查、清扫、维修和测试电气设备。电气设备接地线应完好，出现故障时，立即进行维护检修。应保持各控制件、转换开关动作灵活、可靠，接触良好。

（5）定期检查消毒间内各种管道连接处密封、保温等情况，出现跑冒滴漏等情况时，及时查明原因进行处理。根据原水水质和输水管道运行情况，及时清淤、冲洗并消毒。定期对管道及附属设施检修，并对钢制外露部位涂刷防锈漆。更换新管时，应进行冲洗和消毒。

（6）仪器仪表应按相关标准和使用说明书的规定使用和维护。仪器仪表应保持各部件完整、清洁无锈蚀，玻璃透明，表盘标尺刻度清晰，铭牌、标记和铅封完好。应按检定周期要求检定消毒间内各有关仪器仪表，发现计量不准时应立即校正或更换。

（7）冬季寒冷地区水厂消毒间应有采暖措施，保证室内不结冰，采暖设备应远离消毒剂制备、投加设备和管道，并严禁使用火炉。

（8）消毒间应设报警器，当消毒剂浓度超过规定值时自动报警，有条件应将通风设备与报警器联动，发生少量泄漏时，自动打开风扇。

（9）消毒间应每3年清洗墙面1次，油漆门窗1次，铁件应每年进行油漆防腐处理。

五、药剂库房管理

（1）制备消毒剂的原料应根据其特性和安全要求分类和妥善存放，由专人管理，做好保管工作，禁止混放。盐酸和亚氯酸盐混合后会立即爆炸，应放在不同的储藏间。

（2）原料的储备量应根据当地供应、运输、原料的特性等条件确定，按15～30天的最大用量储备。

（3）操作人员应掌握消毒药剂特性及其安全使用要求，搬运或移动时要轻拿轻放。每次配制药剂要填写运行日志，记录各种药剂的用量、配置浓度、投加量以及加药系统运行状况。

（4）消毒剂原料储藏间应严禁烟火，保持室内干燥、阴凉、通风。

（5）药剂储藏柜内外和药剂投加装置周围应保持清洁，并有安全防护措施。

（6）库房内明显位置应有醒目的防火、防爆、防腐等安全警示标志。地面应经过耐腐蚀表层处理，房间内不得有电路明线，并应采用防爆灯具。

（7）配置消毒剂所用原料属危险化学品时，应符合《危险化学品安全管理条例》（国务院令2011年第591号）和《危险化学品仓库储存通则》（GB 15603—2022）的要求。

第二节 次氯酸钠消毒与设备运行维护

次氯酸钠消毒属于氯消毒的一种，同属氯消毒的还有液氯消毒，漂白粉（次氯酸钙），在农村水厂基本不使用，故不作介绍。

一、次氯酸钠特性

次氯酸钠（NaClO）是一种强氧化剂，与水的亲和性好，在溶液中产生次氯酸离子，通过水解反应生成次氯酸。次氯酸钠的消毒机理与液氯消毒相同。故其适用范围也与液氯一致。次氯酸钠液体呈淡黄色强碱性，有少许刺激性气味，易溶于水，如与人体皮肤接触，会有轻微腐蚀性，可用水冲洗。它的制备和使用简便。次氯酸钠所含的有效氯易受阳光、温度影响而分解，宜避光存放。一般不宜长时间贮存，最好现场制取，现制现用。夏季应当天生产，当天用完。冬季贮存时间不宜超过一周。

目前常用的次氯酸钠消毒方式主要有两种：一种是次氯酸钠发生器现场制备次氯酸钠溶液；另一种是购买成品次氯酸钠溶液。次氯酸钠发生器所用电解食盐水的浓度一般为3%～3.5%，产生的次氯酸钠溶液为淡黄色透明液体，有效氯含量为6～11g/L，每生成1kg有效氯，消耗食盐3.0～4.5kg，耗电5～10kW·h。市面上购买的成品次氯酸钠溶液是无色或淡黄色的液体，有效氯含量为10%～15%。

次氯酸钠发生器工作方式有连续式和间歇式两种，前者适用于规模较大的集中式供水工程，后者适用于规模较小的供水工程。适宜的次氯酸钠投加量要综合考虑出厂水水质、管网长度、原水水质和受益户对消毒后饮用水味道的接受程度来确定。

二、次氯酸钠运行维护

目前国内次氯酸钠发生器的生产厂家较多，规格型号不同，供水工程招标采购时应注意厂家产品市场销售和用户反馈信息，要重视设备安装、操作培训和适用于不同水厂条件的售后维修服务等信誉情况。采用高压罐加转子流量计时，药液进入流量计前，应配备恒压装置，定期清洗流量计的计量管；采用压力投加时，应定期清洗计量泵，经常检测药液的有效氯浓度，作为调节加注量的依据。

操作使用次氯酸钠发生器应严格遵守操作规程，确保设备运行外部环境条件满足要求。

1. 开机准备

（1）制备食盐水原料：采用无碘食用盐，食盐水在进入电解槽前应采取降低硬度的措施，有条件时宜采用纯净水制备食盐水。

（2）检查确认生产车间通风排气是否满足操作规程要求，因电解产物氢气为易燃气体，所以电解槽设备所在的区域要严格禁火，设备运行时，必须确保排气口通风性良好和出水阀开启。

（3）每次启用次氯酸钠发生器时，应核对设备要求的参数条件与实际运行条件是否相符，包括电压、电流、进水压力、关键组件的药液流量。

（4）开机前应检查溶盐罐内盐水是否足量，不应超出最高液位，低于液位下限时必须补盐；进水浮球阀是否正常，缓冲水箱内软水到达满液位，再开启设备电源。

（5）与次氯酸钠发生器关联的阀门较多，开机前应按说明书要求，确认各阀门是否开启或关闭至正确位置。次氯酸钠发生器开启时，应先将电解槽的"电流"调至最小值，以保护电极；然后将电控箱的电源打开，将发生器的"运行"挡位由停止调至运行位置。此时应检查设备各部件是否正常运行，是否有报警提示。

2. 运行维护

（1）运行中要经常查看电解液及冷却水的流通情况，观察各管道接头是否有漏液现象。

（2）不要将酸或酸性物质混入次氯酸钠，以免发生氯气中毒。

（3）夏天气温高，次氯酸钠不宜长时间贮存，当天制备，当天用完，冬季贮存时间最多不超过一周。冬季有低温冻害地区，应检查室内保暖措施是否有效，保证室内温度不低于 0℃。

（4）运行中，电解槽内会产生一些杂质，如碳酸钙、氢氧化铁等，一般每周冲洗电解槽 1～2 次。

（5）清洗电极：达到规定的清洗周期时，需对次氯酸钠发生器的电极进行酸洗清垢。酸洗操作具有危险性，操作人员必须经过培训，熟练掌握酸洗操作步骤及要点，明确所有阀门位置、功能、并掌握每个步骤的操作方法和意义。酸洗作业环境应保持通风；酸洗人员必须佩戴防护装备（包括护目镜、防护服、防护靴、橡胶手套等）；作业中万一不慎出现酸洗液接触到皮肤或眼睛等情况，立即用大量洁净水冲洗，并及时就医。

（6）电解槽内未注入盐水时不可开启整流器，整流器切忌空转，避免高热损坏电解槽。避免计量泵空载。如计量泵进水管内有空气时，需旋转排气阀进行排气。

（7）电解结束后，加入纯净水清洗和浸泡电极，以保护和延长电极使用寿命。

（8）定期检查发生器排气管是否畅通，确保氢气排出室外。

（9）应定期清洗阀底过滤网，避免杂质堵塞管路。

（10）发生器长时间停用时，应放空发生器内残存药液，并用清水清洗干净，避免药液腐蚀电极等零部件。

（11）按产品说明书要求，定期对次氯酸钠发生器进行保养维护，更换易损部件。每年对消毒剂投加管道和附件进行一次恢复性修理。

三、成品次氯酸钠溶液消毒操作要点

如果水厂所在地区有次氯酸钠溶液生产厂、或采购十分方便时，优先采用成品次氯酸钠溶液消毒。实行集中供水工程集约化管理的县，也可集中加工生产次氯酸钠溶液，供本县各供水工程消毒使用，做到消毒剂生产服务专业化、集约化。

1. 购买与安全存储

成品次氯酸钠溶液应符合《次氯酸钠》（GB 19106—2013）的要求，并尽可能选用有效氯含量高的产品。次氯酸钠溶液的出厂外包装上应有牢固的明显标志，内容包括：产品名称、型号规格、生产企业名称、地址、联系电话、净质量、执行标准、批号或生产日期、生产许可证编号等。

次氯酸钠溶液有腐蚀性，能伤害皮肤，操作时应穿戴劳动防护用品。贮存须放阴凉处，不得受日光曝晒。因其稳定性差，不宜长期存放，储存量以满足 5～7d 用量为宜。

2. 运输

次氯酸钠溶液宜存放在塑料桶内，运输时要密闭，接触人员应戴防护眼镜、胶手套等防护用品。

3. 投加

投加系统宜设两个药液罐（一用一备），放置在高出消毒间室内地坪 200mm 的平台上。药液罐宜使用耐腐蚀的 PVC 材料，每个罐的有效容积能供 2～7 天用量。药液罐应密封，并有液位管、补气阀和排气阀、加药口、出药口和排空口等。

四、次氯酸钠消毒常见问题、原因分析及处理办法

次氯酸钠消毒常见问题、原因分析及处理办法见表 6-2-1。

表 6‐2‐1　　　次氯酸钠消毒设备运行维护常见问题、原因分析及处理办法

常见问题		原因分析	处理办法
整流器电压异常	实际电压与屏显电压差异过大	电压显示器显示与实际值不符	使用万用表测量实际电压后，如屏显值与实际值不符，停止设备运行，联系厂家进行检修
	整流器屏显电压值显著大于理论电压	盐水浓度低	加盐保持盐水浓度3%～4%范围内
		盐水流量低	调整盐水泵流量补充盐水
		电极结垢	按照说明书进行电极酸洗
		电极连接件松动	紧固电极连接件固定螺母
		整流器或电极损坏	停止设备运行，联系厂家进行检修
	整流器屏显电压值显著小于理论电压	盐水浓度高	调整盐水浓度，保持在3%～4%范围内
		盐水流量高	调整盐水泵流量降低盐水量
		整流器或电极损坏	停止设备运行，联系厂家进行检修
整流器屏显电流值小于理论电流		电流控制旋钮未调整	调节电流旋钮
		电流显示器显示与实际值不符	使用万用表测量实际电流后，如屏显值与实际值不符，停止设备运行，联系厂家进行检修
次氯酸钠溶液有效氯浓度偏低		盐水浓度低	检查盐水浓度是否3%～4%范围内
		盐水体积偏大	检查并调整盐水流量计
		电解电流低	检修整流器
		电极结垢	按照说明书进行电极酸洗
		次氯酸钠溶液放置时间超过10天	检测次氯酸钠液有效氯浓度，并据此调整消毒剂投加量
		电解槽故障	电解槽酸洗后仍不能解决，联系厂家，检修电解槽
出厂水或管网末梢水余氯浓度偏低		制备的次氯酸钠溶液有效氯浓度偏低	按照"次氯酸钠溶液有效氯浓度偏低"可能出现的原因进行检查
		次氯酸钠溶液放置时间长，有效氯浓度降低	检测次氯酸钠溶液有效氯浓度，并据此调整消毒剂投加量
		计量泵进入空气，无法正常工作	对消毒剂投加计量泵进行排气
		计量泵投加流量低	调整计量泵投加流量
		投加管路堵塞	对投加管路进行清洗或更换
		储液槽内次氯酸钠液位接近最低液位	启动电解程序，补充储液槽内次氯酸钠溶液
发生器工作后，消毒剂投加计量泵不工作		未开启计量泵旋钮开关	转动计量泵旋钮开关
		药液储罐液位低于低限液位	制备或添加次氯酸钠溶液，待储液位高于低液位后再运行计量泵
		计量泵连线故障	检查连接线，重新连接
		计量泵故障	联系厂家更换计量泵
储液罐管路、阀门密封圈腐蚀		所选设备材料及密封部件防腐性能不高	更换不合格设备材料及密封部件，严格按标准选用耐腐蚀管道、接头、密封圈及阀门等设备材料

（三）案例：次氯酸钠消毒

西北地区某水厂 2009 年 9 月完成改建，工程建设总投资 989 万元。水源取自水库，设计供水规模 $1480m^3/d$，实际供水量为 $900m^3/d$ 左右，供水人口 2.5 万人。供水范围覆盖 3 个乡镇 46 个村。工程由加压泵站、两组一体化净水装置、次氯酸钠消毒装置、清水池、自动监控系统及水质化验室等组成。

全自动次氯酸钠发生器以食盐为原料，电极采用模块化组装方式，电耗较低。现场制备消毒液并采用液态投加，避免了市售溶液型次氯酸钠消毒效果稳定性差问题。消毒装置启停与供水泵联动控制，自动化程度较高。消毒工艺流程：原水经取水泵站提升至一体化净水装置，次氯酸钠消毒液投加在净水处理后的出水管，消毒液与水在清水池充分混合。

次氯酸钠发生器在运行过程中，操作人员除了进行日常巡查与维护外，定期对电极进行清洗。据运行操作人员介绍，如任意靠近的两片电极已由水垢连接，表明对电极应该进行清洗。由于该水厂原水总硬度低于 50mg/L，电极结垢较轻，电极清洗周期为一年一次。如果出现特殊情况，需关停次氯酸钠发生器超过两周时，须对电极进行清洗，并用软化水浸泡。

清洗电极所用的药液是稀盐酸，浓度为 5%，配制盐酸体积为 4L，配制后的酸液倒入电解槽内，淹没电极片并浸泡 30min，待垢去除后停止酸洗。操作人员反映，在酸洗药液配制过程中，盐酸的刺激性气味难以接受，希望能有更简便、更安全的电极清洗方式。

经检测，该水厂消毒剂余量、微生物学指标及消毒副产物均符合生活饮用水卫生标准要求。消毒这一项的运行维护成本为 0.007 元/m^3。

第三节　二氧化氯消毒与设备运行维护

一、二氧化氯消毒原理

（一）二氧化氯特性

二氧化氯化学分子式为 ClO_2，在常温常压下，是一种黄绿色至橙色的气体，颜色变化取决于其浓度，有类似于氯气的刺激性气味。二氧化氯是一种易于爆炸的气体，当空气中的二氧化氯含量大于 10%，或水溶液中二氧化氯含量大于 30% 时，非常容易发生爆炸。二氧化氯遇到电火花、阳光直射或加热至 60℃ 以上都有爆炸危险。二氧化氯溶液应置于阴凉处，密封于避光下。

二氧化氯具有较强的氧化能力，其理论氧化能力是氯的 2.63 倍，通过氧化反应，对细菌的细胞具有较强的吸附和穿透能力，灭活能力强，不会与水中有机物作用生成有机氯化物，但在消毒过程中会产生副产物亚氯酸盐和氯酸盐。由于它的不稳定性和一定的腐蚀性，必须现场制备，就地使用。

二氧化氯对 pH 值有较宽的适应范围，可在 pH 值 3～9 的范围内有效杀灭细菌。二氧化氯消毒效果受温度影响较大，温度高，杀菌效力大。滤池出水中悬浮物含量大（浊度高）时，会降低二氧化氯的消毒效果。二氧化氯对微生物的灭活效果随其投加量的增加而提高。此外，延长水与二氧化氯接触时间也有助于提高消毒效果。

（二）适用条件

二氧化氯消毒适用于以下 4 种情况：①受有机物污染的地表水源，采用二氧化氯可避免产生三氯甲烷等致癌副产物；②藻类、真菌造成的色、嗅、味超标水源，其除藻、除色嗅味效果好于氯制剂；③氨氮含量较高的水源，二氧化氯消毒效果受 pH 值影响较小，不会与氨氮反应生成低效率的氯胺，在高氨氮含量的条件下，仍保持较高的杀菌效率；④铁、锰含量较高的地下水源，二氧化氯对铁、锰去除效果要好于氯。

（三）二氧化氯消毒设备

农村水厂多采用现场制备二氧化氯消毒液方式进行消毒。根据原料、反应原理和产物的不同，二氧化氯发生器分为高纯型和复合型两种。高纯型二氧化氯发生器设备简单，以亚氯酸钠和盐酸为原料。复合型二氧化氯发生器设备复杂一些，以氯酸钠和盐酸为原料。

1. 高纯型二氧化氯发生器

高纯型二氧化氯发生器使用的原料为亚氯酸钠和盐酸，反应式如下：

$$5NaClO_2 + 4HCl = 4ClO_2\uparrow + 5NaCl + 2H_2O$$

从反应式可以看出产出物主要是二氧化氯，其纯度可达到 95% 以上。它生产的二氧化氯氧化能力强，消毒效果比复合型二氧化氯发生器好，尤其是对贾第虫、隐孢子虫、原生动物包囊等，且能避免氯消毒产生的卤代消毒副产物问题。具备条件的集中供水工程应优先选用这种设备。

2. 复合型二氧化氯发生器

复合型二氧化氯发生器以氯酸钠和盐酸为原料，反应式如下：

$$NaClO_3 + 2HCl = ClO_2\uparrow + 1/2Cl_2\uparrow + NaCl + H_2O$$

从化学反应式可以看出，发生器的产物是二氧化氯和氯的混合物，而且实际生产过程中还会有很多副反应发生，导致产物中二氧化氯所占的比例不足一半，因此采用这种发生器时，二氧化氯消毒的优点和氯气消毒的缺点同时存在。

二氧化氯发生器由供料、反应、吸收、控制和安全等部分构成，发生器和待消毒的水以及传感器通过管道连接，形成完整的闭环消毒自动控制系统。其工作原理是：在负压条件下，计量泵精确把氯酸水溶液和盐酸输送到反应装置中，在一定的温度下，经曝气和充分反应，产生出二氧化氯和氯气的复合消毒气体，经水射器抽吸，与水充分混合，成为消毒液，最后投加到清水池的进水管道内。二氧化氯投加量与原水水质有关，须通过试验确定。当仅用作消毒时，投加量一般在 0.2～1.0mg/L；当用作氧化预处理时，投加量一般在 0.5～1.5mg/L。投加量必须保证管网末梢能有 0.05mg/L 的余氯，或不小于 0.02mg/L 的二氧化氯余量。

由于复合型二氧化氯发生器所用的原料氯酸钠便宜且购买相对方便，在农村供水工程中应用较多。合格的复合型二氧化氯发生器内部需要设置多级反应，且反应釜温度需要达到 70℃ 才能保证产物中二氧化氯的纯度，因此需要制造厂家具备较高的技术和工艺水平，否则很容易出现氯酸盐超标或产物中二氧化氯纯度低。目前国内市场上销售的二氧化氯发生器，特别是复合型二氧化氯发生器的产品质量良莠不齐，采购时需严格把关。

采用二氧化氯消毒时，水厂宜设置清水池，以保证消毒剂与水有不少于 30min 的接触时间。如果水厂无调节构筑物、不能保证接触时间，最好采用高纯型二氧化氯发生器。供水规模较大的水厂和地表水源水厂，可优先选用产品质量好的复合型二氧化氯发生器。规模较小的地下水源水厂，可考虑优先选用高纯型二氧化氯发生器。

二、二氧化氯消毒安全生产注意事项

投加二氧化氯的管道应采用无毒的耐腐蚀惰性材料，投加药液浓度应具有自动控制与手动控制转换功能，并且控制在防爆浓度以下。必须设置防爆安全措施。库房内应避免有高温、明火。

二氧化氯发生器应能自动控制进料、投加量，药液用完自动停泵报警。发生器工作间地面应耐酸，并有冲洗用水和排水沟。设备安装与调试应由生产厂家派人进行，并负责培训指导操作。

不同的原料应存放于单独的房间。氯酸钠和亚氯酸钠应存放在干燥、通风、避光处，严禁与易燃物品混放，严禁挤压、碰撞。房间内要设置监测和报警装置。设观察窗、直接通向外部的外开门和通风设施。药剂贮藏室门外应备防毒面具。

配制药液要称量，按规定比例和浓度配制。配制过程必须先加水，然后缓慢加入原料，原料洒在地上时，要用大量清水冲洗，禁止使用金属容器存放药液。

三、二氧化氯消毒设备运行维护

（一）运行维护

应严格按照二氧化氯消毒设备生产厂家提供的使用说明书进行操作与维护。运行维护要点如下：

（1）定时进行巡查，巡查内容包括：

1）检查二氧化氯投加量是否适宜。

2）查看发生器、原料储罐、供水管路、加药管路、取水管路是否存在泄漏。如果有泄漏，要及时关闭设备，切断水源，防止进一步泄漏，并相应地清除泄漏物。

3）注意观察发生器供电是否正常。主要看人机界面是否点亮，设备指示灯是否点亮。

4）注意观察发生器是否有报警。如果红色报警器发出报警声，要立即查看人机界面上的文字信息，了解报警的具体内容，如果是误报警，可以按下"ENTER"键，使故障复位，发生器继续工作。

5）查看计量泵是否正常工作，如正常运行，可以听到计量泵均匀而有节奏的撞击声。

6）经常察看罐（桶）内药液的液位，以及计量泵的工作状况，避免两种药液不同步注入；复合型二氧化氯发生器还应经常查看反应釜的温度是否保持在 68℃ 以上。

7）注意查看原料进药管路是否存在气泡。如果有气泡，要及时排出，气泡会影响发生器的进药量。

8）在发生器控制面板上查看当前处理水量，处理水量与流量计显示屏上的数值是否一致。如果不一致，可能是流量计仪表到发生器的信号线断路，或信号传输受到干扰，要尽早发现，及时排除。

（2）配制药液的原料盐酸要符合《工业用合成盐酸》标准。将氯酸钠与水按 1∶2 重量比混合，在容器内搅拌至完全溶解，由水射器或泵送到氯酸钠罐中。配制中阀门的开与

闭须遵守"先开后关"原则。配置药液时，操作人员必须戴好防护手套、防护眼镜、防护面罩。如室内弥漫大量刺激性气体，人员务必立即离开现场，待气体挥发散尽后再继续操作。

（3）检测人员应熟练掌握检测仪器的使用方法，每天至少检测1次出厂水二氧化氯余量及自由性余氯量（复合型），消毒剂余量过高或过低时，及时查明原因并采取措施纠正。

（4）运行过程中要严格控制二氧化氯投加量，当出水中氯酸盐或亚氯酸盐含量超过0.7mg/L时，应及时采取措施，降低二氧化氯的投加量。

（5）避免制成的 ClO_2 溶液与空气接触，以防在空气中达到爆炸浓度。

（6）冬季如需长期停机，应切断电源并且将装置内的水排放干净，以防设备结冰冻坏。如需更换加热管或温度传感器，应先清洗反应器，再进行维护更换。

（7）发生器运行1个月时应进行清洗。清洗发生器应停机并将设备电源全部关闭。

（8）要定期停止运行，仔细检查装置中各零部件完好程度。每年对管道和管道附件进行一次恢复性检修。

（二）二氧化氯消毒设备常见问题、原因分析及处理办法

二氧化氯发生器运行过程中会遇到设备故障，操作人员应能初步分析原因进行相应检查及简单维修。常见问题、原因分析及处理办法见表6-3-1。

表6-3-1　　　　二氧化氯消毒设备运行常见问题、原因分析及处理办法

常见问题	原因分析	处理办法
二氧化氯消毒设备停止运行	电路或设备故障	应立刻切断电源，联系厂家咨询原因，必要时请厂家技术人员维修
所制备的二氧化氯浓度偏低	原料进药管路存在气泡	对原料进药管路进行排气，步骤为：①打开计量泵排气阀门；②发生器调整到手动状态；③把发生器发生量调整到最大；④观察进药管中的气泡，气泡会慢慢地从计量泵排出；⑤把设备发生量调回原值；⑥把设备调回自动工作状态；⑦关闭计量泵排气阀
	两种原料投加不匹配，反应效率低	1. 检查两种原料投加计量泵，校正流量，确保按比例投加，尤其注意盐酸投加量是否适量。 2. 定期清洗亚氯酸钠背压阀，保证背压阀稳定工作。 3. 必要时加装缓冲罐及浮子流量计。 4. 必要时加装安全溢流背压阀
	复合型二氧化氯发生器反应釜温度不够	检查反应釜的屏显温度，确保反应釜温度70℃左右；如温度异常，联系厂家检修
出厂水或管网末梢水二氧化氯浓度偏低	所制备的二氧化氯浓度偏低	按照"所制备的二氧化氯浓度偏低"可能出现的原因进行检查
	水射器工作异常	检修水射器
	投药管堵塞	对投药管清洗、通堵
	滤前净水工艺处理效果不好，存在大量消耗二氧化氯的物质或者菌类	改善滤前净水工艺处理效果，结合原水水质适当调整消毒剂投加量
	季节变化引起的水质突变，如藻类增多等	增加应急水处理措施

续表

常见问题	原因分析	处理办法
出厂水消毒副产物超标	原水中还原性物质（用耗氧量来表征）含量高	加强水源保护、改善滤前净水工艺处理效果，最大限度地减少水中可与二氧化氯反应的物质含量
	复合型二氧化氯设备转化率低	1. 检查反应釜温度，必要时联系厂家检修。 2. 必要时加装残液分离装置
	二氧化氯投加量过大	降低二氧化氯投加量
计量泵工作异常	未开启计量泵旋钮开关	转动计量泵旋钮开关，使计量泵运行
	螺丝松动	每月需定期检查和紧固螺丝
	计量泵膜片磨损	检查和更换计量泵膜片，通常情况下使用一年或连续运行 8000h 后应更换膜片
	计量泵出现流量偏差	及时进行流量校正
	计量泵进入空气	打开计量泵排气阀，排出空气
	计量泵进出管道泄漏	立即进行密封检查和处理，软管若腐蚀严重时应及时更换
	计量泵故障	联系厂家修理或更换计量泵

四、案例：二氧化氯消毒

（一）某县单村供水工程消毒设施使用情况调查

华北地区某县有单村供水工程 385 处，水源均为地下水。在 2011 年水利普查时，资料显示它们都配备了消毒设施，其中 257 处采用高纯型二氧化氯发生器消毒。

2013 年专家对其中的 29 处进行现场调研，结果发现仅有 4 处消毒设备在运行，使用率 14%。初步分析，出现这种情况的主要原因是供水工程管护人员对消毒的认识不到位、操作技能达不到上岗要求，而上级主管部门的监督和技术指导服务未能落到实处。

进一步深入了解：在 25 处未运行的消毒设备中，有 10 处设备损坏无法使用，有 7 处是操作人员人为关闭消毒设备，还有 8 处是没有购买盐酸或亚氯酸钠原料；在 10 处无法正常使用的设备中，部分设备本身存在质量缺陷，售后服务跟不上，使用不到一年便故障频繁发生，也有可能是管护人员操作不当，导致设备无法正常运转；在 7 处操作人员有意不开启消毒设备中，相当一部分基层管理人员和用水户认为地下水没有细菌杂质，没有必要进行消毒；此外，用水户不大接受消毒后水的味道也动摇了操作人员开启使用消毒设备的岗位职责意识。

另一份调查报告：东北地区某县农村供水工程，均以地下水为水源，供水规模多在 200m³/d 左右，2013 年省主管部门派出调查组，对其中 14 处工程进行了现场调查，其中 11 处配备复合型二氧化氯消毒设施，3 处没有配备消毒设施。11 处已经配备消毒设施的工程中，仅有 1 处正常运行，其余 10 处均不能正常运行或停用。产生这种状况的原因是 11 处工程中仅有 4 处反应釜配有加热装置，而复合型二氧化氯发生器的原料氯酸钠和盐酸必须在 70℃ 左右才能进行充分反应，在东北地区冬季严寒气候条件下，反应釜外部必须配备加热装置。

上述两项调查发现的问题触目惊心，发人深省。它告诉我们，农村供水的消毒问题涉及因素众多，而且十分复杂，远不是有了投资、安装了设备就万事大吉。对两个县的问题，专家建议：①请当地主管部门引起高度重视，加强监督指导和服务；②尽快请专业的检修队伍对损坏的消毒设备进行修复，并对所有在用消毒设备进行全面检修；③加强基层管水员培训，使之管护业务能力与岗位要求相适应。

（二）专业机构维护单村供水工程消毒设施

某村供水工程以地下水为水源，井深 300m，供水人口约 2000 人，建设高位水池 1 座，容积为 90m³，自流供水。该工程采用二氧化氯消毒，设备类型为高纯型。

专家现场调研时，看到二氧化氯消毒设备正常运转，检测报告显示出厂水和末梢水消毒剂余量和微生物指标均符合生活饮用水卫生标准。据操作人员介绍，该村的村委会与消毒设备生产厂家签订了消毒设备售后服务协议，厂家每 3 个月对消毒设备运行状况进行检查和维修，并提供原料亚氯酸钠和盐酸，同时负责每年对高位水池清洗 1 次。

专家认为通过签订合同方式让厂家专业维护队伍进行消毒设备专业化管护的做法值得肯定，应宣传推广。该供水工程存在的问题是无法变量投加消毒剂，无论供水量是否变化，消毒剂均是恒量投加，存在供水水质不达标风险。专家建议增设消毒剂自动变量投加装置，既能保证出厂水和管网末梢水消毒剂余量，又不影响饮用水口感。

（三）高纯型二氧化氯发生器消毒应用

西北地区某供水工程于 2009 年 4 月改建，同年 10 月完工。工程建设总投资 963 万元。在水库取水，设计供水规模 1500m³/d，实际供水量接近 1000m³/d，供水范围覆盖 3 个乡镇、59 个村，供水人口 2.7 万人。工程由取水泵站、两组一体化净水装置、二氧化氯消毒设备、清水池、加压泵站、自动监控系统等组成。

供水工程的消毒部分改造方案经缜密论证比选，选用国内某公司生产的全自动高纯型二氧化氯发生器。该设备生成的二氧化氯纯度达到 95%，原料转化率 92% 以上，产出物可实现精准投加。设备的启停与供水加压泵能联动控制，自动化程度高。

消毒工艺流程是：原水经取水泵站提升至一体化净水装置，净化处理后的水经二氧化氯发生器生成的二氧化氯消毒，消毒剂与水在清水池充分混合后再经加压泵站送往输配水管网。测试表明，消毒剂余量、微生物学指标及消毒副产物均符合生活饮用水卫生标准的要求。

据操作人员介绍，使用高纯型二氧化氯发生器消毒的优点是运行维护简便，设备故障率低。不足之处：①原料盐酸购置困难，需要去当地公安局备案，手续繁琐；②夏季消毒剂投加量大，消毒成本略显偏高，约为 0.03 元/m³。

第四节　臭氧消毒与设备运行维护

一、臭氧消毒原理及制取设备

（一）臭氧的特性

臭氧（O_3），是氧（O_2）的同素异形体，常温下是一种具有刺激性特殊气味、不稳定的淡蓝色气体。大气层中存在的臭氧层使地球生物免受太阳紫外线伤害。微量臭氧也会伴随雷电在低空产生。臭氧略溶于水，具有极强的氧化能力，其氧化能力高于氯和二氧化氯，具有广谱杀灭微生物的作用。臭氧是一种理想的消毒剂，虽然价格比氯或氯的化合物高，但消毒效果比较好。利用其极强的氧化分解能力和杀菌、脱色、脱臭和脱味能力，臭氧还在化工、食品加工、医学等行业得到广泛应用。臭氧的缺点是很不稳定，在常温下极易分解还原为氧气，在自来水中的半衰期约为 20min（20℃）。臭氧对人体有害，人体接触一定浓度的臭氧后会发生急性中毒和慢性中毒，对眼、鼻、喉有刺激，严重时会出现头痛及呼吸器官局部麻痹等症状。空气中臭氧浓度的允许值为 0.2mg/m³。

（二）臭氧消毒原理及适用范围

臭氧的杀菌机理是通过氧化作用破坏微生物膜的结构。臭氧可以有效降低水中的化学需氧量（COD_{Mn}）和生化需氧量（BOD）的浓度，并可氧化水中的氨，促使悬浮物的去除，杀灭水中各种细菌等。通过臭氧氧化，还可将多种难于或不可生物降解的有机物转化为可生物降解的有机物，并可去除水中色、嗅、味，除藻，除酚，去除硫化物、亚硝酸盐等。臭氧消毒受水质影响较小。缺点是容易自行分解还原，不能贮存。因此，臭氧需现场制备。

臭氧消毒适用于没有清水池且输配水管网较短的小型农村供水工程。对于水在输配水管网中停留时间短于 15min 的场合，采用臭氧消毒可确保管网末梢水的微生物低于标准限值。臭氧消毒要求原水中溴化物含量低于 0.02mg/L。如果超过这一数值，存在消毒副产物溴酸盐超标风险。需要进行臭氧投加量与溴酸盐生成量的相关性试验，净水处理中，臭氧除了用于消毒，还与活性炭等联合使用，用于有机物污染严重水的预处理或深度处理。

（三）臭氧的制取

制取臭氧有电晕放电法和电解纯水法两种。电晕放电法产出臭氧的原理是在两个平行的高压电极之间平行放置一个保持一定的放电间隙的电介体（通常采用硬质玻璃或陶瓷），通入高压交流电，在放电间隙形成均匀的蓝紫色电晕放电，空气通过放电间隙，氧分子受到电子的激发获得能量，并相互发生弹性碰撞，聚合成臭氧分子。电解纯水法以纯水为原料，在低电压高密度电流作用下，使水分子在阳极失去电子，生成臭氧和氧，在阴极发生放电反应。它对冬季防冻措施要求严格。目前水厂生产多采用电晕法臭氧发生器，它不需购置存储药剂，设备运行维护管理简单，在小型集中供水工程及纯净水制备站应用较多。这一方法的缺点是所产生的臭氧浓度低，耗电多，变量生产及投加困难。

选择设备型号及规格应根据供水水量、水质对臭氧的消耗试验或参照类似水厂的经验确定。供臭氧发生器的气源可以是空气，也可以是纯氧。用空气作气源，设备复杂、效率低、能耗较高，用液氧作气源效率高、管理简便。选择氧气源的臭氧发生器，同时要配套制备高浓度臭氧水的投加系统，包括气水混合泵、溶解罐。溶解罐要有液位、尾气安全控制措施。在水厂加压供水泵的出水管上投加臭氧水时，投加泵的压力要高于供水泵的压力。

二、臭氧消毒设备的运行维护

臭氧消毒的运行维护主要包括以下几个方面：

1）臭氧发生器操作人员必须掌握臭氧特性及臭氧发生器安全使用要求，经过培训合格才能上岗，做好水中臭氧浓度日常检测和副产物浓度的定期检测。

2）合理控制臭氧投加量。通常情况下，臭氧投加量为 0.3～0.6mg/L，出厂水的臭氧余量不应超过 0.3mg/L，管网末梢水中余量 0.02mg/L 消毒副产物溴酸盐含量不得超过 0.01mg/L；

3）巡查中要察看设备的运行状况，包括发生器装置的部件、指示灯、电压、电流是否正常，管路是否有漏气，室内、尾气管和溶解罐内水的臭氧气味等。采用专用量测仪器量测空气中和水中臭氧浓度。

4）按设备说明书进行维护检修。采用电解法时，要及时添加纯净水；采用电晕法时，定期维护空气过滤器，定期更换分子筛。适时保养、检修，更换易损部件，每年对臭氧发生器、投加管道和附件进行一次恢复性修理；设备保养或维修前应检查电源是否已切断和臭氧是否已泄气，确保人员安全维修。

5）按时对发生器进行大修理。

6）当发现室内有较浓的臭氧味、或者室内和溶解罐中的水无任何臭氧味时，应停机及时查找原因进行处理。特别注意，室内距离地面 1.2～1.5m 的空间人的呼吸带，臭氧浓度应不大于 0.16mg/m³。

7）发生器尾气臭氧浓度超过环境允许值时，不允许直接排放到空气中，可通过专用设施循环回收利用。

8）如发生臭氧泄漏的，需第一时间关闭臭氧发生器，开启消毒间通风设备，人员撤离，等空间残余臭氧降至安全范围再进入。

9）消毒间应保持干燥，利于散热；发生器有高压电，不要用水冲洗设备。

10）冬季要有保温措施；采用电解法时，禁用火炉取暖。

三、臭氧消毒常见问题、原因分析及处理办法

臭氧消毒常见问题、原因分析及处理办法见表 6-4-1。

表 6-4-1　　　　臭氧消毒设备运行常见问题、原因分析及处理办法

常见问题	原因分析	处理办法
臭氧发生器不工作	电源未接好	检查线路并重新接好
	保险装置脱开	查明原因，重新合上
	电源开关处于"关"位置	将电源开关旋至"开"位置
	线路故障	检查线路
	过热（过热指示灯亮）	检查风机是否正常工作
臭氧发生器发生泄漏	单向阀未打开	手动打开单向阀
	气水混合泵损坏	更换气水混合泵
	管路脱落	检查管路并接好
	臭氧发生管封闭不严	检查臭氧发生管并做好密封
臭氧输出口无气量输出	氧气输入口无气量输入	检修氧气输入口、氧气输入管路
	机器内部管路接头漏气、脱落	检修或更换管路接头
	输入压力太高导致压力保护动作	调整输入压力

续表

常见问题	原因分析	处理办法
臭氧量低，工作电流低	臭氧调节旋钮过小	调大臭氧量旋钮
	进气压力或臭氧输出口阻力过大	调整进气压力，检查臭氧输出管路
	臭氧发生管进水	检查止回阀是否存在故障，并将臭氧发生管底部排水口拧开，将水排干、吹干
	臭氧发生管高压放电时不产生蓝色辉光	检查高压连接线是否脱落，必要时更换臭氧发生管
电压表指示异常	电网电压不稳	检查电网电压情况
	电压表坏	检修或更换电压表
电流表指示异常	稳流电路故障	检查稳流电路
	高压电路故障	检查高压电路

四、案例：臭氧消毒

华北地区某村供水工程建于 21 世纪初，以地下水为水源，井泵额定出水流量 50m³/h，为 480 户约 1200 人供水，配有变频设备。实际高峰用水量在 35m³/h 左右。最远的管网末梢，距井房约 1km。管网总压力表读数为 0.3MPa。

图 6-4-1　华北地区某供水工程臭氧发生器现场

该工程于 2008 年安装电晕式臭氧发生器（见图 6-4-1），理论臭氧生成量为 40g/h，实际生成量约 30g/h。投入运行了 3 个月后，厂家售后服务人员对臭氧发生器运行状况进行跟踪检测，结果表明出厂水、管网中段、管网末梢水菌落总数及总大肠菌群、溴酸盐浓度等指标均符合生活饮用水卫生标准要求。

2013 年 8 月上级主管部门专家到该供水工程进行调研，发现臭氧发生器已停止使用。据了解，停用的原因主要有两点：①该村供水工程运行维护费用长期由村委会承担，之前运行成本只有机井电费，安装了耗电高的臭氧发生器后，加重了电费负担，村干部有怨言；②设备使用一段时间后出现故障，村干部和管护人员都认为，机井抽取深层地下水不消毒也无大碍，一直没有联系厂家维修。

专家向村干部和管水员详细讲解了农村自来水消毒的必要性及国家在这方面的强制性规定，建议是否有关部门督促村干部解决存在问题，同时加强对其他供水工程检查，做好对村民的饮用水卫生安全知识的科普宣传，指派技术人员定期下乡检修消毒设备。

第五节　紫外线消毒与设备运行维护

一、紫外线消毒原理及适用范围

紫外线是一种肉眼看不见的光波，因其光谱在紫色区之外，故取名为紫外线（ultraviolet，UV）。紫外线消毒是一种物理消毒方法，其原理是利用波长为 $250\sim280nm$ 的紫外线对水进行照射，使细菌和病毒等无法完成遗传物质的复制和转录，从而导致生长性细胞和再生性细胞死亡，达到杀菌的目的。紫外线消毒装置照射水的消毒效果，与紫外光强、曝光时间成正比。

$$紫外剂量＝紫外光强×曝光时间$$

紫外线消毒的优点是杀菌范围广而且迅速，能杀灭一些氯消毒无法灭活的病菌，还能在一定程度上抑制藻类等水生生物繁殖；消毒过程一般不会产生副产物，设备构造简单，安装容易，占地少，运行维护简单。紫外线不会给水带进杂质，水的物理学性质基本不变，水的化学成分、pH 值和温度变化一般不会影响消毒效果。紫外线消毒的缺点是紫外线会被水中的许多物质吸收而影响消毒效果，如酚类、芳烃化合物等有机物、某些无机物和浊度。再有是处理水量较小，没有持续消毒能力；紫外灯套管表面容易结垢，影响紫外光的透出和杀菌效果，需要定期清洗。紫外线消毒装置应具有自动清洗功能。目前尚缺乏容易检测紫外线残余的指标，故紫外线消毒效果只能通过检测微生物含量的间接方式进行。

紫外线消毒适用于以地下水为水源、水质较好、管网管线较短的小型集中供水工程。主干管长度最好不超过 1km。原水水质除微生物外，其他水质指标均符合生活饮用水卫生标准规定。在实际应用中，应该尽量提高进入紫外线消毒装置的原水水质，以提高紫外线消毒效果。

以地下水为水源时，一般选择压力式紫外线消毒装置，可将它安装在井泵机房内出水管路的止回阀后。当有其他水处理设施或储水罐时，应安装在水处理或储水罐后。设备选型应根据水泵（或管道）的设计流量确定。紫外灯可选择低压低强型或低压高强型，紫外线有效剂量不应低于 $40mJ/cm^2$。

二、紫外线消毒设备的运行维护

紫外线消毒设备的运行维护主要包括以下几点：

（1）要保证紫外线消毒的效果，一方面是要保证紫外线的有效剂量，另一方面要保证设备运行正常。影响消毒效果的最主要因素是进水水质和套管的透光率。被处理的水必须靠近紫外灯管流过，水要清澈透明，水层要浅，通常灯管安装在水流通过的管道中心轴线。紫外灯套管应该定期清洗，套管上的结垢或其他沉积物会严重影响消毒效果。清洗套管比较麻烦，手动清洗作业不方便，因此，应配备自动清洗装置。与紫外设备进水口相连的管道最好用不锈钢管或塑料管。

（2）尽量减少紫外线设备开关次数，否则会减少灯管的寿命。无自动清洗装置的，要根据自动控制面板上的光强显示，适时进行清洗。

（3）购置设备时应购买配套的备用紫外灯管。紫外线消毒设备工作电压一般为220V，切勿误接工业用电，烧毁灯管。装置运行中严禁超过规定的工作水压，一般应保持在 0.6MPa 以下，若水流压力过大，须停机，采取降压措施。

（4）消毒装置运行中，应经常透过窥视孔观察灯管工作是否正常。检查消毒设备各连接口是否漏水。操作人员绝对不能直视点亮的紫外线灯管或让皮肤暴露在紫外光光源照射下，工作时应穿防护服，戴防护眼镜。紫外线消毒间应保持通风良好。

（5）紫外线灯管平均使用寿命在 2000～4000h，运行至标记寿命的 3/4 时，应更换灯管。有条件的，应定期检测灯管的输出光强。没有条件的可逐日记录使用时间，以便判断是否达到使用期限。超过使用寿命的紫外线灯管即使仍发光，但效果可能已大打折扣。

（6）在消毒运行中，应保持紫外线灯表面的清洁，一般每两周用清洗剂擦拭 1 次，发现灯管表面有灰尘、油污时，应停机后擦拭。

（7）维护设备时，应先断开电源；关闭设备两端阀门，放空管道内存留的水，然后根据说明书要求，对灯管和套管进行清洗维护。

（8）冬季温度过低情况下，应开启其中 1 根灯管对设备内进行保温，以免灯管冻裂。紫外线消毒设备的电源应采用单独的插线板，千万不要与水泵等使用同一接线，防止其他非线性负荷干扰影响紫外线设备整流及控制装置。

三、紫外线消毒常见问题、原因分析及处理办法

紫外线消毒常见问题、原因分析及处理办法见表 6-5-1。

表 6-5-1　　　　　　　　紫外线消毒常见问题、原因分析及处理办法

常见问题	原因分析	处理办法
接通电源后自动跳闸	有漏电现象	检查线路
	漏电开关损坏	更换漏电开关
	镇流器接地	更换镇流器
开启电源开关，指示灯不亮	电源未接通	检查线路
	电源开关损坏	更换电源开关
	指示灯损坏	更换指示灯
	保险丝损坏	更换保险丝
紫外线灯不亮	镇流器损坏	修理或更换镇流器
	灯管损坏	更换灯管
报警灯闪烁或不亮	紫外线灯闪烁	更换镇流器或灯管
	紫外线灯不亮	更换灯管
	报警灯损坏	更换发光二极管
石英管端部漏水	石英管破裂	更换石英管
	端压盖未拧紧	均匀拧紧压盖螺丝至不漏水为止
出厂水微生物指标不合格	电压低	调整电压
	石英套管结垢	清洗石英套管
	灯管达到使用寿命	更换灯管
	灯管辐射强度低	更换灯管

四、案例：紫外线消毒

（1）某单村供水工程水源为地下水，设计供水规模 400m³/d，供水人口 2300 人，机井深 80m，安装有变频自动调速装置。采用紫外线消毒，装有两根紫外线灯管，总功率为 280W，紫外线灯的套管采用人工清洗。消毒设备额定流量为 35m³/h，约合 840m³/d。

经检测，紫外线消毒后管网末梢取样点的出水透光率达到 98％以上。出水未检出细

菌总数和总大肠菌，证实了紫外线对这两种菌的灭杀效果良好。

紫外线消毒设备运行费用主要包括电费、更换灯管的维护费。不计设备折旧费和人工费的情况下，消毒环节的成本约为 0.009 元/m³，也就是说不足 1 分钱，考虑到实际日平均供水量达不到设计值，实际的运行成本会略高一些。

（2）某单村供水工程从机井抽取地下水，机井深 200m，安装有变频装置，常住人口约 3000 人，设计供水规模 280m³/d，井水经紫外线消毒后，通过管网输送给村民。紫外线消毒反应器的额定流量为 46m³/h。消毒设备装有 8 根灯管，总功率为 480W，紫外线灯的套管采用人工清洗。

消毒设备投入运行初期，检测报告显示出水菌落总数和总大肠菌群均符合《生活饮用水卫生标准》。按设计流量计算，不含设备折旧费和人工费的情况下，该供水工程消毒环节运行成本约为 0.01 元/m³。

专家调研时，发现该设备已运行 5000 多个小时，取出套管，发现结垢污染严重，造成灯管发射的紫外线穿透率下降，消毒效果减弱。据管水人员说，他不知道石英套管需要定期清洗，也不知道紫外灯管是有使用寿命且须定期更换。专家建议当地主管部门督促指导该村供水工程的改进管理，同时举一反三，加强其他村供水工程检查，重点是提高村管水员的业务水平和解决实际问题的能力。

第七章 水质检测与化验室管理

第一节 农村供水水质检测管理要点

生活饮用水是否符合国家颁布的《生活饮用水卫生标准》要求，需要通过水质检测来判断，水质检测是水质安全评价的基础，是保障饮用水安全的重要管理措施。农村水厂的水质检测能力是安全供水的技术支撑。全面准确掌握水质资料，才能根据水质情况恰当调整水处理工艺。水质检测也是及时妥善处理饮用水水源水质污染事件的科学依据。因此，水厂按有关技术规范和管理办法开展水质检测是一项十分重要的工作。

一、水质检测方法、检测项目与频次

1. 《生活饮用水卫生标准》中对水质检验方法的规定

各指标水质检验的基本原则和要求按照 GB/T 5750.1 执行，水样的采集与保存按照 GB/T 5750.2 执行，水质分析质量控制按照 GB/T 5750.3 执行，对应的检验方法按照 GB/T 5750.4～GB/T 5750.13 执行。

2. 有关部委对水质检测工作的要求

（1）2013 年，国家发展和改革委员会、水利部、卫生计生委、环保部联合下发了《关于加强农村饮水安全工程水质检测能力建设的指导意见》（发改农经〔2013〕2259号），旨在提高农村供水水质检测能力，促进水质达标。指导意见的附件《农村饮水安全工程水质检测中心建设导则》内容包括：水质检测机构布设、检测指标和频次、水质检测方法等水质检测要求；工作场所建设、人员配备、仪器设备配备等建设标准；水质检测管理制度和数据质量控制管理模式和运行机制；水质检测结果报送等，都作出了具体规定。

（2）《农村饮水安全工程水质检测中心建设导则》对 20m³/d 及以上的集中式供水工程的定期水质检测指标和频次作了规定，见表 7-1-1。

表 7-1-1 集中式供水工程的定期水质检测指标和频次

工程类型	水源水，主要检测污染指标	出厂水，主要检测确定的常规检测指标＋重点非常规指标	管网末梢水，主要检测感官指标、消毒剂余量和微生物指标
日供水大于等于1000m³/d 以上的集中供水工程	地表水每年至少在丰、枯水期各检测 1 次，地下水每年不少于 1 次	常规指标每个季度不少于 1 次	每年至少在丰、枯水期各检测 1 次
200～1000m³/d 集中供水工程	地表水每年至少在水质不利情况下（丰水期或枯水期）检测 1 次，地下水每年不少于 1 次	每年至少在丰、枯水期各检测 1 次	每年至少在丰、枯水期各检监测 1 次

工程类型	水源水，主要检测污染指标	出厂水，主要检测确定的常规检测指标＋重点非常规指标	管网末梢水，主要检测感官指标、消毒剂余量和微生物指标
$20 \sim 200 m^3/d$ 集中供水工程		每年至少在丰、枯水期各检测 1 次；工程数量较多时，每年分类抽检不少于 50％的工程	每年至少在水质不利情况下（丰水期或枯水期）检测 1 次

注　1. 污染指标是指：氨（氨氮）、硝酸盐、高锰酸盐指数（COD_{Mn}）等。

　　2. 感官指标：浑浊度、色度、臭和味、肉眼可见物。

　　3. 消毒剂余量：余氯、二氧化氯等。

　　4. 微生物指标：菌落总数、总大肠菌群。

（3）2015 年水利部发出《关于进一步强化农村饮水工程水质净化消毒和检测工作的通知》（水农〔2015〕116 号），通知要求如下：

1）供水规模千吨万人以上水厂必须建立水质化验室，开展日常水质检测工作。供水单位应根据供水规模及具体情况，建立水质检验制度，配备检验人员和检验设备，开展水源水、出厂水和末梢水的定期检测。出厂水一般日检 9 项指标，包括色度、浑浊度、臭和味、肉眼可见物、pH 值、高锰酸盐指数（以 O_2 计）、菌落总数、总大肠菌群、消毒剂余量。水源水和管网末梢水检测项目及频次按照《村镇供水工程技术规范》（SL 310—2019）执行。管网末梢水检测点按照每两万供水人口设 1 个点的标准建立，供水人口在两万人以下时，检测点设置应不少于 1 个点。供水单位要按照规定的检测项目和频次，切实做好水质检测工作，并将检测结果按规定及时上报县级水行政主管部门。

2）建设区域水质检测中心，对于供水规模 $20 m^3/d$ 及以上的供水工程，开展定期水质检测，不同规模集中供水工程水质检测指标和频次执行《村镇供水工程技术规范》（SL 310—2019）规定，每个月对区域内 20％以上的集中式供水工程进行水质抽测。检测指标包括出厂水色度、浑浊度、pH 值、消毒剂含量和特殊水处理指标（如水源原水中氟化物、砷、铁、锰、溶解性总固体、硝酸盐或氨氮等），末梢水主要检测色度、浑浊度、pH 值、消毒剂余量等。

3）区域水质检测中心要对区域内供水规模 $20 m^3/d$ 以下的集中式供水工程和分散式供水工程进行现场水质抽测：根据水源类型、水质及水处理情况进行分类，各类分别选择不少于两个有代表性的工程，每年至少对主要常规指标和存在风险的扩展指标（非常规指标）进行 1 次检测分析。

4）有条件的地区可统筹考虑城乡供水水质检测工作。

5）区域水质检测中心要建立水质检测人员管理、设备管理、质量管理、安全管理和信息管理等制度。主要包括：岗位责任制和检测人员定期培训与考核制度；仪器设备使用及维护制度；样品采集及检测管理制度；化验室安全管理制度，仪器设备原始记录、检测报告等信息档案管理制度；按规定向上级行政主管部门报送水质检测数据和信息。供水单位和主管部门发现水质不达标问题后，要及时采取有效措施，改善供水水质状况，确保供水水质安全。

二、水质检测人员配备

依据《农村饮水安全工程水质检测中心建设导则》，具备《生活饮用水卫生标准》中20项以上常规指标水检测能力的水质检测中心（站、室）、通常应配备专门水质检测人员3人；具备43项常规指标检测能力的水质检测中心，通常应配备专门水质检测人员6人；具体人数根据水厂或区域水质检测任务情况确定。检测人员应有中专以上学历，并掌握水环境分析、化学检验等相应专业基础知识与实际操作技能，经培训和考核后上岗。上岗前操作考试应包括微生物指标、消毒剂余量、感官性状以及溶解性固体总量、高锰酸盐指数、氨氮、重金属等指标的检测。检测人员应定期参加培训和考核，不断提高检测业务水平。根据设备、质量、环境、安全信息管理等要求建立岗位责任制，明确各个岗位检测人员的工作职责，主管领导应经常检查检测人员履行职责情况，根据表现和业绩，进行考核，依据考核结果给予鼓励表扬、奖励或批评教育，对不能胜任者调整工作岗位。

三、水质检测仪器设备配备与管理

（一）水质检测仪器设备配备

根据《生活饮用水卫生标准》和《生活饮用水标准检验方法》的规定，结合供水工程所用水源水质、水处理和消毒工艺，以及水质检测中心（站、室）建设与管理条件等情况，合理配备水质检测化验室的仪器设备。水质检测仪器设备和材料包括水质采样仪器设备及容器、水样处理、试剂配量需要的仪器设备和分析仪器，药剂试剂和标样等。具备《生活饮用水卫生标准》中43项常规指标检测能力的水质检测中心化验室仪器设备配置参见表7-1-2。

表7-1-2　　　　　　区域水质检测中心化验室配备的仪器设备（参考）

化验室名称	主要仪器设备配备	备注
天平室	万分之一电子天平（配制标准试剂、重量分析等，1台套）	必配
理化室（试剂配置，水样处理和物理化学分析）	普通电子天平、超纯水机、蒸馏器、搅拌器、马弗炉、电热恒温水浴锅、电恒温干燥箱、离心机、真空泵、超声波清洗器等	必配
	玻璃仪器：量筒、漏斗、容量瓶、烧杯、锥形瓶、滴定管、碘量瓶、过滤器、吸管、微量注射器、洗瓶、试管、移液管、搅拌棒等	必配
	小型检测仪器：具塞比色管、酸度计、温度计、电导仪、散射浊度仪，以及余氯、二氧化氯和臭氧等指标的便携式测定仪	必配
药剂室	药剂、试剂和标样：根据检测项目、方法、分析仪器等确定	必配
微生物室	冰箱、高压蒸汽灭菌器、干热灭菌箱、培养箱、菌落计数器、显微镜、培养皿、超净工作台等（各1台）	必配
大型水质分析仪器室（可多个房间）	紫外可见光分光光度计或可见光分光光度计［用于氯、二氧化氯、臭氧、甲醛、挥发酚类、阴离子合成洗涤剂、氟化物、硝酸盐、硫酸盐、氰化物、铝、铁、锰、铜、锌、砷、硒、铬（六价），以及氨氮和石油类等指标检测，1台］	必配
	原子吸收分光光度计（用于镉、铅、铝、铁、锰、铜、锌等检测，1台套，含乙炔、氩气、冷却循环水系统、空压机、电脑配件）	必配
	原子荧光光度计（用于汞、砷、硒、镉、铅等检测，1台套）	必配
	高锰酸盐指数滴定法COD测定仪，1台	必配

化验室名称	主要仪器设备配备	备注
大型水质分析仪器室（可多个房间）	气相色谱仪（用于四氯化碳、三卤甲烷等指标检测，1台套）	氯消毒较多时必配，无氯消毒时可不配
	离子色谱仪（用于氯化物、硫酸盐、硝酸盐、氟化物、溴酸盐、氯酸盐、亚氯酸盐等检测，1台套）	必配
放射室	低本底总 α、β 测量系统（总 α、总 β 放射性的检测，1台套）	一般不配

除表7-1-2所列仪器设备外，还要配备现场采样及水质检测车，包括车辆、采样容器、水样冷藏箱和便携式检测仪器箱等。

（二）水质检测仪器设备管理

化验室应设安全员，所有仪器设备应有明确的管理责任人；应有完整的仪器设备档案管理制度，包括仪器设备的购置、检定/校准以及维护等各个环节；应定期检定或校准仪器、器具等与检测数据直接相关的实验设备，并做好记录；仪器设备应实行标识管理，仪器设备的状态标识分为"合格"、"准用"和"停用"。每台实验仪器设备都要制定具体的操作规程及维护保养流程图，要配备仪器使用记录表册。

四、水质检测的水样采集、保存与运输

要获得准确可靠的水质检测数据，客观评价水样的性质，首先需要使用正确的采样方法并且合理保存与运输水样，否则即使实验室配备了先进的仪器设备，采用了先进的技术进行分析，也难以得到正确的结果。

（一）制定采样工作计划

采样计划是指导采样工作的纲领，要根据水质检测的任务制定采样计划，内容包括采样目的、检测指标、采样点、采样时间、采样方法、采样数量、采样频率、采样容器与清洗、采样体积、样品保存方法、样品标签、现场测定项目、采样质量控制、运输工具和条件等。

（二）选用适宜的采样容器

选择存放水样容器的基本原则是化学稳定性强，不与水样中的组分发生反应，不溶入容器材质，容器壁不吸收或吸附待测组分。不同检测项目对容器有不同要求，应根据待测组分的特性，选择合适的采样容器。容器的结构应满足抗震和温度变化的要求，形状、大小、重量适宜，易于密封和开启，易于清洗和反复使用。容器的盖和塞的材料应与容器材料统一。需用软木塞或橡胶塞时，应用稳定的金属箔或聚乙烯薄膜包裹。有机物和某些微生物检测用的样品容器不能用橡胶塞，碱性的液体样品不能用玻璃塞。测定无机物、金属和放射性元素的水样，应使用有机材质的采样容器，如聚乙烯塑料容器等；测定有机物和微生物学指标的水样，应使用玻璃材质的采样容器。测定特殊项目的水样，可选用其他化学惰性材料材质的容器，如热敏物质应选用热吸收玻璃容器，温度高、压力大的样品或含痕量有机物的样品应选用不锈钢容器，生物类（含藻类）样品应选用不透明的非活性玻璃容器，并存放阴暗处，光敏性物质应选用棕色或深色的容器。

（三）采样容器的洗涤

选择好采样容器后，在使用前要清洗干净。采集用于检测不同指标水样的容器有不同

的洗涤方法。

1. 测定一般理化指标采样容器的洗涤步骤

①用水和洗涤剂清洗（除去灰尘和油垢）；②用自来水冲洗；③用10％硝酸或盐酸浸泡8h；④用自来水冲洗3次。

2. 测定有机物指标采样容器的洗涤步骤

①用重铬酸钾洗液浸泡24h；②用自来水冲洗；③用蒸馏水淋洗；④放到180℃的烘箱内烘4h。若洗涤沾有较多油脂性污物的玻璃器皿时，可选用环己烷和石油醚等有机溶剂清洗，但要注意：有机溶剂易燃，部分有毒，适宜在通风橱中使用。

3. 测定微生物学指标采样容器的洗涤和灭菌步骤

①用水和洗涤剂清洗；②用自来水冲洗；③用10％盐酸浸泡1天；④用自来水、蒸馏水冲洗；⑤灭菌，方法是干热（160℃，2h）或高压蒸汽灭菌（121℃，15min），高压蒸汽灭菌后的容器如不立即使用，在60℃温度下将瓶内冷凝水烘干。须要注意：容器、瓶塞及瓶盖应能经受灭菌的温度，并且在这个温度下不释放或产生任何能抑制生物活动或导致死亡或促进生长的化学物质；聚丙烯瓶只能用高压蒸汽灭菌，玻璃瓶可用两种灭菌方法；干热灭菌之后，玻璃容器是干燥的，便于保存和应用；高压蒸汽灭菌之后，应于60℃烘干。灭菌后的容器应在两周内使用。

4. 采样器的清洗

采样前应确定所用采样器是适宜的。塑料或玻璃材质的采样器及用于采样的橡胶管和乳胶管可按照采样容器的洗涤方法洗净备用；金属材质的采样器，应先用洗涤剂清除油垢，再用自来水冲洗干净后晾干备用。特殊采样器的清洗方法可参照仪器说明书。

（四）水样采集的方法和基本要求

水样采集应按照有关技术规范操作，以保证水样的代表性。

1. 按水质指标分类的水样采集

（1）检测理化指标的水样采集。使用不加任何保存剂或后加保存剂的采样瓶采样时，先用被采水样的水荡洗采样容器和塞子2～3次；使用预先装有保存剂的采样瓶采样时，不要用被采水样进行荡洗，采样时应避免液体溢出；用于检测有机物指标时，水样应注满容器，上部不留空间，并避光保存。

（2）检测微生物学指标的水样采集。同一水源、同一时间采集几类检测指标的水样时，应先采集供微生物学指标检测的水样；采样时应直接采集，采样前应先对采样口进行消毒，不得用被采水样的水涮洗已灭菌的采样瓶；严格防止污染，避免手指和其他物品对瓶口和瓶塞的沾污；不能将用于检测微生物指标与检测化学指标的采样容器混用。

2. 不同水类型的水样采集

（1）水源水水样的采集。水源水是指集中式供水水源地的原水。水源水采样点通常应选择在汲水处。

1）表层水。在河流、湖泊可以直接汲水的场合，可用适当的容器（如水桶）采样。从桥上等地方采样时，可将系着绳子的桶或带有坠子的采样瓶投入水中汲水。注意不能混入漂浮于水面上的杂质。

2）一定深度的水。在湖泊、水库等地采集具有一定深度的水样时，可用直立式采样器。这类装置是在下沉过程中水从采样器中流过。当达到预定深度时容器能自动闭合并汲取水样。在河水流动缓慢的情况下使用上述方法时，最好在采样器下系上适宜质量的坠子，当水深流急时要系上相应质量的铅鱼，必要时还应配备绞车。

3）地下水。

泉水：对于自涌的泉水可在涌口处直接采样。采集不自涌泉水时，应将停滞在取水管中的水汲出，新水更替后再进行采样。

井水：从井水采集水样，应在充分抽汲后进行。对于大口井，应将先提取的第一桶水弃掉，提取第二桶水，清洗采样桶 2～3 次后收集水样。采样深度应在地下水水面 0.5m 以下，以保证水样的代表性。如手工采样，放入和提出采样器时应尽量不搅动井水，以免混入井壁的杂质。

（2）出厂水水样的采集。出厂水是指集中式供水工程已完成水处理工艺过程的水。出厂水的采样点应设在出厂进入输水管道以前处。

（3）末梢水水样的采集。末梢水是指出厂水经输水管网输送至终端（用户水龙头）处的水。末梢水水样的采集应注意采样时间，因夜间可能析出可沉积于管道的附着物，早晨取样悬浮物比下午高，这些时间采样可能影响分析结果。取样时应先打开龙头放水数分钟，排出沉积物及存水后再按要求进行取样操作。采集用于检测微生物指标的水样前应先对水龙头进行消毒。

（4）二次供水水样的采集。二次供水是指集中式供水在入户之前经再度贮存、消毒或深度处理，再次加压通过管道或容器输送给用户的供水方式。二次供水水样的采集应包括水箱（或蓄水池）进水、出水以及管网末梢水。

3. 水样采集注意事项

采样时不可搅动水底的沉积物；采样时水的流速宜为 0.5m/min 左右，流速过大可能导致水样中某些组分的逸失；采集检测油类的水样时，应在水面至水面下 0.3m 采集柱状水样，全部用于测定。不能用被采集的水样冲洗采样器（瓶）；检测油类、BOD_5、硫化物、微生物、放射性等指标要单独采样。采集检测溶解氧、生化需氧量和有机物指标的水样时应注满容器，上部不留空间，并采用水封；采集含有可沉降性固体（如泥沙等）的水样，应先分离除去沉积物。分离方法为：将所采水样摇匀后倒入筒形玻璃容器（如量筒），静置 30min，将已不含沉降性固体但含有悬浮性固体的水样移入采样容器并加入保存剂。检测油类的水样除外。需要分别测定悬浮物和水中所含组分时，应在现场将水样经 $0.45\mu m$ 膜过滤后，分别加入固定剂保存。需要完成现场检测的水样，不能带回实验室供检测其他指标使用。

采集水样时应认真填写采样记录或标签，并粘贴在采样容器上，注明水样编号、采样者、日期、时间及地点等相关信息。在采样时还应记录所有野外调查及采样情况，包括采样目的、采样地点、样品种类、编号、数量、样品保存方法及采样时的气候条件等。

（五）采样体积

根据检测指标、检测方法、平行样检测所需样品量等情况计算并确定采样水的体积。不同的检测指标、检测方法和保存方法，应分类采集水样，表 7-1-3 给出了生活饮用水常规检测指标的采样体积，可供参考。扩展指标和有特殊要求指标的采样体积应根据检测方法的具体要求确定。

表 7-1-3　　　　　　　　生活饮用水常规指标检测的采样体积

指标分类	容器材质	采样体积
一般理化	聚乙烯	3～5L
金属	聚乙烯	0.5～1L
汞	聚乙烯	0.2L
高锰酸盐指数	玻璃	0.2L
三卤甲烷类	玻璃	50mL
氰化物	玻璃	0.5～1L
微生物	玻璃	0.5L

注　GB 5749 的 2022 版将耗氧量改为高锰酸盐指数，删去四氯化碳，增加了一氯二溴甲烷、二氯一溴甲烷、三溴甲烷、三卤甲烷、二氯乙酸和三氯乙酸等六项指数，删去挥发酚类，将非常规指标氨氮改为常规指标氨（以 N 计）。

（六）水样运输

（1）水样采集后应立即送回实验室，根据采样点的地理位置和各项目的最长可保存时间，选用适宜的运输方式。在现场采样工作开始之前就应安排好运输工作，以防延误。

（2）样品装运前应逐一与样品登记表、样品标签和采样记录进行核对，核对无误后分类装箱。塑料容器要塞好内塞，拧紧外盖，贴好密封带；玻璃瓶要塞紧磨口塞，并用细绳将瓶塞与瓶颈拴紧，用封口膜封口。待测油类的水样不能用石蜡封口。需要冷藏的水样，应配备专门的隔热容器，并放入制冷剂。冬季应采取保温措施，以防样品瓶冻裂。为防止水样在运输过程中因震动、碰撞而导致损失或沾污，最好将样品装箱运输。装运用的箱和盖都需要用泡沫塑料或瓦楞纸板作衬里或隔板，并使箱盖适度压住样品瓶；样品箱应有"切勿倒置"和"易碎物品"的明显标示。样品移交实验室检测时，接受者和采样者双方应做好交接工作，并填写记录单。

（七）水样保存

从水样采集到实验室检测的时间段内，由于各种环境条件的影响，如物理因素、微生物因素、化学因素等，水样的某些物质含量和性质会发生变化。水样采集后，应尽快进行分析测定，消毒剂指标必须现场测定，感官性状和一般化学指标，如 pH 值、高锰酸盐指数等必须在规定的时间内完成现场测定。

应根据检测指标选择适宜的水样保存方法，主要有冷藏、加入保存剂等。冷藏要使水样在 4℃保温箱（冰箱）保存，并贮存于暗处。使用保存剂时，应注意加入的保存剂不能干扰待测物的检测；不能影响待测物的浓度。如果是液体，应校正体积的变化。保存剂的纯度和等级应达到分析的要求。保存剂可预先加入采样容器中，也可在采样后立即加入。易变质的保存剂不能预先添加。

水样的保存期限主要取决于待测物的浓度、化学组成和物理化学性质。水样保存没有通用的原则，表 7-1-4 中列出了生活饮用水常规指标检测水样的保存方法。由于水样的组分、浓度和性质不同，同样的保存条件不能保证适用于所有类型的样品。在采样前应根据水样的性质、组分和环境条件选择适宜的保存方法和保存剂。

表 7-1-4　　　　　　　　　　生活饮用水常规指标检测水样的保存方法

指标分类	保 存 方 法 及 条 件
一般理化	不加保存剂，冷藏
金属	200mL 水样中加（1+1）硝酸 1mL，pH≤2
汞	加入硝酸（1+9，含重铬酸钾 50g/L）至 pH≤2
高锰酸盐指数	1L 水样加入 0.8mL 浓硫酸，冷藏
三卤甲烷类	50mL 水样中加入 0.15g 抗坏血酸固体，应充满容器至溢流并密封保存，冷藏
氰化物	1L 水样加入氢氧化钠固体 2g，pH≥12
微生物	每 500mL 水样加入 0.4mg 硫代硫酸钠

再次强调，无论使用何种保存方法，水样采集后都应尽快检测。色度、浊度、pH值、游离氯等指标应在现场测定；其余项目的测定也应按照标准要求在规定时间内完成。

（八）水样采集的质量控制

水样采集质量控制的目的是对比评价采样过程质量，它是分析判断水样采集过程中是否受到污染或发生变质的措施。常用的质量控制措施有采集现场空白样、运输空白样等。

1. 现场空白

现场空白是指在采样现场以纯水作样品，按照检测项目的采样方法和要求，与样品相同条件下装瓶、保存、运输、直至送交化验室检测。通过将现场空白与实验室内空白测定结果相对照，可掌握采样过程中操作步骤和环境条件对样品质量的影响状况。

现场空白所用的纯水要用洁净的专用容器，由采样人员带到采样现场，运输过程中应注意防止沾污。

2. 运输空白

运输空白是以纯水作样品，从化验室装瓶带到采样现场，再与采集的水样一起带回化验室。运输空白可用来测定样品运输、现场处理和贮存期间或由容器带来的总沾污。每批样品至少有一个运输空白。

3. 现场平行样

现场平行样是指在同等采样条件下，采集平行双样运送到化验室进行分析，测定结果可反映采样与化验室检测的精密度。当化验室检测精密度受控时，主要反映采样过程的精密度变化状况。现场平行样应占样品总数的 10% 以上，一般每批样品至少采集两组平行样。

现场平行样要注意控制采样操作和条件的一致。对水质中非均相物质或分布不均匀的污染物，在灌装水样时摇动采样器，使水样保持均匀。

五、水质检测结果评价

（一）水源水水质检测结果评价

取用地表水为生活饮用水水源的，水源水质应符合《地表水环境质量标准》（GB 3838）的相关规定；取用地下水为生活饮用水水源的，其水质应符合《地下水质量标准》（GB/T 14848）的相关规定。如不能达到相关标准要求，则不适宜作为生活饮用水水源。如果没有更换水源的条件，水厂必须增加或调整净水处理工艺，以确保经过处理后的出厂水水质能够达到《生活饮用水卫生标准》的要求。

（二）出厂水、管网末梢水检测结果评价

出厂水和管网末梢水水质应符合《生活饮用水卫生标准》的规定。作为生活饮用水，出厂水和末梢水应符合以下基本要求：不应含有病原微生物，所含化学物质不应危害人体健康，生活饮用水中放射性物质不应危害人体健康，生活饮用水的感官性状良好，生活饮用水应经消毒处理。生活饮用水水质应符合《生活饮用水卫生标准》中表1和表3要求，出厂水和末梢水中消毒剂限值和消毒剂余量应符合表2要求。

《生活饮用水卫生标准》（GB 5749—2022）中的表1，39项常规指标及限值，表2所示4项消毒剂常规指标及要求摘录如下，分别编为表7-1-5和表7-1-6。

表 7 - 1 - 5　　　　　　　　　　生活饮用水水质常规指标及限值

序号	指　　　标	限　　值
一、微生物指标		
1	总大肠菌群/（MPN/100mL 或 CFU/100mL）①	不应检出
2	大肠埃希氏菌/（MPN/100mL 或 CFU/100mL）①	不应检出
3	菌落总数/（MPN/mL 或 CFU/mL）②	100
二、毒理指标		
4	砷/（mg/L）	0.01
5	镉/（mg/L）	0.005
6	铬（六价，mg/L）	0.05
7	铅/（mg/L）	0.01
8	汞/（mg/L）	0.001
9	氰化物/（mg/L）	0.05
10	氟化物/（mg/L）②	1
11	硝酸盐（以 N 计）/（mg/L）②	10
12	三氯甲烷/（mg/L）③	0.06
13	一氯二溴甲烷/（mg/L）③	0.1
14	二氯一溴甲烷/（mg/L）③	0.06
15	三溴甲烷/（mg/L）③	0.1
16	三卤甲烷（三氯甲烷、一氯二溴甲烷、二氯一溴甲烷、三溴甲烷的总和）③	该类化合物中各种化合物的实测浓度与其各自限值的比值之和不超过1
17	二氯乙酸/（mg/L）③	0.05
18	三氯乙酸/（mg/L）③	0.1
19	溴酸盐/（mg/L）③	0.01
20	亚氯酸盐/（mg/L）③	0.7
21	氯酸盐/（mg/L）③	0.7
三、感官性状和一般化学指标		
22	色度（铂钴色度单位）/度	15

续表

序号	指　标	限　值
23	浑浊度（散射浊度单位）/NTUb	1
24	臭和味	无异臭、异味
25	肉眼可见物	无
26	pH 值	不小于 6.5 且不大于 8.5
27	铝/(mg/L)	0.2
28	铁/(mg/L)	0.3
29	锰/(mg/L)	0.1
30	铜/(mg/L)	1
31	锌/(mg/L)	1
32	氯化物/(mg/L)	250
33	硫酸盐/(mg/L)	250
34	溶解性固体总量/(mg/L)	1000
35	总硬度（以 $CaCO_3$ 计）/(mg/L)	450
36	高锰酸盐指数（以 O_2 计）/(mg/L)	3
37	氨（以 N 计）/(mg/L)	0.5
	四、放射性指标[5]	
38	总 α 放射性/(Bq/L)	0.5（指导值）
39	总 β 放射性/(Bq/L)	1（指导值）

注　①MPN 表示最可能数；CFU 表示菌落形成单位。当水样检出总大肠菌群时，应进一步检验大肠埃希氏菌；当水样未检出总大肠菌群时，不必检验大肠埃希氏菌。

②小型集中式供水和分散式供水因水源与净水技术受限时，菌落总数指标限值按 500MPN/mL 或 500CFU/mL 执行，氟化物指标限值按 1.2mg/L 执行，硝酸盐（以 N 计）指标限值按 20mg/L 执行，浑浊度指标限值按 3NTU 执行。

③水处理工艺流程中预氧化或消毒方式：

　　a. 采用液氯、次氯酸钙及氯胺时，应测定三氯甲烷、一氯二溴甲烷、二氯一溴甲烷、三溴甲烷、三卤甲烷、二氯乙酸、三氯乙酸。

　　b. 采用次氯酸钠时，应测定三氯甲烷、一氯二溴甲烷、二氯一溴甲烷、三溴甲烷、三卤甲烷、二氯乙酸、三氯乙酸、氯酸盐。

　　c. 采用臭氧时，应测定溴酸盐。

　　d. 采用二氧化氯时，应测定亚氯酸盐。

　　e. 采用二氧化氯与氯混合消毒剂发生器时，应测定亚氯酸盐、氯酸盐、三氯甲烷、三氯甲烷、一氯二溴甲烷、二氯一溴甲烷、三溴甲烷、三卤甲烷、二氯乙酸、三氯乙酸。

　　f. 当原水含有上述污染物，可能导致出厂水和末梢水的超标风险时，无论采用何种预氧化或消毒方式，都应对其进行测定。

④当发生影响水质的突发公共事件时，经风险评估，感官性状和一般化学指标可暂时适当放宽。

⑤放射性指标超过指导值（总 β 放射性扣除 40K 后仍然大于 1Bq/L），应进行核素分析和评价，判定能否饮用。

（引自 GB 5749—2022）

表 7 - 1 - 6　　　　　　　　　生活饮用水消毒剂常规指标及要求

序号	指标	与水接触时间/min	出厂水和末梢水限值/(mg/L)	出厂水余量/(mg/L)	末梢水余量/(mg/L)
40	游离氯[①,④]	≥30	≤2	≥0.3	≥0.05
41	总氯[②]	≥120	≤3	≥0.5	≥0.05
42	臭氧[③]	≥12	≤0.3	—	≥0.02 如采用其他协同消毒方式，消毒剂限值及余量应满足相应要求
43	二氧化氯[④]	≥30	≤0.8	≥0.1	≥0.02

①采用液氯、次氯酸钠、次氯酸钙消毒方式时，应测定游离氯。
②采用氯胺消毒方式时，应测定总氯。
③采用臭氧消毒方式时，应测定臭氧。
④采用二氧化氯消毒方式时，应测定二氧化氯；采用二氧化氯与氯混合消毒剂发生器消毒方式时，应测定二氧化氯和游离氯。两项指标均应满足限值要求，至少一项指标应满足余量要求。

(引自 GB 5749—2022 表 2)

六、水质检测中常见问题、问题成因或危害分析及处理办法

表 7 - 1 - 7 归纳整理了容器选择、水样采集、水样运输等操作过程中的常见问题、问题成因或危害分析及处理办法。

表 7 - 1 - 7　　　　　水质检测中常见问题、问题成因或危害分析及处理办法

问题类别	常见问题	问题成因或危害分析	处理办法
（一）水质检测操作规章制度不完善	1. 制定的操作规章制度未体现本水厂化验室具体条件和特点，针对性不强	1. 制定操作规章制度时，照搬照抄其他文本	1. 结合本水厂条件，消化吸收其他单位文本，从实际出发，制定符合本水厂特点的规章制度
	2. 制定的操作规章制度过于原则，如要求对实验用水质量进行核查，但缺少核查频次、核查内容及核查记录，可操作性不强	2. 制定此规章制度时没有化验人员参与	2. 应由从事检测的人员为主制定操作规章制度，尤其应尽量邀请有实际操作经验的老同志参加，起草的规章制度应经过论证后批准，组织员工学习，根据日后的工作进展再逐步完善
	3. 化验员对大型仪器操作规程缺乏深刻、准确理解，造成不当操作发生，导致仪器损坏	3. 每台大型设备都制定了详细的操作规程，但在有些实验室形同虚设，他们认为是为了应付上级检查或计量认证评审时准备的，放在抽屉里从不学习	3. 规定新入职人员和转岗人员必须经过岗前培训，有条件的水厂可以自己组织培训，没有条件的可以到其他单位进行培训。培训后要经过考核，包括理论考试和实际操作考试，并将培训记录纳入档案
	4. 缺乏检测方法细则，导致每次换人后操作方法不一致	4. 对于一些仪器分析的指标，由于检测仪器的不同，特别是检测软件的不同，可能会跟标准检测方法有些出入，如气相色谱和离子色谱出峰时间等	4. 对于首次使用的检测方法必须首先进行验证试验，完成后可进行样品检测。发现验证试验中确定的一些参数与标准方法有出入时，应制定详细的检测方法细则，作为技术文件管理和使用
	5. 实验室工作缺少定期监督检查，导致检测工作无法持续改进	5. 对于出现的一些问题，特别是制度或规定不完善导致的问题会屡次出现	5. 实验室应设置专业监督管理人员，定期或不定期检查实验室执行规章制度的情况，对取得进步或成绩的予以表扬，对发现的问题及时纠正。同时，通过监督检查，进一步完善原有规章制度

问题类别	常 见 问 题	问题成因或危害分析	处 理 办 法
（二）容器选用不合适	6. 采集检测 43 项水质常规指标所用水样时，使用一个大塑料桶到现场一次完成	6. 采样时，如果选择化学性不稳定的容器，会导致采样容器与水中组分发生反应，或吸附待测组分。另外，如果选择对环境温度变化适应差或抗震性能较差的采样容器，会导致样品运输过程中损坏	6. 理化指标采样容器的选择：无机、金属和放射性指标应选择塑料容器，有机物和微生物应选择玻璃材质，光敏性指标应选用棕色容器等；微生物采样瓶可以选择玻璃或聚丙烯塑料容器
	7. 因采样路途较远，经常选择体积很大的容器	7. 并非体积越大的容器越好，因为采集样品时需要几种不同的容器。单独考虑采样体积，会给采样带来不必要的搬运和运输负担	7. 采样容器体积的选择要根据检测项目及该项目使用的检测方法，随着检测技术的提高，测定水样时所需水样量在逐渐减少，应选择适宜体积的容器，便于携带和采样，同时采样容器严密封口，易清洗
	8. 为图省事，在制作标准曲线时直接用比色管进行配制	8. 标准曲线制作的精度决定了结果的准确性，如果比色管与容量瓶相对精度较差，不适宜制备标准曲线，否则会导致曲线的相关性不好，结果不准确	8. 严格按照标准要求使用容量瓶配制标准曲线，同时一定要检查新购置的容量瓶盖子是否为标配，如果是一对一的盖子，实验前应将盖子与对应容量瓶中拴好，避免换了其他盖子后密封不严，溶液遗漏，影响结果
	9. 稀释标准溶液时，为省去繁琐的反复稀释倍数，直接使用微量注射器一次取够标准溶液配制	9. 随着试验耗材种类的增加，微量注射器也常常在水质检测中使用，由于可以量取极少量的体积，使操作简单化，受到一些人的青睐，但是实际工作中发现，目前的微量注射器，若进行百倍甚至上千倍的一次性稀释时，标准曲线的线性往往达不到规定的要求，而且考核盲样容易不合格	9. 按照标准检测方法，在配制标准曲线时应尽量首先使用大肚吸管，或者使用刻度吸管，使用 50mL 及以上的容量瓶进行配制；对于稀释倍数较大的溶液，要多次稀释完成，以达到最好的效果
	10. 无论检测什么项目每次测定完，简单洗刷后都把比色管和刻度吸管混放在一起，以便拿起来方便	10. 无序的混放，对于一些有干扰的检测项目，会产生干扰，导致结果不准或出现异常，如使用测定总硬度量取氨水缓冲液的吸管进行氨氮指标测定，导致氨氮结果明显高于实际结果；使用测定氨氮时量取纳氏试剂的吸管进行汞指标的测定，将造成汞的严重污染	10. 应根据检测指标设置检测专区和专柜，并将所用的玻璃容器进行标识专用；同时将一些存在干扰的项目尽量设置在不同的实验房间进行
（三）采集操作不规范	11. 采集测定铁、锰、铜、锌、铅、镉等金属指标的水样时，采样容器不加入硝酸溶液保存剂	11. 如果不加入保存剂，由于采样容器壁的吸附作用会造成检测结果低于实际结果	11. 对化验人员进行《生活饮用水标准检验方法　水样的采集与保存》（GB/T 5750.2—2006）培训，并按照标准中表 1 保存方法，采样前加入硝酸，使采集后的水样 pH 在 2 以下
	12. 采集测定氰化物和挥发酚类指标的水样时，采样容器不投加起保存剂作用的碱	12. 采集的水样含有氰化物或挥发酚类，如果不加入保存剂，由于挥发作用会导致检测结果低于实际结果	12. 采样前加入氢氧化钠，使采集后的水样 pH 在 12 以上，碱性状态下，让他们以盐的形式存在水样中，以避免两组分挥发。另外，如果有游离余氯，还要加入还原剂除去余量干扰

续表

问题类别	常见问题	问题成因或危害分析	处理办法
（三）采集操作不规范	13. 采集测定汞指标水样时，采样容器不投加酸和重铬酸钾作为掩蔽和保存剂	13. 如果不投加保存剂会因为吸附和挥发等作用造成检测结果低于实际结果	13. 采样前加入硝酸溶液（1＋9，含重铬酸钾 50g/L），使采集后的水样 pH 值在 2 以下。调至 pH≤2 可以避免其吸附，加入重铬酸钾强氧化剂可以将汞变成离子态汞，防止其挥发
	14. 采集三氯甲烷水样时，采样容器在不加任何保存剂情况下就取水	14. 在消毒正常的情况下，特别是水中余氯量较高时，采集的水样在运输或保存过程中消毒仍在继续发挥作用，消毒副产物还会产生，这样就会使检测结果高于实际值，不能代表实际水样的结果	14. 在采样前应按照《生活饮用水标准检验方法　有机物指标》（GB/T 5750.8—2006）1.1.5 中要求，事先加入抗坏血酸于顶空瓶中，采样后将终止消毒反应
	15. 采集微生物水样的容器仅进行了高温灭菌处理，在不加任何保存剂情况下就开始采样	15. 在消毒正常的情况下，特别是水中余氯量较高时，采样时如不及时终止消毒反应，在运输过程中消毒仍在继续，特别是对一些未设置清水池的水厂，有可能设计的消毒时间不足，在采集出厂水和近端末梢水样时，如果不终止消毒反应，测定的结果就会与实际不符，甚至出现假的阴性结果	15. 按照《生活饮用水标准检验方法　水样的采集与保存》（GB/T 5750.2—2006）表 1 的中方法，采样前应加入硫代硫酸钠溶液，采样时中和去掉水中余氯，终止消毒反应
	16. 用含有掩蔽剂或保存剂的采样瓶采集水样时，先用被采水样多次涮洗后再采集	16. 这样做会冲掉加入的掩蔽剂或保存剂，起不到保护作用，导致结果偏低或偏高	16. 使用装有掩蔽剂或保存剂的采样瓶采集水样时，一定不要涮洗，同时也要避免由于水量过大，导致水溢出
	17. 采集末梢水水样时没有事先对水龙头进行消毒	17. 由于采样的水龙头存在微生物污染的可能，如果不事先进行消毒，直接采样，会导致微生物检测结果出现假阳性	17. 采集微生物指标时，应对水龙头进行充分消毒，消毒时还应注意，塑料材质水龙头不能使用酒精灯，应使用 75%的酒精棉进行消毒
	18. 采集检测三氯甲烷、四氯化碳等挥发性有机物指标的水样时，没有将容器充满、采样时流速过大，采集后的样品也不密封	18. 由于空气中会含有三氯甲烷和四氯化碳等挥发类有机物，容器不充满水，会导致结果偏高。采样时流速过大，会导致有机物逸失。采集后样品不密封好，会导致挥发性有机物挥发，结果偏低	18. 应按照要求，调节水龙头的流速不要太大，将采样瓶装满，然后加盖密封。还要注意采样瓶中不要留有气泡
	19. 采集水源水、出厂水和末梢水前，水龙头没有放水排出管道中的存水及沉积物	19. 这种情况下采集到的水样会发现含有絮状物，通常水样发黄，这是由于管壁上沉积物溶解到水中，特别是清晨采样时，经一夜的沉积物溶解，会导致检测水样感官指标不合格，它并不能代表水源及净化处理后水的真实情况	19. 除非有特别要求，通常在采集前应先放水，再采水样，采集地下水源水时，应将管道中水尽量放干净，根据井管的长度估算放水时间。采集出厂水和末梢水水样，也要把近端管网残留的水放出后再采，通常放水 2～3min 即可

问题类别	常见问题	问题成因或危害分析	处理办法
（四）水样运输保护措施不完善	20. 水样运输过程中没有采取温度控制以及防震等措施	20. 温度、光照、静置或振动、敞露或密封等这些物理条件都会使水样的性质发生改变，会导致一些组分的挥发、吸附、加速一些化学反应等。如冬季采样时温度过低，导致采集到的水在运输过程中结冰甚至出现采样容器冻裂；夏季采样时，温度过高导致采集的水样变质或挥发等。没有防震措施，导致玻璃瓶在运输过程中的破碎	20. 夏季采样时可以使用冰块降温，冬季使用保暖材料防冻，在玻璃采样瓶之间使用泡沫板隔开。此外，采集后的水样一定要将采样瓶盖或瓶塞盖紧，必要时用封口膜封好，防止在运输中遗撒
	21. 用记号笔在采样瓶上标注信息，但在运输过程中由于遗撒，回到化验室后发现标记的信息模糊甚至无法辨识	21. 记号笔的墨易溶于水，当运输中出现遗撒时，就会将原来的笔迹消失或无法辨识	21. 采样时，除采样瓶外还应带上现场采样单，记录采样编号、详细的采样地点、检水种类（如水源水、出厂水、末梢水等）、采样时间和采样人等信息。同时在采样瓶上贴上专用标签，用碳素笔将样品编号写在标签上，必须确保现场采样记录单和采样瓶上的样品编号一致
（五）水样检测时限不符合要求	22. 在做正式的检测工作之前，不对检测方法进行验证，操作中发现对检测方法非常生疏，边操作边查看相关资料无法尽快完成检测样品测定	22. 首次使用一种检测方法，如果不事先熟悉本方法，拿起来就用，将导致检测结果不正确	22. 首次使用一种检测方法前，应首先对这个方法进行验证试验。对一般理化指标，试验的内容包括标准曲线线性、方法检测浓度、精密度和准确度；对微生物指标包括无菌操作要求、培养基制作、样品接种及培养、检测结果计算及描述等。最好将验证数据进行总结，写出验证报告。经过验证试验，达到熟练掌握测定要领
	23. 未现场检测消毒剂余量，而是带回化验室测定	23. 消毒剂余量在水中非常不稳定，而且随着时间延长会降低，如果不在现场测定，在水样运输的途中消耗，导致检测结果低于实际结果，无法正确对水质进行评价	23. 按照《生活饮用水标准检验方法　水样的采集与保存》（GB/T 5750.2—2006）要求，应该对消毒剂余量进行现场测定。测定时要特别注意，夏季由于地下水温度较低，比色杯壁上出现"哈气"会使测定结果出现假阳性；冬季由于比色温度过低，显色反应不完全，也使结果偏低
	24. 需要在较短时间内完成检测的指标，没有在时限内完成	24. 如感官指标、耗氧量、硝酸盐等指标，放置时间过长会发生改变，导致结果不正确	24.《生活饮用水标准检验方法　水样的采集与保存》（GB/T 5750.2—2006）表2中对各项水质指标检测时间作了规定。如三氯甲烷、四氯化碳，应在12h内进行检测，此外对微生物指标、感官指标（色度、浑浊度、肉眼可见物、嗅和味）、pH值、耗氧量、挥发酚类、氰化物、氨氮、硝酸盐氮、甲醛以及电导率等指标检测时限也相对较短，应该按照要求在规定时限内完成测定

问题类别	常 见 问 题	问题成因或危害分析	处 理 办 法
（五）水样检测时限不符合要求	25. 每次进行水样测定，从不进行质控样品测定，不知道检测的结果是否准确	25. 除正确的样品采集外，实验室测定中一些因素，如标准溶液、试剂、器皿、操作手法以及结果计算等都会影响结果的准确性，因此需要将质控工作纳入常规的检测工作中，以验证结果的可靠性	25. 水质检测常用的质量控制包括：①理化指标中的平行样、加标回收及考核样测定，通常可以采用10%随机取样的方法进行平行样和加标回收率测定，也可以购置有证的参考样。平行样和加标样测定结果的判定可以参考标准检验方法中各类指标中"精密度和准确度"中给定数据；参考样根据证书中给定的判定值。②微生物指标包括除对培养基的验证外，还包括空白对照、阴性对照和阳性对照等，也可以购置微生物参考样
	26. 水质检测时出现超标结果，对结果不进行再确认，就直接将结果报出	26. 这样做很可能出现两种结果：①出现假阳性结果，将本应该合格的结果报错；②出现假阴性的结果，特别是对于污染事件的水质检测，针对可能污染的指标，不能仅以一次检测结果就定论	26. 对于异常样品，包括阳性样品和阴性样品，只要属可疑样品都要增加平行样和加标回收测定，如果条件允许，还应增加质控样品测定和实验室间比对，并将所有检测结果翔实填写在原始记录中
	27. 每次做检测时总是先将检测数据随意写在一张纸条上或滤纸上，然后再誊写在正规的记录表上，修改错误数值时随意涂改	27. 这样做的结果，可能会因为纸条或滤纸遗失，或隔一段时间再誊写时由于样品编号混乱导致无法对号入座	27. 应该事先制作规范的原始记录表，并规定原始记录数值修改要求。要求员工在检测的同时认真填写原始记录
	28. 原始记录只有检测人员签字，在没有审核人审核的情况下就将检测结果正式填报	28. 无审核人对检测进行审核，很可能由于检测人员笔误或计算错误等原因造成填报结果不正确	28. 应在原始记录表格中增加审核人签字一栏，同时规定审核人的条件和需要审核的内容，不能走过场，在不认真审核的情况下不能使用该记录作依据
	29. 原始记录缺少样品编号、取样量、稀释倍数、计算公式和温湿度等参数	29. 缺少重要的参数，①导致审核人无法正确审核；②出现问题无法进行溯源	29. 制定规范的原始记录表时，应该确保具有充分的信息量，确保检测结果可以溯源，出现问题时尽快查到原因
（六）水质检测分析有缺项、不完整	30. 检测指标中涉及的水厂消毒方式与所检测的消毒剂和消毒副产物不对应	30. 饮用水选用不同的消毒剂，水中产生的消毒副产物是不一样的，选错检测指标就会导致对水质的安全性评价出现差错	30. 按照《生活饮用水卫生标准》中的要求，选测正确的消毒剂及其副产物。使用液氯、漂白粉消毒的，应检测游离氯指标，对应的副产物为卤代烃（如三氯甲烷）和卤乙酸（二氯乙酸和三氯乙酸）等指标；采样高纯二氧化氯消毒的，应检测二氧化氯，对应的副产物是亚氯酸盐；采用复合二氧化氯消毒的，检测二氧化氯和余氯（两项指标中的一项达标即可），对应的副产物是亚氯酸盐、氯酸盐；采用臭氧消毒的，应检测臭氧，对应的副产物是溴酸盐、甲醛；采用一氯胺消毒的，应检测总氯或一氯胺

续表

问题类别	常见问题	问题成因或危害分析	处理办法
（六）水质检测分析有缺项、不完整	31. 出厂水或近端末梢水检测结果发现消毒剂余量符合国家饮水标准要求，但是微生物指标仍然超标	31. 出现这种情况的可能原因：①出厂水或末梢水的采样点有误，两者非一个供水系统；②现场消毒剂指标检测结果不准确，或者在采样、运输或检测的某个环节，水样被污染，导致微生物异常；③在前面两种情况正常的条件下，有可能水处理工艺有问题，消毒时间不够，导致两者出现矛盾	31. 首先对供水现场进行调查，特别是一些没有清水池、采用直接加压供水的农村水井，调查消毒剂接触时间是否符合要求；其次调查采样点是否正确，分析采样过程及检测过程中是否存在问题，问题找到后应现场再次采样测定
	32. 检测报告综合分析出现氯化物、硫酸盐、硝酸盐等阴离子总和大于溶解性固体总量的结果	32. 这种情况常常发生，其原因是氯化物、硫酸盐、硝酸盐和溶解性总固体中的某项指标，如溶解性总固体或离子色谱检测的阴离子指标检测出现错误	32. 水中溶解性总固体是指水样经过滤后，在一定温度下烘干，所得的固体残渣，包括不易挥发的可溶性盐类、有机物及能通过滤纸的不溶性微粒等。正确的结果是溶解性总固体结果大于常做的四项阴离子指标（氯化物、硫酸盐、硝酸盐、氟化物）之和。检查离子色谱或溶解性固体总量哪类指标检测过程中出现了问题，可以根据以往经验值分析找出可能出错的指标，还可以采用质控样的形式重新检测。找到原因后应重新出具检测报告
	33. 检测报告中引用的评价依据不正确，或对有评价的报告没有引用评价标准	33. 常常出现水源水评价按照饮用水标准限值进行评价，不属于因水源与净水技术受限时的小型集中式供水和分散式供水，菌落总数、氧化物、硝酸盐、浑浊度等指标用非小型放宽限值进行评价	33. 加强化验员对《生活饮用水卫生标准》（GB 5749—2022）的学习培训，考试，通过后再上岗；其次审核者应该熟悉水质检测要求，切实履行对报告中评价标准进行审核的职责
	34. 检测报告中采样地点书写不详细，通常仅写到单位	34. 这样会导致对于有问题的结果无法进行现场再采样的复核	34. 按照检测要求，在采样时应及时填写现场采样记录，并在采样记录中详细描述采样地点，描述到采样时采集的具体水龙头，并在检测报告中详细标注
	35. 检测报告中引用的单位不正确或有误，检测报告也没有审核人签字、同时还有空项、涂改等问题	35. 检测报告的计量单位不正确或出现空项和涂改，将造成检测结论出现错误，或事后有人添加数据，或随意再涂改，导致检测报告的真实性受损	35. 规范水质检测报告填写，检测报告中应有足够的信息量便于复核，计量单位的书写应符合国家法定计量单位规定，有效数字书写应符合其修约原则，检测报告必须有报告人及其审核人，另外规定检测报告不能有涂改和空项等规定

七、原始记录表及检测报告格式样例

下面给出几项常用检测原始记录表和检测报告格式，供参考。检测单位要结合本单位具体情况，修改完善，形成适合自己使用的表格和报告格式。

（一）采样标签样例（表 7 - 1 - 8）

表 7 - 1 - 8 采 样 标 签

水样编号：
水样类型：
采样人：
采样日期：时间：
采样地点：

（二）水样采样单样例（表 7 - 1 - 9）

表 7 - 1 - 9 水 样 采 样 单

水样编号：

采样日期： 年 月 日 采样时间： _____
采样地点： _____ 气候条件： _____
采样方式： _____ 采样目的： _____
样品信息

样品名称（类型）	样品瓶编号	检测项目	采样量	保存剂	保存条件

采样人： 采样单位（盖章）：

（三）水质分析原始记录样例（滴定法）（表 7－1－10）

表 7－1－10　　　　　　　　　水质分析原始记录（滴定法）

样品编号：　　　　　　　　　　　样品名称：　　　　　　　　　　第　页/共　页

检测日期：　　年　月　日　　检测项目：＿＿＿＿＿＿＿＿＿＿
检测地点：＿＿＿＿＿＿＿＿　　检测环境：　温度：　℃，湿度：　％
滴定管规格：＿＿＿＿＿＿＿　　滴定管编号：＿＿＿＿＿＿＿＿＿＿
检测方法及依据：＿＿＿＿＿＿＿＿＿＿＿＿＿＿＿＿＿＿＿＿＿＿＿
试剂配制：
填写试剂配制过程：
标准溶液及浓度 c/(mol/L)：＿＿＿＿＿＿＿　最低检测质量浓度（mg/L）：＿＿＿＿＿＿＿＿
计算公式：

序号	检样编号	取样量 V /mL	V_1 /mL	V_2 /mL	检测浓度 ρ /(mg/L)	平均值 /(mg/L)	备注

测试人：　　　　　　　　　　　　　　　　　　　　　　　校核人：

（四）水质分析原始记录样例（称重法）（表7-1-11）

表7-1-11　　　　　　　　　　水质分析原始记录（称重法）

样品编号：　　　　　　　　　　样品名称：　　　　　　　　　　第　页/共　页

检测日期：　　　年　月　日　　检测项目：＿＿＿＿＿＿＿＿

检测地点：＿＿＿＿＿＿＿　　　检测环境：温度：　℃，湿度：　%

仪器及型号：＿＿＿＿＿＿　　　仪器编号：＿＿＿＿＿＿＿

检测方法及依据：＿＿＿＿＿＿＿＿＿＿＿＿＿＿＿

仪器条件：＿＿＿＿＿＿＿＿＿＿＿＿＿＿＿＿＿＿

计算公式：＿＿＿＿＿＿＿＿＿＿＿＿＿＿＿＿＿＿

序号	编号	V/mL	M_1/g			M_2/g			ρ/(mg/L)
			次数	称量值	恒重取值	次数	称量值	恒重取值	
			1			1			
			2			2			
			3			3			
			1			1			
			2			2			
			3			3			
			1			1			
			2			2			
			3			3			

测试人：　　　　　　　　　　　　　　　　　　　校核人：

（五）水质分析原始记录样例（分光光度法）（表7－1－12）

表7－1－12　　　　　　　　水质分析原始记录（分光光度法）

样品编号：　　　　　　　　　　　样品名称：　　　　　　　　　第　页/共　页

检测日期：　　年　月　日	检测项目：＿＿＿＿＿＿＿
检测地点：＿＿＿＿＿＿	检测环境：温度：　℃，湿度：　％
仪器及型号：＿＿＿＿＿	仪器编号：＿＿＿＿＿＿
检测方法及依据：＿＿＿＿＿＿＿＿＿＿＿＿＿＿＿＿＿＿＿＿＿＿＿＿＿	

试剂配制：

填写试剂配制过程：

仪器条件：

波长/nm：　　　　　　　比色皿/cm：　　　　　参比溶液：

标准储备液浓度/(μg/mL)：＿＿＿＿＿＿　标准使用液浓度/(μg/mL)：＿＿＿＿＿

标准体积 V/mL：　　（例）0　1.00　2.00　4.00　6.00　8.00　10.00

标准含量 m/μg：

吸光值 A：

减空白后吸光值 A'：

标准线性回归方程：　$r=$

最低检测质量浓度/(mg/L)：

计算公式：

序号	样品编号	取样量 V/mL	吸光度		检测浓度 ρ /(mg/L)	平均值 /(mg/L)	备注
			A	A'			
	标准样品编号：					标准值： 不确定度：	

测试人：　　　　　　　　　　　　　　　　　　　　　　校核人：

（六）水质分析原始记录样例（离子色谱法）（表7－1－13）

表7－1－13　　　　　　　　水质分析原始记录（离子色谱法）

样品编号：　　　　　　　　　　样品名称：　　　　　　第　页/共　页附谱图页

检测日期：　　年　月　日　　检测项目：＿＿＿＿＿＿＿＿＿＿
检测地点：＿＿＿＿＿＿＿＿＿　检测环境：温度：　℃，湿度：　％
仪器及型号：＿＿＿＿＿＿＿＿　仪器编号：＿＿＿＿＿＿＿＿＿＿
检测方法及依据：

一、仪器条件

色谱柱：＿＿＿＿＿＿＿＿＿＿　　检测器：＿＿＿＿＿＿＿＿＿＿＿
抑制器：＿＿＿＿＿＿＿＿＿＿　　进样量：　　　　　μL
淋洗液：＿＿＿＿＿＿＿＿＿＿　　淋洗液流速：　　　mL/min

二、标准溶液的配制

三、试剂配制

四、标准曲线测定结果

五、最低检测质量浓度：（例）氟化物 mg/L；硝酸盐氮 mg/L

六、样品检测结果

序号	检测编号	（例）氟化物		（例）硝酸盐氮		备注
		测定值/(mg/L)	平均值/(mg/L)	测定值/(mg/L)	平均值/(mg/L)	
	标准样品编号：					标准值/(mg/L)

测试人：　　　　　　　　　　　　　　　　　　　　　校核人：

（七）水质分析原始记录样例（原子荧光法）（表 7 - 1 - 14）

表 7 - 1 - 14 　　　　　　　　水质分析原始记录（原子荧光法）

样品编号： 　　　　　　　　　　　样品名称： 　　　　　　　　　　第　页/共　页

检测日期： 　　　　年　月　日　　检测项目： _____

检测地点： _____　　检测环境： 温度：　℃，湿度：　%

仪器及型号： _____　　仪器编号： _____

检测方法及依据：

试剂配制：

仪器条件： 　负高压/V 　　　　　灯电流/mA 　　　　　Ar 气流量/(mL/min)：

标准物质编号： 　　　　　标准物质定值日期： 　　　　　标准物质有效期：

标准储备液浓度/(μg/mL)： 　　　　　标准使用液浓度/(μg/mL)：

标准系列浓度 ρ/(μg/L) _____

荧光强度 I： _____

标准线性回归方程： 　　　$r=$ _____

最低检测质量浓度/(mg/L)： _____

备注： _____

序号	检样编号	取样量 V/mL	荧光强度 I	检测浓度 ρ/(mg/L)	平均值 /(mg/L)	备注
	标准样品编号：				标准值及不确定度：	

测试人： 　　　　　　　　　　　　　　　　　　　　　　校核人：

（八）水质分析原始记录样例（气相色谱法）（表7-1-15）

表7-1-15　　　　　　　水质分析原始记录（气相色谱法）

样品编号：　　　　　　　　　　样品名称：　　　　　　　第　页/共　页附色谱图页

检测日期：　　　　年　月　日　　检测项目：＿＿＿＿＿＿＿＿＿＿＿

检测地点：＿＿＿＿＿＿＿　　检测环境：温度：　℃，湿度：　％

仪器及型号：＿＿＿＿＿＿＿　　仪器编号：＿＿＿＿＿＿＿＿＿

检测方法及依据：

仪器条件

色谱柱：＿＿＿＿＿＿＿＿＿＿　　检测器：＿＿＿＿＿＿＿＿＿＿

温度/℃：　　柱温：＿＿＿＿　检测器温度：＿＿＿＿　进样口温度：＿＿＿＿

气体流量/(mL/min)：氮气：＿＿＿＿＿＿＿

进样量/μL：　　　　　　进样方式：

标准曲线

| 指标名称 | 标准空白标1 | 标2 | 标3 | 标4 | 标5 |

标液浓度 ρ_s（μg/L）：

色谱峰面积 A：

回归方程：　$\rho=(A-a)/b$；

保留时间/min：　　　　最低检测质量浓度/(μg/L)：

样品处理方法：

标准溶液配制：

测定结果

序号	检样编号	化合物名称	色谱峰面积 A	色谱检测浓度 /(μg/L)	稀释倍数	报出浓度 ρ/(μg/L)	备注
	标准样品编号：					标准值及不确定度：	

测试人：　　　　　　　　　　　　　　　　　　校核人：

（九）检测报告格式样例（表7-1-16）

表7-1-16　　　　　　　　　检 测 报 告 格 式

报告编号：　　　　　　　　　　　　　　　　　　　　　　　　　　　　第　　页/共　　页

样品名称	＿＿＿＿＿＿＿＿	样品编号	＿＿＿＿＿＿＿＿
检测项目	＿＿＿＿＿＿＿＿	样品数量	＿＿＿＿＿＿＿＿
接样日期	＿＿＿＿＿＿＿＿	检测完成日期	＿＿＿＿＿＿＿＿
检测地点	＿＿＿＿＿＿＿＿	报告日期	＿＿＿＿＿＿＿＿
委托单位	＿＿＿＿＿＿＿＿		
检测/评价依据	＿＿＿＿＿＿＿＿		

表1　水质检验结果

序号	检测项目	单位	国家标准要求	检验结果	单项判定
1	臭和味	描述	无异臭、异味		合格或不合格
2	肉眼可见物	描述	无		合格或不合格
3	汞	mg/L	≤0.001		合格或不合格
4	铝	mg/L	≤0.2		合格或不合格
5	高锰酸盐指数（以O_2计）	mg/L	≤3		合格或不合格
6	三氯甲烷	μg/L	≤60		合格或不合格
	……				

附注：/

检测结论：

法定代表人（或授权签字人）：＿＿＿＿＿＿＿＿＿＿＿＿　　检测机构

　　　　　　　　　　　　　　　　　　　　　　　　　　检测专用章

签发日期：　　　＿＿＿＿年＿＿月＿＿日

八、案例

案例1：湖北鄂州市水质检测公司提升水质检测能力主要做法

一、加强检测设备硬件建设

湖北省鄂州市水质检测有限公司于2007年通过了检验检测机构资质认定评审，以后又先后投资建设了办公大楼，配备了较齐全的水质检测设备，目前具有气相色谱-质谱联用仪、电感耦合等离子体质谱仪、原子吸收分光光度仪、原子荧光光度仪、气相色谱仪、液相色谱仪、离子色谱仪、二通道α、β检测仪等先进仪器和其他常规分析设备，配备了便携式现场检测设备，包括水质采样和巡检车辆1台、相应的采样容器、水样冷藏箱等。仪器都经过省、市计量技术机构检定校准。公司现有工作人员20人，其中15人直接从事水质检测，具有中、高级以上职称4人，都经过培训取得水质检验上岗证书。

2016—2017年鄂州市政府又投资了300多万元，在葛华水厂、太和水厂建立了华容区和梁子湖区两个农村供水工程水质检测中心，归属鄂州市水质检测有限公司统一管理。目前两中心具备42项常规指标中除α、β放射性以外的40项检测能力。

鄂州市水质检测有限公司奉行"规范、严谨、诚信、准确"的方针，确保检测结果准确、公正。为了避免不合格原水进厂，防止不合格成品水出厂进户，公司建立了严密的水质监测体系及突发事件应急预案，能够在第一时间掌握水质变化情况，及时作出反应。

二、做好水质检测日常工作

1）主要职责。负责鄂州市江、河、湖、库水质检测和市水务集团公司下辖 4 个骨干水厂以及市内 12 处乡镇小水厂的水源水、出厂水、管网末梢水水质检测，配合协助环保、卫生部门对水源卫生防护状况和供水水质的监测与监督，负责农村供水水源污染状况调查，配合有关部门及时处理危及农村供水安全的水质事故。

2）水质检测制度和检测项目、频率。在现有水源保护的基础上，公司制定了详细的水质检测管理制度，对市水务集团下辖 4 个水厂实行三级检测制度，即水厂各班组自检、水厂化验室检验、水质检测公司检测。同时要求水厂各班组每两小时对水源水浑浊度、色度、pH 值及沉淀池浑浊度进行检测，每小时对出厂水浑浊度、余氯进行检测。要求水厂化验室每天对水源水、出厂水浑浊度、高锰酸盐指数、氨氮、细菌总数、总大肠菌群等 9 个指标检测 1 次。要求出厂水浑浊度控制在 1NTU 以下，余氯控制在 0.4～0.8mg/L 范围内。水厂安装了实时在线监测仪，24h 不间断地对出厂水的浑浊度、余氯、pH 值进行检测。

公司依据国家《生活饮用水卫生标准》的要求，对各水厂的出厂水、管网末梢水进行常规指标 42 项中的 35 个指标（根据消毒剂的不同）每月检测 1 次；依据《地表水环境质量标准》（GB 3838—2002）的要求，每月检测一次水厂水源水 29 项指标；为保证全市供水安全，设置城乡供水管网取水样点 44 个，依据《城市供水水质标准》（CJ/T 206—2005）每月不少于两次管网 7 项指标（浑浊度、色度、臭和味、余氯、细菌总数、总大肠菌群、高锰酸盐指数）检测。另在汛期及学校高考期间增加学校、宾馆管道网监测点 35 个。检测结果定期在鄂州市水务局官网上公示。

三、加强培训和岗位练兵

在平均技术水平相对不足的情况下，公司要求"内强素质，外树形象"，加强个人自学，组织集中业务学习。根据年初制定的人员培训计划，定期组织培训，对其中重要内容进行考核。在日常运行管理中，按照培训计划对员工进行岗位技能培训。2017 年 7 月对所有检测人员进行了考核，考核内容包括笔试、现场提问、实际操作、查看报告等，所有参加考核的人员成绩都合格，颁发了上岗证书。2016 年 9—10 月公司派出 6 名检测员赴中国水科院水环境研究所学习水质检测技术。2017 年 2 月派两名检测员赴上海学习高效液相色谱仪操作；同年 4 月安排了 5 名检测员参加湖北省质量监督局举办的检验检测机构内审员和授权签字人培训班学习；同年 10 月派 4 名检测员赴武汉学习水中微生物检测与质量控制。

四、做好质量控制与监督

为了降低分析工作中的误差，提高检测质量，2017 年 5—7 月公司开展了能力验证活动，包括公司内部人员比对、仪器比对、平行双样法、标准曲线法、加标回收法、标准参考物质比对、相同项目采用不同检测方法的比对。公司 10 月还参加了全国城镇供水行业举办的水质检验检测微生物检测质量控制活动。为保证仪器设备在使用的有效期间处于可靠的标准状态，2017 年 5—7 月进行了仪器设备的期间核查，针对不同的仪器设备采用了不同的核查方法，有精密度核查法、加标回收法、标样测试等。10 月对标准物质进行了期间核查，标准物质都有唯一性的管理编号、量值溯源，保存条件都符合要求，并都在有效使用期内，标准物质台账及领用手续齐全。公司质量监督员不定期对全部检测人员进行督查，询问检测人员的岗位操作情况和对检测方法的理解和应用能力，对不符合要求的现象及时进行指导、纠正。

五、加强实验室安全管理

为保证实验室安全，公司制定了《实验室安全管理制度》《危险化学药品管理制度》《实验室化学药品仓库管理制度》以及《安全事故应急处理预案》，成立了安全生产工作领导小组和水质处理应急救援抢险队。化学试剂都有专人管理，建立了试剂领用、存放管理台账。试剂仓库中根据不同试剂特点分类存放，易变质、易燃、易爆、易产生有毒气体的化学试剂存放在阴凉通风处；剧毒试剂，如碘化汞、氰化物等存放在保险柜中，双人双锁保管，取用时需公司负责人批准，两人同时到场开锁，做到用多少领多少，并一次配制成使用试剂。对各实验室正在使用的强酸、强碱，由各实验室主管保管，存放在各理化实验室专柜中。为保证仪器设备的安全使用，公司与授权的设备操作员签订了仪器设备安全管理责任状。每天下班后公司安全员负责对各实验室水、电、气进行检查。

六、及时处理供水水质投诉

对出现的供水水质投诉，公司第一时间派人赶赴现场，帮助用户查找原因，及时解决。之前经常接到用户投诉家里水龙头放出的水出现青苔，经现场检查发现是由于用户家外墙的塑料水管是浅色的，这种水管透光率比较高，长期暴露在室外，管内很容易滋生青苔，我们指导用户将室外浅色水管做避光处理后，问题不再出现。也有的用户投诉家里放出的自来水出现臭味，经检测员深入现场检查，发现是由于居住小区自来水管与下水管道、消防管道串接，没有安装止回阀，负压回流引起的。夏季投诉多的情况是放出的自来水中有红色虫子，现场检查确认系蚊子幼虫，原因可能是由于水管老化、水箱或其他二次供水设施管理不到位，未能及时清洗而造成。我们建议住户小区物业或管委会加强对自己负责管护的管道及二次供水设施维护管理。

案例2：武汉市蔡甸区水质检测中心注意细节，努力提高检测质量

武汉市蔡甸区水质检测中心现有8名水质检测人员，均持有上岗合格证。为了提升检测人员实际操作能力，除了平时工作中要求规范操作、养成自主学习习惯、参加相关部门组织的基础培训外，中心自己还经常组织各个实验室同时进行质量控制考核。通过考核，检测人员会更注意检测环境，规范操作，如器皿洗涤、标准系列和化学试剂的配制、标准曲线的制作、数据处理等。关于标准曲线，重点关注器皿洗涤、试剂失效、标准点吸取这3个环节的影响。例如，有一次制作铁的测试标准曲线，一位才上岗半年的化验员连做3次，标准曲线 R 值都只能达到 0.99。查找原因，首先排除了标准点的吸取，然后对所用试剂逐一轮流更换，但做的曲线还是不理想，最后才想到问题是否出在 50mL 比色管上。于是将所有测铁用的吸管、比色管等与其他器皿分开，用 1∶1 硝酸浸泡 2h 后再冲洗干净，仍由她来继续做，结果 R 值达到 0.99995，A 值为 -0.0003。这就说明操作细节的掌握十分关键。

中心每两年请技术监督局对相关检测仪器进行一次计量检定，以确保检测仪器不漂移；检测过程中一般要求检测人员同步做空白分析或平行样分析，在排除仪器因素后，如

果检测结果出现明显问题，我们要求：①带 1～2 个标样同步进行检测，以确定检测数据是否确实有问题；②更换检测人员在同样环境下重复检测，或是在检测人员不更换的情况下重新清洗器皿，配制试剂，再重复检测，对比检测结果，这实际上是用排除法来查找问题；③制作标准曲线时，如使用化学方法，R 值要求达到 0.9995 以上，如使用大型仪器，R 值要求达到 0.999 以上；使用标准曲线时选用曲线的部分和最佳测量范围，不得任意外延，出现水样检测值超出曲线范围时，立即将水样稀释，稀释倍数根据检测值定。

案例 3：山西省加大培训力度，提升农村供水水质检测人员技能水平

山西地处黄土高原，山高沟深，地形破碎，十年九旱，水资源匮乏，农村供水安全问题十分突出。2000 年以来在国家大力扶持下，累计建成供水工程 3.3 万处，受益人口 2418 万人，实现了全省农村 2.8 万个村，4.8 万个自然村供水工程全覆盖，供水工程成为农村最重要的公共服务基础设施。在抓好农村供水工程建设的同时，重视并加强水质检测人员培训。到 2015 年底，全省共建成 118 个市、县级水质检测中心，仪器设备配置达到了检测 42 项指标水平。全省已建成的供水量大于 1000m³/d 的集中式供水工程 230 处均按照有关规定要求设立了水质化验室。全省从事农村供水水质检测工作的人员近 700 名。由于水利行业开展农村供水水质检测时间短，工作基础薄弱，从业人员实际操作能力欠缺成为制约履行水质检测职责的短板。为此，2016—2017 年，省有关主管部门投入专项资金，配备检测培训所需的仪器设备，在忻州市建立了理论授课、实际操作训练、理论考试与操作能力考核相结合的水质检测培训中心。

1. 高起点设计，立足打造高标准培训中心

培训中心的设计，委托水利部农村饮水安全中心承担。设计时，总结借鉴了其他地方已建培训中心的优缺点，广泛听取设备厂家和卫生系统专家意见，房间隔离、仪器设备布置等不仅符合实验室标准，还要满足培训要求；不仅满足检测 42 项指标能力，还要预留在线检测等发展空间。总建筑面积达 2800m²，含授课、实操及生活等不同功能区，能满足培训 50 人的需求。培训中心建成后，通过了专家组的验收，并给予高度评价。

2. 有针对性配置设备，增强培训效果

吸取以往高等院校在培训工作中存在仪器设备先进，但与实际操作脱节的教训，培训中心的仪器设备配置，不追求高档先进，力求与市县检测中心设备大致相同。我们调查统计了全省 118 个水质检测中心购置的仪器设备厂家和型号，中心的每种仪器设备都选用使用数量最多的 3 家配置。学员培训结束后，可以和本单位设备无缝对接，直接上手，效果很好。

3. 聘请一流师资，重在提高能力

为适应基本技能、理论知识和实际操作全方位培训的需要，授课老师由 3 部分组成：分析化学基础理论授课由忻州师范学院化学系教授承担，水质检测理论及卫生学评价由疾控系统资深专家承担，实验室操作指导老师来自当地自来水公司所属宏远水务水质检测有限公司。宏远水务水质检测有限公司取得了实验室检测资质，达到实验室二级专业水质检测水平。为充实培训师资力量，宏远水务水质检测公司专门招录了 6 名硕士生，他们平时在公司从事水质检测工作，实际操作经验丰富，当培训中心有培训任务时，就成为实验室

指导老师。到目前为止，中心共聘任教师 14 名，其中授课教师 4 名，全部为正高职称；10 人为助教，负责实际操作培训指导，其中 8 人具有硕士学位。

4. 严格培训体系，注重实际效果

山西省农村供水水质检测培训班由山西省水利厅主办，水利部农村饮水安全中心、山西忻州农村供水水质检测培训中心和山西省水利技工学校协办。培训内容包括 3 个方面：①国家生活饮用水卫生标准中规定的 42 项常规指标和根据当地情况选择的非常规指标进行较全面培训；②根据工作要求（如扶贫项目）进行培训；③按照补短板的要求，进行专项培训，如微生物检验。培训方式包括理论授课、实际操作、理论和实际操作考试、结果讲评，其中理论授课内容包括：《生活饮用水卫生标准》应用、实验室安全及管理、微生物无菌操作、质量控制及操作、化学分析及仪器分析基础理论（基础操作）、水样采集及保存、水质分析质量控制和水质理化指标检测等内容。为强化学员的动手能力，中心将实际操作培训时间增加到占总培训时间的 83%。理论考试采取闭卷方式，实际操作采取盲样鉴证实验考试。为加深学员理解，考试结束后教师进行试卷和实际操作考试讲评。针对培训，还专门编制了水样采集、水质检测、检测结果评价等内容的培训教材和操作规程。编制了 42 项水质指标的实验记录样式。培训严格按照实验室操作规范进行，从野外提取水样、药剂配置、仪器校准到实验操作和结果分析等，通过反复操作使学员切实掌握动手能力。

每期培训班，由省水利厅提出具体的培训任务目标，专家制定详细的培训方案，包括课程设置和时间安排。每期一般在 20 天左右。培训结束时，全体学员都要经过理论考试和盲样检测考核，在考试成绩合格的基础上，对每一项检测指标的实际检测能力进行考核鉴定，通过一项认可一项，要求检测人员要持证上岗，在许可的能力范围内开展检测工作。通过两年来的培训，全省 118 个市县级水质监测中心化验员基本上都掌握了水质检测技术。水利系统水质检测能力上了个大的台阶。参加培训的学员们说："这样的培训绝不是摆样子、走过场，理论考试就像回到了当年的高考，培训让我们学到了真本领，受益匪浅"。

2017 年 9 月—2018 年 11 月，共举办培训班 14 期，培训学员 753 人次，覆盖了全部市县级检测中心。培训还起到了督促落实检测人员编制和检测工作经费的作用，全省 118 个市县级水质检测中心全部投入运行，2017 年累计完成水样检测 2.7 万份，对保障全省农村供水安全，起到了重要作用。

第二节　水质化验室管理

一、水质化验室的基本要求

国家发改委、水利部、国家卫生健康委和环境保护部联合发文，要求水质检测中心应达到以下标准：有相应的工作场所和办公设备，包括办公室、档案室、设备设施及药品贮存库等；有符合标准的水质化验室，配备相应的水质检测仪器设备，县级水质检测中心可根据需要配备水质采样和巡检车辆；有中专以上学历并掌握水环境分析、化学检验等相应专业基础知识与实际操作技能，经培训取得岗位证书的水质检验人员；有明确的机构设置、检测任务和运行管理经费来源，有完善、规范的管理制度。有关规程和管理办法规定，日供水量在 $1000m^3$ 以上的供水单位应建立水质化验室，配备与供水规模和水质检验要求相适应的检验人员及仪器设备。

水厂应编制化验室常用检测方法的实施细则，包括试剂配制、仪器设备操作步骤、检测数据处理方法等。水厂应制定各项水质检测指标的原始记录表及检测报告格式，做好采样和检测过程记录。记录要规范化，原始记录应包括检测指标名称、样品名称、检测时间、检测地点、实验室温度和湿度、检测方法名称、操作步骤、检测数据、计算得到的样品浓度、所使用标准品信息、质量控制结果等。检测报告应包括标题名称、实验室名称，地址或检测地点、报告唯一识别号、总页数、每页序数、样品信息、接样日期、完成检测的日期、报告日期、检测方法描述、签发人签字和签发日期等。做好原始记录、检测报告等数据信息的保存，建立档案，归档管理。原始记录及检测报告样例参见本书表 7-1-8～表 7-1-16。

（一）水质化验室的基本条件

化验室应具备的基本条件包括：配备个人防护装备，如化验手套、防酸手套、口罩、防护镜、急救药品等；配备防火器材，如灭火器等，应定期更换灭火器，保证其在有效期内；具有良好的通风条件，避免因有毒有害物质聚集而对检测人员的健康产生危害，条件允许时可配备通风橱；建立化学试剂出入库账本和使用记录本，制定剧毒化学试剂的保管和领用制度，实施双人双锁管理；应定期检定或校准实验仪器、器具等，并做好记录；对每台检验仪器设备都制定操作规程，放置在设备旁边，方便取用的位置，要有设备仪器使用记录；制定各项水质指标检测的原始记录及检测报告格式，检测人员能规范填写检验记录；化验室应配备利器盒及垃圾桶。化验室应有温度、湿度监测及记录。使用微生物实验室后要及时进行紫外线消毒。建立化验室的用电、用气、废液处理、消防等安全制度。

（二）化验室日常操作管理基本要求

化验室日常操作管理基本要求如下：

（1）保持化验室清洁整齐。除了每日必须进行的打扫和清洁卫生，还要定期全面彻底清扫，所有的工作台表面、桌面和地面都要清扫干净。应明确每个化验人员负责维护清洁的区域，养成良好的检验工作习惯。检验台面应当保持整齐干净，检验完毕后及时清理台面，仪器、试剂使用后放回原处，及时清洗所用到的检验器皿，不可长时间堆积。

（2）制订检测工作计划。应制定每日、每周、每月、半年及全年检测工作计划，明确工作目标、任务、要求，避免检测工作上的杂乱无章和随意性，出现遗漏失误。

（3）检测前做好各项准备工作，包括查看检测需要使用的各种仪器设备状况，所用器皿、容器、试剂、药剂是否备好。

（4）做好检测记录。检测中和检测后要及时记录检测情况及数据。记录表格填写要清晰、准确、真实。

（5）检测台面和通风橱不得用于存放或贮存化学品，台面上不可放置大瓶物品；存放的物品、设备和玻璃管不应伸出搁架的前端或台面的边缘；化学品，尤其是液体化学品不可直接放在地板上，应放入适于贮存该物品且门可关闭的柜中。

（6）检验配制的试剂应置于符合该物质特性的容器中保存，并贴好试剂标签，至少标明试剂名称、浓度、配制人、配制日期、有效期等信息；检验试剂应在有效期内使用，不稳定试剂需现用现配。

（7）化验室出口及通道必须保持畅通，不可锁闭或放置任何阻碍通行的物品，包括设备、药剂、电话线或其他电气走线等。

（8）所有容器必须标记内含物品的名称，如果是化学制品，还应注明对使用者可能产生的危害。

（9）有毒有害及腐蚀性废液、废物应集中收集处理，不可直接倒入水槽中或倾倒丢弃垃圾桶。

（10）按照规章制度要求配备、维护、使用灭火器，以及其他安全装备及应急物品，发生火情或其他紧急情况时存放的物品或设备不应妨碍有关人员取用。

（11）操作仪器设备时应严格遵守操作规程；离开化验室时应认真检查水、电、气是否关闭，门窗是否关好。

（三）化验室安全操作要求

水质化验检测经常使用或接触到易燃易爆易挥发的有毒有腐蚀性等物品或操作中可能产生有毒害气体、液体，因此化验人员严格遵守有关安全操作制度和安全管理要求是十分重要的。水厂化验室安全操作管理主要要求有以下几点：

（1）在化验室区域不允许有跑、跳或嬉闹的行为。

（2）儿童不能进入化验区；涉及有毒、有味、易挥发或有害物质的工作，应在实验室通风橱中进行；发生溢漏或遗撒时，应立即清理溢漏或遗撒物，它们与操作人员皮肤或衣物可能的接触、水的溢漏也可能形成危害，因为水浸仪器或地面，有导致人员滑倒的潜在危险。

（3）必须严格管理剧毒化学品，做到双人双锁。使用时务必小心，避免接触皮肤，勿入口内；使用甲醇、丙酮等有毒、易燃、易挥发的有机溶剂时，要远离火焰及其他热源，应在通风橱内操作，用后盖紧瓶盖，存放于阴凉干燥处。使用强酸、强碱洗液或其他强腐蚀性试剂时要格外小心，防止溅在皮肤、衣物、鞋袜上。稀释浓硫酸时，应将浓硫酸慢慢地注入水中，绝不能将水倒入硫酸中，要边加入浓硫酸边搅拌，发现温度过高时，应先降温冷却，然后再继续稀释。不可随意混合各种试剂药品，以免发生反应引起意外事故。

（4）加热易燃化学品时，应用水浴、油浴、砂浴，或使用加热套，不可使用明火。加热玻璃器皿时注意均匀受热，避免受热不均导致炸裂。酒精灯加热玻璃器皿时，应垫上石棉网。玻璃器皿加热后不可以骤冷，以防爆裂。加热温度可能达到被加热物质的沸点时，应加入沸石，以防爆沸。

（5）应及时丢弃破碎、有缺口、星裂或严重划伤的玻璃器皿。不要将玻璃器皿靠近架子或桌子边缘存放。较大或较重的玻璃器皿应存放在架子的低层。正确使用大小合适的玻璃器皿，使用时保留至少 20% 的空余空间。

（6）丢弃碎玻璃、针头等利器时，应置于利器盒内，不可与普通垃圾混放。

（四）化验人员检测操作注意事项

化验室的操作人员应严格执行有关操作规程的各项要求，这里再强调一些最基本的、常识性的注意事项：

（1）化验室内禁止饮食、吸烟。不可将食品、饮料、水杯、烟草等带入化验室或化学品储存区域。实验用各种试剂均不得入口。

（2）工作人员在化验室工作时要穿工作服，不可穿凉鞋、露趾鞋或木底鞋，以防酸碱损伤皮肤；工作服在发生意外时应易于脱除。工作时，应当扣紧工作服纽扣，离开化验室时应先行脱去；工作服不可在非化验区穿着，以免有害物质沾污清洁区域。工作服应保持清洁，应定时更换清洗。只要怀疑工作服被污染，就应及时更换或采取适当的清洗措施。

（3）化验工作中不要用手触摸脸、眼睛等部位，检测结束后要认真洗手。

（4）化验之前，应了解自己即将操作的物质的特性，并准备好清洗或中和用的物品，以备急用，万一发生化学品与皮肤接触，应立即用水清洗。

（5）强碱（如氢氧化钠、氢氧化钾）、钠、钾等触及皮肤而引起灼伤时，要先用大量自来水冲洗，再用2%乙酸溶液冲洗。强酸触及皮肤而致灼伤时，也应立即用大量自来水冲洗，再用饱和碳酸氢钠溶液冲洗。如果眼睛被灼伤，可用洗瓶流水冲洗；如为碱灼伤，再用20%硼酸淋洗，如为酸灼伤，则用3%碳酸氢钠淋洗，清洗时，应使用吸耳球移液，切记不可用口移液。

二、化验室的器皿管理

在化验工作中，要用到各种器皿，如玻璃器皿、瓷质器皿、塑料器皿、金属器皿等，器皿的洗涤、存放等是化验室最基础并且很重要的工作内容。要制定细致、可操作、可检查的器皿使用、清洗和存放制定管理制度，以保证化验检测数据和结果的准确性和精密度。

（一）清洗

化验器皿的洗涤是非常重要的操作，器皿的清洁程度能够直接影响化验结果的准确度和精密度，因此必须高度重视。洗涤时应根据化验分析的要求、污物的性质、沾污的程度选用合适的洗液和适当的洗涤方法。

化验室常用合成洗涤剂或各种洗液清洗器皿，要求洗涤不仅要去除污垢，同时不能引进对化验有影响的干扰物质。因此应根据化验分析项目、污垢的特性来选择洗涤剂。化验室常用洗涤剂的配制及适用器皿见表7-2-1。

表7-2-1　　　　　　　　　　　常用洗涤剂的配制及适用器皿

洗液名称	配制方法	适用的器皿及使用	注意事项
合成洗涤剂	将洗衣粉、洗洁精、洗涤灵等，溶于水中配成洗液	一般器皿均可，可有效去除油污及某些有机物	如测定金属，用过该洗液后用硝酸洗液浸泡
铬酸洗液	称20g工业品重铬酸钾于40mL水中加热使其溶解，放冷后缓缓加入360mL工业浓硫酸，放冷后装入试剂瓶	可去除油污，用少量洗液刷洗或浸泡，用后可回收重复使用	贮存该洗液应随时盖好试剂瓶盖，以免吸收空气中水分而析出CrO_3，降低洗涤效果。新配置的洗液呈暗红色，长期使用后或吸收过多水分时变成墨绿色，表明已失效不宜再用
纯酸洗液	1+1盐酸；1+1硫酸；1+1硝酸；10%以下硝酸	浸泡器皿，去除水垢或盐类结垢，洗容器壁上的金属，消除荧光物质	可浸煮容器，但加热温度不宜太高，以免浓酸挥发或分解

洗液名称	配 制 方 法	适用的器皿及使用	注 意 事 项
碱性高锰酸钾洗液	4g 高锰酸钾溶于少量水中，加入 10％氢氧化钠溶液至 100mL	作用温和，可洗涤油污	使用后如果玻璃器皿壁沾有褐色氧化锰，可用盐酸或草酸洗液洗去。该洗液不应在所洗器皿中长期存留
草酸洗液（5％）	5g 草酸溶于 100mL 水中，加入数滴浓硫酸酸化	用于洗涤使用高锰酸钾洗液后留下的褐色痕迹	必要时可加热使用
纯碱洗液	10％以上的氢氧化钠、氢氧化钾、碳酸钠溶液	用于浸泡玻璃器皿去除酸性物质	在所洗器皿中存留不得超过 20min，以免腐蚀玻璃
有机溶剂	乙醇、乙醚、汽油、酒精、丙酮、氯仿等	用于洗涤沾有较多油脂性污物的玻璃器皿	有机溶剂易燃，部分有毒，适宜在通风橱中使用

一般的清洗步骤如下：

（1）将器皿清空，加入洗涤剂，用毛刷刷洗，自来水冲净（目视比色管和比色皿不能使用毛刷刷洗，否则导致壁上出现划痕，影响比色结果）。

（2）将器皿置于适当的浸泡液中浸泡。

（3）将器皿取出，用自来水冲洗；再用纯水少量多次清洗，直至洗涤后的器皿内壁能均匀被水润湿。若发现器皿内壁有不沾水的地方，说明有油垢，应重新使用洗涤剂洗涤。

（4）用于检测三氯甲烷和四氯化碳的顶空瓶，可以使用洗涤灵在超声波洗涤器中加热超声 30min 左右，随后同（3）。

特别需要注意的是：对于检测阴离子合成洗涤剂的玻璃器皿不能使用洗涤灵洗涤；检测六价铬的玻璃器皿不能使用铬酸洗液洗涤。带磨口塞的仪器，如容量瓶、比色管等，最好在清洗前用防酸或耐高温的绳子把塞和管拴好，以免塞子互相弄混；酸浸泡液具有腐蚀性，配制及使用过程中应特别注意，必须在通风橱中进行，戴好防护手套。

（二）干燥

干燥方法有以下 3 种：

（1）晾干：适用于不急用，或不可加热的器皿，如塑料器皿、容量瓶、量筒等有计量刻度的玻璃器皿。将洗净的器皿倒置在滤纸、干净架子或专用橱柜中，自然晾干。倒置可防止灰尘落入。

（2）烘干：适用于需将水分排去的玻璃器皿。切记，此方法不得用于量器类。烘干前先将器皿内的水尽量倒干净，放置时应平放或使器皿口朝上，带塞子的器皿应打开塞子。器皿置于烘箱（105～120℃）中烘烤约 1h。

（3）烤干：适用于亟待使用的试管、烧杯、蒸发皿等。将试管倾斜，管口务必朝下倾斜，以免水珠倒流引起炸裂。用火焰从试管底部逐渐向口部烘烤，见不到水珠后，将管口向上赶尽水气。烧杯、蒸发皿可置于石棉网上小火烤干。干燥后的容器冷却至室温，放入指定位置。

（三）储存

洗净后的器皿应分类放在专门的柜子里保存，柜子要保持清洁。

三、仪器设备使用管理

仪器设备的种类很多，管理制度的内容也很多，农村水厂化验室管理制度主要包括以下内容：

（1）对每台仪器设备建立档案，包括使用说明书、验收记录、资产表格、定期检定记录等。

（2）对每台仪器设备制定操作规程及使用记录表格，应放置在仪器设备旁边方便取用的位置。

（3）仪器设备应有专人负责保管，按操作使用规程定期进行维护。

（4）与检测数据直接相关的化验仪器设备，应定期检定或校准，并做好记录。

（5）精密仪器设备的安装、维修、保养，应由仪器设备生产厂家专业技术人员操作。化验员应经过培训、考核，取得上岗资格后方可进行操作。

（6）使用仪器设备前，要先检查其各项性能是否正常。发现异常或故障时，要查找原因，进行处理，恢复应有性能后才可使用。

（7）仪器设备使用后，应按照使用说明书要求将其恢复至所要求的状态，做好清洁工作，盖好防尘罩/布。

四、化验室用水与要求

水质化验室对所用水的质量要求较高，保障化验用水的质量，对保证水质检测结果的准确有重要意义。检测项目和检测方法不同，对水的纯度要求也不同，应根据检测项目合理选择使用不同规格的水。

（一）化验室用水的规格

化验室用水应符合《分析实验室用水规格和试验方法》（GB/T 6682—2008）的要求，该标准规定了化验室用水的级别、技术指标等内容，将化验室用水分为一级、二级和三级。不同级别有不同的技术指标，其中电导率是衡量纯度的综合指标，在应用时也可以用电阻率来衡量水的纯度，电阻率为电导率的倒数。一级水的电阻率大于等于 $10M\Omega \cdot cm$（25℃），二级水的电阻率大于等于 $1M\Omega \cdot cm$（25℃），三级水的电阻率大于等于 $0.2M\Omega \cdot cm$（25℃）。实验室用水的规格见表 7-2-2。

表 7-2-2　　　　　　　　化验室用水规格

名　称	一级	二级	三级
pH 值范围（25℃）	—	—	5.0～7.5
电导率（25℃）/(mS/m)	≤0.01	≤0.10	≤0.50
可氧化物质（以 O 计）/(mg/L)	—	≤0.08	≤0.4
吸光度（254nm，1cm 光程）	≤0.001	≤0.01	—
蒸发残渣（105℃±2℃）含量/(mg/L)	—	≤1.0	≤2.0
可溶性硅（以 SiO_2 计）含量/(mg/L)	≤0.01	≤0.02	—

（GB/T 6682—2008）

（二）化验室用水的制备方法及适用范围

不同规格的化验室用水适用范围：一级水用于超痕量分析；二级水用于无机痕量分析等检测；三级水用于一般化学分析试验。化验室用水的制备方法及适用范围见表 7-2-3。

表 7-2-3 化验室用水的制备方法及适用范围

规格等级	制 备 方 法	适用水质检测范围
一级	可用二级水经过石英设备蒸馏或离子交换混合床处理后，再经 $0.2\mu m$ 滤膜过滤制取	常用于制备标准样品，以及待测物质含量在 $\mu g/L \sim ng/L$ 级别的检测，分析方法如高效液相色谱法、气相色谱法、电感耦合等离子体质谱法等
二级	可用多次蒸馏或离子交换等方法制取	常用于待测物质含量在 mg/L 级别的检测，分析方法如原子吸收光谱分析、分光光度法、滴定法、微生物实验等。常用于配制试剂
三级	可用蒸馏或离子交换等方法制取	常用于洗涤器皿、水浴锅用水等

（三）化验室用水的贮存

由于纯水贮存期间可能受到化验室空气中二氧化碳等其他物质的影响，以及容器材料中可溶性物质的污染，因此对化验室用水的贮存有严格的要求。一级水不可贮存，临用前制备，二级水和三级水可适量制备，分别贮存在预先经同级水清洗过的相应容器中。

不同等级纯水均应盛放在密闭、专用的聚乙烯容器中。三级水也可以使用密闭、专用的玻璃容器。新容器在使用前应当用 20% 盐酸溶液浸泡 2～3 天，再用实验用水反复冲洗，并注满实验用水浸泡 6h 以上，沥干后使用。

五、试剂使用与保存

（一）化学试剂纯度及适用范围

优级纯的化学试剂主成分含量不小于 99.8%，杂质含量低，适用于精密分析检测。分析纯的纯度略低于优级纯，杂质含量略高于优级纯，适合待测组分在毫克每升级别的常量分析。化学纯与分析纯的纯度相差较大，适用于化学实验和合成制备。实验试剂主要用于普通化验。高纯试剂分为超纯、特纯、光谱纯、色谱纯等，如色谱纯是指在进行色谱分析时，杂质含量用色谱分析不可检出。

化学试剂的纯度越高，其价格越贵。应根据检测目的、检测方法及检测指标的浓度水平等选用合适的试剂，在满足检测要求的前提下，经济合理使用。一般情况下，试剂级别的使用原则是就低不就高。在水质检测中，最常用的试剂主要为优级纯和分析纯。优级纯常用于配制分析中的关键试剂或作为基准物质，分析纯常用于配制一般试剂。对于检测含量在 $\mu g/L \sim ng/L$ 级别物质的高灵敏度仪器分析方法，如高效液相色谱法、气相色谱法等，要使用与之相对应的高纯试剂。常用化学试剂的纯度及适用范围见表 7-2-4。

表 7-2-4 常用试剂纯度及适用范围

试剂级别	试剂纯度	符号	标签颜色	适 用 范 围
一级	优级纯	GR	绿色	常量分析中的关键试剂（mg/L）
二级	分析纯	AR	红色	常量分析中的一般试剂（mg/L）
三级	化学纯	CP	蓝色	一般化学实验
四级	实验试剂	LR	黄色	辅助试剂
—	高纯试剂	EP	—	痕量分析（$\mu g/L \sim ng/L$ 级别）

（二）试剂使用注意事项

使用试剂前，首先要认真辨识标签及其他注释，确保正确无误使用。取用试剂时，标签要向着掌心。试剂使用过程中应保持清洁，取下的瓶盖不要随意放置，应倒放在实验台面上，用后立即盖好，防止污染或变质。称量固体试剂时所用的硫酸纸或小烧杯、药匙应干净、干燥，每种试剂使用一个药匙，不可混用。称量多余的试剂不可倒回试剂瓶中，使用后应立即将药匙清洗干净。液体试剂用吸管、滴管取用，不可使用药匙。

（三）试剂保存注意事项

氧化剂、还原剂必须密闭、避光保存。强氧化剂、强还原剂不可置于同一个柜子中。易挥发的试剂应放于阴凉、通风处保存。易燃易爆试剂应贮存于避光、阴凉、通风处，并有安全防护措施。剧毒试剂要专门妥善保管，单独存放，实施双人双锁管理，并做好取用记录。

六、水质化验室管理常见问题、危害影响或可能的原因分析及处理方法

水质化验室管理常见问题、危害影响或可能的原因分析及处理办法见表 7-2-5。

表 7-2-5　水质化验室管理常见问题、危害影响或可能的原因分析及处理办法

问题类别	常见问题	危害影响或可能的原因分析	处 理 办 法
（一）化验室日常管理薄弱	1. 下班时各种化验检测产生的垃圾不及时清理，留待第二天上班时清扫处理	1. 化验室产生的垃圾，包括微生物检测带来的生物垃圾和理化检测产生的化学垃圾，如果不及时清理，由于微生物的繁殖及一些化学物质的挥发等原因，一方面会污染环境，影响检测结果；另一方面会给检测人员带来健康危害。其原因可能是新来的化验员上岗前仅进行了一天的培训，不熟悉化验室工作基本制度或执行化验日常管理制度不严格，养成了松懈懒散坏习惯	1. 严把化验室招聘人员之条件。加强化验员上岗前的培训和考试，培训学习时间最好不少于 3 个月。严格做到招聘的化验员具有中等职业技术学校以上学历，不具备这一条件的，应具有高中学历，掌握中学化学和物理基础知识；科室或水厂负责人加强对化验室日常管理监督检查，对发现不严格执行制度的情况，给予批评教育并切实纠正
	2. 水质检测工作完成后，一些人员对用过的试剂、容器、器皿等不放回原位，随意放在操作台上	2. 由于水质检测项目较多，往往仅一个指标检测就会使用多种试剂、容器或器皿。随意摆放的结果，①会导致错用试剂；②因错用容器或器皿有可能导致检测试样被污染，如使用检测氨氮项目吸取纳氏试剂的刻度吸管，再进行汞项目的测定，将会带来严重的汞污染；③一些检测指标中规定了一些试剂需要低温保存，随意放置在操作台上，特别是夏季由于环境温度过高，导致试剂失效	2. 加强岗前培训，要求检测人员必须熟悉并掌握最基本的化验要求；增加定期业务操作技能的考核；化验室负责人切实负起监督检查责任，批评教育并纠正不良现象
	3. 每天上班前化验台面和地面卫生较差，在不清扫的情况下就开展化验	3. 其原因可能是水厂规模不大，化验室只有 1 人，长期工作产生懒散厌倦情绪。水质检测化验室的沾污有很多方面，环境卫生就是其中一个。由于地面和化验台遗留的试剂和污染水样可能会给第二天化验带来污染，因此要求化验完毕必须将化验台面和地面打扫干净	3. 将化验员送到有资质的正规水质化验检测单位实习，熟悉并养成化验室检测工作的好习惯，提高规范化实际操作能力

续表

问题类别	常见问题	危害影响或可能的原因分析	处　理　办　法
（一）化验室日常管理薄弱	4. 用后的废液（如检测挥发性类或阴离子合成洗涤剂萃取用的三氯甲烷）直接倒入水池流进下水道	4. 水质检测中一些废液不经处理直接排放会影响环境，甚至有可能造成土壤污染，直接影响农作物，还有可能污染饮用水的水源。三氯甲烷是毒理学指标，随意排放会造成饮用水水源污染。目前常规的水处理方法不能去除这类污染物	4. 定期组织化验室工作人员学习三废的管理规定、处理原则及处理方法，总结执行化验室规章制度的心得体会，经验教训，增强化验室工作人员对规章制度的理解和执行制度的自觉性。并写出工作总结与心得体会报告，送单位主管，作为季度业绩考核的依据之一
	5. 上班期间，穿的工作服不定期清洗或随意穿着普通衣服	5. 穿工作服进行水质化验，既为保护工作环境又为保护工作者。做化验期间难免有试剂或污染水样溅洒在衣服上，导致衣服被污染，因此应经常清洗，不能随意穿着它在化验室进进出出，特别是吃饭时更不能穿着它	5. 实验室负责人应给检测人员配备洗衣机，并配备备用的工作服，规定由专人负责每周收集工作服进行清洗，同时经常检查检测人员的工作服是否符合要求
	6. 上班期间化验室人员或访客不更换工作服进入化验室商谈事情	6. 水厂内同事或个人亲友进入化验室，不好意思拉下脸，要求他们按制度办事。水质化验室是特殊的工作岗位，与其他岗位不同，出于生物安全和化验的要求，与化验室工作无关的访客或同事商谈事项不能随意进入化验室	6. 完善外来人员进入化验室的管理制度，对违反规定的化验人员进行批评教育，甚至处罚
	7. 化验室只有年度工作计划，没有单月（周）工作计划	7. 水质检测的项目多，频率也不尽相同，就水质检测指标而言，日检、月检及年检的指标各不相同，工作计划不详细，无法开展日常检测工作	7. 分管领导应该对年、季、月、周和日工作计划的制订提出更加具体的要求，以便工作人员执行
	8. 化验室工作日志未按规定填写。如工作日当天漏填，次日凭回忆填写前一日内容	8. 化验员执行制度自觉性和责任心不强，缺少不同岗位之间执行制度交叉检查验证	8. 完善工作日志的填写要求，并定期进行检查，发现问题进行批评教育
	9. 只有当年的化验室工作日志记录本，上一年度的不知放哪里了	9. 化验室工作日志记录本，特别是一些跟检测有关的数据结果等技术资料，如果丢失将无法进行动态分析，出现问题后会影响原因的溯源	9. 作为技术资料，应该按照档案要求进行管理，明确技术档案的保留时间，并按照档案要求进行整理和存放保管
	10. 危险化学品及标准溶液或菌株的记录不全，包括将有毒试剂和其他试剂在内的所有药剂、试剂都贮存在一个储物柜，并且由同一人保管钥匙	10. 水质检测中使用的危险化学品，特别是一些禁忌化学品放在一起贮存，可能引发安全事故。《危险化学品仓库储存通则》（GB 15603—2022）对八大类化学危险品的贮存及管理作了详细的规定。标准溶液、标准菌株如果与其他试剂随意存放，会导致标准品被污染，将影响检测结果	10. 开展《危险化学品仓库储存通则》（GB 15603—2022）的学习培训，细化本水厂化验室危险化学品、标准溶液及菌株的管理制度，负责人或分管领导，对执行情况经常进行检查，发现问题及时纠正
	11. 下班忘记关闭照明灯、空调、电源接线板	11. 这将给化验室安全带来极大隐患。水质检测化验室中常常使用易燃气体和易燃液体等试剂，由于线路板超时过热，或在极端天气下出现火花，极易发生火灾	11. 严格执行化验室安全管理规定，对新入职的人员必须经过岗前培训合格后方可上岗，同时加大检查和处罚力度

续表

问题类别	常见问题	危害影响或可能的原因分析	处 理 办 法
（一）化验室日常管理薄弱	12. 自己用的喝水杯放在操作台上，边工作、边喝水；或上班期间，吃零食，嗑瓜子	12. 水质检测化验工作虽然环境洁净，但是检测工作中需使用的一些化学试剂或标准菌株可能具有毒性或危险性，在工作区域喝水吃东西对身体健康不利，可能影响检测结果的准确性	12. 在化验室建设初期，就应将化验工作区与生活休息区截然分开。明确各功能区的不同要求，明确规定禁止在化验工作区吃饭喝水等行为
	13. 化验记录表填写事项不全，如化验时的"检测环境"一栏只填写"符合要求"，未填写具体的室温和湿度；原始记录常见随意涂改或后补的迹象	13. 化验记录是水质检测中最重要的技术文件之一，通过它才能撰写水质检测报告；出现问题时，通过它可以追溯原因。原始记录中每一条信息对检测结果都是有用的，如一些检测指标对检测环境中的温湿度有要求，温度过高或过低，湿度过高将影响检测结果，填写不具体，以后出现问题无法追溯。原始记录必须保持其原始性。填写中可能出错，可以修改，但是必须按照规范的修改方式进行	13. 应对原始记录提出以下要求： （1）制作规范化的水质检测记录表格，并将填写项目具体化，如检测环境一栏中，标注温度和湿度 （2）制定有关检测记录表填写要求，其中规定必须保持原始性，不能后补；规定对写错数据或文字的修改以及不能随意涂改等要求
（二）仪器设备使用管理不规范	14. 化验室急需开展金属和有机物指标的检测工作，领导自己做主，匆匆购买了原子吸收和气相色谱仪器，但操作人员验收时发现购买的检测金属指标的空心阴极灯用于检测三氯甲烷和四氯化碳的检测器不对，导致工作延迟	14. 原子吸收法测定水中各类金属指标，每种元素需要不同的空心阴极灯；气相色谱法检测有机物，不同的检测指标需要不同的检测器。由于化验室领导对水质检测业务不熟悉，购买仪器时又没有跟技术人员商量所致	14. 完善仪器设备购置管理程序，程序包括首先由操作人员提出申购需求、领导组织召开专门论证会，确定无误后技术负责人签字，再执行外购程序
	15. 仪器买到后，化验操作人员对仪器外观和各部件的数量进行验收确认，表明购买合同已完成。但是开始使用时发现该仪器的定量检测浓度达不到检测方法的要求，甚至达不到水质评价标准的要求，无法使用	15. 这是仪器验收环节出现了问题。验收环节不仅仅是外观的验收，更重要的是技术指标的验收。目前水质检测仪器种类和品牌很多，采购的仪器必须经过技术验收环节。通常理化测定仪器的验收参数包括检出限、标准或工作曲线、精密度和准确度等	15. 完善仪器和试剂验收制度，并培训至每个化验操作人员；验收记录中明确注明需要验收的内容，并对验收记录进行整理归档管理
	16. 仪器设备操作规程贴在距操作台较远的背面墙上	16. 编制仪器设备操作规程的目的是让所有人按照操作规程中的步骤统一进行操作，所有操作规程应该放在便于查看阅读使用的仪器旁边	16. 离子色谱仪、气相色谱仪、原子吸收分光光度计、原子荧光光度计和紫外可见分光光度计等要分别编制操作规程，除一份存档外，另一份应放置在仪器旁边，便于随时查阅使用。对于上述这些仪器应该进行专门的培训，考核合格后方允许使用

续表

问题类别	常见问题	危害影响或可能的原因分析	处 理 办 法
（二）仪器设备使用管理不规范	17. 操作人员每天需要使用余氯比色计在现场测定水中消毒剂余量指标，测定完最后一个水样后，不将显色杯中溶液倒掉，仍然放在仪器中，待下次测定时再倒掉	17. 这样做的结果会在比色杯壁上积存残留的紫色，导致下次测定结果不准；时间久了还会导致比色杯壁上的颜色难以清洗干净，影响其寿命	17. 应该养成良好的工作习惯，检测完毕应该按照关机顺序，关闭仪器，清洁仪器周边卫生，同时对检测使用的器皿及时清洗、归位
	18. 化验人员在现场使用检测仪器时，事先不检查其状态是否正常，拎着箱子就走；操作大型仪器时，不填写仪器使用记录	18. 如果不事先检查现场仪器的状态，有可能到现场才发现所带用品不全（比如试剂包量不够，未带比色杯等），使用电池的设备，电池电量不足，导致现场无法开展工作。检测原始记录缺少仪器使用记录	18. 化验室操作规程制度应包括：（1）建立外出用检测仪器领用记录，记录中包括借出前和归还后仪器状态，要求外出前后必须填写（2）完善仪器使用记录制度，记录内容包括检测内容、仪器状态（使用前、中、后仪器状态）、使用情况及检测人员等信息，并按照前面提到的要求，正确、全面及时填写
	19. 使用1‰天平测定水中溶解性总固体，几年使用下来从不检查仪器的性能	19. 对于经常使用的检测仪器，由于使用频率较高，久之会导致其性能改变，影响检测结果。对于申请化验室资质认定的化验室，要求检测仪器使用前必须找有资质的单位进行检定或校准，并要求制定使用期间核查计划，定期核查	19. 不对外出具报告的内部检测化验室，为确保检测结果的准确性，必须进行检测仪器自检，包括首次自检和定期的期间核查。核查的内容可用参数计量认证监督或校准方法中可操作方法自行核查，并建立核查记录。如天平核查，使用校准好的砝码，按照天平检定中要求，在天平规定的位置进行称量测定并按照要求进行计算和评价
	20. 化验室对检测用仪器很少进行维护，或仪器的部件损坏修理后不再核查就接着使用	20. 检测仪器不进行维护，会导致性能很快下降。维护的内容除检测后的保洁外，还应该增加相关内容的维护。如果仪器的关键部件损坏修理后不经核查就使用，很可能造成检测结果有偏差	20. 建立仪器维护记录，此记录可以与仪器使用记录并使用，维护内容可节选仪器使用说明书中"仪器维护"部分内容，要求操作人员要定期对仪器进行维护并记录。关键部件损坏修理后，应重新核查，同时还要对损坏前检测的样品其准确性进行评估
	21. 称量试剂时，天平的用法不正确	21. 化验室检测常规指标用的天平通常为1‰和1%。称量方法不正确，会造成试剂的量不准，还会影响天平的寿命	21. 常用的天平是电子天平，使用天平称量试剂时，试剂应放在硫酸纸上或小烧杯中。天平应放置于平稳的台面，避免震动的影响。称量前应将天平调至水平位置，检查并调整水平仪使之处在圆圈的正中央。将被称量物的容器放置天平上，将天平去皮后称量。增减试剂时，应取出器皿，在天平外增减，避免试剂掉落在天平托盘上。平时应将放入适量干燥剂的烧杯放在天平罩内，保持天平干燥

问题类别	常见问题	危害影响或可能的原因分析	处　理　办　法
（二）仪器设备使用管理不规范	22. 用浓硫酸配制稀硫酸溶液时，在烧杯中先加入浓硫酸后再加入水，发现烧杯中水出现沸腾甚至溅出烧杯的现象	22. 由于浓硫酸稀释时会放出大量的热，如果先加入浓硫酸后加水，就会放出大量的热，会使加入的水急剧升温，进而使其沸腾，导致水四处飞溅，并把硫酸也带出来，灼伤操作人员	22. 正确做法：将盛一定数量水的烧杯放置在一个放有冷水的塑料盆中，将装有浓硫酸的量筒或吸管紧贴烧杯壁缓缓将浓硫酸加入水中，并且用玻璃棒不断搅拌，以便于散热
	23. 测定耗氧量指标时，使用的三角瓶用自来水涮洗后直接取样检测，结果发现开始检测的样品耗氧量结果总是偏高	23. 说明三角瓶壁没有洗干净，壁上沾污了有机物，导致开始使用时结果偏高	23. 选用适宜的洗液进行清洗。用于水质检测的洗液有铬酸洗液、硝酸洗液和洗涤灵等。检测有机物的玻璃器皿应使用铬酸洗液；测定一般金属指标的玻璃器皿常常使用硝酸洗液。无论使用哪种洗液，首先用自来水冲洗，再使用洗液清洗，并浸泡一定的时间，用自来水冲洗，最后纯水冲洗。鉴别玻璃器皿是否洗干净的方法：洗涤后的器皿内壁应能均匀的被水润湿，器皿内壁若有不沾水的地方，说明有油垢，应重新洗涤
	24. 测定六价铬的比色管用铬酸洗液洗涤后发现标准系列中的零管经常检出六价铬	24. 这是因为铬酸洗液在配制中使用了硫酸和少量重铬酸钾，如果未将洗液彻底清洗干净，会导致零管结果偏高，甚至还会导致出现假阳性结果	24. 测定六价铬的采样溶液、比色管及吸管不要使用铬酸洗液洗涤
	25. 检测阴离子合成洗涤剂的分液漏斗检测前，使用洗涤灵清洗后，发现标准系列的零管常常检出阴离子合成洗涤剂	25. 因为洗涤剂含有待测物的成分，使用洗涤剂洗涤的分液漏斗，清洗洗液不彻底，导致检测零管偏高，甚至导致水样出现假阳性	25. 检测阴离子合成洗涤剂项目的玻璃器皿禁止使用洗涤剂
	26. 器皿洗涤后，用酸液浸泡时不戴手套	26. 由于硝酸洗液具有较强的腐蚀性，不戴手套去捞取浸泡在酸缸中的玻璃器皿，非常容易将手灼伤	26. 必须佩戴长一点的橡胶手套，确保手臂不被酸侵蚀到，必要时还要佩戴护目镜
	27. 用于现场余量比色的试管，洗涤时常常使用试管刷清洗，久而久之导致试管壁出现划痕	27. 使用带有划痕的比色管进行比色，壁的划痕会影响光的吸收，导致结果发生改变	27. 用于分光光度计比色的比色管或比色皿，以及用于目视比色的试管，洗涤时禁止使用试管刷，发现上述器皿壁上出现划痕应废弃，换用新的器皿
	28. 因为任务急，事前又没准备好，匆忙地将洗好的刻度吸管、大肚吸管和容量瓶放入烘箱进行高温烘干后取出使用	28. 刻度吸管、大肚吸管和容量瓶用于精确称量的器皿，经常性的高温烘烤会使其体积发生改变，导致量取的体积或定容的体积不准，测定结果不准	28. 禁止用烘箱高温烘干刻度吸管、大肚吸管和容量瓶等具有精确量取刻度的器皿，应事先将这些器皿洗涤后自然放干后备用

问题类别	常见问题	危害影响或可能的原因分析	处　理　办　法
（二）仪器设备使用管理不规范	29. 多次使用后的铬酸洗液，其颜色由原来的红色变为绿色	29. 重铬酸钾是强氧化剂，使用它可以将壁上存留的有机物破坏掉洗净，但同时也会失去其氧化作用，使原洗液重铬酸钾中铬的价态发生了改变，导致洗液的颜色由原来的红色变为绿色	29. 发现铬酸洗液变为绿色后，说明洗液失效，应重新配制
	30. 长期使用后已出现变质的洗液随意处置	30. 长期使用的铬酸洗液会变质，不能继续使用；硝酸洗液会含有较多的杂质，长期反复使用导致被洗涤的玻璃器皿被污染，因此应定期废弃	30. 不能直接将洗液倒入下水管。含有大量硫酸或硝酸成分的洗液，会腐蚀管道，或可能产生大量热，引发安全事故。应按照制度规定将洗液稀释到非常低的浓度后弃掉
（三）化验室用水不符合要求	31. 用原子荧光法测定砷、汞，或用原子吸收法测定金属离子时，常常出现水样检测结果为负值，有的负值会很高	31. 检查检测用水是否出了问题。《分析实验室用水规格和试验方法》（GB/T 6682—2008）将实验用水分为三级，常规的水质检测指标通常使用二级水，如果纯度不够，导致检测中零管即空白管有微量物质检出，在待测样品含量非常低的情况下，就会出现负值	31. 检查化验室所用纯水的纯度，用电导仪测定纯水是否能达到二级及以上，如不能达到，应尽快更换滤芯，补救办法，先购置屈臣氏牌和娃哈哈牌的瓶装水进行试验
	32. 测定水质三氯甲烷和四氯化碳指标时，标准曲线的零管常常有三氯甲烷或四氯化碳检出，甚至浓度高于待测样品	32. 主要原因是化验用水出了问题，一些化验室购置的制水机，其反渗透膜质量差或活性炭滤芯失效，导致化验用水含有待测物质	32. 处理办法如下： （1）更换制水机滤芯，首先更换活性炭滤芯，因活性炭对三氯甲烷和四氯化碳具有较强的吸附能力，效果明显。 （2）配制三氯甲烷和四氯化碳标准曲线前，先将纯水煮沸后再用，这样可以去除大部分的三氯甲烷和四氯化碳
	33. 检测人员将制水机制出的纯水放在玻璃瓶中便于使用，但放置时间过长。检测时发现水样一些指标空白管值很高	33. 检测用水贮存期过久，空气中二氧化碳、氨、微生物和实验室使用的一些试剂会污染纯水；此外，将纯水长期放置在玻璃瓶中，玻璃内的一些杂质，如金属杂质，也会溶到纯水中，污染纯水	33. 处理办法如下： （1）制备标准曲线或配制试剂的纯水应选用新鲜制备的水。 （2）实验用纯水贮存时间不宜过长。 （3）尽量选用专用的聚乙烯、聚丙烯等材质的容器存放检测用纯水，并确保密封贮存。
	34. 化验用制水机缺乏日常维护	34. 化验用水关系到检测结果的准确性，制水机维护不好，纯度下降，含有大量的待测物质导致零管或空白结果增加，影响检测结果	34. 常用的维护内容至少包括： （1）制水机应放置在较洁净的房间，并远离有酸缸的洗刷室。 （2）定期按照《分析实验室用水规格和试验方法》（GB/T 6682—2008）测定出水水质。 （3）经常用电导率测定仪检测出水水质是否能够达到二级水的要求。 （4）定期更换制水机内的滤芯。 （5）纯水贮存瓶应选用适宜的材质、专用并有明确的标识，贮存期间注意密封，并确保贮存瓶内的洁净

问题类别	常见问题	危害影响或可能的原因分析	处 理 办 法
（四）试剂使用与保管不符合要求	35. 一些化验室因为房间少，常把氢氧化钠、氢氧化钾、硫酸、硝酸和盐酸放在一个柜子里，甚至交叉混在一起	35. 这些强酸强碱均为腐蚀性化学试剂，酸和碱结合会发生剧烈反应并释放大量热量	35. 《危险化学品仓库储存通则》（GB 15603—2022）严格规定了化学危险品的贮存要求，并详细介绍了各种化学危险品试剂的贮存方法，应该严格按照该标准中的要求隔离、隔开或分开贮存，以防发生安全生产事故
	36. 称取后的无水氯化钙试剂，瓶盖未拧紧就放回存储柜，导致下次使用发生潮解	36. 无水氯化钙试剂极易吸收空气中水分和其他物质，造成试剂潮解或发生化学反应，导致再次称重时氯化钙的含量不足影响化验结果	36. 除禁忌物不能贮存在储柜外，化学试剂的贮存条件也非常关键，多数试剂贮存原则如下： （1）密闭：对于易挥发的试剂，如浓盐酸、浓硝酸、三氯甲烷、丙酮等；易与水蒸气和二氧化碳作用的试剂，如无水氯化钙和氢氧化钠等；易被氧化或还原的试剂，如亚硫酸钠和硫酸亚铁等，贮存时应注意将瓶盖盖紧。 （2）避光：一些受热易分解的试剂，应置阴凉处见光易分解的试剂，应放置在棕色瓶中。 （3）通风：易燃有机物试剂和强氧化剂等。 （4）低温：对于室温下易发生反应或易挥发的试剂，如丙酮、三氯甲烷等有机试剂应低温存放。 （5）防腐蚀：如高锰酸钾试剂和一些有机溶剂不可用带橡胶塞的试剂瓶存放；氢氧化钠和氢氧化钾试剂不能用带玻璃塞的试剂瓶存放
	37. 称量试剂时，常把多余的试剂又倒回试剂瓶，或在量取标准溶液时，将多余的溶液倒回原瓶中	37. 把量取过程中被沾污的剩余试剂放回原试剂瓶，会导致原试剂瓶中的试剂被污染，影响以后使用；如果污染了标准溶液，将导致检测结果出现异常	37. 称量化学试剂时应采取少量多次的量取方式，尽量不浪费试剂，但也不能把剩余的试剂倒回去。用刻度吸管或大肚吸管量取标准溶液时，应选用适宜容积的吸管。如有多余的标准液，应倒入水池或废液瓶中，不能倒回原瓶
	38. 称量试剂时常使用试剂勺，通常将试剂勺放在天平室，每次使用完后不洗刷，反复使用，无论称量何种试剂	38. 每次用试剂勺量取试剂后会有少量被量取的试剂沾污在勺上，如果不清洗，反复使用，前面试剂的污染可能干扰后面指标的检测；特别是遇到禁忌物可能发生反应，会使称量的试剂失效	38. 每次称量完毕，必须将试剂勺进行清洗；为避免一些干扰物的干扰或禁忌物间的化学反应发生，尽量专勺专用

问题类别	常见问题	危害影响或可能的原因分析	处理办法
（四）试剂使用与保管不符合要求	39. 化验室人员对购买的试剂仅检查外观和试剂包装上标注的名称，就开始使用	39. 一些试剂可能含有待测物质，影响检测结果；一些培养基质量问题可能造成细菌无法生长，使用前仅仅靠外观检查验收无法解决上述问题	39. 完善试剂验收制度，除检查外观外，对一些对检测结果有影响的试剂应该增加试验验收，如原子吸收检测使用的硝酸，原子荧光使用的盐酸，微生物使用的培养基等。试验验收的目的是看看核对所用的试剂是否有待测物质存在或符合微生物培养要求，可以按照批次，1个批次试验验收1次即可，详细填写验收记录，并将验收记录作为技术资料存档保存
（五）安全管理存在薄弱环节	40. 化验室的灭火器长期存放在某一处，标注的使用年限早已过期，从未更换	40. 超过有效期的灭火器即使没有失压也有可能有干粉结块等其他问题，造成灭火效果降低或失效	40. 完善相关制度，按照要求进行检查，对于使用年限过期的灭火器进行定期更换
	41. 灭火器放置在远离实验台、不方便就地拿取的墙角	41. 一旦发生火灾，不能及时拿到灭火器，可能造成火灾蔓延	41. 放置在便于拿取的地方，并告知每位检测人员，定期进行灭火知识培训和演练
	42. 化验室地面或操作台上有散乱的电源接线、插板等	42. 化验过程中需要使用一些试剂，特别是会使用一些易挥发和易燃的试剂，以及使用乙炔易燃气体，如果无序地乱放和使用接线板，极易因火花引起安全事故	42. 完善化验室水电气安全管理规定，水厂负责人不定期抽查安全生产制度执行情况，发现隐患及时纠正，对相关人员批评教育，在业绩考核中酌情扣分
	43. 化验室内经常堆放着购置设备或试剂器皿时的纸质包装箱，有的化验室还用纸质包装箱存放其他物品	43. 纸质包装箱是极易引起火灾的导火索，输电线路老化或化验时使用明火电炉，如不慎点燃纸质包装箱，会造成火灾发生	43. 安全管理规定不能在化验室放置纸质包装箱，仪器、试剂和器皿纸质包装拆开后及时移出化验室。定期进行安全检查，在每周生产例会中增加安全教育的内容
	44. 在配制硫酸溶液或用高氯酸盐酸消化水样时不佩戴防护面罩和眼镜等防护用品	44. 高氯酸、硫酸和盐酸都具有极强的腐蚀性，操作不慎会灼伤皮肤或造成呼吸道黏膜受损	44. 配制化学试剂时应穿戴适宜的手套，特别是在配制强酸（铬酸洗液）或采用高氯酸消化水样时，还要佩戴防护面具和眼镜等
	45. 化验室缺少专门的安全管理规定	45. 水质检测化验室会使用易燃试剂及气体、危险化学品等，安全管理制度不健全，会存在安全隐患，带来严重后果	45. 化验室必须制定安全管理制度，全体员工都要认真学习掌握，安全生产管理负责人要定期检查执行、落实情况，对违反者批评教育，给予必要的惩罚。涉及到的安全管理制度或规定至少包括：检测人员和化验环境安全管理化验室电气设备安全管理、化验室压缩气体和液化气体安全管理、化验用试剂安全管理、化验室废弃物安全管理等

七、试剂标签、仪器使用记录样例

(一)试剂标签样例(表7-2-6)

表7-2-6　　　　　　　　　试　剂　标　签

试剂名称:	
试剂浓度:	
配制日期:	失效日期:
配制人:	

(二)仪器基本情况样例(表7-2-7)

表7-2-7　　　　　　　　　仪　器　基　本　情　况

仪器名称			
型号		规格	
生产厂家		出厂日期	
工作环境			
主要技术参数			
检定校准记录			
备　注			

（三）仪器使用记录样例（表7-2-8）

表7-2-8　　　　　　　　　　　　　仪 器 使 用 记 录

使用日期/（年-月-日　时：分）		仪器性能状况		检测内容（名称、数量及样品编号）	仪器测试条件	环境条件	使用人	保管人	备注
起始	终止	起始	终止						

注　检测内容、仪器测试条件可直接填写相关文字内容，也可填写相关的文件编号（如原始记录编号）以便溯源。

八、案例

（一）四川成都东风水厂水质检测管理做法

东风水厂隶属于成都金堰水业有限责任公司，建于2009年，是以国家"农村饮水安全工程""农村饮水提升保障工程"为依托建立的农村集中供水工程，主要供水区域为金堂县东南16个乡镇。水厂设计日供水规模8万t，分三期建设，目前已建成每日5万t能力，实际日供水量3万t；设计供水覆盖人口40余万人，目前实际供水人口20余万人。供水管道呈树枝状敷设，末端用户距离水厂约60km。水厂使用二氧化氯消毒，夏季气温较高时，二氧化氯衰减较快，在比较偏远的乡镇，消毒剂残留量几乎为0。为了使管网远端水质合格，分别在高板、隆盛、广兴等地修建了19处补氯点，根据管网水消毒剂残留量，适时补加次氯酸钠。

1. 建立健全水质检测体系

（1）实行四级水质检测制度。第一级为最基层的所站，负责每日对管网水消毒剂余量、色度、浊度等6项指标进行检测；第二级为公司本部，公司的实验室按照《四川省生活饮用水卫生监督管理办法》和《生活饮用水集中式供水单位卫生规范》规定的频次和检测项目开展自检（见表7-2-9），每月对原水、出厂水、管网末梢水进行检测，目前实验室能够检测46项指标；第三级为县疾控中心，每年的枯水期、丰水期分别对水源水、出厂水、各个乡镇管网水取样进行监测，取样点约90多个，每个水样检测34项指标；第四级为国家级，每年10月公司送水样至国家水质检测中心成都检测站进行106项全指标检测。近年来供水水质均符合国家《生活饮用水卫生标准》。

表7-2-9　　　　　　　　　　　　水质检测项目及频次表

水样类型	测定项目	检验频次	检验单位
水源水	浑浊度、色度、肉眼可见物、COD$_{Mn}$	每日1次	公司实验室
	细菌总数、总大肠菌群、粪大肠菌群，以及《生活饮用水水源水质标准》规定的其他检测项目	每月1次	公司实验室
出厂水	浑浊度、色度、肉眼可见物、臭和味、pH值、水温、二氧化氯	每日4次	公司实验室
	碱度、总硬度、COD$_{Mn}$、细菌总数、总大肠菌群、粪大肠菌群	每日1次	公司实验室
	《生活饮用水卫生标准》中表1全部常规检测项目及非常规检测项目中可能含有的有害物质	每月1次	公司实验室
管网末梢水	浑浊度、色度、肉眼可见物、臭和味、pH值、二氧化氯（余氯）	每日1次	供水营业所
	浑浊度、色度、肉眼可见物、COD$_{Mn}$、细菌总数、总大肠菌群、二氧化氯	每月2次	公司实验室
	《生活饮用水卫生标准》中表1全部常规检测项目及非常规检测项目中可能含有的有害物质	每季度1次	公司实验室

（2）充实并严格管理水质检测实验室设备。公司水质检测实验室下设综合实验室、药品贮存室、无菌室等功能单元。综合实验室有pH值检测仪、紫外分光光度计、分析天平、色度仪、台式浊度仪、便携式浊度仪及便携式二氧化氯检测仪、原子荧光光谱仪、ECD气相色谱仪等，可进行34项常规项目和12项非常规项目的检测工作。仪器设备根据实际需求配备并有专人管理，制定详细的操作规程，委托有资质的计量检定单位定期对仪器设备进行检定或校准，在检定或校准有效期内使用，此外还按照要求增加期间核查。

（3）提高水质检测人员能力。公司实验室现有3名水质检测人员，均获得《水质检验工》中级职称，每年参加省市组织的相关培训，还到县疾控中心及临近水厂交流学习；每年仪器厂家工作人员来厂对仪器进行校准的同时还对化验人员进行操作培训；公司还派他们到消毒药剂生产厂家参观学习。

2. 严格过程管理，确保检测数据准确

（1）为保证检测数据准确，采取以下措施。有平行双样、水样加标、留样复测、人员比对、仪器比对等方法提高检测数据质量。常用的水质检测方法是化学分析法和仪器法。由于实验人员操作手法、熟练程度及严格细心程度，或多或少会存在一些差异，同时对药品和仪器的了解不足在实验中也会遇到一些问题。如曾出现过重金属锰的检测结果存在偏差过大的情况，我们让3名检测人员同时检测同批水样，进行对比。发现原因是1名检测人员手法与另外两人不一样，经过比对后进行改正，纠正了检测结果的偏差。在使用化学分析法配药过程中，化验人员之间也会存在误差，造成所得结果差异较大。通过互相交流，取长补短，尽量避免不规范操作，将误差控制到规范允许范围。

（2）规范水样采集。根据检测目的选择取样点、取样量、采样器和取样方法。水样必须具有足够代表性，不受任何外来因素的污染。对于管网水，选取常用的自来水管（最好为不锈钢水龙头）。取样量：保证分析用量3倍以上；采样器：玻璃瓶、塑料瓶、水桶必须清洁或无菌；取样方法：一般水样要冲洗采样瓶2～3次后再采样；自来水必须先排放数分钟后再取样；在取微生物指标水样时，用高温灭菌的玻璃瓶，采样前使用酒精棉球高温烧烤水龙头灭菌（如遇塑胶龙头，灭菌时间不能过长，避免产生氟化氢、氯化氢等副产物），采样时玻璃瓶盖口朝下，避免手或水龙头接触瓶口造成二次污染，采样完毕立即盖好瓶盖。在过去几年中，曾发生采样人员不熟悉采样操作步骤，将玻璃瓶瓶盖朝上放，并在不注意的情况下触摸玻璃瓶口，造成检测时微生物指标超标。

（3）严格水样运输作业。为避免水样在运输过程中破损或丢失，我们将样品装箱运送，装运箱和盖有泡沫塑料作衬里和隔板，以减震和避免碰撞。水样采集后应尽快进行分析检验，以免水中所含物质发生物理或化学反应，影响检验结果。水厂供水范围广，管网尾端采集水样点较多，过去曾出现未能当日检测微生物，造成次日检测经常超标，改正后再未发生超标现象。夏天采集水中微生物样品时，备有便携式冷藏箱，保证合格的温度。妥善包装盛水器，避免外部受到污染，特别是水样瓶颈部和瓶盖。

（4）做好水质检测前水样的预处理。包括过滤、浓缩、蒸馏、消解，其目的是去除检测过程中的干扰物，提高检测结果的准确性以及提高检测的灵敏度等。下面举几个例子：

1）在测定氨氮指标时，遇到采集的水样浑浊或带有颜色，如果直接进行比色分析，将导致浑浊度结果高于实际值，颜色会干扰比色系列的色调，导致无法测定。遇到这种情况就增加检测前的预处理，处理方法详见《生活饮用水标准检验方法　无机非金属指标》（GB/T 5750.5—2006）中9.1.5样品的预处理章节。

2）采用氢化原子荧光测定砷、汞和硒时，在测定前必须先对水样进行消解，使水体中不同价态的物质转变成符合氢化原子荧光要求的价态后，才能够带入仪器中进一步测定，否则测定结果就不能反映全部的结果。

3）在测定挥发酚类和氰化物时，比色前首先必须经过蒸馏，蒸馏过程除蒸出待测物质外，另一方面在蒸馏过程中可以去除一些干扰物质，避免影响测定结果。

4）对于一些有机物，饮水标准中要求限值非常低，如果直接测定，检测出的最低结果会明显高于评价限值，因此无法进行结果判定，此时应该在上机前进行样品的浓缩，浓缩的方法有很多，水质检测常采用的方法包括液-液萃取、固-液萃取等方法，萃取后的待测体积会大大低于取样时的体积，起到了浓缩的作用，测定后的结果可以满足评价限值的要求。

5）严格化学试剂采购和存放。必须向有资质经营化学试剂的商家或生产单位购买。根据检测用量决定购买量，避免药品长期存放过期。实验室建立初期，就因一次购买过多的药品，导致药品过期，影响实验结果的准确性。药品储存室内安装有监控报警装置，设置了防盗门、通风橱。并按要求将剧毒药品存放于保险柜内，其他危险化学试剂也分类存放于铁皮柜内。化学试剂出入库时，严格按要求进行登记。

6）严格按照操作步骤进行检测，做到准确无误。在这方面，我们在质量控制上尚有欠缺，例如，用原子荧光做金属实验标准曲线时，相关系数（r）绝对值很少达到0.999，查找原因是在浸泡试管时受到其他药品污染，以后采取分开浸泡、清洗等措施，解决了这一问题。

3. 完善规章制度

1）依据相关技术规范，制定了本水厂的《水质检测管理办法》《水质化验报告制度》《实验室工作制度》《化验人员岗位职责》《药品领用储存及管理规定》《实验室仪器设备管理制度》等 10 项规章制度及 4 项不同设备的操作规程。每月至少两次对化验人员执行规章制度情况进行检查，每季度进行 1 次考核，确保制度得到认真贯彻和落实。

2）在 16 个乡镇固定位置设置管网水检测取样点，每个乡镇 3 个，共计 48 个。公司的检测取样和县疾控中心的取样检测位置一致，避免了取样的随意及无序。

3）重点检测的项目视季节不同而调整。水库水在春夏交替季节，温度可达到 25℃左右，库底的自然沉积物析出锰，导致原水锰含量增大到 0.15mg/L。水厂采取配水井曝气、添加高锰酸钾溶液等方法沉降，最终将出厂水锰含量降至 0.05mg/L 以下。在此期间，化验室每日对锰指标进行不低于 4 次的检测，并将检测结果反馈给净水车间，为他们及时调整高锰酸钾投加量提供依据。

4. 加强水质检测安全管理

（1）人员安全管理。

1）水质检测人员操作时必须佩戴相应的防护用品，如防腐蚀手套、口罩、防毒面具、防化眼镜等。

2）公司每月对水质检测人员进行 1 次安全教育，对化验室至少进行两次安全检查，及时消除安全隐患。

3）水质检测操作时禁止用嘴、鼻直接接触试剂，配置或启用氨水、硫酸、盐酸等易挥发、腐蚀性强、有毒物质时，必须佩戴安全防护用具。

4）在进行加热、蒸馏等操作过程中，操作人员不得离开，若因故必须暂时离开操作现场，必须停止工作。

5）定期检查化验室线路和电气设备，防止因电线、器件老化或损坏而造成安全事故，任何人员不得私自增设电源线路、随意移动电器。

6）未经公司批准，与检测无关的人员禁止进入化验室，化验室内禁止进食、吸烟。

7）检测人员每天下班之前要对水、电、门、窗等进行检查，确认安全无误后方能锁门离开。

（2）仪器设备安全管理。

1）检测仪器应按其性质、灵敏度、精密程度固定存放位置，不得随意存放。精密仪器放置应与化学处理台面分开，以防止腐蚀性气体腐蚀仪器。

2）烘箱、电炉应放置在阻燃的地面或台面上，天平及其他精密仪器应放在防震、防晒、防潮、防腐蚀的房间，小件仪器用完后存放在仪器柜中。

3）定期对需要校准的仪器进行校准，如发现有误及时纠正，并做好台账记录。

4）玻璃仪器应分类存放，使用、洗涤时应轻拿轻放，以防破碎。检测工作结束后，应及时清洗并干燥。

（3）检测药品安全管理。

1）化验室只宜存放少量短期内所需用的药品。

2）剧毒药品要存放于保险柜内，按剧毒品规定进行保管和领用；易挥发性药品的贮存要严格密封，且储存在阴凉通风处；强氧化剂、强腐蚀剂释放有毒气体的化学试剂不得与其他药品混放，相互混合或接触后可产生激烈反应、燃烧、爆炸。

3）各种药剂样品标签要保持完整清晰，发现试剂瓶上标签掉落或将要模糊时，应立即贴好或重新标注。无标签或标签无法辨认的试剂都要当成危险物品重新鉴别后小心处理，不可随便乱扔，以免造成严重后果。

4）药品柜和试剂溶液均应避免阳光直晒，不得靠近暖气等热源。要求避光的试剂应装于棕色瓶中或用黑纸或黑布包好存于暗柜中。

（二）山东德州陵城区加强水质检测实验室管理的体会

实验室管理是一门学问，包括实验室的人员、仪器设备、环境条件、检验方法、检验流程、原始记录的书写、检测报告的审核、上报等管理，都需要在实践中不断总结经验。我们自 2015 年 5 月起，按照检验检测机构资质认定的要求进行运作，实行科学化、规范化、制度化、程序化管理。

1. 实验室的人员管理

（1）人员招聘。根据工作需要，按照公司招聘人员程序规定，招聘录用工作人员。经试用合格者，签订劳动合同，缴纳三险一金。

（2）人员培训、考核及持证上岗。年初制定人员培训计划，采取送出去、请进来、以老带新等多种形式培训。培训一定期限后，进行理论考试和实践操作能力考核，考核合格者，由单位发给上岗证或上机证，他才有资格从事岗位工作及操作使用工作所需的仪器设备。

每个工作人员岗位职责都十分明确，做到人人有事干，事事有人管。

2. 仪器设备管理

制定仪器设备管理制度，从仪器设备购置、验收、检定或校准、使用、日常保养、故障维修、直到最后报废都按制度规定进行。

仪器设备购置前，要货比三家，对供应商的全面情况进行评估，挑选性能质量优良、技术指标先进、价格合理、服务及时周到、讲信誉的厂家签订购买合同。仪器设备到货后，组织有关人员进行验收，不但验收外观，重点验收仪器设备技术指标是否符合合同要求，验收不合格的及时办理退货。验收合格者，收集仪器设备随机来的说明书等资料，建立仪器设备档案。

仪器设备使用前需要检定校准的，及时联系有关部门进行检定校准，检定校准证书取回后，要进行确认，存在校正因子时要会使用。检定校准合格者，贴上合格标识。

仪器设备实行专人管理，授权人员使用，每次使用要认真做好使用记录。使用人负责仪器设备日常保养维护，出现故障及时检查修理。超过使用期限不能再用的仪器设备，申请报废处理。

3. 环境条件控制

大型精密仪器设备对环境条件有要求的或检验方法对环境条件有要求的，如电感耦合等离子体质谱仪、气相色谱-质谱联用仪、原子吸收光谱仪等仪器设备，它们对化验室的温度、湿度有具体要求，为满足环境条件，配备恒温恒湿空调，每次使用该仪器检测水样，都要观察环境条件是否满足仪器运行要求，并认真填写环境条件控制记录。

4. 检验方法的验证

新检验方法使用前要进行验证，并写出验证报告，经验证人、检测室主任、技术负责人签字批准后方可扩项进行使用。验证报告要写出两方面情况：①基本情况验证，包括仪器设备是否合格、环境条件是否符合要求、有关基础资料是否齐全、检验人员技术水平是否具备等；②技术指标的验证，化学指标的验证，采用方法的准确度、精密度、检出限值等内容，物理指标要进行仪器实际操作验证，微生物指标要用标准菌株进行增菌试验、分离培养及镜检、生化试验、血清学试验等。

5. 检验流程

客户委托检验，对于大宗样品要与客户签订委托检验协议。一般常规性样品检验，由客户填写委托检验受理单，由样品受理员负责接收样品。按中心制定的样品编号规定，将样品唯一性进行编号，并做好样品登记。随后下达检验任务单，将样品该留样的留样，该检验的送检。

检测分析室接到检验任务单及样品后，按照不稳定的项目先检、稳定的项目后检的原则，合理安排时间，认真做好检测工作。检验过程中，做好原始记录及仪器使用记录。完成检测后汇总检测结果，打印检测报告。

6. 原始记录的书写

原始记录是完成检测工作的依据，本中心制定的各种原始记录表有 130 多种。原始记录信息要齐全。记录发生笔误，应杠改并本人盖章，以示负责。

7. 检测报告的审批

检测报告由编制人撰写打印，科室负责人审核，中心负责人批准签字。样品收发员做好报告登记，报告领取人签字后，发给客户取走。

8. 与水厂密切配合

与水厂紧密配合，水厂根据水源水质指标变化情况，及时调整混凝剂投加量，并根据出厂水水质指标、末梢水水质指标调整工艺流程有关技术参数和消毒剂投加量。与水厂建立联动机制。水厂如果发现水质有异常情况，及时通知检测中心检验；如果检测中心发现水质确有异常，及时通知水厂采取相应措施。

本中心是一个具有第三方地位、独立地为社会提供科学公正检测数据的生活饮用水专业检测机构。自 2016 年 10 月始，按生活饮用水卫生标准，对出厂水每月检测 1 次 42 项常规指标，每半年检测 1 次 106 项指标全分析，对水源水水质检测项目 100 余项，每次水库补水后都要进行一次检测。

第三节　水质常规指标含义及检测操作要点

我国《生活饮用水卫生标准》（GB 5749—2022）的水质指标共 97 项，其中常规指标共有 43 项，包括微生物指标 3 项、毒理指标 18 项、感官指标和一般化学指标 16 项、放射性指标 2 项、消毒剂常规指标 4 项。由于大部分地区饮用水水质很少受到放射性因素影响，因此本节只介绍除放射性指标之外的 41 项常规指标的含义、常用检测方法及原理、检测工作中常见问题与注意事项等。

一、微生物指标

常规指标中的微生物指标共有 3 项。它们反映出水可能受到污染，进而传播传染疾病。

（一）总大肠菌群

1. 指标含义

总大肠菌群是在 37℃ 培养 24～48h 能发酵乳糖、产酸产气的革兰氏阴性无芽孢杆菌。它主要来自人和温血动物粪便，也可能来自植物和土壤。一般来说，它能够指示存在肠道传染病的可能性，但它不是专一的指示菌。《生活饮用水卫生标准》中规定，每 100mL 水样中不应检出总大肠菌群。

如果在水样中检出总大肠菌群，则应进一步再检验大肠埃希氏菌，以证明水体是否已经受到粪便污染；如果水样中没有检出总大肠菌群，就不必再检验大肠埃希氏菌。

2. 常用检测方法与原理

（1）多管发酵法。本方法基本参照联合国世界卫生组织（WHO）推荐的方法，所不同的是 WHO 推荐方法为两步发酵，我国传统使用的是三步发酵。如按大肠菌群的定义（能发酵乳糖、产酸、产气，需氧和兼性厌氧的革兰氏阴性无芽孢杆菌）去做，需使用三步法方可完成。两步发酵法需时 5 天，三步法需时 3 天，故仍沿用三步法。

多管发酵法是检验水中大肠菌群公认的传统方法，以最可能数（most-probable-number，MPN）来表示结果。它是根据概率公式得出来的，用来估计样本中大肠菌群的密度。根据接种水样量和管数的不同，以 100mL 样品中所含的大肠菌群细菌的最可能数报告。

（2）滤膜法。总大肠菌群为需氧及兼性厌氧的革兰氏阴性无芽孢杆菌，将带菌滤膜置于含有乳糖的品红亚硫酸钠培养基上，经 37℃ 培养 24h 后，呈现深暗红色带金属光泽的菌落。培养基中的碱性品红呈红色，加入亚硫酸钠可改变结构变成无色化合物，这种无色化合物可被乳糖分解后的中间产物——乙醛还原成有色化合物，所以分解乳糖的大肠菌群的细菌菌落呈红色。

3. 操作要点及常见问题

（1）多管发酵法。

1）稀释度的选择：对水源水特别是不了解其污染程度且水质较复杂的水，应根据其污染程度来选择稀释度，对低污染水样，选择 10mL、1mL 和 0.1mL 3 个稀释度；如果污染较重，相应稀释度就应该更大些，如 1mL、0.1mL 和 0.01mL 或更大。在无法估计其细菌污染量时，可多做几个稀释度，待结果出来后，可根据最可能数（MPN）表格酌情选择。

2）在接种前应将水样充分摇匀，使水中的细菌能均匀分布于水中，接种后摇动试管，使水样与培养基混匀。

3）分离培养时接种阳性试管的选择：假如只接种 5 个 10mL 样品时，所有产气产酸的管都做分离培养。假如接种 15 支管，那就要选所有各管都阳性的最小样品量。例如，经培养后，5 管 10mL，5 管 1mL，5 管 0.1mL，4 管 0.01mL 均呈阳性结果，选择 MPN 编码为 5－5－4，分离培养做原来接种 1mL，0.1mL 和 0.01mL 的阳性管。

4）从尹红美蓝培养基上挑选菌落时，由于大肠菌群为一群肠道杆菌的总称，故在菌落形态、色泽等方面较复杂，方法中所述的紫黑色有金属光泽或无金属光泽的菌落是检测率最高的典型菌落；红色和粉色菌落检测率较低，从表 7－3－1 和表 7－3－2 可以看出。

表 7－3－1　　　　　　　　　　　　菌落色泽与检出的关系

培养基	黑　紫　色		粉红色	粉色
	有金属光泽	无金属光泽		
尹红美蓝平板	123/127（96.9）	195/201（97.0）	53/95（55.8）	37/69（53.6）

注　表内分母为菌落，分子为阳性菌落数，括号内数字系%。

表 7－3－2　　　　　　　　　　　　菌落形态与检测出率的关系

培养基	菌　落　形　态	菌落数/个	阳性数/%
尹红美蓝平板	1. 光滑，心紫红或黑红，中等，圆，润，凸起	153	133（86.9）
	2. 光滑，心紫黑或紫红，大，圆，润，凸起，奶油状	64	58（90.6）
	3. 光滑，黑有光泽，中等，圆，润，微凸起	43	42（97.7）
	4. 光滑，心紫红或心红，小，圆，凸起	37	24（64.9）
	5. 光滑，心黑有光泽，小圆，凸起	30	30（100.0）
	6. 光滑，心黑，中等，圆，凸起	14	13（92.9）
	7. 光滑，心黑灰，中等，圆，凸起	11	11（100.0）
	8. 光滑，心黑，小圆，凸起	11	8（72.7）
	9. 光滑，粉红，中等或稍大，圆，凸起，奶油状	11	4（36.4）
	10. 光滑，粉红或心粉红，中等，圆，凸起	9	6（66.7）
	11. 光滑，心黑及紫黑，有光泽，中等，扁平	5	5（100.0）
	12. 光滑，心紫红，大，扁平	5	5（100.0）
	13. 光滑，黑色，中等，圆，微凸	4	3（75.0）
	14. 光滑，心黑灰，大，圆，奶油状	4	4（100.0）
	15. 光滑，心黑，中等或稍大，扁平	4	3（75.0）
	16. 光滑，心紫，微凸	3	3（100.0）
	17. 光滑，心紫黑，小扁平	2	2（100.0）
	18. 干燥，心黑，中等，扁平	2	2（100.0）
	19. 光滑，紫黑或紫红色，小圆，凸起	2	1（50.0）
	20. 干燥，（粗）粉红，中等，圆，稍凸	2	1（50.0）
	21. 干燥，粉红，中等，扁平	2	0（0）
	22. 干燥，（粗）粉红，中等，圆，稍凸	2	0（0）

培养基	菌 落 形 态	菌落数/个	阳性数/%
尹红美蓝平板	23. 光滑，心灰，中等圆，微凸	1	1
	24. 光滑，紫色，中等，圆稍凸	1	1
	25. 片状生长，黑色有光泽，扁平	1	1
	26. 光滑，心灰红，中等，凸起，润	1	1
	27. 光滑，心红，中等，扁平	1	1
	28. 光滑，粉红，小，凸，润	1	0
	29. 光滑，心紫灰，大，扁平	1	0
	30. 干燥，心紫红，大，扁平	1	0

5）挑取与大肠菌群的检出率有密切关系的菌落数，在实际工作中，往往为了节省人力和时间，通常只挑取 1 个菌落，由于概率问题，很难避免假阴性的出现。所以挑菌落时一定要挑取典型菌落，如无典型菌落时，应多挑几个，以免出现假阴性。

6）最可能数 MPN 是表示样品中活菌密度的估测数。为了获得活菌数的估计数量，检品须接种多个管或经过几次稀释接种多个管，如《生活饮用水标准检验方法 微生物指标》（GB/T 5750.12）表 2 的 5 管法和表 3 的 15 管法。该两表中的 MPN 值是用概率论公式计算出来的，其假定条件。

a. 细菌均匀分布在水中，即在一部分水样中发现 1 个细菌，而在另一部分同样体积的水样中也只发现 1 个细菌。细菌是以单个而不是以多个或一个群存在于检样中而且彼此之间互相排斥。

b. 水样接种到培养基中，经过培养，其中的微生物即能生长繁殖。

c. 有适合细菌生长的条件，即采用正确的培养基，维持适当的培养温度和培养时间。

实际情况不可能与假定条件完全相符。因此，MPN 值是细菌密度的估计值。用 MPN 测定的最理想结果应是最低稀释度的全部管为阳性，最高稀释度的全部管为阴性。用该法还可测定水中的其他细菌，如沙门氏菌、粪链球菌、亚硫酸盐还原菌等，可根据细菌的不同生物特性选用合适的选择性培养基。

7）查最可能数 MPN 检索表的注意事项。《生活饮用水标准检验方法 微生物指标》（GB/T 5750.12—2006）表 3 设 3 个稀释度。检验不同污染量的水样时，可以按 10 倍加大接种量或减少接种量，所得结果可按表内数字相应降低或增加 10 倍。当怀疑水样有严重污染时，可用 10 倍稀释系列接种 3 个以上稀释度。这 10 倍稀释系列应该做到至少使最高稀释度有一管阴性。假如原来接种 $5 \times 1.0 \text{mL}$，$5 \times 0.1 \text{mL}$，$5 \times 0.01 \text{mL}$ 和 $5 \times 0.001 \text{mL}$，得出结果的阴性管数为 5-5-4-1。这些结果只有 3 个数可查 MPN 值，应选取其中所有管阳性的最小样品量（此处为 0.1mL）及其后的两个较高稀释度，即选择 5-4-1，代表样品容量是 0.1mL、0.01mL 及 0.001mL，从表查知 MPN 值应为 172 乘以 100，即 17200。对 MPN 值需要乘的倍数可参见表 7-3-3 实例。

表 7 - 3 - 3　　　　　　　　对不同稀释样品确定 MPN 值所需乘积倍数的实例

实例	其中样品阳性反应的管数					选择编码	确定 MPN
	5 支 1mL 管	5 支 0.1mL 管	5 支 0.01mL 管	5 支 0.001mL 值	5 支 0.0001mL 管	结果	所需乘积倍数
1	5	5	2	0	0	5 - 2 - 0	100
2	5	5	4	1	0	5 - 4 - 1	100
3	5	3	0	0	0	5 - 3 - 0	10
4	5	5	5	3	1	5 - 3 - 1	1000
5	0	1	0	0	0	0 - 1 - 0	10

　　表内所列阳性管组合是最为常见的，出现概率为 99% 以上，未列出的阳性组合，其总数不到 1%。因此，当从表上查不到所得的阳性管组合时，最好是重新检查原样，或参考查阅更为完整的 MPN 检索表。

　　8）结果报告。如测得结果有阳性管和阴性管组合时，可查检索 MPN 表，并根据稀释倍数计算 MPN 值。

　　测得结果 3 种稀释度的各管均为阴性时，出现 "0，0，0" 的组合，说明未检出大肠菌群。但在 MPN 值检索表中为小于 2，这是因为 MPN 值是用概率论计算出来的，不是绝对数。如报告为小于 2，似乎未达到标准；而实际是用该方法未检出大肠菌群。这种情况可报告 "未检出大肠菌群/100mL 水样"。

　　如测结果均为阳性，即出现 "5 - 5 - 5" 的组合时，说明检样中含菌数太高，以至用此稀释系列无法估计，可按 MPN 检索表中最末尾栏报告。

　　9）在乳糖发酵试验中，常常遇到产气量少或产酸不产气的情况；有时倒管内虽无气体，但在液面及管壁却可以看到缓缓上浮的小气泡。一般来说，产气量与大肠菌群检出率呈正相关，但对上述情况应予以重视，做进一步观察。

　　（2）滤膜法。

　　1）本法规定过滤水样体积为 100mL 是指经过处理后的管网末梢水。处理水样体积应根据水中的细菌密度，选择能在滤膜上长出 50 个左右大肠菌群菌落和 200 个以下的杂菌菌落的水样体积。对未经消毒处理的井水、河水或水源水过滤少。当过滤的水样体积小于 10mL 时，应该在过滤之前加 20mL 灭菌好的生理盐水混匀后过滤，这样有助于使水样中的细菌分布在整个过滤膜表面。当水样含菌量过多时，也可将 100mL 水样分成几份过滤，如每 50mL 水样过滤 1 张滤膜，或每 25mL 水样过滤 1 张滤膜。

　　2）多管发酵法与滤膜法检测水中总大肠菌群的结果作统计学比较，显示这两种方法所得到的数据都提供了大致相同的水中大肠菌群情况，因此，可任选一种。滤膜法具有操作简单、快速、经济等特点，适用于检测自来水出厂水、管网水和未受污染的地下水等较清洁的水样。但受污染较重的地面水，大口井水或浑浊度高的水，滤膜法则不适用。

　　3）品红亚硫酸钠培养基成分中含有性质不稳定的亚硫酸钠和品红，应先制备培养基，临用时再加入新鲜配制的亚硫酸钠与碱性品红的混合液。配制过程中应注意 50g/L 的碱性品红酒精液，如保存不恰当，酒精挥发，浓度会变大。亚硫酸钠水溶液需新鲜配制，煮沸灭菌后备用，切不可高压灭菌，其用量应以品红完全脱色为准。

4）滤膜灭菌方法在标准中规定用水浴煮沸灭菌。但当滤膜用量过多或需现场采样过滤时，煮沸灭菌有其不便之处，也可用高压蒸汽灭菌（115℃）或钴（^{60}Co）照射。高压灭菌后的滤膜韧性减低，易破裂，在操作时应注意。

（二）大肠埃希氏菌

1. 指标含义

大肠埃希氏菌来源于人和温血动物粪便，是判别饮用水是否被粪便污染最有意义的指示菌。若水样中检出大肠埃希氏菌，说明水体存在传播肠道传染病的高风险，必须采取消毒措施。我国《生活饮用水卫生标准》规定，每100mL水样不应检出大肠埃希氏菌。

2. 常用检测方法与原理

（1）多管发酵法。多管发酵法检出总大肠菌群阳性，在含有荧光底物的培养基上44.5℃培养24h产生β-葡萄糖醛酸酶，分解荧光底物释放出荧光产物，使培养基在紫外光下产生特征性荧光的细菌，以此来检测水中是否含有大肠埃希氏菌。

（2）滤膜法。用滤膜法检测水样后，将总大肠菌群阳性的滤膜在含有荧光底物的培养基上培养，能产生β-葡萄糖醛酸酶，分解荧光底物释放出荧光产物使菌落能够在紫外光下产生特征性荧光，以此来检测水中是否含有大肠埃希氏菌。

3. 操作要点及常见问题

与前述多管发酵法和滤膜法相同。

（三）菌落总数

1. 指标含义

水中菌落总数是评价水质清洁程度和考查水厂制水净化效果的指标，但它不指示传染病传播风险程度。据典型地区调查，水厂制水只要按照相关技术规范要求进行净化和消毒，出厂水水质都能达到标准要求。我国饮用水卫生标准规定，菌落总数限值为每毫升水样不超过100CFU（菌落单位）。小型集中式供水和分散式供水因水源与净水技术受限时，菌落总数指标限值按500MPN/mL或500CFU/mL执行。有些国家的饮用水标准没有对菌落总数进行规定。

2. 常用检测方法

取1mL水样在营养琼脂培养基上，在37℃培养24h后生长的细菌菌落总数。

3. 操作要点及常见问题

1）检验中所用一切用品必须是完全灭菌的。各种玻璃器皿，如培养皿、吸管、试管，在灭菌前应彻底洗涤干净，121℃高压蒸汽灭菌20min，或160℃干烤2h。培养基和稀释液按规定要求进行高压蒸汽灭菌。

2）做细菌总数检验时应接种一空白平皿作对照，以检验培养基、器皿的灭菌效果。

3）做样品稀释时，应小心沿管壁加入，不要触及管内稀释液，以防吸管尖端外侧部分黏附的检液混入其中。

4）将1mL水样注入平皿内时，从平皿侧加入，不要揭去平皿盖，最后将吸管直立使水流空，并在平皿低干燥处再擦一下吸管尖将余液排出，而不要吹出。

5）平皿内琼脂凝固后，不要放置太久后才翻转培养，而应于琼脂凝固后，在数分钟内将平皿翻转进行培养，这样可避免菌落蔓延生长。

6）菌落计算方法与计数报告应严格按照国家标准方法进行。

7）最后观察样品时常常发现片状菌落。这是因为倾入营养琼脂培养基没有及时混匀所致。应该水样加入平皿后，在 20min 内向平皿内倾入营养琼脂培养基，立即混合均匀。

二、毒理指标

生活饮用水水质常规指标中的毒理学指标共 18 项。

（一）砷

1. 指标含义

砷本身是一种非金属物质，无毒性。砷的化合物有三价和五价两种，都有毒性，一般三价砷化合物的毒性大于五价砷化合物。

砷在地壳中广泛存在，多数以硫化砷或金属的砷酸盐和砷化物形式存在。砷的工业污染主要是冶炼废水。饮用水水源中的砷主要存在于地下水中，来自天然存在的矿物溶出。地下水中砷的浓度主要取决于地层结构和井的深度，天然水体中浓度一般为 $1\sim2\mu g/L$，特殊情况下，有天然来源的地区，地下水中浓度可能高达 $1\sim2\mu g/L$。

饮用水中含有较多砷会对人体健康产生损害，是少数几种会通过饮用水使人致癌的物质之一。我国内蒙古、山西以及台湾等地流行病学调查已经证实它对人体健康有危害。饮用含超标砷的水会在人的几个部位致癌，主要是皮肤、膀胱和肺部。一般认为，三价砷是致癌物，国际癌症研究中心（IARC）将砷分在 A 组（使人致癌的物质）。

依据现有认识，如果饮用水中砷的浓度低于 0.05mg/L，对人体健康不会产生明显不利影响。从更安全考虑，有关国际组织和主要发达国家的现行饮用水标准对其含量浓度限值均为 0.01mg/L。我国生活饮用水卫生标准限值也是 0.01mg/L。

2. 常用检测方法与原理

砷的常用测定方法是氢化物原子荧光法。

在酸性条件下，三价砷与硼氢化钾反应生成砷化氢，由载气（氩气）带入石英原子化器，受热分解为原子态砷。在特制砷空心阴极灯的照射下，基态砷原子被激发至高能态，在去活化回到基态时，发射出特征波长的荧光，在一定的浓度范围内，其荧光强度与砷含量成正比，与标准系列进行比较后定量。

3. 操作要点及常见问题

（1）分析过程中必须采用蒸馏水或去离子水。去离子水应储存于惰性塑料容器中，某些玻璃器皿有可能含有少量砷、锑等元素。

（2）用于处理样品的化学试剂是造成污染的主要来源，因此，需要采用足够纯度的酸（或碱）。盐酸中含有砷，测定痕量的砷时尽量采用优级纯盐酸。首次使用同批次盐酸时，最好进行验收试验，确认盐酸中不含有痕量砷。

（3）操作时要特别注意不要污染溶液。由于样品间砷的浓度相差较大，对于较高浓度的样品，检测结束后防止所有使用过的器皿污染其他器皿或洗刷用酸缸。检测过程中遇到高含量砷样品时，建议检测完毕，将采样容器弃掉。

(二) 镉和铅

1. 指标含义

(1) 镉。镉主要存在于锌矿石，特别是闪锌矿（ZnS）和菱锌矿（ZnCO₃）中。河水中它的含量为 $0.02\sim0.1\mu g/L$，海水中为 $0.05\sim0.11\mu g/L$。一般认为地表水和地下水中它的含量约为锌含量的 $1/100\sim1/150$。我国饮用水水源中镉的浓度通常低于 $1mg/L$。饮用水中镉的污染可能来自镀锌管中锌的杂质和焊料及某些金属配件。食品是日常镉暴露的主要来源，每日经口摄入镉的量为 $10\sim35\mu g$，吸烟也是镉的暴露源。

镉的毒性很大。20 世纪六七十年代日本富山县神通川流域发生的"痛痛病"就是由于慢性镉中毒引起的。动物实验表明，给 5 组大鼠分别饮用含镉浓度为 $0.1\sim1.0mg/L$ 的水，未发现有明显中毒症状。但是，各组动物的肾和肝中镉蓄积量增加，并与摄入剂量呈正比例。镉最初在肾脏累积，生物半衰期为 $10\sim35$ 年。镉具有通过吸入途径致癌的证据，国际癌症研究中心（IARC）将镉及镉的化合物列入 2A 组。但没有镉经口摄入途径致癌的证据，镉的遗传毒性也没有明确的证据。肾脏是镉中毒的主要靶器官，它还会损伤骨骼。在普通人群中低分子量蛋白尿的患病率为 10% 时，肾皮质中镉的临界浓度约为 $200mg/kg$，要达到该临界值，每人每天通过膳食摄入 $175\mu g$ 镉，需要 50 年的时间。我国《生活饮用水卫生标准》中镉含量限值为 $0.005mg/L$。

(2) 铅。铅主要用于铅-酸蓄电池、焊料和合金。有机铅化合物中四乙基和四甲基铅曾经大量用作汽油防爆剂和润滑剂，这类用途在许多国家正在逐步淘汰。天然水中很少含有铅，自来水中很少有从各种天然源溶出来的铅。铅主要来自自来水入户管道系统中的水管、焊料、配件或入户连接设施。从管道系统溶出铅的量与几个因素有关，包括 pH 值、温度、水的硬度和水在管道中停留时间。软水、酸性水是管道中铅的主要溶剂。饮用水水源中铅的浓度一般低于 $5mg/L$，输送水管道系统有含铅配件的地方，浓度甚至可高达 $100mg/L$。因此，必须严把涉水产品卫生准入关，预防饮用水中铅超标。

铅的毒性：人在妊娠的第 12 周，就有铅向胎盘转移，并贯穿胎儿的整个发育过程。幼儿吸收的铅为成人的 $4\sim5$ 倍，而生物半衰期比成人要长得多。铅是一种全身性毒物并在骨骼中蓄积，影响儿童智力，对成人的肾脏有害。婴儿、6 岁以前的儿童以及孕妇是铅危害的最易感人群。铅还会直接干扰钙的代谢，或通过干扰维生素 D 的代谢而间接起作用。铅没有阈值。铅对中枢和周围神经系统都有毒性，对脑下部神经和行为产生有害影响。国际癌症研究中心（IARC）将铅和无机铅化合物列入 2B 组（对人可能致癌）。我国饮用水卫生标准铅的限值为 $0.01mg/L$。

2. 常用检测方法与原理

常用无火焰（石墨炉）原子吸收分光光度法测定水中镉和铅含量。

样品经适当处理后，注入石墨炉原子化器，所含的金属离子在石墨管内经原子化高温蒸发解离为原子蒸汽，待测元素的基态原子吸收来自待测金属元素空心阴极灯发出的共振线，其吸收强度在一定范围内与金属浓度成正比。

3. 操作要点及常见问题

1）为防止硝酸溶液中镉和铅的干扰，首次使用同批的硝酸时，最好进行验收试验，确认硝酸中不含有痕量镉和铅。

2）完成一次测量后，石墨管需冷却 10～15s，当进样"准备"灯亮后，才可再注入新的样品。

3）在原子化过程中，需要停止运行程序时，可按下"止动"开关，石墨炉即停止工作。通常在原子化时不通氩（Ar）气，以延长气态原子在光路中的停留时间，提高测定灵敏度。

4）当光路中的镜桶窗上被溅射玷污时，可取下镜筒，用擦镜纸将石英窗擦净后再装好。

5）根据石墨管的寿命或根据检测结果观察石墨管性能，检测过程中如果出现检测结果稳定性差，结果异常时，应检查石墨管是否失效并及时更换。

（三）铬（六价）

1. 指标含义

水中铬主要来自工业废水、冶金、耐火材料、化工、电镀、制革等工业废料。铬在水中主要以六价和三价两种价态形式出现，其中六价铬毒性较强，约为三价铬的 100 倍，金属铬和三价铬毒性很小。六价铬又主要以铬酸盐的形式存在，毒性也由它的氧化性引起。六价铬容易透过生物膜，可经食道、呼吸道或皮肤进入体内，有刺激和腐蚀作用。国际癌症研究中心（IARC）将六价铬列为 A 组（使人类致癌物），三价铬被列为 C 组。在大量的体内和体外实验中显示了六价铬化合物遗传毒性的活性，然而三价铬化合物没有。在正常 pH 值下，天然水中的六价铬和三价铬可相互转化，水中共存的亚铁盐、溶解性硫化物和带巯基的有机化合物可将六价铬还原成三价铬，而二氧化锰、溶解氧等将三价铬氧化成六价铬。我国饮用水卫生标准规定六价铬的限值为 0.05mg/L。

2. 常用检测方法与原理

检测铬的常用方法是二苯碳酰二肼分光光度法。

在酸性溶液中，六价铬与二苯碳酰二肼作用，生成紫红色配合物，比色定量。

3. 操作要点及常见问题

1）铁超过 1mg/L 时，与二苯酸酰二肼试剂生成黄色，产生干扰。此时改用磷酸介质，即加入 1.5mL（1+1）磷酸溶液并延长显色时间，可掩蔽 50mg/L Fe^{3+} 的干扰。汞和钼的干扰，可通过控制酸度使干扰不灵敏。

2）所用玻璃仪器（包括采样瓶）禁止用铬酸洗液洗涤，防止铬离子污染。

3）含六价铬水样应在 pH 值为 8 的条件下尽快分析，所用采样瓶壁应光滑。

4）酸度对测定结果有影响，六价铬与二苯碳酰二肼反应酸度应控制在氢离子浓度为 0.05～0.3mol/L，以 0.2mol/L 时显色最稳定。

5）温度和显色时间对测定结果有影响，一般 5℃显色 2～3min 颜色可达最深，并在 5～15min 可保持稳定，温度高时显色不完全。

6）为什么二苯碳酰二肼溶液配制后存放在室温、一段时间后溶液的颜色变深，且显色结果失效？原因是二苯碳酰二肼溶液失效所致。二苯碳酰二肼结晶应为无色，因在空气中被氧化后，所配试剂一般为淡粉色，但配制后的溶液不稳定，在室温下加速溶液颜色变深，甚至导致比色结果失效。通常需临用前配制，或配制后存于棕色瓶中并置冰箱内保存（通常可保存 0.5 个月）。颜色变深时不能使用。

（四）汞

1. 指标含义

在未污染的饮用水源中几乎所有的汞可看作是无机二价汞（Hg^{2+}），只有在淡水和海水中无机汞才会甲基化。所以从饮用水直接摄入有机汞化合物的风险较小，特别是烷基汞化合物。食物是非职业接触人群暴露汞的主要途径。从膳食中摄入的汞为 $2\sim20mg/(d\cdot人)$。

无机汞化合物的毒性主要是对肾脏的影响，它可以造成肾小管坏死，蛋白尿和血白蛋白减少。最后造成肾损伤，也会造成出血性胃炎和结肠炎，还会对神经系统造成损害。我国的饮用水卫生标准中汞的限值为 $0.001mg/L$。

2. 常用检测方法与原理

检测水中微量汞的常用方法是原子荧光法。在一定酸度下，溴酸钾与溴化钾反应生成溴，可将试样消解，使所含汞全部转化为二价无机汞，用盐酸羟胺还原过剩的氧化剂，用硼氢化钠将二价汞还原成原子态汞，由载气（氩气）将其带入原子化器，在特制空心阴极灯的照射下，基态汞原子被激发至高能态，再去活化回到基态时，发射出特征波长的荧光。在一定的浓度范围内，荧光强度与汞的含量成正比，与标准系列比较定量。

3. 操作要点及常见问题

1）在分析过程中所用实验用水应采用蒸馏水或去离子水。

2）样品前处理过程中加入溴酸钾-溴化钾溶液时会产生溴，应在通风柜中进行操作消化实验。

3）测定痕量汞时尽量采用优级纯盐酸。首次使用同批次盐酸时，最好进行验收实验，确认盐酸中不含有痕量汞。

4）样品之间由于汞的浓度相差太大而造成交叉污染，因此对于高浓度汞的样品检测完毕后，所使用的器皿应及时弃掉，不能再重复利用。

（五）氰化物

1. 指标含义

氰化物是含氰基（CN^-）的化合物，可分为 3 种：简单氰化物、氰配合物和有机氰化物（腈）。简单氰化物在水中很不稳定，而且毒性大。配合物氰化物在地表水中比较稳定，但在一定条件下亦可分解产生游离氰化物，此过程取决于配合氰化物的性质、水的 pH 值、水温等。

氰化物主要来自工业废水，有剧毒，影响呼吸中枢及血管舒缩中枢，导致窒息。慢性氰化物中毒时，甲状腺激素生成量减少。氰化物使水呈杏仁气味，其味觉阈浓度为 $0.1mg/L$。动物实验表明，氰化钾剂量为 $0.025mg/kg$ 时，大鼠的过氧化氢酶增高，条件反射活动有变化；剂量为 $0.005mg/kg$ 时无异常变化，此剂量相当于水中含量 $0.1mg/L$。我国生活饮用水卫生标准规定其限值为 $0.05mg/L$。

2. 常用检测方法与原理

测定氰化物的常用方法是异烟酸-吡唑酮分光光度法。

采集样品后需要进行前处理蒸馏，收集水中游离氰化物。在 pH 值为 7 的溶液中，氰离子与氯胺 T 作用生成氯化氰，再与异烟酸反应并经水解而得羟基戊烯二醛，其后与吡唑酮缩合生成蓝色染料。

3．操作要点及常见问题

1）本法适用于生活饮用水及其水源水中氰化物含量低于 1mg/L 的氰化物的测定。若水样中氰化物含量超过 20μg 时，可少取水样，加纯水至 250mL 蒸馏。

2）水样采集时应在现场加氢氧化钠固体至 pH＞12，冷藏保存，24h 内测定。

3）蒸馏过程中加入醋酸锌，可避免配合氰分解。但实验证明，并不能完全抑制氰络盐的分解。因此经本法的预处理后，所测得氰化物为简单氰化物及部分氰络盐的分解产物之和。而非总氰化物，故与环保部门检测的总氰不同。

4）蒸馏前必须用酒石酸调节蒸馏瓶中的溶液至橙红色后再开始蒸馏，否则氰化物蒸馏不完全。

5）蒸馏装置要密闭。吸收管末端要插入吸收液液面之下。蒸馏初期要用微火，使吸收液能充分逸出氰化氢（HCN），10min 后再略加大火力，蒸馏至 50mL。同时确保蒸出体积不要超出 50mL，否则影响检测结果。

6）显色反应的 pH 值应控制在 6.8～7.5，否则吸光度均显著降低。加入 5mL 磷酸盐缓冲溶液即可使试液 pH 值达到要求，不必预先用酸中和，否则需要用酸先中和再加入缓冲液。

7）加入氯胺 T 溶液应控制在 0.3mL 以下，超过 0.3mL 时吸光值下降，故本法在 25mL 测定溶液中加 0.25mL 氯胺 T 溶液。

8）氯胺 T 的有效氯含量对结果影响很大，其有效氯含量应在 22％以上。

9）氯胺 T 与氰离子反应速度很快，1min 内即可反应完全。此时若放置时间过长则会造成氯化氢逸出而损失，因此应控制在 5min 内。由于氯化氰的挥发点为 13℃，比较低，所以加入氯胺 T 后要立即加塞。

10）异烟酸浓度小于 2g/L 时，达到最大吸光值所需时间较长，大于 2g/L 时 40min 内就能达到最大吸光值。本法为 2.5g/L。异烟酸在水中溶解度低，加入 0.5mol/L 氢氧化钠溶液可配制浓度较高的异烟酸溶液。

11）为确保检测结果准确性，应使用刻度吸管配制标准系列（不要使用移液枪）。

12）氧化剂如余氯等会影响结果，可在水样中加 0.1g/L 的硫代硫酸钠试剂去除。

（六）氟化物、硝酸盐（以 N 计）、亚氯酸盐、氯酸盐和溴酸盐

从水源到水龙头，饮用水极易受到病原微生物的污染，因其引发的介水传染病，如急性肠炎、痢疾等肠道传染病在我国时有发生，因此消灭水中病原微生物至关重要。为此水厂在制水过程中常常使用一些氯制剂化学消毒剂（如液氯、次氯酸钙、次氯酸钠等）来杀灭水源水中的病原微生物，同时在输送的管网中保留剩余消毒剂应对低水平的污染以及抑制管网系统中微生物的生长。

但是后来的研究发现，这些氯制剂的化学消毒剂在杀灭病原微生物的同时都会产生消毒副产物，甚至一些副产物具有一定的毒性。由于水源水中会天然含有腐殖酸等有机前体物，当使用氯制剂（如液氯、次氯酸钠等）消毒时，就会产生三卤甲烷类、卤乙酸类、卤代酮类和卤乙腈类等氯化消毒副产物；最近的研究还发现，使用次氯酸钠消毒时，还可以产生氯酸盐，因此新版《生活饮用水卫生标准》（GB 5749—2022）中增加了对其监测的要求。为了阻止这些副产物的发生，人们改用其他消毒剂，但研究发现无论使用哪种化学消毒剂，仍有消毒副产物产生。例如，氯胺消毒虽然产生的三卤甲烷类物质的量低于氯消毒，但会形成氯化氰等物质；臭氧消毒会将水体中的溴化物氧化生成溴酸盐；亚氯酸盐和氯酸盐是使用二氧化氯消毒产生的主要消毒副产物。平衡介水传染病和消毒副产物给人们带来的健康风险，达成的共识是：尽管水处理过程中化学消毒剂的使用会产生消毒副产物，但是与不消毒或者是消毒不充分可能引起的健康风险相比，这些副产物带来的健康风险是很小的，因此不应该为了控制消毒副产物而牺牲消毒效果。我们应该确保消毒效率不受影响以及在整个管网系统中残余消毒剂维持在一个合适的浓度水平基础上，控制消毒副产物的产生。

1. 指标含义

（1）氟化物。氟化物广泛存在于自然界中。天然水中氟化物含量一般为 $0.2 \sim 0.5mg/L$。一些流经含氟矿层的地下水可达 $2 \sim 5mg/L$ 甚至更高。氟是人体必需的微量元素之一，成人每天通过饮水和食物需摄入 $2 \sim 3mg$。氟摄入量不足，易发生龋齿症。摄入量过多，则会导致急性或慢性氟中毒，主要表现为氟斑牙和氟骨病。因此饮用水中氟不能太少，也不可过多。据 2005 年调查资料，当时全国饮用水氟化物超过 $1.0mg/L$ 的供水人口仍有 6000 余万人。氟化物是通过饮用水对人体健康构成威胁最大的地球化学物质，也是我国饮用水水质净化处理的重点之一。

我国生活饮用水卫生标准中氟限值为 $1.0mg/L$。小型集中式供水和分散式供水因水源与净水技术受限时，氟化物指标限值按 $1.2mg/L$ 执行。我国幅员辽阔，氟可以通过水、食物、空气等多种途径进入人体。实践证明处理饮用水所含过多的氟是一件比较麻烦且有难度的事，作为生活饮用水水源，应尽量优先选用低氟水源。

（2）硝酸盐（以 N 计）。硝酸盐在水中经常被检出，含量过高可引起人工喂养婴儿的变性血红蛋白血症。虽然对较年长人群无此问题，但有观点认为某些癌症（膀胱癌、卵巢癌、非霍奇金淋巴癌等）可能与极高浓度的硝酸盐含量有关。所以，须对饮用水中的硝酸盐浓度加以限定。

据研究资料，饮用水中硝酸盐氮含量低于 $10mg/L$ 时，未见发生变性血红蛋白血症的病例；当高于 $10mg/L$ 时，偶有病例发生。另有报道，浓度达 $20mg/L$ 时，并未引起婴儿的任何临床症状，但会使血中变性血红蛋白含量增高。目前绝大多数国家规定饮用水中硝酸盐氮含量不超过 $10mg/L$。我国生活饮用水卫生标准规定硝酸盐（以 N 计）限值为 $10mg/L$。小型集中式供水和分散式供水因水源与净水技术受限时，指标限值按 $20mg/L$ 执行。

（3）亚氯酸盐。亚氯酸盐是饮用水用二氧化氯消毒的副产物。当二氧化氯加入水中，二氧化氯迅速分解成亚氯酸盐、氯酸盐和氯化物，亚氯酸盐是主要的副产物。亚氯酸钠也是产生二氧化氯的原料，当反应不完全时，亚氯酸钠就会进入饮用水中。长期接触亚氯酸盐可能引起红血细胞改变。我国生活饮用水卫生标准规定：水处理工艺流程中预氧化或消毒方式采用二氧化氯时，应测定亚氯酸盐，亚氯酸盐的限值为 $0.7mg/L$。

（4）氯酸盐。氯酸钠是生产二氧化氯的原料。采用氯酸钠作为原料生成二氧化氯时，如果反应不完全或转化率不高时，氯酸钠可能会进入饮用水中。氯酸盐同时也是二氧化氯消毒饮用水的一种副产物。人体暴露氯酸盐最主要来源是因为二氧化氯法消毒饮用水带入的。

氯酸盐可引起红血细胞改变。我国生活饮用水卫生标准中氯酸盐限值为 0.7mg/L。

（5）溴酸盐。钠和钾的溴酸盐是强氧化剂，主要用作烫发的中和液和用于纺织品（使用硫化染料）的染色。溴酸钾作为氧化剂在小麦磨粉时加入以熟化面粉，在啤酒酿造时处理麦芽，以及用于鱼子酱产品中。饮用水中通常不含溴酸盐，但当水中存在溴离子时，经臭氧消毒后的水中易形成溴酸盐。某些条件下，也可在用于消毒饮用水的次氯酸盐浓溶液中发现溴酸盐。来自含高浓度溴化物污染的盐水在电解生成氯和次氯酸盐时也可生成溴酸盐。溴酸盐一旦形成很难去除，应选用适当方法控制消毒条件。

动物试验表明溴酸盐具有致癌性，国际癌症研究中心（IARC）将溴酸钾列为 2B 组（人可能致癌物）。我国饮用水卫生标准限值为 0.01mg/L。

2. 常用检测方法与原理

自 1975 年以来，离子色谱法推广应用迅速，是目前测定氟化物、氯化物等水质指标最常用的方法。生活饮用水及水源水中可溶性氟化物、氯化物、硝酸盐氮、硫酸盐、亚氯酸盐、氯酸盐和溴酸盐等指标可同时测定。

水样中待测阴离子随碳酸盐-重碳酸盐淋洗液进入离子交换柱系统（由保护柱和分离柱组成），根据分离柱对各阴离子的不同亲和度进行分离，已分离的阴离子流经阳离子交换柱或抑制器系统转换成高电导度的强酸，淋洗液则转变为弱电导度的碳酸。由电导检测器测量各阴离子组分的电导率，以相对保留时间和峰高或面积定性和定量。

3. 操作要点及常见问题

（1）水样中存在较高浓度的低分子量有机酸时，由于其保留时间与被测组分相似而干扰测定，用加标后测量可以帮助鉴别此类干扰，水样中某一阴离子含量过高时，将影响其他被测离子的分析，将样品稀释可以改善此类干扰。

（2）进水样时要用 0.45μm 滤膜过滤，防止堵塞色谱柱。

（3）每次测量时应更换淋洗液，并进行脱气。

（4）应使用超纯水配制标准系列，防止对水样测试的干扰。

（5）配置标准系列所用的容量瓶每次用完后必须用硝酸浸泡，并且使用之前必须用自来水和超纯水彻底冲洗干净才能使用。

（6）由于进样量很小，操作中必须严格防止纯水、器皿以及水样预处理过程中的污染，以确保分析的准确性。

（7）不同浓度离子同时分析时的相互干扰，或存在其他组分干扰时可采取水样预浓缩，梯度淋洗或将流出液分步收集后再进样的方法消除干扰，但必须对采取的方法的精密度及偏性进行确认。

（七）三卤甲烷类（三氯甲烷、一氯二溴甲烷、二氯一溴甲烷、三溴甲烷、三卤甲烷）

1. 指标含义

饮用水中所指的三卤甲烷类的物质包括：三氯甲烷（TCM）、一氯二溴甲烷（DB-CM）、二氯一溴甲烷（BDCM）、三溴甲烷（TBM）4 种物质。三卤甲烷类的物质一般不会出现在源水中（除非靠近污染源），主要是通过对饮用水实施氯化消毒所产生的消毒副产物（见亚氯酸盐段）。其形成的速率和产生的量与氯制剂和腐殖酸的浓度、温度、水体pH 值和溴离子浓度有关，三氯甲烷是其主要副产物，但当水体有溴化物存在时，优先生成溴化三卤甲烷，三氯甲烷生成的浓度相应降低。我国在松花江、海河、淮河、长江、珠江 5 大水系中选择的大庆、北京、天津、郑州、长沙、深圳 6 个典型城市研究结果显示：氯化消毒后水中三卤甲烷类物质浓度范围为未检出～92.8μg/L，其中三氯甲烷占了全部三卤甲烷的 41% 左右，四种物质总体浓度分布为：三氯甲烷＞二氯一溴甲烷＞一氯二溴甲烷＞三溴甲烷。

值得关注的是，人们除了通过饮水摄入到上述消毒副产物外，因为这些物质具有挥发性，特别是三氯甲烷和二氯一溴甲烷，在日常用水过程中它们会从水中转移至空气中，特别是当室内通风率低或在淋浴时，人们还可能会通过吸入和皮肤接触到这些副产物，所以注意经常性的室内通风也非常必要。控制氯化消毒副产物常采用去除水源中的前体物质、选择其他消毒剂、采样非化学法消毒剂（如紫外线消毒或膜处理技术）等。去除氯化消毒产物的方式，包括吹脱、活性炭吸附等技术。

（1）三氯甲烷。动物试验证实三氯甲烷具有致癌性，并认为对人也具有潜在的致癌危险性。国际癌症研究中心（IARC）将三氯甲烷列入 2B 组（可能对人类致癌）。我国《生活饮用水卫生标准》（GB 5749—2022）规定饮用水中三氯甲烷限值为 0.06mg/L。

（2）一氯二溴甲烷。美国国家毒理学计划（NTP）动物试验发现，一氯二溴甲烷诱导雌性小鼠发生肝脏肿瘤，雄性小鼠也可能发生。许多试验对一氯二溴甲烷的遗传毒性进行了研究，但现有的数据不足以得出结论。所以 IARC 将一氯二溴甲烷列为第 3 组（不能按其对人类的致癌性进行分组）。我国《生活饮用水卫生标准》（GB 5749—2022）规定饮用水中三氯甲烷限值为 0.1mg/L。

（3）二氯一溴甲烷。多项的体外和体内遗传毒性试验中发现，二氯一溴甲烷既给出阳性结果，又给出阴性结果。NTP 动物试验发现，二氯一溴甲烷可诱导肾、大肠和肝细胞癌症的发生。接触二氯一溴甲烷可能与生殖影响增加有关。所有 IARC 将二氯一溴甲烷列为 2B 组（可能对人类致癌）。我国《生活饮用水卫生标准》（GB 5749—2022）规定饮用水中二氯一溴甲烷限值为 0.06mg/L。

（4）三溴甲烷。NTP 动物试验发现，三溴甲烷可诱导大鼠出现相对罕见性大肠肿瘤的小幅增多，但不诱导小鼠的肿瘤。有多种试验方法得出的三溴甲烷遗传毒性数据是可疑的。所以 IARC 将三溴甲烷列为第 3 组（不能按其对人类的致癌性进行分组）。我国《生活饮用水卫生标准》（GB 5749—2022）规定饮用水中三氯甲烷限值为 0.1mg/L。

（5）三卤甲烷。饮用水中的三卤甲烷是指三氯甲烷（又称氯仿）、一氯二溴甲烷（DBCM）、二氯一溴甲烷（BDCM）、三溴甲烷（又称溴仿）4 种物质的总和。因为这 4 种物质其化学结构、特性及毒理学方面基本相似，考虑其联合效应，许多国家不从单独指标上进行考虑，而是将 4 种物质当成一个整体，给出了三卤甲烷这个综合指标，作为指示指标，对其健康风险进行评价。值得注意的是，三卤甲烷综合指标并不是将单个化合物的测定结果进行简单加和，而是采取以下分级方法进行计算：

$$C_{氯仿}/GV_{氯仿}+C_{DBCM}/GV_{DBCM}+C_{BDCM}/GV_{BDCM}+C_{溴仿}/GV_{溴仿}\leqslant 1$$

式中：C 为各物质的浓度；GV 为标准限值。

必须强调，在评价三卤甲烷这个综合指标的标准限值时，确保充分消毒不受影响；然而，考虑到不良生殖后果与各指标（特别是溴代卤代烃）间的潜在联系，应建议饮用水中三卤甲烷指标在可行的情况下尽可能保持低水平。

2. 常用检测方法与原理

饮用水中三氯甲烷、一氯二溴甲烷、二氯一溴甲烷、三溴甲烷四种物质常用检测方法是顶空气相色谱法，因其分子结构和物理性质的相似性，4 种物质可以同时在 1 张谱图中完成检测。它具有不需要特殊前处理和特殊设备，操作简单、快速、灵敏度高等优点，对易挥发小分子的测定，尤其显示了其优越性。

被测样品置于密封的顶空瓶中，在一定的恒温温度下经过一定时间的平衡，水中卤代烃逸至顶空瓶的上部空间，并在气液两相间达到动态平衡。取液上空间气体注入色谱仪中进行组分的分析，使用电子捕获检测器进行检测。组分的含量与色谱峰高或峰面积成正比。

3. 操作要点及常见问题

（1）有机氯农残和菊酯类农残对本试验无干扰，因平衡温度是 40℃，它们不会挥发，柱温 85℃它们不会流出，因有机氯农残和菊酯类测定时柱温分别为 190℃和 250℃。金属离子均不是电负性物质，它们在电子捕获检测器上无影响信号，因此不干扰卤代烃测定。

（2）因为采用容器中加有掩蔽剂，采样时一定不要用待采水样进行冲洗，采样时避免溢出。

（3）采样后的水样不能放置时间太长，应该在采样后当天完成检测。

（4）为防止待测物质干扰测定，实验前所用玻璃仪器均需烤箱或红外灯烘烤，去除吸附于玻璃表面的干扰物质。空气中常常含有待测物质，因此烘烤洁净的玻璃器皿应放置在较洁净的区域和较密闭的容器保存。

（5）应使用有证标准溶液。开启后的标准溶液非常容易挥发，导致标定值改变，尽量一次性使用完。配制好的使用液应放置在冰箱内，可短期内使用。当发现峰面积明显改变时，应弃用。

（6）标准系列应当天配制和使用，否则定量不准。为确保检测结果的准确性，配制标准使用液时，应使用 100mL 容量瓶，并用大肚吸管吸取标准溶液；配制标准系列时，应使用 50mL 容量瓶和刻度吸管；在加入标准溶液前应在容量瓶中先加入少量纯水。不要使用移液枪和顶空瓶配制标准系列。

（7）实验用水不得含有待测物质，可以采用空白水检测是否含有待测物质。如试验用水含有待测物质时，可以采用煮沸的方式去除。

（8）试验过程中使用的氮气应为高纯氮气，规格应不小于 99.999%。

（9）加入水样和标准溶液至顶空瓶中后，瓶盖必须压紧，注意不要漏气，否则会影响检测结果。

（10）开启仪器后要检测气路的密封性和各压力的稳定性。

（11）在调节顶空器和主机氮气压力时，必须确保顶空气压高于主机气压。

（12）操作规程"设置顶空进样器参数"和"设置仪器参数"中涉及的温度参数可根据实际出峰情况进行调整，确保待测物质具有好的分离效果。

（13）因平衡温度和时间影响测定结果，标准系列和水样应在相同的平衡温度和相同的平衡时间条件下进行处理。

（14）待谱图采集完成后应点击顶空进样器吹扫按钮吹扫 30s 左右，对系统进行吹扫，除去残余物质，避免影响下一个样品的测定。

（15）检测完毕需要关机时，必须待进样口、柱箱、检测器温度降到 50℃ 以下后再按照顺序关闭主机、顶空进样器、空气源、气瓶、电脑、打印机。

（16）ECD 检测器中含有放射性元素，不要随意丢弃，需要更换时应联系厂家工程师。

（八）二氯乙酸、三氯乙酸

1. 指标含义

20 世纪 70 年代初期，人们发现加氯消毒自来水会产生三卤甲烷类（THMs）消毒副产物，随后的研究又发现除 THMs 外还可以产生另外一类物质即卤乙酸类（HAAs）消毒副产物，HAAs 物质包括一氯乙酸、二氯乙酸、三氯乙酸、一溴乙酸、二溴乙酸等（见亚氯酸盐段）。经加氯消毒后水中经常可以检出上述几种物质，其中以二氯乙酸和三氯乙酸为主。我国在松花江、海河、淮河、长江、珠江 5 大水系中选择的大庆、北京、天津、郑州、长沙、深圳 6 个典型城市研究结果显示：氯化消毒后水中卤乙酸类消毒副产物浓度范围为未检出～40.0μg/L，二氯乙酸与三氯乙酸的含量占总卤乙酸浓度的 87% 以上。动物试验发现，HAAs 具有致癌、生殖、发育毒性。有研究显示，HAAs 的致癌风险有可能要大于 THMs。2006 年出台的国家饮用水标准中增加了二氯乙酸和三氯乙酸两个指标，2022 年发布的新的国家饮用水标准又将这两项指标列为常规指标，增加其监测力度。

（1）二氯乙酸。动物试验证实二氯乙酸具有致癌性，2002 年 IARC 重新确认了将二氯乙酸定义为 2B 组（可能对人类致癌）。当水中二氯乙酸的浓度达到 40μg/L 时，可达到终生超量暴露致癌风险的上限值（10^{-5}），所以世卫组织《饮水水质准则》（第四版）和我国《生活饮用水卫生标准》规定饮用水中二氯乙酸限值为 0.05mg/L。

（2）三氯乙酸。动物试验表明三氯乙酸可引起小鼠肝脏肿瘤，体内试验发现三氯乙酸会引起染色体畸变，但是多数证据表明三氯乙酸不是遗传毒性致癌物质，所以 IARC 将三氯乙酸列为第 3 组（不能按其对人类的致癌性进行分组）。我国《生活饮用水卫生标准》规定饮用水中三氯乙酸限值为 0.1mg/L。

2. 常用检测方法与原理

生活饮用水和水源水中二氯乙酸和三氯乙酸检测方法包括：高效液相色谱串联质谱法、液液萃取衍生气相色谱法、离子色谱-电导检测法。高效液相色谱串联质谱法是将水中二氯乙酸、三氯乙酸、溴酸盐、氯酸盐和亚氯酸盐经季胺型离子交换柱分离，质谱检测器检测，同位素内标法定量，该方法操作简单，但需要昂贵的检测设备，不适宜基层检测机构。液液萃取衍生气相色谱法，是将待测物经甲基叔丁基醚萃取、衍生形成卤代乙酸甲酯类物质，再经气相色谱测定，该方法灵敏度高，但是操作繁琐，且甲基叔丁基醚萃取液是易燃物，具有麻醉作用。相比较离子色谱法-电导检测法是目前基层实验室适宜的首选方法。

离子色谱-电导检测法可以同时测定生活饮用水中氟化物、一氯乙酸、一溴乙酸、氯化物、二氯乙酸、亚硝酸盐、二溴乙酸、氯酸盐、溴化物、硝酸盐、三氯乙酸、硫酸盐、三溴乙酸13种物质。其测定原理：水中卤乙酸以及其他阴离子随氢氧化物体系（氢氧化钾或氢氧化钠）淋洗液进入阴离子交换分离系统（包括保护柱和分析柱），根据离子交换分离机理，利用各离子在分析柱上的亲和力不同进行分离。再经过抑制器的对本底的抑制作用，提高被测物质的检测灵敏度。由电导检测器测量各种阴离子组分的电导值，经色谱工作站进行数据采集和处理，以保留时间定性，以峰高或峰面积定量。

3. 操作要点及常见问题

1）水样采集后应密封至4℃冷藏保存，可保存3天。

2）该方法可同时测定水中13种物质，对于水中氯化物和硫酸盐含量较高的地区，这两种物质可能会干扰二氯乙酸和三氯乙酸的测定，无法获得准确的结果，其中 Cl^- 对二氯乙酸分离影响较大，硫酸根和硝酸根对三氯乙酸影响较大。为去除水中氯化物和硫酸盐的干扰，可使用 Ba/Ag/H 柱去除。具体步骤为：先注入 15mL 纯水活化 Ba/Ag/H 柱，放置 0.5h 后使用；将水样以 2mL/min 的速度依次通过 Ba/Ag/H 柱和 0.2μm 微孔滤膜过滤器，前 6mL 滤液弃掉后，取 2～5mL 的滤液进行色谱分析。此法可去除水中 90% 以上的氯化物和 80% 以上的硫酸盐。

3）Ag/Ba/H 柱的前期活化和过滤速度直接影响 Cl^- 和 SO_4^{2-} 的去除效果，应严格按照产品说明书要求操作。水中含有不同浓度的碳酸盐，含量较高会影响三氯乙酸的分离，需要在抑制器后面加入一个二氧化碳去除装置（CRD200），可以大大降低 CO_3^{2-} 对 TCAA 的测定的干扰，从而提高 TCAA 的检测灵敏度。

4）为了准确配制氢氧化钠淋洗液建议使用市售的 50% 氢氧化钠饱和溶液，直接称取所需的 50% 氢氧化钠的量进行配制，不要直接使用固体氢氧化钠配制。配制过程应考虑到碳酸盐对梯度分析的影响，因为碳酸盐也可以参与被测物的洗脱，从而影响被测物洗脱时间的稳定性。为了避免从空气中引入二氧化碳到 50%（w/w）NaOH 而形成碳酸盐，不要摇晃 50%（w/w）的氢氧化钠溶液，并要求从溶液中部移取所需的氢氧化钠溶液，取完应立即冲入氮气并密闭保存。氢氧化钠淋洗液配制后，应先超声波脱气再通入氮气，以尽量减少淋洗液与空气接触。应对新配制氢氧化钠淋洗液进行本底电导值和被测物的保留时间的质量监测。如果使用手工配制的氢氧化钠淋洗液进行梯度淋洗，IC 需要配备二元或四元梯度泵。如果使用装有在线 KOH 淋洗液发生器的 IC 系统，则只需单泵系统就可以完成单步或多步的 OH^- 梯度淋洗工作。

5）试验过程中应使用高纯度试验用水（超纯水），且不含任何可测量的目标分析物以及干扰物。用于制备淋洗液的去离子水应满足 GB/T 6682 规定的一级水要求，去离子水应不含离子杂质、有机物、微生物和大于 0.2μm 的颗粒物，且电阻率不小于 18.2MΩ·cm。最好不使用瓶装 HPLCGrade 水，因为大多数瓶装水中含有的离子杂质，影响本底空白的检测。

6）其他：参见氟化物、硝酸盐、氯化物、硫酸盐等离子色谱段落中的操作要点及常见问题。

三、感官性状和一般化学指标

（一）色度

1. 指标含义

清洁的饮用水应该没有可觉察的颜色。土壤中存在的腐殖质成分常使水带有黄色，低铁化合物使水呈现淡绿蓝色，高铁化合物使水呈现黄色。色度高也可以指示消毒过程中产生了高浓度副产物。不论是天然存在的物质还是污染产物，都会严重影响水的颜色。受工业废弃物污染造成的颜色是多种多样的。原水呈现颜色可能最先指示存在有害成分。当饮用水出现显著颜色时，应该对颜色来源调查清楚。

将水放在玻璃杯中，大多数人能够觉察大于 15 真色单位（TCU）的颜色。国家饮用水卫生标准规定饮用水色度限值为 15 度，此限值是根据大多数人对此饮用水不会觉察出有色，即可为大多数人所接受。水的色度不直接影响健康。

2. 常用检测方法与原理

用氯铂酸钾和氯化钴配制成铂—钴标准溶液，同时规定每升水中含 1mg 铂时所具有的颜色作为 1 个色度单位，称为 1 度。

3. 操作要点及常见问题

（1）本方法适用于生活饮用水及其水源水中的真色。测定前应将水样中的悬浮物除去。对于浑浊水样需要离心后取上清液或用 $0.45\mu m$ 的滤膜过滤后测定。

（2）对于浑浊的水样不能用滤纸过滤，用滤纸能吸附部分颜色使结果偏低。

（3）配置的标准系列溶液比较稳定，可以长期使用，通常可以使用 1 年。

（4）微生物的活动可以改变水样颜色的性质，所以应尽快测定。

（5）水中颜色与 pH 值有关，pH 值高时往往色度加深，如果出现上述结果需要在测定记录中标注水样中的 pH 值。

（二）浑浊度

1. 指标含义

浑浊度是表示水的清澈或浑浊程度。天然水的浑浊是由于水中含有泥沙、黏土、细微的有机物和无机物、可溶的有色有机化合物以及浮游生物和一些微生物的悬浮物所致。这些悬浮物能吸附细菌和病毒，在饮用水消毒时会保护微生物并刺激细菌生长。浑浊度对消毒有效性的影响很大，低浑浊度有利于水的消毒以及杀灭细菌和病毒。浑浊度还是饮用水净化过程中的一个重要操作控制参数，它能指示处理过程，特别是絮凝、沉淀、过滤及消毒等各种处理环节的质量情况。

目前没有浑浊度直接对健康产生影响的相关数据。我国饮用水卫生标准中规定浑浊度限值为 1NTU，小型集中式供水和分散式供水因水源与净水技术条件受限时，限值按 3NTU 执行。

2. 检测方法

检测浑浊度的常用方法有目视比浊法-福尔马肼标准和散射法-福尔马肼标准（即浊度计法）。

NTU 是散射浑浊度单位的英文单词 nephelometric - turbidity - unit 的缩写。散射浑浊度是指光束在水中悬浮颗粒物表面产生散射现象，并测定在正角方向收集的光束强度来定量。散射浑浊度标准物是用化学合成的。这套标准物质和散射浑浊度测定方法在国际上公认通用。

由于水样中的颗粒物或悬浮物可以使光散射和吸收，因此浊度计测定水中浑浊度基于3种测定原理：透射式（包括分光光度计和目视法）、散射式和散射-透射式。其中第三种最佳，但仪器复杂，价格昂贵。我国目前使用的浊度计为散射式，该方法具有操作简便、快速等优点。过去我国多采用透射光测定浑浊度，其原理与散射法不同，测定数值与散射法所得结果不同，在低浑浊度时两种方法测定数值相差更大，在使用以往的浑浊度数据时，须注意这两种方法的结果不具有完全可比性。

（1）浊度计法操作要点及常见问题。仪器光源所产生的平行光照射样品后，对样品中的悬浮粒子产生散射光，在液体浑浊度不大时，其散射光的光强与悬浮微粒的密度（即浑浊度）成正比。

1）采样后因一些悬浮粒子在放置一段时间后可沉淀、凝聚，老化后不能还原，微生物也可破坏固体物的性质，因此要尽快测定。

2）测定水样时要摇匀后取样，对于浑浊度高的水样应少取水样稀释后测定。

3）标准系列在5～500℃时，不能长期使用，应根据仪器说明书，定期采样校准溶液，对仪器进行校准。

4）如果购买标准溶液困难，在配制福尔马肼标准储备液时，要求配制后于25℃±3℃反应24h，浑浊度生成的反应温度在12～37℃范围内，这期间的温度对最后结果没有明显的影响，但温度在5～8℃时无聚合物生成。硫酸肼与六次甲基四胺反应的时间至16h已接近完成，反应24h生成物的浑浊度达最大值。

5）由于选用不同的标准物质或不同来源的标准物质，所配置的标准系列产生的结果不同；况且选用测定方式（透射式、散射式等）不同，其结果也不同。所以不同方法无可比性，因此报告结果应注明所用方法。

（2）目视比色法——福尔马肼标准法操作要点及常见问题。硫酸肼与环六亚甲基四胺在一定温度下可聚合生成一种白色的高分子化合物，可用作浑浊度标准，用目视比色法测定水样的浑浊度。

1）为获得较准确的目视结果，要求检测中使用的50mL无色具塞比色管，玻璃质量及直径必须一致。

2）首先将水样摇匀后再取样。

3）测定水样置于比色管后，与浑浊度标准混悬液系列同时振摇均匀后，由比色管的侧面观察，进行比较。

4）若水样的浑浊度超过40NTU，可用纯水稀释后测定。

（三）臭和味、肉眼可见物

1. 指标含义

（1）臭和味。味和臭可源自天然无机和有机化学污染物及生物来源的产物（如藻类繁殖产生的腥臭），也可以来自腐蚀或水处理的结果（如氯化），或在贮存和配送水时因微生物活动而产生。

饮用水应无令人不快或令人嫌恶的臭和味。如果饮用水出现臭和异味，提示我们该水已受到污染，是向我们发出的一个不安全的信号。可能是水源水受到污染或水处理过程和配送过程出现问题。尽管它不能直接导出对人体健康的影响，但它指示我们存在潜在的有害物质，应对产生的原因进行调查，特别是饮用水的臭和味发生突然或重大改变时更应引起重视。我国生活饮用水卫生标准规定生活饮用水应无异臭、异味。

（2）肉眼可见物。肉眼可见物是指人的眼睛直接能观察到的杂物，包括悬浮于水中的杂物、漂浮物、动物体（如红虫）、油膜、乳光物等。饮用水中存在这类物质，会使饮用者产生厌恶感和疑虑，可能会拒绝接受此种饮用水。因此，饮用水中不应含有肉眼可见物。我国生活饮用水卫生标准规定，生活饮用水不得含有肉眼可见物。

2. 检测方法

生活饮用水臭和味、肉眼可见物两项指标主要靠检测人员的感官判定。采用嗅气味、尝味法和直接观察法测定。

（1）臭和味。原水样的臭和味：取 100mL 水样，置于 250mL 锥形瓶中，振摇后从瓶口嗅水的气味。与此同时，取少量水样放入口中（此水样应对人体无害），不要咽下，品尝水的味道。其结果按照《生活饮用水标准检验方法 感官性状和物理指标》（GB/T 5750.4—2006）中表 2 要求记录其强度；原水煮沸后的臭和味：将上述锥形瓶内水样加热至开始沸腾，立即取下锥形瓶，稍冷后按上法嗅气和尝味。

（2）肉眼可见物：将水样摇匀，在光线明亮处迎光直接观察，记录所观察到的肉眼可见物。

（3）操作要点及常见问题。

1）对于污染的水样，检测臭和味时不要将水样放入口中，以免给检测人员带来伤害。

2）首先将水样摇匀后再取检测样。

3）对检测人员的要求。人为因素对检测结果的影响尤其重要。应对检测人员进行正规培训，详细讲解检测和管理要求，以确保这两项指标检测结果正确。检测人员应满足如下要求：从事臭和味、肉眼可见物检测人员的嗅觉、视觉和味觉器官无疾病，功能正常，感觉迟钝者不能从事此两项检测工作。检测人员在患感冒、鼻炎或影响嗅觉、视觉和味觉功能疾病时不能从事此两项工作。检测人员在检测当天应避免外来气味的刺激，不得吸烟、携带和使用有气味的香料和化妆品、食用有刺激气味的食物等。检测人员在检测过程中应适时在无气味的环境中休息，并控制检测次数，避免发生嗅觉、视觉和味觉疲劳，维持检测人员感官的灵敏度。

（四）pH 值

1. 指标含义

饮用水中 pH 值对消费者的健康通常没有直接影响，它是水处理操作中重要参数之一。在水处理的所有阶段，都必须谨慎控制 pH 值，以保证水的澄清和消毒效果。不同的供水系统由于水所含有的微量元素成分和用于配水系统的材料性质不同，pH 值要求也有不同。在净化处理过程中，由于投加混凝剂和石灰等，可使水的 pH 值下降或升高。不同的消毒方法，对水的 pH 值要求也不同。pH 值较低的水，对金属管道和容器有腐蚀性，进入配水系统水的 pH 值必须加以控制。如果不能将腐蚀作用降至最低，则腐蚀产生的物质可能使饮用水受到污染，并产生味道和影响水质外观。水中出现特殊高或低的 pH 值，可能是由于意外泄漏，发生事故以及管道的水泥砂浆内衬影响，此时应进行现场调查并及时纠正。我国生活饮用水卫生标准规定 pH 的限值为不小于 6.5 且不大于 8.5。

2. 常用检测方法与原理

常用的方法为 pH 值电位计法，以玻璃电极为指示电极，饱和甘汞电极为参比电极，插入溶液中组成原电池，在 25℃ 时每单位 pH 值标度相当于 59.1mV 电动势变化值，在仪器上直接以 pH 值的读数表示。

3. 操作要点及常见问题

(1) 水中的颜色、浑浊度、游离氯、氧化剂以及较高的盐量均不干扰测定，但在较强的碱性溶液中，当有大量钠离子存在时会产生误差，使读数偏低。

(2) 由于水中一些生物变化或空气影响，均可使 pH 值发生变化，要求尽快完成测定。

(3) 按照产品说明书的要求，在玻璃电极使用前应放入纯水中浸泡，使膜表面形成良好离子交换能力的水化层。

(4) 注意补偿参比电极内的饱和氯化钾溶液。

(5) 由于电极本身与温度有关，测定过程中应将温度补偿钮调至测定时的温度。另外水的电离作用也随温度而变化，必要时应说明水样测定时的温度。

(6) 更换水样或标准缓冲液时要用纯水冲洗电极后，再用柔软纸吸干，但不得擦伤电极表面。也可以在水样中重复浸洗数次后再取新鲜水样测定其 pH 值。

(五) 铝

1. 指标含义

铝在自然界中存在于多种含铝矿物和黏土中，其含量在地壳中仅次于氧和硅。天然水中铝的含量受降尘、降水和土壤质地影响，特别在酸雨地区的地表水中，铝的浓度较高。饮用水净化处理过程中广泛使用铝的化合物作为混凝剂，含铝量因净化处理方式不同而异。

铝在生物体中是一种含量极微的元素。目前尚未证实铝是人体的必需元素。动物实验表明铝属低毒性。大鼠以每天 50mg/kg 及 100mg/kg——人与动物铝的摄入多少是以体重为单位经口摄入，可致运动能力下降及逃避反射的建立减慢。20 世纪 70 年代有研究报告提出：铝可能与早老性痴呆的脑损害有关。但根据现有的毒理学和流行病研究，尚无法证实这一看法，也无法从健康影响的角度推导铝的限值。人体正常每天通过膳食等途径摄入铝约 20mg 左右。我国饮用水卫生标准规定铝的限值为 0.2mg/L。

2. 常用检测方法与原理

水杨基荧光酮-氯代十六烷基吡啶分光光度法。分光光度法测定铝无须特殊设备，较容易为基层实验室所采用。

水中铝离子与水杨基荧光酮及阳离子表面活性剂氯代十六烷基吡啶在 pH 值为 5.2～6.8 范围内形成玫瑰红色三元配合物，可比色定量。

3. 操作要点及常见问题

(1) 氟离子对本方法干扰严重。但当其含量在 1～20mg/L 时所产生的正干扰基本恒定，本法在校准系列及水样皆为加入 5mg/L F⁻ 则可耐受 15mg/L F⁻ 的干扰。20mg/L 以下的偏硅酸对测定干扰不明显，大于 20mg/L 时，水样需稀释后再测定。比色时加大光路长度以保证灵敏度要求。可用 EGTA 消除 Ca^{2+} 及 Mg^+ 的干扰。Fe 的干扰用二氮杂菲消除，Ti^{4+} 的干扰用磷酸氢二钾消除。

（2）水杨基荧光酮溶液本身有颜色，加入数量要准确。

（3）加入混合除干扰液后要混匀，使干扰离子被充分抑制后再加显色剂。

（4）加入氯代十六烷基吡啶溶液时极易产生气泡影响最后定容。因此加试剂时要沿比色管壁加入，摇匀时采用加塞后轻轻颠倒数次的方式，切忌猛烈振摇。

（5）操作中不应使用铝制试管架以免污染。

（6）最佳 pH 值范围为 5.17～6.78，本法选用 6.2～6.3，试验中应严格控制 pH 值。

（7）20～40℃之间为最佳显色温度，吸光值稳定。如果实验室温度低于 20℃时可延长显色时间至 0.5h，或放在 40℃温水浴中，使显色加快。

（8）水杨基荧光酮溶液在 0.7～1.5mL、氯代十六烷基吡啶溶液在 0.5～2.0mL、缓冲液 5～7mL 显色恒定。所以本法采用水杨基荧光酮溶液、氯代十六烷基吡啶溶液及缓冲液分别为 1.0mL、1.0mL 及 5mL。

（9）显色稳定后可稳定 4～8h。

（六）铁、锰、铜、锌

1. 指标含义

（1）铁。铁以各种形态存在于水样中，有二价，也有三价的。二价铁暴露在空气中易被氧化成三价铁。样品 pH 值大于 5 时，氧化为高价铁并形成其水合化合物沉淀。当深井水直接用水泵抽出时，厌氧状态的地下水可能含有微量的亚铁而不带颜色，也不浑浊。它接触空气以后，亚铁氧化成为高价铁，使水呈现令人厌恶的棕红色。铁也会促使"铁细菌"生长，它们将从亚铁氧化成高铁时获得能量，在此过程中会在水管上沉积 1 层泥浆状的附着层。当铁的含量超过 0.3mg/L，可使洗涤的衣物以及管道、洁具染上颜色。铁浓度低于 0.3mg/L 时，通常没有可察觉的味道，但可能会产生浑浊和颜色。

铁是人体的必需营养，人体代谢每天需 1～2mg 的铁。饮用水并不是人摄入铁的主要来源。由于机体对铁的吸收率低，人每天需从食物中摄取 60～110mg 的铁才能满足需要。水中含铁量在 0.3～0.5mg/L 时无任何异味，达到 1mg/L 时便有明显的金属味。在 0.5mg/L 时可使饮用水的色度达到 30 度。为了防止衣服、器皿的染色和形成令人反感的沉淀和异味，我国生活饮用水卫生标准规定铁的限值为 0.3mg/L。

（2）锰。锰是许多岩石及土壤的组成部分，常与铁同时存在。水中锰可来自自然环境和工业废水污染。地下水中可能含有较高浓度的二价锰，接触空气后被氧化为四价锰，在放置中与铁一起沉淀。锰在水中较铁难氧化，在净化处理过程中较难去除。水中有微量锰时，呈现黄褐色。锰的氧化物能在水管内壁上逐步沉积，在水压波动时可造成"黑水"现象，一些地区曾发生过这种情况。锰和铁对水感观性状的影响类似，二者经常共存于天然水中。当水中锰含量超过 0.15mg/L 时，能使衣服和洁具设备染色，在较高浓度时使水产生不良味道。

锰是人体不可缺少的微量元素之一，参与机体蛋白质的合成，若人体缺锰，可引起生长停滞、骨骼畸形、生殖机能障碍等多种疾病。锰的毒性较小，由饮用水引起中毒的事例罕见报道，人每天从膳食中大约摄入 10mg 锰。我国饮用水卫生标准规定锰的限值为 0.1mg/L。

（3）铜。铜是一种分布很广的微量元素，地壳中平均分布为 5mg/kg。天然水中铜的含量很低，高浓度的铜，常由铜管道腐蚀、工业废水及农药的混入所致。水库用硫酸铜灭藻可以造成水源中铜含量增加。

铜是人体所必需的微量元素之一，它可影响铁的吸收和利用，为细胞色素氧化酶、赖氨酰氧化酶、赖氨酸酶等必需的金属元素，促进人体生长发育，有利于植物合成叶绿素。成人每天需铜约 2mg，学龄前儿童约 1mg，婴儿缺乏铜可发生营养性贫血。

较高浓度铜对生物体有毒，水中含铜 1mg/L 时，可使鱼类全部死亡。海草及软体动物对铜非常敏感，它们的饮水适宜浓度低于 $10\mu m/L$。水中含铜时，可腐蚀镀锌管及铁、铝制品，高于 5mg/L 时，使水产生颜色和苦味。铜对人体的毒性较小，但过多则对人体有害。如口服 100mg/d，可引起恶心、腹痛，长期摄入可伤害肝肾。根据现有资料，水中铜含量达 1.5mg/L 时即有明显的金属味，含铜量超过 1.0mg/L 时，可使衣服及瓷器染成绿色。我国饮用水卫生标准规定铜的限值为 1.0mg/L。

（4）锌。天然水中锌的含量极少，饮用水中锌主要来源于工矿废水和镀锌金属管道。我国各地饮用水水源中含锌量一般都很低。锌用作镀锌水管的防腐材料，从水龙头中放出的自来水中锌浓度有可能相当高。水中锌的浓度超过 3～5mg/L 时会呈现乳白色，煮沸时会形成油膜状。

锌是人体必需的元素，是酶的组成部分，参与新陈代谢。学龄前儿童每天需要锌约为 0.3mg/kg（体重），成年人每天摄取量平均为 10～15mg。锌的毒性很低，但摄取过多可刺激胃肠道和引起恶心。口服 1g 硫酸锌可引起严重中毒。国外调查表明，饮用含锌 30mg/L 的水会引起恶心和晕厥。水中含锌过多会带来令人不快的涩味，味阈浓度约为 4mg/L（以硫酸锌计）。我国饮用水卫生标准规定锌的限值为 1.0mg/L。

2. 检测方法概要

测定铁、锰、铜、锌的方法包括直接火焰原子吸收法、共沉淀原子吸收分光光度法、石墨炉原子吸收分光光度法、电感耦合法和分光光度法等。用于生活饮用水检测的直接火焰原子吸收法具有操作简单、快速，结果的精密度和准确度好等优点，是目前常用的方法。共沉淀和石墨炉法可以测定水中低浓度的铁、锰、铜和锌。火焰-萃取法，即金属离子与配合剂形成稳定的配合物，在一定 pH 值条件下，用有机溶剂 MIBK 提取，除去化学干扰物质，提高灵敏度，吸光度值可提高 40～60 倍，但有操作烦琐、有机溶剂毒性大等缺点；疏基棉富集法，疏基棉对金属有较强吸附能力，在一定条件进行洗脱，但制作疏基棉要求严格；氢氧化镁共沉淀法，加氯化镁后，滴加氢氧化钠使金属离子与氢氧化镁共沉淀，用虹吸去除上清液，用硝酸溶液溶解沉淀物，定容后火焰原子吸收法测定，此方法简单、快速，可同时共沉多种金属离子一起测定。

一些基础实验室仍采用二氮杂菲分光光度法测定铁，过硫酸铵法和甲醛肟法测定锰，这些方法灵敏、可靠。用于清洁或轻度污染及含铁高的水样。

3. 火焰原子吸收直接法测定铁、锰、铜、锌

（1）检测原理。水样中金属离子被原子化后，吸收来自待测金属元素空心阴极灯发出的共振线（铜：324.7nm、铁：248.3nm、锰：279.5nm、锌：213.9nm），吸收共振线的量与样品中该金属元素的含量成正比，在其他条件不变的情况下，根据测量被吸收后的谱线强度，与标准系列比较定量。

（2）操作要点及常见问题。

1）澄清的水样可以直接进行测定；悬浮物较多的水样，需要消化后测定；若需要测定溶解的金属，应将水样通过 0.45μm 膜过滤，然后按每升水样加 1.5mL 硝酸酸化使 pH 值小于2。

2）水样中的有机物一般不干扰测定，为使金属离子全部溶解有利于原子化，可采用盐酸-硝酸消化法。在每升酸化水样中加入 5mL 硝酸，摇匀后取定量水样，按每 100mL 水样加入 5mL 盐酸的比例加入，在电热板上加热 15min，冷却至室温，用玻璃砂芯漏斗过滤，最后用纯水稀释至一定体积。

3）水样中存在磷酸盐、硅酸盐或其他含氧阴离子时，铁、锰与它们形成难解离的化合物，妨碍原子化，使吸光度值下降，可以向每 100mL 标准溶液和样品中加入 25mL 钙溶液。加入钙离子的目的是使它与这些干扰物形成更稳定的难解离的化合物，从而释放出被测元素。加入大量钙离子后，改变了样品的基本组成和体积，吸收值也将改变，所以应在标准管和空白管中加入同样体积的钙溶液，对于铁、锰的测定，应单独吸取一份样品进行测定。

4）铁等属于金属类，采样时在 1000mL 采样容器内加入 3mL 1+1 硝酸溶液，使 pH 值小于2，以保存金属离子。

5）装卸空心阴极灯时，切勿用手触摸灯顶部的石英管。使用完毕，及时放入灯盒内保存，防止玷污。空心阴极灯长期不用时，每隔 2~3 个月应定期点燃处理，即在工作电流下点燃 1 小时。点燃后的空心阴极灯可从阴极光的颜色大致判断是否正常，充氖灯的负辉光为橙红色，充氩灯为淡紫色。灯长期不用又未定期点燃处理时，负辉光颜色变淡，呈粉红色或淡蓝白色。此时可进行阴极、阳极反接处理。阳极通常是棒状，可将其接阴极，并用 20~30mA 电流通电 20~60min；若灯的阳极是圆环状，可将阴极接正极，用 100mA 电流通电 1~2min。

6）根据被测定元素及所用波长的不同而选择不同火焰状态。测定 Cu、Zn、Ag 等易原子化的元素时，使用贫燃性火焰，即空气乙炔比稍大（乙炔流量稍低），火焰呈蓝紫色；测定 Cr、Al、Ca 等易形成耐热氧化物元素时，适用富燃性火焰（乙炔流量大），火焰呈黄色。多数元素使用中性，即化学计量型火焰。燃烧器使用一段时间后，如发现火焰呈锯齿状，表明缝隙处有盐类沉积。可用滤纸插入缝中擦净，或用刀片轻轻刮去沉积物，也可用稀酸进行清洗。燃烧器预混合室应每周至少清洗一次。

7）撞击球位置对雾化器效率影响较大，若发现雾化状态变差，可适当调整其位置，使形成的雾多而均匀，呈最佳状态。试液提升量可以通过调节同心圆内管口相对位置而改变。提升量以 3.5mL/min 最佳（不同仪器有差异）；更换吸液毛细管，可能会使喷嘴同心圆相对位置发生变化，必须注意。废液管应备水封装置，保持雾化室负压稳定，减少测

定误差。

8）乙炔气钢瓶应远离火源，放置在单独的通风良好的房间，应垂直存放和使用，以防止液态丙酮从气瓶阀流出，损坏气阀和导管。乙炔气瓶应定期进行质量检查。乙炔气钢瓶中的气体是溶解在丙酮里的，随着钢瓶内压力降低，进入火焰中的丙酮浓度会增高。当使用富燃性火焰或测定波长位于紫外区的元素时，会因混入丙酮引起测定误差。所以，当乙炔气钢瓶压力小于 0.5MPa 时，应及时更换。

4. 二氮杂菲分光光度法测定铁

（1）检测原理。在 pH 值为 3～9 之间的条件下低价铁离子与二氮杂菲生成橙红色螯合物，在波长 510nm 处有最大吸收，可以比色定量。二氮杂菲过量时，控制溶液 pH 值范围在 2.9～3.5，可使显色加快。

（2）操作要点及常见问题。

1）本方法规定检测水样中的总铁，上机操作前必须将水样加热煮沸溶解铁的难溶化合物，并消除某些干扰，而后用盐酸羟胺将高价铁还原为低价铁再与二氮杂菲反应。如要测高价铁，可将总铁减去低价铁。

2）前处理加入 1+1 盐酸的目的是将各形态铁溶解成二价铁，再加入盐酸羟胺，将三价铁还原成二价铁。pH 值在 2 以下，可使难溶的二价铁溶解，还可消除氰化物、亚硝酸盐干扰及强氧化剂干扰。

3）检测水样时，应同时制备工作曲线，与水样一同进行前处理。

4）由于水样中铁易形成沉淀，故取水样检测时应将水样摇匀。

5）加醋酸铵缓冲液一定要准确，否则若醋酸铵缓冲液中含有铁的杂质，会造成空白值过高，影响测定结果。

6）所用仪器均要用 1+1 盐酸溶液洗涤。在测铁过程中，所有仪器不可接触含铁物品，如试管刷、铁试管架、铁丝筐等。

7）含氰化物和硫离子的水样，在酸化时必须小心进行，因为会产生氢氰酸和硫化氢，引起中毒。

8）检测过程中加入醋酸铵缓冲液后发现显色失效：其原因可能是醋酸铵缓冲液分解失效所致。显色应控制最后的 pH 值为 2.9～3.5，否则缓冲液失效，达不到酸度要求，使显色失败。此时应重新配置缓冲溶液。

5. 过硫酸铵氧化分光光度法测定锰

（1）检测原理。在酸性溶液中，有硝酸银存在下，二价锰离子可被过硫酸铵氧化为紫红色的 Mn^{7+}，采用比色定量。

（2）操作要点及常见问题。

1）氯离子因能沉淀银离子抑制催化作用，可用试剂中所含的汞离子予以消除。水样中有机物较多时，可多加过硫酸铵，并延长加热时间。加入磷酸可以去除铁等物质的干扰。

2）本法必须有过多的氧化剂存在，否则紫红色迅速褪去。若加热时间过长，由于浓缩水溶液中硫酸浓度较高，沸点上升在 105℃ 时可使全部过硫酸铵分解。

3）用以稀释的纯水应不含还原性物质，若有，可用过硫酸铵分解。

4）所用器皿应用稀硝酸处理洗净后备用。

（七）氯化物、硫酸盐

1. 指标含义

（1）氯化物。天然水中都含有一定量的氯化物，通常以钠、钙、镁盐的形式存在，地下水中其含量变化较大，总的规律是随水中溶解性固体总量的增高而增加。饮用水水源中氯化物的来源有以下 3 个方面：①水流过含有氯化物的地层，将其中氯化物溶入水；②水源受生活污水或工业废水污染；③接近海边的江水或井水受海潮水或海风影响使氯化物含量增高。从这个角度看，氯化物也可作为污染指标。

饮用水中氯化物浓度过高可使水产生咸味，并对输配水系统产生腐蚀作用。研究表明，当氯与钠、钾或钙结合时，其味阈浓度不同，一般以氯化物计，为 $200\sim300mg/L$。人摄入氯化物的主要来源为含盐食品，每天人均摄入氯化物的量约为 6g（以人均每日吃食盐 10g 计算）。我国饮用水卫生标准中氯化物限值为 250mg/L。

（2）硫酸盐。硫酸盐经常存在于饮用水中，其主要来源是地层矿物质的硫酸盐，多以硫酸钙、硫酸镁的形态存在。此外，生活污水、化肥、含硫地热水、矿山废水、工业废水及海水等都可使饮用水水源中硫酸盐含量增高。

水中少量的硫酸盐对动物及人体健康无害，但含量浓度在 $300\sim400mg/L$ 时，可使水有苦涩味，750mg/L 时可产生轻微腹泻，尤其是对于从低硫酸盐含量地区来的新人，偶然使用时会出现轻微腹泻，经过不太长的一段时间后可逐渐适应。我国生活饮用水卫生标准规定硫酸盐含量不应超过 250mg/L。

2. 检测方法概要

氯化物的分析方法比较多，较完善且成熟的方法有硝酸银滴定法、硝酸汞滴定法、离子色谱法。硝酸银滴定法比较简单，但滴定终点较硝酸汞滴定法不易观察。离子色谱法简单、方便，而且灵敏度较高。

测定 SO_4^{2-} 的方法有很多，多以硫酸钡 $BaSO_4$ 沉淀的生成为基础，如硫酸钡重量法、硫酸钡比色法、铬酸钡比色法、EDTA-滴定法、$BaCrO_4$ 间接光度法、间接原子吸收法、离子色谱法。铬酸钡比色法有冷、热法两种，热法适用于浓度较高的 SO_4^{2-} 测定。范围在 $10\sim200mg/L$ 之间，冷法适用于较低的 SO_4^{2-} 测定，范围在 $5\sim100mg/L$。离子色谱法是测定水中 SO_4^{2-} 最为简单而快速的方法。

3. 离子色谱法测定氯化物和硫酸盐

见本书本章本节毒理学指标中的氟化物、硝酸盐、亚氯酸盐、氯酸盐和溴酸盐有关内容。

4. 硝酸汞容量法测定氯化物

（1）检测原理。硝酸汞与水中氯化物作用生成离解度极小的氯化汞，当滴定至终点时，过量的硝酸汞即与二苯卡巴腙生成紫色配合物。

（2）操作要点及常见问题。

1）溴化物和碘化物与氯化物同时起作用，但一般饮用水中其含量极低，可以忽略不计。铬酸盐、高铁和亚硫酸盐离子含量超过 10mg/L 时，对滴定有干扰；硫化物和亚硫酸盐的干扰，可用过氧化氢除去。

2）严重浑浊的水样将影响滴定终点的判别，可预先进行过滤。

3）溶液中 pH 值对滴定有较大影响，因此需要严格控制溶液的 pH 值。

4）混合指示剂中的溴酚蓝是 pH 值指示剂，同时也可以起到遮蔽二苯卡巴腙灰色的作用，使终点更加明显易于观察。

5）本方法操作中关键点是严格控制溶液的 pH 值。pH 值较高时结果偏低，反之结果偏高。所以要求滴定时控制水样的 pH 值为 3.0±0.2。

6）由于硝酸汞标准溶液含有硝酸，当水样中氯化物含量较高时加入过多的硝酸汞溶液可引起溶液 pH 值的改变使结果偏高。所以应少取水样进行测定。一般测定 50mL 水样时，硝酸汞标准溶液的用量不应超过 10mL。

7）滴定终点应为淡紫色，不应滴至明显紫色。

5．铬酸钡分光光度法（冷法）测定硫酸盐

（1）检测原理。在酸性溶液中，硫酸盐与铬酸钡生成铬酸钡沉淀和铬酸离子，加入乙醇降低铬酸钡在水溶液中的溶解度。过滤除去硫酸钡及过量的铬酸钡沉淀，滤液中为硫酸盐所取代的铬酸离子，呈现黄色，比色定量。

（2）操作要点及常见问题。

1）每次加酸性铬酸钡（$BaCrO_4$）混悬液时应摇匀。

2）将校准系列和样品管在振荡器上同时振摇，可得到精密度较好的结果。

3）滤液必须澄清，滤纸及比色管需干燥；最初 10mL 滤液应去掉。

4）所用玻璃器皿必须在临近使用前用盐酸浸泡，再用自来水及纯水洗净后备用。

（八）溶解性总固体

1．指标含义

水中溶解性固体总量（TDS）主要成分为钙、镁、钠的重碳酸盐、氯化物和硫酸盐等无机物。当其浓度高时可使水产生不良的味道。高水平溶解性固体总量会在水管、热水器、锅炉和洗涤、餐饮用具上结出水垢而使消费者感到厌恶，并因导热不良而增加能耗。有报道指出，水中溶解性固体总量大于 200mg/L 时，浓度每增加 200mg/L，家庭热水器使用寿命缩短 1 年。

一般认为溶解性固体总量低于 600mg/L 时，水的口感比较好，当溶解性固体总量水平大于 1000mg/L 时，饮用水口感发生明显变化，并越来越不好，但长期饮用可能会逐渐适应。我国生活饮用水卫生标准规定溶解性固体总量限值为 1000mg/L。

2．检测方法与原理

水中溶解性固体，又称滤过性固体或滤过性残渣。是水样经 0.45μm 滤膜过滤除去悬浮物蒸干，取一定体积滤液在一定温度下烘烤后得到的残渣包括可溶性物质、有机物以及能通过滤器的不溶解的固体微粒和微生物等，测定溶解性固体用重量法。

3．操作要点及常见问题

（1）一般水样采用 105℃±2℃温度烘烤。当高溶解性固体总量水样含有大量硫酸钙、硫酸镁等盐类时，则选用 180℃±2℃温度烘烤，这样可以得到较准确的结果。

（2）水中若含大量的氧化钙，硝酸钙，硝酸镁，氯化镁等极易吸潮的盐类时，不易称至恒重，加入适量的碳酸钠溶液可得到改进。由于加入碳酸钠使其生成碳酸钙，碳酸镁，氯化钠和硝酸钠等盐类，其中除硝酸钠具有一定的潮解性外，其他化合物均容易干燥。这样处理后所得结果还不够理想，因为有可能生成碱式碳酸镁而带来一些误差，但一般说来采用碳酸钠于180℃±2℃下测定能准确地反映出水中固体物质的实际总量。

（3）通常水样不用过滤直接测定，当水样浑浊时要进行过滤后再测定，在没有合适的滤膜时，可用无灰中速定量滤纸滤过水样。

（4）用重量法测定水中溶解性固体总量时，影响实验条件的因素很多，如温度、时间和当时室内温度、蒸发皿大小、称重时蒸发皿的排列顺序等。最好是在恒温恒湿条件下称重（采用电子分析天平），尽量缩短称量时间，以免吸潮后称量不准确。

（5）通常首次测定样品发现溶解性总固体总量大于1000mg/L时，应改用烘烤温度180℃的方法再进行检测。

（九）总硬度（以 $CaCO_3$ 计）

1. 指标含义

硬度是钙和镁形成的，通常可从肥皂泡沫的浮垢以及清洗所需过量肥皂的用量来指示水的硬度。受其他因素相互作用的影响，如pH值和碱度，水的硬度超过200mg/L左右时，可能使建筑物内的二次供水处理装置、配水系统、管网、储水罐和锅炉结垢，也会因消耗过量肥皂形成"浮垢"。加热时，硬水会生成碳酸钙垢沉积。另外，低于100mg/L的软水因为缓冲容量低，对管道的腐蚀性更大。

人体对水的硬度有一定的适应性，改用不同硬度的水（特别是高硬度的水）可引起胃肠功能的暂时性紊乱，但一般在短期内即能适应。饮用水硬度过高，会使水的口感变差。人体对水的硬度的耐受程度存在很大差异，一般可耐受水的硬度在500mg/L左右。我国生活饮用水卫生标准将总硬度限值规定为450mg/L。

2. 检测方法与原理

标准中规定的检测方法为乙二胺四乙酸二钠滴定法，乙二胺四乙酸二钠（Na_2EDTA）在pH值为10的条件下与水中的钙、镁离子形成无色可溶性配合物，指示剂铬黑T（EBT）则与钙、镁离子生成紫红色配合物。到达终点时，钙、镁离子全部与乙二胺四乙酸（EDTA）配合而使铬黑T游离，溶液即由紫红色变为蓝色。

3. 操作要点及常见问题

1）水样如系酸性或碱性，应用氢氧化钠或盐酸溶液中和后，再加入缓冲溶液。

2）水样硬度大时，为防止在滴定过程中钙、镁离子在碱性中沉淀应少取水样，稀释至50mL后再进行测定。一般50mL水样消耗的0.01mol/L Na_2EDTA应少于15mL。

3）当水样含有银、镉、锌、钴、铜、镍、锰时，可使终点延缓或指示剂褪色。可采用氰化钾或硫化钠为掩蔽剂，以消除封闭现象。高价铁、锰的干扰可用盐酸羟胺消除。

4）缓冲溶液体系由氨-氯化铵组成，pH值为10。多次反复开塞使用或瓶塞密合性较差，会因氨的挥发而降低缓冲溶液的pH值，影响测定。因此，应冷藏保存，取用后立即加塞。

5）在测定大批水样时，应逐个在加入缓冲溶液后立即滴定。若多个样品同时加入缓冲液长时间放置，可使氨水溢出，pH值达不到10，或在镁离子浓度高时形成沉淀。

6）在碱性溶液中，测定时，铬黑T指示剂加入的时间不宜过早，应该加入指示剂后立即进行滴定操作，否则在碱性情况下，过早加入铬黑 T 指示剂，会导致其被氧化，影响终点颜色的判定。

7）临近滴定终点时反应延缓，每次应加入少量滴定剂，并充分摇振。

8）有的水样在检测中发现无终点或几秒钟后颜色又回至开始的紫红色。其主要原因是水样中存在干扰物质，应该按照标准检验方法去除干扰的因素，首先检查干扰物并进行掩蔽后再进行分析。

（十）高锰酸盐指数（以 O_2 计）

1. 指标含义

《生活饮用水卫生标准》（GB 5749—2022）版将 2006 版的耗氧量（COD_{Mn} 法以 O_2 计）名称修改为高锰酸盐指数（以 O_2 计），它是指水中的还原性物质，在规定条件下，被强氧化剂氧化时所消耗的氧化剂相当于氧的量，以 $O_2\,mg/L$ 表示。

水中的还原性物质包括无机还原物（Fe^{2+}、S^{2-}、NO^{2-} 等）和大量有机物（碳水化合物、蛋白质、油脂、氨基酸、脂肪酸、脂类等）。水中的有机物除来自动植物的腐殖质外，还有来自排入水体的生活污水和工业废水。

生活饮用水卫生标准中规定高锰酸盐指数（以 O_2 计）的限值 3mg/L 是一个经验数值，没有试验证明，超过此限值会对健康造成影响。在实际工作中，高锰酸盐指数（以 O_2 计）从一个侧面反映饮用水易氧化有机污染物的总体水平，是一项易于操作、比较实用的指标。

2. 检测方法与原理

常用的检测方法是酸性高锰酸钾容量法。高锰酸钾只对某些有机物部分氧化，为保证方法具有良好的重现性和测定结果的可比性，必须严格控制其酸度、高锰酸钾标准液的浓度和反应时间等。

高锰酸钾在酸性溶液中将还原性物质氧化，过量的高锰酸钾用草酸钠还原，根据消耗高锰酸钾的量换算为耗氧。

3. 操作要点及常见问题

（1）酸性高锰酸钾法适用于氯化物低于 300mg/L，清洁或污染轻微的水样测定。

（2）水样如无保存措施，应尽快测定。现标准方法为每升水样加入 0.8mL 浓硫酸 4℃保存，24h 内测定。

（3）首先将采样桶中的水样摇匀后再量取一定体积的水样进行测定，否则会影响检测结果。

（4）锥形瓶使用前处理方法（临用前处理）：100mL 纯水按测定样品处理加热后倒掉，以纯水洗涤两次备用。用重铬酸钾洗液处理，洗净后备用。或使用铬酸洗液全部浸润后，放置 0.5h 清洗后进行测定。

（5）高锰酸钾应为过量的，以保障其氧化力，一般最后一步用高锰酸钾标准液滴定时消耗量应小于 5mL。此时表示在第一步加入的高锰酸钾标准液其消耗量小于 5mL。

（6）改用恒温水浴锅 30min 后提高了精密度、准确度和可比性。原电炉加热 10min，因炉温难控，使样品至沸和蒸发程度不一致，则反应时间、酸度、高锰酸钾浓度均不同，使可比性较差。

（7）恒温水浴锅容量要大，避免放入样品瓶后温度下降。不能直接使用电炉，因受热不均匀，导致结果不同。

（8）滴定时主要事项包括：溶液应达 70～85℃，终点时溶液不低于 55℃，加入草酸钠时溶液温度不大于 90℃，以免草酸分解；酸度应为 0.18mol/L。滴定开始要慢，等产生 Mn^{2+} 后，可加快滴定速度；终点是极淡红色，0.5～1min 内不褪色即可

（9）水中氯化物超过 300mg/L 时，能被高锰酸钾氧化，使结果偏高，应使用碱性高锰酸钾法测定。

（十一）氨（以 N 计）

1. 指标含义

《生活饮用水卫生标准》（GB 5749—2022）将 2006 版的氨氮（以 N 计）名称修改为氨（以 N 计）。氨包括游离氨和铵盐两种形式。水体中氨的存在一般对人体无害，但表明水体不久前曾受到污染，有机物正在分解过程中。水中含有高浓度氨，会影响饮用水的感官性状。氨主要是由于有机氮的脱氨和尿素水解而成。一般地下水含量低，废水中氨含量高。水厂消毒投加氨生成化合性余氯，当配比不当时也可使水中氨增高。我国生活饮用水卫生标准规定氨不应超过 0.5mg/L。

2. 常用检测方法与原理

测定氨的常用方法有纳氏比色法、酚盐比色法和氨选择电极法。这里介绍纳氏比色法。在碱性溶液中，氨与纳氏试剂（碘化汞钾）生成棕黄色的化合物，反应产物在 15～30min 内稳定，其发色强度与氨含量成正比。在波长 420nm、用 1cm 比色皿，以纯水作参比，测定吸光度。

3. 操作要点及常见问题

1）本方法适合氨含量低的洁净地表水，可直接比色。

2）水中氨由于三氮的互相转化而不稳定，在冷藏条件下 24h 内稳定。如新取水样迅速测定可得到良好结果。为防止氨分解，可采取过滤除菌，加氯化汞杀菌或加硫酸作为保存剂等措施。对于清洁的水样或生活饮用水，每升水加 0.8mL 浓硫酸，测前应调节 pH 值至中性。

3）水样中 Ca^{2+}、Mg^{2+}、Fe^{3+} 等离子在碱性条件下，可形成碳酸钙；碱式碳酸镁和氢氧化铁沉淀，使溶液浑浊，干扰比色。故在加纳氏试剂显色前先加入酒石酸钾钠溶液，使其与金属离子生成化合物，以消除其影响。

4）水样有色、浑浊或有细小颗粒物时，易使纳氏反应生成沉淀或影响比色，故应预先滤除。如用滤纸过滤时，应将滤纸（用 0.1mol/L 盐酸反复过滤，并用纯水洗净）处理后再使用，以免污染水样。

5）醛、酮、醇和某些胺类与纳氏试剂可产生淡黄色或淡绿色的反常色或浊度。须将水样进行蒸馏，使氨与干扰物分离。蒸馏时应加磷酸盐缓冲液使水样的 pH 值在 7.4 左右。pH 值过低，NH_3 转为 NH_4 而不易蒸出，结果偏低，若 pH 值过高，部分蛋白质和氨基酸在加热过程中会分解，使结果偏高。对于加硫酸的水样，应用氢氧化钠中和后，再加磷酸盐缓冲液，可用硼酸溶液吸收氨。碱度（$CaCO_3$ 计）超过 500mg/L 时，应蒸馏后比色。

6）余氯和氨反应生成氯胺，能使结果偏低。在测定前用硫代硫酸钠破坏余氯以消除干扰。

7）因氨挥发大，测氨的实验室内不得测定使用浓氨水的项目，如测定总硬度。

8）测定水中氨加入酒石酸钾钠后容易发浑。其主要原因是酒石酸钾钠试剂质量问题。制备酒石酸钾钠的企业在生产中由于原料改变，使其掩蔽效果不好，在碱性条件下导致测定溶液发浑，盲目地上机测定就会造成结果呈假阳性。测试应观察待测样品外观颜色，另外应选择符合要求的试剂。

四、生活饮用水消毒剂常规指标

生活饮用水消毒剂常规指标有 4 项。

（一）游离氯和总氯

1. 指标含义

氯作为重要的消毒剂和漂白剂广泛用于工业、水上健身娱乐和家庭，是饮用水处理和游泳池中最常用的消毒剂。游离氯指标是指水净化处理中经过加氯消毒，接触一定时间后，余留在水中的氯，人们习惯将其称为余氯。其作用是保证持续杀菌，也可防止水受到微生物污染。氯会刺激眼鼻，引起胃不适。国际癌症研究中心（IARC）将次氯酸盐列入致癌的第三组物质。测定水中游离氯含量和存在状态，对评价饮用水消毒结果和微生物指标数值是否可接受非常重要。我国饮用水卫生标准规定，采用液氯、次氯酸钠、次氯酸钙消毒方式时，应测定游离氯。消毒剂与水接触时间应不小于 30min，出厂水和末梢水限值不大于 2（mg/L），出厂水余量不小于 0.3（mg/L），管网末梢水余量不小于 0.05（mg/L）。

采用氯胺消毒方式时，应测定总氯。氯胺消毒的与水接触时间应不小于 120min，出厂水和末梢水限值为不大于 3（mg/L）出厂水余量不小于 0.5（mg/L），末梢水余量不小于 0.05（mg/L）

2. 检测方法概要

测定游离氯的方法包括邻联甲苯胺比色法、二乙基对苯二胺（DPD）分光光度法和四甲基联苯胺比色法。由于余氯要求现场测定，随着检测技术的进步，DPD 现场检测仪的普及，该方法使用更加广泛。下面介绍二乙基对苯二胺（DPD）分光光度法。

3. 检测原理

（1）游离氯。pH 值在 6.2～6.6 条件下，游离氯直接与 N,N-二乙基对苯二胺（DPD）反应生成红色化合物，通过测量吸光度，计算游离氯含量。

（2）总氯。存在过量碘化钾时，总氯与化合氯在 pH 值为 6.2～6.6 条件下，直接与 N,N-二乙基对苯二胺（DPD）反应生成红色化合物，通过测量吸光度，计算总氯含量。

4. 操作要点及常见问题

（1）本法检测范围为 0.01～5mg/L，超过 5mg/L 的水样可用纯水稀释后测定。

（2）确保每次检测时，使用测量瓶、试管盖、碾棒都用清水彻底洗净。避免用手直接接触试剂而造成污染。

（3）当水样中余氯浓度大于 8mg/L 时，可能会漂白 DPD 反应中产生的粉红色，而给出错误的结果。倘若得到明显的偏低结果，检查是否存在颜色被漂白的可能性，并用无氯水将水样稀释后重复检测。

（4）过高的钙硬度（大于 1000mg/L CaCO$_3$）可能会在检测中造成浑浊，可以通过在加入 DPD 试剂之前，先加入一片乙二胺四乙酸（EDTA）试剂片来去除影响。

（5）水中游离余氯和总氯极不稳定，应在采样现场立即检测。

（6）测定余氯时由于 DPD 溶液与水中游离氯反应时间较快，加入试剂后须迅速测定。

（二）臭氧

1. 指标含义

臭氧是一种很强的杀菌剂，杀灭细菌和病毒等微生物有显著的效果。它又是一种强氧化剂，能破坏使水产生味和臭的有机化合物和有色的有机物；能将亚铁和亚锰氧化为高价态的不溶氧化物，然后通过沉淀和过滤去除。采用臭氧消毒可以避免氯消毒副产物的产生，目前为生活饮用水常用的消毒方法。但是采用臭氧消毒，因水源条件限制有可能产生溴酸盐和甲醛等消毒副产物。臭氧刺激眼鼻喉，较高浓度时会出现头痛及呼吸器官局部麻痹。我国生活饮用水卫生标准规定采用臭氧消毒方式时，应测定臭氧。采用臭氧消毒、臭氧与水接触时间应不小于 30min，出厂水和末梢水限值不大于 0.8mg/L，管网末梢水余量不小于 0.02mg/L。如采用其他协同消毒方式，消毒剂限值及余量应满足相应要求。

2. 常用检测方法与原理

常用的检测方法是靛蓝分光光度法。检测原理是在 pH 值在 2.5 的条件下，水中臭氧与靛蓝试剂发生蓝色褪色反应，于 600nm 波长下可以定量测定。

3. 操作要点及常见问题

（1）本方法适用于靛蓝快速测定法测定生活饮用水中残留臭氧的含量。它适用于经臭氧消毒后的生活饮用水中臭氧质量浓度为 0～0.75mg/L 的水样直接测定，超出此范围的水样稀释后会造成水中臭氧损失。

（2）氯会产生干扰，若存在低浓度氯（小于 0.1mg/L），可分别在两个容量瓶中加入 1mL 丙二酸去除氯的干扰；溴，被氧化成溴离子，可引起干扰（1mol 的 HOBr 相当于 0.4mol 臭氧），尽快测量吸光度，最好在 60min 内〔Br$^-$，Br$_2$，次溴酸（HOBr）仅能被丙二酸部分去除〕。若氯或 HOBr 的浓度超过 0.1mg/L，不适合用该法来精确检测臭氧。

（3）二价锰会被臭氧氧化，氧化后的产物会使靛蓝褪色，0.1mg/L 被氧化的锰即可产生 0.08mg/L 臭氧的相当的反应，通过设立对照（预先将样品经过氨基乙酸处理，破坏掉臭氧）消除干扰，具体做法：将 0.1mL 的氨基乙酸溶液加入 100mL 的容量瓶（作为空白），另取 1 个加入 10mL 的靛蓝溶液Ⅱ（作为样品），用吸管吸取相同体积的样品加入上述容量瓶中，调整剂量，以至于样品瓶中的褪色反应可肉眼观察又不完全漂白（最大体积 80mL），在加入靛蓝前，确定空白瓶中的氨基乙酸和样品混合液的 pH 值不低于 6，因为臭氧和氨基乙酸在低 pH 值下反应非常缓慢，盖好塞子，仔细混匀，加入样品 30～60s 后，加入 10mL 的靛蓝溶液Ⅱ到空白瓶中，向两个瓶中加入不含臭氧的水定容至刻度，充分混匀，然后在大致相同的时间内（30～60min）测定吸光度（若超过这个时间，则残留的锰氧化物会缓慢氧化靛蓝使之褪色，空白和样品的吸光度的漂移产生变化），空白瓶中的吸光度的减少由锰氧化物引起，而样品中的吸光度则是由臭氧和锰氧化物共同作用引起。

（4）过氧化氢和有机过氧化物可以使靛蓝缓慢褪色，加入靛蓝后 6h 内测定可预防过氧化氢的干扰。

（5）臭氧在水中稳定性很差，10～15min 即可衰减一半，40min 后浓度几乎衰减为零，故最好现场取样立即测定。

（6）加入臭氧低浓度检测试剂或臭氧高浓度检测试剂后，应尽快检测，以预防过氧化氢的干扰。

（7）本法不适合测量锰含量过高的水样。

（三）二氧化氯

1. 指标含义

二氧化氯是饮用水处理工艺常用的消毒剂，其氧化强度稍强于氯制剂。采用二氧化氯消毒可以控制氯消毒副产物的产生。但因其非常不稳定，容易水解为亚氯酸盐。大鼠围产期暴露于二氧化氯，显示二氧化氯损伤神经发育，影响神经行为。大鼠和猴通过饮水暴露于二氧化氯，人们观察到甲状腺激素显著下降。对人的影响是可能引起贫血，影响青少年的神经系统。二氧化氯的味阈和嗅阈为 0.4mg/L。我国生活饮用水卫生标准规定，采用二氧化氯消毒方式时，应测定二氧化氯；采用二氧化氯与氯混合消毒剂发生器消毒方式时，应测定二氧化氯和游离氯。两项指标均应满足限值要求，至少一项指标应满足余量要求。二氧化氯消毒剂与水接触时间不小于 30min，出厂水和末梢水限值为不大于 0.8mg/L，出厂水余量不小于 0.1mg/L，管网末梢水余量不小于 0.02mg/L。

2. 常用检测方法与原理

目前常用二乙基对苯二胺（DPD）分光光度法测定二氧化氯，其原理是，甘氨酸将水中的氯离子转化为氯化氨基乙酸而不干扰二氧化氯的测定。水中的二氧化氯与 DPD 反应呈红色。比色定量测定。

3. 操作要点及常见问题

（1）本方法适用于用二氧化氯便携式快速测定法测定生活饮用水中残留二氧化氯的含量。适用于经二氧化氯消毒后的生活饮用水中二氧化氯测定。超过 10mg/L 的水样可用纯水稀释后测定。

（2）水中二氧化氯不稳定，应在采样现场立即检测。

（3）检测过程中要严格掌握放置时间，整个比色的试验过程应在 1min 内完成。

（4）余氯会产生干扰，通过加入甘氨酸和控制检测时间可以去除干扰。

五、案例

（一）某县水质检测中心正确掌握水质检测方法的几点体会

1. 重量分析

主要掌握重量分析技术操作中所用分析天平的原理、操作步骤，使用分析天平称量时注意事项，熟知天平室的使用要求。该项技术在我中心水质检测中主要用于饮用水中溶解性固体总量的测定，饮用水总 α 放射性、总 β 放射性样品前处理时对样品残渣的称量。使用分析天平称量前，先把放有样品的干燥器放入天平室内。观察天平室内温度和湿度，需要时开启空调和抽湿器，调节室内温度达 20℃，湿度达 50%RH，然后再进行称量操作。进行称量操作时要轻开轻关。

2. 容量分析

主要掌握容量分析技术操作中的 4 个操作方法（中和法、沉淀法、配合法、氧化还原法）的原理，所用试剂的正确配制，玻璃仪器（移液管、刻度吸管、滴定管、容量瓶）的正确使用及检定知识，标准滴定溶液的配制、标定和保存，具体项目操作方法的干扰因素及操作注意事项。该项技术在我中心水质检测中主要用于饮用水中氯化物、总硬度、耗氧量、含氯消毒剂中有效氯的测定。滴定操作时，操作桌面要合理布置试剂瓶、标液瓶、样品瓶的位置，有利于操作有条不紊地进行。滴定管试漏后需进行标准液润洗，注意标准液正确的灌装方式。滴定时注意滴定管旋钮及锥形瓶的操作方法，待滴定接近终点时须 1/2～1/4 滴加入标准液。正确读取数据（视线平视刻线读数、记录数据的有效数字等）。使用移液管要用样液润洗 2～3 次，取样操作时移液管需垂直靠壁，液体流出后静置 15s 以上即可，最后残留在移液管底部的液体不要吹下来。

3. 电化学分析

主要掌握电化学分析技术操作中所用仪器（酸度计、电导率仪）的原理，电极使用及维护，所用试剂的正确配制，具体项目操作方法的干扰因素及操作注意事项。该项技术在我中心水质检测中主要用于饮用水 pH 值的测定，试验用水电导率的测定。玻璃电极首次使用或长期不用时，要先用蒸馏水浸泡活化 12h 以上。

4. 比色分析

重点掌握比色分析技术操作中所用仪器（分光光度计）的原理（朗伯-比尔定律），所用试剂的正确配制，标准单元素溶液的稀释要求，具体项目操作方法的干扰因素及操作注意事项。该项技术在我中心水质检测中主要用于饮用水 16 项指标（色度、浑浊度、游离余氯、一氯胺、二氧化氯、甲醛、臭氧、挥发酚类、氰化物、氯化氰、氨氮、硫酸盐、硝酸盐、亚硝酸盐、阴离子合成洗涤剂、六价铬）的测定（见表 7-3-4）。

表 7-3-4　　　　　　　饮用水 16 项指标比色测定条件汇总表

项目名称	所用的显色剂	测定液的酸碱条件	生成颜色	测定波长/nm	比色皿厚度/cm	备注
色度	铂-钴标准色	无要求	黄色	目测	—	
浑浊度	福尔马肼	无要求	—	散射或目测	—	
游离余氯	DPD	pH 值 6.5	红色	515	1	
一氯胺	DPD	pH 值 6.5	红色	515	1	
二氧化氯	DPD	—	粉色	528	—	
甲醛	三氮杂茂	0.2mol/L 氢氧化钾	紫红色	550	1	
臭氧	靛蓝	pH 值 2.5	蓝色	600	—	
挥发酚类	4-氨基安替吡啉	pH 值 10.0	红色	460	2	
氰化物	异烟酸-吡唑酮	pH 值 7.0	蓝色	638	3	
氯化氰	异烟酸-巴比妥酸	pH 值 5.8	蓝紫色	600	1	
氨氮	纳氏试剂	pH 值 11	黄色	420	1 或 3	
硫酸盐	铬酸钡	pH 值 2	黄色	420	3	

续表

项目名称	所用的显色剂	测定液的酸碱条件	生成颜色	测定波长/nm	比色皿厚度/cm	备注
硝酸盐	紫外法	—	—	220、275	1	
亚硝酸盐	对氨基苯磺酰胺、萘乙二胺	pH值1.7	红色	540	1	
阴离子合成洗涤剂	亚甲蓝	pH值9	蓝色	650	3	
六价铬	二苯碳酰二肼	0.2mol/L硫酸	紫红色	540	3	

5. 原子吸收分析

重点掌握原子吸收分析技术操作中所用仪器（原子吸收分光光度计）的原理（朗伯-比尔定律），所用试剂的正确配制，标准单元素溶液的稀释要求，具体项目操作方法的干扰因素、最佳测定条件的优选、样品前处理方法及操作注意事项。该项技术在我中心水质检测中主要用于饮用水8项指标（锌、铜、铁、锰、铅、镉、铝、钠）的测定。可将8个指标的最佳测定条件（如石墨炉原子吸收法，初始温度、干燥温度、原子化温度、净化温度等；火焰原子吸收法中灯电流、气体流量、燃烧器高度等）制成卡片，便于日后工作中使用。

6. 原子荧光分析

重点掌握原子荧光分析技术操作中所用仪器（原子荧光光度计）的原理（朗伯-比尔定律），所用试剂的正确配制，标准单元素溶液的稀释要求，具体项目操作方法的干扰因素、最佳测定条件的优选、样品前处理方法及操作注意事项。该项技术在我中心水质检测中主要用于饮用水3项指标（砷、汞、硒）的测定。将3项指标的最佳测定条件（载流浓度、还原剂浓度、灯电流等）制成卡片，便于日后工作使用。

7. 气相色谱分析

重点掌握气相色谱分析技术操作中所用仪器（气相色谱仪）的原理（吸附-反吸附理论、塔板理论），溶剂的正确选择，标准溶液的稀释要求，色谱柱的选择，具体项目操作方法的干扰因素、最佳测定条件的优选、样品前处理方法及操作注意事项。该项技术在我中心水质检测中主要用于饮用水中有机物指标（有机磷农药、有机氯农药、除草剂、菊酯类农药、苯系物、烷烃类、烯烃类、环氧氯丙烷、丙烯酰胺等）的测定。

8. 离子色谱分析

重点掌握离子色谱分析技术操作中所用仪器（离子色谱仪）的原理（吸附-反吸附理论、塔板理论），所用试剂的正确配制，标准单元素溶液的稀释要求，具体项目操作方法的干扰因素、最佳测定条件的优选、样品前处理方法及操作注意事项。该项技术在我中心水质检测中主要用于饮用水7项指标（氟化物、氯化物、硫酸盐、硝酸盐、溴酸盐、氯酸盐、亚氯酸盐）的测定。操作时所用的流动相要做超声脱气处理，饮用水中硫酸盐、氯化物含量较高，一般超过标准曲线上限，此时须将水样做稀释处理后进行测定。

9. 细菌检验

重点掌握细菌检验过程中无菌操作技术，所用培养基的正确配制，细菌检验具体项目操作方法的干扰因素、取样要求及操作注意事项。该项技术在我中心水质检测中主要用于饮用水 4 项指标（菌落总数、总大肠菌群、耐热大肠菌群、大肠埃希氏菌）的测定。菌落总数要掌握 7 种情况下如何记录结果。总大肠菌群阳性结果要有产酸产气现象；如果总大肠菌群为结果阴性，则耐热大肠菌群、大肠埃希氏菌直接报阴性结果即可。

（二）某县水质检测中心提高氨氮测定准确性的体会

1. 正确掌握仪器设备使用方法

要认真阅读仪器使用说明书，认真执行说明书中的要求。如分光光度计开机后先预热 15～30min，达到稳定后再使用。使用前用滤纸插入仪器光路，检查仪器光路是否完整，有无变化，确保单色光光线完全通过狭缝。再比如测定氨氮时用的分光光度计使用波长为 420nm，按要求将仪器调整到准确位置，仪器波长显示值与真实值不一定相符，要经过有资质的检定机构检定合格，在有效期内使用。仪器检定后要确认波长显示值与真实值的差值，这一差值称为校正因子，如校正因子较大，应维修调整；若校正因子较小，没必要进行修正。如校正因子为 +3nm，则操作时波长显示为 423nm，实际真实波长应为 420nm。测定低浓度时用 3cm 比色皿，高浓度时用 1cm 比色皿，尽量使用同一组比色皿，因为比色皿之间有皿差。向比色皿中加入试液时从毛面加入，不要从透光面加入。试液不要加得过满，留 0.5cm 高度的空隙。氨氮空白管光密度值应小于 0.030。所用的比色管尽量是同一厂家的同一批产品，高度一致，用移液管标定其容量，注意是否存在容量误差。

2. 样品制备

水样中氨氮不稳定，每升水样加浓硫酸 0.8mL，4℃保存并尽快测定。

取样或稀释样品时选择计量检定合格的移液管和容量瓶，正确操作使用移液管和容量瓶。使用移液管先润洗两次，垂直放液体，待液体即将流完时，碰一下容器壁，静止 15s 以上。容量瓶定容后，颠倒混匀 20 次以上。

3. 标准物质

标准物质溶液购自中国标准物质中心，在有效期内使用。稀释标准物质溶液时使用计量检定合格的移液管和容量瓶。以 10 倍再 10 倍地递增稀释，并且认真混匀后再吸取溶液。不要使用微量进样器或微量移液器，取样几微升，稀释上千倍甚至上万倍，这样操作误差较大，出现不满意值的概率很大。

使用标准物质溶液绘制标准曲线，使用的比色管要成套。曲线的 r 相关系数应在 0.995 以上。

4. 检测方法

纳氏试剂法测定饮用水中氨氮，操作较简单，但如果不注意细节问题也很难保证取得准确的检测结果。平行样测定，平行样相对偏差应在要求之内，浓度为 0.1mg/L 时，平行样相对偏差最大允许值 10%。测定加标回收率，回收率应在 90%～110% 之间。

5. 环境条件

纳氏试剂法测定饮用水中氨氮时，实验室内不得使用氨水，不能同时在同一实验室内操作总硬度的测定和挥发酚类的测定，因为总硬度的测定和挥发酚类的测定使用氨水，影响测定结果。

6. 试剂配置

纳氏试剂法测定饮用水中氨氮所用的各种试剂都必须用不含氨的纯水配制。无氨水可用一般纯水加硫酸呈酸性，再加高锰酸钾后重蒸馏获得。在酸性溶液及有高锰酸钾存在的条件下，氨呈离子（NH_4^+）状态，不随水蒸气蒸出。

纳氏试剂法测定饮用水中氨氮所用的关键试剂是纳氏试剂。配制纳氏试剂时，应分别配制碘化汞和碘化钾于少量纯水中，待溶解后，将碘化钾缓慢倒入碘化汞中，且边倒边搅拌，生成的产物是碘化汞钾，出现少量沉淀时即可，再将此溶液缓慢倾入已冷却的氢氧化钠溶液中，并不停搅拌。然后用纯水定容。储于棕色瓶中，避光保存。试剂有毒，应谨慎使用。

配制该试剂时不要使碘化钾过剩，过量的碘离子将影响有色络合物的生成，颜色变浅。新配制的纳氏试剂应放置几天再用。放置后如有沉淀，应取上清液使用，除去沉淀物。储存已久的纳氏试剂可出现沉淀物，使用前应先用已知量的氨氮标准溶液显色，并核对吸光度，加入试剂后 2h 内不得出现浑浊，否则应重新配制。

第八章　农村水厂管理信息系统运行维护

水厂自动化和信息化是相互关联又有区别的两个概念。自动化着重于生产过程，强调从人力手工操作变为无须人工介入的过程，如自动加药，自动冲洗，自动开泵，是生产过程的自动化。信息化则强调信息的综合利用，如办公自动化、设备管理、水质管理等信息管理应用，它的含义更广泛。水厂信息化和自动化由生产自动化、管理信息、安全保卫视频监控和水厂内部网络等几个部分组成。本章重点介绍属于信息化范畴的水厂管理信息系统的基本概念、基础知识和系统运行维护。

第一节　水厂管理信息系统概述

一、管理信息系统的基本概念

（一）信息与信息技术

信息广泛存在于人们日常生活和生产、经营、管理、销售、服务等各行各业。信息是经过加工的、具有一定含义的、对决策有价值的数据。数据和信息既相互联系又有区别。广义的数据不仅仅是阿拉伯数字，它还是描述客观事物性质、形态、特征等属性的物理符号序列。信息是加工处理后的数据，是数据所要表达的内容，数据是信息的表达形式。它们如同物质生产中原料与制成品之间的关系。信息必然是数据，但数据未必是信息。

信息具有很多特性：①真实性。正确、真实的信息可以为人们决策起到积极作用；反之，不真实、虚假的信息不仅没有价值，而且会在决策过程中起负作用。②层次性。通常将信息分为战略层，战术层和作业层3个层次，不同层次的信息在来源、寿命、加工精细、加工方法、使用频率、保密要求等方面有不同的特点。③可传输性。信息可以通过网络、传媒等多种手段，跨越地理界限传输到很远的地方，为不同使用者提供便利。④可变换性。信息是物质存在方式的直接或间接显示，可以转化成不同的形态，如声、光、文字、符号、语言、图像等，也可以由不同的载体存储、传输并被加工成不同的多媒体形态，形成丰富多彩的信息环境。⑤共享性。一般情况下，信息可以复制和共享，它既为信息的高效利用提供了极大方便，也为行为不端者窃取专利知识、个人私密资源等提供了机会和可能性。⑥增值性。零散、互不关联的信息在传输和使用过程中经过过滤、集合、提炼和加工处理，会不断丰富和增值。

信息技术是指以现代计算机及通信技术为代表的，对信息的产生、收集、加工、传递和使用等环节提供支持的技术总称。按照功能特点的不同，可将信息技术归纳为计算机硬件技术、软件技术、存储技术和通信技术等。

（二）信息系统

信息系统是对数据进行采集、处理、存储、管理、检索和传递，根据需要向有关人员提供有用信息的系统。信息系统用在管理组织中，可以支持决策和控制，可以帮助管理者和工作人员分析问题、解决复杂问题。

从技术角度看，信息系统具备以下几项基本功能，如图8-1-1所示。

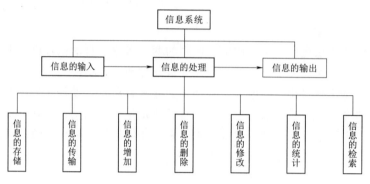

图8-1-1　信息系统的基本功能

信息系统一般由6个部分组成：原始数据的采集和输入（input），输入可以是手工的、也可以是自动的；存储（store），数据存储时要考虑存储哪些信息、保存多长时间、用什么方式存储；处理（process），将原始数据汇总、分类、逻辑判断、解析、合成，从而生产转换为有用信息；数据传送与输出（output），采用一定的方法和设备，完成从发出方到接收方的传送，将处理后的信息传递给用户，这时就体现出信息系统的价值；反馈（feedback），是将输出信息与特定的信息做比较，形成评价或校正后再输入；数据维护，指数据的出错处理及数据恢复和备份。信息系统有自身的脆弱性，系统本身及管理等多方面因素会导致数据出错，需要通过系统维护进行弥补。在实际工作中经常有重使用、轻维护的倾向。

常见的信息系统有4类：①作业处理系统（TPS），用于记录管理单位经营、管理活动中的日常事务；②办公自动化系统（OAS），用于协调各种不同的业务、人员，以及与外部组织的通信；③决策支持系统（DSS），用于提供决策支持和改进决策过程；④管理信息系统（MIS），它具备信息系统的功能，同时又具备计划、控制和辅助决策等功能，是一个可以进行全面管理的综合系统。

（三）管理信息系统

管理信息系统（management information systems，MIS）由人、软件、硬件和数据四种基本要素组成。是一个由人、计算机等组成，能进行信息收集、传递、储存、加工、维护和使用的系统。它综合了管理科学、信息科学、系统科学、行为科学、计算机科学和通信技术，以提高效益和效率为目的，帮助完成管理组织内部的高层决策、中层控制、基层运作，是集成化的人机系统。包括硬件和软件的信息技术是管理信息系统得以实施的核心技术。在这一系统中，人是关键，数据是核心，人与机器共同行动，完成系统的目标。

水厂管理信息系统一般具有以下功能：①数据处理：通过制水、供水数据的输入、处理分析，产生各类报表和报告；②计划：根据约束条件和数据分析，提供各职能部门和车间班组编制的计划，如供水生产计划、供水市场营销计划、设施维修计划、财务计划、培训计划、采购计划等；③控制：根据各职能部门提供的数据，对计划执行情况进行监督、检查，比较执行与计划的差异，分析差异并找出产生差异的原因；④预测：运用现代数学方法、统计方法，结合内部信息和外部信息，对供水生产与销售、水厂经营效益、水费计收与财务等进行预测分析；⑤辅助决策：采用数学模型，从大量数据中推导出有关问题的最优解答，辅助管理人员进行决策，达到合理利用各种资源、完成水厂预期任务目标的结果。

（四）管理信息系统构成

管理信息系统的基本构成包括：信息管理者、信息源、信息处理器、信息用户。

（1）信息管理者：作为信息管理者，他要统一规划、设计、部署、管理、维护整个系统。

（2）信息源：管理信息系统中各类信息的来源，不仅包括信息载体，还包括信息机构；不仅包括传统的纸质文献资料，也包括现代电子版档案资料；不仅包括各种信息储存和信息传递机构，也包括各种信息生产机构。

（3）信息处理器：以计算机作为硬件基础，运用软件对原始信息进行处理，加工生产出价值含量更高、方便用户利用、可以指导决策的有效信息，处理的过程将使信息增值。

（4）信息用户：是管理信息系统的服务对象，包括利用信息和信息服务的一切个人与组织，在水厂包括管理组织内部科室车间班组和个人、水厂外部的上级主管部门及用水户等。

管理信息系统技术结构如图 8-1-2 所示。

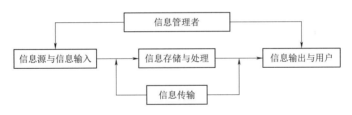

图 8-1-2　管理信息系统技术结构示意图

二、管理信息系统的技术基础

管理信息系统在计算机硬件技术、软件技术、存储技术和网络通信技术基础上形成并发挥作用。

（一）计算机硬件与软件

计算机系统是管理信息系统的技术基础，也是实现水厂现代管理信息系统功能的重要手段。完整的计算机系统包括硬件系统和软件系统两部分，其组成如图 8-1-3 所示。

1. 计算机硬件

硬件系统由运算器、控制器、存储器、输入、输出设备等构成，其中运算器用于完成算术运算和逻辑运算；控制器用于控制计算机本身的各个部分，使之有条不紊地工作；存储器用于存储计算方法、原始数据、中间结果和最终结果；输入设备用于把原始数据、程序及操作命令输入计算机；输出设备用于输出计算机的处理结果和其他信息。

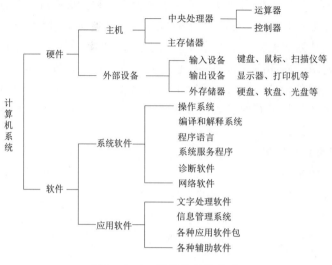

图8-1-3　计算机系统组成

计算机的配置与功能等硬件方面的差别，直接关系到计算机网络设计、操作系统及其他应用软件的选择与应用效果。

2. 计算机软件

软件是指在计算机硬件上完成某个特定任务时所运用的程序和相关数据集合。其中程序是指计算机完成任务时的操作指令序列。若干软件协同作用的集合体称为软件系统。计算机硬件仅提供了信息处理的物质基础，具体如何做、做什么，要依靠计算机软件完成。因此，在建立管理信息系统时，需要开发先进适用的软件，才能更好地使用计算机硬件、发挥其效能。

计算机软件包括系统软件和应用软件两大类。

（1）系统软件。系统软件是计算机用于执行其自身基本操作任务的工具，它为应用软件的开发和运行提供支持，并为用户使用计算机提供服务。系统软件使得计算机使用者将计算机和其他软件当作一个整体，而无须顾及底层的每个硬件是如何工作的。系统软件中最核心的是操作系统，与之配套的还有各种程序设计语言、设备驱动程序和实用工具软件等。系统软件的程序设计语言是为编写和运行程序所提供的一整套语法、语义和代码系统。它是操作系统管理和控制计算机硬件与软件资源直接运行在"裸机"上的最基本的系统软件，其他所有软件都必须在操作系统的支持下才能运行。

（2）应用软件。应用软件是用于完成用户所要求的数据处理任务或实现特定功能的程序，如办公自动化、财务管理等各种管理信息系统软件。在管理信息系统建设中，应该选择功能较强、有良好的系统效率和安全性的操作系统作支撑，选择合适的编程工具用于开发，以支持并保障管理信息系统的顺利开发与高效运行。

（二）数据库技术

要把数据转化成有用的信息，就要采用有意义的方法来组织数据。数据库（data base，DB）是按照数据结构来组织、存储和管理的仓库。数据库按层次方式进行组织，层次由位、字节、字段、记录、文件组成。数据库是信息化系统中软件的核心，因为信息化系统几乎所有的应用软件借以实现其功能的数据基础都是数据库。从数据库的实时性考虑，管理信息系统使用的数据库可分为实时数据库、历史数据库、常数据库和报警数据库等。构建数据库时，要注意不同数据库之间负载均衡。历史数据库的存储能力应大于 3 年，数据库各项指标要能满足水厂生产管理需要，重要数据库要采用双机热备技术。数据库系统的基本要求是减少数据冗余和增加数据的独立性。

数据库设计是一个从现实世界向计算机世界转换的过程。数据库设计的步骤包括用户需求分析、概念结构设计、逻辑结构设计和物理结构设计 4 个阶段。

（三）计算机网络

计算机网络是将处于不同地理位置、具有独立功能的多个计算机系统，通过通信设备和线路连接起来，在功能完善的网络软件支持下，实现数据通信和资源共享的系统。

计算机网络由多个互联的节点组成，节点之间不断地交换数据与信息。在数据交换的过程中，每个节点必须遵守一些事先约定好的规则——网络协议。网络协议严格地规定了所交换数据的格式和时序。它是一种用于网络之间相互通信的技术标准。目前应用最广泛的是以太网协议（Ethernet）和传输控制协议/网际互联协议（TCP/IP，Transmission Control Protocol/Internet Protocol），此外还有国际标准化组织（ISO）制定的开放系统互联参考模型（Open System Interconnection/Reference Model，OSI/RM）等。

网络拓扑是从结构的角度来研究网络体系的。它将网络上的各个工作站点视为一个个节点，通信信道视为一条线，整个网络系统变为一张平面图，用图论等方法进行研究。常见的网络拓扑结构有总线拓扑、环状拓扑和星型拓扑，如图 8-1-4 所示。

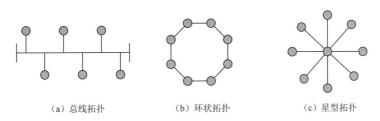

（a）总线拓扑　　　　（b）环状拓扑　　　　（c）星型拓扑

图 8-1-4　网络拓扑结构示意图

全球互联网（Internet）是世界上最大的计算机信息网络，它将全球计算机网络互相连接起来，是网间网，不管哪个国家的哪个计算机系统或计算机网络，在世界上任何地方，只要遵守 TCP/IP 协议，就可以连入全球互联网。全球互联网上的每台计算机，包括路由器（专用计算机）在内，在通信之前都需要从全球互联网有关管理机构获得指定的一个 IP 地址。IP 地址由数字组成，它不方便记忆，在实际应用中通常采用域名来标识一个主机，例如中国农业节水和农村供水技术协会官网（www.carta.org.cn）。

三、水厂管理信息系统开发

（一）管理信息系统开发方式

管理信息系统的开发方式有：用户自行开发、委托开发、合作开发和购买软件等几种。对农村水厂来说，一般不具备自行开发的专业人才和能力，大多委托给专业公司承担，通过招标、签订委托合同等方式，与开发单位确立双方责任与义务关系。在开发中，水厂应派精通水厂管理业务的人员参与进去，一方面代表水厂向对方提供开发目标任务需要的相关资料，对开发过程进行监督、检查和协调，同时也在开发过程中学习培训，为以后的系统运行维护打下基础。承担水厂管理信息系统开发的单位，一般不熟悉水厂的生产与经营管理业务，尤其是净水处理、消毒、水质安全保障等，专业技术性很强。开发单位人员要深入水厂现场调查，广泛收集资料，熟悉水厂组织结构、管理功能、业务流程、数据流程、处理逻辑等特点，全面掌握管理信息系统功能需求，分析论证，多方案比较拟采用技术方案的针对性、可行性、经济合理性、长期运行维护的便利和持久性。可以参考借鉴类似水厂已建成并成功运行多年的管理信息系统，千万不能照抄照搬。在签订委托开发合同时，双方都要认真考虑水厂信息管理长期运行维护的需求，适应各种可能出现的环境条件变化。如水源的来水量、浑浊度、水温等各种水质指标经常变化，直接影响着净水处理工艺技术参数调整。

（二）管理信息系统设计

管理信息系统设计分为总体设计和详细设计两大部分。整体设计包括功能结构设计和系统运行平台方案设计。详细设计包括代码设计、数据库设计、输入输出设计、处理过程设计，以及安全检测设计等内容。

1. **系统功能结构设计**

根据水厂管理信息系统的总体目标和功能需求，将整个系统划分为若干个具有相对独立性的子系统，在子系统之下再分为若干模块。一些水厂按内设管理机构职能和制水生产、供水销售等业务分工，把管理信息系统分成办公自动化、净水生产管理、工程与设备维修管理、供水销售与水费计收管理等几个大的子系统。管理信息系统的子系统和模块的划分要遵循以下原则：自顶层向下层，逐层分解，各个子系统和模块均具有相对独立性，各子系统或模块相互间数据的依赖性要尽量少，划分的结果应使数据冗余最小。管理信息系统子系统或模块设置应为以后水厂环境条件变化和管理发展需要预留出修改、补充和拓展的空间。

模块是指一个独立命名、拥有明确定义的输入/输出和特性的实体，如过程、函数、子程序、宏等。其设计核心思想是把系统功能自顶层向下、由抽象到具体，划分为多层次的独立功能模块，每个模块完成一个特定的功能，一直分解到能简单地使用程序为止。一个模块应具有4个要素：输入/输出、处理功能、内部数据、程序代码。

2. **系统运行平台方案设计**

管理信息系统开发与应用，建立在信息技术系统运行平台基础上。主要包括信息处理方式、硬件环境方案、软件环境方案等内容。

管理信息系统平台设计要考虑因素包括：系统的吞吐量、响应时间、可靠性、处理方式以及系统的地域范围。管理信息系统工作模式是指硬件资源、软件资源、数据文件等集成后的应用结构，具体的工作模式有集中式和分布式两大类。管理信息系统的硬件环境选择包括计算机硬件的选择和计算机网络环境设计。管理信息系统的软件环境选择包括操作系统、数据库管理系统、商品化应用软件。

3. **代码设计**

代码是代表事物的名称、属性、状态等的符号，一般用数字、字母或它们的组合来表示。在管理信息系统中，它是人与计算机的共同语言，起着人与计算机沟通的作用。代码的作用主要有：标识、分类、排序、专用含义。代码设计的原则是：唯一性、可扩充性、标准化、系统性、简明性和效率性。根据代码的组成及含义可以将代码分为顺序码、层次码、十进制码和助记码。在水厂管理信息化实际操作中输入计算机的代码要进行校验，以免发生录入错误。

4. 数据库设计

水厂管理信息系统的数据库设计包括需求分析、概念结构设计、逻辑结构设计、物理结构设计等 4 个步骤。

概念结构设计是通过对用户需求进行综合、归纳与抽象，形成一个独立于具体数据库管理系统的概念模型。实体-联系模型（E-R 图）是用来描述数据库概念模型最常用的工具。在概念结构设计的基础上进行逻辑结构设计，其任务是将概念结构 E-R 图转化为某个数据管理系统所支持的数据模型，并对其进行优化，它与计算机环境更加接近。

逻辑结构设计是面向用户的，而物理结构设计是面向计算机的。数据库在物理设备上的存储结构和存取方法等称为数据库的物理结构。为一个给定的逻辑结构模型选取一个最适合应用的物理结构的过程，称为数据库的物理结构设计。其主要内容包括数据库存储结构设计、存取路径选择、数据索引的建立、数据完整性规则的建立等。数据库物理结构设计过程需要对时间效率、空间效率、维护代价和各种用户需求进行权衡比较分析，从中选择优化方案。

5. 输入输出设计

一个优良的信息输入输出界面可以增强用户使用管理信息系统的信心和兴趣，让用户对系统提供的信息内容质量满意，提高水厂生产与经营管理效率。从系统开发的角度，输出决定输入，输入信息的依据是输出的需求。

输出设计的目的是准确、及时地提供水厂内各管理科室生产车间班组需要的信息。输出设计的主要工作包括确定输出内容、输出格式和输出设备（显示器、打印机、磁带机、胶卷输出器、多媒体设备等）以及输出介质（纸张、磁带、磁盘、光盘、多媒体介质等）。

输入设计对整个管理信息系统质量和效率起着十分重要的作用。如果输入数据不正确，输出的信息必然是错误的。输入设计的原则：最小量、简单、早检验、少转换。输入方式有：键盘输入、数模/模数转换输入。此外还有触摸屏、操作杆、人体生物特征输入等。数据输入后，要对其正确性进行校验。

用户界面设计应遵循以下原则：界面操作要简单易行，友好方便；能向用户提供简明易懂的界面信息反馈；界面所表示的内容合理、风格一致。用户界面有传统的 Windows 软件界面，包括菜单项、工具栏以及对话框元素等内容的设计。此外，还有 Web 软件界面，手持设备界面等。

6. 处理过程设计

处理过程设计包括管理信息系统安全性设计和系统保密性设计。

管理信息系统安全性指系统对自然灾害、人为破坏、操作失误或系统故障的承受能力。系统安全性设计是针对种种不安全因素采取的预防、保护和恢复措施。安全性设计可从几个途径去做：①运用计算机系统的容错和纠错技术，在系统设备的物理结构和配置上提高自身保护和恢复能力，例如，根据需要配置双工系统、双服务器网络系统、容错性高的网络结构、防火墙及双硬盘镜像存储等；②运用软件方法，如加强应用程序的容错性，设置操作人员的操作权限进行访问控制，通过数据分布存储，强行多版本备份，设置监控系统运行情况的"黑盒子"等；③完善系统运行与维护管理规范制度，如操作人员的资格管理、操作规程等。

系统保密性设计是指系统中信息资源的存取、修改、复制以及使用等权限的控制。经常采用的措施包括：利用系统环境提供的管理软件，对不同用户的不同系统使用权限进行有效的访问控制，如设置入网口令、设置无线入网的安全密钥和身份认证等；对一般用户，采取隐蔽措施，如程序文件的编译、文件名的藏匿及伪数据技术等；制定系统保密管理制度等。

四、水厂管理信息系统主要功能需求

为了提高农村供水行业管理水平，跟上国家信息化、现代化进程步伐，提高管理效率和效益，过去一些年已建设了全国、省、市、县等区域层级的农村供水管理信息系统，对各地农村供水发展进行监督管理和指导。与此同时，有一定规模的水厂在相关专业机构和专家帮助下，建立起水厂层级的管理信息系统，成为区域层级农村供水管理信息系统的基础。水厂管理信息系统的主要功能需求有如下几点：

1. 信息采集与处理

能够以 Excel 等格式批量采集数据，能够对采集到的水源水质、出厂水和末梢水水质、取水和供水流量、供水水压、设施运行状况、用户用水与缴费等数据进行增加、删除、修改等，能够对采集到的数据进行逻辑校验和错误处理，保证导入后台数据库的数据完整性和统一性。

2. 报表打印

能够根据用户的需求，调用数据库中的数据表，并对其进行统计计算，以用户需要的表格形式输出。

3. 信息发布

能够及时向上级主管部门提供水厂生产与经营管理各种信息，向用水户发布国家和行业有关农村供水的政策、法律法规、技术标准，以及水厂供水服务、水价与水费计收等信息；宣传有关农村供水、节约用水、饮水卫生等知识、技术、产品；发布供水设施检修、事故处理等通知公告、工作简报；向社会发布有助于树立水厂优质文明、服务良好形象的信息等。

4. 智能查询

能够对采集的基本信息、区域供水现状与规划、水厂建设与运行管理、用户用水量、水价调整与水费计收等情况进行智能组合查询；数据类型字段可以实现数据范围查询，文本型字段可以实现模糊查询，智能查询功能可与报表打印功能整合在一起。

5. 系统维护管理

可进行数据查询、修改、删除、增加等；为保证数据的安全性，系统能够辨别用户对数据的操作权限，对未被授权的用户，拒绝其操作。

6. 办公自动化与其他功能

网上办公、不同层级管理组织之间的文件、信息报送、审核、公示等。

负责管理多个水厂的县域农村供水服务管理中心还可以实时汇总已实施自动化监控水厂的监控信息，具备条件的，可做到远程自动化监测与控制。

第二节 农村水厂管理信息系统子系统运行与维护

一、水厂管理信息系统子系统

有一定供水规模的农村水厂管理信息系统下通常包括如下主要子系统：水厂办公自动化系统、制水生产与供水调度系统、工程设施与设备维护检修系统、水质检测管理系统、水费计收与营业管理信息系统、视频安防系统、突发事件应急处置系统、客户服务系统等。

（一）办公自动化管理信息子系统

（1）水厂在线文件管理模块：收文发文登记、文件运转流程处理的跟踪与控制、文件归档等。

（2）生产与经营计划管理模块：年度、半年、季度、月份生产经营计划查询、执行过程跟踪与控制、计划调整、计划完成情况与总结等。

（3）财务管理模块：财务计划执行与控制，收入与支出、经营绩效评价。

（4）人力资源管理模块：员工档案管理、招聘、调离、岗位调整、提职晋升、业绩考核、薪酬、福利、奖惩等。

（5）资料档案管理模块：各种资料、档案分类、归档保存、查询。

（6）物料仓库管理模块：药剂、配件等采购、计划申请、审批、合同签订、验收管理、仓储、保管、出入库、报废、统计分析等。

（7）后勤保障管理模块：车辆购置与使用登记，油耗与维修，食堂，安保，厂区绿化等。

（8）生成统计分析报表：以曲线的形式显示相关时段统计结果。

（二）制水生产与供水调度管理信息子系统

主要信息包括：不同时间取水口水源水位、水质、取水流量；絮凝、沉淀、过滤、清水池等设施水位、流速、压力、流量、浑浊度；药剂配制与投加过程与投加量；出厂水流量、水压、水质；供水管网主要节点压力与流量等。具体的模块主要有以下4种：

（1）监测点管理模块：包括监测点位置，计量、测量与设施状况等信息。

（2）运行调度模块：实时监测滤池水压、流速、反冲洗、闸阀开启度、供水水量、管网末梢水水压、水质；按照供水调度预案模型，调整取水口流量、絮凝池加药、水泵机组开机台数、清水池水位等。

（3）混凝药剂配制与投加模块：监测药液浓度，投加量等。

（4）消毒药剂投加模块：以二氧化氯消毒为例，须要监测进水管压力、漏氯报警仪、二氧化氯发生器温度、运行、停止、故障等状态、低液位报警数据等。

（三）工程设施与设备维护检修管理信息子系统

1. 净水处理设施维修模块

混凝药剂混合投加、絮凝、沉淀、过滤、清水池等净水处理设施、水泵机组、电气开关控制等设备（一体化净水装置）的定期检修、零部件更换、大修理内容及工作过程与效果等数据信息记载。

2. 消毒设施维修模块

消毒设施定期或不定期检修、零部件更换、故障处理，大修理内容、工作过程、效果等数据信息记载。

3. 机电设备维修管理模块

取水、加压泵房各种机电设备维护检修，包括设备维修计划、维修内容、工作过程、效果检查等数据信息记载。

（四）输配水管网维护检修与地理信息子系统

1. 地图管理模块

主要提供以下功能：水厂供水区域地图查询，对地图进行放大、缩小、平移等浏览；地图定位、地图量算、对地图划分供水区域。

2. 管网查询模块

主要内包括：对地图上选择的节点号查询；对已划分的供水区域查询区域内用水乡（镇）村相关管网信息；通过定义道路、管道口径、材质等条件查询管网与闸阀等附属设施信息；查询管网维护检修记录；查看管道安装或检修现场照片；按供水区域条件统计管网数据并生成报表；按工程名称统计安装材料并生成统计报表。

图8-2-1为某供水工程管网节点地理信息查询，图8-2-2为某水厂管道附属设施阀门信息查询。

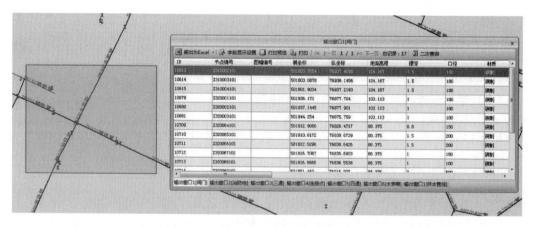

图8-2-1　水厂管网某节点地理信息查询

3. 管网管理模块

主要内容包括：以三维模式查看管线位置及走向等信息；以横断面查看管线位置及埋深等信息；以纵断面查看管线埋深及走向等信息；实时对管网进行绘制、修改、删除等编辑操作；对管网数据进行拓扑关系分析；对管道、阀门等维修定义预警数值；对管网图进

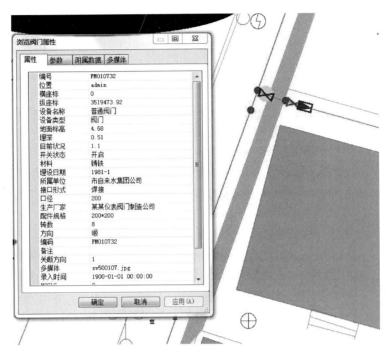

图 8-2-2 阀门信息示意图

行导出或打印。

4. 事故信息应用分析模块

主要内容包括：出现爆管事故时能提供关阀方案；出现停水事故时能提供受影响区域并生成报表；出现火灾事故时能检索定义半径内消防栓信息；定义管段信息并追踪其管线走向。

图 8-2-3 是某水厂管理信息系统中关于爆管事故处理的信息页面，背景是爆管地点的地理信息图，在弹出的窗口中可以看到编号、坐标、阀门材质、埋设深度等信息。

（五）水质检测管理信息子系统

水质检测管理信息子系统能对原水、沉淀池出口、滤池出口、出厂水、管网末梢水水质检测得到的数据进行分析，并建立数据库，打印各种不同的日常报表，绘制水质分区数据图。该系统主要包括以下几个功能模块：

1. 原水水质检测模块

通过水质在线分析仪器采集数据、通信传输、远程监控，将数据传输至中控室及各级数据共享终端。

2. 出厂水水质模块

包括浑浊度、消毒剂余量及酸碱度（pH 值）、耗氧量等，监测的频次应执行地方行业部门规定，并满足水质预警要求。

图 8-2-4 显示了某镇供水站 1 号水质监测点水质数据。

3. 化验室管理信息模块

录入化验室水样采集、各种化验检测数据成果，进行计算分析，向信息监管中心上传

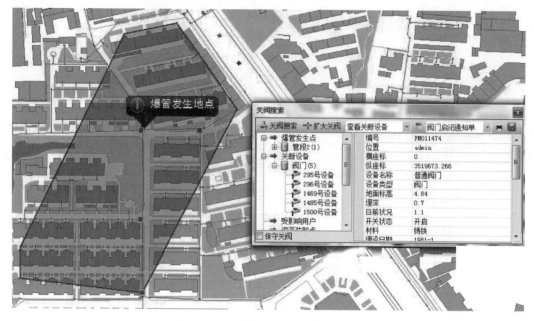

图 8-2-3 爆管事故处理信息分析

项目	限值	出厂水	末梢水
PH值	6.5~9.5	7.69	7.67
臭和味	无异臭，无异味	无	无
色度	20	<5	<5
浊度/NTU	5	<1	<1
二氧化氯/(mg/L)	<0.3	0.23	0.17
氯化物/(mg/L)	300	13.7	14.4
硫酸盐/(mg/L)	300	29.0	29.5
挥发酚类/(mg/L)	0.002	<0.002	<0.002
硝酸盐/(mg/L)	20	1.3	1.1

图 8-2-4 某镇供水站 1 号水质
监测点水质数据

水质监测数据，查询历史数据，记录化验药剂器材消耗、领用情况。

（六）水费计收与营业管理信息子系统

（1）供水成本核算与水费计收模块，包括水价审批、供水与用水水表计量、基本水量计量、水费收缴账务管理、工作单登记、综合查询系等。

（2）营业管理信息模块。财务计划制定与执行情况，当年（历年）营业收入，各营业网点营收，从事机电设备安装维修等综合经营和水费以外其他营业收入，水厂经营盈亏情况。

图 8-2-5 为某水厂运营月报，从报表中可以看到当月取水、送水量、加药量、电费制水成本、总成本等信息。

（七）视频安防信息子系统

监控记录水源地、取水与加压供水泵站、净水设施与设备、清水池区域、水厂道路与门禁视频、非正常进入水厂核心设施的报警。

（八）突发事件应急处置管理信息子系统

（1）应急处置预案管理模块，领导与相关人员责任分工、应急事件处置流程、经批准的突发事件应急处置预案。

（2）突发事件应急处置演练计划与实施管理模块。

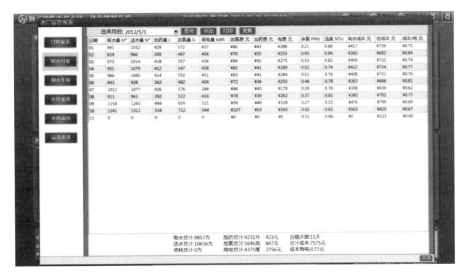

图 8-2-5 某水厂运营月报

（3）突发事件信息发布与后续管理信息模块、处理过程与事后总结，向上级主管部门报告、向社会公开发布信息。

（九）客户服务管理信息子系统

（1）客户档案信息维护管理模块，分为基本档案信息和附加信息。基本档案信息是抽象出来的所有用户的共有属性，附加信息指部分用户的专有属性。用户用水量与水费计收模块等。

（2）用水户用水计量仪表管理模块。

水表校验管理：记录检修员、检修日期、水表编号、口径大小、修前修后止度、检修结果、故障原因、维修内容等。

水表更换：根据设置的更换周期，生成更换报表和清单，如水表到更换期时自动提示。

（3）客户服务热线信息模块，新安装申请、报修、投诉处理、反馈、满意度信息等。

二、管理信息系统的实施

水厂管理信息系统技术方案设计完成后，下一阶段的工作是将方案转变成实际可用的系统，包括硬件与软件准备、人员培训和系统调试、单体试运行、系统联调试运行、最后移交验收。

（一）硬件与软件前期准备

（1）硬件准备：包括购置计算机主机（客户机与服务器）、输入/输出设备、存储设备、网络与通信设备，将设备安装和调试，检查电源与电缆、计算机机房粉尘、噪声等物理环境要求等是否符合有关技术规范和设计要求，是否具备投入使用的条件。

（2）软件准备：包括操作系统、网络管理系统、数据库管理系统及相关的应用程序是否符合系统设计要求。

（二）程序设计

这是系统实施阶段的主要工作任务，是利用合适的程序设计语言为新系统编写程序。

编程工作的质量要求：①程序运行要有较强可靠性；②规范性，程序命令、书写格式、变量的定义和解释语句的使用都按标准统一规定；③可读性；④可维护性。

（三）系统测试

系统测试包括软件测试、硬件测试和网络测试。由于系统开发的重点是软件系统，所以通常所说的测试主要指软件测试。测试工作主要根据系统分析、系统设计阶段的文档或程序的内部结构，精心设计出测试用例，用它们来运行程序，以便发现错误。测试用例由输入数据和与该数据对应的预期输出结果两部分构成。

系统测试的目标不是要证明程序没有错误，相反，是要尽可能发现系统中各种错误，及时纠正这些错误。测试方法包括人工测试（静态测试）和机器测试（动态测试）。

系统测试包括单元测试、集成测试、确认测试、综合测试4个步骤。测试过程包括拟定测试计划、编制测试大纲、设计测试用例、生成测试报告。测试工作可能需要反复多次进行，尽量由有经验的专业测试人员完成。

系统调试：针对测试过程中发现的错误，仔细查找原因加以改正。这项工作应由程序开发人员完成。

（四）人员培训

实践证明，管理信息系统在运行期间发生的故障，大多数是使用操作不当造成的。对水厂操作人员、事务管理和维修人员进行严格培训十分重要。培训要有很强的针对性。对操作人员的培训重点是计算机等硬件、软件基础知识、键盘指法、打字输入等训练；新开发的管理信息系统工作原理、输入方式和操作要点、简单错误及时处置的知识以及运行操作注意事项。

（五）系统试运行与系统切换

做好数据准备、文档准备之后，就可以开始对系统进行试运行。试运行的主要工作包括：对系统进行初始化，设置系统的起始运行时间，设置开始输入时刻各类数据处理的原始状态；然后输入水厂运行数据，记录系统的运行数据和运行状况；如果有旧的信息系统，要核对比较新系统输出和原系统输出的结果；对新系统的实际输入方式进行考察，看其运行是否方便高效，安全可靠性，错误操作纠正与保护如何等；对系统的实际运行和响应速度进行实际测试，包括运算速度、传输速度、查询速度和输出速度等。

系统试运行成功之后，就可以将系统提交用户进行验收，验收通过后，才能进行新旧系统转换。系统切换方式有直接转换、并行转换、分段转换。

三、管理信息系统的运行

水厂管理信息系统投入正常运行后，需要建立健全管理组织，落实操作管理责任人，建立并不断完善运行规章制度，加强系统运行的安全管理。

（一）建立信息管理机构、落实操作维护责任人

有一定规模的水厂，要建立专门负责管理信息系统运行的内部组织，如信息中心或信息班组，明确它自身职责，以及它与水厂负责人和其他相关科室车间的权责分工，中心（组）内的系统操作人员和管理人员责任。对于规模不太大的农村水厂，信息系统运行维护常常由一个人承担，他既要熟练掌握信息技术，又要熟悉水厂净水、消毒等相关专业技术知识，对他的专业知识和业务能力要求很高。除了招聘大专院校毕业生进行培训外，

也要重视培养内部的业务骨干，或从外部招聘合适人员。

（二）制定并不断完善管理信息系统运行制度

管理信息系统运行涉及基础数据、运行记录、人员和文档管理等多个方面，需要建立并严格执行运行管理制度。

1. 基础数据管理

基础数据管理包括数据采集、数据录入、数据更新、数据共享和数据备份等工作。采集和录入数据要及时、正确、完整、可靠，要分类整理，注重质量，要对已有数据中过时、失效的，或冗余无用的，及时进行更新处理，保证信息的有效性和一致性。要规定数据库和不同种类数据的访问权限和安全保密级别，明确数据共享的范围和程度。各科室车间应制定业务数据的更改审批制度，未经批准，不得随意更改已在局域网内公布的业务数据。管理信息系统中的重要数据要进行备份，明确规定备份的范围、方式、时间以及数据备份人员的职责和奖罚措施。

2. 运行记录管理

管理信息系统运行记录是对系统运转的监测和详细描述。记录方式有系统自动记录和人工记录两种。要设置和规定不同记录方式下的记录格式和记录要点。记录内容不仅包含正常运行情况，也包括不正常运行或发生故障不能运行的情况。

3. 文档管理

管理信息信息系统的文档包括描述记录该系统从无到有的整个发展与演变过程、各种文件与档案的保管以及运行中文档资料更新的描述性资料。主要工作任务包括制定文档标准与规范、文档编写的指导语、文档的收存保管与借用手续办理等。根据性质，可将文档分为技术文档、管理文档和记录文档。文档管理要明确规定不同信息范围的安全级别、保存方式和时效等，制定保证文档管理规范化、标准化的具体措施。文档管理要有专人负责。

（三）管理信息系统运行的安全管理

管理信息系统的安全，既包括物理环境和硬件实体安全，又包括软件和数据的安全、通信网络的安全，既有技术原因引发的安全隐患，又存在人为因素等非技术原因产生的安全隐患。保障管理信息系统安全运行的应对措施包括：

1. 硬件资源安全管理制度

硬件资源包括计算机服务器、存储服务器和网络设备等。具体措施有：制定中央计算机系统启动、操作和关闭的专人负责制，对操作的对象、范围、权限和注意事项作出详细规定，并按规定登记。制定机房打扫和清洁卫生制度，制定硬件设备的定期保养和维护制度。对硬件设备的运行状况进行监测，建立异常数据报告和处理制度。建立机房出入、参观的审查验证和身份登记制度。

2. 软件资源安全管理制度

软件资源是指程序、数据和信息等关键要素。软件资源安全管理措施包括：建立重要的系统软件和应用软件的管理制度，例如，软件运行日志监测，更新维护软件的源程序与目标程序分离等。建立软件病毒防治管理制度，对病毒的监测发现和清除作出具体规定，并要求做好记录和报告。建立软件系统权限管理制度，规定用户账号和密码专管专用，以及密码丢失的恢复和补救措施等。建立网络通信安全管理制度，包括防火墙设置与监测，网络电子公告系统的用户登记和对外信息交流管理等。

3. 人员安全管理制度

包括制定人员调整的安全管理制度，如人员调离后做好工作交接，要收回钥匙、更换口令、取消账号，并向被调离人员声明保密义务；人员的调入除经技术部门业务考核和工作交接，还要接受相应的安全教育培训，内容包括计算机和网络安全法律法规教育、职业伦理道德教育和安全技术教育。制定数据与信息共享安全管理制度，规定共享的对象、范围、技术予取和限制，自己部门登录系统的口令要注意保密，不让无关人员使用自己的计算机，也不要擅自让非专业技术人员更改计算机系统的重要设置，严禁利用计算机上网发布、浏览、下载、传送反动色情暴力信息。严禁利用计算机非法入侵他人（组织）的计算机系统。

4. 重视安全技术的应用

常用安全技术包括杀毒软件、防火墙、加密技术、身份验证，安全协议和存取控制等。

四、管理信息系统维护

为了使管理信息系统适应水厂内外环境条件的变化，满足新的需求，需要适时对原系统做局部的修改与完善，这项工作称为管理信息系统维护，它由软、硬件维护人员进行。

（一）管理信息系统维护的内容

系统维护的内容包括硬件设备维护、应用软件维护、数据维护和代码维护。

1. 硬件设备维护

硬件设备维护指对主机及外部设备的定期保养性维护和突发性故障维修。保养性维护内容包括例行的设备检查与保养，如机器部件的擦拭保洁、润滑、易耗品或易损部件的更换；检查网络设备工作状态，如网络速度、运行参数与设计指标是否一致；定期检查供电电源 ups 的输入输出接线端子及电池接线端子的接触牢固程度，是否有锈蚀、接触不良现象，检查在线水质检测仪表显示是否正常，视频监控摄像机清洁、除垢、修剪遮挡树枝等。这些工作均应由专人负责。保养周期间隔时间不等，定期进行；当设备出现突发性故障时，应请专业维修人员或厂家技术人员进行检查修理，查找原因，排除故障。维护、维修与检修都应做好记录，填写设备检修登记表或设备故障处理登记表。

2. 应用软件和程序维护

管理信息系统的业务处理过程是通过应用软件的运行来实现的。当系统运行过程中发现程序或软件中存在缺陷或错误，或者管理业务需求发生变化，需要对其进行修改和更正。还有一种情况，系统安装了新的硬件或操作系统，需要相应地修改软件以适应环境的新变化。软件维护一般包括以下几方面：

（1）纠错性维护。纠错性维护是在系统运行中发生异常或故障，系统测试时未能发现的缺陷或错误。这种错误往往是遇到了从未用过的输入数据组合或是在与其他部分接口处产生的，因此只是在某些特定的情况下发生。有些系统运行多年以后才暴露出在系统开发中遗留的问题，这就需要进行针对性很强的纠错性维护。

（2）适应性维护。随着计算机科学技术迅速发展，硬件的更新周期越来越短，新的操作系统或原来操作系统的新版本不断推出，外部设备和其他系统部件经常有增加和修改，同时水厂环境条件也在不断变化，如水厂内部机构调整、管理体制改变、代码改变、数据结构变化、数据格式以及输入/输出方式变化、数据存储介质变化、数据与信息需求的变更等。所有这些，都须要进行修改、调整，适应新情况、新要求。

（3）完善性维护。在系统的使用过程中，用户往往会要求扩充其功能，增加一些在软件需求分析报告中没有提及的功能与性能特征，以及对处理效率和编写程序的改进。例如，增加数据输出的图形方式、增加联机在线帮助功能、调整用户界面等。另外，随着用户对系统的使用和熟悉，也有可能提出一些新的要求。

（4）预防性维护。系统维护工作不应总是被动地等待用户提出要求后才进行，应进行主动的预防性维护，即选择那些还有较长使用寿命，目前尚能正常运行，但可能将要发生变化或调整的系统进行维护。预防性维护可以为未来的修改与调整奠定更好的基础，包括磁盘整理、清除软件"垃圾"、病毒防护等，例如，将目前能应用的报表功能改成通用报表生成功能，以应对今后报表内容和格式可能发生的变化。

以某自来水公司水表升级为 IC 卡的智能水表为例，升级后业务逻辑就由"用户用水—自来水公司抄表计算应缴水费—用户缴费"转变为"用户预购水量费用—用户用水"，这时，在该厂的管理信息系统就需要增加用户购买水、水费结算等流程，程序就需要更新，提供相应的功能。

3．数据维护

水厂业务处理对数据的需求是不断发生变化的，除了系统中主体业务数据的定期正常更新外，还有许多数据也需要随环境变化或业务调整而进行调整更新。具体来说包括数据内容的增加、删除、修改，数据结构的调整，全面核对信息的准确和完整性，还有数据的备份与恢复等，都是数据维护的工作内容。数据维护每年至少 1 次，通常由数据库管理员进行。

4．代码维护

随着管理信息系统应用环境的变化和应用范围的扩大，系统中的各种代码也须要相应增加、删除、修改或重新设计。

（二）管理信息系统维护工作要求

管理信息系统的各个组成要素之间相互关联，程序、代码或文件的局部修改可能会影响到系统的其他部分，因此系统维护工作要有计划、有组织、有步骤地进行。①要按照维护工作范围、重要程度和工作量大小等因素，提出维护申请和评估论证，制定维护工作计划，经审查批准后组织实施；②维护工作完成后要进行测试和验收；③要注意在系统维护中有可能产生一些意想不到的新问题，如修改程序代码可能造成原来运行比较正常的系统变得不能正常运行，或者修改数据库中某些数据后，某些应用软件可能不能适应而产生错误。因此，维护工作一定要慎重进行，维护后的系统测试是必不可少的环节。

五、水厂管理信息系统运行维护常见问题、原因分析及处理办法

水厂管理信息系统运行维护常见问题、原因分析及处理办法见表 8 - 2 - 1。

表8-2-1　　　　管理信息系统运行维护常见问题、原因分析及处理办法

常见问题、原因分析	处 理 办 法
系统错误：外部接口错误，参数调用错误，子程序调用错误、输入/输出地址错误，资源管理错误； 功能错误：逻辑错误、运算错误、初始错误、过程错误； 数据错误：数据结构内容、属性错误、动态数据与静态数据混淆，参数与控制数据混淆； 编码错误：语法错误、变量名称错误、局部变量与全局变量混淆，程序逻辑错误和编码书写错误	1. 重新设计应用软件，由系统开发商负责解决。 2. 若在使用中途发生，可先用备份软件恢复系统，再请开发商找出原因，予以解决
病毒入侵，系统运行速度明显减慢或瘫痪	杀毒，重新安装系统软件
数据交换服务启动失败，原因多为网络连接故障引起	1. 检查与数据库服务器之间的网络是否正常。 2. 检查与PLC之间的网络是否正常
水处理监控系统启动失败。原因多为网络连接故障引起	检查与数据交换服务器之间的网络是否正常
设备控制失败。原因多为控制权限或通信链路故障	检查当前登录账号是否有控制权限，操作模式为远程操作时，才能进行控制；检查通信链路是否正常
数据库无法连接。原因多为数据库宕了，归档目录满，数据库或应用主机的网卡出现问题，导致不能正常工作	重新启动数据库 1. 在没有部署OGG数据同步的情况下，立即清理归档日志文件。 2. 如果部署了OGG数据同步，查看OGG正在读取的归档日志文件，立即清理OGG不再需要的日志文件。 3. 联系主机工程师处理
登录地理信息系统（GIS）系统时，提示无效的登录信息，用户名或密码错误	检查用户名或密码，重新登录
登录GIS系统时出现"检索改动登记数据出错"提示，没有激活工单	重新登录后激活工单操作
登录GIS系统时出现"resource busy and require with nowait specified"提示，数据库忙	过一段时间再登录

第三节　农村供水管理信息系统运用维护案例

一、某供水公司运营管理信息系统

（一）系统概述

某县农村供水公司下属多个水厂和供水站。为确保用水户用水质量和服务、提高管理水平，对原有控制设备进行升级改造，实现各水厂制水工艺流程的全程自动化控制、水质在线监测、视频安防监控、信息化管理等。在县农村供水公司建立集中管理信息平台，通过它完成对公司下属各水厂（供水站）信息实时查询分析、水质实时监管、供水工程设施管理、供水站运营管理、应急管理等任务，为供水公司与行业主管部门的管理人员对水厂监督管理提供支持。系统建成后大大减轻了工作人员的劳动强度，降低了管理成本，显著

提高了农村供水现代化水平。

（二）系统组成

系统分为两级结构，分别是水厂（供水站）监控中心和县供水公司集中管理信息中心，如图8-3-1所示。

1. 水厂（供水站）监控中心

水厂监控中心通过一体化集中控制系统对现场的控制设备、视频监控系统、水质检测系统进行统一检测管理和控制；同时，系统还通过VPN网络把数据传输到县农村供水公司管理信息中心。

2. 县农村供水公司管理信息中心

供水公司的管理信息中心通过通信网络接收下属各水厂传输上来的数据信息（设备状态、水质状况、供水状况、视频监控等），并通过管理信息系统对各片区下属水厂（供水站）运行与经营状况相关信息采集、存储、统计分析，对具备条件的骨干水厂进行远程实时监控与调度。

（三）系统模块

1. 供水公司管理信息中心平台构成

系统对下属水厂（供水站）信息进行电子化与信息化处理，结合地理信息系统（GIS），

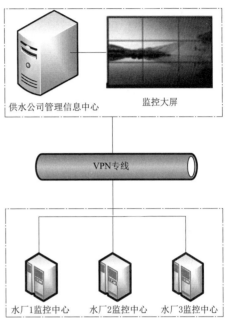

图8-3-1　××县供水公司集中管理信息系统结构

以地图的形式，直观展示当前各水厂工程管理、运营管理、水质检测、用水户以及取用水区域等信息。平台由水质监测告警模块、供水工程管理模块、水厂运营管理模块、应急响应管理模块等几部分组成。图8-3-2～图8-3-4从不同角度反映出平台的构成。

2. 供水公司管理信息系统的主要模块

（1）水质检（监）测模块。以图形化界面实时监测各个水厂水质状况，出现严重异常情况时，以声光告警或者短信告警方式通知管理人员，执行相应的应急处置预案。内容包括实时监测原水取水水质（浊度，氨氮）、出厂水水质（pH值、浊度、二氧化氯）、管网末梢水质、水质超限告警、水质过程曲线管理等。图8-3-5和图8-3-6反映的是某供水站水质分析和水质曲线页面。

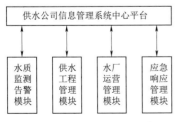

图8-3-2　供水公司管理信息中心平台结构

（2）供水工程管理模块。提供水厂的水处理设施、管网等信息进行集中统一管理，并结合GIS系统以图形化的方式在地图上展示，包括工程信息管理、图形化工程以及管网管理、技术改造项目施工进度跟踪管理、工程资料管理、工程图片信息管理、工程搜索等（见图8-3-7）。

（3）各水厂（供水站）运营管理模块。通过对水

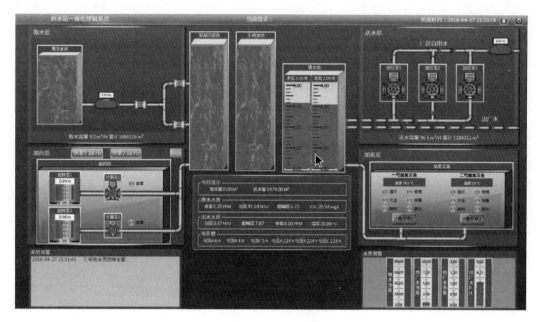

图 8 - 3 - 3　综合监控

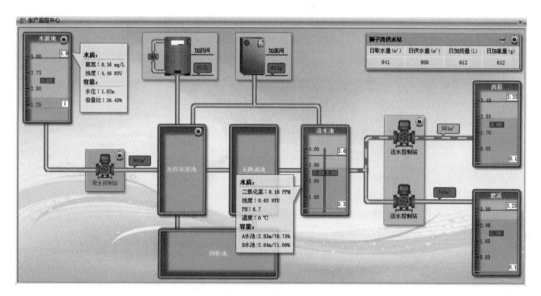

图 8 - 3 - 4　供水公司下属某水厂供水信息管理平台

厂（供水站）实时数据的收集，对其运营状况进行统计分析处理，生成多种报表。包括人事管理信息、用水户基本信息、取水水量报表、供水水量报表、用水户用水量报表、水质分析报表、药剂用量统计报表、制水成本报表、水厂综合成本分析报表、水费收取情况报表、财务收支状况统计分析等。

（4）应急响应管理模块。在出现水源地水质污染或供水水质严重超标、骨干管道爆裂损坏等突发事件时，应急响应管理模块将提供各水厂供水区域、人口、重点用水户、日供

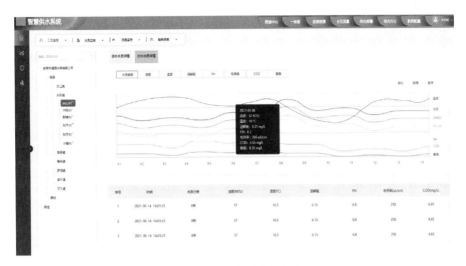

图 8-3-5 水质分析报表

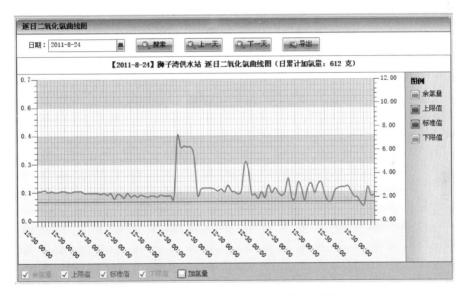

图 8-3-6 某供水站水质曲线页面图

水水量以及附近供水站当前水量等信息，为公司负责人分析决策提供数据信息支持，包括重点用水户管理、应急决策分析、应急响应处置方案、应急响应跟踪、应急救援管理、应急处置善后处理。

图 8-3-8 反映了公司下属水厂（供水站）故障报警情况。

二、某县农村供水公司自来水收费管理信息系统

该系统用于自来水公司的营业收费综合管理平台，处理用户新装、抄表、换表、计费收费、发票管理、欠费追缴、业务受理等多种业务。

（一）系统结构

该系统采用客户机/服务器（C/S，Client/Server）结构。拓扑结构示意图如图 8-3-

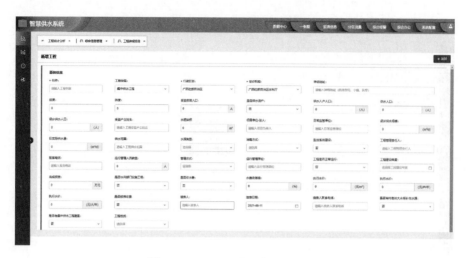

图 8-3-7 工程管理信息页面图

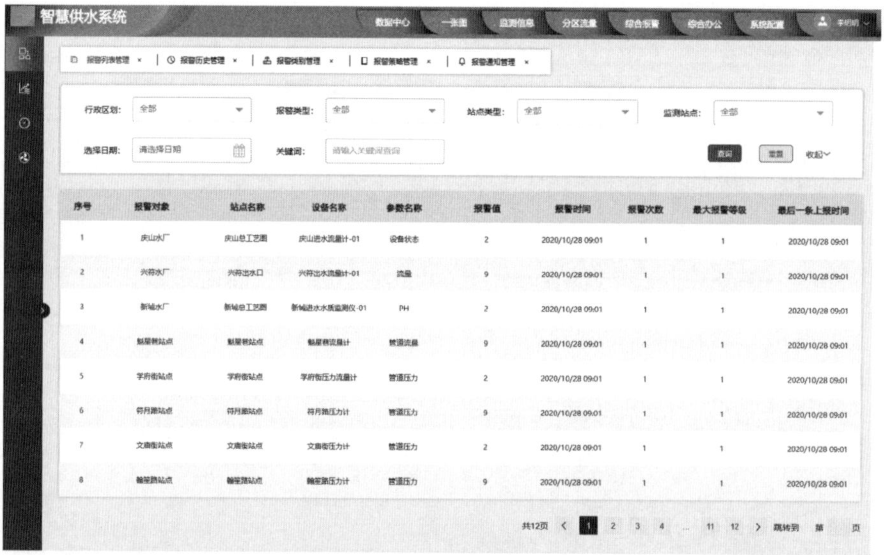

图 8-3-8 故障报警信息图

9 所示。在公司总部设置 Oracle 9i/10g 数据库服务器，远程收费网点采用 VPN 通过 Internet 与总部的数据库服务器连接。在总部设置一台虚拟专网（VPN）网关，通过网络运营商接入 Internet。各远程收费网点也设置 VPN 网关，接入 Internet，从而与总部 VPN 网关间建立一条安全高速的通道，用于与各收费网点的收费电脑与总部数据库服务器通信。

图 8-3-9 是水费管理信息系统拓扑结构。

（二）系统模块

自来水收费管理信息系统分为系统管理、基础资料管理、用户水表管理、水费管理、收费管理、信息统计与查询及自定义报表等几个功能模块，如图 8-3-10 所示。

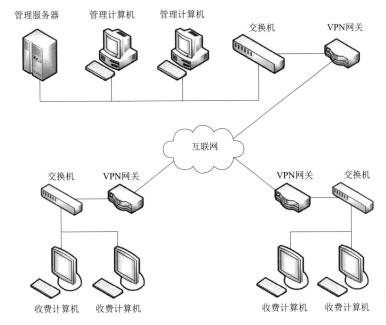

图 8-3-9　收费管理信息系统拓扑结构

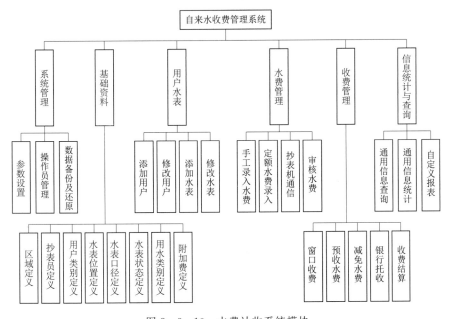

图 8-3-10　水费计收系统模块

1. 系统管理模块

管理的信息内容包括以下几方面：

（1）参数设置：用于设置系统的全局参数。

（2）操作员管理：管理操作员信息，设置操作员的权限等。

（3）数据备份及还原：备份及还原数据库。

（4）查看上机记录：查看所有的上机情况。

2. 基础资料模块

管理的信息内容包括以下几方面：

（1）抄表员定义：管理抄表员信息。

（2）用户定义：将用户划分不同类别，例如，居民用户、单位用户等，不同的用户可以打印不同格式的发票、采取不同标准的滞纳金计算规则。为了方便管理及信息查询统计，将用户按地理位置划分区域。

（3）水表定义：标识水表的位置（例如，厨房、卫生间等），以便管理分类用水及计收水费信息；标识水表的口径，以便分类统计用水及水费信息；标识水表状态（例如，正常、定额、报停、注销），以便根据水表状态不同进行水费管理。

（4）用水类别定义：不同的用水类别水费价格不同，收取的附加费也不同。可定义阶梯水价、两部制水价。

3. 用户管理模块

（1）用户信息：包括用户号、用户名、用户类别、所属区域、所属抄表员、地址、电话、开户行、银行账号等信息，用户号既可自动编写也可以人工编写。

（2）水表信息：包括水表号、水表指数、水表位置、水表状态、用水类别、水表口径、用水定额、用水下限、用水上限、厂家、出厂编号、规格等信息。

4. 水费管理模块

（1）手工录入水费：将抄表员的抄表数据（本月水表指数）录入数据库，生成水表的本月用水量、水费等数据。

（2）定额水费录入：对于采用定额方式管理的水表（水表状态为定额），可根据其定额自动成批地生成本月水费。

（3）抄表机通信：通过抄表机抄表可以减轻手工抄表、录入水费的劳动强度。

（4）审核水费：水费录入完后，只有经过审核无误后，才能进行收费。本模块的主要功能是检查手工录入过程中的差错

5. 收费管理模块

（1）窗口收费：在收费大厅设置收费窗口，在本模块中输入用户号或划磁卡，调入该用户的应缴纳水费信息，进行收费，同时打印发票，完成收费。对于用户缴纳的超过应缴水费的钱可自动存入预收账户。

（2）预收水费：为了减少用户每月都到收费大厅交费的麻烦，可以对用户的水费进行预收，待各月水费生成后，自动冲减用户的预收水费。

（3）减免水费：对农村五保户等特殊困难用户按地方政府政策规定水费可通过本模块进行减免。

（4）银行托收：生成银行托收数据，通过银行托收水费。

（5）收费结算：每日收费员打印反映该收费员本日收费情况的结算单。

6. 信息统计与查询模块

（1）按各种方式和条件查询用户、水表的详细信息。

（2）按各种方式和条件查询应收水费、欠费、抄表等详细信息。

（3）按各种方式和条件查询收费信息、预收费信息和水费减免信息。

（4）根据需要可以添加其他信息。

（5）查询、统计的信息可以灵活设置查询、统计范围，可以自定义打印格式。

7. 自定义报表模块

通过本系统用户可以根据需要自定义各种报表，并通过函数直接从数据库中提取数据。水费管理系统界面的部分截图见图 8-3-11～图 8-3-14。

（1）用水收费管理页面。

图 8-3-11 用水收费管理页面

（2）欠费查询页面。

图 8-3-12 欠费查询页面

（3）用户信息管理页面。

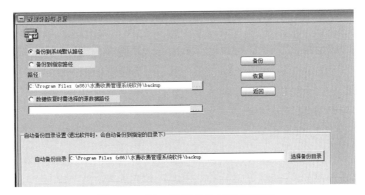

图 8-3-13 用户信息管理页面

（4）数据备份与恢复页面。

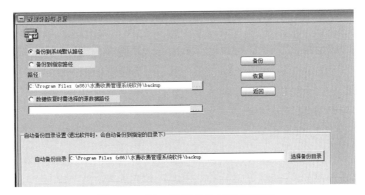

图 8-3-14 数据备份与恢复页面

第九章　农村水厂自动监控系统与运行维护

第一节　农村水厂自动监控模式与系统功能

一、农村水厂自动监控特征

1. 概念

农村水厂自动监测与控制系统由被控对象和监控装置组成。自动监测是指使用精密自动检测仪器设备检测被测量物的特征指标或参数，自动读取、存储、判断、分析和处理。自动控制是指在没有人直接参与的情况下，利用外加的设备或装置，使设备或生产过程的某个工作状态或参数自动地按照预定的目标或规律运行。水厂自动监控系统一般包括计算机监控系统和视频安防监控系统两部分。

计算机监控系统主要由传感器、控制器、通信设备和计算机等组成。其中传感器对供水设施相关指标参数进行在线实时读取；控制器通过相关的接入，对供水设施的运行状态进行调节控制；所有传感器和控制器都通过通信网络设备将数据汇总，然后输入水厂中控室，计算机通过专用组态软件进行供水关键参数和设施设备运行状态的监控。

视频安防监控系统主要由室外监控前端、传输光（电）缆和视频安防监控中心组成。室外监控前端包括室外云台、摄像机、解码器等设备，完成视频图像的采集；视频安防中心（中控室）对云台动作进行监控，并对前端传来的模拟或视频信号进行压缩处理和存储。

2. 特征

水厂自动监测与控制系统采用集中管理与分散控制相结合的方式。集中管理是指采用一个中控主机实现对整个系统的信息采集、处理和管理；分散控制是指将一个大系统分为若干个子系统，分别由若干台控制器控制，经过通信网络将各个子系统和局部控制器联系起来，实现全系统的协调运行控制。系统的结构特征是"纵向分层，横向分站"。"纵向分层"是指水厂控制系统一般从结构上分为3个层级：现场设备层级、分散控制层级、集中管理层级，通过局域网络将3者紧密地联系在一起；"横向分站"，是指按照水厂制水的工艺流程，将控制单元划分为原水预处理、取水泵房、混凝药剂投加、沉淀、过滤、深度处理、消毒、供水泵站以及排泥处理等多个单元站。

二、自动监控技术模式

（一）常用自动监控技术模式

水厂常用的自动监控技术模式有以下几种。

1. 工控机加可编程逻辑控制器（IPC＋PLC）控制系统

该系统由工控机（IPC）和可编程逻辑控制器（PLC）为主体组成，属于集散控制系统的一种构成模式，被许多水厂采用。

IPC＋PLC组成的分布式控制系统可实现集散型控制系统（DCS）的功能要求，其特点：①可靠性高，可实现分级分布控制，集中管理，将风险分散，大大提升系统可靠性，无故障工作时间长；②组网方便，支持多种现场通信协议，以及传输控制协议/网际协议（TCP/IP）；③编程方便，PLC编程方便，开发周期短，维护方便。

（1）工控机（industrial personal computer，IPC）。是一种基于个人计算机PC（personal computer）总线增强加固型的工业电脑，通常采用组开软件进行系统开发，现场操作和维护人员不须掌握很多的高级语言开发技能，只需要简单培训学习即可掌握。其主要组成部分为工业机箱、无源底板及可插入其上的各种板卡，如中央处理器（central processing unit，CPU）卡、输入输出模块（I/O）卡等，并采取电磁兼容（EMC）技术，解决工业现场的电磁干扰、震动、灰尘、高低温等问题。

工控机（IPC）有以下特点：①较高的可靠性，能在粉尘、烟雾、高低温、潮湿、震动等恶劣环境下正常工作；②实时性，对生产过程进行实时在线检测与控制，对工作状况的变化给予快速响应，及时进行采集和输出调节（俗称"看门狗"功能），遇险自复位，这是普通个人计算机（PC）所不具备的；③可扩充性强，由于采用底板加中央处理器（CPU）卡结构，因而具有很强的输入输出功能，最多可扩充20个板卡，能与现场的各种外设、板卡、车道控制器、视频监控系统等相连，完成各种任务；④兼容性，能同时利用工业标准体系结构（ISA）与周边元件扩展接口（PCI）等资源，并支持各种操作系统、多种语言汇编。

（2）可编程逻辑控制器（programmable logic controller，PLC）。国际电工委员会将其定义为专为在工业生产环境应用设计的数字运算操作电子装置。它采用可编制程序的存储器，用于其内部存储程序，执行逻辑运算、顺序控制、定时、计数与算术等面向用户的操作指令，并通过数字或模拟式输入/输出，控制各种类型的机械设备操作或生产制造过程，是自动控制的核心部分。PLC的模块化、系列化特征，使得系统内的配置和调整十分灵活，它与工业现场信号直接连接，易于实现机电一体化。

IPC＋PLC控制系统结构如图9-1-1所示。

2. 集散型控制系统（distributed control system，DCS）

集散型控制系统，也叫分布式计算机控制系统。其主要特征是管理与控制相分离，实行集中管理、分散控制。DCS系统由主机、过程控制单元（distributed processing unit，DPU）和网络构成。它的突出优点是系统的硬件和软件都具有灵活的组态和配置能力，目前在许多行业广泛应用。

水厂DCS通常采用分级递阶结构，包括现场设备与过程控制层、生产执行层和决策管理层。每一层系统实现若干特定的有限目标。现场设备与过程控制层包括水位、流速、温度、电压、电流等数字传感器，以及各类过程控制单元、执行设备（水泵、电磁阀等）现场总线、可编程逻辑控制器、输入输出模块。生产执行层主要包括监控计算机，用于收集各节点监控数据，并通过操作员站提供监控显示功能，工程师站用于配置管理系统。决策管理层是水厂生产管理层级，该层不直接参与控制，仅提供生产目标和生产过程的监督管理、分析决策、信息管理等。

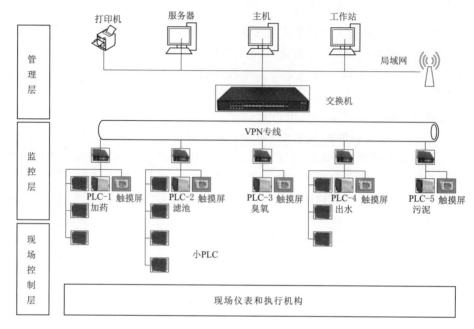

图 9-1-1 IPC＋PLC 控制系统结构示意图

集散型控制系统（DCS）的结构如图 9-1-2 所示。

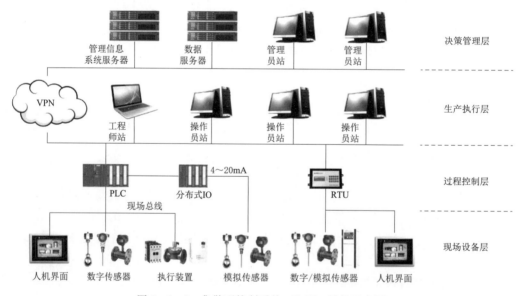

图 9-1-2 集散型控制系统（DCS）结构示意图

集散型控制系统的特点：①可靠性较强，由于各个生产环节的控制器分散，并独立控制管辖区域内的子系统，如果其中一个处理器失效，只会影响生产过程的一个局部，而不影响整个控制系统；②低延迟，分散于各个生产环节的控制器计算能力可以确保快速地处理，可以降低中央处理器的计算负荷，节省处理时间，同时本地输入/输出（I/O）与本地处理也能有效消除网络通信中可能存在的延迟；③开放性，DCS采用开放式、标准化、模块化和系列化设计，系统中各台控制器采用局域网方式通信，当需要改变或扩充系统功能时，可将新增控制器方便地连入系统通信网络或从网络中去掉，几乎不影响系统其他计算机的工作。

集散型控制系统的不足之处是各种DCS系统之间以及DCS与上层信息网之间难以实现网络互联和信息共享。

3. 现场总线控制系统（fieldbus control system，FCS）

用现场总线这一开放的、具有互操作性的网络将现场各个控制器和仪表设备互联，构成现场总线控制系统，同时将控制功能彻底下放到现场，降低了安装成本和维修费用。

现场总线控制系统在集散型控制系统与可编程逻辑控制器基础上发展而来，不仅具备集散型控制系统与可编程逻辑控制器的优点，而且作了根本性改变，将DCS系统的3个层级结构改为两个层级，将通信一直延伸到生产现场或设备，只用一对传输线将现场仪表、变送器和执行器互联起来，废弃了集散型控制系统的输入/输出单元和控制站，在遵守同一通信协议的前提下，允许将性价比高的产品集成在一起，实现对不同品牌仪表或设备的互相连接、统一组态。现场总线控制系统结构如图9-1-3所示。

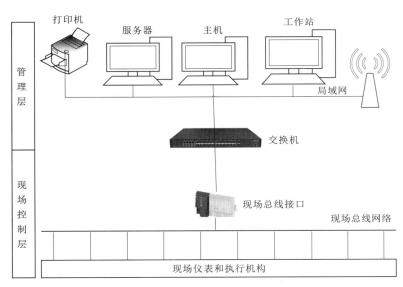

图9-1-3　现场总线控制系统结构图

现场总线控制有许多优点：①减少了设备购置费和系统建设投资；②设计与安装简便；③工作可靠性高。现场控制设备具有自诊断与简单故障处理能力，并通过数字通信将相关的诊断维护信息传送到控制室，用户可以查询所有设备的运行、诊断维护信息，以便尽快分析故障原因并快速排除，缩短了维护停运时间。同时由于系统结构简化，连线简单，从而减少了维护工作量和费用。用户可以自由选择不同厂家提供的设备进行系统集成。不会受制于系统集成中协议、接口等不兼容等问题。与模拟信号相比，现场设备的智能化、数字化大大提高了监测与控制的精度，减少了传送误差。

现场总线控制系统对执行机构和仪表质量性能要求很高，它们必须具有高度的智能化和功能自主性，能完成控制的基本功能，这在一定程度上限制了它的普及应用。

三、水厂自动监控系统的功能要求

农村水厂自动监测与控制系统应具有以下主要功能。

（一）采集数据和监测

1. 采集数据

按照所采集信号的性质，可分为模拟量、开关量和脉冲量 3 种。模拟量是指在一定范围内变化的连续数值，如管道水压力、药液池液位，清水池水位、原水和出厂水浊度等；开关量是指控制继电器接通或断开，如水泵开机或停机、故障停机所对应的值，它的量值为"1"或"0"；脉冲量是指瞬间突然变化、作用时间极短的电压或电流信号，一般用于统计如流量计的流量值输出、电度表电量值输出等。除此之外，对于智能化仪表，还须要采集以二进制形式表示的数或美国信息交换标准代码（ASCII）或字符等数字量。

水厂数据采集应满足实时、可靠、准确和灵活等要求。

2. 监测运行状态

现场监测站（点）应覆盖全部制水、供水过程。具体监测哪些项目，要根据不同水厂的规模、原水种类、净水处理工艺、水厂技术管理能力和经济条件等综合考虑。合理配置适宜的仪表、仪器，确定监测内容。以水源种类为例，不同水源的水质特征不同，须要监测的指标也不同，如地表水和浅层地下水易受污染，净化处理工艺相对复杂，须要监测的指标相对较多，而深层地下水浊度很低，水质良好，须要监测的指标较少。以地表水为水源的水厂自动监测大致包括以下方面：

（1）取水：包括河库水位、取水流量、原水浑浊度，原水预处理的有关控制性指标；水泵机组的电学指标（电流、电压、电量、功率）、水泵机组状态启/停/故障、手动/自动等。

（2）净水与消毒：混凝药剂配制与投加设备的启/停/故障、投加量；絮凝池液位、流速；沉淀池的液位、流速、出口浊度、排泥设施的开/关/故障；滤池的液位、进出口压力、滤后浊度，反冲洗阀与反冲洗水泵的启/停/故障、手动/自动；过滤装置的各种阀门启停/故障；一体化净水设施的启/停/故障；消毒设施的启/停/故障，消毒药剂配制与投加量监测漏氯报警；深度处理的臭氧接触池液位、活性炭吸附池有关指标参数；清水池水位；出厂前加压泵站的压力、流量、水量、电流、电压、电量、功率；出厂水压力、浊度、余氯、pH 值、水质等。

（3）管网运行状态：流量、水压，管网中加压泵站泵机组启/停/故障、手动/自动；管网中主要节点闸阀、安全阀等附属设施状况；管网末梢水消毒剂余量。

3. 中控主机显示界面

该界面应能满足监测和控制需要，显示界面一般包括：工艺流程图、系统结构图、各类模拟参数运行曲线、报警界面、生产报表、操作界面等。

（二）控制功能

1. 控制对象

水厂应根据需要和自身条件选择控制对象、控制技术，制定控制方案。自动控制对象与自动监测对象通常是一致的。水厂现场自动监控系统应覆盖全部生产过程，一般应具备以下控制功能：

①水源取水：取水水泵机组启/停，取水流量；②原水预处理：投药装置开启度、投药量，生物预处理风机运转；③混凝装置：混凝药剂投加计量装置开启度，原水流量；④沉淀池与排泥：排泥时间、排泥周期；⑤过滤：滤池滤速、滤池水位、过滤时间、水头损失、滤后浊度、清水阀开度、反冲洗周期、反冲洗强度、反冲洗有关阀门启停；⑥消毒：消毒剂投加装置开度、药剂配置比例；⑦出厂水：清水池水位、加压水泵机组开停数量、变频器频率；⑧供水管网：加压站水泵机组启停，管网进排气阀、泄水阀等启停。

2. 控制模式

水厂设施设备的自动控制方式分为中央控制、就地控制和现场控制 3 种。中央控制由县供水总公司中控室或水厂中控室进行，具有最低的控制优先级；就地控制由各水厂（供水站）或较大水厂自动监控系统中的控制站进行；现场控制由设备或仪表的现场控制柜、接线箱、变送器等操作完成，具有最高的控制优先级。

3. 调度控制

在积累了大量运行数据和丰富的运行管理经验后，根据调度指令和水泵状况、调流阀状况，制定出经济合理、耗能少的配泵或调流运行方案。具体内容包括自动配泵、自动调流和自动加药等功能。

4. 控制方案

无论是取水流量、混凝药剂投加、过滤装置的反冲洗、消毒药剂配制与投加量控制等，都需要水厂运行管理人员根据多年经验，制定出经济合理、生产安全、确保供水水质及其他服务质量要求的控制方案，确定相关控制指标和参数，适时下达控制调度指令。自动控制归根到底还是要依靠运行管理人员的智慧、经验和责任心。在某种意义上，自动监控系统对运行管理人员的要求更高，他所肩负的责任更重。

（三）报警功能

水厂生产运行中出现严重异常或故障时，中控主机要发出声、光警报，显示屏显示出故障点和故障状态，也可以用语音报警；显示画面上提示处理故障的方法，计算机完成报警记录，录入到报警数据库，报警打印机自动打印出超限值、故障或突发事件状况。超限报警中的限值确定要适当，既能正确反映系统运行情况，又能减少不必要的干扰，报警内容过多或过少都不利于水厂生产秩序的正常维持。水厂自动监控系统中主要报警内容如下：

1. 模拟量超限

这方面包括：混凝药剂池液位、沉淀池液位、滤前浊度、滤池液位、滤后浊度、滤后压力、水头损失、空压机出口压力、冲洗泵出口压力、清水池液位、出厂水流量、出厂水浊度、出厂水余氯、出厂水 pH 值、电机温度等。

2. 设备故障

这方面包括：水泵故障、电机故障、阀门故障、计量泵故障、消毒剂投加装置故障、其他设备故障等。

3. 突发事件

这方面包括：人身伤亡、生产工艺与设备事故；操作系统故障；液氯泄漏；输水管道爆管；原水停供；原水水质严重异常，净水处理过程水质异常，出厂水水质异常；停电、投毒、恐怖袭击、地震、火灾、洪灾、台风、低温冻害等。

（四）数据处理功能

水厂自动监控系统要对采集到的模拟输入量、数字输入量以及脉冲输入量等众多数据按照有关规则进行处理。

1. 数据处理内容和要求

1) 模拟输入量的数据处理，包括为每个模拟输入量建立地址/标记名，根据被测模拟量或输入通道的正常/异常情况，对其实现扫查允许/禁止处理；当模拟输入量变换成二进制码后，进行变换处理；此外，还有零值处理、测量死区处理、上下限值处理、合理限值处理、死区处理、越限报警处理等。

2) 数字输入量的数据处理，包括地址/标记名处理、扫查处理、输入抖动处理、报警处理等。

3) 脉冲输入量的数据处理，包括地址/标记名处理、扫查处理、输入抖动处理、报警处理、计数冻结处理、计数溢出处理等。

2. 趋势记录处理

水厂自动监控系统要具备对每个模拟量按不同的时间间隔，如 1min、10min、1h、1天，做成不同的趋势曲线，趋势记录的采样值可以取即时值、平均值等。对于每个趋势曲线还可以做最大值、最小值或最大变化率的处理。此外，还应具备偏差类、最大最小值类等记录处理。

3. 报表处理

水厂自动监控系统要能完成即时报表、班报、月报、季报、年报、报警记录报表、操作记录报表等。还可根据需要，生成电耗、药剂消耗、水质指标参数等报表，并具有定时打印和随机打印功能。

4. 数据存档

自动监控系统采集到的实时数据或运算数据，按照其类型、属性、时序等不同特征分类，建立和保存在相应的数据库中。应用数据库包括：实时数据库、生产日志数据库、故障数据库、报警数据库、运行参数数据库等。

须要设置不同级别的数据库操作权限和密码，每个等级密码中要有操作工号。

（五）网络通信功能

通信功能包括管理层网络通信和控制层网络通信两部分。

1. 管理层网络通信

水厂内部采用局域网，局部网络将有限范围内的若干计算机联成网络，其主要特点有：①通信距离近，一般在几百米到几千米；②允许相同或不同的数字设备通过公共传送介质进行通信；③通信介质多种，可以是已有的电话线，也可以是双绞线或光缆等专用线；④通信频带较宽，传送数据速率可达 100Mb/s，还能进行快速多站访问；⑤大多数采用国际标准 TCP/IP 协议；⑥传送误码率低；⑦能支持 10~100 个用户，有较好的可扩展性、灵活性和安全性；⑧连接和安装费用较低。

2. 控制层网络通信

不同的监控系统控制层网络通信各不相同，其通信方式和速率一般由所选监控层的产品决定。每一种 PLC 产品都有其特有的通信协议。无论选用哪种监控层产品，基本要求是采用支持 TCP/IP 协议的工业以太网，以解决不同网络之间的互联。

第二节　农村水厂自动监控系统硬软件与网络

一、硬件设备

自动监控系统的硬件设备主要包括数据采集仪器仪表、控制设备、服务器与存储设备、网络通信设备、人机交互设备、视频监控设备等。

水厂集中控制系统中的工控机（IPC）和可编程逻辑控制器（PLC），也称上位机和下位机。上位机（IPC）主要用来发出操作指令和显示结果数据，下位机（PLC）则主要用来监测和执行上位机的操作指令。上位机发出的命令首先给下位机，下位机再根据此命令解释成相应时序信号，直接控制相应设备。下位机不定时地读取设备状态数据（模拟量/数字量），转化成数字信号反馈给上位机。

（一）数据采集仪器仪表

数据采集仪器仪表主要指各种传感器、仪器仪表等，其功能是获取水质参数、净水消毒工艺参数或设备状态等信息，为后续的处理或决策提供数据来源。在线仪表安装在制水生产现场，能 24h 连续提供测量数据。仪表的输出方式有两种：①二进制输出，输出信号为 $4\sim20mA$ 的直流电流信号或 $0\sim10V$ 的直流电压信号，以对应校验量程中 $0\%\sim100\%$ 的值；②现场总线输出，它们是以微处理器为基础的智能型仪表，如串行通信输出接口（RS-232/RS-485）等，其输出信号符合通用的现场总线标准。

一般情况下，有一定规模的农村水厂应配备：取原水的泵站要配备流量计、浊度仪、pH 仪、温度仪、高锰酸盐指数（以 O_2 计）仪等；混凝药剂投加装置应配备药液流量计、液位仪；沉淀池应配备液位仪、浊度仪；滤池应配备气和水流量仪、液位或水头损失仪、浊度仪；清水池应配备液位仪；供水泵站应配备压力仪、流量计、浊度仪、pH 仪、余氯仪、高锰酸盐指数（以 O_2 计）仪、氨（以 N 计）仪等；配电站应配备电压、电流、功率等仪表。

（二）控制设备

控制设备包括工控机（IPC）、可编程控制器（PLC）等，其作用是数据处理、控制现场设备、调节生产运行参数等。水厂自动监控系统所用计算机可分为监控主机和管理计算机，它们均属个人计算机（PC 机）范畴。衡量 PC 机性能的技术指标有：主频、内存容量、硬盘容量、面板分辨率和平均无故障工作时间（MTBF）等。PLC 具有逻辑控制、定时控制、计数控制、步进（顺序）控制、比例-积分-微分（PID）控制、数据控制、通信和联网及其他功能。PLC 还有许多特殊模块，适用于各种特殊控制要求。

（三）服务器与存储设备

服务器是整个自动监控系统的核心。它在网络操作系统的控制下，将与其相连的硬盘、打印机及通信设备提供各个用户共享，并为网络用户提供集中计算、信息发布及数据管理等服务。服务器实质上是一种具有高速运算能力、长时间稳定可靠运行、强大的外部数据吞吐能力等的高性能计算机。衡量服务器性能的主要技术指标有：主频、内存容量、硬盘容量、面板分辨率和亮度、平均无故障工作时间（MTBF）等。

根据业务需求，水厂可配备一般业务服务器和数据库服务器（见表 9 - 2 - 1），还可根据需要配备地理信息系统（GIS）服务器、管理信息系统（MIS）服务器等。如果水厂规模大，需要存储管理的数据量大，可选择配置专业的磁盘阵列（redundant arrays of independent disks，RAID），成为高速、大容量的存储系统。

表 9 - 2 - 1　　　　　　　　　　　服务器功能

序号	服务器	业务与功能
1	一般业务服务器	取水监控
		生产运行监控
		二次供水站监控
		Web 服务
2	地理信息系统（GIS）服务器	管网压力与流量监测
		巡线管理
		Web 服务
3	管理信息系统（MIS）服务器	供水营销收费系统
		OA 系统
		Web 服务
4	数据库服务器＋存储系统	实时与历史监控数据
		水厂基础数据
		其他数据

（四）传输介质

可作为传输介质的有光纤、双绞线、同轴电缆等。多根光纤合在一起组成光缆。光纤通信的原理是由光发送机产生光束，将电信号转变成光信号，再把光信号导入光纤，在光纤的另一端由光接收机接收光信号，并将它再转换成电信号，经解码后再进行处理。光纤具有传输频带宽、通信容量大、传输损耗小、中继距离远、体积小、重量轻、不易受到外界电磁干扰等优点。

（五）人机交互设备

人机交互设备包括显示屏、触摸屏、键盘鼠标等，主要面向管理领域，用于接收操作人员的指令、显示操作结果和系统状态等信息。

上述中控主机、视频监控主机，加上以太网交换机、不间断电源（UPS）、大屏幕、打印机及与之配套的数据库服务器、Web 服务器、文件服务器、磁盘阵列、机柜等构成了水厂中控室或上位系统的硬件配置。

二、网络与通信

水厂自动监控系统的大量数据信号要通过网络传输与通信，须要选择联网通信信道和数据传输规约。要优先选用公用通信网和已建专用通信网等现有通信信道组网。进行通信网络组网设计时要满足数据传输速率和可靠性要求。

（一）信号传输

数据传输与通信方式有很多，包括有线通信和无线通信两大类。

1. 有线通信

有线通信包括模拟电压电流信号、数字信号。短距离的通信有 RS-232，用于控制器与上位系统之间的通信。通信距离较远或有多个设备联网需求时，水厂控制现场要用 RS-485 串行总线。不同水厂之间通信可用现场总线（profibus）。工业以太网适用于区域农村供水管理中心对下属多个水厂的监管，它遵循国际标准（IEEE802.3）、以太网（Ethernet）设计，广泛应用于控制网络的最高层。

2. 无线通信

无线通信包括短信、电信服务通信和局部无线数字通信。移动通信无线分组业务（GPRS）是全球移动通信（GSM）系统的无线分组交换技术，不仅提供点对点，还提供广域的无线 IP 连接，适合用在农村供水工程中一些分散的，如水源井、配水管网节点等信息采集点的数据传输。

此外，农村供水信号传输通信还用到第三代移动通信技术（3G）、第四代移动通信技术（4G）或低功耗广域网络（LPWAN）移动通信技术。其中，目前广泛运用的 4G，属第四代移动通信技术，它集第三代移动通信技术 3G 与无线局域网络（WLAN）于一体，能快速传输水厂自动监控系统中数据、音频、视频图像等各种信息。

（二）网络架构（拓扑结构）

水厂内部网络由计算机、打印机或其他设备形成的节点组成。拓扑结构指由节点和通信线路组成的几何形状，水厂内部网的拓扑结构多为星型或总线型，此外还有环型、网状型。

整个网络层次可以采用成熟的汇聚层、接入层两层架构，最后整个信息平台通过路由器出口设备连接到外网。这种双层的网络架构，可以根据业务需求，在后期分别对不同层次进行扩容。图 9-2-1 给出了水厂自动监控系统网络拓扑结构图。

（三）网络硬件

网络硬件设备主要包括服务器、工作站、网络设备和传输介质等。

1. 服务器

本章第二节硬件设备中已有介绍。

2. 工作站

较大的水厂内部监控系统包括中控主机和工作站。中控主机具有人机界面、参数设定、远程控制、事件报警等功能，实现水厂生产流程的集中管理。网络工作站可以有多个，如厂长室工作站、工程师工作站、生产科工作站、水质化验室工作站等。在网络工作站上，除了运行自己的操作系统外，还要运行网络协议软件、网络应用软件等有关的网络软件，获取各种公共网络资源。工作站具有友好的人机交互界面，主要面向管理领域，其中工程师工作站承担着开发维护软件系统的任务。

3. 网络设备

（1）网卡（NIC），又称网络适配器，安装在计算机的扩展槽上，是工作在物理层和

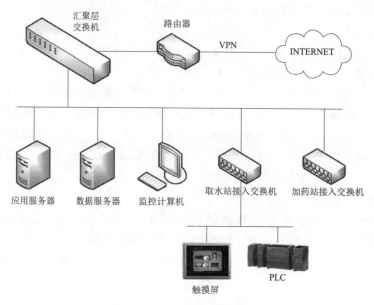

图 9-2-1　水厂自动监控系统网络拓扑图

数据链路层的网络设备，通过它将各工作站连接到网络上，实现网络资源的共享和互相通信。

（2）路由器（router），是网络的基本组成设备，其主要功能是分组转发。它有记录网络信息的路由表，通过查询路由表能将 IP 分组转发到目的网络。

（3）交换机（switch），交换机也叫交换式集线器，是硬件化的网桥。交换机具有连接网络、隔离冲突域的作用。它工作在数据链路层，主要负责数据帧的存储转发。衡量交换机功能的指标有：交换速度、交换容量、背板带宽、处理能力和吞吐量等。

（4）集线器（HUB），集线器是一个多端口的信号放大设备，起到物理信号的转发和放大作用。它实际上是一种中继设备，与通常所说的中继设备的区别在于它能提供更多的端口服务，它不能隔离广播域和冲突域。

（5）网关（gateway），又称网间连接器、协议转换器，充当转换重任。在使用不同通信协议、数据格式或语言，甚至体系结构不同的两种系统之间，起到翻译器作用，与网桥只是简单地传达信息不同，网关还可以提供过滤和安全保护功能。

（6）防火墙（fire wall），是设置在水厂内部网和互联网之间的一道保护屏障，它的主要功能是保护内部网络资源不被外部非授权的用户使用，防止发生不可预测的、潜在的破坏性入侵，如黑客攻击、病毒破坏、资源被盗或文件被篡改等。一些国内外知名厂家生产有防火墙定型产品。

（四）软件接口与通信中间件

1. 基于 OPC 标准协议的接口

OPC〔Object Linking and Embedding（OLE）for Process Control〕是一项应用于自动化行业及其他行业的数据安全交换可互操作性标准。它定义了基于 PC 客户机之间进行自动化数据实时交换的方法。水厂中控室汇集了下位的传感器、执行器、控制器等众多设备的信息，这些现场设备和应用程序往往由不同厂家生产制造，它们之间存在很大差异，这就需要统一的软件标准接口，使数据交换简单化，避免水厂自己还要开发专门的软件通信接口。OPC采用客户端/服务器模式，把开发软件接口的任务交给硬件生产厂家或第三方单位，以软件接口（OPC）服务器的形式提供给用户，解决了软硬件厂家之间不衔接的问题，完成了系统的集成，提高了系统的实用性。

2.通信中间件

中间件是能屏蔽异构环境的系统集成软件或服务程序，也称之为在不同应用、不同模块之间的软件接口、连接桥梁、适配器、交换器等，各种分布式应用软件可借助中间件实现互联与互操作，共享系统资源。

三、自动监控系统软件

水厂自动监控系统用到的软件包括系统软件和应用软件。系统软件主要指管理计算机硬件、可以独立工作的程序和操作系统底层，如网络通信软件、系统诊断程序、人机交互接口等。应用软件是专门为某个应用目的而编制的软件，包括组态软件、数据库软件、管理软件、通信软件、接口软件等，用户可以使用的各种程序设计语言，以及它们的应用程序的集合。各种软件为系统提供运行平台、操作界面、数据存储、设备管理、监控管理等功能。

（一）组态软件

组态软件又称监控组态软件，指使用者选择一些数据采集与过程控制的专用软件，通过类似"搭积木"的方式组装，完成所需要的软件功能，而不须要专门编写计算机程序。一般的组态软件通常包含图形界面系统、数据库系统、第三方应用程序接口等。

组态软件具有良好的开放性、丰富的功能模块、强大的数据库、可编程的命令语言、周密的系统安全防范等优点。组态软件大都支持各种主流工控设备和标准通信协议，并且能提供分布式数据管理和网络功能。与以往的人机接口软件（human machine interface，HMI）相比，组态软件能使用户快速建立自己的软件工具或开发环境。目前市场上有许多国内外厂家开发生产的各种组态软件主流产品，使用者要慎重挑选比对。有关科研单位在参照通用工业组态软件的基础上，已经开发出定制的农村供水组态软件，可供水厂直接选用。

（二）数据库管理软件

数据库管理软件是操纵和管理数据库的软件，它提供直接利用的功能，使多个应用程序和用户可以用不同的方法建立、更新和访问数据库。数据库分为实时数据库和历史数据库两种。

实时数据库用于水厂生产管理过程的数据自动采集、存储和监视，可在线存储每个工艺过程监测点的多年数据、事件顺序记录输入、模拟/数字测点的通道信息、采样周期控制信息等。实时数据库记录数据的类型有：模拟量输入/输出、数字量输入/输出、脉冲量输入，通过操作界面，用户既可以掌握当前的制水供水生产情况，也可查询了解过去的情况。

历史数据库存储的是需要长期保存、具有统计和分析价值的数据，如出厂水浊度值、余氯值、水压力、水泵运行/停机时间、测量值超限次数与时间，以及各种类型的报表和趋势数据等。这些数据均来源于实时数据库。历史数据库建立在中控主机或服务器的硬盘中。

国内外一些知名开发商开发出许多实时数据库和历史数据库主流产品，可供选择使用。

（三）网络软件

网络软件包括网络协议、通信软件和网络操作系统等。

1. 网络协议

网络协议属于网络软件，是指通信双方必须遵守的约定或规则，包括用什么样的格式表达、组织和传输数据，怎样校验和纠正传输中出现的错误，以及传输信息的时序组织和控制机制等。网络结构都是分层次的。网络协议规定了分层原则、层间关系、执行信息传递过程的方向、分解与重组等。网络协议的作用是使所有入网的计算机能够连接到某一数据传输网络上，并能安全、可靠、快速地在计算机间传输数据。

目前国际上使用最广泛的网络通信协议是传输控制协议/因特网互联协议（TCP/IP）。该协议是公认的国际标准，它独立于特定的网络硬件，不仅用于广域网，也应用于局域网。统一的网络地址分配方案使整个 TCP/IP 设备在网中都具有唯一的地址。它还为其他相关标准提供参考依据。

农村供水应用较多的网络协议还有串行通信协议（Modbus）。它采用 4 层结构：应用层、传输层、互联网络层和网络接口层。通过此协议，控制器之间、控制器和其他设备之间可以通信。它可以支持多种电气接口，如 RS-232、RS-422、RS-485 等。它的特点是实施简单方便、价格便宜，采用它的厂家和设备很多，便于农村推广应用。它的缺点是通信效率不高。

2. 通信软件

通信软件通常由线路缓冲区管理程序、线路控制程序以及报文管理程序组成，用于管理各工作站之间的信息传输。有各种类型的网卡驱动程序等。

3. 网络操作系统

网络操作系统是向网络计算机提供服务的特殊的操作系统。它在计算机操作系统下工作，使计算机操作系统增加了网络操作所需要的能力。网络操作系统是网络上各计算机能方便而有效地共享网络资源，为网络用户提供所属的各种服务的软件和有关规程的集合。它与通常的操作系统有所不同，除了具有通常操作系统具有的处理和管理、存储器管理、设备管理和文件管理功能外，还具有高效可靠的网络通信能力，以及多种网络服务功能，如远程作业录入并进行处理、文件传输服务、电子邮件服务以及远程打印服务等。目前局域网中有 Windows 类、NetWare 类、Unix 系统、Linux 系统 4 类网络操作系统。

（四）软件体系结构

目前的软件体系结构有两种：客户机/服务器结构（Client/server，缩写为 C/S）和浏览器/服务器结构（Browser/server，缩写为 B/S）。C/S 由客户机、数据库服务器和数据库 3 部分组成。水厂自动化和信息化多选用 C/S 结构。水厂中控室选择 C/S 结构，人机交互能力强，中控主机和服务器都能处理任务，具有较强的事务处理能力、操作界面漂亮、形式多样、响应速度快，不足之处是缺少通用性。业务变更时，需重新设计和开发，增加了维护和管理工作量。B/S 结构由浏览器、Web 服务器和数据库组成。B/S 结构具有分布性特点，可以随时进行查询、浏览等业务处理，业务扩展方便、维护简单，只需要改变网页就可以实现所有用户的同步更新。它的缺点是功能弱化，难以实现某些特殊功能要求。上述两种软件体系结构各有所长，也都有缺点不足。在管理信息系统中，一般以B/S结构为主，通过浏览器处理业务工作，虽然速度较慢，但扩展业务更简便。

四、视频安防监控

视频安防监控系统是利用视频技术监控水厂关键部位与环节，并实时显示、记录现场图像的电子系统。它可分为两种：一种是本水厂独立监控，不支持网络传输与远程监控；另一种是既可进行本水厂独立监控，也可通过网络传输，实现远程异地视频监控。

（一）系统构成

水厂视频安防监控系统一般由前端（云台）、传输、控制、显示记录等4部分组成。前端部分包括1台或多台摄像机及与之配套的镜头，云台及其防护罩、解码驱动器等；传输部分包括电缆或光缆，有线或无线信号调制解调设备等；控制部分包括视频切换器、云台镜头控制器、操作键盘、种类控制通信接口、电源和与之配套的控制台、监视器柜等；显示记录部分包括监视器、录像机、多画面分割器等。系统构成如图9-2-2所示。

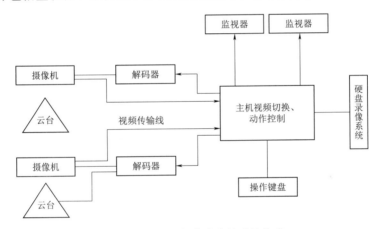

图9-2-2　视频安防监控系统构成

（二）系统设置与功能要求

视频安防监控系统对水厂的重要部位，如水源地、取水泵房、加压泵房、净水设施的混凝药剂投加、沉淀池等主要部位，以及消毒间、水质化验室、中控室、药剂仓库、配电室、水厂大门与厂区主干道路等进行24h全天候监控。它应做到系统配置合理、信号摄取、传输与存储可靠、视频录像等资料完整、数据访问安全、主机的监视界面友好、操作简便，所使用设备平均无故障间隔时间应符合相关技术规范要求。图像信号传输介质优先考虑用光缆。系统要配备防火、防雷击的等电位接地和抗干扰措施，适应高低温、高湿、腐蚀等环境条件。要设置密码保护、口令登录，对不同级别的用户赋予不同的操作权限，防止非授权人员进行误操作。

五、防雷接地

（一）雷电的危害

雷电是一种自然现象。当两块积雨云相遇或带同电荷的雷云与地面突起物接近时，在它们之间会出现激烈的放电、闪光和爆炸的轰鸣声。据有关观测资料，闪电的平均电流可达 30kA，最大可达 300kA，闪电的瞬间电压可达 10 万～100 万 kV。一个中等强度的雷暴瞬间功率可达 1 万 kW，可见其威力之大。

有些农村水厂所处地理位置地势较高，易遭到雷击。同时，水厂自动监控系统的设备大量采用高度集成化的分布式图形信息系统电路和不间断电源（UPS），系统对瞬间过电压的承受能力低，成为水厂最容易受雷电损害的部位。雷击会通过以下两种方式破坏电子设备：①直击到电源输入线，经电源线进入而损害设备；②以电阻、电感、电容等感应方式偶合到电源和信号线上，最终损害设备。瞬间过电压使电子设备信号或数据的传输与存储受到干扰甚至丢失，导致监控设备产生误动作或暂时瘫痪。重复产生瞬间过电压会降低电子设备寿命，严重时会立即烧毁元器件及设备。

（二）防雷与接地措施

降低雷电危害，应采取外部防雷和内部防雷综合措施。

1. 综合防雷措施构成

其架构如图 9-2-3 所示。

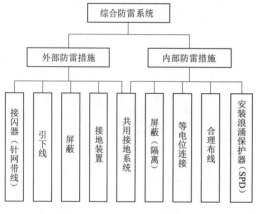

图 9-2-3　防雷措施架构图

2. 外部防雷

外部防雷主要是防止雷电直接击中水厂设施，通过接闪器等装置，使雷电迅速散到大地中。接闪器即过去人们所说避雷针，它由接闪杆、接闪带、接闪线、接闪网以及用以接闪的金属屋面、金属构件等组成，按照新的技术规范，统称为接闪器。接闪器、引下线和接地装置共同组成了建筑物或构筑物的外部防雷装置。按照《建筑物防雷设计规范》要求，安放计算机网络系统的水厂办公楼（中控室）应配备有防雷设施，对于一些没有条件将设备安装在有防雷设施建筑物内的设备，如远程站（RTU）、视频监控系统的室外云台等电子设施，仍须安装防护雷直击的接闪杆。

3. 内部防雷

内部防雷指对雷电波侵入的防护。雷电波会通过电源线、信号线和金属管道等各种通道侵入自动监控系统。防护措施主要有屏蔽和安装接闪器。

（1）屏蔽。屏蔽是利用各种金属屏蔽体来阻挡和衰减施加在电子设备上的电磁干扰或瞬间过电压能量，使之沿着屏蔽层接地端口泄入大地。具体方法有建筑物屏蔽和线缆屏蔽。对水厂来说，主要是线缆屏蔽。

（2）接闪器。首先是电源接闪器。电源部分遭受雷击的可能性最大，在电力部门的两级防雷之外，还要在中控主机和各 PLC 控制器前安装接闪器，作为第三级防护，防止过电压及残余浪涌电压对重要设备的损害。其次是信号接闪器。自动监控系统的各种室外传感器的信号输入/输出线、天线和计算机网络线等，在进入室内到达监控系统之前，要加装信号接闪器。

（3）等电位接地。防雷的最终目的是把雷电流引入大地，释放瞬间的冲击电流能量。等电位接地是用连接导线或等电位连接器将防雷装置、建筑物的金属构架、金属管（槽）、屏蔽线缆外层、电气和设备的金属外壳、机柜、机架、浪涌保护器接地端等以最短的距离与等电位连接网的接地端子连接起来，形成等电位接地系统。有关技术规范对等电位接地装置的接地位置、结构及建筑钢筋焊接等都有具体规定。

一些农村水厂防雷系统未充分考虑自身特点，缺乏有针对性的专业设计，例如，有部分 PLC 柜未安装接闪器；现场仪表处的模拟量信号输出端和 RS－485 输出端未安装浪涌保护器；防雷装置的泄放途径未能达到最短有效距离要求。仪表间、中控机房等设备集中处未设置局部等电位连接，所有接地引上点未进行铜钢转换处理等。应当重视和加强农村水厂防雷与接地。

第三节　农村水厂自动监控应用实例

一、水厂概况

某水厂设计日供水规模 10000m^3，设计供水人口 5.5 万人，为一个镇及附近 12 个村居民生活用水及镇的工商企业生产用水提供服务。水厂从地势较高的河流岸边引水闸自流引水至配水井，取水泵站将水提升至净水处理设施区。水厂采用常规净水处理工艺，建有配水井、絮凝池、沉淀池、滤池等主体构筑物。配套了混凝剂制备投加、消毒药剂投加、清水池、送水泵站、化验室、输配水管网、综合管理办公楼等。"十二五"后期进行了自动监控技术改造。

二、自动监控系统结构

自动监控系统由工艺过程监测控制、在线水质监测、视频安全监控和中心集中控制管理系统等组成。水厂自动监控系统为 3 层架构。

1. 中心监控层

（1）主要设备：中控计算机、光纤网通信接口适配器、光电转换器、网络交换机、报表打印机和事故报警打印机、不间断电源、操作台等。中控计算机作为中控室人机交互接口，两台中控操作站计算机互为热备用。正常工作时，两台计算机同时工作，并不断地完成同步操作，应用数据同时保存，当任何一台计算机出现故障时，另一台计算机继续正常服务，故障计算机丢失的数据，待其恢复工作后，可从正常服务的计算机中补回。

（2）主要功能：工作权限管理；监控现场各 PLC 子站实时接收采集的各种数据；远程自动（手动）控制设备运行；建立全厂检测参数数据库，以图表形式显示各种数据，监测全厂工艺流程和各细部的动态模拟图形；在检测项目中，按需要显示历史记录和趋势分析曲线，重要设备主要参数的工况及事故报警；打印制表，编制和打印生产日、月、年统计报告书。

2. 通信网络层

采用工业以太网、TCP/IP 通信协议，通信速率：10/100/1000Mbps；星型网络连接，中心交换机设置于中控室，端口冗余量100％；采用光纤通信介质。

3. 站级设备层

根据水厂平面布置和工艺流程情况，按照功能相对独立、位置相对集中的原则，将自动监控系统分为两个PLC工作站区域。

（1）工作站主要设备：控制柜、PLC机架、CPU模块、电源模块、DI、DO、AI、AO、脉冲输入模块和各种网络通信接口适配器、光纤环网交换机、现场操作显示屏；电源、信号防雷器以及各种隔离装置等。

（2）工作站主要功能：负责所辖区域内各种设备的信号数据检测采集、设备间的联动逻辑控制，根据工艺要求实现设备的过程控制和反馈控制；各设备之间相对独立运行，现场控制站和测量控制单元发生故障时，不会影响其上级，也不会影响下级或同级的其他控制站控制单元的正常运行；现场控制子站设置触摸屏作为就地操作终端，操作人员可对该控制站监控范围内的设备进行就地集中控制，或在中央控制室授权后可就地更改设定本站的工艺控制参数；现场控制子站在任何情况下，如人机界面或中控室计算机出现故障时，不会影响PLC的自动控制，检测现场设备的状态不会发生变化。

水厂自动监控系统结构如图9-3-1所示。

三、自动监控系统子系统

水厂现场自动监控子系统包括：取水自动监控子系统、混凝药剂投加自动控制子系统、消毒剂投加自动控制子系统、沉淀池排泥自动监控子系统、滤池反冲自动监控子系统、高位清水池监控子系统、送水泵站自动监控子系统、管网自动监控子系统等。

1. 取水自动监控子系统

取水自动监控子系统监控内容见表9-3-1。它具备的主要功能包括：原水水质、水位在线监测，控制引水闸门开启度及取水泵站机组启停与开机台数；原水水质严重超标时，能切断取水；根据清水池水位，控制取水泵机组的启停和开机台数；根据管道流量和压力，监测控制取水泵的启停和开机台数；根据取水泵设备参数信息判断设备是否运行正常，避免对故障设备的误操作。

2. 混凝药剂投加自动监控子系统

混凝药剂投加自动监控子系统通过监测原水浊度、出厂水浊度等信息，自动调节混凝药剂投加装置的计量泵工作参数，达到调节混凝药剂投加量的目的。混凝药剂投加自动监控装置如图9-3-2所示。

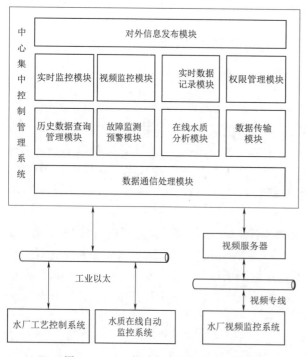

图9-3-1　水厂自动监控系统结构图

表9-3-1　　　　　　　　　　　　取水自动监控内容

类别	位置	监控内容
监测	取水口	引水闸前后水位、闸门开启度
		水质（浊度、pH值、温度），如需要，可增加氨、高锰酸盐指数（以O_2计）
		取水泵出口压力、流量
		取水泵机组电流、电压、有功电度
		取水泵手动/自动位置
		取水泵运行状态（启、停、故障）
		雷击信号
控制	引水闸门	引水闸门开启度
	取水泵房	取水泵机组开机台数调配与启/停控制

图9-3-2　混凝药剂投加自动监控装置

混凝药剂投加自动监控内容见表9-3-2。

表9-3-2　　　　　　　　　　混凝药剂投加自动监控内容

类别	位置	监控内容
监测	药剂投加装置	混凝药剂投加量
		加药设备运行状态、故障报警
	原水	流量、浊度
	清水池	浊度
	出厂水	浊度
控制	药剂投加装置	药剂投加装置启/停、加药量预设
		药剂投加计量泵工作参数

3. 沉淀池排泥自动监控子系统

沉淀池排泥自动监控子系统内容见表9-3-3。系统具备的功能包括：对污泥界面以及排泥管污泥浓度进行在线监测，控制沉淀池排泥管阀门，可以设置排泥条件，实现对排泥阀的分组操作，可以设置定时排泥。

表 9-3-3　　　　　　　　　沉淀池排泥自动监控内容

类别	位置	监 控 内 容
监测	沉淀池、排泥设施	污泥界面、污泥浓度、沉淀池运行状态
		排泥异常报警
控制	排泥装置	排泥阀开启/关闭、排泥时间

4. 滤池反冲洗自动监控子系统

滤池反冲洗自动监控子系统内容见表 9-3-4，子系统具备功能包括：污泥厚度在线监测，控制滤池反冲洗次数；可以设置定时反冲洗；可以对时段反冲洗次数进行计数。

表 9-3-4　　　　　　　　　滤池反冲洗自动监控内容

类别	位置	监 控 内 容
监测	滤池	滤池运行状态、进出水口压差、滤池水流速度
		滤池出口水浊度
		滤池运行异常报警
控制	反冲洗阀	反冲洗阀门开启/关闭

5. 消毒自动监控子系统

消毒自动监控子系统监控内容见表 9-3-5，系统具备以下功能：可以根据原水、出厂水水质等信息，对消毒剂浓度等进行在线监测，对消毒剂进行计量；控制消毒剂的投加量；根据投加消毒剂设备参数信息，判断设备是否运行正常，避免对故障设备的误操作；可设置消毒剂定时定量投加。

表 9-3-5　　　　　　　　　加氯消毒自动监控内容

类别	位置	监 控 内 容
监测	消毒装置	消毒剂浓度、消毒剂投加量、消毒设备运行状态、故障报警
	净水处理前的预处理	接触氧化剂浓度
	出厂水	余氯
控制	消毒间	预设定时定量消毒剂投加设备的启/停
		控制消毒剂投加量

6. 高位清水池自动监控子系统

高位清水池自动监控子系统主要监测池内水位，要求具备：遥控浮球阀或水位计在线监测；检测池内水位，通过网络将数据传回到中控主机；采用太阳能供电，电池容量须满足 1 个月无太阳光照的设备用电量；设置防雨及防雷措施。

7. 送水自动监控子系统

水厂采用变频恒压供水，系统由数字 PID 控制器、变频器、二级水泵和压力传感器组成，通过压力传感器对配水管网进行压力测试，由数字式 PID 控制器输出电流，使变频器产生不同频率的电源，迫使电动机以不同的转速转动，使供水压力与设定压力相符，从而实现恒压供水。

送水自动监控内容见表9-3-6，它具备如下功能：对出厂水水压、流量、水质进行在线监测，根据流量等信息对水泵机组进行转速控制；当出厂水水质超标严重，能切断送水；能根据管道流量和压力监测控制送水泵的启停；能设置定时定量送水；能根据送水泵设备参数信息判断设备是否运行正常，出现严重异常时，自动报警。

表9-3-6 送水自动监控内容

类别	位置	监控内容
监测	送水泵房	送水泵出口压力
		送水泵机组动力设备电流、电压、有功电度
		送水泵转速
		送水泵故障
		送水泵手动/自动位置
		送水泵运行状态（开、停）故障报警
		雷击信号
	出厂水	流量
		余氯/二氧化氯、浊度、pH值、温度、氨、高锰酸盐指数（以O_2计）
控制	送水泵房	送水泵恒压变频控制转速、水泵机组启/停
		设置定时定量送水

8. 供水管网自动监控子系统

通过对管网主要节点水压力、流量和闸阀的开度、管网末梢水余氯等进行供水管网自动在线监控，当监测指标值超过预设限值时能自动报警，当管道出现爆裂、严重漏水等事故时能提供报警。

在管网监测系统的关键节点和管网末梢的监测终端，将数据远传至监控中心的数据库服务器，通过不同时段的运行数据积累，实现管网台账数据、阀门节点数据、压力运行数据的数据拟合。

通过大数据分析，设定水力平衡和压力节点约束，建立管网压力与漏损关系数学模型，从而计算管网最优运行状态；通过压力流量分析计算，分析区域用水状态（DMA分析），实现用水科学合理调度；通过运行实时监测，分析异常运行数据，查找漏损区域。图9-3-3为输配水管网区域管理示意图。

四、中心集中监控管理系统

水厂中心集中控制管理系统内有实时监控模块、数据通信处理模块、视频监控模块、实时数据记录模块、权限管理模块、历史数据查询模块、故障监测预警模块、在线水质分析模块、数据上传下达模块、对外信息发布模块等。通过工业以太网对整个水厂的监控设备进行集中管理，统一调度控制。

中心集中监控管理模块如图9-3-4所示。

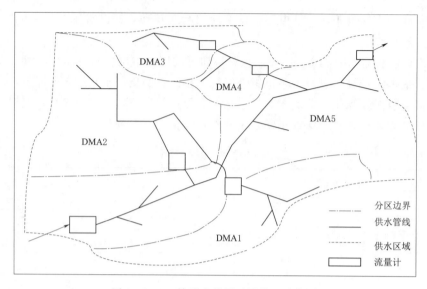

图 9 - 3 - 3　输配水管网区域管理示意图

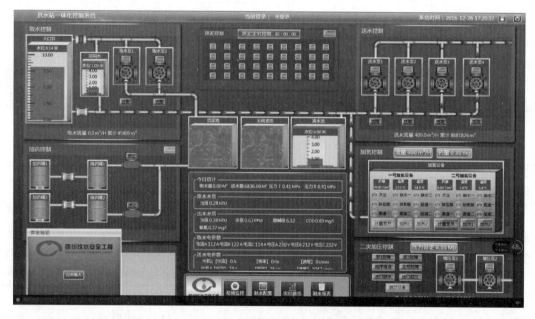

图 9 - 3 - 4　集中监控管理模块

1. 实时监控模块

　　该模块主要功能包括：实时状态展示、设备状态监控、设备工况数据展示、设备实时运行曲线展示、设备故障告警展示等。该模块通过简单、直观、专业的图形化展示界面，实现对整个厂区的制水工艺流程的实时监控，提供给管理人员一个简单直接的展示界面。同时模块还对设备的运行状态进行实时的检测与分析，把设备的当前工况参数、运行状态、故障信息等以专业的图表方式展示给管理人员，为水厂的运行状态分析提供数据支持。

2. 数据通信处理模块

该模块主要功能包括：实时数据采集、异常数据过滤、故障检测、数据校验、动态带宽优化等。数据通信处理模块通过接入工业以太网，实时对数据进行采集。同时实现了高速的数据交换服务，提高了整个系统的实时性和安全性。

3. 实时数据记录模块

该模块主要功能包括：实时历史数据存储、实时内存数据更新、数据校验、数据变化趋势记录、操作历史记录、系统日志记录等。通过接收数据采集模块传输的数据，对数据进行整理和验证。验证完成后通过数据库访问接口把数据存储到数据库中，在数据存储的同时为保证系统响应速度，还将数据更新到内存数据库中以便系统中其他模块快速调用和处理。

4. 视频安防监视模块

该模块主要功能包括：实时视频网络服务、历史视频信息存储、历史视频检索、云台控制、视频访问控制服务等。水厂中心集中监控可通过视频服务器对实时视频进行播放与记录，并可以通过历史时间选择调出任意时间段的视频录像信息，保障厂区和供水安全。

5. 权限管理模块

该模块主要功能包括：权限分配管理、用户角色管理、用户管理、权限验证管理、访问控制管理、系统登录验证管理等。中心集中监控通过多级权限管理，对不同的管理人员分配以不同的管理权限，对各种设备操作权限也需要进行独立授权，同时通过严格的权限认证管理体系对用户的每一步操作都将进行独立权限验证控制，极大保障了系统的运行安全。

6. 历史数据查询模块

该模块主要功能包括：对记录的历史数据进行筛选、归类处理并产生各种专业的数据报表；供水水量报表、输水水量报表、日（月、年）制水统计报表、图形报表、历史数据查询分析曲线报表等。

7. 故障监测预警模块

该模块主要功能包括：故障判断、故障数据过滤处理、故障综合预警处理、声光报警系统、常见故障维护指南、设备故障检索等。在水厂运行中如果突发严重异常，故障监测预警模块可及时以声、光等方式进行提醒预警，通过对水厂运行状态的分析判断，给出常见故障的排除方式，为管理人员提供故障处理指引。

8. 在线水质监测模块

该模块主要功能包括：实时水质变化曲线、水质告警限值设置、水质在线分析、水质对比曲线、水质分析历史报表等。它对原水、沉淀池与滤池的进水口与出水口以及出厂水、管网末梢水水质进行实时比对分析，当水质指标超出设定警戒值时系统将自动进行告警。

9. 数据上传下达模块

该模块主要功能包括：信息上报管理，日、月、年运营报表上报、水质异常状况上报、水厂每日用水信息上报、任务通知下达。水厂集中监控管理系统中预留数据上传下达模块。通过该模块，县农村供水管理总站（中心）可以定时接收到水厂自动上报的运行数据，及时了解水厂运行和水质状况等主要信息。

五、自动监控系统运行基础性工作

为保障水厂自动监控系统正常运行，发挥应有功能，该水厂完成了以下几方面基础性管理工作：

（1）在水厂内建立权力与职责分工明确的管理责任体系，中控室配备 3 名值班人员，他们经过严格培训，取得上岗资格。他们全面了解本水厂生产工艺过程、各个环节的技术管理要点，不仅能操作自动监控系统，还能参与指挥调度生产。必要时还应配备专门的系统管理和维护人员，或请第三方专业机构专业技术人员负责维护。

（2）结合本水厂实际，并参考相邻几个市（区、县）条件类似水厂开展自动监控的做法和经验，制定切合本水厂实际的运行管理规章制度，《计算机网络管理制度》《信息化系统管理制度》《中控室和计算机房管理制度》《计算机病毒防范制度》《数据保密及数据备份制度》《安全保密管理制度》等。各项制度对水厂内相关机构与人员的权责、任务、要求、考核、监督等都作出了具体规定。水厂依据这些制度编写出不同岗位的操作手册，供操作人员随时翻看查阅。经过 1 年多的磨合试用，结合值班操作人员的心得体会和经验，水厂组织厂内外专业力量对各项规章制度和操作手册进行了补充修改完善，准备两年后根据系统运行情况再进行一次修改完善，使之更切合水厂实际，更具针对性、指导性和可操作性。

（3）水厂管理单位已组织操作人员参加过多次上级主管部门举办的技术培训班、经验交流会，并到邻近市（县）水厂现场参观，交流心得体会，取长补短，促使提高他们的专业知识和使用操作技能水平。

（4）采用口令登录方式，控制对系统的访问；设置不同权限级别的用户名和口令，避免越级操作；使用代码加密；使用清理病毒的软件；设置防火墙；保持机房卫生和良好的工作环境等措施，织密自动监控系统运行安全管理网。

六、自动监控系统运行中的巡查与维护

（一）按照规章制度要求作好日常巡查

（1）巡查中观察系统的主要设施设备，包括中控室、计算机机房、1 号 PLC 站（取水），2 号 PLC 站（加药絮凝）、3 号 PLC 站（沉淀）、4 号 PLC 站（滤池）、5 号 PLC 站（送水泵站）、6 号 PLC 站（污泥处理），还有电气、现场仪表、视频监控系统、周界报警系统、防雷和接地系统等运行是否正常。

（2）巡查网络运行是否正常，包括宽带网速（设计与实际运行）、局域网速（设计与实际运行）、故障发生时间、故障现象、处理经过与结果、记录人签字。网络速度的检查每周进行 1 次。

（3）巡查各类仪表，包括过程仪表，如原水流量计、出厂水流量计、药液流量计、气体流量计、压力表、液位表、水头损失表、温度表、污泥浓度表，以及水质仪表，如浊度仪、余氯分析仪、pH 仪、氨分析仪、高锰酸盐指数仪、化学需氧量仪等。

（4）每周查验并填写自动监控设备运行情况记录表，包括服务器、PLC 控制器、工作站、交换机、路由器、UPS 电源、投影仪、打印机、磁盘阵列、防火墙等；记录故障发生时间、故障表现、处理经过、处理结果等。不同设备检查周期不同。

（5）每周对防雷接地设施进行一次检查，填写巡查记录表，说明设施安装、焊接、绝缘等情况，本次维护主要内容。

（二）自动监控系统定期检查维护

1. 系统硬件设备设施的定期检查维护

（1）定期检查网络设备工作状态、网络速度、运行参数与设计指标是否一致，定期检查现场监控站的电源，如不能满足使用要求，应采用 UPS 或稳压供电电源。

（2）检查现场监控站各项指标是否正常，接线端是否有脱落、松动、接触不良、接地是否良好。

（3）及时更换现场监控站内置电池和损耗元器件。

（4）每月检查一次 UPS 电源的输入、输出电源接线端口，电池接线端是否有松动、锈蚀、接触不良等现象；半年检查一次 UPS 的输出电压、充电电压是否符合设计要求，每半年对处于浮充状态的在线运行 UPS 电池做 1 次维护性放电。

（5）定期对在线仪表和采样系统进行目视检查；按产品使用说明书规定的周期对在线水质监测仪表、传感器进行清洗，更换过滤器，并作好记录；水质检测仪表应储备至少两次的试剂、清洗剂、标定液、过滤器、检测器等关键材料和配件。

（6）定期对执行器、驱动器进行检查调整与维护，保证其准确无误地执行系统控制指令。

（7）定期对避雷装置接地、漏电、绝缘等情况进行检查，发现故障及时处理；每年雷雨季节前，检查测试各类接地器（极）接地电阻，经常检查防雷与防电涌保护装置，发生事故后，须及时查明原因并重新测试，及时更换损坏或有问题的接地器（极）与保护器。

（8）定期检查视频监控设备的性能状态，清洁摄像机，及时修剪遮挡影响摄像"视线"的树枝，清理障碍物。

2. 系统软件维护

根据自动监控系统运行情况，适时对系统的软件进行维护，主要包括以下几方面：①改正性维护，及时改正软件性能上的缺陷，识别和纠正软件错误；②适时进行适应性维护，对软件进行修改，以适应水厂外界环境或数据环境变化；③完善性维护，为扩充系统的功能和改善系统性能而进行的维护；④预防性维护，为提高软件的可靠性、可维护性，对其中某一部分进行设计修改和调试，如磁盘整理，清除软件"垃圾"，进行病毒防护等。

3. 数据维护

每年至少 1 次，专人全面核对信息的完整性、准确性，保证计算机中的数据、文字材料中的数据与实际情况完全一致，确保指定期限内历史数据的完整，定期备份指定期限内的所有数据。

除上述一般性的检查、维护工作内容外，还要根据系统运行实际情况进行更深入的特殊性维护。

七、自动监控系统运行维护常见故障问题与处理办法

（一）自动监控系统硬件设备常见问题

1. 仪器仪表质量方面的问题

水厂中有些仪器仪表，如碱度计、氯氨测定仪、溶解氧测定仪、浓度测定仪、压差变送器、加氯机、计量泵、调节阀、电磁流量计等容易出现故障,究其原因,有的是仪器仪表选购时把关不严,仪器仪表本身质量不过关,有的则是安装或维护质量未达到要求。

2. 系统的设备配套不合理

虽然外围设备如监测仪表、传感器或控制执行部件设备本身并无质量问题,但相互之间精度不匹配或稳定性不同步,属于系统配套不合理。

3. 备品备件短缺

有些设备发生故障后,由于缺乏备品备件而一时无法修复,在进口设备方面尤为明显。如果让原产品供应商修理,常出现时间长、费用高,特别是有的产品已更新换代,根本无法得到备品备件,造成了这些设备的检修十分困难,很容易导致系统不能正常运行甚至处于瘫痪状态。

4. 检修和改造难

有的进口网络设备,本身的技术要求较高,由于专利问题,供应商对通信协议和通信软件的公开性不够,既增加了这些设备的维护和检修难度,又降低了自动监控系统的开放性,影响了系统的正常更新和改造;有的进口通信设备很难与国内设备互联,降低了自动监控系统的合理性和统一性,也会导致更新改造困难。

(二)自动监控系统运行维护常见问题、原因分析及处理办法

水厂自动监控系统运行维护常见问题、原因分析及处理办法见表9-3-7。

表9-3-7 自动监控系统运行维护常见问题、原因分析及处理办法

常 见 问 题	原 因 分 析	处 理 办 法
传感器故障	接线松动,时通时断,传感器损坏	检查加固接线,更换传感器
加药计量泵不工作	保险丝熔断、设备损坏	更换保险丝,更换损坏零部件,联系设备厂家修理
混凝药剂搅拌机报警	药池有阻塞、电机过热、电压不稳	清洗搅拌药池,搅拌机转动部件是否有卡阻损坏,检查电压和电机绝缘等
变频器故障报警	多个可能因素导致	查看变频器使用说明书故障代码,若无法排除,联系生产厂家专业人员维修
取水送水泵机组故障报警	水泵、电机、电气检测等多种因素都可能导致	参见本书第四章有关内容
清水池液位报警	清水池水位过低,液位计故障	找出水位低于限值原因,增加取水设施进水流量;检查修复失灵的液位计
主控组态画面不能完全显示		选用正版的组态软件
检测设备和传感器精度值误差过大		选用高精度在线监测和检测设备
自动控制系统不能实现精准控制	主控设备与自动控制部件未完全匹配对接	选用知名品牌主控设备和配套设备,严把设计审查和设备采购关口
数据传输迟缓或延时动作	未能将强电和弱电隔离或有效屏蔽	改进系统设计,针对性解决系统薄弱环节
一些重要设备不能数据上传或自动控制	多个厂家所提供设备与自动化系统数据端口不对接	在设备招标和采购阶段要有符合自动化控制的技术要求和协议

常 见 问 题	原 因 分 析	处 理 办 法
部分自控功能不能实现，或产生误动作引起重大事故	选用的PLC设备本身功能不全或运行稳定性不高	严格控制PLC设备及辅助设备采购关口，做好充分必选论证，选用性能和质量可靠的产品
触摸设备触点不正		重新对触摸屏幕进行校正

第四节　农村水厂自动监控技术应用案例

案例一：多井取水水厂自动监控技术改造

一、水厂概况

××水厂位于西北内陆干旱地区，以地下水作为水源。设计日供水规模300m³/d，水厂所在区域水资源短缺，附近工矿企业和农业灌溉长期大量抽取地下水，导致水厂所在地地下水水位下降，机井出水量减少，水质变差。经过水文地质和水资源管理部门勘察评估，同意水厂停止在原地取水，转而在距水厂十余千米远、水文地质条件相对较好的其他含水层取水。新打机井12眼，分布范围方圆4km。该水厂几年前曾与有关单位开发了一套管理信息监测系统，自动化水平很低，运行维护基本上仍靠操作人员眼看、手抄、笔算，效率低，运行成本高。利用国家实施农村供水巩固提升机会，经主管部门批准，将该水厂自动监控技术改造纳入当地计划，并组织实施。

二、系统控制特点和要求

该系统最大的特点是控制设备多且分布广，相应的传输数据多而分散，对通信的安全可靠性要求相对较高。要对取水、输水、供水统一调度，统一管理，保持水厂蓄水池水位稳定并向服务区域恒压供水；监控系统结构要简洁、流畅，数据管理统一、存储方便；系统硬件要先进、实用、可靠性高；建设投资和长期运行维护费用要适应当地经济负担能力，保证系统具有长期的运行稳定性。

三、系统拓扑结构

根据现场设备分布情况和控制要求，系统组网方案按"无人值班、少人值守"的原则，采用以可编程逻辑控制器（PLC）为核心，结合通用分组无线服务（GPRS）通信、分层分布式计算机监控，建立可视化、智能化的技术支持平台，实现数据采集、远程控制、网络通信、数据存储与处理自动化。

整个系统分为厂区内与外两个部分，其中厂区内部有两个PLC（S7-300）工作站，分别设立在加药间和泵房，通过两层网络结构连接。下层通过现场总线（profibus）连接远程输入/输出（I/O）模块ET200M、智能仪表以及带总线接口的触摸屏等设备。上层通过工业以太网（Ethernet）连接监控计算机。厂区外12个水源井由PLC（S7-200）作为控制单元（RTU），由3层网络结构连接，下层通过RS-485总线连接智能仪表设备，中间层通过GPRS网络接入互联网（Internet），再经防火墙进入上层工业以太网接入监控计算机。系统网络拓扑图如图9-4-1所示。

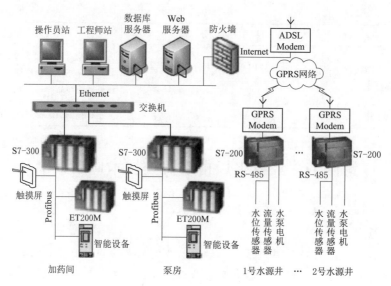

图 9-4-1　××水厂网络设备拓扑图

四、主要硬件配置

（一）可编程控制单元（PLC）

S7-300 选用 CPU315-2PN/DP，它集成有现场总线（Profibus）-DP 口，支持 TCP/IP 协议，可通过交换机与工业以太网相连接，两个 PLC 工作站均使用了远程 I/O 模块 ET200M。S7-200 选用 CPU226，它有两个 RS-485 通信编程口，具有通信协议（PPI）、信息传递接口（MPI）通信协议和自由方式通信能力，一个端口与现场的水位、流量等传感器连接，另一端口与西门子无线通信模块（SINAUT MD720-3）相连接。

（二）人机界面操作站

控制室设有两个操作员站，其中 1 个兼作工程师站，选用工控机作为控制计算机 P4-2.0G/256M/80G，配置 19 寸液晶显示器、打印机、UPS 电源，安装 SIMATIC WinCC 组态软件。现场配备有 SIMATIC TP270 型 6 英寸触摸屏，安装 SIMATIC Flexible 组态软件，分别实现远程和现场监控功能。

（三）无线通信设备

系统采用了 S7-200 系列 PLC 专用的 GPRS 无线数据通信模块 SINAUT MD720-3，该模块主要由 GPRS 调制解调器、天线和 GPRS 通信管理软件 SINAUT MicroSC（集成 OPC server）等组成，实现 S7-200PLC 的 GPRS 无线连接。该通信模块的主要功能有：通过 GPRS，自动建立并保持与互联网的在线连接（基于 IP）；与运行在计算机（PC）上的应用程序（路由服务器和工业标准 OPCserver）进行数据交换；通过路由功能，与其他调制解调器进行数据交换；使用调制解调器命令语言 AT 命令控制系统设计（CSD）和 GPRS 连接。

GPRS 服务提供点对多点的传输服务，当 GPRS 无线数据终端（DTU）进入 GPRS 网络时，就自动附在互联网（Internet）上。S7-200 PLC 通过传感器对现场数据进行实时采集和处理，然后把现场采集到的实时数据通过 GPRS 模块发送到 GPRS 网络，利用 TCP/IP 传输方式以 IP 包的形式由 GPRS 网络发送到 Internet 网上，通过 ADSL Modem 信号路由器 VPN 解密，再将解密后的数据包通过 Ethernet 转发到指定的数据中心服务器上，进行数据接收处理；与此同时，数据中心服务器担负着向各 S7 - 200 PLC 工作站发送相应控制指令数据的任务。作为客户机的监控主机从数据中心服务器上取得数据，在各自的人机操作界面软件上完成对各水源井的监控。防火墙选用网景达 VPN 路由防火墙（GatePlus VGW2000），该设备具有 12 接口交换机、超强上网管理、带宽绑定功能，强大的防火墙策略，支持对称数字用户环路（ADSL）接入方式。

五、网络组态和软件设计

S7 - 200 PLC 通过 PC/PPI 编程电缆，采用 STEP7 - Micro/Win32 V4.0 编程软件，通过编程器或 PC 机把程序下载到 PLC 的 CPU 中，完成水源井的数据采集、水泵控制等。S7 - 300 PLC 的网络组态和硬件配置及编程全在 STEP7 5.4 编程工具中完成，它全面支持全集成自动化功能，可将数据管理、通信、编程同时集成在一个环境中完成。网络组态如图 9 - 4 - 2 所示。

在加药间和泵房两个 PLC 工作站进行相互通信和操作时，采用基于工业以太网（Profinet）结构下的短波通信（DX）方式通信，无须增加任何新硬

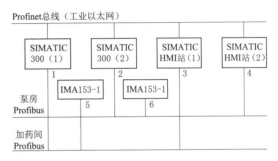

图 9 - 4 - 2　××水厂工业以太网（Profinet）总线网络组态图

件，直接通过 PLC 集成的以太网接口进行基于以太网的通信。因为它们同属于 Profinet 结构下的两个 PN - I/O 控制器，所以它们相互可以很轻松地实现自由通信，只需在程序上调用 TCP/IP 数据交换专用的功能模块 FB63、FB64。程序设计采用模块法编程思想，根据现场设备及工艺流程的特点，编制各种子程序功能模块，通过模块间的互相调用实现控制算法。

针对现场的电磁调节阀及变频器等，编写的比例-积分-微分控制器（PID）控制子程序模块可直接调用系统功能模块中 SFB41，只需对相应参数作好设置即可。以压力控制为例，如水厂要对 5 台供水泵进行控制，最终实现自动恒压供水，5 台供水泵中，除 1 台为选用西门子 MICRO MASTER430 变频器来驱动的调速泵外，其余 4 台水泵电机均选用软起动器来驱动，以降低成本。控制流程如图 9 - 4 - 3 所示。

六、上位机设计

上位机软件采用 SIMATIC 公司的 WinCC V6.0 版本，WinCC 是专门为过程控制和现场监控开发的监控系统软件，支持 TCP/IP 协议和 OPC 标准。WinCC 是基于 Windows 操作系统，采用面向对象的软件编程技术，具有强大的数据处理能力和友好的用户界面，并提供了强大的数据库功能、在线帮助功能、诊断功能、安全保护功能、事故追忆功能等。利用 office 套件的办公软件（PC ACCESS），通过 OPC，可与 S7 - 200 建立连接。

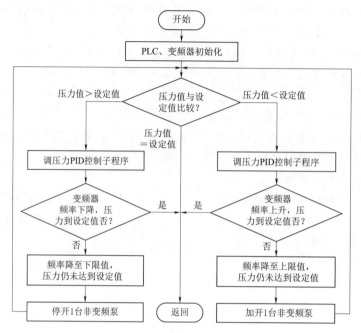

图 9-4-3　××水厂水泵机组启停控制流程示意图

（一）上位机组态

根据现场的实际情况，上位机采用 C/S（客户机/服务器）结构。C/S 结构的本质为"分布式处理"，通过运行在服务器上的在线接收处理程序（接收存储模块），完成对所有监控终端传回数据的接收，并存储到 SQLServer2000 数据库服务器中。创建服务器数据后，在客户机中加以装载。

为了使客户机能够远程打开和处理服务器项目，须在服务器项目中为客户机组态相应的操作权限，激活"组态远程"和"远程组态"，这样，作为客户机的操作员站及工程师站工控机就可以远程激活并打开服务器项目，通过"请求/响应"的应答模式对项目进行访问。工程师站在监控的同时，可以对工艺参数进行修改，操作员站只起监控作用，无权对工艺参数进行修改，通过在服务器中设置操作权限密码来完成。

（二）监控画面

利用 WinCC 组态软件可以完成监视器显示所需的现场设备监控画面，如系统状态图、工艺报警、模拟量趋势、操作日志、报表输出等，可直观、动态地显示出现场各部位重要参数的变化，实现人性化的信息交换。

七、视频监控设计

（一）监控点设置

该水厂共设置 6 个视频监控点，分别位于取水泵房、送水泵房、加药间、消毒加氯间、配电室和厂区大门。取水泵房与厂区视频控制中心之间由于距离较远，要铺设光纤网络连接；水厂内通过双绞线连接视频监控点摄像头和视频控制中心，保障视频信号可靠稳定地传输。

（1）取水泵房视频监控：对取水泵运行状态、阀门状态、泵房人员出入情况实施监控。

（2）送水泵房视频监控：对送水泵运行状态、阀门状态、泵房人员出入情况实施监控。

（3）加药间视频监控：配合控制中心对加药设备进行监控，查看设备运行状态，加药罐液位是否正常。

（4）加氯间视频监控：对加氯设备进行监控，查看设备运行状态，储药罐液位是否正常，加氯设备运行是否正常。

（5）配电室视频监控：对配电室电气柜、控制柜等设备的运行状况实施视频监控，并监控是否有非操作人员随意进入配电室。

（6）厂区大门视频监控：监视整个厂区及进出厂区人员，保证厂区安全。

（二）监控中心

监控中心配置监控计算机，完成以下功能：

（1）数据接收：接收各监控点联网终端通过网络传输过来的音频、视频和报警信息。

（2）数码录像：录像资料自动管理，无须人工干预，硬盘录满后，自动删除之前最旧的录像资料，重复循环使用硬盘空间。

（3）录像资料查询回放：按相应的时间、地点、镜头号即可检索出每一幅图像画面，可多方位查询录像资料。

（4）报警处理：报警信号上传分析，报警信号自动记录。

（5）联动相应的摄像录像，联动相应控制设备。

（6）云台镜头控制：可控制远端云台进行 360°旋转，摄像头变焦图像拉近，红外线镜头保证无光源情况下具有一定的可视度。

图 9 - 4 - 4 是水厂视频监控画面图。

图 9 - 4 - 4　××水厂视频监控图

水厂通过自动监控技术改造,制水工艺技术管理水平在整体上得到很大的提升,改善了运行管理人员的工作条件,提高了劳动生产率,厂容厂貌也发生了显著变化,水厂管理单位对技术改造效果给予高度评价。从改造后几个月的试运行情况看,供水水质更加有保障,用水户对供水服务满意度进一步提高。

案例二:某县城乡一体化供水工程自动监控技术改造

一、基本情况

某县城乡供水公司下辖 10 座水厂和多个供水站,6 个水源地,73 眼水源井,1 个中心调度室和 1 个中心化验室,直径 75~1000mm 的输配水管线 1732km。供水范围 85km²,包括城区、工业开发区、多个镇区及 58 个村,日供水能力 22 万 t、21 万个用水户。

为保障对用水户提供优质服务、提高供水系统现代化管理水平和效率,3 年前由上海威派格智慧水务股份有限公司作为技术支撑单位与县的城乡供水公司配合,对供水系统进行了以自动监控为重点的改造升级,实现各水厂制水工艺流程的全程自动化控制、水质在线检测、视频安防监控、异常情况实时报警、生产运行报表推送、信息化管理等。建设目标是实现安全稳定运行、水厂全自动化控制、做到"无人值守,少人运行维护"运营管理。

系统建成后,大大减轻了工作人员的劳动强度,降低了生产管理成本,提升了运行维护管理效率,做到了对异常状况的预警和响应,提高了水厂的信息化和智能化水平。

二、自动监控系统构成

系统为两级结构,分别是水厂(供水站)监控中心和县供水公司集中管理信息中心,如图 9-4-5 所示。

(1)水厂(供水站)中控室:水厂中控室通过运营监控平台对现场的控制设备、视频监控等进行检测和控制。

(2)供水公司管理信息中心:平台采集各水厂(供水站)的数据信息(设备状态、水质情况、供水情况、生产运行情况、异常报警、视频监控等),将数据进行存储,根据数据统计,分析每个水厂的生产运行情况以及供水公司的总体生产运行情况,对具备条件的水厂进行远程监控和调度。

三、系统建设内容

自动监控系统(见图 9-4-6)由供水云图模块、生产运行模块、水质化验模块、设备运维模块、安全管理模块、综合管理模块、系统配置模块、移动 App 模块等 8 个部分构成。

1. 供水云图模块

结合地理信息系统(GIS),以地图的形式,直观展示当前各水厂水质检测、供水情况、视频监控、运营管理、报警情况、用水户以及取用水区域等信息。

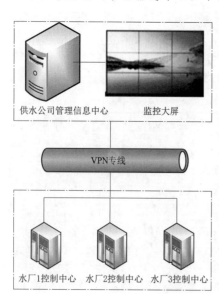

图 9-4-5　供水工程自动监控系统构成

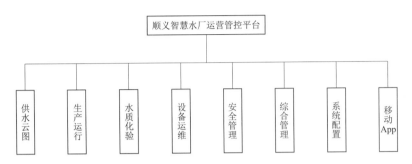

图 9 - 4 - 6 供水公司自动监控系统

2. 生产运行模块

(1) 远程下控：以 3D 模型还原水厂的各制水工艺 (见图 9 - 4 - 7)，展示工艺过程中实时水质参数、供水情况、加药参数、设备运行状况，在公司中控室对各水厂 (供水站) 设备进行远程控制。

图 9 - 4 - 7 水厂生产运行

(2) 运行报表：以报表的形式展示水厂的运行记录 (统计频率为每小时)，以报表的形式统计和汇总各水厂生产运行数据。

(3) 运行工单：以工单的方式，进行维修、保养和巡检。

(4) 线上巡检：通过监控视频以及实时采集的数据，进行线上的巡检。

3. 水质化验模块

(1) 水质化验报表 (见图 9 - 4 - 8)：将检测数据统计形成水质化验报表。

(2) 化验工单：通过水质化验日检工单、月检工单、年检工单，检测各水厂的水质情况。

4. 设备运维模块

(1) 设备台账：通过设备台账对水厂设备资产进行管理 (见图 9 - 4 - 9)。

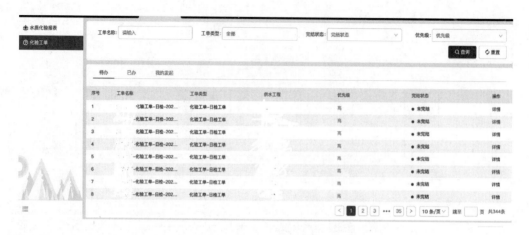

图 9 - 4 - 8　水质化验报表

图 9 - 4 - 9　设备资产管理

（2）设备维保：依据不同的设备维保规则，定期对不同设备进行维修和保养。

（3）设备生命周期，对设备入场、设备使用、设备维修、设备报废等进行全生命周期的管理。

5. 安全管理模块

（1）视频监控：通过视频软件，将监控画面展示在县智慧水务运营管控平台，查看实时视频监控以及历史监控的查询（见图 9 - 4 - 10）。

（2）门禁监控：查看门禁的开关。有特殊权限的用户可以进行远程控制门禁开关。

6. 综合管理模块

（1）工单分析：依据工单的数据，从不同维度（工单状态、时间段、工单类型）统计分析工单情况（见图 9 - 4 - 11）。

（2）工单日历：以日历的形式展示每天不同工单的数量。

（3）报警管理：展示所有的报警清单，从不同维度（时间、片区）统计分析报警的处理情况。

7. 系统配置模块

（1）报警规则：配置报警的规则，主要包含水质报警规则、设备运行报警规则、供水

图 9-4-10　水厂门禁视频监控

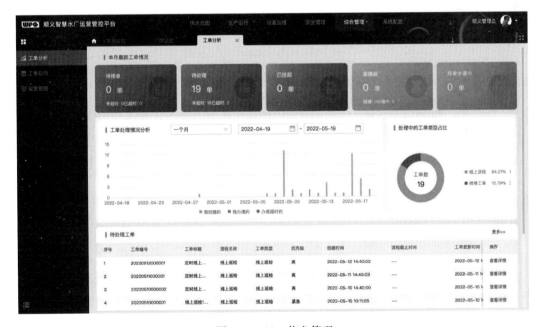

图 9-4-11　信息管理

报警规则等（见图 9-4-12）。

（2）供水工程设置：设置供水工程的各类信息，主要包含站点信息、工程信息、管理单位信息、水源地信息、片区信息、药剂种类信息。

（3）水质配置：配置水质化验的指标，以及化验模板。

（4）工单配置：配置工单的流程、表单，以及工单的定时触发管理。

（5）用户配置：配置用户的角色和组织。

（6）权限配置：根据角色，分配菜单权限、应用权限。

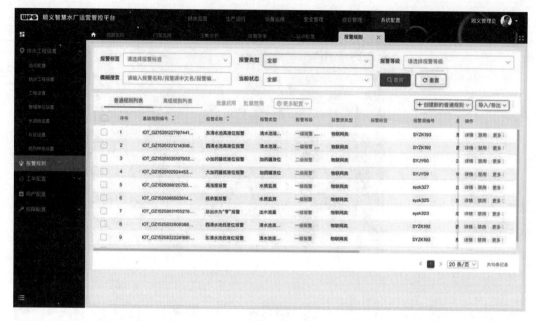

图 9-4-12 自动监控系统配置

8. 移动 App 模块

移动 App 主要包含对工单处理、报警处理、供水云图、远程下控、监控视频功能。移动 App 示意图如图 9-4-13 所示。

图 9-4-13 移动 App 示意图

四、系统运行维护

1. 运行维护演练

（1）断电演练。在中控室和调度室断电的情况下，验证水厂运营监控平台能否自动重启并运行正常。验证过程中，有 1 个小应用服务自动启动，通过添加开机启动策略，解决相关问题，并在后期验证未再出现问题。

（2）断点续传。将水厂运营监控平台关闭，PLC 向平台传输数据，验证数据是否会丢失。我们通过繁易网关以及系统自身的保护机制，在平台重启后，数据重新传输到水厂运营监控平台，保证断点续传，数据不丢失。

（3）报警预演。将点燃的香烟放在监控系统烟感器旁边，验证监控中心调度室能否产生报警；将水淹没水厂的水淹报警装置，验证调度室能否产生报警。实践表明，有关水厂中控室和公司中控室的 PC 端以及移动 App 端均有报警产生。

2. 生产运行维护中出现问题的处理

1）在运营监控平台的远程监控页面发现温度没有采集到数据。可能原因：由于项目改造涉及部分硬件施工，温度传感器的 RS232 口松动，数据未采集到；处理办法：检查加固接口，同时将此情况加入到设备维护制度中。

2）运营监控平台中查看视频监控时，视频加载过慢甚至加载不出来；可能原因：供水公司告诉我们宽带为 100M，经检测，实际情况连 10M 都不到，导致视频加载过慢甚至加载不出来；处理办法：向客户说明情况，要求添加网络配置。最终结果是客户在页面减少视频个数。

3）出现运行工没有到现场巡检就完成巡检和保养工单；可能原因：运行工没有严格执行操作规章制度，系统没有监控到。处理办法：修改软件逻辑，在巡检工单中，必须上传图片，依据水印相机的照片，才能显示完成巡检保养工单。

附录 部分水厂管理制度节选（示例）

参 考 文 献

［1］ 中华人民共和国水利部. 全国"十四五"农村供水保障规划［R］. 北京：中华人民共和国水利部，2021.

［2］ 国家市场监督管理总局，国家标准化管理委员会. 生活饮用水卫生标准：GB 5749—2022［S］. 北京：中国质检出版社，2022.

［3］ 中华人民共和国水利部. 村镇供水工程技术规范：SL 310—2019［S］. 北京：中国水利水电出版社，2019.

［4］ 中华人民共和国水利部. 村镇供水工程运行管理规程：SL 689—2013［S］. 北京：中国水利水电出版社，2013.

［5］ 国家市场监督管理总局，国家标准化管理委员会. 泵站技术管理规程：GB/T 30948—2021［S］. 北京：中国标准出版社，2021.

［6］ 中国农业节水和农村供水技术协会. 农村集中供水工程供水成本测算导则：T/JSGS 001—2020［S］. 北京：中国水利水电出版社，2020.

［7］ 冯广志，等. 村镇水厂运行管理［M］. 北京：中国水利水电出版社，2014.

［8］ 水利部农村水利司，中国灌溉排水发展中心，水利部农村饮水安全中心. 农村供水处理技术与水厂设计［M］. 北京：中国水利水电出版社，2010.

［9］ 周志红. 农村饮水安全工程建设与运行维护管理培训教材［M］. 北京：中国水利水电出版社，2010.

［10］ 陈阳，禹海慧. 管理学原理［M］. 2版. 北京：北京大学出版社，2016.

［11］ 刘宁杰，杨海光. 企业管理［M］. 4版. 大连：东北财经大学出版社，2016.

［12］ 洪觉民. 现代化净水厂技术手册［M］. 北京：中国建筑工业出版社，2013.

［13］ 吴一蘩. 饮用水消毒技术［M］. 北京：化学工业出版社，2006.

［14］ 鄂学礼. 饮用水深度净化与水质处理器［M］. 北京：化学工业出版社，2004.

［15］ 陈杰，陈清，朱春伟，等. PVC合金超滤膜技术在农村供水工程中的应用［C］//2013青岛国际脱盐大会论文集. 青岛：2013青岛国际脱盐大会，2013.

［16］ 董秉直，褚华强，尹大强，等. 饮用水膜法处理新技术［M］. 上海：同济大学出版社，2015.

［17］ 董秉直，曹达文，陈艳. 饮用水膜深度处理技术［M］. 北京：化学工业出版社，2006.

［18］ 王振刚. 环境医学［M］. 北京：北京医科大学出版社，2001.

［19］ 魏建荣，王振刚. 饮用水中消毒副产物研究进展［J］. 卫生研究，2004（1）：115 - 118.

［20］ 邓瑛，魏建荣，鄂学礼，等. 中国六城市饮用水中氯化消毒副产物分布的研究［J］. 卫生研究，2008（2）：207 - 210.

［21］ 张克荣. 水质理化检验［M］. 北京：人民卫生出版社，2006.

［22］ 石新玲. 管理信息系统［M］. 北京：清华大学出版社，2014.

［23］ 胡孟，李晓琴，邬晓梅. 农村供水工程自动化监控技术与应用［M］. 北京：中国水利水电出版社，2019.

［24］ 张健. 农村供水工程管理 ［M］. 北京：中国商业出版社，2003.

［25］ 韩慧芳，郑通汉. 水利工程供水价格管理办法讲义 ［M］. 北京：中国水利水电出版社，2004.

［26］ 金葆华，刘学功，孟树臣. 中国农村给水工程运行管理手册 ［M］. 北京：化学工业出版社，2005.

［27］ 联合国儿童基金会，世界卫生组织. 环境卫生与饮用水进展：2015 年最新情况与联合国千年发展目标评估 ［R］. 日内瓦：联合国儿童基金会，2015.